数 据 资 产 丛 书

DATA SPACE BODY OF KNOWLEDGE

数据空间
知识体系指南

林建兴 ◎ 著

机械工业出版社

CHINA MACHINE PRESS

图书在版编目（CIP）数据

数据空间知识体系指南 / 林建兴著 . -- 北京：机
械工业出版社，2025. 4. --（数据资产丛书）. -- ISBN
978-7-111-78377-0

Ⅰ. TP274-62

中国国家版本馆 CIP 数据核字第 2025BF8394 号

机械工业出版社（北京市百万庄大街 22 号　邮政编码 100037）

策划编辑：杨福川　　　　　　　　责任编辑：杨福川　罗词亮

责任校对：王小童　李可意　景　飞　　责任印制：单爱军

保定市中画美凯印刷有限公司印刷

2025 年 7 月第 1 版第 1 次印刷

170mm × 230mm · 45.75 印张 · 3 插页 · 716 千字

标准书号：ISBN 978-7-111-78377-0

定价：199.00 元

电话服务　　　　　　　　　　网络服务

客服电话：010-88361066　　　机　工　官　网：www.cmpbook.com

　　　　　010-88379833　　　机　工　官　博：weibo.com/cmp1952

　　　　　010-68326294　　　金　书　网：www.golden-book.com

封底无防伪标均为盗版　　机工教育服务网：www.cmpedu.com

面对《数据空间知识体系指南》这本皇皇巨著和作者希望作序的邀请，我欣然允诺。这并不是因为我对本书已经有了精深的研究，而是因为我基于长期从事数据工作的实践，确实有感要发。

数据工作至少有以下三个特点。

第一，数据工作需要长期的积累和沉淀，做好数据工作极其依赖既有基础。从信息化到数字化，再到以数据要素为核心的数字经济、数字政务等方面的发展，名词千变万化，"化"字一以贯之，即不断地迭代、升级、进化。业界对此甘苦自知，既有成功的喜悦，也有踩坑的失落。数字化、智能化的下一步免不了还会如此，一路凯歌总是难得，荆棘丛生才是常态，须得如履薄冰、谨慎前行。

第二，极大的路径依赖。数据工作的方向是明确的，但目标并非始终清晰，就算是向着既定方向前行，也可能走得弯弯曲曲，进两步退一步，甚至进一步退两步，总难免来回"翻烧饼"。一旦决策失误、方向走偏，再要回到原点都难，只能在偏的起点从头再来，就难免矫枉过正，"之"字前行。

第三，达成共识难，掣肘多。国家出台了一系列法规政策和指导文件，各地也有一些实践经验，这表明数据工作的方向是明确的，在具体实操上也有极大的创新空间（也是试错空间）。但数据工作涉及的方面太多，各方面对法规政策的理解不一、决策思路不一，导致实践中极易形成相互掣肘。如果长期无法达成共识，数字化就会在左拉右扯中走出一条弯弯曲曲的路，来回"翻烧饼"，与目标渐行渐远。

不管怎样，国家关于数据工作的方向、框架、政策都已经明确，给了业界定心丸。落实数据工作有以下两个要点。

第一，体系化的理论指导以凝聚共识。国家的政策、框架是一个完整的体系，各地区各行业各单位抓落实也必须有一个完整的理论体系作为指导，从而形成一整套完整的数字化的概念体系、话语体系、规则体系、方案体系、操作体系、执行体系，进而形成法规体系、规划体系、实施体系，并以这样的体系凝聚共识，上下一心，同频共振。

第二，秉持长期主义，一张蓝图绘到底，一以贯之抓实践。体系化的理论绘就蓝图、凝聚共识，之后就是在操作体系、执行体系上压实责任，不折不扣抓落实，一心一意奔目标。一方面要及时跟进业界新技术、新模式、新理论、新实践，对自身体系做与时俱进的微调；另一方面要坚持自身体系大方向，不为各种花里胡哨的概念所动，避免"翻烧饼"，并坚持长期主义，久久为功。

本书是一本皇皇巨著，也是我所看到的第一本全面论述数据空间的著作，它不仅全面总结了全球数据空间的理论与实践，为我国各领域的数据空间实践提供体系性指引，而且创新性地提出了"数据空间三元论""MetaOps方法论""价值共创十步法"等框架，为业界提供了体系化的理论动能和实践指引。

我曾经指出，数据工作要围绕数据产品化展开，数据产品直接服务于应用场景，而数据是数据产品的原料，以可信数据空间为核心的数据平台是数据产品得以开发生产、安全使用和流通交易的可信场域和生产工具，数据产品须臾不可脱离数据平台，即可信数据空间。足见数据空间在数据工作中的核心、关键地位。本书全面且体系化地总结了数据空间的理论和实践，梳理了数据空间的底层逻辑，以及数据空间涉及的数据工作的方方面面，具有系统性、创新性、可读性、实践性等特点，确实是一本业界急需、不可多得的参考书。

这也正是我所强调的落实数据工作的第一个要点，即体系化的理论，它可以指导各地区各行业各单位结合自身实际情况总结出自己的数字化理论体系。我认为这是本书最大的价值。

只要方向符合国家指引，体系化的理论就有助于体系化的具体实践。不用担心理论体系和其他理论、其他概念有多大差异，只要方向正确，理论自成体系，就应该坚持。需要担心的反而是为各种花里胡哨的概念所惑，面对七嘴八舌、东拉西扯、东拼西凑的大杂烩，无所适从，无法形成结合自身实际情况的实践方案。

本书也提供了完整的数据工作方法论和实操指引，都很有价值。例如元数据运营协同框架，通过自动化元操作实现数据空间的动态演进，并结合开发、测试、部署等内容，详解数据空间的组件开发、系统部署及项目实践。

希望有识之士在国家法规政策的指引下，锚定数据要素开发利用、赋能数据产业发展的大方向，按照体系化的理论开展全面实践。一是秉持长期主义的实践作风，一张蓝图绘到底，一以贯之抓实践，切忌"翻烧饼"。二是以统一的理论体系指导实践，特别要下功夫将厚书读薄，先结合各自行业、地方、单位的实际情况，包括既有基础和既有路径，再形成清晰的理论体系、实践方案和工作思路，并争取领导支持，以达成各方面共识，同频共振，协同推进，一抓到底。

是为序。

董学耕

海南省大数据管理局原局长

2025 年春于海口

序二

数字技术正以前所未有的深度和广度重塑全球发展格局。党的二十大报告明确提出加快建设数字中国，国务院《"十四五"数字经济发展规划》进一步将数据要素定位为最具时代特征的生产要素，标志着我国数字化转型已进入以数据驱动为核心的新阶段。在此背景下，《数据空间知识体系指南》的出版，既是学术界对数据要素流通理论的系统性总结，也是产业界探索数据价值释放路径的重要里程碑。作为数字中国研究院（福建）的负责人，我深感本书的出版恰逢其时，它不仅为数据空间的理论构建提供了框架支撑，也与我国"数字强国"战略的实现路径高度契合。

数据空间：数字中国建设的核心基础设施

数字中国研究院（福建）长期致力于数字化转型的前沿研究与实践。我们深知，数据要素的高效流通与安全治理是数字经济发展的命脉，而传统的数据管理模式已难以满足多主体协作、跨域融合、动态演化的复杂需求。数据孤岛、权属模糊、隐私泄露等问题，成为制约数据潜能释放的"卡脖子"难题。本书提出的"数据空间"理论，正是这一挑战的破题之解——它并非单一技术或平台的堆砌，而是以"可信、可控、可扩展"为特征的新型数字基础设施，其本质是通过技术、制度、规则的协同创新，重构数据要素流通的底层逻辑。

从杭州城市大脑的跨部门数据融合，到粤港澳大湾区跨境数据流动试点，数字中国研究院（福建）深度参与的实践表明：数据空间的构建能够显著提升数据要素配置效率。以福建省政务数据汇聚共享平台为例，通过部署"可信数据空间"架构，该平台已接入 60 余个省级部门，覆盖 300 余类数据资源，实现了不动产登记"一网通办"，将办理时长缩短 70%，企业开办全流程缩短至 4 小时。这些成果印证了本书的核心观点——数据空间是破解"数据不敢共享、不会共享、不愿共享"困局的关键抓手。

理论创新：从"概念探索"到"体系构建"

数字中国研究院（福建）始终强调"顶天立地"的研究范式——既要立足国家战略需求，又要扎根产业实践痛点。本书作者林建兴先生提出的"数据空间三元论""MetaOps 方法论"等原创理论，正是这一范式的典范。其中："数据空间三元论"以数据要素市场、组件架构、数据空间协议为支柱，构建了"技术－经济－治理"三位一体的分析框架，突破了传统数据管理局限于技术工具的思维定式；而"MetaOps 方法论"通过"感知－建模－演化－自治"的动态循环，将数据空间开发从工程实践升维为系统科学，为复杂系统治理提供了全新方法论。

尤为值得关注的是，本书创新性提出的"数据空间操作系统"概念，与数字中国研究院（福建）正在推进的"数字基座"计划不谋而合。我们在数据空间试点中，以"Xsensus 交互引擎"为核心，集成区块链存证、隐私计算容器、多智能体协同等技术，实现了城市运行数据的实时感知与自主决策。例如，通过交通数据空间动态调度，新区早高峰拥堵指数下降 32%，公交准点率提升至 98%。这证明，数据空间不仅是数据的容器，更是驱动城市智能体的"数字神经中枢"。

实践突破：从"单点试验"到"全域赋能"

理论的生命力在于实践。本书的独特价值在于，它并非空中楼阁式的学术论述，而是深度融合了全球数据空间的前沿实践。从欧洲 Gaia-X 的联盟治理模式，到中国"东数西算"工程的算力网络协同，书中案例覆盖制造、金融、低空经济等多个领域，为不同场景的数据空间建设提供了可复制的路径参考。

数字中国研究院（福建）在参与国家"数据要素市场化配置改革"试点的过程中发现，数据空间的规模化落地须破解三大瓶颈：技术异构性（跨平台数据互操作难）、制度滞后性（权属与收益分配规则缺位）、生态碎片化（市场主体协同不足）。对此，本书给出了针对性解决方案：

- 技术层：通过"语义发现＋元数据智能识别"实现多源数据映射，在江苏工业大数据空间试点中，企业数据接入成本降低 60%。
- 制度层：依托"智能合约＋动态合规"构建弹性规则体系，在数据高效合规流通的过程中自动实现了动态估值与收益分配。
- 生态层：以开放数据空间联盟（ODSA）推动跨界协作，开放数据空间（ODS）已实现了首个规范性数据空间样板生态。

未来图景：从"数字赋能"到"文明重塑"

站在人类文明演进的高度，数据空间的终极意义在于推动社会生产关系的深刻变革。本书最后一章提出的"全球一体化数据空间"愿景，与数字中国研究院（福建）倡导的"包容性数字治理"理念高度一致。我们始终认为，数据空间不应成为技术精英的"特权工具"，而应成为普惠发展的"公共品"。书中提到的"数据空间七步开发法""MetaOps 智能运维"等工具包，将在实践应用中促使数据空间成为缩小数字鸿沟、促进共同富裕的有力工具。

以东方智慧定义数据文明新范式

中国在全球数据治理领域已从"跟跑"转向"并跑"，甚至在某些领域实现了"领跑"。本书既展现了作者深厚的学术功底，也体现了中国创新领域专家的务实精神。数字中国研究院（福建）将以此为契机，深化与各界的合作，推动数据空间理论创新、实践突破与生态繁荣。正如书中所言："随着技术、制度与数据要素市场的深化整合，数据空间成为开放普惠的数据流通载体，将催生新产品、新服务以及新模式新业态，诱发新一轮技术革命的大爆炸。"让我们携手，以数据空间为笔，共同绘制数字文明的新画卷！

宋志刚

数字中国研究院（福建）院长

2025 年春于福州

我们正处在一个由数据驱动变革的澎湃时代。数字经济的浪潮奔涌向前，数据已成为驱动增长、塑造未来的核心引擎。党的二十大擘画了数字中国建设的宏伟蓝图，数据要素市场化配置改革因数字中国战略的提出而受到党中央、国务院的高度关注。面对这一历史机遇，理论界与实务界纷纷积极探索，着力于构建新型数据基础设施，释放数据价值，激活数据潜能。国家数据局于 2024 年 11 月发布《可信数据空间发展行动计划（2024—2028 年）》，明确将"数据空间"作为数据基础设施建设的重点发展方向。在此背景下，《数据空间知识体系指南》的出版恰逢其时，作者敏锐地捕捉到时代的需求，不仅系统性地深化了数据要素流通领域的理论认知，更聚焦于"数据空间"这一创新范式，清晰描绘了如何通过技术与制度的结合，打造一个安全、高效、可信的数据要素流通新生态，为建设全国统一大市场提供宝贵的智力支持和实践蓝图。

数据要素的破局之路

我先后在国家信息中心、国家发展和改革委员会价格监测中心等部门工作，长期关注数据要素在宏观经济调控中的基础性作用。当前，我国数据要素市场还处于起步阶段，面临三大难题：数据权属难界定、定价估值缺标准、流通交易缺信任。这些问题阻碍了数据的可信流通，也极大地限制了数据对经济的带动作用。相关数据显示，我国数据要素市场潜力超 60 万亿元，但 2024 年的实际交易规模仅约 1600 亿元，数据流通交易的潜力远未释放。《数据空间知识体系指南》的重要创新，是突破了传统"数据交易平台"的思维定式，以"数据空间"为载体重构数据要素流通范式。书中介绍的"数据空间三元论"——以数据为基础、以技术架构为支撑、以协议为纽带——为数据流通设计了新方案，通过可信存证、隐私计算、动态信任管理等技术，实现了"数据可用不可见"，既保障了安全，又提升了效率。这种模式与国家发展和改革委员会推动的"数据基础制度先行区"高度契合，为解决数据要素的三大难题提供了抓手。

价格监测的新工具

价格监测是市场配置资源的关键手段，在数字经济背景下，传统依赖抽样和滞后指标的价格监测方式已难以满足精准把握新业态实时波动的需求。本书提出的"数据空间＋价格监测"模式，利用数据空间技术赋能，显著提升了价格监测能力。一是实现了全链条穿透式监测，通过整合产业生产全环节数据，构建更完整的价格传导模型。如书中提出的山东寿光"蔬菜数据空间"试点，通过语义发现与动态定价算法，将价格预警的响应时间从数天缩短至小时级，大幅减少了蔬菜的滞销损失。二是提升了多模态风险预警水平，针对受地缘政治、气候等复杂因素影响的大宗商品，通过建立"数据空间双飞轮"模型，融合分析卫星遥感、市场舆情、供应链等多源异构数据，有效提升了天然气价格预测预警能力，为国家能源的储备调度提供了决策参考。三是支持了政策模拟与效果评估，通过运用"数据沙箱＋数字孪生"等技术，可在数据空间内对价格调控政策进行推演，量化评估政策效果，提升调控的精准性，这在生猪市场调控中已得到初步应用验证。

制度与技术结合，推动体系化创新

数据要素市场化是一项复杂的系统工程，需要制度创新与技术突破协同推进。《中共中央 国务院关于构建数据基础制度更好发挥数据要素作用的意见》（简称"数据二十条"）从数据产权、流通交易、收益分配、安全治理等方面夯实了数据要素基础制度的"四梁八柱";《数据空间知识体系指南》则从技术操作层面,为制度的落地提供了具体方法和场景。在产权界定方面,本书探讨了如何通过数据标识、智能合约等技术手段,探索数据资源持有权、数据加工使用权、数据产品经营权"三权分置"的落地,为公共数据的授权运营提供了技术支撑。在价值评估方面,本书介绍的动态数据价值评估模型,融合成本法、市场法、收益法等多种评估方法,有助于推动数据资产评估和"入表"工作。在流通交易方面,本书提出了基于新型交互引擎构建的跨域数据市场的新型交易机制,能够支持"数据+算法+算力"的多元化、复合式交易,粤港澳大湾区等地的实践已显示出其促进交易额增长的潜力。此外,本书提出的"MetaOps方法论"与国家"东数西算"工程形成呼应,在算力枢纽节点开展的"算力—数据—场景"协同调度试点,在降低中小型企业数据要素使用成本方面取得初步成效,验证了数据要素优化配置的可行性。

面向未来的挑战与行动

尽管数据空间的理论与实践均取得了积极进展,但其规模化应用仍面临一系列挑战,主要包括:跨行业、跨区域的数据空间标准尚未统一,存在形成"空间孤岛"的风险;公共数据开放共享的动力和机制有待加强;数据跨境流动的规则体系仍需探索和完善等。面对这些挑战,本书的研究成果可为国家部委持续推进数据领域相关工作提供重要参考:一是加快标准研制与应用推广,联合相关部门制定数据空间架构、接口、安全等关键标准,推动互联互通;二是着力培育良好的发展生态,支持隐私计算等关键技术研发,培育数据服务商、评估机构等专业主体,构建协同发展的产业环境;三是积极参与全球数据治理,在"一带一路"倡议等框架下推广中国方案,参与国际规则协调,推动建立平衡、包容的数据跨境流动秩序。

《数据空间知识体系指南》为我国数据要素市场化配置改革进入深化阶段提供了重要参考,它不仅阐释了数据空间构建的技术路线规划与实现框架,更为关键性制度供给创新和治理范式转型提供了理论支撑与实践参考。期待本书激发更多理论与实践的火花,引发业界更广泛的思考与实践,共同推动数据空间建设，助力我国在全球数据要素竞争中占领制高点。正如作者所言："数据空间的终极使命，是让数据像水电一样普惠流动。"让我们携手共进，以数据空间建设为契机，为中国经济的高质量发展贡献新动力！

王建冬

国家发展和改革委员会价格监测中心副主任

2025 年春于赣州

为何写作本书

数字经济的爆发式增长正推动人类社会迈入"数据文明"新纪元,数据空间的构建不仅是技术命题,还是重塑全球竞争规则的战略选择。然而,数据孤岛、权属模糊、协作低效等问题如同无形的枷锁,禁锢了数据价值的充分释放。在此背景下,数据空间作为"第六次技术革命"的核心载体(书中首次提出"第六次技术革命假说"),正在颠覆传统数据管理范式,催生一种去中心化、智能自治、价值共生的新型数字生态。

本书的写作初衷,正是系统梳理这一领域的底层逻辑与实践路径。尽管当前关于数据空间的讨论日益增多,但碎片化的观点与割裂的实践急需一套完整知识体系的支撑。本书旨在填补这一空白,通过整合全球范围内的理论成果、技术实践与行业经验,构建一套覆盖"原理-工程-运营-应用"全链条的知识框架,为读者提供从理论认知到实践落地的全景式指南。

本书以"理论创新引领实践突破"为宗旨,首次整合数据空间价值金钻模型、数据空间三元论、MetaOps方法论、数据空间价值共创十步法等原创理论框架,并融入Xsensus开发框架、数据空间开发七步法等实战工具,构建覆盖"战略-技术-运营-经济"全链路的认知体系。希望本书能为全球数据空间的探索者提供一盏明灯,照亮其从概念到产业化的跃迁之路。

本书创作历程

本书横跨学科、学术、产业与政策研究领域,包括数据科学、数据架构、数据要素市场、数据运营、法律合规以及国家顶层设计等，遵循以数据为中心的商业模式塑造，通过交叉融合与探索，确保了本书内容的多元性与权威性。

在创作过程中，我深入调研了欧洲各类数据空间计划、中国可信数据空间试点工程以及亚太地区多个行业级数据空间项目，提炼出共性挑战与成功经验。同时，本书与国家基础设施建设指引、全国数据标准化技术委员会数据领域国家标准需求等对齐，融入最新的政策、标准与规范，整个创作过程极富挑战。

在技术层面，本书结合了数据架构、区块链、隐私计算、分布式架构、多智能体协同等前沿技术和创新模式，确保内容兼具理论深度与实践价值。

在方法论层面，本书突破传统技术指南的局限，首创"MetaOps 方法论"（元数据运营协同框架），将数据空间开发抽象为"感知 - 建模 - 演化 - 自治"四阶循环；同时，结合"Xsensus 开发框架"（跨共识协同引擎），提出低代码化、模块化部署方案。

这些成果最终形成了一套兼具学术严谨性与工程落地性的知识体系，并基于"数据空间大爆炸"理论（书中提出数据空间将引发指数级创新扩散），遍历城市、行业、企业、个人、跨境等各类数据空间应用，涵盖智能制造、智慧城市、跨境金融、低空经济等场景，构建了数据空间全矩阵知识图谱和较为完整的科学范式。

历经十余次修订与专家评审，本书最终形成了一套逻辑严密、层次清晰的知识体系。在此过程中，我们深刻体会到数据空间的复杂性与动态性——它是技术的集成，更是生态的协同，还将成为未来的网络载体。这一认知贯穿全书，成为我构建内容的核心逻辑。

2024 年初，我作为全球数据资产理事会（DAC）总干事，与机械工业出版社达成战略合作，共同策划并推出数据资产丛书。本书作为该丛书中极具创新特色的核心著作，由我担纲总策划并独立创作完成。我深耕数据生态服务与数据资产运营多年，凭借对数据要素的前瞻性洞察与实践积累，通过历时 180 天的深度调研与闭关创作，将理论与实践凝练为体系化的知识成果。全书内容兼具学术深度与产业广度，首次系统性提出数据空间领域的创新理论框架，覆盖从基础原理到前沿应用的完整链条。尤为值得一提的是，书中数百张原创图表均由我独立绘制，希望以可视化语言诠释复杂逻辑，为读者提供直观高效的认知路径。作为数据资产领域中里程碑式的著作，本书不仅填补了行业知识体系的空白，更以突破性的内容架构与前瞻视野，为全球数据空间的探索者提供了从理论到实践的全面指引。

本书主要内容

本书以"系统性、创新性、可读性、实践性"为纲领，构建四维一体的内容结构。

第一部分　数据空间原理：从认知颠覆到范式重构

第1章：回溯数据空间的缘起，解析数据空间理论，揭示数据空间在数字经济中的战略意义，剖析数据空间如何驱动人类从信息时代迈向智能文明。

第2章：首创数据空间三元论，以数据要素市场为基座、以组件架构为骨架、以数据空间协议为血脉，构建三位一体的核心模型。

第3章：基于数据空间架构解决方案理论，揭示可扩展数据空间架构如何引发数据价值链的链式反应。

第二部分　数据空间工程：从方法论到工具革命

第4章：详解数据空间设计、数据空间战略规划、最小可行数据空间，介绍数据空间从战略规划到设计落地的全流程指南。

第5章：围绕数据空间技术、数据空间通用参考技术架构，介绍数据空间共性技术、可信管控技术和资源互通技术。

第6章：展示MetaOps方法论，并结合开发、测试、部署等内容，详解数据空间组件开发、系统部署及项目实践。

第三部分　数据空间运营：从价值共创到生态自治

第7章：提出数据空间价值共创十步法，从资产确权到收益分配，构建可持续的价值循环体系，并分解了数据空间商业模式。

第8章：设计数据空间能力模型、数据空间应用成效评估模型，量化评估数据空间的协作效率与创新活力。

第9章：解析数据空间透明度管理，将安全合规嵌入数据空间，实现风险自愈。

第四部分　数据空间应用：从场景破局到文明跃迁

第 10 章：以数据空间智能化、网络化为背景，以数据价值双螺旋、数据空间双飞轮为引擎，解析企业、行业、城市、个人、跨境等各类数据空间如何重构全球产业链。

第 11 章：首次提出"数据空间经济新范式""第六次技术革命假说""数据空间＋""数据资产∞"，预言数据空间将催生下一代经济形态。

第 12 章：倡导绿色数据空间，结合全球一体化数据空间、全民数据素养框架，推动数字文明向公平、可持续进化。

本书读者对象

本书面向多元读者群体，力求为不同读者提供价值。

- 企业管理者：可通过本书制定数据战略，探索商业模式创新。
- 技术人员：可获取架构设计与开发部署的实战指南。
- 政策制定者：可借鉴数据空间治理与标准化的国际经验。
- 研究人员：可基于书中理论模型开展前沿研究。

本书内容特色

1. 系统性创新

理论层：首创数据空间三元论、数据空间大爆炸理论、第六次技术革命假说，构建数据空间的哲学与科学基础。

方法层：以 MetaOps、Xsensus 为代表，形成"方法论－工具链－实践路径"三维支撑体系。

实践层：通过数据空间三要素、数据空间开发七步法、数据空间开发 7C 钻石模型、数据空间价值共创十步法等将复杂工程拆解为可执行动作，降低落地门槛。

2. 极致可读性

视觉化表达：全书配备 300 余张原创图表，如数据空间金钻模型、数据空间技术魔方、数据空间开发七步法、动车模型、数据价值叠加双螺旋结构等，形成数据空间知识地图。

叙事化模式：以深厚的理论基础搭建可遵循的场景路线，让理论鲜活易懂，让创新内化于实践。

模块化设计：每章内容相对独立，既可通读全书构建知识体系，也可按需检索工具方法。

3. 深度实践性

专业认证：读者可通过参加数据空间知识体系认证，体验数据空间开发七步法的全流程，掌握数据空间价值共创十步法的精髓，并深入数据空间商业模式与数据价值共创。

生态服务：通过全球数据资产理事会（DAC）、开放数据空间联盟（ODSA）等生态资源，实现知识与能力迁移，快速掌握落地方案。

4. 未来前瞻性

理论前瞻：提出"数共体""可扩展数据空间架构""数据空间超级App""动态数据价值评估模型""商业画布"等理论与实践融合路线。

技术预言：探讨数算空间、多智能体协同、自服务、未来网络等下一代技术融合场景。

文明视角：从"人类命运共同体"高度，提出数据空间伦理准则与普惠发展路径。

致谢

本书的完成得益于众多同人的鼎力支持，尤其是高颂数科（厦门）智能技术有限公司数据空间技术与运营团队的祁鲁、邱国良、林嘉靖、林艺鸿、张晓钦等在 Xsensus 框架开发以及 MetaOps 运营中的卓越实践。同时感谢黄淑敏、钟伟伟、吴铭铭对"数据空间知识地图"设计所做的贡献。感谢杜平研究员、李林博士、王鹏鹏博士、丛兴滋、柴非超等专家对本书理论提供的方向性指导。感谢 DAC、数字中国研究院（福建）提供的生态和行业调研支持。感谢 ODSA 在标准化内容上的专业支持。此外，向所有参与案例调研的企业与机构致以诚挚谢意，正是它们的实践经验为本书注入了生命力。最后，感谢我的家人，他们的理解与陪伴让我能够全身心投入这一艰巨而富有意义的工程中。

　　谨以此书献给所有数据空间的先行者——他们在混沌中的探索，正悄然定义着人类文明的未来。期待本书能为这一领域的探索者点亮一盏明灯，让我们共同开启数据价值自由流动的新纪元。

第一部分　数据空间原理

| 第 1 章 | 数据空间理论

第二部分　数据空间工程

| 第 4 章 | 数据空间设计

｜第5章｜数据空间技术

第三部分　数据空间运营

| 第 9 章 | 数据空间风险管理

第四部分　数据空间应用

|第10章| 数据空间最佳实践

| 第一部分 |
数据空间原理

当前，全社会已进入以数据为关键要素的数字经济时代，数据作为一种新兴的生产要素，正在全面、深刻地改变着传统生产方式，同时也催生了以数据为中心的数字经济发展新需求。为适应数据要素特征、充分发挥数据价值效用、加快数字经济高质量发展，数据空间通过联接多方主体，搭建起数据资源共享共用的桥梁，孕育着全新的数据产业生态，成为新一代数据流通利用基础设施。

本部分首先聚焦理论解析、原理探究和架构梳理，形成数据空间本体导论，从理论、要素、架构等多个维度进行分析，充分阐述数据空间的缘起和发展，并解构和建构数据空间的能力体系、模型与框架，以形成系统化、体系化的数据空间理论基础，进而构建起数据空间知识体系。

对数据空间原理的透析与把握是数据空间应用和发展的起点。数据空间是复杂生态系统、新型基础设施、数据流通利用技术、价值共创机制的复合体，更是面向未来的互联互通网络环境。数据空间在数据闭环中通过组件系统支撑数据生态发展，以架构实践方式，形成数据价值涌现，从而为培育和壮大全国一体化市场提供一套完整的体系与最佳解决方案。

为深入诠释数据空间解决方案的理论基础，本部分首先围绕数据空间的内涵、价值和能力，通过"三元论"提出数据空间三环模型，构建数据空间三元论框架，然后在讲解组件运行机制的过程中归纳核心元件创新的类型与方向，最终在角色和协议体系的基础上采用架构视角完整透视数据空间的解决方案架构，为全书知识体系提供深刻的科学范式底座。

在本书中，数据空间、可信数据空间、空间的含义相同，不做区分。

数据空间理论

理论，是研究系统的一般模式，是对概念、判断、推理的思维概括。数据空间理论则是对数据空间特征、结构的理性认知与逻辑体系的总结。在国家数据基础设施建设的背景下，数据空间理论始终将数据作为第五生产要素，基于以数据为中心的流程改造和系统升级，从优化数据流通利用机制的角度出发，结合数据空间理论产生的背景和现状，形成数据空间理论解析体系。

我国已全面推进各类型数据空间的建设与发展，在多场景应用中，数据空间的概念、属性、类型和价值也在实践中持续完善。本章基于数据空间的现状，充分结合国家数据基础设施建设指引的要求，以《可信数据空间发展行动计划（2024—2028年）》的政策精神为基础，透视数据空间的概念、属性、类型，归纳数据空间的价值与能力体系，为对数据空间原理的建构与理解提供系统性理论视角。

然而，理论通常是阶段性演绎和一般化推理的结果，将随着事物的发展而持续优化。数据空间理论亦如此，尤其是随着应用生态的规模化、网络化发展，数据空间理论将不断完善和丰富，更准确地反映经验事实与系统结论。

1.1　数字经济时代的新型数据基础设施

1.1.1　数据作为第五生产要素

2020 年 4 月 9 日，《中共中央 国务院关于构建更加完善的要素市场化配置体制机制的意见》（以下简称《意见》）正式公布。《意见》提出了土地、劳动力、资本、技术、数据五个要素领域的改革方向，明确了完善要素市场化配置的具体举措。这是中央第一份关于要素市场化配置的文件，而数据作为一种新型生产要素也首次正式出现在官方文件中。

在 2022 年 12 月印发的《中共中央 国务院关于构建数据基础制度更好发挥数据要素作用的意见》（以下简称"数据二十条"）中，数据被定义为新型生产要素，与土地、劳动力、资本、技术等传统生产要素并列，是数字化、网络化、智能化的基础，并已快速融入生产、分配、流通、消费和社会服务管理等环节中。这一定义体现了数据在现代经济中的重要性，以及它在推动经济社会高质量发展中的关键作用。

数据要素的提出和应用标志着人类社会从传统的农业经济、工业经济进入数字经济时代，这是社会生产力的一次重大飞跃。农业经济时代的核心生产要素是土地与劳动力，工业经济时代的核心生产要素是资本与技术。数字经济时代，以大数据、人工智能、区块链、量子计算等信息技术为标志的新一轮科技革命和产业革命引起数据量与算力的爆炸式增长，数据作为生产要素，已经从投入阶段发展到产出和分配阶段。不同历史阶段生产要素的变迁及标志见表 1-1。

表 1-1　不同历史阶段生产要素的变迁及标志

历史阶段		生产要素	标志
农业经济时代		土地、劳动力	农具、灌溉系统
工业经济时代	第一次工业革命（蒸汽时代）	土地、劳动力、资本	蒸汽机
	第二次工业革命（电气时代）	土地、劳动力、资本、管理	电力、内燃机
	第三次工业革命（信息时代）	土地、劳动力、资本、技术	原子弹、航天技术、计算机、生物工程
数字经济时代（或称为数字时代）		数据、土地、劳动力、资本、技术	数据空间、数场、数据元件

数据在全球经济运转中的价值日益凸显，世界主要经济体围绕数据资源抢夺数字经济制高点的竞争日益激烈。我国创新数据生产要素属性的提升，关系着经济增长的长期动力，关系着国家发展的未来。世界各国都把推进经济数字化作为创新发展的重要动能，在前沿技术研发、数据开放共享、隐私安全保护、人才培养等方面做出了前瞻性布局。我国同样需要推动实体经济和数字经济融合发展，推动制造业加速向数字化、网络化、智能化发展；促进新兴技术的融合应用，提升国家治理现代化水平，推行电子政务，建设智慧城市，构建全国数据资源共享体系；利用数字经济时代的新型数据基础设施，分析风险因素，提高感知、预测、防范能力。

根据《意见》，政府在推动数据要素市场化配置改革方面，已经采取了一系列措施，包括：推进政府数据开放共享，优化经济治理基础数据库，加快推动各地区各部门间数据共享交换；提升社会数据资源价值，培育数字经济新产业、新业态和新模式，支持构建多领域规范化数据开发利用的场景；加强数据资源整合和安全保护，探索建立统一规范的数据管理制度，提高数据质量和管理规范性，丰富数据产品。

1.1.2 以数据为中心的流程改造和系统升级

充分运用数字技术，有利于推动实体经济全要素数字化转型，促进实体经济和数字经济深度融合，实现量的合理增长和质的有效提升。创新主导发展，数字化引领创新，以数据为中心的流程改造和系统升级，成为当前提升全要素生产率的重要驱动力量。

以数据为中心的流程和系统中的各类主体，可以类比制造业中的不同角色来理解，例如数据生产者、数据消费者、数据经销商、数据管理员、数据质检员以及数据供应链体系。在该语境下，数据不是IT系统的副产品，组织内部的技术和非技术职能难以区分，逐渐成为一个整体。随着数字化转型的持续深入，数据共享和数据所有权的竞争、管理与数据流的错位，以及把数据管理和信息管理混入技术管理等错误做法，或者说数据资产有效管理的障碍，都将随着数据思维认知的改变而逐渐消失。数据资源的重要性已经深入人心，数据资产作为经济社会数字化转型中的新兴资产类型，已在社会上形成广泛共识。

从组织视角出发，以数据为中心的流程和系统是围绕数据收集、存储、分析与应用来设计和优化的，旨在提高效率、驱动创新和增强决策能力。

- 数据驱动的决策制定：组织利用数据分析来支持决策过程，使得决策更加基于实证而非仅凭经验或直觉。这涉及对数据的实时分析和对历史数据的深入挖掘。

- 自动化和智能化：系统利用机器学习和人工智能技术来自动完成数据处理与分析任务，提高效率，减少人为错误，并从大量数据中提取有价值的洞察。

- 数据集成和互操作性：不同来源和格式的数据需要被集成与整合，以便在整个组织内流通和共享。这要求系统具备高度的互操作性和数据兼容性。

- 数据治理和质量管理：确保数据的准确性、完整性和一致性是至关重要的。数据治理框架和质量管理措施被用来维护数据的质量与安全性。

- 数据隐私和安全：随着数据价值的提升，保护个人隐私和数据安全成为重要议题。组织必须遵守相关法律法规，并实施强有力的数据保护措施。

- 数据生命周期管理：数据从创建、存储、使用到最终的归档或销毁，都需要被有效管理。以数据为中心的系统会优化数据的整个生命周期，确保数据在每个阶段都能发挥最大价值。

- 数据产品和服务创新：组织利用数据来开发新的产品和服务，提供个性化的客户体验，并创造新的收入来源。

- 数据共享和协作：在确保数据安全和隐私安全的前提下，组织之间共享数据可以带来更大的价值。这要求组织建立数据共享的标准和机制，促进跨组织协作。

- 数据基础设施：强大的数据基础设施是支持以数据为中心的流程和系统的基础。这包括数据仓库、云计算平台、大数据处理工具和数据分析软件等。

- 数据素养和文化：组织内部需要培养员工对数据的理解和应用能力，建立一种数据驱动的组织文化，鼓励员工利用数据解决问题和进行创新。

以数据为中心的流程和系统是一种将数据视为核心资产，并围绕数据需求设计 IT 基础架构、应用程序和业务流程的架构。这种架构的风格主要包括仓库体系结构风格和黑板体系结构风格。

在仓库体系结构风格中，仓库中存在一个中央数据结构，它能说明当前数据的状态，并包含一组能操作中央数据的独立构件。这些构件与仓库之间的相互作用可能会导致系统产生显著的变化。仓库与这些独立构件之间的交互则依赖连接件。

黑板体系结构风格适用于需要集中管理大量数据，并允许多个独立构件对数据进行操作的场景。同时，它还适用于解决复杂的非结构化问题，能够在求解过程中综合运用多种知识源。黑板系统是一种问题求解模型，它将问题的解空间组织成层级结构，每一层信息由一个唯一的词描述，代表问题的部分解。领域相关的知识被分成独立的知识模块，它们将某一层中的信息转换成同层或相邻层的信息。黑板体系结构风格在信号处理领域，如语音识别和模式识别，以及松耦合代理数据共享存取中有广泛应用。

很明显，以数据为中心的流程改造和系统升级，涉及大量的知识底座、技术支撑和设施投入。虽然我国已经开始通过数据资产入表改变数据投资，使其不再是一种支出和投入，而是可以直接转化为资产和资本，但由于数据投资涉及以数据为中心的架构所强调的数据全生命周期管理，很多组织无法找到切入点实现快速进入，甚至"不想、不会、不敢"进行新一轮的数字化转型升级。

因此，国家一方面通过出台政策法规，加快培育数据要素市场；另一方面加大对新型数据基础设施建设的投入力度，为组织的数据变革提供公共支撑。虽然数据要素基础设施目前没有典型的案例作为行业规范和引领行业发展，市场仍处于探索和发展期，但复用已有的丰富算网资源建立广泛的数据要素基础设施、整合已有的数据要素基础设施解决方案为技术路线和实现路径提供参考，可谓数据基础设施演进的一种路径。

1.1.3 演进中的数据基础设施

1. 新型基础设施

加快新型基础设施建设，是扩大有效投资、抢占数字经济新赛道的重要手段，是推进数字化转型、塑造未来发展新优势的关键抓手。

2023 年 9 月，上海市人民政府印发《上海市进一步推进新型基础设施建设行动方案（2023—2026 年）》，紧抓智能算力、大模型、数据要素、区块链、机器人等技术的发展趋势和绿色低碳节能要求，立足产业数字化、数字产业化、跨界融合化、品牌高端化，强化技术引领、应用引导、统筹布局、开放合作，并将重点领域进一步拓展为"新网络、新算力、新数据、新设施、新终端"5 个方面，构建泛在互联的高水平网络基础设施，建设云网协同的高性能算力基础设施、数智融合的高质量数据基础设施，打造开放赋能的高能级创新基础设施和便捷智敏的高效能终端基础设施。上海新一代"5 新基建"如图 1-1 所示。

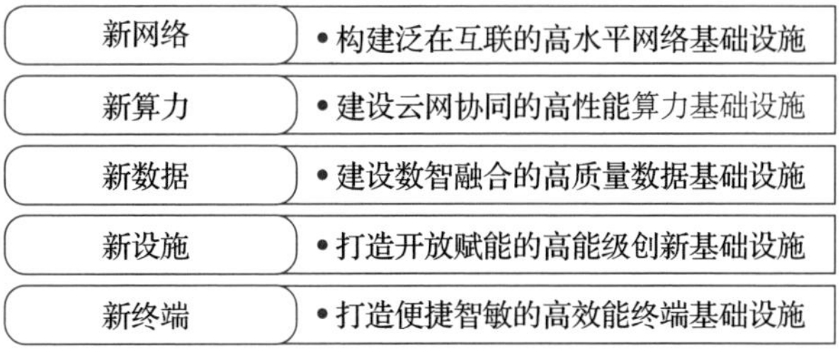

新网络	•构建泛在互联的高水平网络基础设施
新算力	•建设云网协同的高性能算力基础设施
新数据	•建设数智融合的高质量数据基础设施
新设施	•打造开放赋能的高能级创新基础设施
新终端	•打造便捷智敏的高效能终端基础设施

图 1-1　上海新一代"5 新基建"

2024 年 8 月 19 日，工业和信息化部、中央网信办等 11 部门联合印发《关于推动新型信息基础设施协调发展有关事项的通知》（以下简称《通知》），顺应新型信息基础设施发展趋势，面向各类设施，统筹各方力量，加强协调联动，推动均衡发展。

新型信息基础设施是一系列互联互通、分工协作设施的集合体，主要包括 5G 网络、光纤宽带网络、移动物联网络、骨干网络、国际通信网络、卫星互联网等网络基础设施，数据中心、通用算力中心、智能计算中心、超算中心等算力基础设施，以及人工智能基础设施、区块链基础设施、量子信息基础设施等新技术设施。

工业和信息化部表示，随着新一代信息通信技术的演进和发展，新型信息基础设施的功能和类型更加多样，体系结构更加复杂，与传统基础设施的融合趋势更加凸显，但难统筹、难融合、不协同、不平衡等发展问题日益突出，新型信息基础设施在跨区域、跨网络、跨行业层面发展不协调的问题和区域分化现象逐渐显现，不同设施发展协同不足，跨行业协调机制尚不完善，设施的安全和绿色水平仍待进一步提高。

《通知》以推动新型信息基础设施跨区域、跨网络、跨行业协同建设为重点方向，提出了"1统筹6协调"等7方面主要工作，即全国统筹布局、跨区域协调、跨网络协调、跨行业协调、发展与绿色协调、发展与安全协调、跨部门政策协调等。

《通知》强调合理布局新技术设施，有条件的地区要支持企业和机构建设面向行业应用的标准化公共数据集；打造具有影响力的通用和行业人工智能算法模型平台；部署区域性人工智能公共服务平台；统筹建设区块链基础设施，推动跨链互通与互操作；合理布局量子计算云平台设施。《通知》还要求，集约部署城市感知终端，统一建设城市级物联网感知终端管理和数据分析平台；全面建设实景三维中国，搭建数字中国时空基座和数据融合平台；完善国土空间基础信息、时空大数据、城市信息模型等基础平台，推进平台功能整合，为城市数字化转型提供统一的时空框架。

很明显，在国家层面，数据上升为战略性资源；在企业内部，数据是核心资产；而在政府侧，围绕数据要素价值化展开了一系列部署和投资。其中，结构调整、产业协同、流程改造、系统升级都聚焦于新一代数据基础设施的革新。

2. 国家数据基础设施

2024年7月18日，中国共产党第二十届中央委员会第三次全体会议通过了《中共中央关于进一步全面深化改革 推进中国式现代化的决定》（以下简称《决定》）。《决定》明确提出："建设和运营国家数据基础设施，促进数据共享。加快建立数据产权归属认定、市场交易、权益分配、利益保护制度，提升数据安全治理监管能力，建立高效便利安全的数据跨境流动机制。"这是"国家数据基础设施"一词第一次在国家级文件中出现。

随后，按照党中央、国务院决策部署，国家发展改革委、国家数据局、工业和信息化部在充分调研的基础上，组织编制了《国家数据基础设施建设指引》

（2024 年 12 月印发），力求在当前情况下，说清楚数据基础设施的概念、发展愿景和建设目标，指导推进数据基础设施建设，推动形成横向联通、纵向贯通、协调有力的国家数据基础设施基本格局，打通数据流通动脉，畅通数据资源循环，促进数据应用开发，培育全国一体化数据市场，夯实数字经济发展基础，为数字中国建设提供有力支撑。

根据上述指引，国家数据基础设施是从数据要素价值释放的角度出发，面向社会提供数据采集、汇聚、传输、加工、流通、利用、运营、安全服务的一类新型基础设施，是集成了硬件、软件、模型算法、标准规范、机制设计等的有机整体。国家数据基础设施在国家统筹下，由区域、行业、企业等各类数据基础设施共同构成。网络设施、算力设施与国家数据基础设施紧密相关，并通过迭代升级，不断支撑数据的流通和利用。

数据流通利用设施是国家数据基础设施的重要组成部分，为跨层级、跨地域、跨系统、跨部门、跨业务数据流通利用提供安全可信环境，包括可信数据空间、数场、数据元件、数联网、区块链网络、隐私保护计算平台等技术设施。网络设施、算力设施适应数据价值释放需要，向数据高速传输、算力高效供给方向升级发展。安全保障体系是国家数据基础设施安全可靠运行的保障，包括监测预警、信息通报、应急处置等相关制度、能力和队伍建设。

3. 新质生产力背景下的数据基础设施演变

新质生产力以创新为主导，摆脱传统经济增长方式、生产力发展路径，由技术革命性突破、生产要素创新性配置、产业深度转型升级而催生，以全要素生产率大幅提升为核心标志。发展新质生产力是推动高质量发展的内在要求和重要着力点，数字经济高质量发展不仅能增强经济社会发展新动能，畅通经济循环，还能增强经济韧性，为经济发展持续提供动能。一方面，数字经济是新质生产力发展的新赛道；另一方面，数字经济高质量发展也为新质生产力蓄势赋能。

在数字经济高质量发展的过程中，数据基础设施的演变是关键。数据基础设施不仅包括传统的信息基础设施，如互联网、大数据、云计算、人工智能、区块链等，还涵盖数据要素价值释放的一系列服务，如数据汇聚、处理、流通、应用、运营和安全保障。从信息基础设施到数据基础设施，北京交通大学张向宏教授在 2023 全球数商大会上归纳了其演变背景：

- 新阶段：过去 30 多年来，全球经济社会已从信息化阶段全面转向数字化阶段，当前又从数字化阶段向数据要素化阶段进一步演化升级。
- 新空间：全球网络空间也从信息网络空间升级为数字网络空间，当前又从数字网络空间向数据网络空间迭代升级。
- 新特点：网络空间已从"以通道为中心"转变为"以计算为中心"，当前正在从"以计算为中心"进一步向"以数据为中心"转型。
- 新设施：基础设施已从信息基础设施发展为数字基础设施，当前正在从数字基础设施向数据基础设施转型升级。

在国际上，新一轮的数据基础设施创新也在持续。2024 年 9 月，英国政府宣布将英国数据中心列为关键国家基础设施，旨在加强应对网络威胁、IT 中断和环境风险的能力。此外，英国政府还宣布将与国家网络安全中心等安全机构进行更好的协调，并专门成立由高级政府官员组成的数据基础设施团队进行相关监督工作。

随着数字经济的全面发展，数据基础设施的演进体现在以下几个方面：

- 技术架构的升级：数据基础设施的技术架构不断演进，以适应数据量的爆炸式增长和数据处理复杂度的提升。例如，5G、光纤、卫星互联网等提供了高速泛在的连接能力，而云计算、边缘计算等技术则提供了高效敏捷的数据处理能力。
- 数据要素市场的建设：数据要素市场作为新型软性基础设施，提供了数据汇聚、处理、流通、应用、运营、安全保障等服务。它是数据基础设施的核心组成部分，促进了数据的流通和价值释放。
- 数据安全与隐私保护：随着数据的重要性日益增加，数据安全和隐私保护成为数据基础设施的关键组成部分。隐私计算、联邦学习等技术的发展，保障了数据的安全流通和使用。
- 数据产权与流通机制：数据产权归属认定、市场交易、权益分配、利益保护制度的建立和完善，是数据基础设施发展的重要方面。这些机制的建立有助于促进数据的合规高效流通和使用。

- 数据基础设施的区域差异：我国的数字经济发展水平存在区域差异，东部地区的发展水平高于中西部地区。这种差异要求国家在数据基础设施的建设方面考虑地区特点，以实现区域协调发展。

这些方面共同影响数据基础设施的变革，面对瞬息万变的全球格局以及快速发展的数字技术，拥有一种全新的、稳定的、面向未来的、释放数据价值的"有机整体"就显得特别重要。这个"有机整体"就是经济社会进入数据要素化发展新阶段，支撑数据要素基础制度实施，支持数据资源开发利用落地，全面促进数字中国、数字经济、数字社会高质量发展的平台和载体，也就是国家级的全域数据基础设施。国家数据基础设施总体架构如图 1-2 所示。

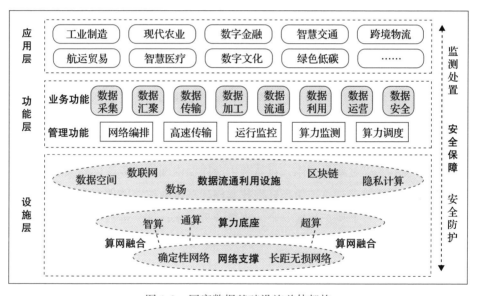

图 1-2　国家数据基础设施总体架构

1.2　数据空间的缘起与现状

1.2.1　数据空间的缘起

随着数字经济时代的到来，数据已成为推动经济社会发展的核心要素之一。无法高效、安全地共享和流通数据，成为制约数字经济发展的关键瓶颈。在数据驱动的业务模式下，跨组织、跨行业的数据共享和流通需求日益增长。数据空间提供了一种创新的数据共享与流通机制，以解决数据共享中可能遇到的数据权属、流通机制等问题。同时，数据泄露、数据滥用等问题日趋严重，对个人隐私和国家安全构成威胁。数据空间采用隐私计算、区块链等技术，确保数据在传输、存储和使用过程中的安全性，实现数据的"可用不可见，可控可计量"。而数据集成、虚拟化、语义建模和元数据管理等技术的发展，为数据空间的实现提供了技术基础。

各个国家和地区为了推动数据空间的发展，出台了一系列政策和法规，如欧盟的《通用数据保护条例》《欧洲数据战略》等，中国的《中华人民共和国数据安全法》《中华人民共和国个人信息保护法》等，为数据空间的建设提供了政策指引和制度保障。在全球化背景下，数据空间的国际化发展受到重视，国际合作和竞争也在推动数据空间的发展。

在我国，数据空间（Data Space，DS）是一个相对较新的概念，它源于对数据信息规范和安全问题的探索。2013 年 8 月，由中山大学孙伟教授带领的教育部信息技术重点实验室首次提出了"数据空间"的概念：一个面向全对象全生命周期的分布式多元标签数据存储的底层技术框架。数据空间基于大数据分布式存储技术，以对象为主体，对其全生命周期内围绕业务产生的关联数据进行标准化定义及梳理；通过动态标签技术构建三维数纹，并使用数据加密、细粒度访问控制等技术保护数据安全，支撑业务需求。这一创新成果不仅体现了孙伟教授团队在计算机技术领域的重要贡献，也为数据管理和应用提供了新的思路与方法。

此外，孙伟教授还强调数据主权应归于个人，并提出"个人健康数据空间"的概念，旨在通过以个体为中心的数据管理，利用智能体测设备将采集生成的健康数据存储于个人健康数据空间中，并基于互联网、大数据和云计算进行管理、分析与应用，从而更好地服务于个人健康。

2015 年，德国弗劳恩霍夫协会启动"工业数据空间"（Industrial Data Space）项目。该项目通过建立一个虚拟数据空间，结合相关标准规则和统一信息模型，来促进工业生态系统中数据的便捷连接与安全交换，同时确保数据所有者的数据主权。目前，德国通过成立国际数据空间协会（International Data Spaces

Association，IDSA）[⊖]联合了来自 31 个国家和地区的 169 个成员单位（数据截至 2024 年 9 月 23 日），共同推动工业数据空间的行业应用和全球化推广。IDSA 已经发布数据空间的参考架构 4.0 版，并在医疗、能源、制造等领域开展了探索试点。

除此之外，欧洲还有 Gaia-X、OpenDEI、FIWARE 等相关研究和推进数据空间的组织。近年来，"数据空间"一词已成为国外数字化运动的口号。国内尽管对"数据空间"一词的使用越来越多，但对其含义常常缺乏明确的解释或存在分歧。

当前，国内外数据空间正处于探索阶段，众多企业积极参与并遵循国际数据空间（IDS）标准，以推动数据共享和安全技术的发展，致力于建立互操作性强、安全性高的数据共享平台，旨在解决数据孤岛问题，并促进跨组织、跨领域的数据流通。尽管取得了一定的进展，但是数据空间的技术和标准体系尚未完全成熟，缺乏统一的、完善的规范，有待进一步发展以应对不断变化的行业需求与技术挑战。

1.2.2 《欧洲数据战略》

产业领域内的数据协作与竞争是欧洲的强项。关于如何促进企业间的产业数据协作，欧盟给出的答案是数据相关法案、环保法规以及数据空间。欧盟委员会原内部市场委员蒂埃里・布雷顿（Thierry Breton）称："欧盟在创造利用个人信息的数字企业之战中落在中美企业之后，但在产业数据之战中可能会获胜。"

2020 年 2 月 19 日，欧盟委员会发布了包括《欧洲数据战略》在内的一系列关于"塑造欧洲数字化未来"的战略规划，涵盖数据利用、人工智能、平台治理等领域的发展和立法框架。鉴于数据在全球竞争和数字社会发展中的价值日益凸显，欧盟致力于构建"单一数据市场"，将自身打造成全球数据赋能社会的典范和领导者，从而成为世界上最具竞争力的数据敏捷型经济体。为实现这一目标，欧盟必须在数据市场公平性、数据互操作性、数据治理、数据的个人

⊖ 2018 年在德国成立，前身是 2016 年成立的工业数据空间协会。

控制权和网络安全等方面构建完善的法律体系框架，建立欧盟统一市场，在欧盟范围内有效、安全地跨行业、跨领域共享和交换数据。

这一努力的背后是欧盟委员会的目标，即以符合欧洲自主、隐私、透明、安全和公平竞争价值观的方式推进欧洲的数据经济。数据面向全社会共享、访问和使用，需要公平、明确的规则，还需要切实可行的工具手段。因此，首次在《欧洲数据战略》中出现的"共同数据空间"成为欧盟数据战略的核心概念，欧盟的单一数据市场即建立于共同数据空间之上。

在《欧洲数据战略》中，欧盟委员会确定了九大战略性行业和领域的数据空间，并制定了 2021—2023 年的主要推进举措，后又增加了一个名为"欧洲开放科学云"（European Open Science Cloud，EOSC）的科研领域数据空间作为发展参考。这十大行业和领域数据空间的构建都是由特定行业需求驱动的。

2024 年 2 月 14 日，欧盟委员会发布《2024 年单一市场和竞争力报告》（以下简称《报告》）。《报告》强调，在快速变化且充满挑战的全球地缘政治背景下，单一市场仍然是欧盟的最大优势。

1.2.3　国内数据空间的发展现状

在国内，数据空间的理论研究和实践探索也在加速，部分地区已经开始推进城市数据空间和工业数据空间的建设并取得了一定的成果。上海数据交易所发布了国内首个行业数据空间，这是我国在数据空间建设方面的积极探索。此外，南昌被确定为全国数据基础设施建设（数据空间方向）的先行先试城市之一，这将推动数据利用和数据流通新格局的构建。

近年来，我国对数据空间的探索实践持续深入，应用场景不断拓展，围绕能源、制造、金融、城市治理等领域的数据流通和公共数据授权运营形成一批典型案例。

2022 年初，中国信息通信研究院（CAICT，以下简称"中国信通院"）和数十家企业、大学及研究机构共同发起了可信数据空间生态链联盟，发布了《可信数据空间架构白皮书 1.0》。至今，生态链成员已近 200 家。中国信通院联合可信工业数据空间生态链，组织产学研用多方机构在 IEEE 标准协会正式发布 IEEE P3158《可信数据空间系统架构》，在凝聚各方智慧共识的基础上，为建设数据空间、促进数据共享流通、推动数据价值挖掘提供指引。

2024 年 5 月，中国工程院发布《数据空间发展战略蓝皮书》，首次系统地定义了数据空间，将其描述为通过社会经济实践活动产生的新空间，数据在此空间中通过人、机、物的网络互联实现应用，形成了人类活动的全新维度。

在政府侧，2016 年，《"十三五"国家科技创新规划》首次提出"数据空间"概念。2023 年，国家数据局挂牌成立，并发布了《"数据要素 ×"三年行动计划（2024—2026 年)》，为数据空间建设提供政策指引。同时，行业标准不断完善，《企业数据资源相关会计处理暂行规定》将数据从自然资源转化为经济资产，为数字经济发展提供理论支持。2024 年 8 月，国家数据局宣布正在研究推动数据空间试点，以数据为牵引推动若干类数据空间建设，围绕共性标准研制、核心技术攻关、数据基础设施建设、安全和规范管理等工作，打造数据空间可信可管、互联互通、价值共创的核心能力，加强国际交流合作，为构建全国一体化数据市场提供有力支撑。

2024 年 9 月 3 日，国家数据局发布《国家数据局数据资源司 2024 年研究课题入选名单》，由中国信通院承担"数据空间推进路径研究"课题，研究我国推进数据空间的总体路径和任务举措。我国对数据空间的探索已步入初期探索与规划布局阶段。

2024 年 11 月 21 日，国家数据局重磅发布了《可信数据空间发展行动计划（2024—2028 年)》(以下简称《行动计划》)，旨在引导和支持可信数据空间发展，促进数据要素合规高效流通使用，加快构建以数据为关键要素的数字经济。这是国家层面首次详细规划了数据空间建设的一份重要政策文件，标志着我国全面启动了数据空间建设。《行动计划》规定了可信数据空间建设发展的总体思路与目标，建设可信数据空间可信管控、资源交互、价值共创三大核心能力，并明确开展企业、行业、城市、个人、跨境可信数据空间培育推广行动，推进可信数据空间筑基行动。

当下，数据空间技术与市场需求双重驱动。据赛迪顾问分析，中国数据空间建设持续提速并领先全球。2019 年至 2024 年 6 月，全球数据空间专利申请量逐年增长，且头部 3 个国家的占比呈现逐年上涨趋势，专利申请集中度逐渐提升。美国、德国的申请量占比呈现逐年小幅提升态势，而中国的申请量占比提升速度最快。2023 年、2024 年上半年，中国的申请量占比超过德国，分别达到 19.2%、19.7%，位居全球第二。

2023 年，中央及地方相关文件频繁提及加强数据空间建设，推动数据基础设施升级，以促进数据可信高效流通。隐私计算、数据控制、数据存证溯源三大技术作为数据空间建设的关键技术，2024 年 6 月，专利申请量占比分别达到 28.8%、21.5% 和 14.5%，合计占比达到 64.8%。隐私计算、数据控制、数据存证溯源等相关产品应用也不断取得突破，未来有望持续加快数据空间建设速度。

1.2.4　数据空间创新探索

整体而言，数据空间仍处于早期阶段，大量计划正在构建框架并探索最佳实践，这些探索将有助于数据空间模式的普及和应用。各类数据空间新兴计划的核心目标与框架构建、标准化、融合、开发所需的模块互相促进，推动各类实践的演进。未来，数据空间的普遍采用将有助于扫除数据专家和初创公司在数据开发利用中遇到的主要障碍，尤其是与数据可信度、互操作性和治理相关的障碍。

1. 数据空间模式的发展

当前国内外对数据空间的探索多是基于或借鉴 IDS 架构的理念，构建各自的数据空间体系。例如，亚马逊推出了基于云的数据共享服务，中国信通院提出了以"跨域数据使用控制"为核心的可信数据空间（Trusted Data Matrix，TDM）架构，华为以华为云为基础开发交换数据空间（Exchange Data Space，EDS），数鑫科技基于 IDS 架构，参照中国信通院 TDM 的设计原则与架构，融合国内发展特点打造了领域数据空间（Domain Data Space，DDS）产品技术体系，高颂数科在 AIOS（人工智能操作系统）的基础上，基于数据资产识别、数据要素摘要提取技术，参照前述各项数据空间架构，开发了 Xsensus 数据空间通用互操作系统，用于访问和处理分布式存储的各类数据，并在此基础上整合形成了面向各类数据空间的通用数据空间框架（XDS 框架）。总体而言，国内外对数据空间的探索与实践较多参考 IDS 架构。

目前，数据空间生态系统正处于成功的关键阶段，即将思想、举措和定义融合成以综合方式提出的公认标准。为此，数据空间商业联盟团结了来自主要论坛的利益相关者，包括大数据价值协会（BDVA/DAIRO）、FIWARE 基金会、Gaia-X 欧洲数据和云协会以及国际数据空间协会（IDSA），引起了各界的关注。

回顾数据空间的发展历程，它作为一个包含多种参与者的复杂多边组织结构，遵循着逐步演进的发展原则。

在初始阶段，数据空间是限定成员之间的封闭生态系统。这种情况下，不一定需要一个独立的联邦实体或管理人，由其中一个成员来履行联邦实体的职责即可。汽车行业中单一原始设备制造商（OEM）的生产和供应链就是一个封闭生态系统的例子。

在进化阶段，数据空间的特征在于对成员的开放接纳。在这个阶段，参与者并非固定不变，而是呈现出一种动态的进出状态。这相应地提升了成员对可信机制、互操作性等要素的需求。Catena-X 就是这样一个开放生态系统的典型实例，特别是在当前的项目范围内，它明确地向涵盖数万企业的整个汽车供应链敞开大门，进一步体现了生态开放性。

在发展阶段，数据空间体现了个体成员不仅属于单一生态系统，还是多个生态系统的参与者。在这种情况下，成员需要在不同生态系统之间共享数据，这就需要数据空间在参与者信任、数据和元数据的互操作性等方面满足额外的需求。

随着数据空间的逐步演进，互操作性、数据主权以及信任与安全相关的复杂性随之上升。为了实现跨生态系统边界的数据空间活动互操作性，联盟成员必须就数据源的唯一标识符系统和描述方案达成共识。同样，数据使用控制政策作为数据主权的保障，也需要在不同生态系统中达成清晰一致的理解。数字身份用于识别和验证参与者，这一点同样适用于跨生态系统的情形。因此，有必要在参与者生态系统之上构建一个"联盟生态系统"。而最适合作为这个"看门人"的莫过于具备公共服务性质的国家政府机构。

2. 国家数据空间构想

国家数据局于 2023 年首次提出了数据基础设施体系，如图 1-3 所示。网络设施、安全设施是信息基础设施的核心；算力设施、数据流通设施是新型基础设施的核心。数据基础设施是国家数据空间设计和建设的基础，也是国家数据空间发挥作用的重要支撑。数据基础设施体系与全国一体化政务大数据体系的整合，构成了国家数据空间的雏形。

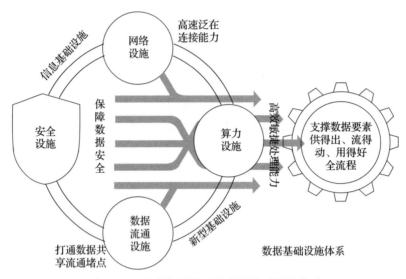

图 1-3　国家数据局提出的数据基础设施体系

从工业经济时代演进到数字经济时代的本质变化就是网络空间（Cyberspace）架构在信息空间层之上增加了数据空间层。数据基础设施就是要实现数算三要素——数据、算力、算法的基础设施化。国家数据空间的构建涉及数据模型、数据集成、查询与索引等技术，并且强调数据主权保障、安全可信流通以及价值联合挖掘。它包括国家公共数据基础空间、国家行业数据空间、国家区域数据节点空间，为不同的数据主体提供自主操作、公平共享和交换、可信管理和认证，以及互操作等可信安全操作。

国家数据空间的建设也是为了响应《中华人民共和国数据安全法》的要求，该法确立了数据分类分级管理，建立了数据安全风险评估、监测预警、应急处置等基本制度，并明确了相关主体的数据安全保护义务。

此外，国家数据空间的建设还涉及国际合作。在全球化背景下，数据跨境流动成为全球焦点。国家数据局将与各方从治理规则、机制、能力等方面协同发力，共同提升数据安全的治理水平，打造安全、开放、包容的创新发展环境。

国家数据空间的建设是一个全面集成信息化和数字化基础设施的过程，并且在数据要素化发展新阶段创新发展出新的基础设施，如国家软基础设施等。

这些新型基础设施与已有的国家硬基础设施、国家数据安全基础设施共同构成了国家数据基础设施，为数据全生命周期的不同环节提供支持。

国家数据空间的建设还涉及数据基础设施的建设，数据基础设施包括数据采集平台、数据汇聚平台、数据加工平台、数据共享平台、数据开放平台、数据运营平台、数据交易平台和数据存储平台等，这些都是支持数据全生命周期不同环节、不同行业、不同区域数据要素化的统分结合架构。

然而，在信息化和数字化基础设施建设过程中，一方面，国家政务数据共享存在一些壁垒，包括横向上的"数据孤岛"——同级部门间的数据分割，纵向上的"数据烟筒"——数据向上汇集容易，基层使用难。部分政务数据建设陷入了"管道冗余"的困境，一个部门动辄有两三套软件系统，"管道"很多，但有效、标准、共享的数据却不够。另一方面，数据要素流通缺乏统一的标准，各地方纷纷建立的数据交易平台、数据资产登记中心，无法形成互联互通和共享机制。地方数据中心、算力中心发展不均衡，也会导致"数字鸿沟"不断扩大。

基于上述背景，国家数据空间应能够为数据持有者、数据提供者、**数据生产者、数据消费者、数据应用程序提供者、数据平台提供者、数据市场提供者、身份提供者**等多种主体，提供自主操作、公平共享和交换、可信管理和认证，以及互操作等可信安全操作。

2022 年 9 月 13 日，国务院办公厅印发《全国一体化政务大数据体系建设指南》（以下简称《指南》），明确全国已建设 26 个省级政务数据平台、257 个市级政务数据平台、355 个县级政务数据平台。全国一体化政务数据共享枢纽已接入各级政务部门 5951 个，发布 53 个国务院部门的各类数据资源 1.35 万个，累计支撑全国共享调用超过 4000 亿次。

《指南》提出，要建成全国一体化政务数据共享枢纽，依托全国一体化政务服务平台和国家数据共享交换平台，构建起覆盖国务院部门、31 个省（自治区、直辖市）和新疆生产建设兵团的数据共享交换体系，初步实现政务数据目录统一管理、数据资源统一发布、共享需求统一受理、数据供需统一对接、数据异议统一处理、数据应用和服务统一推广。全国一体化政务大数据体系总体架构如图 1-4 所示。

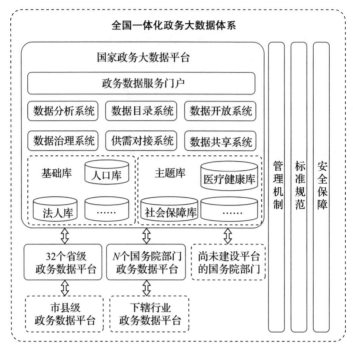

图 1-4　全国一体化政务大数据体系总体架构

很明显，这就是国家数据空间清晰的雏形和良好的基础。国家数据空间以"1+32+*N*"的全国一体化政务服务平台和国家数据共享交换平台为基础，创新具有中国特色的数据空间架构，以公共数据共享为主线，以统一认证标准为核心，构建覆盖区域、行业和特色数据空间的数据新生态格局。

张向宏教授表示，国家数据空间是国家数据基础设施（NDI）的核心。国家应尽快确定"1+32+*N*"的全国一体化政务服务平台作为国家公共数据基础空间的基础，尽快确定首批参加国家行业数据空间的行业领域，尽快确定首批参加国家区域数据空间的节点城市，尽快启动国家数据空间建设。

3."平台＋生态"城市数据空间模式

"平台＋生态"城市数据空间模式是一种新型的城市发展模式，它强调数据作为城市发展的关键生产要素，通过构建数据空间平台和生态系统，促进数据的高效流通和利用，从而推动城市的数字化转型和智能化升级。

在这种模式下，城市数据空间（City Data Space，CDS）作为一种理念和实践框架被提出，它包括制度和组织保障体系、基础设施、数据生态等多个方面。例如，典型的城市数据空间架构体系被设计为"2+1+1"，即 2 个保障体系（制度和组织）、1 个基础设施、1 个数据生态。基础设施进一步细化为"1+4+2"的统一基础架构，包括 1 个城市数据底座、4 个数据分层（数据资源、数据治理、数据资产和数据交易）以及 2 个治理框架（安全可信和合规可控）。

上海数据集团和华为云联合编制了《城市数据空间 CDS 白皮书》，提出了城市数据空间的架构体系（如图 1-5 所示），并在上海进行了实践。例如，上海数据集团以公共数据为牵引，构建了"天机·智信"平台，该平台采用湖仓一体、存算分离架构，提供数据治理、数据产品、数据服务、数据应用的开发工具，并围绕数据全生命周期提供信任安全和授权运营的管理能力。

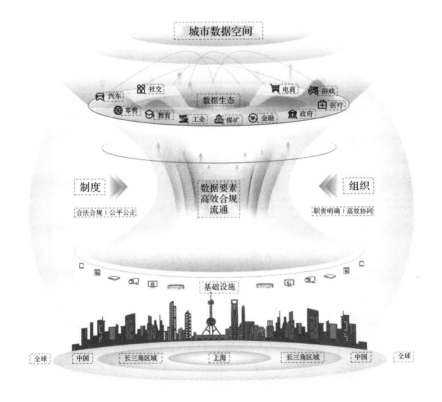

图 1-5　城市数据空间的架构体系

此外，华为也在其内部探索了数据空间的建设，通过构建数据交换空间，实现了高密、重要数据的跨部门安全可控共享，以及与生态伙伴的数据可控交换，为质量追溯、产品开发协同等业务场景提供支撑。高颂数科作为领先的创新型数据资产运营服务商，也通过构建城市级数据资产运营平台，在多地实施"平台＋生态"数据资产运营模式，推动数据空间应用的创新实践探索。

总体来看，"平台＋生态"城市数据空间模式是推动城市全域数字化转型的重要策略，它通过构建统一的数据平台和生态系统，促进数据的流通和利用，为城市的智能化和可持续发展提供支持。

1.3 数据空间理论解析

1.3.1 数据空间的概念

《可信数据空间发展行动计划（2024—2028 年）》指出，可信数据空间是基于共识规则，联接多方主体，实现数据资源共享共用的数据流通利用基础设施，是数据要素价值共创的应用生态，是支撑构建全国一体化数据市场的重要载体。可信数据空间须具备数据可信管控、资源交互、价值创造三类核心能力。在该计划中，可信数据空间、数据空间、空间的含义相同，本书也不做区分。这是国家首次定义数据空间的概念，主要聚焦数据空间的功能与能力定位，是数据空间宏观层面的概念。

由国家市场监督管理总局、国家标准化管理委员会发布并实施的《智能制造 工业数据空间参考模型》（GB/T 42029—2022）提到，工业数据空间是数据提供者和数据使用者之间进行数据交换与使用的环境，是一个涵盖特定组织全部相关信息的数据共存方法，采用数据集成、数据虚拟化、语义建模和元数据管理等技术统一组织管理数据。

整体而言，数据空间是一个相对较新的概念，它指的是一个虚拟的数据环境，旨在促进不同组织和行业之间安全、透明、标准化的数据交换和连接。数据空间的核心目标是确保数据主权，即数据所有者对其数据拥有完全的控制权，同时提供一个可信的环境，使数据可以在不同的商业生态系统中安全地交换和共享。

从技术角度来看，数据空间属于数据管理技术范畴，它建立了技术系统和规则来集成与交换数据。由此产生的是一个基于共享政策和规则的联邦数据生态系统。数据分布在各个存储点，根据需要进行集成，并提供工具来发现、访问和分析分布在各个行业、公司和实体之间的数据。因而，数据空间又可以看作一项数据集成技术，它不需要公共数据库和物理数据集成，而是在语义级别上基于"按需"的分布式数据存储和集成。根据这个技术定义，可以将数据空间定义为特定应用程序域中基于共享策略和规则的联邦数据生态系统。这些数据空间的用户能以安全、透明、可信、简单和统一的方式访问数据。

数据空间的核心在于提供一个安全可信的数据流通环境，它允许数据的冗余和"共存"，并且可以嵌套和重叠，使各个参与者可以成为多个数据空间的一部分。数据空间的构建涉及数据模型、数据集成、查询与索引等技术的研究，并且强调数据主权保障、安全可信流通以及价值联合挖掘。数据空间是一种面向全对象、全生命周期的分布式多元标签数据存储的底层框架，是一种让数据安全、高效连接的技术体系。

从基础设施的角度看，数据空间是为数据跨组织流通和使用提供安全和可信机制的一种新型数据基础设施。它以分布式的形态构建在现有的数据管理系统和网络基础上，通过共同的标准和认证等体系化的技术安排来确保数据受控、数据的流通和应用可信，解决数据要素提供方、使用方、服务方等主体间的安全与信任问题，进而支撑数据驱动的数字化转型。

在应用场景领域，我们所说的数据空间实际是指主体数据空间，与之相对的是公共数据空间。主体数据空间是公共数据空间的一个子集，随着主体需求的不断变化，数据项不断从公共数据空间纳入主体数据空间中。主体、数据集、服务是数据空间的三要素。主体是指数据空间的所有者，可以是一个人或一个群组，也可以是一个企业，甚至是一个行业、一座城市或一个国家。数据集是与主体相关的所有可控数据的集合，既包括对象，也包括对象之间的关系。主体通过服务对数据空间进行管理，例如数据分类、查询、更新、索引等，这些都需要主体通过数据空间提供的服务来完成。由此可见，数据空间是一种不同于传统数据管理的新的数据管理理念，是一种面向主体的数据管理技术。与传统的数据管理技术类似，数据空间管理也涉及数据模型、数据集成、查询与索引等各种技术。

除了数据空间最初的技术定义之外，商业界对这一术语的使用也日益频繁，使得数据空间的概念逐渐被视为一种数据协作的形式。工业领域的从业者将数据空间理解为一种由共同目标驱动的业务合作模式。

因此，OpenDEI 在《数据空间的设计原则》中将数据空间定义为"基于共同认可的原则，在数据生态系统中实现可信数据共享和交换的去中心化基础设施"。Gaia-X 将数据空间定义为"基于共同策略、规则和标准的用于主权数据共享的联合开放基础设施"。根据欧盟委员会关于欧洲共同数据空间的工作文件，数据空间"汇集了相关的数据基础设施和治理框架，以促进数据的汇集和共享"。欧盟委员会正在资助数据空间支持中心，采取一系列措施，例如建立共同要求和最佳实践，以使数据空间在欧盟内连贯发展。作为数据空间的补充定义，数据空间支持中心的词汇表将数据空间描述为"一种基础设施，它基于该数据空间的治理框架，使不同数据生态系统的各方之间能够进行数据交易"。

数据空间遍布世界各地。在欧洲，欧盟正在资助特定的数据空间计划，这些计划通常旨在满足特定行业（如农业或卫生）的需求。这些数据空间应遵循特定的设计原则，支持互操作并可作为单一数据市场相互联接。因此，它们被称为欧洲通用数据空间。

在本书中，数据空间同样采用多维度定义方法。简而言之，数据空间是一个由治理框架定义的分布式协同系统，它通过一系列技术组合，实现了参与者之间安全可靠的数据共享、交换与流通。数据空间通常由一个或多个基础设施实现，并支持一个或多个应用场景。相比传统的数据技术，数据空间更强调多种技术的组合与协同，更关注架构治理与性能优化。围绕数据要素价值化，数据空间更接近于一套以数据为中心的"组装式"超级应用系统，旨在克服数据集成、数据管理、数据流通系统中存在的一些问题。其目的是依靠现有的匹配和映射生成技术，减少建立数据系统所需的工作量，并在使用过程中以"即插即用""现收现付""组装扩展"的方式改进系统。

可见，数据空间具有多维度和不同语境背景的特定含义：

- 物理学上的空间：数据实体所占据的区域或者实体之间的相对位置关系。

在物理学中，空间通常与时间一起被考虑，构成时空概念，例如时序数据库。

- 几何学上的空间：一个可以容纳物体的、连续的、无限的区域，可以被量化和度量，例如数据存储空间。
- 社会生活中的空间：一个地方或者区域，如居住空间、工作空间、娱乐空间等，城市数据空间即有部分相关内容。
- 信息技术领域的空间：如"信息空间""网络空间""虚拟空间"等，指的是数据、信息、服务等在网络环境中存储、处理和交换的场所。
- 抽象概念的空间：数据系统的能力状态和成熟度，通常与生态学和经济学相关，具有自主性、生成式、自动化治理的属性。

简而言之，可以把"数据空间"看作一个虚拟的环境，用于存储、管理和交换数据，确保数据的安全、可靠和高效使用。数据空间可以是本地的，也可以是基于云的，并且通常包含一系列的技术、政策和程序，以支持数据的全生命周期管理。

1.3.2　数据空间的属性

1. 数据空间的性质

《辞海》对"空间"的定义是：与"时间"一起构成运动着的物质存在的两种基本形式。空间指物质存在的广延性，即物质占据的三维范围（高度、深度和宽度）。这种定义强调了空间作为物质存在的基本属性，即不依赖于人的意识，是客观存在的。空间的概念也被用于数学、艺术设计等多个领域。数学中的空间形式是研究现实世界的空间属性的科学，而在艺术设计中，空间设计用于创造视觉和感知上的三维效果，以增强作品的表达力和观赏性。

结合数据空间的概念，如上所述，从技术角度来看，数据空间通常被描述为数据集成的一种手段；从经济角度来看，数据空间被视为经济交换的一种手段；从法律角度来看，考虑到主体的自决权，数据空间最终可以被理解为保卫数据主权的一种手段；在以数据为中心的流程和系统语境下，数据空间是一种围绕数据价值释放的自动化生态系统。

综合数据空间的理论缘起与发展路径，关于数据空间性质存在以下几种观点。

（1）新型基础设施说

数据空间作为新型基础设施，是为了适应数字经济时代的需求而提出的。它是为了实现数据的高效、安全共享和流通而设计的一套技术与服务体系。数据空间基础设施的核心功能是实现数据的实体化，即将数据作为独立、完整的实体进行管理和使用，而不是仅作为计算任务的附属物或 IT 系统的副产品。

数据空间以数据为实体，基于数据的自然属性构建数据的逻辑模型，并将模型抽象为直接可见、可用的独立实体。这个独立实体一方面不依赖下层软硬件，软硬件环境的改变不会导致数据实体的变化；另一方面独立于上层应用，应用场景的变化不会导致数据自然属性的改变。根据数据空间"以数据为中心"的特征，它势必需要一套"以数据为中心"的新型基础设施，将网络空间中资源的表征和组织从计算架构转变为数据架构，以支撑数据的实体化表达。

数据空间作为一种支持数据资源开放互联、可信流通的新型数据基础设施，是拓展应用场景、实现数据价值的应用生态、促进数据资源协同复用、建设要素市场的重要载体。在这套体系内，数据在不同组织和行业之间能够安全、透明地流动，同时满足数据隐私和治理的要求。数据空间基于数据语用原理的数据对象实体化方法，通过融合数字对象架构、分布式账本和智能合约等技术形成数联网解决方案，支持互联网规模的数据空间基础设施建设和运行，实现数据的集成、虚拟化、语义建模和元数据管理，以及保护数据的安全和隐私。

数据空间基础设施支持在数据从产生、存储、处理、分析到销毁的整个生命周期中，为数据的汇聚、处理、流通、应用、运营、安全保障全流程提供设施服务。数据空间基础设施的建设有望对相关技术的发展提供更广阔的场景，推动产业繁荣，促进产业技术新一轮融合。

（2）技术契约说

数据空间的性质可以从多个维度来理解，其中"技术契约说"是理解数据空间内涵的重要维度。在数据空间中，技术契约指的是通过技术手段确保数据的共享和流通，通常是在一定的规则和协议下进行的，这些规则和协议确保了数据的安全性、合规性以及对数据主权的保护。

技术契约在数据空间中的作用主要体现在以下几个方面：

- 确保数据主权：数据空间允许数据所有者对其数据拥有完全的控制权，

技术契约确保数据在共享和流通过程中尊重数据主权。

- 促进数据共享：通过建立标准化的数据交换和连接机制，技术契约促进了不同组织和行业之间的数据共享。
- 保障数据安全：技术契约通常包含加密、访问控制等安全措施，确保数据在流通过程中的安全。
- 支持数据合规性：技术契约帮助确保数据的使用和处理符合相关的法律法规要求。
- 提供可信环境：通过技术手段建立的可信机制，使数据空间中的参与者能够在一个可信的环境中进行数据交换。
- 促进技术创新和商业模式创新：技术契约为数据的创新使用提供了基础，支持新的商业模式和服务的开发。

在实践中，数据空间的建设涉及一系列的技术和管理挑战，包括信任体系的建立、数据互操作性、访问和使用控制、分布式架构等。这些挑战需要通过技术创新和标准化活动来解决。例如，国际数据空间协会旨在创建一个安全可信的数据空间，其中任何规模、任何行业的公司都可以在充分享有数据自主权的前提下对其数据资产进行管理，并且对共享数据的全链条信息有充分的掌握。

此外，数据空间的内涵还包括数据驱动的价值链、数据自主权、数字化平台构建数据生态系统、通用技术标准作为全球数据基础设施的关键要素等多个方面。这些方面共同构成了数据空间的技术契约基础，为数据的流通和利用提供了支撑。

（3）生态系统说

数据空间也被看作一种生态系统及与之相适应的软性因素。这表明一个数据空间就是一个大环境，甚至是一个单独的世界。因此，这就不仅仅是制定一些规则划分"地盘"的问题。它还涉及制度设计、技术支持、人员培养等多层次、多方面的因素，是一个比较复杂的系统。

数据空间的生态系统说主要强调数据空间是一个复杂的、多方参与的、自我维持和进化的系统与体系，它通过构建一个开放、协作的环境来促进数据的共享和流通。数据空间生态系统的性质可以从以下几个方面来理解：

- 多方参与：数据空间生态系统涉及数据提供者、数据消费者、服务提供者、技术提供者、监管机构等多方参与者，它们共同维护和促进数据空间的健康发展。

- 开放性：数据空间生态系统鼓励开放的数据共享机制，允许不同来源和类型的数据在生态系统中自由流通与交换。
- 协作性：数据空间生态系统中的参与者需要协作，共同解决数据共享和流通中的问题，如数据安全、隐私保护、数据标准化等。
- 自我维持和进化：数据空间生态系统能够自我维持和发展，会随着技术的进步和市场需求的变化不断进化与完善。
- 服务导向：数据空间生态系统提供各种服务，如数据存储、处理、分析、可视化等，以满足不同用户的需求。
- 标准化：为了确保数据的互操作性和可移植性，数据空间生态系统需要遵循一定的标准和协议。
- 安全性和信任：数据空间生态系统需要建立可信机制，确保数据的安全和合规使用。
- 创新驱动：数据空间生态系统鼓励创新，支持新的商业模式和服务的开发。

国际数据空间协会董事会主席莱茵霍尔德·阿赫思（Reinhold Achatz）指出，当前在产业数字化转型过程中，大量存在跨企业数据共享流通不畅问题，影响产业链业务协同效率，产业界急需能够有效解决跨企业数据共享流通问题的新模型。数据的价值是有时效性的，寻找数据、定义数据、使用数据并形成好的数据生态，需要新一代信息技术的全面支撑。以信息技术为支撑的数据空间作为一个开放共享的数据生态系统，能够实现数据在行业内、产业间的安全交换和便捷连接，使得全球创新者在安全、可信、平等的伙伴关系中实现数据的价值最大化，为建设安全、开放、合作、有序的数据空间命运共同体提供技术和实践基础，助推全球数字经济发展。

（4）数据平台说

数据平台说主要强调数据空间作为一个技术平台的角色，它支撑数据的存储、处理、分析和共享。数据平台是数据空间的技术基础，其核心功能通常包括数据采集、数据存储、数据管理、数据分析和数据可视化等。

数据平台能够整合不同来源的数据，包括结构化数据和非结构化数据，为数据空间提供全面的数据处理能力，并可以提供高效的数据存储解决方案，如数据湖或数据仓库，支持大规模数据的存储和管理。数据平台通常集成了大数据处理框架，如 Apache Hadoop、Spark 等，支持数据的清洗、转换和分析，并且支持数据治理，包括数据质量控制、数据标准制定和数据合规性管理，以确保数据的准确性和一致性。

通过数据服务和 API，数据空间中的其他系统和应用能够方便地访问与利用数据，且数据平台被设计为可扩展的架构，不仅能够适应不断增长的数据量和变化的业务需求，还支持数据的共享和流通，从而打破数据孤岛，促进数据在不同业务和组织间流通。

持数据平台说观点的专家认为，数据空间可以被看作一个超级应用，各类系统组合成一个统一的数据大平台，这个平台在数据空间中发挥着核心作用，支持数据的全生命周期管理，并为数据驱动的业务创新提供技术支撑。

（5）单一市场说

数据空间的"单一市场说"强调的是创建一个统一的数据市场，在这个市场中，数据可以跨越行业和地域自由流动与共享。这种观点认为，数据空间应该是一个开放、透明、可信的环境，允许不同类型的数据在不同的组织和行业之间无缝交换与利用。

数据空间提供了一个统一的交换平台，使数据可以像商品与服务一样在市场中自由交易和流通。通过提供丰富的数据资源，数据空间鼓励新的商业模式和服务的出现，推动市场竞争和创新。而统一的数据市场可以提高数据利用的效率，通过标准化和透明的规则提高市场的透明度。同时，数据空间不再局限于单一行业，而是可以跨越多个行业和领域，如工业、农业、金融、健康等。

欧盟在《欧洲数据战略》中提出了建立单一数据市场的目标，旨在创建一个开放、公平、多样、民主、自信的数字化欧洲，通过确保数据的自由流动和利用，推动经济增长和社会创新。此外，欧盟还强调数据空间在不同行业领域中的应用，如工业、绿色协议、移动、健康、金融、能源、农业、公共行政和技能数据空间。这些数据空间的构建都由特定行业的需求驱动，旨在促进数据的共享、访问和使用，同时确保规则的公平、明确，并具备切实可行的工具和手段加以落实。

（6）新空间说

中国工程院发布的《数据空间发展战略蓝皮书》将数据空间描述为通过社会经济实践活动产生的新空间，数据在此空间中通过人、机、物的网络互联实现应用，形成了人类活动的全新维度。

新空间说强调数据空间作为一个全新的维度或领域，代表了数据在数字时代新的存在和流通方式。这种观点认为，数据空间是在物理空间和网络空间发展到一定阶段后所产生的新空间，必将成为产业和经济发展的新增长点。

新空间说强调，数据空间将构建一个全新的"平行世界"。新空间是由数据构成的，数据就像物理空间中的钢筋水泥，是这个新空间中最重要的资源。人们通过在数据空间中接收信息、搜索信息而实现目标、满足需求。未来的人类将在物理空间中生存，在数据空间中进行决策和发展。信息和数据是决策的基础。

对上面的各项分析进行归纳和总结，数据空间的属性包括以下几个关键点：

- 范围：数据空间必然具有空间和时间范围。它应该包含一定数量的数据和一定数量的参与者，每个数据都在一定的时间段内。例如，仅两家企业之间的数据交换并不构成企业数据空间，即使交换是永久性的。类似地，如果交换仅发生一次，则任何国家的所有企业之间的数据交换都不构成数据空间。

- 去中心化：数据空间必然具有一定程度的去中心化。去中心化的程度用参与者的实际数量与可能数量的比值来衡量。例如，如果所有交换过程都是通过数据空间中的不同参与者进行的，则存在绝对的去中心化。

- 互操作性：数据空间的正常运行主要依赖分布式联邦结构，一方面可以实现数据空间的共享协同，另一方面能确保尽可能多的数据空间参与者相互交换信息。

- 透明度：数据空间必须具有一定的透明度。这种透明度用向实际和潜在的参与者以及受影响和未受影响的第三方提供的有关数据空间内所发生情况的可用信息量来衡量。

- 主权：只要以（自愿）数据交换为前提，数据空间就必须赋予参与者一定程度的主权。主权是保障数据收益权的根基。

- 信任：与透明度和主权相关的是信任。无论是在数据质量还是在数据证据方面，透明度越高，对数据的主权控制越大，参与者就越能信任数据空间。此外，明确的法律规则和监管环境可以增强参与者对数据空间的信任。

国家数据局对数据空间的定义采用了基础设施、生态、市场等角度的组合，更符合国家政策层面的功能引导定位。本书重点围绕数据空间的关键点、架构、技术实施路线等，对数据空间进行全面的原理性解析，更偏向实施层面，可与国家数据局的相关定义和政策精神相配合，为数据空间建设和发展提供实施路线。

2. 数据空间的内涵

对数据空间理论做进一步探析，可以从以下 4 个维度解构数据空间的内涵：

- 理论之维：数据空间被认为是一套全新的理论架构，旨在创建一个互联的生态系统，使数据在不同行业和组织之间能够安全、透明地流动，促进跨部门、跨层级、跨区域、跨主体的数据共享和流通。
- 技术之维：数据空间是信息空间、网络空间从"以计算为中心"向"以数据为中心"转型的产物，需要新型的基础设施，如数据中心、云计算平台、高性能计算集群等来支撑数据的存储、处理和分析。
- 工程之维：数据空间强调共享和流通机制，同时也强调数据主权和数据治理，即数据所有者对其数据拥有完全的控制权，并能在数据共享和流通中保护数据的安全与隐私。
- 应用之维：数据空间支持创建新型数据驱动服务，通过提供清算机制和计费功能，以及创建特定领域的元数据代理解决方案和市场，为这些服务培育新的商业模式。

由此可见，数据空间的内涵来源于其天然具备的稳定性和鲁棒性，也可总结为"可信"，即认证、安全与治理机制的泛在性。首先，应确保数据空间中的参与者和核心组件（如连接器）都经过认证，以建立可信任的数据交换环境。其次，数据空间涉及安全通信、身份管理、信任管理、可信平台、数据访问控制、数据使用控制、数据来源跟踪等关键安全功能。最后，也最重要的是，数据空间通过治理机制定义了数据空间的角色、功能和流程在治理与法规遵从性方面需要满足的要求，以实现安全和可靠的企业互操作。

探索数据空间，不论是理论分析，还是技术解耦，抑或工程运维、应用管理，都离不开数据空间作为一套复杂体系所必须拥有的可信机制。在国内，数据空间更多地被称为"可信数据空间"，以强调数据空间在这个方面的根本属性和内涵。

总体来看，数据空间的建设仍处于探索发展阶段，面临产品技术供给不足、标准规范难以统一、商业模式尚未成熟等问题。未来的发展方向包括加大技术研发力度、制定统一架构标准、推进产品验证，以及加强政策引导和行业应用探索。

3. 数据空间的特点

根据国家信息中心公共技术服务部联合浪潮云信息技术股份公司发布的《数据空间关键技术研究报告》，数据空间的关键特征包括基础设施、数据主权、治理机制、商业模式、价值遵从和开放参与。它依赖先进的安全措施，确保数据在传输和使用过程中的安全性，并且支持数据存储的分散化，即数据在物理上保留在数据所有者手中，直至被转移到受信任的一方。

很显然，在数字经济时代，数据空间作为一种新型的虚拟环境，具有一系列独特的特性，这些特性共同定义了数据空间的本质和功能。具体而言，数据空间是一个动态的、多维的、多层次的、异质的、开放的和复杂的系统，具有空间性、信息性、动态性、多维性、层次性、异质性、开放性和复杂性等特征。

- 空间性：数据空间提供了一个虚拟的"空间"，在这个空间中，数据基于一套完整的机制被存储、处理和交换。它类似于物理空间，可控制、可管理、可识别、可扩展，只是其对象和组织是数据，而不是支撑数据空间的那些物理实体。

- 信息性：数据空间的核心是信息，它包含大量可以被收集、分析和解释的数据，这些信息通常用于洞察、决策支持和知识发现，进而通过数据空间内外循环、交互与生态协同应用来释放数据要素的无限价值。

- 动态性：数据空间是动态的，数据在其中不断流动和变化，新的数据不断被添加，旧的数据可能被更新或删除。同时，数据空间的角色、构件和架构也是可扩展的，它能够满足数据的实时处理、分析和价值转化需求。

- 多维性：数据空间通常包含多维系统、多源数据，这意味着可以从多个角度和层次对数据进行分析和解释。多维性允许更复杂的查询和更深入的数据分析。

- 层次性：数据空间具有层次结构，数据可以按照不同的层次进行组织，例如个人数据、团队数据、组织数据、产业数据、公共数据等。层次性有助于角色矩阵管理和访问控制，确保数据的有序性和安全性。

- 异质性：数据空间中的数据显示出多源异构性，这意味着它们可能来自不同的来源，具有不同的格式和结构。异质性要求数据空间能够处理和整合不同类型的数据。

- 开放性：数据空间是开放的，允许授权用户和系统访问与交换数据。开放性促进了数据的共享和协作，但同时也需要考虑数据的安全和隐私。

- 复杂性：数据空间的复杂性源于数据的多样性、数量、相互依赖性和不同应用场景的处理需求。管理这种复杂性需要先进的技术，如数据集成、虚拟化、语义建模和元数据管理。

这些特征共同构成了数据空间的基础，使其成为一个功能强大、灵活且适应性强的环境，能够支持现代数据驱动的业务和应用。同时，这些特征也赋予了数据空间作为新型数据基础设施的高度辨识度，具备上述各项特征的数据系统、平台通常具有数据空间的相应功能。

1.3.3　数据空间的类型

1. 从发展演进和实践探索的角度分类

根据数据空间的发展演进和实践探索过程，数据空间可分为封闭式、半开放式、开放式、联盟式、生态协同式 5 种类型。

（1）封闭式

特点：数据空间仅限于组织内部使用，不与外部环境交换数据。

例子：一个公司的内部数据库，只允许公司员工访问和使用。

（2）半开放式

特点：数据空间在一定条件下允许外部访问，但访问权限和数据交换受到限制。

例子：某些政府数据集，对公众开放但需要通过申请和审批流程。

（3）开放式

特点：数据空间对所有用户开放，允许自由的数据访问和共享。

例子：开放数据集，如公共气象数据，任何人都可以访问和使用。

（4）联盟式

特点：由多个组织或机构共同管理和维护的数据空间，允许成员之间共享数据。

例子：多个医院组成的医疗联盟或医疗共同体，共享患者数据以进行研究。

（5）生态协同式

特点：数据空间是一个广泛的生态系统，涉及多个行业和领域，数据在生态系统中自由流动和共享。

例子：智能制造生态系统，其中设备供应商、制造商和服务提供商共享数据以提高整个生产链的效率。

每种类型在数据的可访问性、共享程度、控制机制和应用范围上都有所不同，适用于不同的业务需求和数据管理策略。表1-2展示了不同类型的数据空间在访问权限、数据共享程度、控制机制、数据流动、参与主体、应用范围、数据所有权、数据安全要求、数据标准化、数据隐私保护、数据应用场景和数据价值创造等方面的特点。

表1-2　不同类型数据空间的特点

特点	类型				
	封闭式	半开放式	开放式	联盟式	生态协同式
访问权限	仅限内部	受限外部	完全开放	联盟成员	生态系统内
数据共享程度	低	中	高	高	最高
控制机制	严格	较严	宽松	联盟规则	自我调节
数据流动	无	有限制	自由	成员间	广泛
参与主体	单一组织	单一组织	公众	多个组织	多行业多组织

（续）

特点	类型				
	封闭式	半开放式	开放式	联盟式	生态协同式
应用范围	内部操作	有限合作	公共服务	特定领域	跨行业应用
数据所有权	完全内部	内部为主	公共为主	共享所有权	共享所有权
数据安全要求	高	较高	一般	高	较高
数据标准化	内部标准	有标准化	需要标准化	联盟标准	生态系统标准
数据隐私保护	强	较强	一般	强	较强
数据应用场景	内部决策	合作伙伴	公共访问	行业共享	跨行业创新
数据价值创造	内部价值	合作价值	社会价值	行业价值	生态系统价值

2. 从应用场景和需求的角度分类

对应上述生态类型，结合不同的应用场景和需求，数据空间又可分为局域数据空间、私有数据空间、专用数据空间、联盟数据空间和公共数据空间。

（1）局域数据空间

局域数据空间通常限定在特定的地理位置或网络范围内，例如一个企业内部的局域网或一个城市的市政网络。这种数据空间的特点是高度的安全性和注重隐私保护，因为数据流通受到地理位置或网络权限的限制。局域数据空间主要用于支持局部业务流程和决策，如校园内的教育资源共享或企业内部的项目管理。

（2）私有数据空间

私有数据空间是由单个组织拥有和控制的数据空间，不对外开放或仅对特定群体开放。这种数据空间的数据访问和使用受到严格的权限控制，以确保数据的安全性和合规性。私有数据空间通常用于存储敏感信息，如企业的财务数据、研发资料或客户的个人信息。

（3）专用数据空间

专用数据空间是为特定目的或项目而设立的数据空间，它可能包含多个组织，但仅限于与该项目相关的参与者访问和使用。这种数据空间的特点是高度的专业性和目的性，数据共享和流通是为了实现特定的目标，如一个跨国研究项目的数据中心。

（4）联盟数据空间

联盟数据空间是由多个组织共同参与和维护的数据空间，成员之间共享数据以实现共同的目标。这种数据空间的特点是合作性和互惠性，成员组织通过共享数据来提高整个联盟的效率和创新能力。联盟数据空间通常存在于供应链管理、行业联盟或跨部门合作项目中。

（5）公共数据空间

公共数据空间对公众开放，任何人都可以访问和使用其中的数据。这种数据空间的特点是开放性和包容性，数据的共享是为了增进社会的整体福祉，促进知识传播。公共数据空间的例子包括开放政府数据、公共图书馆的数字资源或科学数据共享平台。这里所讲的公共数据空间不等同于基于公共数据开发利用的数据空间。

上述各种数据空间都有其独特的价值和挑战。局域数据空间和私有数据空间更注重安全性和隐私保护，而专用数据空间和联盟数据空间侧重于特定目标的实现，公共数据空间则强调开放性和可访问性，以促进数据的社会价值最大化。在实际应用中，组织需要根据自身的需求和资源，选择合适的数据空间类型、采用不同的设计路线来实现其目标。

3. 国家数据局的分类

目前，国家数据局正在研究推动数据空间试点，以数据为牵引推动若干类数据空间建设，围绕共性标准研制、核心技术攻关、数据基础设施建设、安全和规范管理等工作，打造数据空间可信可管、互联互通、价值共创的核心能力，加强国际交流合作，为构建全国一体化数据市场提供有力支撑。国家数据局尤其强调，要分类实施培育数据空间，推动企业、行业、城市、个人、跨境等五类数据空间的建设，形成一批数据空间的解决方案和最佳实践，促进数据要素合规、高效流通使用，释放数据要素价值，激发全社会内生动力和创新的活力。

（1）企业数据空间（Enterprise Data Space，EDS）

企业是市场经济的基本单元，其数据空间的建设将极大提升企业的运营效率和决策能力。通过整合企业内部数据资源，构建统一的数据管理平台，企业能够实现数据资产的高效利用，优化业务流程，降低成本，提高市场竞争力。

企业数据空间是企业实现精细化管理和创新发展的重要创新模式。通过对生产、销售、财务等各环节数据的整合与分析，企业能够精准洞察市场需求，优化业务流程，提高运营效率，从而在激烈的市场竞争中占据优势。例如，通过利用大数据分析客户的行为和偏好，企业可以定制个性化的产品和服务，提高客户满意度和忠诚度。

（2）行业数据空间（Industry Data Space，IDS）

聚焦重点行业，推动数据空间在行业内的广泛应用，有助于实现行业内数据的共享与协同。这不仅能够提升行业整体运行效率，还能促进跨企业间的合作与创新，推动行业向更高水平发展。

行业数据空间打破了企业之间的信息壁垒，促进了整个行业的协同发展。不同企业的数据汇聚在一个共享的空间中，使行业内能够进行更广泛的交流与合作。这有助于制定统一的标准和规范，提升行业整体的质量和水平。同时，通过对行业数据的深度挖掘，可以发现潜在的市场趋势和发展机遇，引领行业的创新与变革。

（3）城市数据空间（City Data Space，CDS）

城市是经济社会发展的基本载体，其数据空间的建设对于提升城市管理水平、优化公共服务具有重要意义。通过构建城市级数据共享平台，实现政府各部门间的数据互通与协作，可以有效提升城市治理效能，为市民提供更加便捷、高效的服务。

城市数据空间为城市的智慧化发展提供了有力支撑。它涵盖交通、能源、环境、公共服务等多个领域的数据，经过整合和分析，能够帮助城市管理者做出更科学的决策，比如，优化交通流量，合理配置公共资源，提升城市的宜居性和城市发展的可持续性。

（4）个人数据空间（Personal Data Space，PDS）

个人数据是数字经济时代的重要资源之一。构建个人数据空间，有助于保护个人隐私，实现个人数据的自主管理和授权使用。这不仅能够提升个人的数字安全感，还能激发个人在数字经济领域的参与热情和创新活力。

个人数据空间赋予了个人对自身数据的更多掌控权和利用权。在保障隐私和安全的前提下，个人可以将自己的健康、教育、消费等数据进行整合和管理。

这不仅有助于个人更好地了解自己的生活状况，做出合理的规划和决策，还能为个性化的服务和产品提供精准的依据。

（5）跨境数据空间（Transborder Data Space，TDS）

随着全球化进程的加速推进，跨境数据流动已成为不可逆转的趋势。构建跨境数据空间，有助于促进国际数据的合规流通与共享，推动全球数字经济的发展与合作。通过加强国际合作与对话机制建设，共同制定跨境数据流动的标准与规则，为全球经济一体化贡献力量。

跨境数据空间的构建为全球经济合作和交流打开了新的局面。在全球化背景下，数据的跨境流动对于国际贸易、科研合作、文化交流等至关重要。通过建立安全、高效的跨境数据空间，各国能够实现数据的互联互通，共享发展成果，促进全球经济的繁荣。

除了国家数据局拟分类培育的五类数据空间，从全人类、全宇宙的角度看，还存在国家与国家之间的国际数据空间、星球与星球之间的星际数据空间，以及每个国家固有的主权数据空间。跨境数据空间与国家数据空间、国际数据空间的角度不同，前者更强调数据跨境流动，而国家数据空间旨在构建国家主权领域内的数据流动和共享空间，国际数据空间则强调国际法框架下的数据共享与地球守护。至于星球数据空间，指的是各个国家、机构探索星球、宇宙所获取的各类数据的共享、交换、汇聚与流通使用的空间。

结合国家数据局的五类数据空间，数据空间全类型可归纳为个人、企业、行业、城市、国家、国际、星际共七类数据空间。其中，作为国内数据要素市场重要载体的个人数据空间、企业数据空间主要面向社会数据，企业数据空间与行业数据空间更侧重社会数据与公共数据的融合，行业数据空间、城市数据空间、国家数据空间（含跨境数据空间）主要面向公共数据。从单一国别角度看，国际数据空间、星际数据空间主要面向跨境数据。从全球合作角度看，国际数据空间和星际数据空间构成了国际法上的人类共同继承财产，同样可纳入数据空间的类型范围之中。数据空间七层塔结构如图 1-6 所示。

1.3.4　数据空间的价值

当前，全球正面临新一轮科技革命和产业变革。云计算、大数据、人工智能、5G、区块链等新兴技术互相推动形成新质生产力，以前所未有的深度和广度与经济社会进行着交汇融合。在这一进程中，数据是一种资源、一种技术、一种产业，更是一个时代的标志。数字时代除了渐进式创新，还有望实现突破性的跨越式创新。数据空间被公认为是这一跨越式创新的重要内容。

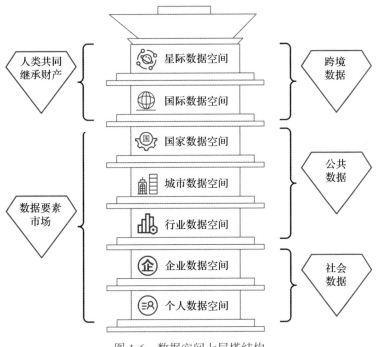

图 1-6　数据空间七层塔结构

在国内外各界产业的推动下，数据空间正由概念讨论期进入建设推广期。更有专家学者提出，考虑建设一个"数据大同"的开放数据空间网络。在这个开放世界里，数据空间不仅是一个技术概念，还是一个实现数据授权、处理、交换、交易、汇聚、流通的网络，包括多个运营平台海量的分布式接入端和众多专业数据的处理及应用程序，通过建立共识的管理或者数据标准、接口协议和安全机制，保障数据自主权，让产业链上下游和行业内相关主体都有一个灵活、安全、高效的空间进行可信数据的交互，并最终实现数据的资产化。

如上文所述，国家数据局已发布推动数据空间发展的行动计划，为构建全国一体化的数据市场提供有力支撑。国家数据局所强调的"可信可管、互联互通、价值共创"的数据空间能力，完整诠释了数据空间的技术价值。而在数据空间广泛应用的过程中，以数据为中心的价值机制才是这一门新兴技术重点关注的。建立数据空间时，始终围绕数据要素流通，即互联互通这一目标，并确保数据在空间内可用、可信、可控、可计量，进而围绕价值驱动促进数据交换与共享。五类数据空间均指向前述价值目标，形成数据空间价值钻石模型，如图 1-7 所示。

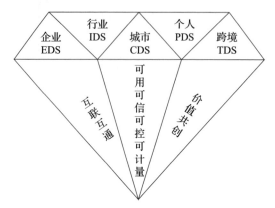

图 1-7　数据空间价值钻石模型

具体来讲，数据空间创设和发展的目的是更好地挖掘数据价值，而数据价值的实现通常有两种路径。一是为业务赋能，相对应的是 DIKW 金字塔，比如利用数据来降本增效、精准营销等。这是传统的方法，数据的价值是通过互联互通为业务赋能而实现的。二是通过数据资源化、数据资产化、数据资本化来释放数据资产的无限价值，相对应的是 DRAC 金字塔。例如，从 2024 年 1 月 1 日起在我国实现的数据资产入表，以及我国特有的数据交易市场建设，都是 DRAC 金字塔的价值路线。

DRAC 分为四层：第一层是作为原始材料的数据（Data），指的是企业原始的、未加工的数据集合，是对客观事实或事件的记录；第二层是资源（Resource），是指经过整理和加工而具有潜在价值的数据资源；第三层是资产（Asset），到这一层，数据资源通过入表、交易和运营管理等成为企业的核心资产；第四层是资本（Capital），指的是数据资本化运营，即数据的价值倍增。DIKW 与 DRAC 叠加，并与数据空间价值钻石模型组合，构成了数据空间价值金钻模型（如图 1-8 所示），即以数据为中心的数据空间价值实现路径。

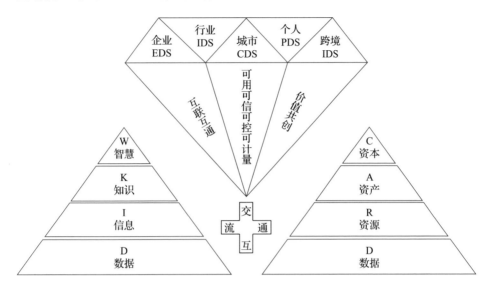

图 1-8　数据空间价值金钻模型

在数据空间价值金钻模型中，数据的对内价值、对外价值得到全面释放，数据作为信息、知识、智慧的基础，在数据空间内通过分析应用而实现价值释放。同时，数据还具有低成本复用、协同增效、融合创新等属性，通过数据空间的有效支撑，它能够实现记录价值、使用价值以及资本价值等全要素价值的倍增，而整个过程均具有可信属性，并可控、可计量。

在数据要素价值化背景下，随着以数据为核心要素的数字经济高速发展，对数据流通使用的需求日益迫切。数据空间是数据资源流通交易和开发的重要载体，能为数据流通各方提供一套基于技术的机制，并通过体系化的安排和组合，解决数据要素提供方、使用方、服务方、监督方等主体间的安全与信任问题，让数据真正围绕着价值流动起来。欧盟、日本、美国、韩国等多个国家和地区的实践表明，数据空间已经成为构建数据共享可信机制、推动数据有序流通的一种有效的解决方案。

以下种种迹象表明，数据空间正在大规模发展，其价值也逐渐被释放出来。

- 全球数据空间布局正在加速，数据空间正在成为数字经济时代的新型数据基础设施。2023 年，全球数据空间发展是明显加快的，全球数据空间的数量已经超过了 200 个，数据空间已经逐步向各行各业渗透，通过建立以数据共享、流通和新型基础设施推动制造业、能源、交通等行业数据共享和开发利用的组织模式，赋能这些行业的数字化转型。

- 数据空间的生态正在逐步壮大，呈现出多元共生的图景。相关研究表明，全球 90% 以上的数据空间由企业、科研机构、技术服务商和行业协会等多类主体联合共建，其中约三分之一的数据空间由多个国家合作建设，开放的技术生态、应用生态正在形成。这促进了跨行业、跨领域的数据融合应用，能够催生共享、共建、共治的新型商业模式，形成多方合作共赢的局面。

- 制度领域规则不断健全，这是构建安全信任的基础。安全可信是数据流通使用的保障。中国陆续出台了三法一条例，欧盟、美国、日本等国家和地区也纷纷出台了一系列与数据相关的法律法规和规范。结合不断迭代升级的技术手段，各国正在积极完善数据安全保护制度，建立既尊重隐私又能确保国家安全的数据信任体系，为数据可信流通提供制度保障。

总之，数据空间在数字经济中的价值体现在其作为新型基础设施的能力，它支持数据的存储、处理、分析和共享，从而推动数据资产的价值倍增。数据空间的建设和发展，为数据的流通和利用提供了新的平台与机制，推动了数字经济的发展。数据空间通过促进数据的共享和流通，可以提高配置效率和激励效率，充分发挥数据要素作用，这是做强做优做大数字经济、赋能实体经济的必然要求。

1.3.5 数据空间三大能力体系

为支撑价值实现，数据空间需要具备相应的能力。作为我国数据空间建设的纲领性政策文件，《可信数据空间发展行动计划（2024—2028 年)》明确规定了可信数据空间需要具备的三大能力要求，构建了数据空间魔力三角，如图 1-9 所示。

- 可信管控：确保参与各方身份可信，并对数据的流通范围、使用过程、使用方式等进行控制和管理，保证现实世界中签订的数据使用协议能够有效实施，从而不断增强各主体之间的信任。

- 资源交互：数据空间内的数据资源要能够被发现、被检索，同时不同数据空间之间也可以通过制定互认标准和协议，实现跨空间的数据资源共享和身份相互认可，提高数据流通的便利性和效率。
- 价值共创：强化可信数据空间运营，协同参与各方共同推进数据产品 / 服务的开发，共享数据的价值变现，不断激活数据流通的新模式。

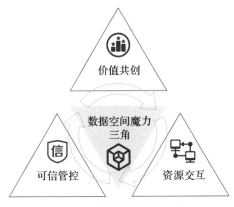

图 1-9　数据空间魔力三角

在上述能力体系基础上，国家数据局推进实施可信数据空间能力建设行动，构建了数据空间能力飞轮（如图 1-10 所示）。

1. 构建数据空间可信管控能力

支持可信数据空间运营者构建接入认证体系，保障可信数据空间参与各方身份可信、数据资源管理权责清晰、应用服务安全可靠。引导可信数据空间运营者建立空间资源使用合约和合作规范，利用隐私计算、使用控制、区块链等技术，优化履约机制，提升可信数据空间信任管控能力。推动可信数据空间运营者构建空间合约和履约行为存证体系，提升数据资源开发利用全程溯源能力，保障可信数据空间参与各方权益，保护数据市场公平竞争。

2. 提高数据空间资源交互能力

引导可信数据空间运营者提供数据标识、语义转换等技术服务，推动可信数据空间参与各方通过数据资源封装、数据资源目录维护等手段，实现数据产品和服务的统一发布、高效查询、跨主体互认。引导可信数据空间运营者加强协作,统一目录标识、身份认证、接口要求,实现各类数据空间互联互通,促进跨空间身份互认、资源共享、服务共用。

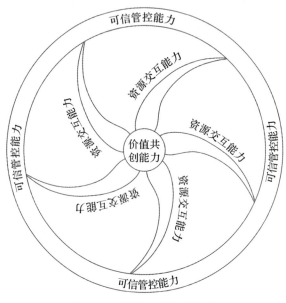

图 1-10　数据空间能力飞轮

3. 强化可信数据空间价值共创能力

面向共性应用场景,支持可信数据空间运营者部署应用开发环境,为参与各方开发数据产品和服务创造条件。指导可信数据空间运营者建立共建共治、责权清晰、公平透明的运营规则,探索构建动态数据价值评估模型,按照市场评价贡献、贡献决定报酬的原则分配收益。支持可信数据空间运营者与数据开发、数据经纪、数据托管、审计清算、合规审查等数据服务方开展价值协同和业务合作,打造可信数据空间发展的良好生态。

第2章 | C H A P T E R

数据空间要素

　　如今，数据空间成为一个总称，对应于数据模型、数据集、本体（数据空间）、数据共享合同和专业管理服务，以及围绕它的各种软能力（即治理、社交互动、业务流程等）的任何以数据为核心的生态系统。作为分布式的数据共享流通架构，尤其是在垂直化应用场景中，数据空间作为数据共享交换的主要技术路线，已在全球范围内受到了广泛的关注和支持，标准统一、技术开源、互联互通的特性使其具有广泛的适用性及可扩展性。

　　本章主要分析和了解构成数据空间必不可少的基本单元，以及支撑数据空间正常运转的系统组件，以探究数据空间系统产生、变化、发展的动因。通过"点、线、面"多维度了解数据空间，掌握数据空间各类要素，有助于充分运用数据空间架构和技术，实施数据空间工程。

　　本章创新性提出"数据空间三元论"，包括数据空间三环模型、数据空间三要素、数据空间三元连接，从数据空间的物理模型、能力框架、技术构件，全方位解读数据空间要素，全面解析数据空间原理。

2.1 数据要素市场生态

数据要素市场的建立是数据成为生产要素并重构市场关系的必然结果，该市场是一个由多重主体组成、涉及以数据为核心的各种要素，且多主体与多类型要素相互关联的复杂系统。

数据空间视角聚焦于数字时代背景下，政府、企业和个人等社会经济主体如何通过数字技术进行连接、沟通、互动与交易，从而建立一个以数据流动为核心、相互作用和循环的社会经济生态系统。该视角与数据要素和数据要素市场的基本特点与发展逻辑相契合，其原因在于：

- 数据要素市场中，数据要素与多类型市场主体和监管主体之间存在复杂且密切的关联。
- 在数据空间价值理论和数实融合的背景下，数据要素在多场景中与其他生产要素高度关联，发挥着汇聚和关联其他要素并充分释放全要素价值的作用。
- 当前我国数据要素市场尚处于探索阶段，与数据要素市场相关的制度环境与建设方案不断演化。
- 我国正大力推进数据基础设施建设，重点探索数据空间建设，旨在构建自由流通的数据要素市场。

因此，数据空间包含了关联性、层次性、聚集性、整体性、动态性等多重特征，契合数据要素市场的运行特征。

数据空间作为重要的数据基础设施，将支撑数据基础制度落地和数据高效开发利用，围绕数据汇聚、处理、流通、应用、运营的全生命周期，构建适用于数据要素化、资源化、价值化的基础设施。近年来，各地方、行业、领域在数据基础设施建设方面开展了积极探索，形成了隐私计算、数据空间、区块链、数联网等多种技术解决方案，为数据基础设施一体化建设奠定了良好的基础。

当前，国家数据局聚焦数据流通利用环节，围绕重要行业领域和典型应用场景，在统一目录标识、统一身份登记、统一接口要求的基础上，部署开展多项技术路线试点，自上而下地谋划数据流通利用基础设施工程项目，以真实场景牵引技术进步，丰富解决方案供给，促进数据跨部门、跨层级、跨区域、跨主体的高效可信流通利用。

同时，国家数据局把推进数据基础制度建设列为重点工作，抓紧起草数据产权、流通交易、收益分配、安全治理等政策文件，目标是建立健全数据基础制度体系，确保数据"供得出、流得动、用得好、保安全"，不断增强数据要素市场化配置改革的系统性、整体性和协同性，尤其要重点解决好数据供给和使用管理权责不清、供数动力不足的问题，厘清数据供给、使用、管理的权责义务，激发供数动力和市场创新活力。

上述各项工作推进路线，恰恰是数据空间建设和发展的路径，即从数据要素市场体系反观数据空间运行机制，进而探索适合我国的数字经济发展道路，这也是数据空间理论、技术与应用的创新路径之一。从数据空间的概念出发，首先数据空间不是指单一空间，而是多个生态系统的组合；其次，数据空间也不仅仅是作为基础设施的数据空间本身，还包括基于数据空间实现的各项社会经济活动。因此，数据要素市场生态，也是数据空间生态的组成部分，或者说，两者是共生的。

相较于数据空间而言，我国数据要素市场建设相对完善，围绕数据交易所构建的数据要素流通生态已初见规模，包括数据提供方、数据需求方、数据交易平台、数据服务提供者、监管机构、第三方专业服务机构、技术支持方、数据要素产业服务平台等。

- 数据提供方：通常指的是数据的原始拥有者或收集者，包括政府机构、企业、科研院所、个人或其他组织。数据提供方负责收集、整理和提供数据，是数据流通市场的基础。
- 数据需求方：指的是寻求数据以用于商业分析、市场研究、产品开发或其他目的的组织或个人，包括数据的购买者或数据服务的消费者。
- 数据交易平台：这些平台充当数据提供方和数据需求方之间的中介，负责提供一个市场环境，使数据能够被买卖。交易平台可能提供数据的标准化、交易撮合、交易清算和交付等服务。
- 数据服务提供者：包括数据清洗、数据分析、数据咨询、数据安全和隐私保护等服务的提供者。它们帮助数据需求方更好地理解和使用数据，提高数据的价值。
- 监管机构：政府或特定的监管机构负责制定数据流通市场的规则和标准，

确保数据交易的合法性、合规性和安全性。它们还负责监督市场活动，防止数据滥用和侵犯隐私。

- 第三方专业服务机构：如律师事务所、会计师事务所、评估机构等，负责为数据交易提供法律、财务和评估等服务。

- 技术支持方：提供数据存储、处理、分析和安全的技术解决方案，包括云计算服务、大数据分析工具、区块链技术等。

- 数据要素产业服务平台：通常被称为"第四方"，负责提供数据动态和解决方案服务，覆盖政策法律、要素企业、数据产品、交易机构等多源数据，辅助数据要素产业主管机构、供给方、运营方、服务方、需求方等主体快速把握趋势。

这些角色共同构成了数据要素流通市场的生态系统（如图 2-1 所示），通过各自的功能和活动，促进数据资源的有效配置和利用，推动数字经济的发展。

简而言之，在上述生态系统中，数据交易流通是一条主线，也是数据空间要素中数据流动的核心线，即数据从提供方到需求方流动的一套体系。数据提供方依托数据中介与数据需求方建立联系，数据通过数据交易平台进行流通，形成了典型的数据提供方、数据服务方、数据需求方三位一体的生态格局。数据交易流通角色关系如图 2-2 所示。

2.2 数据空间三元论

2.2.1 数据空间三环模型

如第 1 章所述，数据空间是一种新兴的概念，它指的是利用先进的数字技术，对各种数据进行收集、存储、处理、分析和应用的虚拟空间。在这个空间内，数据可以安全、透明地在不同组织和行业之间流动，同时满足数据隐私和治理的要求。数据空间的核心是实现可信的数据流通，通过共同商定的原则和技术架构，促进数据的要素化、市场化运作，并激活数据流通的新模式和技术创新。它旨在为数据创建一个互联的生态系统，并且已成为促进数据流通的重要基础设施。在技术实现上，数据空间的建设包括信任体系、数据互操作、流通控制、分布式架构等关键技术路线。

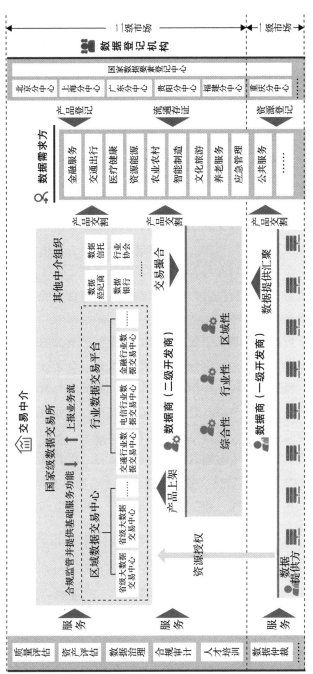

图 2-1　数据要素流通市场的生态系统

图 2-2　数据交易流通角色关系图

再次解读数据空间的概念可以发现：首先，数据空间是一种新型数据基础设施，核心是实现可信的数据流通；其次，数据空间需要采用多项技术组合实现，同时，数据空间也可被视为一个互联的生态系统。数据空间不仅是一个技术平台，还是一个包含多种参与者和组件的复杂系统。这些参与者包括数据提供方、数据需求方、服务提供者、监管机构等，而组件可能包括数据存储、处理、分析工具和安全协议等。

由此可见，数据空间是基于数据流通、多个组件支撑的互联生态系统。数据空间的逻辑基础可以进一步拆分为可信数据关系、套装技术组件、生态协同系统 3 个部分，每个部分相互作用、相互依赖，共同实现数据空间的运行、发展和完善。同时，每个部分都有自身的机制和特征，例如数据流通涉及数据从生成到销毁的全生命周期，组件也可能随着技术进步、数据需求变化和生态发展而更新、迭代、扩展，生态则以技术组件为支撑、以数据为核心进行数据共享、数据联动和数据价值转化。数据、技术、生态均具有循环、扩展的特征，形成了数据空间的"点、线、面"格局，可称为"数据空间三环"，即数据环、技术环、生态环，如图 2-3 所示。

图 2-3　数据空间三环格局

数据环是一个闭环，是指在数据的收集、处理、分析、应用和流通过程中，形成的一个连续的、能够自我反馈和自我调节的循环系统。这个循环系统能够确保数据的准确性和有效性，同时促进数据的持续优化和迭代。例如，在自动驾驶系统中，数据闭环可以体现为车辆通过传感器收集数据，然后将数据传输到云端进行处理和分析，分析结果再反馈给车辆控制系统，以优化驾驶策略和提高安全性。

支撑数据空间运行的各项技术构成数据空间组件，各个组件的组合是一个开放、可迭代、可扩展的螺旋环。"组件开环"强调的是数据空间中各个组件的开放性和互联互通。这意味着数据空间的各个组成部分（如数据验证、身份认证、数据源接入、数据处理工具、数据分析平台等）应该是可扩展的、可互操作的，能够与其他系统或组件无缝集成。开环系统在控制理论中指的是系统输出不反馈到输入的控制系统，这在数据空间中可以类比为组件之间的开放接口和协议，允许数据流动和功能扩展。

互联的生态系统，即"生态联环"，是指在数据空间中建立一个跨组织、跨行业的生态系统，通过数据的共享和流通促进整个生态系统的协同发展与价值创造。在这个生态系统中，不同的组织和个体可以像生态链中的生物一样相互依存、相互促进，共同构建一个健康、可持续的数据生态环境。多层次、多元化的数据空间伙伴及联盟数据空间、生态协同数据空间，共同组成了生态循环。

数据闭环确保了数据的质量和效率，组件开环保证了系统的灵活性和扩展性，生态联环则推动了数据空间的整体发展和创新。这三个环节相互依赖、有机结合，构成了数据空间三环模型（如图 2-4 所示），使得数据空间能够实现数据的最大化利用，充分释放数据资产的无限价值。

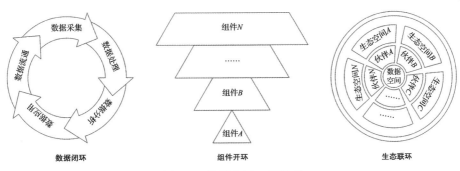

图 2-4　数据空间三环模型

作为技术环，组件开环通过连接技术、验证标准、交互体系，构成一套互联互通的开放系统。在这个"开环"的环境中，各个组件并不是封闭运作的，而是可以与其他系统或组件进行交互和集成，形成一个更加灵活和动态的数据处理与分析环境，从而让数据空间得以运转与协同。在这种模型中，组件之间的交互不受限制，可以自由地加入新的组件或者替换旧的组件，而不会对整个系统造成破坏性的影响。这种开放性有助于促进技术创新，提高系统的适应性和灵活性。

例如，一个组织可能会使用开放的 API 标准来允许不同的数据分析工具和服务相互通信，或者可能会采用模块化的数据处理平台，以便根据需要添加或升级特定的处理模块。这种组件化和开放性的方法有助于构建一个更加健壮、可扩展的数据空间，使其可以随着技术的发展和业务需求的变化而轻松地进行调整与优化。

总的来说，"组件开环"强调的是数据空间组件的开放性和灵活性，以及它们如何通过开放的标准和接口与其他系统或组件进行交互和集成。这种方法有助于构建一个动态的、可扩展的数据环境，以便更好地适应不断变化的技术环境和业务需求。

"生态联环"形象地描述了数据空间中不同参与者之间相互联系和互动的生态系统。在这个语境中，数据空间不仅是技术和流程的集合，还是一个活跃的、动态的、由多方参与者共同构成的环境。这些生态共同体可能包括合作伙伴、客户、监管机构、第三方服务提供者，甚至包括竞争对手、社区和社会，以及互联互通、协同发展的其他生态数据空间。

这个"生态"中的每个参与者都可能对数据空间产生影响，它们的互动和交易构成了数据流动与价值创造的复杂网络。因此，"生态联环"这个表述可以用来强调数据空间的互联互通性和参与者之间的相互依赖性。

数据空间三环模型从物理视角解构数据空间系统，不但有助于理解和把握数据空间的技术路线、功能定位和发展模式，而且它还是一种基于数据流（数据足迹）、组件架构（技术路线）、生态协同格局（生态面）建构数据空间完整视图的创新模型。通过点线面组合的数据空间三环模型，透视分析数据空间要素，可以更加具象化地探究数据空间能力框架。

2.2.2　数据空间三要素

在不同的学科和领域中，"要素"这个词有着不同的含义。在哲学和科学领域，要素通常指的是构成某个系统、结构或现象的基本组成部分或基础元素。在经济学中，生产要素通常指的是生产过程中所需的各种资源，如数据就是第五生产要素。在管理学中，要素可能指的是企业运营所需的关键资源或能力，如人力资源、财务资源、物质资源、信息资源等。在计算机科学中，特别是在数据管理和信息系统中，要素可能指的是构成数据模型的基本单元，如实体、属性、关系等。在统计学中，要素可能指的是数据集中的变量或特征。

回顾数据空间的概念、性质和内涵，很明显，数据空间是一个跨学科、跨领域的集合系统，具有独特的科学范式。探究数据空间要素，需要从哲学、科学、经济学、管理学以及计算机科学、统计学等领域寻求答案。无论是在哪个领域，"要素"都是构成整体的基础，是理解和分析复杂系统的关键。

欧洲大数据价值协会（Big Data Value Association，BDVA）认为，数据空间是一个包括数据模型、数据集、本体、数据共享合同和专业管理服务的生态系统（即通常由数据中心、存储库、资源库单独提供或在"数据湖"中提供）。这些能力遵循数据工程方法，以优化数据存储和交换机制，保存、生成和共享新知识。欧盟出版局发布的报告《欧洲共同数据空间：进展与挑战》将数据空间定义为：互相信任的合作伙伴之间的数据关系，每一方都对其数据的存储和共享适用相同的标准与规则。在上述数据空间的定义中，以数据关系为核心，关注数据空间的能力，强调系统、机制、规则和标准，均充分说明了数据空间的要素单元。

反观历史，在工业时代，矿石、电力、工艺代表着先进要素组合，驱动价值释放和社会发展。在数字时代，数据被誉为"新金矿""新的石油"。而在数据大爆发的数字经济高质量发展阶段，算力成为数据的新生产力，是推动社会经济发展的核心力量。算力，顾名思义，就是计算能力，指的是对数据的处理能力。随着信息化和数字化的不断深入，整个社会对数据和算力的需求越来越大。无论是消费领域还是生产领域，无论是传统行业还是新兴行业，无论是城市治理还是国家安全，都离不开数据和算力。数据和算力已经成为数字时代最重要的两个要素。

数据和算力之间存在着正反馈循环。一方面，数据量越大，对算力的需求越高；另一方面，算力越强，就可以处理更多、更复杂、更高价值的数据。因此，提升算力水平成为提升数据价值和创造社会价值的关键。而数据空间同时还是一套复杂的组合式应用系统，除了数据流通和算力牵引，还需要各类模型来支撑，才能让数据依托数据空间充分发挥价值。这里所指的模型，不仅仅是数据模型、算法模型、大模型，还包括各类模型化的软硬件设施。数据中心、技术平台、操作系统以及 App，共同构成了数据空间技术生态，让数据和算力有一个能相互作用与形成良性循环的"温床"。同时，各项验证模型、标准接口、治理体系、安全套件、业务架构，为数据可信流通和计算结果可靠输出保驾护航。

数据、算力、模型，共同组成了数据空间发挥作用的一套能力矩阵，我们把它称为"数据空间三要素一体化矩阵"（如图 2-5 所示）。数据在数据空间内部围绕各类模型流动，并依托算力输出结果。这三要素相互融合、相互作用，形成数据空间的能力机制，是数据空间发挥作用的底层逻辑。

图 2-5　数据空间三要素一体化矩阵

在数据空间的构成中，数据、算力、模型 3 个要素可以被认为是最核心和最基本的。

（1）数据

数据是数据空间的基础，没有数据就谈不上数据空间。数据包括各种类型的原始数据、衍生数据、元数据等，它们是信息和知识的载体，是数据空间中所有活动的核心对象。数据的质量和完整性直接影响到数据空间的价值与效能。

（2）算力

算力是实现数据价值的关键，包括计算资源、存储资源和网络资源。它使得数据空间能够支持复杂的数据分析任务，推动数据驱动的决策制定和智能化应用的发展，同时确保数据"供得出、用得好"。算力设施能够提供高效敏捷的数据处理能力，是数据空间运行的引擎。强大的算力支持数据的快速处理和智能分析，是实现数据价值挖掘的关键，与模型基础设施共同构成了数据空间的技术基础。

（3）模型

模型是指数据空间中数据处理的全套逻辑框架，不仅包括传统意义上的数据模型、算法模型、各类大模型，还包括为了设计和优化数据空间软硬件设施的配置与布局而使用的一些模型，例如数据中心模型、网络拓扑模型、存储模型、计算模型、扩展性模型、可靠性和冗余模型、能效模型、治理模型、安全合规模型等。模型基础设施的先进性和可靠性直接影响到数据空间的性能与效率。各类模型构成数据与算力融合的作用机理，支撑数据空间持续创新发展。

这三个要素是构建和维持数据空间运行的基础，共同支撑着数据空间的功能和应用，三者缺一不可。这三个要素相互作用，共同构成了数据空间的核心要素。数据提供了输入，算力提供了处理能力，模型则提供了处理的方法和逻辑。数据空间的有效运作依赖这三者的有机结合和优化配置。从结构上看，数据空间可以被视为一个多层次的系统，其中数据层负责数据的存储和组织，算力层提供计算资源，模型层包含各种算法和数据处理流程。这三要素可以形成一个闭环系统，数据在这个系统中不断流动和循环，算力和模型则不断对数据进行处理与分析，产生新的知识，再反馈给数据层，形成一个动态的、自我完善的生态系统。理解这三要素之间的关系和结构，有助于我们更好地设计和优化数据空间，实现数据的高效利用和价值最大化。数据空间三要素结构和交互作用流如图 2-6 所示。

在图 2-6 中，数据、算力和模型是数据空间的三个核心要素，它们通过不同的子要素相互连接和支持。数据流经收集、存储、清洗和分析等过程，算力提供计算、存储和网络等资源，而模型则涉及算法设计、模型训练和模型应用。这些子要素共同构成了数据空间的结构，并相互作用，形成了一个动态的生态系统。数据空间三要素同时也是数据空间的三大能力。在数据空间的建设和发展中，需要考虑如何高效地整合这三要素，以实现数据的最大化利用和价值创造。

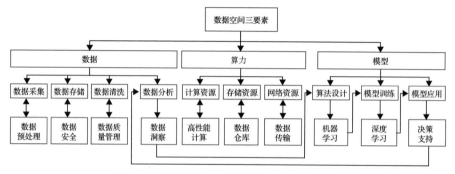

图 2-6　数据空间三要素结构和交互作用流

相对应地，数据空间三要素又可进一步归纳为 3C 模型，即数据交互能力（Communication）、计算系统能力（Computation）和模型控制能力（Control）。这三项能力的有机融合与深度协作，能够实现数据空间大型工程系统的实时感知、动态控制和数据服务，支撑数据空间实现数据、算力与模型的一体化设计，使整个生态系统更加可靠、高效、实时协同，因此具有重要而广泛的应用前景。数据空间 3C 能力模型如图 2-7 所示。

2.2.3　数据空间三元连接

纵观全球，数字经济与实体经济的融合也是世界主要国家打造新竞争优势的战略选择。2006 年，美国国家科学基金会提出"信息物理系统"（Cyber-Physical System，CPS），旨在将传感、计算、控制和网络集成到物理对象和基础设施中，并将它们接入互联网并相互联接。德国自 2013 年提出"工业 4.0"的概念以来，通过数字化技术实现了对生产过程的全面感知和控制，推动实体物理世界和虚拟网络世界的融合；2022 年，德国进一步提出"制造 -X"计划，旨在通过构建数据空间，激发数据要素价值，促进供应链整体的系统性数字化变革，以确保德国工业全球领导者地位。

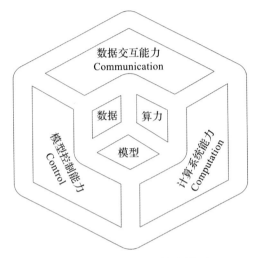

图 2-7　数据空间 3C 能力模型

　　总体来看，依托传感器、物联网、大数据、人工智能等技术，实现物理世界与数字世界之间的相互感知、控制、优化，已成为国家提升产业竞争力、破解社会发展难题的重要途径。从本质上看，数实融合是生产要素的叠加和不确定性的减少，人机物三元融合是数实融合的纽带，如图 2-8 所示。

　　数据空间是一个融合了数据、计算、网络和物理环境的多维复杂系统，通过 3C 能力模型及相应的通信、连接、计算技术的组合，催生数据共享、助力协同的创新模式。这也是数字经济与实体经济融合发展的关键路径。

　　美国数学家、控制论创始人诺伯特·维纳（Norbert Wiener）提出，信息、物质和能量是现实世界的三大要素。数据的流通、交换和应用，正是提高生产率、减少信息不对称的有效措施，进而提升对生产的物质流、能量流的优化调控及资源使用效能。

　　当今世界，新一轮科技革命和产业变革加速演进，大数据、互联网、人工智能、5G 通信、云计算、物联网等新一代信息技术作为本轮科技革命最活跃的关键技术群，应用赋能方兴未艾，模糊了人类社会（人）-数字世界（机）-

物理世界（物）的边界，以人机物三元融合为纽带的数实融合新形态正在形成。人与人、人与物、物与物的联通方式从物理空间向数据空间拓展，网络化、数字化、智能化、协同化、全时化、全域化连接成为现实，机器的能力和人的能力的交互融合，有利于实现新质生产力的跃迁。

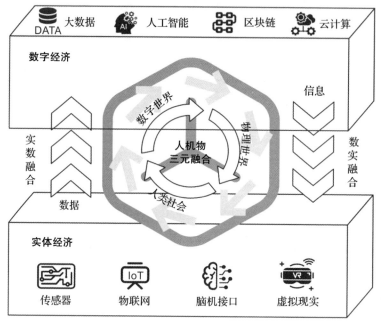

图 2-8　数字经济与实体经济人机物三元融合

　　习近平总书记强调，数字经济具有高创新性、强渗透性、广覆盖性。数字经济对实体经济的赋能表现出全过程、全链条特征，渗透于研发创新、生产制造、协同融合、供给服务等各环节，进而孕育实体经济的系统性变革。技术驱动奠定了数实融合的重要基石，数据驱动使数实融合的要素得到拓展，而智能驱动将会成为数实融合强大的动力引擎。

　　数据空间的应用和发展正是基于人机物的三元融合，释放出技术驱动、数据驱动、智能驱动的全域数字化动力。因此，有众多专家学者和研究机构，聚焦数实融合与人机物、智慧城市与人机智能等技术研究，并指出，我们正在进入"人－机－物"三元融合的万物智能互联时代。

　　类比网络空间、信息空间和社会空间，数据空间也需要具备一致性的可信连接技术和协议，例如网络空间里的 TCP/IP 等计算机行业的标准元素，提炼出人机物交互的"共同语言"，让数据空间成为整合与跨越网络空间、信息空间、社会空间的超级空间。把所有人和物产生的数据、包括大模型在内的人工智能模型库，以及算网融合、存算一体化的云计算算力池，即数据空间三要素，进行三元连接，就构建了"数据空间"这样一个大的、新的空间。

　　在数据空间的角度下，人、机、物的数据三元连接时代指的是一个全新的多元空间发展阶段，其中人类（人）、计算设备（机）和物理对象（物）通过数据连接起来，形成一个互联互通的复杂系统。这个时代的特征是数据的广泛生成、收集、分析和应用，数据成为连接和驱动这三要素的关键资源。

　　在数据空间中，人不仅是数据的生产者，也是数据的使用者和受益者。人类的活动和行为被数字化，形成数据流，这些数据可以用于改善服务、提高生活质量和支持决策制定。

　　计算设备以及机器终端，包括个人计算机、智能手机、传感器网络、算力网络等，它们是数据生成和处理的工具。在数据空间中，这些设备通过物联网技术连接起来，从而实现数据的自动收集和智能处理。

　　而现实世界中的各类物体，它们通过嵌入的传感器和执行器变得智能化，成为数据的来源和行动的执行者。

　　在这个时代，数据空间的构建需要新型基础设施，如数据中心、云计算平台和高性能计算集群，以支撑数据的存储、处理和分析。数据空间的存在价值在于其能够支撑人工智能三大引擎——数据、算力、算法的基础设施化，以实现智能时代核心数据资源的广域共享与人工智能低门槛的广泛应用。

　　此外，数据空间的构建也涉及数据治理，包括数据的权属、流通、交易、安全和隐私保护等。数据治理的"不可能三角"指的是在数据治理过程中，往往难以同时实现数据的开放共享、数据安全和隐私保护这三个目标。

　　综上所述，人、机、物的数据三元连接时代是数据空间发展的一个重要方向，它将推动社会进入一个更加智能化、高效化和个性化的新时代。人通过机器与物体进行交互，机器和物体的数据又为人提供了决策支持和智能服务。这种三元连接体现了数据空间的互联互通和智能化特点。数据空间的三元连接如

图 2-9 所示。

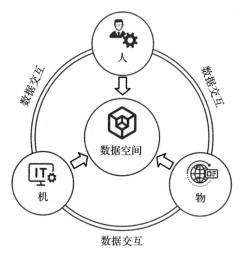

图 2-9　数据空间的三元连接

在图 2-9 中，数据空间是中心节点，它与三个外围节点"人""机"和"物"相连。每个外围节点都与数据空间有直接的连接，表示它们都是数据空间的一部分。此外，人、机、物之间也有直接的连接，表示它们之间可以进行数据交互。

- 人与机的交集：表示人与计算设备之间的互动，如用户使用计算机进行数据分析。
- 机与物的交集：表示计算设备与物理对象之间的连接，如通过物联网设备控制智能家居。
- 人与物的交集：表示人与物理对象之间的直接交互，如用户直接操作智能设备。

人机物三元连接格局展示了数据空间中三元连接的复杂性和动态性，以及它们如何共同作用于数据的生成、处理和使用。在这个三元连接格局中，连接包括融合、串联、并联三种方式，充分支持数据空间的可扩展性、灵活性以及可逆弹性，并拓展反馈优化路径。在人机物三元连接过程中，不仅存在单向、双向交互，还允许人机物的融合交互，以充分发挥数据空间的技术动能。数据空间三元连接技术动能如图 2-10 所示。

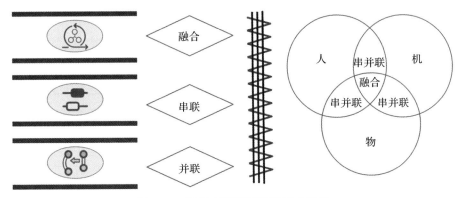

图 2-10　数据空间三元连接技术动能

充分解构数据空间数实融合基础、分析人机物三元连接技术以及构建数据空间三元连接技术动能框架，有利于进一步理解数据空间的组件、主体、架构和运行机制，为数据空间的技术组件构建、运行模式创新提供理论基础。

2.2.4　数据空间三元论框架

数据空间三元论基于哲学、科学与社会学，通过抽象、泛化、变更和演进的理论逻辑，既考虑数据空间的整体性和模块化，又深入数据空间的物理构造模型与生态系统原型，围绕数据空间要素，总结出多层次的理论分析结果，具有时代性、创新性、前瞻性和较强的指导意义。虽然上述三元论的三个层次分析不具有统一的方法和维度，却具有不同视角的穿透力。

《道德经》第四十二章中有一句名言："道生一，一生二，二生三，三生万物"。数据空间之道，讲究生态平衡和整体性，数据作为基石，可谓空间价值之元。数据空间的万事万物都作用于数据，可谓元启空间。"三生万物"更是耐人寻味，它揭示了数据空间的"三元性"。三，意味着"变"和"多"，深刻说明了数据空间构造机理的可变性、可扩展性。而随着技术的不断发展和迭代，数据空间三元在不同阶段产生了不同的含义，形成周而复始、生生不息的更新迭代逻辑。本节数据空间三元论，可视为数据空间理论创新发展的基本起点，也可作为探讨数据空间构成元素、发展方向的理论框架。数据空间三元论框架如图 2-11 所示。

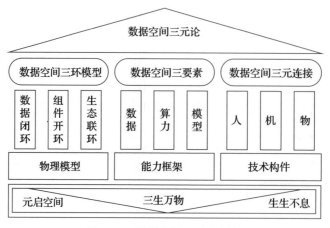

图 2-11　数据空间三元论框架

综上所述，数据空间三元论通过物理模型、能力框架、技术构件逐层解析，由粗及细、由表及里，采用解构和建构理论方法，对数据空间的理论原理、组成部分、技术路线进行全面透析，尝试探究数据空间全新科学理论，构建一个跨越技术和范式的数据空间完整图景，以进一步探索数据空间的最佳实践框架。数据空间设计与实施工程，均应围绕数据空间的组成原理和运行机制，在权衡能力、技术的基础上，配置必要的角色矩阵和组件结构，探索一条符合数据空间功能目标的最佳系统路线。

2.3　数据空间组件

2.3.1　数据空间组件及运行机制

"组件"这个词在不同的上下文中有不同的含义，但基本概念是指一个系统、结构或过程中可以独立运作的、具有特定功能的单元。在计算机科学和软件工程中，组件是指软件系统中的一个可替换的、独立的模块，它实现了特定的功能。组件可以被设计为能与其他组件交互，以形成更大的系统或应用程序。例如，一个图形用户界面（GUI）库可以作为开发桌面应用程序的组件之一。在电子或机械工程中，组件通常指的是构成一个设备或系统的物理部件。例如，一台计算机的 CPU、内存条、硬盘驱动器、显卡等都可以被称为硬件组件。在网络技术中，组件可能指的是网络中的各种设备，如路由器、交换机、服务器、防火墙等，它们共同工作以提供网络服务。

总的来说，"组件"通常指的是一个更大的系统中的一个单元，它具有明确的边界和功能，可以被独立开发、测试、替换或升级，而不影响系统的其他部分。在设计和构建复杂系统时，使用组件化的方法可以帮助提高系统的可维护性、可扩展性和灵活性。

数据空间作为一个面向数据要素流通的新的复杂系统，主要解决数据流通、共享、交换的堵点、难点问题，其运行机制高度依赖独立的、分散的、松耦合的、可升级扩展的单元和部件。从数据空间原理出发，数据空间组件具有分布式单体性和交互式整体性，且兼具组织系统和技术结构的特征。各种组件相互作用，共同支撑特定目标和服务，共同形成了数据空间组件运行机制（如图 2-12 所示）。同时，每个组件（包括所有服务接口）都可以单独发展和改进，都可以外部化和共享，即数据空间的"组件开环"。

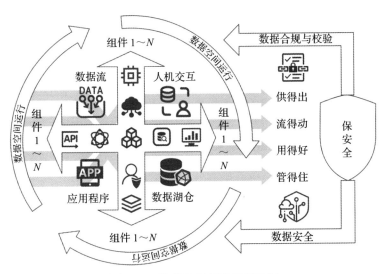

图 2-12 数据空间组件运行机制

数据空间组件的具体对象和内容，与数据空间的功能定位、范围大小、主体目标等高度相关，而且在理论界和实务界存在多种模式，或者说，暂未形成全球统一的组件标准。尽管如此，但各理论范式所构建的数据空间组件与功能模块大都具有一定的共性，基本沿着组件、功能模块、独立数据空间、生态（联邦）数据空间的路线，形成一条由"组件开环"驱动的数据空间升级路线。

特定功能的组件套装，从数据部门开始孵化，逐步完善并实现了在个体数据空间中的运行，应用于个人或中小企业数据空间。随着数据传输技术、隐私计算技术的不断成熟，在分布式系统中，基于数据底座，通过采用特定的数据空间架构，联邦式数据空间成为数据集团运营、城市公共数据治理、数据产业链发展的常用类型。在此基础上，采用云协同技术、策略管理组件、身份管理系统等组件，又使得多个不同主题定位的数据空间基于互联互通形成协同机制。再配置强安全管理措施、组合策略管理、利益协同和收益结算组件，协同式数据空间可进一步升级为联盟数据空间。整个发展路径离不开数据空间组件的封装、扩展、迭代、升级与组合。很明显，数据空间的运行机制与组件功能和技术栈具有密切关联，组件驱动着数据空间持续迭代发展组件驱动的数据空间升级路线如图 2-13 所示。

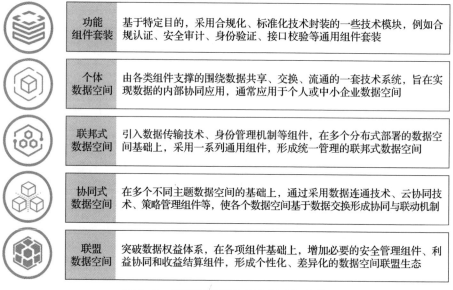

图 2-13　组件驱动的数据空间升级路线

数据空间组件的应用领域广泛，包括但不限于企业数据共享、跨行业数据交换、数据驱动的商业生态系统等。通过数据空间组件，组织可以更有效地管理和利用数据资源，促进数据的流通和价值创造。

虽然数据空间组件在不同规模、不同行业、不同主题、不同权益体系的数据空间中存在较大的差异，但通用组件和基本功能模块在各类型空间中相差无几。为了进一步说明数据空间组件与数据空间运行的关系，表 2-1 列举了部分关键组件及其运行机制，本书后续仍会针对不同组织和研究机构发布的数据空间框架分别介绍相应的组件类型。

表 2-1　部分关键组件及其运行机制

组件	功能	运行机制
连接器 （Connector）	作为数据空间的基础技术组件，连接器允许数据提供方和数据需求方之间进行数据交换。它负责数据的上传、下载和共享	连接器通常包含 API 和协议，支持数据的传输和接收。它可能包含身份验证和授权机制，确保只有授权的用户可以访问数据
数据目录 （Data Catalog）	作为一个跨组织的目录系统，数据目录允许参与者查找、发布和注册数据资源	目录可能包含元数据存储和查询功能，支持对数据资源进行描述、分类和检索。它可能使用标准的数据描述语言来提高数据的互操作性
身份中心 （Identity Hub）	负责管理和验证数据空间中参与者的身份，确保数据的安全访问	身份中心可能集成了身份验证服务和访问控制列表，以验证用户的身份并控制用户对数据资源的访问权限
注册服务 （Registration Service）	允许新的参与者加入数据空间，并获取相应的访问权限	注册服务可能涉及注册流程，包括账户创建、权限分配和访问令牌的发放。它可能与身份中心紧密集成，以确保安全性
数据仪表板 （Data Dashboard）	为用户提供一个可视化界面，用于管理和监控数据交换	数据仪表板可能集成了数据分析和报告工具，允许用户跟踪数据使用情况、监控数据流和审计数据访问情况
策略管理 （Policy Management）	允许数据提供方设定数据使用规则，确保数据的合规使用	策略管理组件可能包含策略定义、策略评估和策略执行的功能。它可能使用智能合约或其他自动化机制来确保数据使用符合预定义的规则
数据传输管理 （Data Transfer Management）	负责在数据空间中安全地传输数据	数据传输管理可能包含加密、数据压缩和传输优化技术，以确保数据在传输过程中的安全性和传输效率
合同管理 （Contract Management）	管理数据交换过程中的合同条款，确保所有条款和条件得到遵守	合同管理组件可能使用智能合约技术来自动执行合同条款，确保数据交换的法律合规性

（续）

组件	功能	运行机制
云服务集成（Cloud Service Integration）	支持与不同云平台的集成，包括混合云、多云、云中云等	云服务支持组件可能提供 API 和工具，以便在不同的云环境中存储和处理数据
预置服务（Provisioning Service）	在数据传输过程中处理资源分配和配置	预置服务可能包含自动配置网络资源、存储资源、计算资源和其他必要的服务，以支持数据传输和处理

这些组件共同形成了数据空间的运行机制，它们通过标准化的接口和协议相互协作，确保数据安全、高效和合规的共享。数据空间的运行机制还可能包括监控、日志记录和异常处理等其他功能，以确保系统的稳定性和可靠性。

2.3.2 国内外数据空间框架及其组件

数据空间组件（Data Space Component）是指在数据空间环境中，用于实现数据共享、交换和管理的一系列技术组件与工具。数据空间本身可以被看作一个多组织间的数据共享协议，同时也是支撑这些协议运行的技术基础设施。它允许不同信任层级的参与者之间共享数据，无论是长期合作伙伴还是竞争对手，都能确保数据的安全与主权。更关键的是，为了确保预期的跨行业和跨公司的信息交流，数据空间的核心组件必须提供所需的功能和适当的安全水平。因此，核心组件的认证以互操作性和安全性为重点，同时旨在优化这些组件的开发和维护过程。

国内外各类型组织、机构、协会及企业事业单位，在深化数据空间理论研究的过程中，分别发布了相应的数据空间模型和框架，下面主要介绍比较典型的数据空间理论框架及其组件类型。

1. IDSA 数据空间组件

国际数据空间协会于 2018 年在德国成立，是由行业、企业和研究机构等主体组成的数据领域国际非营利组织，其前身是 2016 年成立的工业数据空间协会，其宗旨在于建立开放、安全、可信赖的数据空间。IDSA 称："数据是企业最有价值的资产，但只有当你将其投入使用并以你确定和控制的方式共享时，它才能实现其全部价值。国际数据空间（IDS）是这种值得信赖的、自主的数据共享发生的地方,我们的参考架构模型(IDS-RAM)为构建它们设定了标准"。
IDSA 对外发布了《国际数据空间参考架构模型 4.0》(IDS-RAM 4.0),如图 2-14
所示,并正在推进下一个模型版本的升级。

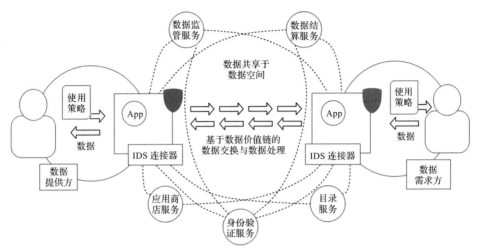

图 2-14　国际数据空间参考架构模型

根据图 2-14,数据提供方和数据需求方之间通过 IDS 连接器进行数据的共
享和交换。IDS 连接器连同身份验证服务、数据监管服务、数据结算服务、应
用商店服务、目录服务一起构成了完整的数据空间系统。IDS 实现数据主权的
核心技术是"使用控制",数据供需双方配置相应的数据控制策略后,由 IDS 连
接器负责执行,将数据的控制策略转化为形式化语言,与数据内容一起流转到
端并执行控制。

IDSA 的数据空间核心组件包括:

- IDS 连接器是数据空间中联通数据与服务的网关,也为各应用程序
  (App)和软件提供了可信任的运行环境。IDS 连接器是一个专用软件组
  件,允许参与者将使用策略附加给数据空间中的数据、强制执行使用策
  略并无缝跟踪数据来源。
- 身份提供组件负责创建、维护和管理一个数据空间内参与者的身份信息
  及其有效期。此组件在管理数据提供方和数据需求方的身份验证与授权
  方面起着至关重要的作用。它确保只有授权用户才能访问数据,并在数

据交换过程中帮助双方参与者建立信任。

- 策略引擎组件负责按照数据合约条款执行数据使用策略，管理参与者在交换数据之前签订的合同，确保参与者在数据交换过程中执行商定的政策和条款，为数据治理和合规提供框架。

- 目录组件负责注册新产品并审查现有数据资产。数据需求方可以从可用选项中进行选择，而数据提供方可以将其数据资产添加到目录中，使潜在需求方能够看到并访问它们。

国际数据空间（IDS）是一个虚拟数据空间，它利用现有的标准和技术以及数据经济中广泛接受的治理模式，在可信的商业生态系统中促进安全、标准化的数据交换和数据连接。IDS 的目标之一是保证数据主权，这体现在与数据交换和共享相关的"条款和条件"中。IDS 连接器是该架构的核心组件，有多种实现方式，可从不同的供应商处获得。每个连接器都能够与 IDS 生态系统中的任何其他连接器进行通信，从而实现数据的标准化和互操作性。

2. 中国信息通信研究院《可信工业数据空间系统架构 1.0》

《可信工业数据空间系统架构 1.0》由工业互联网产业联盟和中国信息通信研究院牵头编写。作为业界首个以工业数据空间为主题的白皮书，《可信工业数据空间系统架构 1.0》系统阐述了可信工业数据空间的概念内涵、行业需求、应用价值、实施路径等内容，为探索工业数据要素市场化提出发展思路和实现路径。该白皮书指出，可信工业数据空间是实现工业数据开放共享和可信流通的新型基础设施与技术解决方案，基于"可用不可见、可控可计量"的应用模式，为工业数据要素市场化提供了实现路径。可信工业数据空间的主要功能有三：一是为数据拥有者提供对数据使用对象、范围、方式的控制能力，满足企业对工业数据可用不可见、可用不可存、可控可计量的需求，消除流通顾虑；二是为数据处理者提供数据流通处理的日志存证，提供内外部合规记录，实现数据资源有效管理；三是为数据供需双方提供中间服务，便利供需对接，促进工业数据要素资源的价值转换。

白皮书第三章提出了可信工业数据空间的系统架构，包括点对点模式、星状网络模式、融合模式。其中，可信工业数据空间融合模式定义了 5 种主要参与方，包括数据提供方、数据使用方、存证方、中间服务方和 IT 基础设施提供方。该模式覆盖的角色和业务流程相对完整，也构成了可信工业数据空间业务视图（如图 2-15 所示），后续的功能视角和技术视角将依此业务视图进行展开。

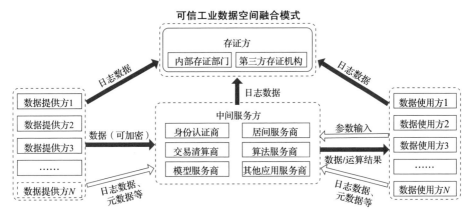

图 2-15 可信工业数据空间业务视图

根据该系统架构，存证方和中间服务方通过一系列技术组件桥接数据提供方与数据使用方，使得数据得以在数据空间内可信流通。这些组件包括数据加密传输、数据存证、身份认证、交易清算等，可以统称为"第三方专业服务包"。存证方包括企业内部的存证部门以及第三方的存证机构。存证日志可为政府审计部门提供支持。中间服务方提供身份认证、目录推送与资源检索、供需对接、合约达成与执行、交易清算与用后评价等服务，以及算法、模型和其他应用服务。通过这些"中间商组件包"，数据空间为数据供需双方提供了可信流通环境，加快了数据的价值交换。

3. Gaia-X 数据空间组件

Gaia-X 数据空间计划由一个成立于比利时布鲁塞尔的 Gaia-X 基金会作为国际非营利组织运营，目的是在欧洲建立一个安全可靠的数据基础架构，实现欧洲数字主权。2019 年，欧盟基于国际数据空间的参考架构，构建联合基础设施 Gaia-X 项目，在 Gaia-X 之上建立了第一个行业数据空间——汽车行业数据空间 Catena-X。

Gaia-X 是欧盟实现数字主权的核心工具之一，亦是欧盟打破美国公司在云基础设施领域垄断地位的重要举措。欧盟各界对美国公司主导本地云基础设施持担忧态度，Gaia-X 旨在为欧盟创造一个欧盟数据保护标准下的有效存储环境，从而使欧盟业界和民众更加信任数据的收集和处理。其长期目标是确保欧盟数据生态系统在商业上更加"友好"，尤其是可以允许中小企业利用数据进行开发创新，并在全球范围内开展有效竞争。Gaia-X 数据空间概念框架如图 2-16 所示。

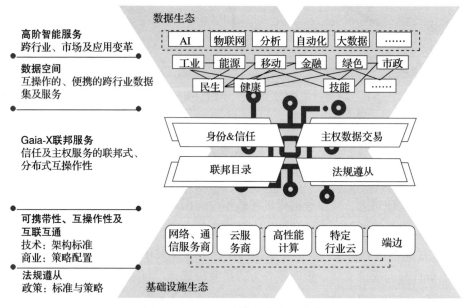

图 2-16   Gaia-X 数据空间概念框架

从图 2-16 可以看出，Gaia-X 数据空间的核心组件包括：

- 数据生态系统（Data Ecosystem）：Gaia-X 提供的可用数据网络，数据所有者、加工者及使用者都可以在其中共享数据。数据所有者可以决定数据的处理方式和处理者，实现多方数据共享。
- 基础设施生态系统（Infrastructure Ecosystem）：由各种参与者提供的一系列服务，包括数据处理资源（节点）、云服务产品（服务）、在特定数据处理资源上执行的特定服务（服务实例）以及在 Gaia-X 平台中提供数据的计算单元、存储单元等（数据资产）。

- 认证和信任系统（Certification and Trust System）：提供运营数据及基础设施生态系统所必需的联邦服务，包括数据交换服务、身份验证及信任系统、访问系统，以及 Gaia-X 平台中可用服务的目录。这些服务均开放源码，所有参与者可免费使用。
- 身份认证和访问管理（Identity, Credentials and Access Management）：与欧洲云和数据基础设施组织合作，建立全面的信任框架，包括身份认证和访问管理，确保只有得到授权的参与者能够访问数据。
- 政策和规则（Policy and Rule）：制定了一套政策规则，这些规则是技术中立的，定义了 Gaia-X 的合规性，涵盖了数据的访问、使用和共享，以及如何确保数据的安全性和隐私保护。

这些组件共同构成了 Gaia-X 的框架，使其成为一个安全、可信且高效的环境，支持数据的经济价值挖掘和创新应用的发展。

4. EDC 数据空间组件

Eclipse 基金会是一家具有全球影响力的开源机构。2021 年，Eclipse 基金会启动了数据空间重要的开源项目"Eclipse 数据空间组件"（EDC），旨在提供一个标准化、可扩展的解决方案，以促进不同组织间的数据共享。EDC 开源社群已吸引了微软、AWS、华为等全球近百家企业和机构参加，其目标是通过开发规范以及与现有开源项目相互联系，支持广泛的可互操作数据空间生态系统。目前，EDC 的成果已在 Catena-X 汽车数据空间、出行数据空间等多个项目中部署。

EDC 的核心目标是在保持数据主权的前提下，实现数据的安全、高效共享。以下是 EDC 的一些核心组件和关键特点。

1）核心组件：

- 连接器：负责数据的上传、下载和共享。
- 联邦目录：跨组织的目录系统，允许参与者查找和发布数据资源。
- 身份中心：管理和验证参与者身份，确保只有得到授权的参与者能访问数据。
- 注册服务：参与者通过此服务加入数据空间并获取访问权限。
- 数据仪表板：提供管理和监控数据交换的可视化界面。

2）策略管理：EDC 允许数据提供方设定使用规则，并确保只有满足这些规则的参与者才能访问数据。

3）身份验证与授权：确保只有经过验证的实体才能访问数据空间。

4）合同管理：通过智能合约确保数据交换过程中的条款和条件得到遵守，保护参与者之间的协议。

5）开发者友好：EDC 为开发者简化了数据空间的实现流程，并提供代码示例和演示器（MVD），帮助开发者快速上手。

6）实际应用案例：EDC 已被多个行业的数据空间项目采用，如 Eona-X 和 Catena-X，分别专注于交通、运输、旅游领域和汽车行业的数据交换。

7）开源社区：EDC 项目遵循开放、透明和功绩制的原则，鼓励开发者贡献代码，推动项目进步。所有代码、文档和示例均可在 Apache 2.0 或 Creative Commons 许可协议下免费获取。

8）为未来数据共享奠定基础：EDC 通过其标准化和可扩展的解决方案，帮助企业应对数据共享中的挑战，保证数据安全和主权，为未来的数据生态系统奠定基础。

9）项目使用了大量的库和模块：EDC 提供了全面的库和模块支持，包括身份验证、数据平面、策略管理、合同管理和数据传输，确保数据空间中的每一个环节都能安全、高效的运行。

EDC 项目不仅提供了一套强大的技术框架，还通过其开源社区的力量，不断推动数据共享技术的发展和创新。无论是开发者、企业管理者还是数据策略制定者，都可以在 EDC 项目中找到价值并参与其中。

EDC 的核心架构分为两大部分：控制平面（Control Plane）和数据平面（Data Plane）。这一设计旨在实现策略管理与数据传输的高效分离，增强系统的灵活性和安全性。EDC 数据空间参考架构如图 2-17 所示。

控制平面是 EDC 的指挥中心，负责管理数据共享的策略、规则和合同，而不直接参与数据的实际传输。它主要包括以下组件：

- 协议管理器：支持多种通信协议，如 HTTP/REST、AMQP 等，用于与数据提供方、数据需求方及其他数据空间进行交互。
- 策略引擎：基于数据合约中的条款，实施数据访问和使用的策略控制，确保数据交换符合隐私保护和合规要求。

- 数据目录：提供数据资产的索引和元数据管理，帮助数据需求方发现和理解可用数据集。
- 身份中心：身份中心是 EDC 架构中用于管理用户身份、认证和授权的组件，确保只有得到授权的实体能够访问数据。
- 合约管理系统：支持数据提供方和数据需求方之间自动或半自动地协商数据使用合同，定义数据访问的条款和条件。

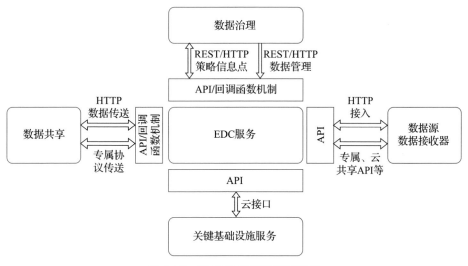

图 2-17　EDC 数据空间参考架构

数据平面专注于实际的数据传输，确保数据在不同组织间安全、高效地移动。其组成部分包括：

- 数据传输服务（Data Transmission Service）：基于控制平面中定义的合同，执行数据的实际传输任务。这可能涉及不同的传输协议和加密技术，以适应不同数据类型和安全需求。
- 数据源适配器（Data Source Adapter）：允许 EDC 与各种数据存储系统（如数据库、文件系统或云存储服务）集成，读取或写入数据。
- 数据转换服务（Data Transformation Service）：在传输前后，按需对数据进行转换，以满足接收方的格式或结构要求。

各个组件间通过 API 网关（API Gateway）、消息总线（Message Bus）等进行交互，确保安全控制和速率限制，并实现解耦合的通信模式，增强系统的灵活性和可扩展性。

数据空间的参与者希望能共享、消费和传输数据，最重要的是，保持对数据使用的控制。要建立和参与数据空间需要数据空间连接器。数据空间连接器充当逻辑看门人的角色，集成到每个参与者的基础设施中并相互通信。除了实际的数据传输，数据空间连接器还具有发现、连接、自动合同谈判、政策执行和审计流程的能力。

5. BDVA 数据空间组件

欧洲大数据价值协会（BDVA）是一个行业驱动的研究和创新组织，其使命是开发一个创新生态系统，使经济和社会在欧洲实现数据驱动与人工智能（AI）赋能的数字化转型。BDVA 致力于推动大数据技术和服务、数据平台和数据空间、工业 AI、数据驱动的价值创造、标准化和技能等领域的发展。

在数据空间的建设和发展领域，BDVA 认为，数据空间是一个基于共同商定原则的去中心化数据生态系统，旨在实现可信的数据流通。数据空间的构建涉及组织、数据、技术、人员和治理五大支柱，具有范围、去中心化、联邦结构与互操作性、透明度、主权和信任等特点。BDVA 数据共享价值轮盘如图 2-18 所示。

BDVA 提出的数据空间五大支柱是构建和实现数据空间的关键组成部分。

- 数据（Data）：这一支柱关注数据的可用性、质量和互操作性。它涉及数据的采集、存储、处理和分析，确保数据可以被有效地共享和利用。数据空间需要能够处理和集成来自不同来源与格式的数据，同时保证数据的安全性和隐私性。

- 治理（Governance）：治理支柱涉及数据空间的管理和监督框架，包括数据的法律合规性、伦理使用和责任归属。它确保数据空间的运作符合相关的法律法规，如 GDPR 等，并且建立起一套规则和标准来指导数据的共享与使用。

- 人员（People）：这一支柱强调数据空间中人的要素，包括数据的提供者、使用者和管理者。它关注数据空间参与者的技能、知识和参与度，以及如何通过教育和培训提升他们对数据空间的理解与使用能力。

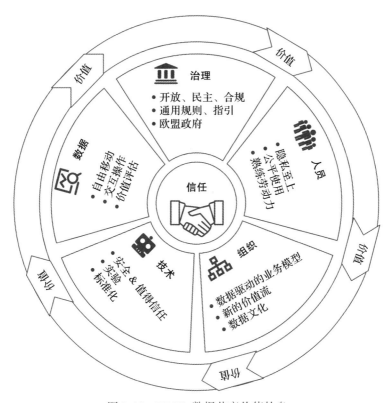

图 2-18　BDVA 数据共享价值轮盘

- 组织（Organization）：组织支柱涉及数据空间中的组织结构和业务模型，包括如何通过组织间的合作来实现数据的共享和价值创造。它关注如何通过数据空间促进组织间的协同工作，以及如何通过数据空间推动商业模式和服务的创新。
- 技术（Technology）：技术支柱是数据空间的基础设施，包括硬件、软件、网络和平台等技术组件。它确保数据空间的技术平台能够支持数据的收集、存储、处理、分析和共享，同时保证数据的安全性和可靠性。

这五个支柱共同构成了数据空间的基础，它们相互依赖、相互支持，共同推动数据空间的发展和成熟。BDVA 通过其立场文件和讨论，强调了这些支柱的重要性，并提供了实现数据空间互操作性的见解和指导。

6. IEEE P3158《可信数据空间系统架构》

2024 年 6 月 6 日，IEEE 标准协会正式发布可信数据空间系统架构国际标准 "IEEE Standard for Trusted Data Matrix System Architecture"（标准编号：P3158）。本标准在国际共识的基础上首次提出了可信数据空间的系统架构，旨在为不同利益相关方提供清晰的建设指引，促进数据共享流通。整体架构遵循 ISO/IEC/IEEE 42010 的系统架构设计方法，依照 TOGAF 方法论，形成业务、功能、技术、流程、实施五个核心视角。

该标准的主要内容包括：

- 共享模式：分为分布式模式（数据分散、服务自治）和集中式模式（数据分散、服务集中）。
- 利益相关方：涵盖数据提供方、数据使用方、第三方服务方、监管方等四大类。
- 数据类型：包括企业、个人、公共三大类典型数据类型，以及其他数据。
- 业务视角：覆盖数据采集到数据用后服务，涉及 45 项业务活动。
- 功能视角：系统架构规划了身份识别和认证、数据资产管理、供需对接、可信环境、跨域数据资产控制、数据工具服务、合规服务等 7 大功能，细化为 44 个功能小项。
- 技术视角：涉及数据主权与隐私保护、软件工程与系统管理、计算机安全与身份管理、数据科学与人工智能、网络与通信等五类典型技术。
- 流程视角：包括联邦模式和集中模式两大类流程模式。

IEEE P3158 首次明确了可信数据空间的边界内涵，对各角色、业务给出明确定义，对各利益方协同开展可信数据流通给出业务说明；构建了功能视图，企业可根据业务需求选择功能；指导应用落地，从流程、技术和实施等视角为企业提供清晰的建设指引。可信数据空间系统架构如图 2-19 所示。

IEEE P3158 国际标准的发布，为可信数据空间的构建提供了国际性的技术规范和指导，有助于推动各行业开展可信数据空间应用推广，形成面向不同场景需求的解决方案。同时，该标准也有助于加深各行业利益相关者对可信数据空间的理解，强化标准在数据可信共享、流通和交易中的基础支撑作用，为数据资产价值化提供保障。

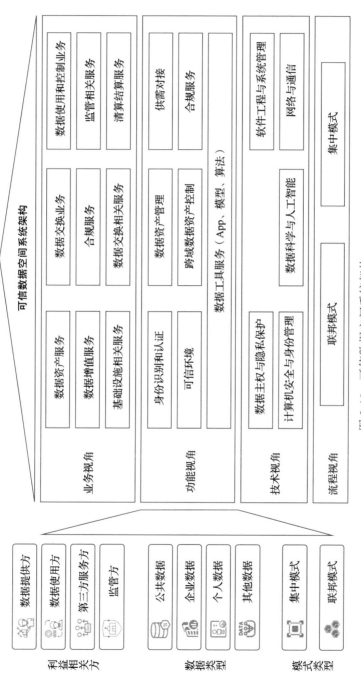

图 2-19　可信数据空间系统架构

77

2.3.3　数据空间核心元件创新

如前文所述，要素通常指的是构成某个系统、结构或现象的基本组成部分或基础元素。关于数据空间原理的探讨，从理论背景到概念解析，到要素元模型的解构与建构，再到各类数据空间组件综述，似乎仍然未能了解数据空间最关键的核心部件。那么，是否存在一些通用的数据空间元件，通过执行统一的数据技术标准，让数据空间的互联互通真正得以实现。

2.3.2 节详细介绍了目前主流的数据空间框架及其组件，从中可以归纳出一些共性，整理出一些标准化组件，甚至进一步抽象出特定的元件。元件通常具有特定的属性，可以独立工作，也可以与其他元件组合使用。而组件通常指的是一个更大的系统中的一个部分，它由多个元件组成。可见，元件是组件的进一步抽象，元件通常是构成组件的基本单元，而组件则是由多个元件组成的、具有更复杂功能的单元。因此，对于数据空间原理的深入探析，不仅需要泛化出通用的功能组件模块，还需要进一步抽象出更细粒度的、更简化的可复用单元，作为数据空间组件功能和运行机制的一种基本构成。

从颗粒度的角度看，元件更偏向于数据层面的封装和抽象，它关注的是数据的标准化和流通；而组件则偏向于系统层面的构建和组装，它关注的是系统的模块化和功能的实现。元件是数据空间中数据流通的基本单元，而组件则是构成数据空间系统的基本模块。两者共同支撑起数据空间的架构，使得数据可以安全、高效地在不同的主体和应用之间流通与使用。在特定语境下，元件与组件可通用，而在本节关于数据空间组件的分析中，需要进一步理解两者的区别和联系，见表 2-2。

表 2-2　数据空间元件与组件的区别和联系

特性	数据空间元件	数据空间组件
定义	对异质多元的数据进行标准化封装的单元，支撑数据要素化与数据流通	数据空间系统中自包含的、可编程的、可重用的、与语言无关的功能模块，用于支撑数据空间运行
颗粒度	偏向数据层面的封装，关注数据的标准化和流通	偏向系统层面的构建，关注系统的模块化和功能的实现
功能	实现数据的可管控、可计量、可组装，使数据成为一种可流通、可交易的数据资产	提供特定的功能，如数据上传、下载、共享等，支持系统的组装和扩展

（续）

特性	数据空间元件	数据空间组件
封装	可能贯穿和关联数据层、元数据层、能力层、管理层和安全层等	通常作为一个独立的功能单元，可能包含多个元件或其他组件
重用性	侧重于数据的重用，通过标准化封装实现数据的多次利用	侧重于组件的重用，通过模块化设计实现在不同系统或环境中的重复使用
可组装性	作为数据流通的基本单位，可以与其他元件组装以支持复杂的数据处理流程	作为系统的基本模块，可以与其他组件组装以构建完整的系统
独立性	依赖于数据空间的基础设施，但可以在不同的平台和环境中独立使用	通常独立于其他组件，具有明确的接口和功能
联系	元件是组件中处理数据的基本单元，组件可以包含或使用多个元件来实现其功能	组件是构建数据空间系统的基本模块，可以利用元件来实现数据的高效处理和流通

此外，在对数据空间元件进行归纳的同时，有几组概念还需进一步明确，包括对象、类、抽象、封装、泛化与多态等。

- 对象：一个具有状态、行为和标识符的实体，并且对象之间往往可以通过通信互相交互。
- 类：拥有共同的结构、行为和语义的一组对象的抽象。
- 抽象：揭示一个事物区别于其他事物的本质特征，去除从某一个角度看来不重要的细节的行为。
- 封装：隐藏对象的属性和实现细节，仅对外公开接口，并控制对程序中的属性进行读和修改的权限级别。
- 泛化：类似一般描述和具体描述之间的关系，即具体描述建立在一般描述的基础之上，并对一般描述进行了扩展。
- 多态：在同一接口下表现多种行为的能力，是面向对象技术的根本特征。

关于结合数据空间组件与元件的区别和联系，从对象、类、抽象、封装、泛化、多态等维度对数据空间原理性部件的探析，理论界和实务界均已取得了一定的成果，但对数据空间元件的探讨仍未停止，以下重点介绍数据空间连接器、数据空间控制器、数据件、数据宿、数据容器等概念。

1. 数据空间连接器

数据空间连接器（Data Space Connector）是**数据**空间架构中的关键技术构

件，它作为数据与服务的网关，允许参与者将使用策略附加给数据空间中的数据、强制执行使用策略并无缝跟踪数据来源。连接器负责数据空间的"全要素接入认证"，是构建数据空间可信体系的起点和关键元件。数据空间连接器技术概览见表2-3。

表 2-3　数据空间连接器技术概览

特性	描述
定义	专用软件组件，允许参与者在数据空间中附加、执行数据使用策略，并跟踪数据来源
功能	作为数据和服务的网关，提供可信的运行环境给应用程序和软件
互操作性	能够与数据空间生态系统中的任何其他连接器进行通信，实现标准化互操作
增值应用程序	允许将应用程序注入连接器，提供数据处理、格式对齐、数据交换协议等服务
数据主权	支持数据所有者在数据传输前附加使用限制信息，确保数据主权
安全性	依赖于最先进的安全措施，确保数据的安全交换
部署	可以安装在服务器、云、物联网设备或智能手机上，作为数据交换的网关
容器技术	使用容器技术保障"可信运行"，防止未授权的访问和篡改
身份管理	与身份认证提供商集成，创建、维护、管理和验证参与者的身份信息
元数据代理	与元数据代理集成，提供有关数据源的内容、结构、质量、价值等特征信息
应用商店	支持应用商店，提供可部署在连接器中的应用程序，执行转换、聚合或数据分析等任务

在 IDSA、EDC 框架中，数据空间连接器是进入数据空间的网关，它实现了数据空间内便捷的数据交换，并且是跨行业、竞争中立和跨国界的数据交换的关键。连接器使用的容器技术可以保障连接器"可信运行"，"容器"内的数据受到保护，确保了数据自主权的实现。此外，数据空间连接器还提供多层次的安全机制，包括接入安全、数据安全、访问控制安全等，确保数据在传输和处理过程中的安全。而其他数据空间架构，虽然没有把连接器作为核心构件，但通过存证、验证、通信认证、标准化组件等技术和组合方式，实现了数据的交换与连接。

作为数据空间的核心构件之一，数据空间连接器与传统的 IDC 连接设备、数据网关等"连接器"完全不同。如表 2-3 所归纳，数据空间连接器具备多项技术能力，并非只能解决数据连接、验证和传输问题。连接器不仅仅是实现数

据集成与管理的软件工具或系统，除了能够将不同来源、不同格式的数据进行
有效的整合和链接，确保数据的一致性和准确性外，它还支持数据的迁移和转
换，能够提供丰富的数据元数据信息，如数据的来源、结构、关系及使用情况
等，从而帮助用户更全面地理解和分析数据。同时，连接器还能与身份管理、
元数据代理、策略引擎、应用程序等进行关联与集成，是实现数据可信流动的
重要桥梁。IDS 连接器如图 2-20 所示。

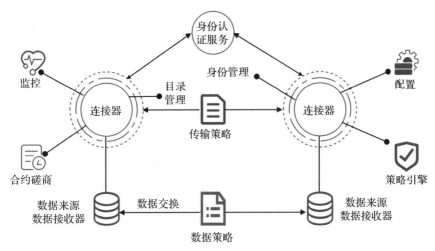

图 2-20　IDS 连接器

在功能方面，数据空间连接器具备多样化的能力。它能够自动化地识别和
映射不同数据源之间的元数据，简化了数据集成过程。通过智能分析和处理数
据，连接器能够确保数据的质量和完整性，减少对人工干预的需求。连接器还
支持数据的实时同步和更新，保障了数据的时效性，这对于需要快速响应市场
变化的业务场景尤为重要。

很明显，连接器的功能已经超越了其字面意思，除了能连接不同类型的数
据存储设备、在数据流中转换数据、在数据管道中大规模移动 PB 级别的数据
集、查找获取元数据、针对各种数据源提供数据引入和转换功能等，还能根据
指令（如 SQL）进行自动化运行，拓展成为"主动式连接器"，即具备了自动化
数据感知（Xsensus）能力。Xsensus 数据连接感知能力框架如图 2-21 所示。

Xsensus 感知连接器集成了数据连接的软感知和硬感知能力，能根据不同

场景自动触发连接请求验证审批和数据抓取、传输、存储以及处理，在特定条件下还能结合边缘计算技术提供数算一体化连接功能，实时对接数据空间各个存储位置，并根据连接器所集成的各项策略进行实时反馈。

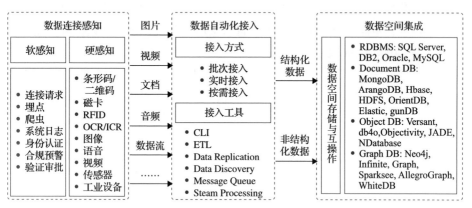

图 2-21　Xsensus 数据连接感知能力框架

Xsensus 感知连接器不仅具备传统数据空间连接器的连接和验证功能，还具备实时化的微处理能力，以及主动管理数据空间连接的能力。它能够根据不同空间定位的数据模型进行能力配置，有望成为未来数据空间最核心的元件之一。

2. 数据空间控制器

数据空间控制器（Data Space Conductor，DSC），又可称为"数据空间导体""全程动态控制器"，或简称为"数导体"，在数据空间的架构中扮演着类似于"管家"的核心角色。它可以类比为数据空间的指挥家，负责协调和管理整个数据空间的运作，围绕数据空间的使用策略、认证策略、控制策略，配置全过程动态管控体系。数据空间治理、策略管理、权限控制、数据流管理、监控和审计等功能，都可以通过控制器实现集中管理、自动化控制和认证，并具有灵活性、可扩展性、互操作性及合规透明性。

数据空间控制器同时具有强大的兼容性，能与其他系统进行有效的集成，以作为数据空间强监管的"硬性"软件设施元件，实现数据的流畅流动和统一管理。

例如，控制器可封装为 API 和 Web 服务（类似于可下载的证书软件包），提供 RESTful API 或其他 Web 服务接口，允许其他系统通过标准化的方法调用数据空间控制器的功能（如数据检索、权限验证和策略执行），也可集成身份和访问管理功能，以实现对用户身份的集中管理和在数据空间关联系统中的单点登录。另外，数据空间控制器作为"协调员""分发器""管家"，还可提供一些公共服务，包括数据资产目录服务、成员准入认证服务等。数据空间控制器可以作为一个独立的微服务运行，通过服务网格与其他微服务进行通信。控制器采用事件驱动架构，能够响应来自其他系统的操作和事件，如数据更新、用户登录尝试等，是数据空间信任管控能力供给的枢纽单元。在封装技术方面，数据空间控制器可以是一个可下载安装的软件开发工具包（SDK），也可以为便携式即插即用的硬件（如数据空间一体机），还可以封装成数据空间操作系统（Data Space Operation System）。

通过全程动态集成方法，数据空间控制器能够与现有的 IT 基础设施和应用生态系统无缝协作，让数据空间具有新型数据基础设施的功能，实现数据的有效管理和利用。

从数据空间组件模块及运行机制来看，数据空间控制器负责全流程管控，是数据空间得以存在和扩展的核心基础元件，通常需要集成以下管控单元。

（1）全要素接入认证管控

数据空间控制器作为"数导体"，负责依据标准化的接口对接各类数据来源，覆盖人机物全要素连接，并涉及接入核验、身份认证、标准执行等。全要素接入是控制器触发机制的起点，同时也是全程管控的过程性机制，会对接入对象进行动态反复校验。控制器需要集成公安、税务、市场监管等身份核验机制，以确保主体、行为、成果及法律效力的持续有效性。

（2）全过程动态管控

全过程动态管控主要关注两个维度，一个是数据空间"实体"的合法性管控，以及"行为"的有效性监控。其中，实体管控包括主体、客体（标的内容）的核验，涉及主体身份、数据资源、产品服务等的安全可信管控。行为管控包括接入行为验证、服务规范审查、履约机制校对、传输过程审核、数据流程管控等。

（3）全场景存证溯源管控

数据空间是一项复杂的系统工程，具有多类型、多应用场景、动态扩展等特征。以控制器元件为核心的系统，主要强化数据空间的可信管控。而其核心技术就是以区块链为基础的全场景存证溯源，即采用日志存证和记录追踪的方式，追踪和记录数据来源、流动路径、变化历史以及数据当前的状态，以确保数据空间内各项操作行为记录真实、不可篡改、可溯源、可审计。

（4）全流程数据交互管控

控制器的本项功能包括内部数据闭环、组件开环管控和外部生态循环管控，其核心功能在于"资源交互"。数据空间控制器不仅应具有可信安全管控功能，还应记录和支持数据资源与数据服务的发布和查询、数据产品上/下架、数据目录的推送以及数据全生命周期的交易、交互行为。同时，它还支持记录数据空间的技术扩展、部署和升级过程，负责管控空间外部生态互联以及交互访问的过程。

（5）多场景服务价值管控

数据空间控制器所集成的本项功能主要关注数据空间价值共创的能力，是上述各项功能的目标站，支撑数据价值的释放。多场景价值的转化，依托数据服务方的协同合作以及数据服务的交付和数据产品的交易。控制器主要负责协同记录服务主体交互，包括供需撮合、授权运营、委托/联合开发以及交易结算。

数据空间控制器的上述功能，共同形成了数据空间信任管控能力供给，并驱动数据空间价值的实现。数据空间控制器驱动的数据空间信任管控能力供给价值链如图 2-22 所示。

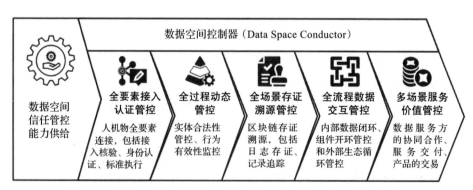

图 2-22　数据空间控制器驱动的数据空间信任管控能力供给价值链

根据上述功能分析和价值链模型，数据空间控制器作为核心元件，集成了连接、交互、核验、控制等多项模块，形成数据空间的全局管控面板，编织数据空间的全流程视图。其管控方式及流程包括：

- 接入核验：包括参与者注册、技术接口对接、空间交互对接等内外单元的接入管控。
- 身份认证：包括主体身份认证、服务商认证、交易平台认证等 "泛身份" 认证。
- 标识配置：提供标准化标识符，对各类数据空间实体进行全过程监控。
- 目录推荐：统一配置一致性目录服务，在数据空间内部及外部交互中进行推荐使用。
- 履约机制：构建数据流通过程中的访问、使用、传输、交易结算的各项合约监管体系。
- 日志存证：以各类行为日志、数据供应链足迹为内容，采用区块链等技术进行存证、溯源、追踪。
- 数据管控：支持数据接入、发布、发现、转换、交付与传输等的全流程数据供应链、价值链管控。
- 审计清算：对数据空间内的主体、行为和标的进行全面审计，并支持监管下的交易及服务结算、清算。
- 安全检测：构建一体化全方位的安全机制，并配置相应的检测标准和能力。
- 合规监管：涉及合规认证、审核以及争议解决、违法制裁等制度与机制。

上述各项管控技术和流程，共同构成了数据空间控制器的管控环，如图 2-23 所示。

3. 数据件

相对于硬件、软件，我们会觉得数据件（Data Ware）特别陌生。在 2024 年 1 月举行的 "第二届 CCF 中国数字经济 50 人论坛高端峰会" 上，孙凝晖院士就 "数据件——数据基础设施的基本抽象之一" 这一主题发表演讲。他强调，数据要素市场需要新的基本抽象来支撑其发展。回顾数据基本抽象的演化，解耦是形成基础设施的关键方法。最早的数据库形态、数据表抽象、Key-Value 体系与数据湖产品都是通过解耦实现数据应用的广泛性。当前数据要素市场需要进一步解耦，形成数据件这一新抽象，以支持数据交易、流通与加工。孙院士认为，现在的互联网构建在一个网络信息空间之上，这个信息空间有一个信息基础设施，数据要素市场会出现一个新的数据空间，数据空间需要一个新的数据基础设施。

图 2-23　数据空间控制器的管控环

　　数据件是对异质多元的数据进行标准化封装的单元，它支撑数据要素和数据主体、数据应用的解耦，最终实现全网加工要素化的数据。数据件在基本的封装里要具备可管控、可计量、可组装三个基本能力。数据件作为数据处理的基本抽象，旨在屏蔽数据使用与流转的复杂度，降低数据要素社会化供给门槛。它通过数据层、元数据层、能力层、管理层与安全层五层结构实现功能。数据件加工强调标准化、安全化与要素化，流动技术则关注数据场的生成。AI/BD计算作为访问工具，重视产品化、服务化与价值化。

　　为确保数据件的成功，孙凝晖院士提出了六个关键要素：生态解耦、构造标准化、广谱关联能力、协同编排、度量数据质量与内生安全保障。生态解耦涉及供给侧、运营侧与消费侧的解耦；构造标准化需要弹性组装与能力标准化接口；广谱关联能力用于实现数据空间的高效连接；协同编排类似于网络协议，用于确保数据件的互联；数据质量度量采用采样方式预估；内生安全保障涵盖数据全生命周期的各个阶段。

数据件通过协议和软件把需要的数据组织成数据场来提供数据，实现数据价值倍增。数据件的组织方式类似于数据的"直播带货"，按需指导、厂家直销，实现数据价值的最大化。目前数据件的形式仍是未知的，有的可能成为"数联网"，有的可能成为"数据场"，其系统形态还在发展过程中，但是一定需要这样一个新的抽象。传统数据获取方式和数据件获取方式的不同点见表 2-4。

表 2-4　传统数据获取方式和数据件获取方式的不同点

协议栈		传统数据获取方式	数据件获取方式
数据使用	应用接口	● TSV/CSV/JSON… ● 不同数据类型需要单独开发	● 标准化操作接口 ● 自动化统一使用
数据定位	命名协议	● URL ● 无语义信息	● 语义唯一标识（DID） ● 多维语义空间映射
数据获取	路由解析	● DNS ● 一对一地址解析	● 无中心语义路由（DSR） ● 批量地址解析、就近查找
	数据交换	● FTP ● 数据需要完整获取才可使用	● 异步增量传输协议（AIT） ● 边传边用、无感传输

从上述创新理论可以看出，在数据空间里，数据件与连接器的功能定位很接近。而数据件比连接器更具有扩展性和包容性，更有可能成为数据空间新的核心技术。孙凝晖院士认为，数据件的未来发展可能包括形成数据件互联协议、数据场的基本描述语言等，以支持大数据和 AI 类型的应用。在智能计算时代，数据件作为数据基础设施的基本抽象之一，将支撑智能计算的发展。智能计算产业必须建立在新的数据空间基础设施之上，其中数据件是关键组成部分。

同时，数据件要有内生安全的保障。无论是在生产阶段、流通阶段还是在使用阶段，它的保障需求都是不一样的，数据件需要内嵌安全机制，进行全过程多层次安全管控。表 2-5 列举了数据件全生命周期的内生安全技术，包括内容保护、权限控制、数据确权等技术矩阵。

表 2-5   数据件全生命周期的内生安全技术

技术矩阵	可靠封装	可信流通	可控使用
内容保护	• 差分隐私 • 动态脱敏	非对称加密	• 同态加密 • 安全多方计算
权限控制	内置授权协议	合约检查	内生访问控制
数据确权	• 数字身份标识 • 数字水印	基于区块链的流程追溯、监控、管理、仲裁及确权	• 基于区块链的使用 • 日志与审计

根据上述理论创新，"数据件"不仅是一种概念性抽象，同时也是面向数据空间元件的一套弹性功能组件和标准化接口。数据件可以"独立作业"，也可以由多个数据件相互通信形成功能套组，还可以与其他技术包进行组装和协同，构建一个互联互通的数据生态空间。

4. 数据宿

数据宿（Data Sink）是 2018 年全国科学技术名词审定委员会公布的计算机科学技术名词，出自《计算机科学技术名词》第三版，是指接收传输来的数据的功能单元。在数据通信领域，数据宿是一个重要的概念，它是数据传输的终点，可以是磁盘文件、网络接口以及显示器、打印机等外部设备。它是数据通信系统中的一个关键组成部分，负责接收和处理来自数据源的信息。

数据通信系统的基本组成部分主要包括：数据源、数据发送器、传输介质、数据接收器以及数据宿。

首先，让我们详细了解一下这些组成部分：

- 数据源：这是产生要传输的数据的设备或系统。数据源可以是计算机、传感器、手机、视频设备等。例如，当用户在计算机上编写电子邮件并点击发送时，用户的计算机就成为数据源。
- 数据发送器：数据发送器负责将数据转换为适合在传输介质上传输的信号。这通常涉及一些形式的调制，比如将数字信号转换为模拟信号，或者将低频信号转换为高频信号。例如，在计算机网络中，网卡就充当了数据发送器的角色，它将计算机内部的数据转换为可以在网络线缆上传输的电信号。
- 传输介质：传输介质是数据在发送方和接收方之间传输的物理路径。这可以是线缆（如同轴电缆、双绞线、光纤等），也可以是无线介质（如空气、空间），取决于通信系统是有线的还是无线的。例如，在家庭宽带网络中，光纤或同轴电缆就是传输介质。

- 数据接收器：数据接收器的作用与数据发送器相反，它将从传输介质上接收到的信号转换回原始数据。在计算机网络中，接收方的网络接口卡（网卡）就充当了数据接收器的角色。
- 数据宿：数据宿是最终接收并处理数据的设备或系统。在电子邮件的例子中，接收用户电子邮件的服务器和最终阅读邮件的人的设备（可能是另一台计算机或移动设备）都是数据宿。

以上这些组成部分共同协作，构成了完整的数据通信系统。每个部分都有其特定的功能和作用，对于实现有效的数据传输都是必不可少的。在实际应用中，这些组成部分可能会根据具体的通信需求和技术条件而有所不同，但其基本原理和功能是相似的。把数据通信传输的过程进行抽象，就是数据流，包括输入流、输出流，而数据流当中的数据处理又形成节点流、处理流。数据源、数据流、数据宿，构成了数据供应链系统的关键节点，如图 2-24 所示。数据源和数据宿是数据流中的两个端点。数据源是数据的起点，负责产生或提供数据；而数据宿是数据的终点，负责接收、存储或显示数据。它们共同构成了数据流的完整路径。

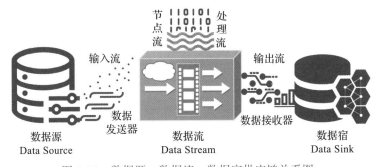

图 2-24　数据源、数据流、数据宿供应链关系图

回顾数据通信和数据传输的基本组成，各个环节相互独立且关联，共同完成了数据（集）的流通，只是这种通信往往发生在系统内部。然而，在当前，一个系统即使存储再多数据，不与其他系统交互，那也是孤岛系统。一个系统

若很开放，不断以各种形式关联周围的系统，也主动通过一定的标准化技术期待被连接，那么，这个系统就成为众系统中的"交际花"，具备强大的空间网络"社交"能力，这也是数据空间的基本性质。

一切形式对接的本质是实现数据信息的可信传输。不论是连接器的实践，还是数据件的创新，都是为了设计一款通用的、集成的、可拓展的标件，作为数据空间参与者共同认可的通行元件，在数据空间世界里，实现各子系统之间，或内部系统与外部系统之间的无缝交流和对接。这种关联定位的元件，不仅要解决数据从哪来的问题，还要理清获取数据之后的处理方式、运算逻辑、异常规则、容错机制、数据日志等，并且需要具备与其他技术组合、与各类接口兼容的开放属性。

事实上，在当前的数据实践中，前端和后端时刻都在进行着数据互动，公司的各个系统之间也进行着各种形式的信息共享。尤其是平台经济，商家可能需要管理自己的订单，这时候就要从平台获取订单数据，也就是数据抓取。为了避免重复、便于推广，很多厂家已经推出了各类现成的公共插件，市场上很多开放性的功能插件都可以调用或接入，比如接入百度地图的 API、接入微信小程序的二次开发。

在大数据处理中，数据宿通常是指数据处理流程的最终输出点。例如，在 Apache Flink 这类流处理框架中，数据宿可以是数据库、文件系统或者任何可以存储处理结果的系统。数据宿的设计和实现需要考虑数据的写入效率、数据格式，以及如何高效地将数据从处理系统转移到数据宿。因而，数据宿又称为数据汇或直接被看作一种数据存储。数据计算简要流程如图 2-25 所示。

图 2-25　数据计算简要流程图

在任何数据处理流程中，数据总是从数据源流向数据宿。这个过程可能涉及数据的采集、处理、转换、加载和计算等多个步骤。数据宿依赖数据源提供的数据来进行存储或进一步处理。没有数据源，数据宿就没有数据可以接收；反之，数据源需要数据宿来完成数据的最终存储或展示，以实现数据的价值。

这就好比数据空间的数据提供方和数据需求方的关系，而数据宿在这组关系中发挥着重要的桥梁作用。

回到数据空间模型，理论探究和创新探索活动也可在架构式设计、功能性运行、生态圈运营的过程中，充分复用、升级、扩展传统技术。数据空间的形成涉及计算机空间、信息空间和数据空间的三层迭代。而数据宿产生于计算机空间，活跃于信息空间，也应在这个数据空间架构中发挥其作用，即连接所有数据件，加工人机物三元世界产生并汇聚的数据，生成模型。数据宿应支持数据资源跨部门、跨层级、跨区域、跨主体的共享流通和开发利用。

数据空间不一定需要"不明觉厉"的新技术，它更依赖现成的数据基础设施和主流技术。为了优化数据空间发展的可行性，控制建设和维护成本，利用一些已经成熟的基础技术进行结构化封装，也是一条可行路径。

全球数字化已经做了大量的投入，新业态、新模式、新动能的落地反而更依赖成熟、稳定、通用的接口式标准件。从根本上说，数据空间是为实现数据可信流通而发展起来的一项新技术，数据的传送、接收、传输也是数据通信的内容。传统的数据宿已经发展成为通用的数据架构元件，不但广泛兼容，还具备源流宿合一的 Sing 套件。"Sink"的意思也不一定必须是要把数据存储到某个地方去或作为终点的数据接收器。其实用"Connector"来形容要去的地方更合适，"Connector"可以有 MySQL、ElasticSearch、Kafka、Cassandra RabbitMQ 等，实践中也可以看到 Kafka、ElasticSearch、Socket、RabbitMQ、JDBC、Cassandra POJO、File、Print 等 Sink 的方式。这些成熟的技术和大量的公共接口模型已经改变了传统数据宿作为数据终点的逻辑，逐步走向源流宿合一的交互框架（如图 2-26 所示）。加上算网融合技术，存算、数算一体化技术也逐渐普及，数据源、数据流（数算一体）、数据宿已经形成了正向、反向内部交互的格局。

例如，在 Apache Flink 中，数据宿作为输出算子，被用于将数据流发送到外部系统或存储介质中，如数据库、消息队列、文件系统、Apache Kafka 等，以便进行后续的持久化、分析或其他操作。Apache Flink 还提供了一部分 Sink 连接器，支持与 Apache Kafka、Elasticsearch、JDBC、MongoDB 等外部系统的集成。这些连接器提供了专门的输出算子，可以直接与外部系统进行交互。

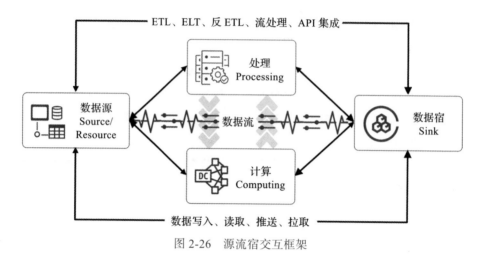

图 2-26　源流宿交互框架

现实中，数据交易的难点不仅在于数据产品封装和数据交易市场基础设施的成熟度，更在于数据供给侧和数据需求侧的对接。从需求侧出发，大量的数据在存储状态（数据宿）未被发现和充分利用；从供给侧出发，存储状态中的数据又形成需求端的数据源。可见，数据宿与数据源是对立统一的。数据空间的核心理念是分布式管理，那么，在不改变业务流程和数据存储状态的情况下，基于数据宿构建的数据空间技术体系具有较强的可行性。

进一步泛化数据通信系统，抽离出数据宿作为数据空间核心元件，围绕数据宿作为数据终点和起点的特性，丰富数据宿技术功能，配置其他数据空间组件，使得数据宿具有连接器、数据件等功能，是数据空间元件开发的一条可行的敏捷路径。

5. 数据容器

数据容器（Data Bundle）的概念在不同领域和项目中可能有所不同，但它的核心思想是提供一个标准化和安全的方式来封装、共享与交换数据。在数据空间中，数据容器有助于实现数据的权益保护和对数据的控制，同时促进数据的开放性和协作性。在数据空间的语境下，数据容器通常指的是一种封装数据及其相关元数据和使用条款的标准化格式。数据容器的目的是，在数据共享和交换过程中，确保数据的可读性、可访问性和互操作性。

数据容器将数据集封装为一个独立的单元，便于数据的传输和存储。同时，

"bundle"又集成了一些数据空间元件,形成一个独立组件。容器中包含了描述数据的元数据,如数据的来源、创建者、时间戳、格式、结构和质量等,明确了数据的使用条款和许可协议,规定了数据的使用范围、权限和限制,还包含安全措施(如加密),以保护数据在传输和存储过程中的安全性。

数据容器被设计为符合特定的互操作性标准,使得不同的系统和平台都能够理解与处理数据容器。容器中包含跟踪数据流通和使用历史的机制,以支持数据的可追溯性。同时,数据容器是自描述的,意味着它包含了理解其内容所需的所有信息,而不需要外部参考。数据容器的设计使其可以在不同的环境和平台之间轻松移动,以支持数据的便携性。

综合对比上述各类关于数据空间核心元件的创新讨论,可以看出,核心元件主要解决一些共性问题,并且根据相关技术的发展和现有的最佳实践,采用抽象和扩张的理论解析方式,探讨更为完整、敏捷的元件封装路径,意图找到一个"标件",适用于数据空间的各个系统。表 2-6 详细对比了数据空间核心元件的功能和关键特征。

表 2-6　数据空间核心元件对比表

元件	定义	功能	关键特征
数据空间连接器 (DS Connector)	连接数据提供方和数据需求方,实现数据的发现和交换	促进数据的发布、搜索和访问,支持数据传输和交换,执行数据共享策略	支持多种数据交换协议、身份验证和授权机制、策略执行点
数据空间控制器 (DS Conductor)	管理和协调数据空间中的所有活动,包括数据流动和策略执行	控制数据流动和访问,监控数据使用情况,执行数据治理策略	集中管理策略及其执行,以及数据监控和审计
数据件 (Data Ware)	指数据空间中的数据本身,可以是任何形式的数字信息、数据包	作为数据空间中被共享和处理的对象,可以是多源异构数据	可被查询和分析,可能包含元数据以支持数据的理解和使用
数据宿 (Data Sink)	数据的接收者或目的地,通常指的是数据的消费或存储点	接收和存储传入的数据,处理和分析数据,支持数据的加工使用	高效的数据接收能力,可能具备数据处理和分析功能
数据容器 (Data Bundle)	封装数据及其元数据和使用条款的标准化格式	便于数据的传输和存储,确保数据的可读性和互操作性	包含所有必要的元数据,支持数据的封装和分发

2.4　数据空间角色

在数据源、数据流、数据宿的探讨过程中，总是让人不禁关联到数据要素市场的数据交易流通角色关系（如图 2-2 所示）。诚然，数据空间的主要目标是面向数据空间中的两个主要角色——数据提供方和数据需求方，促进二者之间的数据交换。泛化版的数据源、数据宿可等同于数据空间里的这两个主要角色。各类型的数据空间框架，为了数据交换的安全以及基于简单概念的数据连接，又衍生出一系列新角色，包括代理、应用商店运营商和证书颁发机构等。而且，每个参与者都可以担任一个或多个角色。此外，每个参与者都可以指定第三方执行某些活动。

数据空间中的各个角色，利用各种组件和元件，在交互中发挥各自的作用，形成数据空间功能矩阵，支撑数据空间运行，进而通过数据空间实现各自的目的、获取相应价值，这就是数据空间作为生态系统的魅力所在。

2.4.1　数据空间功能矩阵

欧盟委员会指出，欧洲共同数据空间的关键特征包括：

- 基础设施：一个安全和保护隐私的基础设施，用于汇集、访问、共享、处理和使用数据。
- 治理机制：构建清晰实用的数据访问和使用机制，确保数据的共享应用以公平、透明、适度和非歧视性的方式进行，并建立可信赖的数据治理机制。
- 价值遵从：全面遵守欧洲的规则和价值观，特别是与个人数据保护、消费者保护相关的法律和市场竞争法。
- 数据主权：数据持有者在数据空间中，可向他人授予对其控制数据（个人或非个人数据）的访问或共享权限。
- 商业模式：提供数据可以获得补偿，包括合理的收费，或者免费进行数据再利用等。
- 开放参与：开放式的组织、个人参与方式。

从国内实践出发，参考欧洲共同数据空间的上述关键特征，基于对数据空间概念、性质及价值的分析，结合数据空间价值钻石模型（如图 1-7 所示），可归纳出数据空间的八大核心功能，形成数据空间功能矩阵钻石面板（如图 2-27 所示），并与数据空间钻石模型相呼应，整合功能与价值，构成数据空间整体的抽象，即数据空间钻石立体模型，如图 2-28 所示。

图 2-27　数据空间功能矩阵钻石面板

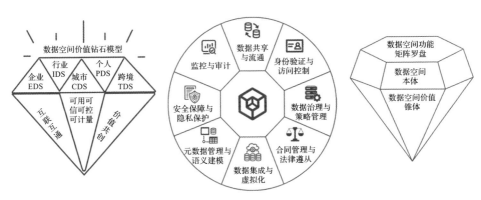

图 2-28　数据空间钻石立体模型

根据图 2-28，数据空间围绕主体和价值要素应具备的核心功能如下：

- **数据共享与流通**：支持跨组织、跨平台的数据共享，促进数据资源的发现、访问和交换。

- 身份验证与访问控制：管理和验证参与者身份，确保数据的安全访问，并控制数据访问权限，确保只有得到授权的用户才能访问敏感数据。

- 数据治理与策略管理：允许数据所有者定义数据的使用策略和规则，监控和执行数据使用策略，确保数据合规使用。

- 合同管理与法律遵从：通过智能合约与空间协议确保数据交换过程中的条款和条件得到遵守，支持数据交换的法律遵从性和合约执行。

- 数据集成与虚拟化：整合多源异构数据，提供统一的数据视图，同时支持数据虚拟化，实现数据的逻辑集中。

- 元数据管理与语义建模：管理元数据，支持数据的描述、分类和索引，通过语义建模提高数据的互操作性和可发现性，并面向元数据与数据目录服务提供感知能力。

- 安全保障与隐私保护：采用先进的安全措施保护数据传输和存储的安全，保护个人隐私和敏感信息，防止数据泄露。

- 监控与审计：一方面，采用区块链、日志存证等技术监控数据空间中的活动，提高数据流动的透明度；另一方面，通过记录和审计数据访问与使用情况，用于问题诊断和责任追溯。

2.4.2　数据空间主体角色

从数据空间的功能上看，数据提供方和数据需求方构成了数据空间两大主体。而身份管理、安全保障、监控审计等，一般由中立第三方来完成，通常是数据空间运营方。第三方还包括提供数据治理、元数据管理、策略服务、中介服务的专业机构。此外，作为生态系统，数据空间的运行还离不开具有监管职能的"第四方"，它主要提供标准化数据基础设施、统一登记与认证、接口技术验证等通用刚性组件功能配置。

在数据空间中，这些主体通过各自的角色和功能，共同构建了一个多元化、协作性强的生态系统。数据提供方和数据需求方直接参与数据的供给和使用，第三方提供专业的数据服务，而第四方则确保整个数据空间的规范运作。这种分工合作的模式有助于提高数据的流通效率，促进数据价值的最大化，同时也保护了数据的安全和隐私。

例如，国家信息中心公共技术服务部联合浪潮云信息技术股份公司研究编制的《数据空间关键技术研究报告》归纳了数据空间的主要参与者，包括四大类角色：

- 数据供给方：合法合规对外提供数据产品的机构。
- 数据使用方：获取外部数据并进行利用的机构。
- 数据空间运营方：为数据空间提供运营管理服务的机构。
- 第三方服务商：为数据空间提供各类第三方专业服务，促成数据流通和价值交换的各类机构。

《数据空间关键技术研究报告》结合我国数据流通利用需求和现状提出了数据空间技术架构。从业务上看，数据空间中包括数据供给方、数据使用方、数据空间运营方和第三方服务商。从功能框架上看，数据空间可以分为运营管理、数据连接器、第三方服务三大类功能。从技术框架上看，数据空间的关键技术包括信任体系、数据互操作、访问和使用控制、分布式架构四个方面，其核心是依托连接器，实现数据面和控制面分离。

另外，IDSA 也针对国际数据空间的参与者，根据互动和组织的级别进行了分类：

- 第一类：核心参与者，包括数据所有者、数据提供者、数据消费者、数据用户、应用程序提供者。
- 第二类：中介参与者，例如元数据经纪服务提供商、票据交换所、身份提供商、应用商店、词汇提供商等。
- 第三类：软件和服务，指各类软件（如 SaaS 软件）提供商、服务（如云服务）提供商。
- 第四类：治理机构，包括国际数据空间协会、认证机构、评估设施服务商。

在数据要素流通市场的生态系统中（如图 2-1 所示），上述各类角色都能找到对应的位置。只是数据空间是一个更紧密且完整的交互系统，各个角色之间形成交叉联动机制，共同遵循特定规则和策略，相互协作，实现数据的可信流通和价值转化，并满足各参与者的目标和需求。

数据空间里的各个角色可能存在交叉、转换，而且在一定条件下，进出空间自由。数据提供方在有些情况下也可能是数据需求方，而数据需求方"采买"数据、购买"服务"也可能是为了更好地对外提供优质数据产品，从而成为"更高阶"的数据提供方。第三方往往也采用多种合作方式为供需双方提供服务，包括服务置换数据产品经营权、共享收益权等，因此兼具数据供需角色。作为数据空间标准制定者、监管运营主体和治理机构的"第四方"，与各方都存在多方位的交互，包括为供需双方提供身份验证、接口服务、登记服务、定价辅助服务、结算服务等，还为第三方提供资格审查、服务准入及监管审计等服务，同时也接受第三方监督、反馈，以持续改进数据空间运营管理技术，优化数据流通效率。数据空间主体角色关系如图 2-29 所示。

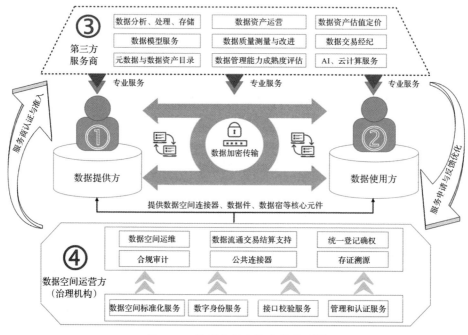

图 2-29　数据空间主体角色关系图

此外，作为生态系统的数据空间，还可能存在"第五方""第六方"，例如提供公共物品的管理部门和事业单位，促进生态循环的商业协会、行业组织、产业联盟、民间社会团体，以及推动技术创新的各类研究机构、智库组织。各类主体往往既是数据空间的建立者，又是数据空间的"用户"，各方根据组织、功能、业务、流程，共同营造数据空间可信、安全和价值共创的生态环境。

《可信数据空间发展行动计划（2024—2028 年)》通过可信数据空间能力视图构建了可信数据空间运营方、数据提供方、数据使用方、数据服务方四类主体角色简约格局，如图 2-30 所示。《行动计划》所列示的能力视图，通过主体角色配置，重点关注数据空间价值与能力矩阵，而相关参与者的角色定位与职责和图 2-29 所示的角色关系格局基本一致。

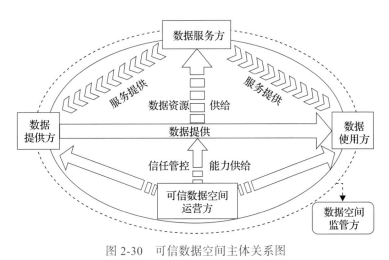

图 2-30　可信数据空间主体关系图

1. 可信数据空间运营方

可信数据空间运营方是可信数据空间中负责日常运营和管理的主体，制定并执行空间运营规则与管理规范，促进参与各方共建、共享、共用可信数据空间，保障可信数据空间的稳定运行与安全合规。可信数据空间运营方可以是独立的第三方，也可以由数据提供方、数据服务方等主体承担。

可信数据空间运营方是可信数据空间的支撑性角色，提供包括接入认证、动态管控、策略发布、运营管理、规范实施、存证监控等公共服务，以确保数据空间正常运行。

2. 数据提供方

数据提供方是可信数据空间中负责提供数据资源的主体，有权决定其他参与方对其数据的访问、共享和使用权限，并有权在数据创造价值后，根据约定分享相应权益。

数据提供方是数据资源的供给方和流通交易结算的流入方，同时也是数据服务的接收方。在某些情况下，数据提供方也负责数据空间的运营，例如，在以公共数据资源为主要标的的城市数据空间中，空间建设者、运营者和数据提供者，往往为公共数据授权运营的主体。

3. 数据使用方

数据使用方是指在可信数据空间中使用数据资源的主体，依据与可信数据空间运营方、数据提供方等签订的协议，按约加工使用数据资源、数据产品和数据服务。

数据使用方与数据消费者两个主体概念经常换用，二者都是数据资源、数据服务和数据产品的接收方以及资金的流出方，通过一定的对价（包括服务置换等方式）获得数据资源和服务。如前文所述，数据使用方往往同时又是数据提供方，尤其在行业数据空间中，数据使用方也可能同时又是数据空间运营方。

4. 数据服务方

数据服务方是指在可信数据空间中提供各类服务的主体，包括数据开发、数据中介、数据托管等类型，提供数据开发应用、供需撮合、托管运营等服务。

数据空间建设发展初期，数据服务方是极其重要的角色。数据服务方不但提供专业服务，还可能在提供服务的过程中获得数据加工使用权和数据产品经营权，进而成为主要的数据提供方和数据使用方。而且，数据服务方往往具有较强的建设数据空间的动力，在很多情况下，它都是数据空间建设和发展的推动者。数据服务方同时具有较强的生态基础，在空间构造方面显示出极强的专业能力，从而也具有较强的数据空间运营基础。

很明显，数据空间主体是动态多维交叉协同的（如图 2-31 所示），并且，随着数据空间的发展而不断演化，分解出更多层次、更多元化的主体类型。尤其是可信数据空间运营方、数据服务方，将进一步围绕数据空间的价值、能力和功能矩阵，围绕着数据空间三环，形成分层裂变的趋势。

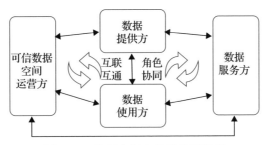

图 2-31　数据空间主体的协同关系

5. 数据空间监管方

除了作为数据空间核心主体角色的数据提供方、数据使用方、数据服务方以及可信数据空间运营方外，为确保数据安全、基础设施稳定、公共秩序良好，数据空间还有"第五方"，即数据空间发展监测管理方，一般为政府机关或有授权的公共管理部门。数据空间监管方主要负责提供"刚性"公共服务、共性技术，并实施必要的政策管理。数据空间监管方作为独立于数据空间之外的"第三只眼"，其目的是确保最低限度的数据空间健康发展，并不干预数据空间的运行与数据自由流通。

2.4.3　数据空间角色管理

数据空间的组织变革与角色管理是一个复杂而重要的议题，它涉及数据空间要素构造、功能定位、管理策略以及角色权限职责定位等多个方面。

在宏观层面，数据空间的建设需要加强数据要素市场化配置改革的战略部署，这涉及加强数据全产业链的多方协同治理，以及加快建立跨部门、跨行业、跨组织的横向规制框架。

在中观层面，数据空间的建设需要面向不同行业领域打造高水平数据要素应用场景，统一规划数据汇集、处理、流通、应用及运营所需的软、硬件设备。

在微观层面，数据空间的建设需要面向各方数据要素市场参与主体完善利益协调机制，丰富完善数据要素市场的制度和规则，促进数据要素开发利用。组织变革的具体实施，因数据空间的类型而异，本书第四部分将就各类型数据空间的组织逻辑（集中式、联邦式、分布式）和业务架构（领域和模式、业务规则与流程等）展开论述。

整体而言，数据空间的建设需要一个完善的数据基础制度体系，规范数据生产、处理、流通、收益、管理等行为活动，并完善数据要素产权、定价、流通、交易、使用、分配、治理、安全的政策标准和体制机制；还需要鼓励核心技术研发，加强基础设施建设，推动企业、科研机构和高校加强对核心技术的理论研究与实际应用。各领域角色共同致力于构建多层次数据流通交易市场体系，丰富数据流动形态，支持数据流通模式和技术手段创新。作为全球领先的数据存量国，我国还应加强数据空间领域的国际合作，提升数字规则主导能力，积极参与数据空间相关的国际标准制定。

我国是全球首个把数据列为生产要素的国家，并密集出台各类数据要素政策（尤其是"数据二十条"），旨在充分发挥我国海量数据规模和丰富应用场景的优势，激活数据要素的潜能，推动数字经济的发展，增强经济发展的新动能，并让全体人民共享数字经济发展的红利。

目前，我国将数据空间视为重要的数据基础设施。在组织变革方面，数据空间的建设涉及对现有数据管理和流通方式的改革，需要建立新的数据流通和交易制度、数据要素收益分配制度，以及公共数据授权使用、数据开放共享、数据治理等关键环节的政策和标准。这些变革将推动数据资源向数据资产、数据资本转变，释放数据的内在价值和动力价值，同时确保数据的安全和合规使用，保护数据权益拥有者和数据空间中各类角色的合法权益。

1. 数据产权结构分置与数据空间角色配置

基于"数据二十条"的"三权分置"产权结构创新（如图 2-32 所示），数据资源持有权、数据加工使用权、数据产品经营权这三种权利在数据空间中通过各类组件、元件的相互作用和支撑，让数据收集、加工、使用和经营过程中各方主体的利益得以平衡。

数据资源持有权人通常指的是直接收集或生成数据的实体，如企业、组织或个人。这些主体拥有数据资源持有权，即对数据的初始控制权和所有权。它们可以决定数据的收集、存储和初步处理方式，并在法律允许的范围内对数据进行使用和分享。数据资源持有者在数据空间中的地位是基础性的，因为它们提供了数据的原始来源，其权利包括对数据的管理和控制，但同时也承担着保护数据安全和隐私的义务。

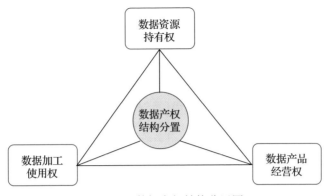

图 2-32　数据产权结构分置图

数据加工使用权人指那些对数据资源持有权人提供的数据进行进一步加工和分析的实体。这些主体拥有数据加工使用权，即对数据进行处理、分析和增值的权利。它们通过应用算法、模型和其他技术手段，从数据中提取价值，创造新的信息、知识和洞见。数据加工使用权人在数据空间中的地位是加工和价值创造者，它们通过对数据的深度加工，提升了数据的价值，并可能生成新的数据产品。

数据产品经营权人通常指的是那些将经过加工的数据作为产品进行经营的实体。这些主体拥有数据产品经营权，即对数据产品进行销售、分发和商业化的权利。它们可能涉及数据服务的提供、数据产品的营销和客户支持等活动。数据产品经营权人在数据空间中的地位是数据价值的实现者，它们通过经营活动将数据产品推向市场，实现数据的经济价值。数据产权结构分置与数据空间角色配置见表 2-7。

表 2-7　数据产权结构分置与数据空间角色配置

权利类型	数据提供者	数据消费者	数据空间价值地位
数据资源持有权	数据提供者通常拥有数据资源的初始持有权，包括对数据的收集、存储和基本管理方式的决定权	数据消费者通常不拥有数据资源持有权，但可能通过授权获得数据的访问权	基础性的，提供数据资源
数据加工使用权	数据提供者可自主对数据进行初步加工，也能将数据加工使用权通过合同或协议授权给数据消费者，允许它们对数据进行进一步的处理和分析	数据消费者在获得授权后，可以对数据进行加工、使用以及产品化，以满足其业务或研究需求，并把数据产品推向交易市场实现价值	加工和价值创造者

（续）

权利类型	数据提供者	数据消费者	数据空间价值地位
数据产品经营权	数据提供者可能保留将数据转化为可销售产品的权利，或者将这些权利授权给数据消费者	数据消费者在获得授权后，可以进行数据产品开发经营，例如提供数据分析服务或销售数据驱动的应用程序，以及开展一系列数据资产运营活动	数据价值的实现者

这三方之间是相互依赖和互补的，甚至可以相互转换。数据资源持有权人提供了数据的原始资源，数据加工使用权人通过加工和分析增加了数据的价值，而数据产品经营权人则将这些增值后的数据产品推向市场，实现数据的经济价值。更普遍的是，数据资源持有权人更倾向于选择在数据空间内披露数据资产信息（元数据、数据资产目录等），以获取第三方专业服务，从而提升自身的数据加工和产品经营能力。数据加工使用权人因为在数据加工过程中形成衍生数据或独立采购数据并形成新的数据产品，可以同时具有数据资源持有权人、数据产品经营权人的地位。同理，数据产品经营权人在很多情况下也拥有数据资源，也能开展一些数据加工活动。在数据空间里，持有的数据资源是安全、可信的，数据加工是配套隐私计算、数据沙箱等数据技术进行的，数据产品交易是通过交易平台进行的（场内交易），各项行为都借助数据空间的创新技术和机制完成。

这种三权分置的模式与数据空间模式组合，旨在促进数据的流通和利用，同时保护数据主体的权益，确保数据的安全和隐私，以及激励数据的创新和价值创造。通过这种分置，可以平衡不同主体间的利益，促进数据空间的健康发展。

2. 数据空间内部管理角色

在典型的数据空间里，地方政府、行业协会或联盟、中大型企业等组织，为了确保数据空间的持续运转，通常会参考数据治理组织结构配置相应的内部管理角色，尤其是围绕数据空间技术和架构创新的专业人员与团队。

随着数据空间应用的普及，数据空间内部管理角色将不断发展，进而催生出一系列新的角色，包括数据空间执行官、数据空间运营官、数据空间架构师、数据空间建造师、数据空间设计师、数据空间开发工程师、数据空间项目管理师、数据空间权限管理员、元数据专家、数据流通技术专家、数据隐私保护专家、数据建模师、数据集成架构师、AI 应用专员、数据智能分析师、数据交易操作员、数据伦理顾问等。数据空间内部管理角色见表 2-8。

表 2-8　数据空间内部管理角色一览

角色名称	职责描述
数据空间执行官	设定数据空间的发展战略，确保数据空间的发展方向与组织目标一致，监督数据空间的整体运营和合规性
数据空间运营官	负责数据空间的日常运营管理，包括数据空间项目开发与运维管理，确保数据空间的高效运行
数据空间架构师	设计数据空间的数据架构、组件框架和技术架构，包括数据存储、处理、安全和流通机制，确保数据空间的可扩展性和安全性
数据空间建造师	负责数据空间的构建和实施，包括技术选型、软硬件配置、系统开发和集成，确保数据空间按照设计要求搭建
数据空间设计师	专注于数据空间中组件、元件的组合配置，以及用户界面和用户体验设计，确保数据空间的易用性和可访问性
数据空间开发工程师	参与数据空间的组件、部件、软件的开发和维护，包括编程、测试和部署，确保数据空间的功能实现和性能优化
数据空间项目管理师	管理数据空间相关的项目，包括规划、执行、监控和收尾，确保项目按时、按预算、按质量完成
数据空间权限管理员	负责数据空间中用户权限的管理和控制，确保数据的安全性和合规性
元数据专家	专注于元数据的管理，指导元数据存储库和共享机制的建立，包括元数据集的创建、维护和应用，提高数据空间中数据的可发现性和可理解性
数据流通技术专家	专注于数据流通技术的研究和应用，如区块链、隐私计算等，支持数据的可信流通
数据隐私保护专家	负责数据空间中的数据隐私保护，包括对个人隐私和敏感信息的保护，确保数据空间的合规性
数据建模师	负责数据空间各类数据模型的设计和开发，专注于数据的组织、结构化和关系建模，以支持业务决策和数据应用，提高数据空间的数据处理和分析能力
数据集成架构师	设计和实施数据集成解决方案，如虚拟化集成、分布式管理等，确保不同数据源和不同格式的数据能在数据空间中有效整合
AI 应用专员	负责算法模型配置和大模型应用，开发任务型对话交互系统，专注于大模型应用平台和 Agent 框架模块的开发，结合 LLM 相关前沿技术进行系统探索和应用探索，负责 AI 应用的测试、验证、部署和维护

（续）

角色名称	职责描述
数据智能分析师	利用数据分析和机器学习技术，从数据空间中提取有价值的信息和洞察，支持决策制定和数据产品封装
数据交易操作员	负责数据空间中的数据交易撮合与结算辅助，包括数据的定价、交易和交付，确保数据交易顺利进行
数据伦理顾问	专注于数据空间中的伦理问题，包括数据的公平使用、透明度和责任性，确保数据空间的伦理合规

组织层面，数据空间内部管理角色也将出现企业数据空间办公室、行业数据空间治理委员会、城市数据空间联席管理中心、数据空间安全管理机构（部门、办公室）等变革性新生组织部门。这些内部角色和组织，共同构成了数据空间的内部管理框架，确保数据的安全、合规、高质量和有效利用。

3. 数据空间权限角色管理

数据空间的内外部角色管理是控制不同账号权限的重要手段。通过角色管理，可以了解不同角色的作用，并据此授予子账号相应的角色，以实现更好的权限控制。外部角色通常包括数据供应商、数据客户、数据中介、服务中介、应用商店、目录中介、清算所和身份认证机构等。这些角色在数据空间中承担着不同的职责和功能。

随着数实融合的深化发展，数据管理中分布式角色之间的协同作用将变得更加明显，人机物连接更加普及，规模协同经济将被确立，从而将一些角色和人员拉入有组织的群体中，最终形成数据空间互联互通的共享协同模式。在这个模式下，统一的身份认证、统一的权限管理显得非常必要。

RACI 矩阵是数据空间权限角色管理中一个非常有用的工具，它可以帮助明确不同角色在权限管理过程中的职责。通过 RACI（Responsible，谁负责；Accountable，谁批准；Consulted，咨询谁；Informed，通知谁）矩阵，利用一系列的组件连接、日志交付、文件传送和明确的责任制度，可以使分散的数据空间部门组织实现一体化运维，共同编制一张人机物连接的新"网络"。表 2-9 是一个基于 RACI 矩阵的数据空间权限角色管理职责分配示例。

表 2-9　基于 RACI 矩阵的数据空间权限角色管理职责分配

任务	负责（R）	批准（A）	咨询（C）	通知（I）
定义数据空间的权限策略	安全管理员	数据空间治理委员会	法律顾问	全体数据空间用户
实施权限策略	数据空间运营官	安全管理员	IT 支持团队	相关数据空间用户
监控权限使用情况	数据空间运营官	安全管理员	数据分析师	数据空间治理委员会
权限变更管理	数据空间权限管理员	数据空间治理委员会	业务部门负责人	受影响的人员
权限审计	内部审计团队	数据空间治理委员会	安全管理员	全体数据空间用户
用户权限培训	培训部门	人力资源部门	数据空间运营官	新成员/现有成员
权限冲突解决	数据治理委员会	数据治理委员会	安全管理员	相关数据空间用户
数据泄露应对	安全管理员	数据空间治理委员会	法律顾问	全体数据空间用户

对 RACI 矩阵中各角色的解释如下：

- 负责（R）：负责执行任务的角色，具体负责操控项目、解决问题。
- 批准（A）：对任务负全责的角色，只有经其同意或签署之后，项目才能进行。
- 咨询（C）：在任务实施前或实施中提供指导性意见的人员。
- 通知（I）：及时被通知结果的人员，不必向其咨询、征求意见。

通过 RACI 矩阵，数据空间权限角色管理可以变得更加清晰和高效。每个角色都明确了自己的职责，减少了混乱和重叠，确保了数据空间的安全性和合规性。这种矩阵有助于提高团队的协作效率，确保数据空间的权限角色管理得到妥善执行。

此外，在访问控制与权限治理方面，数据空间除了一些诸如身份管理、服务验证等专有组件外，也可充分集成常用的权限控制方法，如基于角色的访问控制（RBAC）、数据加密、数据策略引擎等，围绕数据的敏感性、业务需求、合规性要求以及用户的职责，确保数据在数据空间全生命周期中的安全和合规。

2.5 数据空间协议

2.5.1 数据空间协议控制框架

协议，顾名思义，协商议定的成果，本意是指经过谈判、协商而制定的共同承认、共同遵守的文件。在法律领域，协议是指两个或多个当事人之间就某些事项达成的共识，这些共识足以产生法律上的权利和义务。在技术领域，协议通常指的是一组规则或标准，它们定义了不同系统或组件如何相互作用和通信，确保了不同技术之间的互操作性。技术协议的例子包括网络协议（如 TCP/IP）、文件格式标准（如 PDF、XML）、API 契约（如 RESTful API）等。

在数据空间的背景下，数据空间协议结合了法律和技术的元素，以确保数据共享在法律上的合规性，同时在技术上实现互操作性和数据的可控共享。因而，数据空间协议更强调法律基础上的技术属性。数据空间协议类型如图 2-33 所示。

图 2-33　数据空间协议类型

简而言之，数据空间协议（Data Space Protocol）是一套旨在促进实体之间基于使用控制和网络技术实现数据互操作和共享的规范。这些规范定义了实体发布数据、协商协议以及作为数据空间技术系统联合体的一部分而支持数据访问所需的模式和协议。数据空间协议的目的是创建一个标准化的环境，使得不同组织可以在保持数据权益的同时，安全、高效地共享数据。这种协议作为底层数据基础设施、技术基础设施需要能够处理数据的发布、发现、访问、使用和交易，同时确保数据的安全性和合规性。随着数据空间协议的发展，它有望成为发展数据共享和数据经济的关键推动力。

首先，我们重点关注数据空间的合同框架构建模块，用于规范数据空间参与者之间以及数据空间内交易参与者之间的关系。为了与技术协议区分，我们把法律意义上的数据空间协议称为"数据空间管理协议"，而继续用数据空间协议指称数据空间技术协议。

数据空间各项协议共同组成了一个系统性约束机制，有以下几点需要重点关注：

1）合同框架：数据空间参与者和治理机构将法律相关元素（例如权利义务、责任、数据空间参与者的加入和退出规则、与数据交易相关的承诺）转化为清晰、合法、有效和可执行的协议，再通过具有法律约束力的协议实施其他构建模块（例如参与管理、数据产品、提供数据和接受服务）。

2）强制性与非强制性条款：对于各类数据空间管理协议和数据交易协议的具体条款，可将它们分为强制性条款和非强制性条款。强制性条款对整个数据空间或数据空间参与者本身施加强制性义务，是一种强制适用且必须遵守的规则。当然，数据空间在实施特定法律义务时可能有一定的自由裁量权。那些非强制性条款也并非存在于真空中，它们只有在与数据空间控制框架一致的情况下才能生效。

3）协议共创：数据空间涉及参与者或角色在不同用例中的义务和价值诉求，以及它们在起草合同条款时需要考虑的法律框架和服务供给。同时，各项协议作为支持数据空间运转的法律纽带，也要与数据空间治理框架中的其他工具，与组织形式和治理、参与管理、监管合规等构建模块进行紧密联系。

整体上，数据空间管理协议定义了旨在规范所有数据空间参与者之间关系的规则，无论是直接的还是间接的，并将这些规则绑定到特定的治理框架上。数据空间协议允许在整个数据空间中引入共同元素（例如，标准化条款），使适用于整个数据空间的组织和商业决策具有法律效力。数据空间协议因此可以用来建立数据空间的共同元素。它们可能会限制数据空间参与者（特别是数据提供者）在数据交易方面的行动自由，以降低交易成本和减少复杂性，并提高法律互操作性。数据空间协议框架如图 2-34 所示。

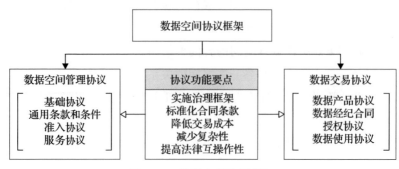

图 2-34　数据空间协议框架

数据空间协议是数据空间成功运作的基石，是利益相关者共建的稳定和可预测的法律环境。通过实施标准化治理框架和通用条款，可以充分降低交易成本、减少复杂性，实现数据空间内部以及各类数据空间之间的互操作性。

2.5.2　数据空间可信机制

在构建数据空间时，信任是必不可少的。欧洲各个数据空间研究机构都将数据主权、信任框架作为数据空间的核心主线。数据空间可信机制是一组技术规范、指导方针、标准和原则，用于定义数据空间内的信任和安全措施。可信机制定义了参与者之间安全交换数据的规则、政策和最佳实践。因此，广义上，可信机制也是数据空间协议的组成部分。数据空间可信机制关键要素如图 2-35 所示。

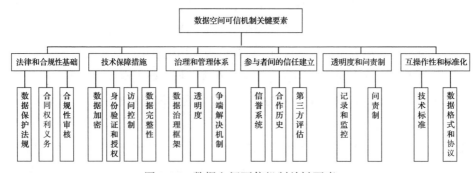

图 2-35　数据空间可信机制关键要素

数据空间可信机制是通过一系列强制性协议和条款配置的，包括身份认证协议、可信基础设施协议、数据空间使用条款、用户协议、隐私协议等，这些协议共同作为数据空间的策略基础，加上元数据驱动的数据发现机制，以及数据可视化及透明化处理，形成数据"可用不可见"的市场化应用，并催生更多的服务与产品，充分释放数据空间信任价值。数据空间信任基础逻辑如图 2-36所示。

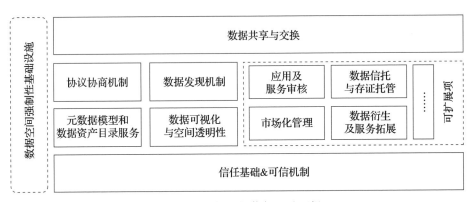

图 2-36　数据空间信任基础逻辑

可信，作为数据空间的核心价值能力，是数据空间可信机制运行的结果。可信不仅仅是通过一系列强制性规定和技术基础设施形成的，还是由数据空间参与者共同塑造的。目前，身份验证、加密、区块链等硬技术已经相对成熟，并且应用广泛，但数据空间的可信更需要"软设施"来支撑，包括透明度管理、用户培训与教育、持续监控和改进以及争议解决等。同时，包括数据空间控制器、连接器和数据容器等新技术元件的配置，将形成数据空间内部信任和外部可信的良性机制。

总之，数据空间可信机制的运行需要所有参与者的共同承诺和协作，以及强大的技术基础设施和明确的治理框架的支持。通过这些机制，数据空间能够为其参与者提供一个安全、可靠和合规的环境，以促进数据的共享和利用。

2.5.3　数据空间技术协议创新

在技术层面上，数据空间协议关注于实现**数据共享和治理**的技术支持。这包括数据的发布、发现、访问、传输和使用，以及确保数据共享过程中的安全性、互操作性和性能。技术协议还可能涉及数据格式、通信协议、接口标准、安全性措施等。总的来说，数据空间协议是一组规则和标准，用于定义如何在数据空间内共享和使用数据。在国际上，它的发展由国际数据空间协会推动和支持，旨在为不同领域和行业的数据交换提供共同的语言及结构。

现行比较典型的技术协议通常包括数据格式、通信规则、接口标准、版本控制、安全性、性能指标等，如图 2-37 所示。

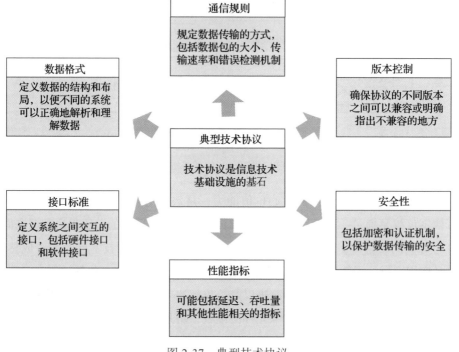

图 2-37　典型技术协议

实践中，数据空间协议在传统技术基础上进行了部分重组与封装，围绕数据发现、数据发布、数据表示和编码、数据资产识别、数据服务以及数据交换策略等进行了改进，尤其是基于数据空间核心组件的构造、数据可信、参与者身份校验、系统交互等产生了一系列新的协议。例如，涉及数据共享的规则和条件，包括设置访问权限、使用限制和合规性要求；涉及数据访问，规定如何安全地访问和检索数据，同时保持对数据的控制和监督；互操作性，确保不同的技术系统和平台能够无缝地交换和理解数据；数据空间连接器，作为实现数据空间协议的技术组件，连接器提供了实现数据发布、协议协商和数据访问的基础设施。

对于数据空间的理论研究和实践探索，我国虽然起步较晚，但在数据实践和基础设施方面，我们在很多领域都具有领先优势，以下介绍国内关于数据空间的一些创新研究和实践模式，其中数联网、数据场正在发展成为一种新的数据空间协议。

1. 数联网

数联网（Internet of Data，IoD）是一种新型的数据空间协议，它旨在构建一个跨行业、跨区域、跨领域、跨主体的下一代集约高效的数据流通基础设施，在不改变现有数据管理格局、不改变数据权属和不侵犯个人隐私的情况下，形成完整的社会数据资源。数联网的目标是为数据要素的流通提供一个可信、安全、高效的环境，促进数据的共享和利用，推动建立一个全社会隐私数据的安全索引。

数联网是基于互联网的虚拟数据网络，通过开放式软件体系结构和标准化协议，高效连接各种数据平台和系统，支撑异构、异域、异主数据的互联互通互操作，形成"数据互联、应需调度、域内自主、域间协作"的数据空间。数联网生态模型如图 2-38 所示。

数联网的核心特点包括：

- 按需接入：数联网允许不同的数据提供方、数据需求方、数据交易提供方等主体按需接入网络。
- 算网筑底：依托强大的计算和网络资源，数联网为数据流通提供坚实的基础设施支持。
- 安全共享：通过数据安全技术和隐私保护措施，确保数据在流通过程中的安全。
- 开放合作：数联网鼓励开放的数据共享和跨领域的合作。
- 可管可控：数联网提供了数据流通的管理和监管机制，以确保数据流通的合规性和可控性。

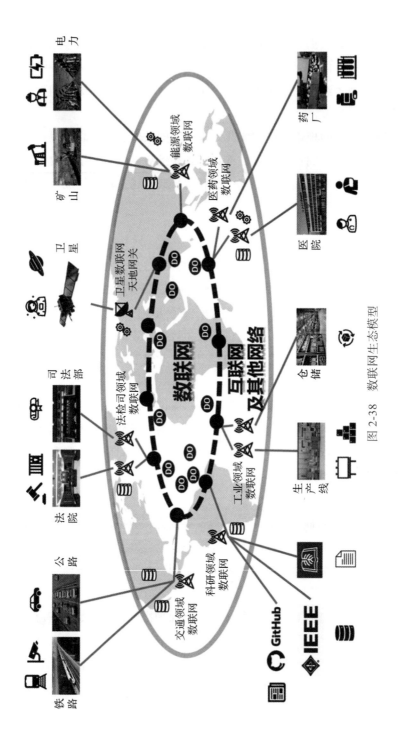

图 2-38　数联网生态模型

电力

药厂

矿山

医院

卫星

仓储

司法部

生产线

法院

公路

铁路

GitHub

IEEE

能源领域
数联网

医药领域
数联网

卫星数联网
天地网关

法检司领域
数联网

工业领域
数联网

科研领域
数联网

交通领域
数联网

数联网

互联网
及其他网络

如今，数联网已经在数字政府协同治理、交易机构数据交付、行业客户数据流通等场景得到广泛应用。数联网的基本思路是基于软件定义，通过以数据为中心的开放式软件体系结构和标准化互操作协议，将各种异构数据平台和系统连接起来，在"物理 / 机器"互联网之上形成"虚拟 / 数据"网络。数联网的技术思路是沿用 Web 的思路，实现数据集合的定位发现、交换调度、互操作访问。

数据空间将数据作为直接可见、可用且独立的逻辑实体。数据空间向下不依赖软件和硬件环境，通过和下层软硬件数据载体的解耦，在多样、异构、动态的软硬件环境上维持一个共性、同构、稳定的数据使用环境；向上不依附于应用和业务逻辑，它将数据本身的自然属性显式化，并以与业务无关的数据语义理解和操作目标数据，从而在复杂、变化的业务逻辑中保持数据使用的简化、统一。

目前，互联网上大多采用通道式的数据使用模式，数据应用基于数据源提供的数据接口调用数据，并在应用内部进行数据处理。通道式的数据使用模式并未将数据作为实体，数据仅作为应用的附属，对外不可见，并且会随着应用的结束而消亡。数据的使用方式通常由数据提供方决定，数据需求方需要按照提供方提供的数据接口获取数据内容。然而在大数据时代，数据的使用价值是由需求方决定的，数据所能发挥的价值通常远远大于数据被提供时的预期价值。提供方定义的数据使用方式较大限度地制约了数据价值的充分释放。数据空间将数据实体化，使数据作为直接可见、可用的自然实体暴露在外，使其不再受特定场景、特定应用需求的限制，数据需求方能够根据自身应用需求，直接在所需场景中访问、使用所需数据。这就是数联网所具备的新型范式，梅宏院士认为，数联网是推动数字经济发展的重要基石。

数联网的构建是响应国家号召，推动数据要素市场化配置改革的重要举措。通过数联网，可以激活数据要素的潜能，促进数据的高效利用，推动数字经济的发展。数联网作为一种数据空间协议，其技术和架构正在不断发展与完善中。随着技术的进步和应用的深入，数联网有望成为支撑数据要素流通的关键基础设施。

2. 数据场

吴曼青院士在国家数据局提出将数据作为新型生产要素的背景下，带领国家数据空间战略研究团队提出数据空间的基本结构是数据场的思路。核心思路是面向数据要素化中的数据流通与交易、价值深加工，提出一套围绕数据基本抽象的标准、协议、广谱关联方法与核心系统。吴院士认为，数据空间具备新型的本体、结构、运算和要素价值体系，应在数据空间内实现数据对象广谱关联、数据要素有序流通、数据价值聚变释放。在此基础上，中国工程院发布了《数据空间发展战略蓝皮书》（以下简称《蓝皮书》），旨在为我国率先掌握数据要素和持续实施数字技术革命擘画蓝图。

《蓝皮书》指出，数据空间中有价值的数据要素形成"数据场"，刻画了数据要素在数据空间中运动的基本规律。这一观点不仅新颖且富有想象力，它让我们联想到在实体空间中，有质量的物体形成引力场；在电磁空间中，带电的物体形成电磁场；数据场则是数据要素的价值与相互作用在时空上的分布，它揭示了数据要素在数据空间中的动态变化与相互作用。引力场、电磁场、数据场类比如图 2-39 所示。

图 2-39　引力场、电磁场、数据场类比图

孙凝晖院士根据计算机空间、信息空间、数据空间的演进（如图 2-40 所示），进一步提出，数据场连接所有数据件，加工人机物三元世界产生并汇聚的数据，生成模型，再通过 AI+ 将模型具象化（Embodiment）到信息世界、物理世界中。数据产业跟采矿和冶炼行业类似，同样需要采数、炼数，自然也有数场（矿场）。如果数联网是解决数据流通和交易问题的网络，那数据场就是数据加工的场所，同样需要数据的互联互通，从而使得数据摆脱 DIKW 模型的限制（数据在数据场内可以通过计算技术直接加工成知识、智慧、洞察和影响力），进阶到 DRAC 模型（数据资产化、数据资本化的价值倍增），快速释放价值，驱

动经济发展。

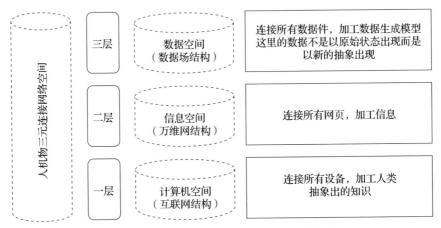

图 2-40　人机物三元连接网络空间三层格局

根据现有的研究，数据场原理的实践路线可进一步归纳为：

- 数据要素化：数据要素化涉及数据的产生、获取、传输、汇聚、流通、交易、权属、资产、安全等要素。它需要传感器/物联网技术体系来解决数据的采集问题，需要连接器、数据容器、控制器与数据空间系统来解决数据汇聚与流动的问题，需要数据件技术体系来解决数据的使用问题。

- 数据件：数据件是数据要素流动与使用的基本单位，通过对异质多源数据的语义、结构、基本操作等进行标准化封装，实现数据要素与数据主体、数据应用的解耦，让数据在不同主体、不同应用系统间高效流转与使用。

- 数据场生成工具：包括数据件互联协议和数据场生成描述语言。数据件互联协议实现数据件寻址、传输的透明化、标准化，数据场生成描述语言通过对数据件需求的形式化定义与需求转换逻辑，实现多维度、多类型"数据场"的按需生成。

- 数据场加工工具：包括各类广谱关联算法，覆盖对数据件的基本运算操作，实现对数据件的横向融合加工与纵向深层提炼。

- 内生安全保障：数据件生产链需支持内生的安全保障，确保数据在流转与使用过程中的安全。

- 通用引擎：数据空间基础设施需要一个通用引擎，用来统一表达复杂智能任务。随着 AI Agent 的发展，它有可能成为新的算力网通用引擎。
- 数据基础设施：数据基础设施的目标是将互联网时代的"信息在线"升级到智能时代的"智能在线"，通过算力网页表达复杂的智能应用需求，让智能始终在线。

可见，在数据场的实践路径中，数据场的作用空前巨大，完全符合构建数据空间的基础逻辑。在数据场中，人机物、数据（器、件、包、组、模型、产品）通过算力和数据空间协议进行连接交互，形成了新型"冲浪"效应，如图 2-41 所示。

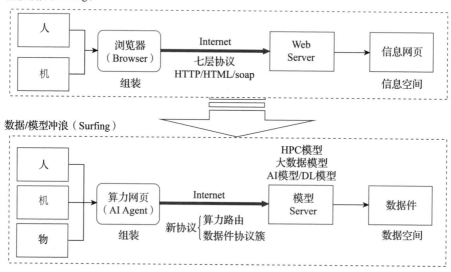

图 2-41 数据场冲浪模型

数据场的概念为数据空间的建设提供了基础理论指导，从数据空间协议的角度，数据场包含了下列重要协议：

- 数据件互联协议：负责数据件的寻址和传输。
- 数据场生成描述语言：定义数据件的需求和转换逻辑。
- 数据流通协议：支持数据的跨域和跨境流通。
- 安全协议：确保数据在传输和处理过程中的安全。

- 算力路由协议：支持智能任务的跨平台迁移和执行。

通过这些协议的组合与创新，数据场有望成为数据空间可行的重要路径之一。围绕数据场的理论创新还在不断深化，构建和优化数据场，可以促进数据要素的自由流通和高效利用，推动数据空间的发展和完善。

3. 数共体

数据空间的概念起源于欧洲，在实践中，欧盟主要成员国及各类研究机构共同致力于推动欧洲共同数据空间（European Common Data Space）的建设。欧洲共同数据空间的理念，及其作为数据可信、安全、合规、开放、共享的软件基础设施的体系架构、标准规范、运作机制、相关组件技术及实践（如图 2-42 所示），都为我国数据要素市场的建设、数据空间的研发和建立提供了宝贵的借鉴。

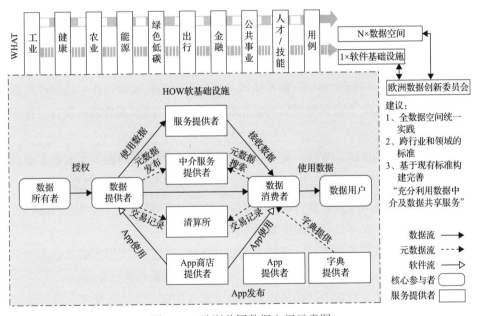

图 2-42　欧洲共同数据空间示意图

欧洲共同数据空间，需要确保欧盟法律得以有效执行，确保所有数据驱动型产品和服务都遵循欧盟单一市场的相关规范，并结合确保数据可获得性的针对性法规和治理举措，推进标准制定、工具和基础设施建设，以及数据处理的能力建设，促成企业、科学、政府和社会之间能平等地进行主权和利益配置的生态系统。

从数据生态角度看，数据共同体，即数共体（Data Community），是一个以数据为核心，由多个组织、个人或系统组成的生态系统，它们在共同的框架和协议下进行协作，以实现数据的有效共享、流通、处理和分析。数共体成员之间通过数据空间的技术和协议，实现数据的互联互通和协同创新，以促进数据价值的最大化和数据资源的优化配置。数共体的目的是促进数据资源的优化配置，提高数据的利用效率，推动知识的发现和创新，以及支持决策制定。

数共体的核心特征包括：

- 数据权益保护和隐私保护：在数据空间的技术支撑下，数共体确保数据主体的数据主权和隐私权利得到保护，实现数据的"可用不可见"和"可控可计量"。

- 安全可信的数据流通环境：数共体通过数据空间提供的隐私计算、区块链等技术手段，确保数据在传输、存储和使用过程中的安全性，构建安全可信的数据流通环境。

- 跨领域和跨行业协作：数共体成员来自不同的领域和行业，它们在数据空间的框架下进行跨领域的协作和数据共享，以实现数据的联合挖掘和价值创造。

- 数据基础设施的支持：数共体的运行依赖于数据空间提供的数据基础设施，包括数据存储、处理、流通、应用和安全保障等一体化服务。

- 数据要素市场化配置：数共体通过数据空间促进数据资源的市场化配置，释放数据要素红利，激发数据要素的创新活力。

- 多层次数据流通交易市场体系：数共体成员可以在多层次的数据流通交易市场中进行数据的交易和流通，实现数据资源的优化配置。

- 国际合作与数据空间领域协同：数共体在国际合作的框架下，推动数据空间领域的协同发展，促进跨境数据的流通和利用。

数共体作为推动建立数据空间共识与信任的创新体，依托数据空间协议形成，同时也是数据空间协议的构造机制。数共体与数据空间协议共生，甚至创设了一些通用于各个参与者之间的协议，如标识协议、身份协议、交互协议等，形成数据空间内外部生态网。

|第3章| CHAPTER

数据空间架构

关于数据空间原理的探索，从价值、要素、组件、元件、角色、协议展开，落脚于数据空间整体构造与布局，逐步深化理解。当今社会，新兴技术的持续发展推动着现实世界的重构。回顾工业革命的历次演进，社会生活格局发生了巨大的变化。

在数据要素领域，数据的采集、加工、使用和价值变现方式随着新质生产力的发展，也从"控制""系统""定制化"快速迭代到全域数字化、空间网络化、万物智能化阶段，世界变得"可编码""可拼接""可拟合"。然而，数据价值仍未得到充分释放，主要原因在于缺乏互信和标准化的数据共享机制。数据空间作为一项以互信为基础的技术变革，正在逐渐成为主流的数据要素流通范式，其中最重要的突破在于定位和获取数据空间架构解决方案的最佳实践。

3.1 数据架构变革：让数据涌现智能

数据空间是构建数据流通基础设施的核心技术路线，通过分布式的体系架构，融合可控交换、隐私计算、区块链、安全等方面的技术能力，有效解决数据交换、共享中的信任和安全问题，各界对此基本有了普遍的共识。然而，对于如何架设数据空间，如何更高效、更稳定、可持续地解决问题，则有各种实践探索。

众所周知，数据架构是改进数据管理和数据治理实践的起点，是数据管理的基础。确定数据架构之前，需要了解它如何影响当前组织以及它可能会如何发展。由于数据架构影响数据政策的定义、审批和执行，因此确定最适合数据空间运行的数据架构是至关重要的。

3.1.1 数据架构的发展历程

数据架构是指导正确构建复杂数据处理系统的学科。它曾经是一项相对简单的任务（通常涉及 ETL 工具和数据仓库的组合，并在 Inmon 或 Kimball 模型之间进行选择），但现在变得越来越复杂。数据湖、数据虚拟化、现代数据仓库（湖仓一体）、数据编织、数据中台、数据湖屋、数据网格……短短的时间内，出现了大量的数据架构模式和概念，让人应接不暇。而有些数据架构的生命周期不长，尚未广泛应用就逐渐销声匿迹。

纵观大数据时代背景下数据架构的发展历程，可以发现，数据架构从数据存储到数据流通，再到数据智能，一直在迭代发展，如图 3-1 所示。

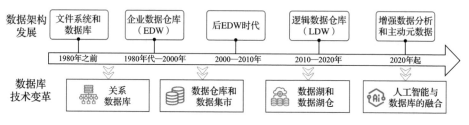

图 3-1　数据架构的发展历程

- 早期的文件系统和数据库时代（1980 年之前）：在这个阶段，数据被存储在文件系统中，没有统一的数据管理方法。随着数据库技术的出现，组织开始使用关系数据库管理系统（RDBMS）来存储和管理数据。
- 企业数据仓库（EDW）时代（1980 年代—2000 年）：在这个阶段，企业开始实施数据仓库，以集中存储来自不同源的数据，主要用于支持商业智能（BI）和报告需求。特征包括集中式数据存储、结构化数据，以及对商业智能和报告的关注。

- 后 EDW 时代（2000—2010 年）：随着数据量的增长和多样性的增加，传统的数据仓库面临挑战，如存在数据碎片化和数据孤岛问题。组织开始探索数据集市和数据湖的概念，以解决这些问题。
- 逻辑数据仓库（LDW）时代（2010—2020 年）：逻辑数据仓库通过引入一个通用语义层来统一跨各种存储系统的数据访问，包括数据仓库、数据集市和数据湖（支持存储原始数据）。这种方法提高了数据的一致性和集成度，增强了数据分析能力。
- 增强数据分析和主动元数据时代（2020 年至今）：当前和未来的数据架构阶段以增强数据分析的兴起为标志，这种趋势由人工智能、机器学习和数据编排等先进技术推动。这个时代的重点是实现数据访问的自主化，并实现由主动元数据支持的自主分析。

数据湖仓（Data Lakehouse）结合了数据湖和数据仓库的优点，支持结构化数据和非结构化数据的存储，还具备灵活的数据处理和分析能力。

数据网格（Data Mesh）是一种去中心化的数据架构方法，它将领域驱动设计的原则应用于数据管理。数据网格强调面向领域的去中心化数据所有权、数据即产品的理念、自助数据基础设施和联合计算治理。

数据架构的每次变革都伴随着数据量的增长、数据来源的多样化、处理能力的提高以及业务需求的变化。数据架构的演变反映了组织如何适应这些变化，以更有效地管理和利用数据。数据空间的发展与数据架构的变革紧密相关，它们之间的关系可以从以下几个方面来理解：

- 数据架构的演变促进了数据空间概念的形成：随着数据架构从早期的企业数据仓库发展到逻辑数据仓库，再到当前的增强数据分析和主动元数据，数据空间作为数据架构的一个新阶段，重点通过分布式数据管理，提供了一个安全可信的环境，支持数据的共享、流通和利用。数据空间支持多种数据源和类型的交互，关注数据的统一管理和服务，这与数据架构的发展目标一致。
- 数据空间推动了数据架构的创新：数据空间的发展需要新型的基础设施，

如隐私计算、区块链、数据脱敏、数据沙箱等技术,这些都是数据架构中的关键组成部分。数据空间的建设推动了这些技术的应用和发展,促进了数据架构的创新和演进。

- 数据空间提供了数据架构的新实践路径:数据空间的建设不仅需要技术的支持,还需要政策、法规、标准等多方面的配合。这为数据架构提供了新的实践路径,包括数据治理、数据安全、数据流通等多个方面。数据空间的实践路径强调了数据合规且高效的流通和使用,这与数据架构的发展趋势相吻合。

- 数据空间的发展与数据架构变革相互促进:数据空间的发展需要数据架构的支持,同时数据空间的建设也推动了数据架构的变革。数据空间作为一种新的数据管理和流通模式,对数据架构提出了新的要求,如数据的可扩展性、灵活性、安全性等,这些都推动了数据架构的不断创新和完善。

- 数据空间的建设是数据架构发展的一个重要里程碑:数据空间的建设标志着数据架构发展到了一个新的阶段,它不仅关注数据的存储和管理,更强调数据的流通和利用。数据空间的建设需要数据架构的支持,同时也为数据架构的发展提供了新的方向和动力。

综上所述,数据空间的发展与数据架构的变革是相互关联、相互促进的。随着数据空间技术的不断成熟和应用,数据架构也将不断演进,以适应新的数据管理和利用需求。

3.1.2 数据管理的三次解耦

数据管理技术的发展分为人工管理、文件系统、数据库系统三个阶段。在20世纪50年代中期以前,数据不保存、应用程序负责管理数据、数据不共享、数据不具有独立性。此时,数据只有显性的记录价值,甚至未形成稳定的使用价值。20世纪50年代后期至60年代中期,数据可长期保存并由文件系统管理,但数据共享性、独立性差,数据高度依赖独立系统在内部的使用。20世纪60年代后期,数据逐渐结构化,并统一由数据库管理系统(DBMS)管理和控制。数据的共享性、独立性强,冗余度低且易扩充。这三个阶段的共同特征:数据是静态的,是IT和系统的产物,只在组织内部甚至部门内部使用,不会流通。

　　在大数据时代，数据的重要性愈发凸显，数据管理也进入了不断解耦的过程。解耦是数据管理的重要原则，其实质是通过增强数据独立性来释放数据的价值属性。如今，数据已经是关键生产要素，数据资产作为经济社会数字化转型进程中的新兴资产类型，正日益成为推动数字中国建设和加快数字经济发展的重要战略资源。而对于数据的管理，相应的架构调整和技术更新也要持续跟进。

　　数据管理的演变可总结为三次解耦。数据的三次解耦是一个涉及数据架构和数据库技术发展的重要概念，指的是在数据处理和存储过程中，通过特定的设计和技术手段，实现数据的多层次解耦，以提高系统的灵活性、可维护性和可扩展性，如图 3-2 所示。

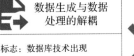

数据生成与数据处理的解耦	数据与业务和应用的解耦	数据供需解耦
标志：数据库技术出现	标志：大数据技术、存算分离	标志：数据被列为生产要素
内容：数据被独立存储，数据得以复用并作为重要的分析资料，支持组织决策	内容：数据管理成为一门独立学科、数据治理、大数据架构、数据资产管理兴起	内容：数据空间建设、数据要素市场化配置改革、数据资产入表，数据作为核心资产

图 3-2　数据的三次解耦

（1）第一次解耦：数据生成与数据处理的解耦

　　早期，数据并未被独立保存。直至数据库技术出现，数据生成和存储可以独立进行，数据可以被存储在数据湖或数据仓库中，支持更灵活的数据存储格式和更高效的数据访问模式。这种解耦有助于提高数据的复用，并优化了数据存储的可扩展性和成本效益（存储成本越来越低）。此时，数据仍然是 IT 副产品，虽然被独立管理，但并不被视为重要资产。

（2）第二次解耦：数据与业务和应用的解耦

　　数据与应用的解耦是指将数据的存储和管理从应用程序和业务流程中分离出来，使得数据可以独立于应用程序存在和使用。这种解耦可以通过数据抽象层、数据库中间件、ORM 框架等技术实现，它有助于降低应用程序对特定数据库实现的依赖，提高应用程序的灵活性和可维护性，同时，改变了业务与系统的紧耦合状态。数据流、数据模型、数据质量、数据治理被重点关注，数据被当作资产进行管理。因而也进一步加快了数据存储与计算分离，允许存储和计算资源独立扩展，提高了系统的可伸缩性和性能。

（3）第三次解耦：数据供需解耦

数据被列为生产要素，是核心资产。数据不再只是支持决策的工具，还是扩张企业第二增长曲线的核心动力，是城市发展的新引擎，是国家治理的战略资源。数据可以被视同可加工、可控制、可计量、可定价的独立资产，并作为数据流通与交易的标的。数据的生产成为一个产业，面向交易流通和价值支撑，加速消费市场的形成。这种解耦通过将数据资源转化为数据产品，使数据成为商品在数据要素市场流通，从而实现了数据的资产化和资本化，打开了数据价值倍增的大门。

这三次解耦共同促进了数据的高效使用和价值的最大化。通过这三次解耦，数据可以在不同的系统和平台之间自由流动，支持更复杂的数据分析和决策制定。数据逐渐独立成为新类型资产，具有全要素驱动价值。此外，技术上的持续解耦还有助于提高系统的灵活性和可维护性，简化测试过程，并允许开发者在不修改大量代码的情况下更换底层数据库，适应业务需求的变化，并支撑数据空间架构设计。

值得注意的是，数据的三次解耦不仅涉及技术层面的变革，还需要政策、法规、标准等多方面的配合。例如，数据要素市场化配置阶段的特点主要是数据资源由市场进行配置，其效果是全社会的效率、安全和财富的倍增。这个过程需要通过"三次确权、三次定价"来解决从资源到终端产品的转换难题，这也是数据解耦过程中需要考虑的重要方面。

3.1.3 面向智能化的数据架构

数据的三次解耦是数据架构和数据库技术发展的重要趋势，反映了从集中式数据管理向分布式、模块化和智能化数据管理的转变。通过这三次解耦，数据可以更加灵活地在不同的系统和应用之间流动，同时保持数据的独立性、安全性和合规性，驱动数据的可信、可控、可计量。这种解耦不仅提高了数据的利用率，也为数据空间架构创新提供了更多可能性。在这个过程中，数据架构从传统数仓模式（支持商业智能），到数据湖架构（解决数据存储计算问题），再到湖仓一体（解决数据赋能问题）。但它们都存在各自的问题，倒逼数据架构继续演进。

以人工智能为代表的新一代信息技术快速创新和应用，随之而来的是数据量、数据需求的爆发式增长以及数据类型的多元化。面向 AI 时代的数据架构要求，传统的数据库技术已经显露出一些局限性，例如，存储能力、查询效率以及数据处理速度等方面的挑战。因此，数据架构模式结合新时期技术发展形势，持续开展数据结构、部署方式、应用场景三个维度的创新。一是新数据结构，随着 AI 等技术的蓬勃发展，对多样化数据类型的分析提出了更高要求，向量数据库、多模数据库等弥补了现有数据模型表达能力的不足，而新兴的数据空间元件的生成也加速了数据空间架构的创新。二是新部署方式，计算机软硬件、网络、自动化、AI 大模型等技术的进步，为数据流通提供了更加先进的平台和生态环境，内存数据库、GPU 数据库等借助新硬件平台提升数据的可用性、可靠性，集中处理、流批一体演变为虚拟化、分布式架构。三是新应用场景，AI 技术加速赋能数据发现、查询、连接、管理等，HTAP 数据库事务与分析性能快速提升，应用推广持续深化，加之数据要素市场蓬勃发展，各类服务、产品在数据价值动力引擎驱动下不断衍生出来。

作为数据处理操作和人工智能应用程序基础的数据架构，在人工智能时代也面临着重构。从趋势上看，数据架构正在快速向智能化、实时性、多模融合、高质量、灵活性和可扩展性方向发展，与此同时，新的数据架构还要满足简化技术栈、实现降本增效的核心需求。

从数据空间的基础原理来看，数据空间架构追求灵活性、可扩展性、交互性，还要满足一定的公共服务性，是融合了数据库存储、大数据处理、人工智能应用的一种新型架构，并且要满足数据的第三次解耦。在这里，数据库、大数据和 AI 三者之间两两融合。当 AI 数据量特别大的时候，需要考虑分布式模型训练，而 AI 和数据库之间的关系要从 Data for AI 和 AI for Data 两个角度来看。面向智能化的数据架构，整体来说，是 Data+AI 一体架构。其中，Data for AI 强调数据（数据件）即模型，数据通过 AI 算法得到妥当管理。AI for Data 更强调系统内的机器学习、架构优化，追求自主管理和自动化运行。两者共同支持现代数据架构的三个终极目标：多源异构数据管理、多种计算形态灵活配置、非技术人员能直接（从容地）使用平台，如图 3-3 所示。

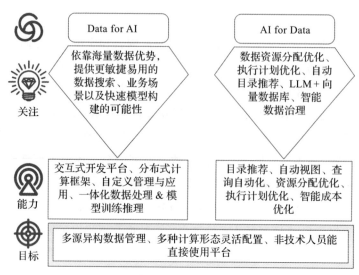

图 3-3　面向智能化的数据架构要点

智能化数据架构目前有众多分类方法，虽然架构分层有些许切分上的差异，但总体来看，包括应用层、技术层、基础层。其中应用层包括解决方案和应用平台。技术层可以从感知层、认知层、平台层分类，其中感知层主要是通用技术，例如语音识别等，认知层包括推理、逻辑、学习判断等，平台层包括技术开放平台和基础开源框架等。基础层包括数据层和算力层，数据层是 AI 系统的基础，负责数据的收集、存储、预处理和标注，涵盖数据管理、安全控制、治理和访问机制，确保数据质量，支持模型训练和系统运行。算力层提供了运行 AI 所需的强大算力：覆盖了云计算、GPU/FPGA 等硬件加速以及专门的神经网络芯片。这些资源使得大规模的数据处理和复杂的模型训练成为可能。

一个符合期望的面向智能化的好架构，其目的是更好地释放数据的价值。数据空间理论研究和数据架构创新也要围绕以数据为中心的价值路径来考虑。

前文通过 DIKW 模型与 DRAC 模型的叠加，充分阐述了数据空间的内外价值动力（如图 1-8 所示）。起初，数据以比特的形式存储在数据系统中。系统并不理解数据，数据在系统中还不具备任何智能。通过引入关系模型或文档模型等表达信息的语言，这些元数据给数据提供了上下文，赋予了数据结构，就产生了信息。

随着数据架构的变革与发展，数据仓库、数据湖、湖仓一体等产品为信息存储、提取、分析提供了强大的支撑。而后，在数据处理和分析过程中，向量发挥着核心作用，尤其是在机器学习和数据分析领域。向量是连接原始数据和数据分析、机器学习模型的桥梁。它们为数据提供了一种通用的、可操作的数值表示，使得可以应用各种数学和统计技术来提取信息、训练模型和做出预测，使得海量数据和信息得以快速提炼为知识，系统的智能也变得更加高级。

如今，关于通用人工智能（Artificial General Intelligence，AGI）的研究和讨论愈发热烈。AGI 能够在不确定的情况下进行推理、规划和解决问题，代表和使用常识性知识，从数据和经验中学习，用自然语言进行交流，整合多种技能以实现共同目标，以及展现创造力、想象力和自主性。当 AGI 真正涌现，数据具有分析、推理和认知能力，数据系统也就成了真正意义上的智能系统。

在前述智能涌现的 DIKW 背后，还有一条 DRAC 价值倍增路线，数据在生产和消费过程中，从数据资源到数据资产，并最终形成数据资本化动力，构成经济社会发展强有力的全要素价值引擎。数据智能涌现与价值倍增框架如图 3-4 所示。

回顾近年来数据架构的变化与迭代，尤其是数据空间的建设与发展，可以看到数据系统已经从业务驱动逐渐转移到价值驱动，更直接赋能数据价值的释放。数据架构也不再满足于存储、分析和决策支持，更逐渐演进为一种以数据为中心的"Data+AI"智能系统。这也是数据空间发展的方向。可以预见，数据空间的重要使命之一，就是让数据涌现智能！

3.2　数据空间架构应用解析

3.2.1　TOGAF 数据架构

TOGAF（The Open Group Architecture Framework）是一个广泛使用的开放标准企业架构框架，旨在帮助组织开发流程、减少错误、保持进度、节省预算，并使 IT 与业务部门同步运转，以产生高质量的结果。TOGAF 涵盖了业务架构、数据架构、应用架构和技术架构四个关键领域，这些领域共同支持组织的战略目标和业务需求。

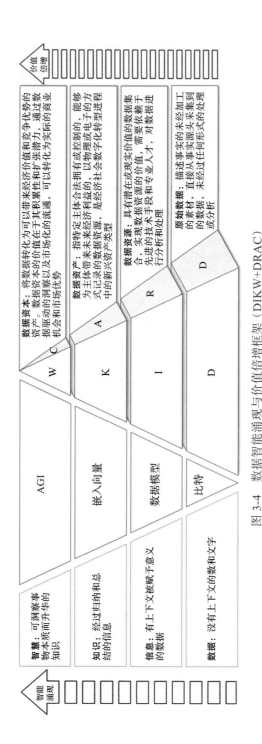

图 3-4 数据智能涌现与价值倍增框架（DIKW+DRAC）

在数据空间架构设计中，TOGAF 同样可以发挥重要作用。数据空间架构设计关注的是如何在商业生态系统中安全、标准化地交换和链接数据。这与 TOGAF 中的数据架构领域紧密相关，因为数据架构负责定义组织的逻辑和物理数据资产，以及数据在整个生命周期中的存储和管理方式。

TOGAF 的应用架构部分则关注如何部署单个系统，包括系统之间的交互以及它们与业务流程的关系。在数据空间架构设计中，应用架构可以帮助确定需要哪些应用程序来支持数据的交换和链接，并定义这些应用程序的部署和交互方式。

此外，TOGAF 还提供了架构开发方法（Architecture Development Method，ADM），如图 3-5 所示。这是一个迭代的过程，用于开发和维护企业架构。ADM 过程的各个阶段可以帮助组织从战略层面定义需求，逐步细化到具体的技术实现，这对于数据空间架构设计来说非常有价值。ADM 是 TOGAF 标准的关键组成部分。

总的来说，TOGAF 可以为数据空间架构设计提供全面的指导，从业务需求的识别到技术实现的详细规划，都可以通过 TOGAF 的方法和工具来实现。通过应用 TOGAF，组织可以确保其数据空间架构设计能够有效地支持业务目标，同时保持与现有技术和业务流程的兼容性和一致性。

在数据空间架构创新的背景下，TOGAF 的数据架构论述可能会进一步扩展，以包含数据空间的概念、目标愿景、主要特征和建设进展，以及数据空间的信任体系、数据互操作、流通控制、分布式架构等关键技术路线。这些内容有助于组织在数字化转型中更好地管理和利用数据，同时确保数据的安全性和合规性。

TOGAF 的应用不仅限于理论层面，它已在全球范围内的众多企业中成功得到了验证，包括全球 500 强企业的架构重构和政府部门的信息系统重构等案例。截至本书定稿时，框架的最新版本是第 10 版，它更加聚焦组织对敏捷方法论的使用，使其更加容易将框架应用于组织的具体需求，并采用了模块化的结构，简化了遵循和实施的过程。

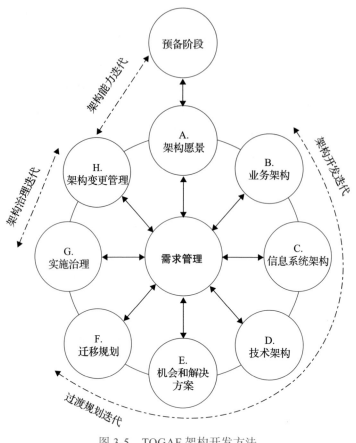

图 3-5　TOGAF 架构开发方法

3.2.2　IDS 数据空间架构

国际数据空间协会（IDSA）提出的数据空间架构模型（如图 3-6 所示）是一个多层次、多维度的架构，旨在创建一个安全且值得信赖的数据空间，使得不同规模和行业的公司都可以在享有数据自主权的方式下对其数据资产进行管理。IDS 数据空间架构是一个高度抽象的架构模型，包括 5 个横向层级和 3 个纵向视角。5 个横向层级代表了不同层面上参与者的关注点，3 个纵向视角则横跨所有层级，需要在各层级上贯彻落实。

以下是 IDS 数据空间架构模型的关键组成部分和特点的解析。

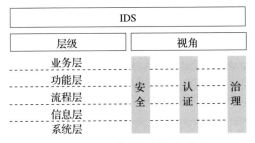

图 3-6 IDS 数据空间架构模型

（1）5 个层级

业务层：定义了数据空间参与者的角色和活动，包括数据提供者、数据消费者、中介机构、服务提供者等，并描述了它们之间的交互关系。

功能层：包含了信任、安全与数据主权、数据生态、标准化和互操作性、增值应用程序、数据市场六组功能，这些功能支持数据空间的核心操作。

流程层：描述了数据空间中不同组件间的动态交互过程，如数据检索、合同谈判、数据交易等。

信息层：建立了数据空间的信息模型，提供了一种通用语言，以便在分布式可信生态系统中实现数据资源的自动或半自动交换。

系统层：涉及数据安全交换的技术设施，包括 IDS 连接器、元数据代理、应用商店、交易清算所、词汇中心等核心技术组件。

（2）3 个视角

安全：包括安全通信、身份管理、信任管理、可信平台、数据访问控制、数据使用控制、数据来源跟踪等关键安全功能。

认证：确保所有寻求访问数据空间的组织或个人都经过认证，确保核心组件（如连接器）也经过认证。

治理：从治理和法规遵从性的角度定义了数据空间的角色、功能和流程需要满足的要求。

（3）数据自主权

IDSA 的数据空间架构强调数据自主权，即数据提供方在数据价值链的所有层面上对数据的使用方式有控制权。通过技术基础设施实现符合合同约定的数据使用，确保数据提供方可以决定其数据是否被处理、链接或分析，以及是否允许第三方访问数据。

（4）数字化平台和数据生态系统

IDSA 的数据空间架构支持构建数字化平台和数据生态系统，通过连接不同平台，发挥数字化平台的潜力，同时保持数据自主权。

（5）IDS 连接器

IDS 连接器是进入数据空间的网关，允许数据提供者在数据交换前制定使用规则，并确保数据的安全和可信运行。

（6）全球数据基础设施的关键要素

IDSA 的数据空间架构致力于提供全球数据基础设施的关键要素，它基于跨国界的、标准化的云系统要素，支持建立一个全球性的数据基础设施。

IDSA 的数据空间架构模型是一个全面、细致的框架，它不仅提供了数据空间的技术架构，还涵盖了法律、运营、功能和技术支持等多个方面，以支持数据的可信共享和流通。通过这个架构，IDSA 旨在推动一个公平的数据经济，为数据共享设定清晰的规则，并促进数据空间的国际标准化。

3.2.3　可信数据空间架构

可信数据空间是在现有信息网络上搭建数据集聚、共享、流通和应用的分布式关键数据基础设施，通过体系化的技术机制确保数据流通协议的确认、执行和维护，解决数据要素提供方、使用方、服务方等主体间的安全与信任问题，进而实现数据驱动的数字化转型，全面释放数据要素价值。

在数据空间架构方面，数据空间重点构建了一个可信环境，由中间方提供合规监测、数据交易、数据增值等服务，通过目录元数据、日志以及供需对接信息的交互，匹配数据提供方和数据使用方的关系，传递加密处理的数据资产。如图 3-7 所示，各方在联动中形成了一套结构化的系统架构，共同构建了数据空间的基础架构模型。

国家数据局在《可信数据空间发展行动计划（2024—2028 年）》中定义了数据空间，并提供了可信数据空间能力视图（如图 3-8 所示），为可信数据空间架构的发展提供了重要参考。在这个能力视图中，数据提供方与数据使用方在可信数据空间运营方与数据服务方的支持下实现了数据流通与供需对接。各方协同共建可信数据空间系统，并聚焦于数据空间魔力三角，依托数据空间的可信管控、资源交互和价值共创能力，释放数据资产价值。该视图把三项核心能力通过流程进行展示、说明，同时也解释了可信数据空间架构的原型。《行动计划》作为我国发展数据空间的纲领性文件，虽未提供数据空间的通用架构，但已明确了可信数据空间的核心架构逻辑。

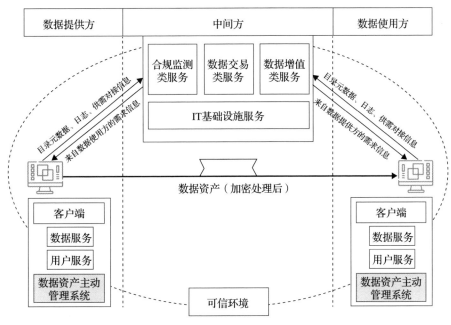

图 3-7　典型的数据空间架构示例

根据图 3-8，可信数据空间能力视图可分为可信管控流、资源交互流、价值共创流，对应可信管控层、数据流通层、价值服务层，形成了可信数据空间架构原型，如图 3-9 所示。

上述数据空间架构的核心层采用三层体系设计，包括管控层、流通层、服务层，形成以数据为中心的技术流、结构流和价值流。与网络层仅有两个相互作用的数据平面和控制平面不同，数据空间围绕价值转化，增加了价值服务层。三层架构的可信数据空间原型构成了各类型数据空间建设、发展和应用的基础，为实践提供了明确的方向和政策性指引。

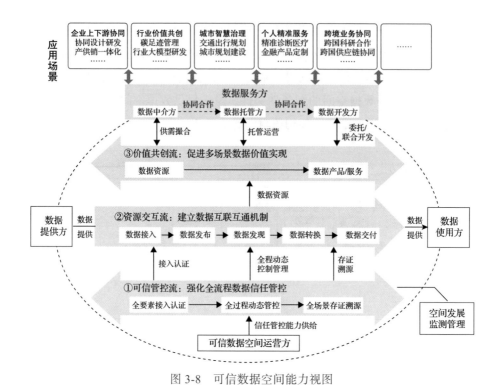

图 3-8 可信数据空间能力视图

图 3-9 可信数据空间架构原型

1. 可信管控层

可信管控层又可称为可信管控平面，即 Data Space Conduct Plane。此处强调的是支撑、协调、引导和管控，即 Conduct（引导、协调、指挥、控制），而不仅限于 Control（控制），目标在于构建数据空间可信、可管、可计量的稳定状态，支持数据空间组件的扩展，关注系统的稳定性和鲁棒性。

在数据空间系统中，控制平面负责人机物连接以及各主体角色、实体要素接入认证及身份核验，并动态管理和调度数据空间资源，以及通过存证溯源的方式跟踪技术流、数据流、业务流，是数据空间架构的基础支撑部分。它根据系统的整体策略和用户需求，提供数据空间参与者准入、可信管控技术配置、资源分配和调度，确保系统能够高效、稳定地运行。控制平面关注的是系统的整体性能和资源利用率，通过优化资源分配和调度策略来提高系统的整体效能。控制平面以数据空间控制器（DSC）为主要构件，集成了各类型接口，统一执行数据空间策略，形成数据空间强大的可信管控层，确保数据空间的健康发展与稳健运行。

数据空间控制器参与了管控层的全局管控，与接入认证层、调度管控层、存证溯源层、应用分发层形成紧耦合，又通过“容器”式封装技术，集成了外部接口，是管控层的核心管控单元。控制器的逻辑结构如图 3-10 所示。

在数据空间控制器的“指挥”“协调”“引导”下，可信管控层发挥着认证核验、策略配置、资源调度、监控与管理等职能，并与数据空间架构的其他分层进行联动和交互。在数据空间整体架构下，可信管控层也有相对独立的应用架构（如图 3-11 所示），基于控制器元件，触发管控层的各项任务，是数据空间的策略和技术源端系统。

2. 数据流通层

数据流通层是数据空间负责数据共享、交换、流通、使用的部分。它接入数据源、导入数据服务，并在管控层的支撑下，完成数据接入、数据发布、数据发现、数据转换、数据交付等操作，实现数据流通全过程。数据流通层关注互联互通机制，不但使数据供需双方形成互联互通关系，还与可信管控层、价值服务层形成动态交互，甚至直接由价值服务层完成各节点的数据流通。

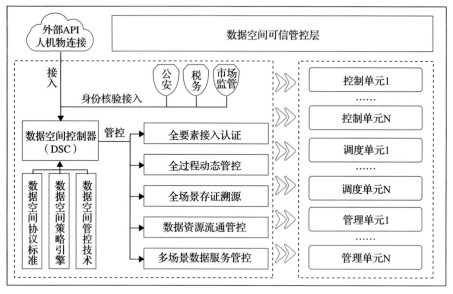

图 3-10 数据空间控制器的逻辑结构

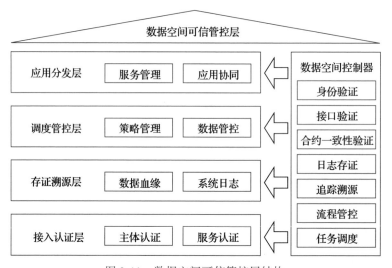

图 3-11 数据空间可信管控层结构

数据流通层是数据空间以数据为中心的数据平面，关注数据的实际流动和处理过程，确保数据能够高效、准确地被处理和传输。在任务执行过程中，数据流通层负责数据的读取、处理和传输，确保数据在系统中的流动顺畅无阻。

任务完成后，数据流通层将处理结果返回给用户，满足用户的数据共享、交换、交易需求。其结构如图 3-12 所示。

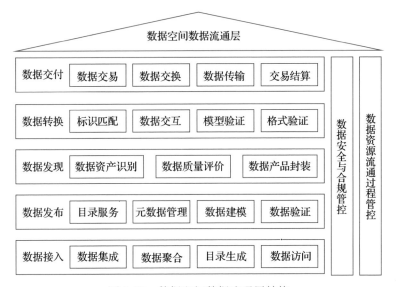

图 3-12　数据空间数据流通层结构

3.价值服务层

如果说可信管控层是技术主线，数据流通层是数据主线，那么价值服务层就是价值主线。而且，正如数据空间运营方往往是第三方服务机构担当，价值服务层通常整合了可信管控层，以数据空间控制器为核心元件，协同驱动数据资源的安全、可信、高效流通。

很明显，数据服务是连接数据供需并使得数据真正实现价值转化的重要过程，也是数据空间交互最为密切、场景最为复杂的模块。在实践中，往往是数据服务商更加敏锐地捕捉数据需求和数据供应信息，也更具有专业能力支撑数据空间良性运转。

数据空间的价值服务层（如图 3-13 所示）深入数据供应链流程，提供数据运营、供需撮合、数据托管、数据开发等各项服务，充分与控制器进行"远程联动"，形成数据资源的互联互通，且各服务商之间广泛、深入地合作，接受甚至推动构建数据空间的各项服务认证机制、合约机制与管理策略。

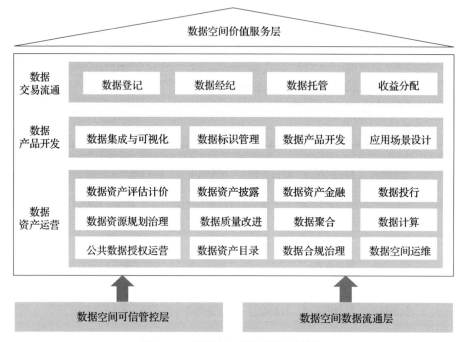

图 3-13   数据空间价值服务层结构

一方面，价值服务层接收数据资源供给，受到数据空间运营管控，这是数据空间价值共创的核心，也更贴近数据市场。数据资源在价值服务层利用数据空间机制完成数据资产化、数据资本化，充分释放数据要素价值。另一方面，数据服务方在开展各项专业服务以及负责数据空间运维的过程中，推动数据空间技术、规范、标准的更新迭代以及数据要素统一大市场的建设。

3.3   可信数据空间体系

可信数据空间体系包括标准体系、技术体系、生态体系和安全体系四个主要方面。

可信数据空间的标准体系涉及参考架构、功能要求、运营规范等基础共性标准的研制。它还包括数据交换、使用控制、数据模型等关键技术标准的制定和推广。各界通过标准体系建设、贯标试点和示范案例，引导可信数据空间规范发展。

技术体系包括使用控制、数据沙箱、智能合约、隐私计算、高性能密态计算、可信执行环境等可信管控技术的攻关，推动数据标识、语义发现、元数据智能识别等数据互通技术的集成应用，支持可信数据空间资源管理、服务应用、系统安全等技术工具和软硬件产品的研发。

生态体系的建设旨在打造一个广泛互联、资源集聚、生态繁荣、价值共创、治理有序的可信数据空间网络。它鼓励多方主体共同参与数据空间的建设与运营，包括企业、行业机构、城市管理部门、个人及跨境场景中的相关主体。生态体系还包括建立共建共治、责权清晰、公平透明的运营规则，以及数据价值评估模型的探索。

安全体系要求可信数据空间参与各方遵守网络安全法、数据安全法、个人信息保护法等相关法律规定，实施数据安全分类分级、动态感知、风险识别、应急处理、治理监管等要求，建立可信数据空间安全管理体系，并引导第三方开展核心能力评估。

这些体系共同构成了可信数据空间的基础，旨在促进数据合规且高效的流通和使用，加快构建以数据为关键要素的数字经济。到 2028 年，预计可信数据空间将在这些方面取得突破，并建成 100 个以上的可信数据空间。

3.3.1 可信数据空间标准体系

可信数据空间体系中的标准体系是构建可信数据空间的基础，它涵盖了一系列基础共性标准和关键技术标准，以确保数据的可信性、互操作性和安全性。2024 年 10 月，国家发展和改革委员会、国家数据局、中央网络安全和信息化委员办公室、工业和信息化部、财政部、国家标准化管理委员会联合印发《国家数据标准体系建设指南》(其中的数据标准体系结构图如图 3-14 所示)，为数据空间标准体系建设提供了纲领性指导。

《国家数据标准体系建设指南》全面指导数据空间标准化工作开展，以下是标准体系的详细内容。

1）基础通用标准：包括术语、参考架构、管理、服务和产业等方面的标准，为整个数据标准体系提供支撑。

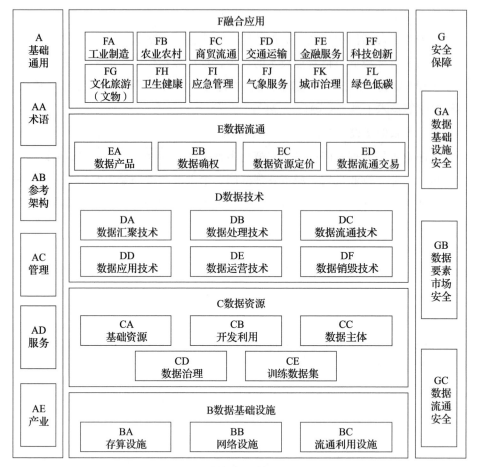

图 3-14　数据标准体系结构图

- 术语标准：规范数据空间中使用的术语和定义。
- 参考架构标准：定义数据空间的架构框架，确保不同系统和组件的兼容性。
- 管理标准：涉及数据空间的组织管理、流程管理和资源管理。
- 服务标准：规定数据空间提供的服务类型、服务质量和服务体系。
- 产业标准：推动数据空间相关产业的发展，包括产业分类、产业布局等。

2）数据基础设施标准：包括存算设施、网络设施和流通利用设施等方面的标准。

- 存算设施标准：规范数据存储和计算设施的建设、管理和性能要求。
- 网络设施标准：涉及数据传输网络的建设、管理和安全要求，如 5G 网络数据传输标准。
- 流通利用设施标准：规定数据流通和利用平台的技术要求和服务规范。

3）数据资源标准：包括基础资源、开发利用、数据主体、数据治理和训练数据集等方面的标准。

- 基础资源标准：涉及数据资源的采集、存储和管理。
- 开发利用标准：规范数据资源的开发和利用流程，包括数据开放、共享和授权运营。
- 数据主体标准：定义不同数据主体（如公共数据、企业数据、个人数据）的权利和义务。
- 数据治理标准：涉及数据的质量管理、业务规划和资源登记。
- 训练数据集标准：规定训练数据集的采集、处理、标注和合成要求。

4）数据技术标准：包括数据汇聚技术、数据处理技术、数据流通技术、数据应用技术、数据运营技术和数据销毁技术等方面的标准。

- 数据汇聚技术标准：规范数据的采集、接入和解析技术。
- 数据处理技术标准：涉及数据的存储、清洗、分析和挖掘技术。
- 数据流通技术标准：规定数据接口、标识和跨域管控技术。
- 数据应用技术标准：支持行业领域数据的融合应用技术。
- 数据运营技术标准：涉及数据的动态监测、需求分析和交互技术。
- 数据销毁技术标准：规定数据销毁处理的技术要求。

5）数据流通标准：包括数据产品、数据确权、数据资源定价和数据流通交易等方面的标准。

- 数据产品标准：规范数据产品的开发、包装和销售。
- 数据确权标准：涉及数据权利的确认、登记和保护。
- 数据资源定价标准：规定数据资源的定价机制和评估方法。
- 数据流通交易标准：涉及数据交易的流程、合同和结算。

6）安全保障标准：包括数据基础设施安全、**数据**要素市场安全和数据流通安全等方面的标准。

- 数据基础设施安全标准：规范数据中心、存储和算力设施的安全要求。
- 数据要素市场安全标准：涉及数据开放、共享和授权运营的安全要求。
- 数据流通安全标准：规定数据交易服务、脱敏和匿名化、隐私计算、数据传输安全等技术要求。

这些标准体系的建设将为可信数据空间的发展提供坚实的基础，确保数据流通的可信、安全和高效，有利于充分发挥数据标准体系在激活数据要素潜能、建设数据产业生态、做强做优做大数字经济、培育和发展新质生产力等方面的引领和规范作用。

随后，为发挥标准在规范数据基础设施建设、促进数据资源高质量供给、推动数据高效有序流通、引领数据技术迭代创新、形成多元数据融合应用新格局的基础和支撑作用，围绕数据治理、数据流通利用、数字化转型、数据技术、数据基础设施等重点领域，全国数据标准化技术委员会提出了 2024—2025 年拟制修订的 37 项重点标准项目，见表 3-1。

表 3-1　全国数据标准化技术委员会 2024—2025 年拟制修订的重点标准项目清单

序号	拟制修订的标准名称
1	《数据 术语》(修订)
2	《高质量数据集格式规范》
3	《高质量数据集类型与质量要求》
4	《数据流通匿名化效果评估方法》
5	《数据流通匿名化实施指南》
6	《数据基础设施 参考架构》
7	《数据基础设施 通用要求》
8	《枢纽节点公共传输通道网络传输服务与技术能力要求》
9	《算力网一体化监测调度》
10	《城市全域数字化转型 城市数据有效利用水平评估模型》
11	《数据服务能力评估 第 2 部分：流通交易类能力评估模型》
12	《数据服务能力评估 第 3 部分：第三方服务类能力评估模型》
13	《数据服务能力评估 第 4 部分：咨询服务类能力评估模型》
14	《数据服务能力评估 第 5 部分：应用创新类能力评估模型》

（续）

序号	拟制修订的标准名称
15	《数据服务能力评估 第 6 部分：产品平台类能力评估模型》
16	《数据服务能力评估 第 7 部分：资源集成类能力评估模型》
17	《数据服务能力评估 第 8 部分：加工分析类能力评估模型》
18	《数据服务能力评估 第 9 部分：安全技术类能力评估模型》
19	《公共数据 授权运营 第 1 部分：参考架构》
20	《公共数据 授权运营 第 2 部分：管理规范》
21	《公共数据 授权运营 第 3 部分：服务目录和服务规范》
22	《公共数据 授权运营 第 4 部分：绩效评估要求》（拟更名为《公共数据 授权运营 第 4 部分：监测评估要求》）
23	《公共数据资源登记 实施指南》
24	《数据要素型企业能力要求》（拟更名为《数据企业认定及评估规范》）
25	《数据登记平台通用技术要求》
26	《数据质量评价系统通用要求》
27	《数据空间 参考架构》
28	《数据空间 能力基本要求》
29	《数据空间 应用成熟度评价》
30	《城市全域数字化转型 术语》（修订）
31	《城市全域数字化转型 技术参考模型》（修订）
32	《城市全域数字化转型 顶层设计指南》（修订）
33	《面向分析和机器学习的数据质量 第 1 部分：概述、术语及示例》（采标）
34	《面向分析和机器学习的数据质量 第 2 部分：数据质量度量》（采标）
35	《面向分析和机器学习的数据质量 第 3 部分：数据质量管理要求和指导原则》（采标）
36	《面向分析和机器学习的数据质量 第 4 部分：数据质量过程框架》（采标）
37	《面向分析和机器学习的数据质量 第 5 部分：数据质量治理框架》（采标）

　　除了面向数据产业发展的上述数据标准体系，可信数据空间还须持续推进一系列"专属"标准的建设，包括认证体系、标识体系、术语体系、空间策略，以及可信数据空间的控件、元件、组件技术标准，强化数据空间的应用推广。

3.3.2　可信数据空间技术体系

可信数据空间体系中的技术体系是实现数据安全、可靠流通的关键，它包括以下几个核心内容。

（1）可信管控技术

- 使用控制（Access Control）：通过预先设置数据的使用条件形成控制策略，实时监测数据的使用过程，动态决定数据操作的许可或拒绝。
- 数据沙箱（Data Sandbox）：构建一个应用层隔离环境，允许数据使用方在安全和受控的区域内对数据进行分析处理。
- 智能合约（Smart Contract）：基于计算机协议的合同形式，支持无需第三方的可信交易，确保交易的可追踪性和不可逆转性。
- 隐私计算（Privacy Computing）：允许在不泄露原始数据的前提下进行数据的分析和计算，保障数据在流转全过程中的"可用不可见"。
- 高性能密态计算（High-Performance Crypto Computing）：涉及数据在加密状态下的计算处理，保证数据在计算过程中的安全性。
- 可信执行环境（Trusted Execution Environment，TEE）：创建一个隔离的执行环境，确保代码和数据在处理过程中的安全性。

（2）数据互通技术

- 数据标识（Data Identification）：为数据资源分配唯一标识符，实现数据的快速检索和定位，支持数据的可追溯性和可访问性。
- 语义发现（Semantic Discovery）：通过自动解析数据的深层含义及其关联性，实现不同来源和类型数据的智能索引、关联和发现。
- 元数据智能识别（Metadata Intelligent Recognition）：将元数据从一种格式转换为另一种格式，确保数据在不同系统中的一致性和可理解性。

（3）资源管理技术

资源管理技术涉及数据资源封装、目录维护、数据交互与查询等，实现数据产品和服务的统一发布和跨主体互认。

（4）服务应用技术

服务应用技术推动可信数据空间资源调度、数据服务分发以应用、数据空间系统运维等技术工具和软硬件产品的研发，支持打造可信数据空间系统解决方案。

（5）系统安全技术

系统安全技术构建数据安全风险管控体系，运用数据关联脱敏、数据加解密、数据追溯等技术，确保数据交互安全、使用合规、范围可控。

（6）技术开源与创新孵化

依托现有开源平台推动可信数据空间技术开源，建立多方参与的创新孵化机制，提升技术创新研发和扩散转化效率。

这些技术体系共同作用形成了可信数据空间技术架构（如图 3-15 所示），并随着数据空间的发展和创新应用不断深化、升级、迭代和扩展。在数据空间架构体系中，技术架构是支撑数据空间建设的"骨架"，确保数据空间的连接、管控，并与各项组件形成数据空间一体化，共同构建数据要素可信流通的新型基础设施。

图 3-15　可信数据空间技术架构

3.3.3　可信数据空间生态体系

可信数据空间体系中的生态体系是构建广泛互联、资源集聚、生态繁荣、价值共创、治理有序的网络，它包括以下几个核心内容。

（1）多方参与共建共治

可信数据空间生态体系鼓励政府、企业、行业组织、科研机构、个人等多方参与，共同推动数据空间的建设与运营。通过合作，共同开发数据产品和服务，实现数据资源的高效配置和价值最大化。

（2）数据资源统一发布和互认

推动数据资源的封装、目录维护，实现数据产品和服务的统一发布、高效查询、跨主体互认。按照国家标准规范要求，统一目录标识、身份认证、接口要求，实现各类数据空间互联互通。

（3）运营规则和价值评估模型

建立共建共治、责权清晰、公平透明的运营规则，探索构建数据价值评估模型，并按照市场评价贡献、贡献决定报酬的原则分配收益，激励各方积极参与数据空间的建设和运营。

（4）数据服务方协同合作

与数据开发、数据经纪、数据托管、审计清算、合规审查等数据服务方开展合作。通过合作，打造可信数据空间发展的良好生态，提供专业化服务，提高价值创造能力。

（5）行业和领域数据空间解决方案

针对不同行业和领域的特点，形成一批数据空间解决方案和最佳实践。这些解决方案能够促进数据要素合规、高效的流通和使用，释放数据要素价值，激发全社会内生动力和创新活力。

（6）国际合作与交流对接机制

建立常态化的数据空间对话合作机制，积极与各方共同建设数据空间的技术标准、运营规则和制度体系。推动数据空间国际合作示范项目的建设，探索数据空间互联互通，形成发展的合力。

（7）公共数据授权运营生态体系

构建公共数据授权运营的生态体系，促进数据要素流通、挖掘数据价值、激发市场活力。这一生态体系鼓励将授权主体、运营主体、场景开发主体、使用主体、监督主体等融为一体，推动政府与市场、社会之间的良性互动。

（8）数据生态治理

数据生态治理要求在保护个人隐私和数据安全的基础上，更好地发挥数据价值，促进数字经济和数字社会高质量发展。加强数据生态治理，有利于发挥数据在社会治理中的重要作用，促进社会治理现代化、数字化、智能化。

这些内容共同构成了可信数据空间生态体系循环（如图 3-16 所示），数据提供方、数据使用方、数据服务方、可信数据空间运营者等，依据既定规则，围绕数据资源的流通、共享、开发、利用进行互动和协作，共同构建以价值共创为导向的生态系统，共同推动数据空间生态体系循环演进。

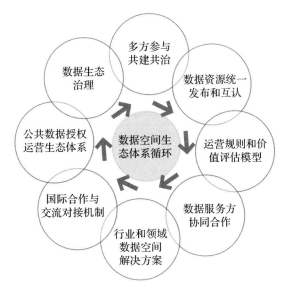

图 3-16　数据空间生态体系循环

3.3.4　可信数据空间安全体系

可信数据空间体系中的安全体系是保障数据在流通和使用过程中安全性的关键组成部分，是数据在整个生命周期中安全、合规使用的核心部分。以下是安全体系的详细内容。

（1）数据全生命周期安全管理

- 建立数据全生命周期安全管理制度，针对不同级别的数据，制定数据收集、存储、使用、加工、传输、提供、公开等环节的具体分级防护要求和操作规程。
- 根据需要配备数据安全管理人员，统筹负责数据处理活动的安全监督管理，协助行业监管部门开展工作。

- 合理确定数据处理活动的操作权限，严格实施人员权限管理。

- 根据应对数据安全事件的需要，制定应急预案，并开展应急演练。

- 定期对从业人员开展数据安全教育和培训。

（2）数据空间全方位安全防护能力

- 数据安全检测：可信数据空间应针对数据流通的全生命周期，构建必要的防范和检测技术手段，防范数据泄露、数据窃取、数据篡改等危险事件发生，并建立相关的管理制度和应急处置措施。

- 接入认证体系：可信数据空间运营者需要构建一个接入认证体系，确保参与各方身份可信，数据资源管理权责清晰，应用服务安全可靠。

- 空间资源合作规范：建立合作规范，利用隐私计算、使用控制、区块链等技术优化履约机制，提升信任管控能力。

- 空间行为和数据存证体系：构建行为和数据存证体系，提升数据资源开发利用全程溯源能力，保障各方权益，保护数据市场公平竞争。

- 数据安全分类分级保护：根据《中华人民共和国网络安全法》《中华人民共和国数据安全法》《中华人民共和国个人信息保护法》等法律，实行数据分类分级保护。

- 数据安全风险管控体系：构建必要的防范和检测技术手段，防范数据被泄露、窃取、篡改等，并建立相关的管理制度和应急处置措施。

- 合规监管：监测空间中违反相关法律法规的行为，并在行为发生时及时采取相应的处置措施。

- 数据出境安全管理：建立数据出境安全管理机制，确保数据跨境流动的安全性和合规性。

（3）数据空间全局安全技术

- 可信执行环境（TEE）：使用可信执行环境技术，为敏感数据和代码提供一个被隔离和保护的执行环境，确保代码和数据的安全性。

- 智能合约安全：利用智能合约保障交易安全，对合约代码进行深入分析，并针对相关事例列举防御手段。

- 隐私计算技术：利用隐私计算技术，如联邦学习、多方安全计算、同态加密等，保护数据在计算过程中的隐私性。

- 数据脱敏与加密：在数据传输和存储过程中，对敏感数据进行脱敏处理，以保护个人隐私和企业机密。数据脱敏技术包括数据本体、数据载体、数据流的识别和处理。

- 高性能密态计算：通过高性能密态计算技术，实现数据在加密状态下的计算处理，保障数据安全。

这些安全措施共同构成了可信数据空间的安全体系，确保数据空间可信管控的同时，保障参与者的合法权益，维护国家安全和公共利益。可信数据空间安全架构如图 3-17 所示。

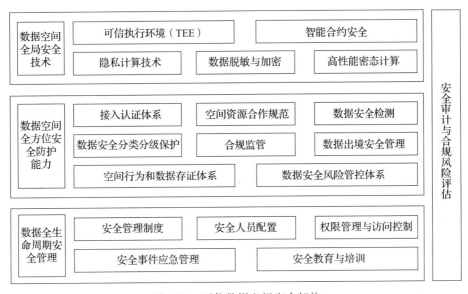

图 3-17   可信数据空间安全架构

3.4 数据空间架构解决方案

3.4.1 数据空间解决方案架构

在数据空间的发展和应用过程中，解决方案是架构师首要关注的问题。虚拟化、云迁移和混合云、无服务器、微服务、基于队列、事件驱动、混合计算等架构设计模式，都关乎数据空间的运行机制、性能、安全性、可靠性、运维和成本，也涉及数据空间工程、智能化整合、组件构设、应用创新等一些崭新领域。架构解决方案的系统化以及围绕最佳解决方案展开的架构设计，不仅涉及技术领域，还须深入业务流程与工程交付，重点关注空间优化部署、资源清晰管控、组件灵活配置。数据空间运营官、数据空间架构师、数据空间设计师、数据空间建造师、数据空间开发工程师（更多情况下可能是一个团队甚至是一个人）通力协作，根据数据空间规划和定位，选择一种符合卓越运维要求的数据空间架构。

上文提到，数据空间架构不需要中央数据存储功能，而是追求数据存储的分散化。这意味着数据在物理上保留在数据所有者手中，直至转移到受信任的一方。

数据空间需要确保不同来源和格式的数据能够在系统和组件之间无缝交换和集成。这通常通过使用标准化的数据交换协议和格式来实现。

数据空间支持创建利用数据应用程序的新型数据驱动服务，并为这些服务培育新的商业模式，提供清算机制和计费功能。

在数据空间中，信任是基础。这包括对参与者的评估和认证，确保每个参与者在被授予进入可信商业生态系统的权限之前都要经过严格的审查。

这些架构目标（实践中往往远不止上述目标）共同构成了解决方案的内核。从目标对齐和实现的期待角度出发，解决方案首先要从战略和战术视角，对数据空间架构的方方面面进行分析、设计、定义和展望。图3-18展示了数据空间解决方案架构的实施路径。

创建数据空间架构的两种主要途径如下：

一是重组、重构现有技术架构、应用架构和数据架构，增强应用程序互联互通，可能包括数据空间机制的配置和组件的搭载，是一种比较敏捷的路线。

二是从头创建一个新的解决方案，充分围绕数据空间的属性与功能，独立设计、部署一套"外部"数据空间方案，这样可以更加灵活地选择最合适的技术栈来满足需求。

不论选择哪种途径，解决方案都需要考虑数据空间的业务框架、功能框架、技术框架，使架构调整产生的影响最小化，创建最符合规划和定位的架构解决方案。同时，除了功能性需求外，解决方案架构考虑的是数据空间的整体视图，不断优化互操作性，以便随时强化架构弹性和可扩展性。通常，除了新技术应用和功能部署，必须关注数据空间的非功能性问题，例如项目成本、应用程序性能、网络和请求延迟、可维护性、高可用性、灾备与恢复等。我们把这些组合称为数据空间解决方案架构的非功能性需求，如图 3-19 所示。

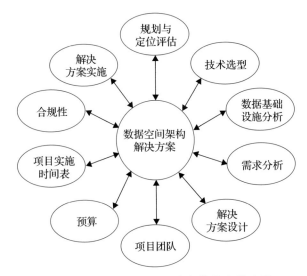

图 3-18　数据空间解决方案架构的实施路径

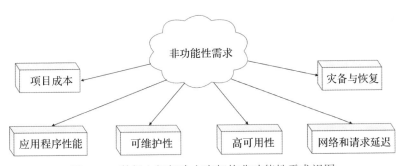

图 3-19　数据空间解决方案架构非功能性需求视图

最后，数据空间解决方案架构的落地还依赖于数据空间创新技术。例如连接器、控制器、数联网、数据场、数共体等，不仅仅是数据空间元件、构件、协议，同时也驱动架构模型的创新设计。在新技术应用领域，尤其应重点关注数据空间控制器（DSC）的封装与部署。在控制器的配置下，敏捷架构依托控制器连通并穿透数据空间的控制层、流通层和服务层，使得低成本静态部署数据空间的互联互通机制成为可能。这也遵循最小可行性产品（MVP）原则。

3.4.2 可扩展数据空间架构

再次审视数据空间，为了实现广泛互联的实际应用，它需要一个极其复杂的数据架构。而就现状而言，传统的数据架构往往存在很多弊端。这些弊端可以从 4 个不同的视角来看，如图 3-20 所示。

图 3-20　现有数据架构的弊端

- 技术视角：数据空间高度依赖资源互通技术和可信管控技术，而这些技术，例如数据标识、语义发现、隐私计算、数据沙箱等尚未普及，对于很多人来讲，还是非常陌生的。况且，数据空间的认证管控、存证溯源、动态管理等均不成熟，还涉及技术设计、标准制定、贯标推广、应用实践等漫长的过程。
- 开发视角：构建这样复杂的架构有较高的开发门槛。开发人员需要学习和理解多种数据应用技术，这些技术不仅各自存在局限性，还存在复杂的相互依赖关系，开发人员还需要去理解和规避这些问题。在数据空间发展初期，找到优秀的数据架构师是一项挑战。
- 运维视角：要运维这么多组件套装，势必给运维带来复杂度。特别是数据发布、传输、交付，往往是系统中的薄弱环节，很容易导致系统的不稳定。同时，因为一份数据需要在多个产品中重复加工、存储、处理，这也带来了更大的不确定性。

- 业务视角：虽然架构是从业务需求倒逼出来的，但是从业务视角来看（数据市场尚处于发展初期），它也不是完美的。数据可信流通作为基础需求，其目标是数据价值的无限释放，必然持续演变出新模式、新业态、新需求。数据空间的动态管理和持续性架构升级就成为一种必然趋势。

为了克服上述各种弊端（未完全列举），现代数据架构不断演进。数据空间作为"联接多方主体，实现数据资源共享共用的数据流通利用基础设施"，需要复用现有新型基础设施，采用可扩展的数据架构，实施敏捷架构方案，包括采用分布式架构、进行模块化设计，并持续增强数据架构。同时，还需要拥抱主流的现代架构模式，包括数据网格、数据虚拟化，以及创新实践数据共同体架构、数据对象架构（Digital Object Architecture，DOA）等。

1. 分布式架构

在数据空间中，分布式架构是一种关键的技术解决方案，它允许数据在不同的节点上进行存储、处理和交换，同时确保数据的安全性和权益。例如，国际数据空间的架构不需要中央数据存储功能，而是追求数据存储分散化的理念。

分布式架构包括微服务架构、分布式数据库系统、分布式存储系统等。微服务架构关注服务的发现、注册、路由、熔断、降级、分布式配置。分布式数据库和存储系统则关注数据的分布式存储和处理。分布式架构通过将系统的负载分布到多个节点上，实现并行处理和负载均衡，提高系统的处理能力和响应速度。它还通过将服务和数据分布在多个节点上，实现冗余备份和故障恢复机制，提高系统的可用性。此外，分布式架构可以根据负载变化自动扩展或缩减节点的数量，实现系统的可伸缩性，并支持大规模数据处理。

数据空间的互联互通机制正是在分布式的实体和节点之间，通过可信管控技术和资源互通技术，实现实体和节点之间的连接与服务匹配。这里的实体包括数据空间的参与者（通过身份认证技术而固定为拟制实体）、计算机、数据（产品和服务），节点包括控制器缓存节点（容器）、数据存储位置（数据库）以及物理机、虚拟机等计算节点。各方通过接口进行交互，从而实现复杂系统的一体化联动运行。分布式架构支持系统的远程控制、数据的虚拟集成和服务的协作交互。数据空间运营方负责通过各类组件（例如，控制器）构建分布式架构的一致性管控、容错机制和策略配置以及分布式事务处理和响应。

数据空间的分布式架构部署有两种方式,一种是数据存储分布式与系统管理集中式的组合,另一种是管理系统和数据存储的分布式部署,均可实现扩展和易用。图 3-21 展示了数据架构从单体架构到分布式架构的演变。而在数据空间架构中,部分服务器融合了微服务架构(包括本地部署、云部署、容器部署等)充当数据空间集中式"管家"。也可将数据空间共性模块配置到每个分布式空间,如联盟式数据空间矩阵。

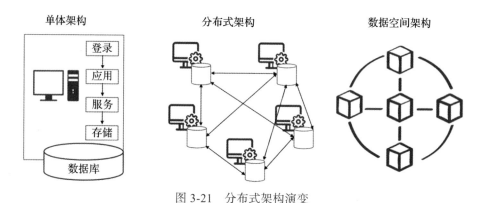

图 3-21 分布式架构演变

在这里特别强调一下,微服务架构是一种特殊的分布式架构,是更细粒度的应用程序设计。它将应用程序构建为一系列小型服务,每个服务运行在自己的进程中,并通过轻量级的通信机制(通常是 API)进行交互。这些服务围绕业务能力构建,并且可以独立部署。微服务架构的优点包括灵活性、可扩展性和敏捷的迭代能力,但也带来了运维复杂性和分布式固有的复杂性等挑战。数据空间的组件应用程序可以广泛采用微服务架构进行部署。每个服务通常只负责一个特定的业务功能,服务之间的通信和协作相对简单,可以独立开发、测试、部署和扩展,便于团队的协同开发和快速迭代。

而数据空间架构中分布式系统的设计需要考虑组件设计、部署一致性、可维护性和可重用性。常见的设计模式包括代理、适配器、前后端分离、计算资源整合、配置分离等。分布式系统通常需要消息传递中间件(如控制器)来实现组件和服务之间的松散耦合通信,这有助于提高系统的可伸缩性。此外,分布式系统的管理和监控比单机部署更复杂,需要公开运行时信息,例如采用日志存证、数据追踪、区块链溯源管理等，以便数据空间管理员进行管理和监控。

　　整体上，分布式架构是数据空间可扩展架构的优选项，可以通过一些共性组件的配置和接口开发来实现数据空间架构部署，避免了从 0 到 1 架设数据空间。分布式架构解决方案框架尤其适合数据空间发展，驱动创建一个可扩展、可靠和高效的系统，以应对不断变化的业务需求和负载。

　　2. 模块化架构

　　模块化架构通过将系统分解为独立且可组合的模块，使组织能够更灵活地进行技术和业务的部署。这种设计理念不仅提升了数据空间技术的适应性，还大大减少了开发和维护的复杂性。模块化架构使得组织能够根据需求快速调整系统组件，减少了整体系统的停机时间和修改成本。

　　此外，模块化架构强调灵活性，并能够满足业务敏捷性和成本控制的双重诉求。在数据空间架构设计中，模块化能实现功能组件的快速部署与调整，以应对技术的快速更新迭代和数据市场的不确定性。例如，在数据空间系统开发领域，通过微服务架构将应用程序分解为多个独立的服务，数据空间运营方可以根据需求快速升级、扩展或替换这些服务，而无须对整个系统进行大规模调整。数据空间模块化架构如图 3-22 所示。

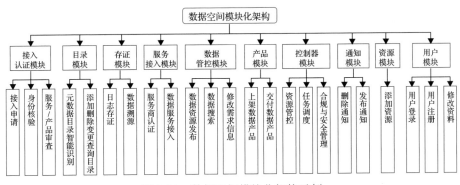

图 3-22　数据空间模块化架构示例

　　数据空间模块化架构将系统分解为更小、更易于管理且可互换的组件或模块。这种架构在数据空间中提供了更高的灵活性、可扩展性和可维护性。

　　模块化架构强调将系统的不同功能分离成独立的模块，每个模块都封装了特定的功能或职责,如控制器模块、身份认证模块、区块链模块等,从而减少了系统不同部分之间的依赖关系。

更重要的是,模块化结构有利于采用先进技术为解决方案注入更多的智能元素,完善数据空间在监控、管理方面的功能设计,从控制管理转变为运营、运维及赋能管理。

总的来说,通过模块化架构,数据空间可以更灵活地适应不断变化的业务需求和技术进步,同时提高系统的可靠性和运维效率。

3.增强式数据架构

根据上述分布式架构和模块化架构的介绍,数据空间需要跨多个平台、多个系统来管控数据流通,构建安全可信生态环境。这必然涉及数据(包括元数据)流、业务流、服务流在架构内高效运转,从而对数据架构提出了更高的要求。

增强式数据架构引入了现代数仓理念,充分借助自动化工具,通过元数据增强、组件功能增强等方式,提升数据空间架构的能力。例如,在元数据管理工具中,传统意义上的元数据为数据提供了上下文信息,使用户能够更好地理解、管理和使用数据。经过增强,元数据不仅仅是人类能够理解的目录,还能抽离出系统能读懂的元数据目录,抽象出元模型、元元模型,而这些数据增强都是通过自动化方式完成的。

实践中,增强数据架构的方式包括数据编织(Data Fabric)、智能化增强、模块化扩展等,旨在让数据架构支持更好的可伸缩性、可访问性、实时洞察和有效的资源优化。在增强模式下,数据从源头提供给消费者时,它被编目、丰富以提供洞察和建议,经过准备、交付、编排和设计过程,从而快速对接服务、匹配应用场景、提升数据产品开发能力以及加快数据流通。如图3-23所示,数据库及云存储库的数据源集中提取数据资产目录后,除了支持数据搜索引擎、大数据处理、数据交互和实时分析,还可通过进一步的增强,以支持智能决策、数据空间运营以及大模型训练等。而在这个过程中,数据一直都是"可用不可见"的。

数据的未来是开放的,只是由于体制机制的问题,目前暂未形成一种良性格局,使得数据形成高效流通状态。数据空间作为一种全新的数据流通利用基础设施，也必然经过一段很长的发展时间，直至构建一个广泛互联的数据空间网络。而在这个过程中，持续增强的数据架构正是驱动数据空间迭代、技术创新的一种内生机制。

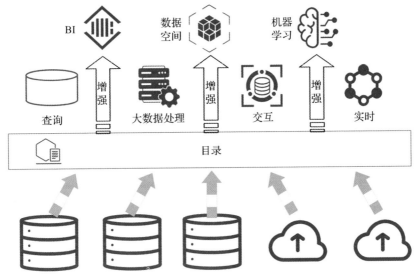

图 3-23　增强式数据架构

4.数据网格

数据网格是一种数据架构方法，专注于实现跨团队和部门的数据协作和共享。它采用去中心化的数据治理方法，并专注在组织内构建数据文化和生态系统，以便在组织内部或跨组织的复杂和大规模的环境中共享、访问和管理分析型数据（即具有使用价值的数据资源）。

在数据网格中，数据被视为产品，数据生产者需要像产品所有者一样对数据的质量、文档和访问策略负责。这与数据空间架构中的数据市场概念相似，数据空间支持创建新型的数据驱动服务，并为这些服务培育新的商业模式。此外，数据网格允许更灵活的数据集成和互操作功能，用户可以立即使用来自多个领域的数据进行业务分析、数据科学实验等。数据空间架构也强调数据生态系统的互操作性，通过连接器、控制器等实现不同系统和组件之间的通信。

总的来说，数据空间架构与数据网格在理念上有许多共通之处，都强调分布式系统、数据权益保护、数据即产品、自助服务、协同治理以及云原生技术的应用。两者都旨在解决传统集中式数据架构的局限性问题，提供更灵活、可扩展且高效的数据架构解决方案。同时，数据网格发展的变革维度（如图3-24所示）也可以为数据空间架构的设计和演进提供一些参考，引导数据空间架构面向以价值共创为导向的生态系统，更高效地创新发展。

图 3-24 数据网格变革维度

很明显，数据网格属于演进式数据架构（这点有争议，有观点认为数据网格只是一项新的数据管理技术），同样也是可扩展的。只是数据网格更强调为数据管理赋权，即领域自主权，更关注数据与代码作为一个独立的组合单元，由每个领域自主处理和负责数据的管理、使用与消费。例如，医疗保健组织使用数据网格创建一个集中、安全的数据平台，用于管理患者记录并实现各部门和医院之间的数据共享。一家制造公司使用数据网格创建跨多个工厂和供应链合作伙伴的生产数据的统一视图，使组织能够更好地了解生产流程并优化运营。

可见，上述用例可以通过数据空间组件的封装，直接翻转为数据空间。数据网格可以作为数据空间的一种实践雏形和基础，是更小粒度、数据管理层面的"微空间"。相较而言，数据空间是一个比数据网格更加庞大、更加复杂的体系，需要处理更庞大的数据量、对接更多的参与者、协调各方主体利益，并通过数据的高效流通挖掘和释放数据要素价值。

5. 数据虚拟化

数据虚拟化通常被认为是一种数据集成技术，相较于传统的数据集成方式，如 ETL，数据虚拟化直接省去了"搬运和复制"数据这个流程，因此基于数据虚拟化的数据集成方案通常实施成本比较低，实施周期比较短，尤其是在数据源越来越分散，大量"数据孤岛"存在，数据需求越来越动态变化，业务侧用数、看数需求快速增长的场景下，数据虚拟化的技术优势更加显著。

数据虚拟化技术允许数据空间架构在不同数据源之间进行实时的逻辑集成，构建一个虚拟的逻辑数据层，而无须物理地移动或复制数据。这种方法简化了数据的合并过程，缩短了数据整合时间，降低了成本，也降低了数据不准确或丢失的风险。在数据空间架构中，数据虚拟化有助于实现不同系统和组件之间的互操作性。它通过提供统一的数据访问接口，支持数据的标准化交换和链接，从而促进了数据生态系统的互操作性。

在数据流通与治理方面，数据虚拟化作为一个灵活统一的中间层，向用户公开业务元数据，同时有助于通过数据分析、数据沿袭、变更影响分析和其他工具了解底层数据层。这使得数据虚拟化成为管理信息的"单一参考点"，并支持数据治理和合规性要求。

由于数据虚拟化并未改变原有的数据存储状态和系统架构，从而允许组织毫不费力地修改数据、加注标签和扩展规模，以应对不断变化的业务需求。这种敏捷性和适应性对于数据空间架构来说至关重要，因为它需要支持不断演变的数据应用和服务。

因此，数据虚拟化技术可作为数据空间数据流通层的逻辑基础，提供数据接入、数据发布、数据发现、数据转换、数据交付的辅助。同时，数据虚拟化层也可支撑元数据的智能化识别、数据资源集成和数据视图。数据虚拟化功能结构视图如图 3-25 所示，是连接数据资源层和数据空间架构核心层的一个虚拟逻辑平台，在数据空间架构发展过程中，具有重要的参考和辅助作用。

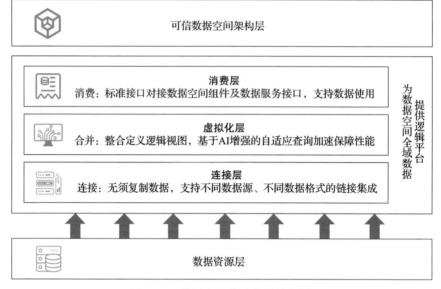

图 3-25　数据虚拟化功能结构视图

6. 数字对象架构

DOA 既可以被视为一种数据空间协议，又可以被当作数据空间架构的重要基础元模型对象，支持数据空间的管理和互操作性、可扩展性，在数据空间架构解决方案设计过程中提供重要的参考和指导作用。

DOA 是由图灵奖得主、"互联网之父"罗伯特·卡恩提出的一种以数据为中心的开放式软件架构。DOA 包括一个基本模型、两个基础协议和三个核心系统。DOA 基于数字对象（Digital Object，DO）模型统一抽象互联网资源以屏蔽资源的异构性。一个数字对象分为标识、元数据、数据实体（数据源）三个部分，其中标识是数字对象的身份 ID，能够唯一且持久地识别每个数字对象；元数据是数据的描述信息，用于发现、搜索数字对象；数据实体（数据源）则代表原始数据。数字对象的三个部分分别由数字对象标识系统、数字对象注册表系统、数字对象仓库系统进行管理，并通过两个标准协议 [数字对象标识解析协议（Digital Object Identifier/Resolution Protocol，DO-IRP）和数字对象接口协议（Digital Object Interface Protocol，DOIP）] 进行访问，以解析、搜索、使用数字对象。

数联网、数据场作为数据空间协议的创新范式，均与数字对象架构相关。数联网中的标识解析和管理、数据场中的数据件概念论证，都与数字对象架构的逻辑相关。数字对象架构主要提供一种机制，用于对数字对象的标识、解析、信息管理和安全控制，为每个数字对象提供全球唯一的标识符，确保数据的可发现性和可访问性。数字对象架构支持不同系统和平台之间的数据交换和互操作性，并通过安全访问认证和权限管理，保护数据的安全性和隐私性，同时，能够适应数据空间的增长和变化，支持新的数据类型和交易模式，具有强大的可扩展性。目前，数字对象架构以数联网的形式，广泛应用于电子政务、智慧城市、工业互联网、数字出版等领域。

数字对象架构将数据视为一阶实体，这意味着数据是直接可见和可用的，不依赖于特定的应用或硬件环境。在数据空间中，这种一阶实体化的数据模型是构建和组织数据的基础，使得数据可以作为独立于机器的实体进行管理和交换。

当前，数据空间需要新型基础设施来支持数据的存储、处理和交换。数字对象架构提供了构建这些基础设施的技术基础，包括数据的标识、存储、索引和访问等。数字对象架构的应用促进了数据空间从概念到实践的转变。通过具体的技术实现，如数联网，数据空间能够支持大规模的数据流通和应用，推动了数据空间在关键领域的示范应用。

3.4.3　元数据驱动的数据空间架构

元数据在数据空间架构中占据着核心地位，发挥着多方面的关键作用。首先，元数据提供了关于数据集、使用策略、应用程序、服务数据源等的本体、参考数据模型或元数据元素，用于描述和注释数据。其次，在数据发现和检索方面，元数据使得数据的意义、来源和结构变得清晰，帮助用户快速了解数据的来源、格式和含义，从而提高数据的易用性和可访问性。再者，元数据包含有关数据质量的信息，如数据准确性、完整性和一致性的度量，帮助组织监控和改进数据质量。另外，元数据记录数据的敏感性级别、访问控制列表和合规规则，为数据安全和合规提供支持。

在数据空间中，数据服务方常常作为元数据代理，存储和管理有关数据空间中可用数据源的信息，为数据使用方提供元数据，以便他们可以结构化地查询和发现数据。而应用程序开发人员使用元数据描述每个数据应用程序的语义、功能、接口等，这对于数据应用程序的部署和认证至关重要。

回顾数据空间的起源，在各个版本的国际数据空间参考架构模型中，Broker、Vocabulary 都是非常重要的组件，其核心功能就是提供基于元数据的各类型服务，包括数据源的内容、结构、质量、货币和其他特征的信息以及数据空间的标准化描述符，两者共同促进了数据空间中数据的可发现性和互操作性。

作为牵引和驱动数据空间信任管控流、数据资源流、服务价值流的主线，元数据的智能识别与数据标识、语义发现共同组成了数据互通技术套件。其中，元数据智能识别主要负责将元数据从一种格式转换为另一种格式，包括但不限于对数据的属性、关系和规则进行重新定义，以确保数据在不同系统中的一致性和可理解性。数据标识为数据对象提供了唯一的标识，元数据智能识别技术则利用这些标识来自动提取和生成元数据，而语义发现则利用元数据来理解数据的深层含义和上下文。元数据、数据标识、语义模型及目录的架构关系（元数据驱动业务流图）如图 3-26 所示。

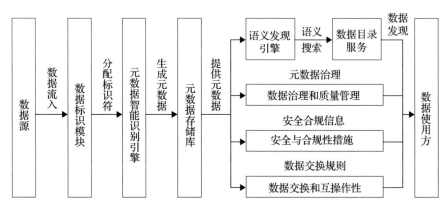

图 3-26　元数据驱动业务流图

从上图可见，元数据的智能识别是数据空间架构发展的关键驱动力，涉及一系列先进技术的应用，以自动化和智能化的方式提取、管理和利用元数据。

首先，元数据智能识别的核心在于其能够提供数据的描述性信息，这些信息对于数据的发现、理解和管理至关重要。在数据空间架构中，元数据不仅包括数据的基本属性，如名称、创建日期、来源等，还涵盖了数据的业务含义、质量指标、安全要求和合规性信息。这些丰富的元数据信息使得数据空间能够支持复杂的数据治理、质量管理和安全合规性要求。

其次，实现元数据智能识别的关键技术包括人工智能、机器学习、自然语言处理、图像识别技术和深度学习。这些技术的应用使得系统能够自动识别和提取数据的特征和上下文信息，从而生成准确的元数据。例如，通过深度学习模型，可以对图像和视频内容进行分析，自动识别场景、物体和活动，并将这些信息作为元数据存储起来。

再者，元数据智能识别的实现还依赖于数据特征分析算法和知识图谱的构建。通过算法分析，可以智能识别和挖掘数据标准，而知识图谱则将元数据与相关的业务规则、治理案例和质量标准关联起来，形成一个全面的治理知识体系。这种知识体系不仅支持数据的智能治理，还有助于数据问题的快速定位和解决。

此外，元数据智能识别还需要数据质量规则自生成自适应技术和质量问题自动化归因分析技术的支持。这些技术使得元数据能够根据数据的特征和变化情况自动更新，从而保持数据治理的动态性和适应性。同时，通过自动化归因分析，可以快速识别数据质量问题的原因，并提供相应的治理建议。

最后，元数据智能识别的实现还需要依赖云服务和 API 的集成，这些技术使得系统能够跨不同的数据源和平台收集和更新元数据，确保元数据的准确性和时效性。通过这种方式，数据空间架构能够实现对大规模分布式数据的有效管理。

元数据引擎驱动的数据空间架构的另一个核心能力是血缘能力。构建完备的血缘能力，既可以帮助数据提供方梳理、组织元数据，也可以帮助数据使用方、数据服务方理解数据的上下文。为了更好地提供全局服务，数据空间运营方和数据服务方往往共同联手提供数据空间的一项重要服务，即集成了数据标识、语义发现和元数据识别的目录服务。

目录服务通过应用场景和用户维度隔离每个数据提供方自己版本的元数据和数据，让数据既可以通过诸如 SDK 接口调用方式被发现，又不会影响数据的安全性。数据空间目录服务往往是全体共享的通用版本，而且通常集成了成员策略、接入策略、合约策略以及资产策略（如图 3-27 所示），由数据空间运营方与数据服务方共同更新、改写、丰富与运维。通过集大成的目录服务，驱动数据空间架构的最佳实践落地。

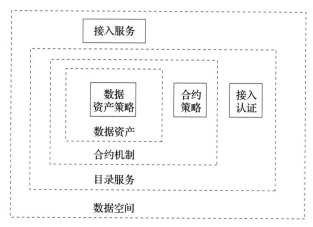

图 3-27　数据空间目录服务框架

3.5　数据空间架构治理最佳实践

3.5.1　数据空间通用参考架构

　　"全国数据标准化技术委员会 2024—2025 年拟制修订的重点标准项目清单"包括数据空间参考架构、能力基本要求、应用成熟度评价等标准。其中，参考架构标准旨在为各类数据空间应用提供一套通用的流程、规范和体系参考。例如，国际数据空间协会发布的《国际数据空间参考架构模型》（IDS-RAM）至今广为接受。根据通用的系统架构模型和标准，《国际数据空间参考架构模型》使用了一个五层架构（见图 3-6），以不同的粒度级别表达不同受众的关注和观点。此外，国家数据局在《可信数据空间发展行动计划（2024—2028 年）》中提出的"可信数据空间能力视图"（图 3-8）也可视为数据空间通用参考架构的典型示例。

　　然而，数据架构又可以细分为数据主题域视图、数据主题域关系视图、概念数据模型视图、数据流转视图、逻辑数据模型视图、数据分布视图和物理数据模型视图。甚至在有些组织内，数据架构与企业架构、技术架构、业务架构密不可分。尤其是数据空间这种融合技术、管控、流程与价值分配的生态系统，往往涉及多平面复杂系统架构，而且"大而深"。

作为一个通用参考架构，首先，技术要求较高，需要解决数据融合、安全通信、身份管理等一系列技术问题。例如，如何确保不同格式和来源的数据能够在数据空间内有效融合和流通共享。其次，需要建立统一的标准和规范，确保不同的参与者和组件能够遵循相同的规则。例如，如何制定统一的数据标识、数据交换协议和接口标准。最后，用户体验也很关键。需要提高数据空间架构的可用性、易用性，提升用户对通用架构的接受度和参与度，让更多的企业和组织愿意使用并更新迭代。把复杂的系统简单化处理，可把通用架构归结为"技术、制度、市场"三大逻辑，又对应"创新、流程、生态"三大功能，如图 3-28 所示。

市场	应用程序与商业软件供应、数据市场、技术发展、价值服务供给、政策宣贯与应用推广、专家服务、垂直领域专业服务、能力提升、应用成熟度评估	生态
制度	参考架构维护、需求管理、标准化活动、核心能力配置、知识转换、国际合作、应用场景融合设计、领域专家活动、开发部署与运维、数据价值活动	流程
技术	通用参考架构模型、用例原型参考、组件基础版本推荐、知识迁移（培训与研究成果推广）、技术革新（用例管控、可信组件创新等）、标准化支持	创新

图 3-28　数据空间通用参考架构逻辑原型

可见，要确定一个数据空间的通用参考架构并非易事，相应的尝试和努力甚至有可能适得其反。然而，为加快推进数据空间理论创新和实践应用，构建数据空间通用参考架构模型又很有必要。基于上文各项解析，从知识体系的角度出发，数据空间的通用参考架构首先应具有较强的可识别性、可操作性和示范性，易于部署而不需要过多专业技术依赖。而"好"的数据架构总是通过一组通用的、可复用推广的构建块来满足需求，同时保持灵活性并能够在场景领域内做出调整和权衡。糟糕的架构是专制的，任何试图将一堆"放之四海而皆准"的模型和构件塞入一个"大泥球""毛线团"的做法，都是不可行的。世界是动态的，数据空间的变化步伐正在加快。已有的数据空间参考架构也出现"力不从心"的局面，有的过于抽象，有的过于零散，有的过于片面，难以支撑数据空间新事物的迅速推广。

数据空间架构的最佳实践来源于需求满足，而通过预设一个满足多对多复杂需求的通用架构，就需要适度权衡抽象与具体、普遍与专属、灵活与稳定。本节所强调的通用架构正是在这个背景下产生的。通用架构围绕数据空间作用的发挥，并没有把各类数据库、传统应用、数据平台、原始数据来源进行紧耦合式关联，更多关注数据空间的核心功能和基本要求，但又充分考虑数据空间的特殊属性和架构的稳定性。

结合当前普遍的数字化水平和国内通行的数据架构实践，数据空间通用参考架构采用分层结构，重点关注数据价值释放并力求易懂、易用，且具有可扩展、可组装、可交互的特点。其中，数据源层和元数据层主要解决数据"供得出"的问题，包括数据集成、数据供应链管理、数据基础治理，以及元数据和数据资产目录的分发与管理等模块。管控层是数据空间的技术支撑模块，属于可信管控核心能力部分，相当于数据空间的"治理中心"。流通层则解决数据"流得动"的问题，在数据接入和数据管控的基础上，包含数据资产管理、数据流通交易、数据市场等主要模块，各个模块又包含传统意义上的领域架构分层，也是基于数据空间专用技术的数据交换共享以及交易结算领域，具有强流动、强交互的特征，是数据空间参与角色交叉最密集的层面。数据流通的目的是价值释放与转化，服务层、业务层、应用层则更关注数据价值、应用市场和数据生态。其中，服务层聚焦数据的多场景价值实现，主要由数据空间的服务角色通过专业能力和服务来"唤醒数据价值"，并驱动数据价值倍增。业务层则连接服务层与应用层，共同让数据"用得好"，实现数据价值共创。

结合如图 3-28 所示的逻辑原型，数据空间的七层架构共同组成一个完整的体系，在数据技术的支撑下，实现数据要素可信流通，并应用于各个场景，完成各类角色的数据价值共创，如图 3-29 所示。

随着各类数据空间的实践落地，跨层级、跨地区、跨主体、跨系统、跨部门、跨业务、跨领域的数据空间网络格局将逐步形成。数据空间将成为"无所不在""无数不及"的生态交互系统。在通用数据架构中，通过进一步细化各层级内容可以看出，数据空间是围绕数据价值生成与变现而构建的一种新型基础设施。虽然实践中组织需求、规模和技术要求有所不同，但数据空间可信管控、资源交互、价值转化等通用技术的统一部署，将使得各类数据空间具有相近的通用架构，即数据源层、元数据层、管控层、流通层、服务层、业务层、应用层七层架构。同时，数据空间还须配置全生命周期安全管理、全流程 AI 赋能以及全生态协同合作互联互通三大交互支撑体系。本书推荐"三纵七横"数据空间通用参考架构，如图 3-30 所示。

图 3-29 数据空间通用参考架构基础

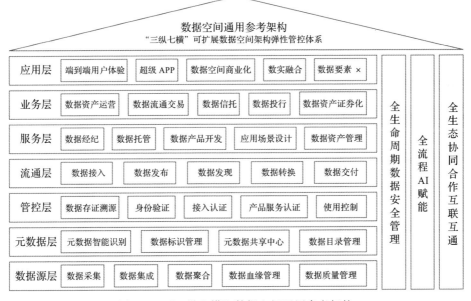

图 3-30 "三纵七横"数据空间通用参考架构

在这个架构体系中，每一层都强调了数据的安全性、可信性和互操作性，确保了数据在整个生命周期中的安全性和合规性。同时，通过数据空间技术和管控的结合，实现了数据资源的高效互通与协作，促进了跨域创新和智能服务场景的创建。这个架构体系不仅提供了一个全面的数据处理和管理体系，还为数据权利人提供了数据权益保障，并支持了数据的商业化和价值创造，旨在构建安全可信的"全域、全景、全时"数据空间通用架构。

3.5.2 数据空间架构治理

1. 设计解决方案并持续交付

架构代表了系统中最重要的设计决策，涉及成本与实施效益之间的权衡，而好的数据架构是为了响应业务的需求，并且在未来释放更多的价值，催生更多新技术和最佳实践，形成循环演进、迭代升级的良性发展格局。

数据空间概念诞生以来，各类用例总是不断变化，没有一个稳定的架构能够满足这些变化，更何况变化的步伐正在加快。从最小可行以及最佳切入点的角度看，大且深的数据架构不一定是最合适的。而在成熟的数据空间通用技术支撑下，"数据即架构"也是一种思路，即数据空间"无架构"解决方案。只需要采用通用语言模型、通用连接器、通用组件，就能够组装出一套数据空间体系，从而接入其他的数据空间。尽管数据空间网络显得非常复杂，但数据空间的架构逻辑并非对传统数据模型的重构、建构或者解构，而是架构式创新应用，甚至是直接重用。

数据空间架构并不总是庞大且复杂的，就像数据空间的概念和原理一样，既显得混沌不清，其实又简单明了。设计数据空间架构解决方案，最忌讳的就是试图套用一组"上帝视角"的架构，然后进行"按图索骥"式的开发部署。从某种程度上讲，无架构解决方案也是一种最佳实践。数据空间本来就是为了便于数据流通而构建的基础设施，数据在哪里，数据空间就应该从哪里开始。始终秉承以数据为中心的架构设计思维，确定适配需求的数据空间规模，利用基础关键技术组件套装，并根据数据空间的定位开始探寻解决方案，往往能够形成最佳实践。

以终为始，数据空间架构持续交付的起点是认真选择通用组件，并利用这些标准化通用组件，真正打破数据孤岛、唤醒沉睡数据。通用组件均封装了统一标准、显性知识和共享技能，是数据空间架构变更和演进的核心。也正是一组新型通用组件，使得数据空间这个系统或平台成为新型数据基础设施，进而可能成为覆盖全球的数据生态网络。

持续交付还涉及数据空间设计、规划，当然也涉及失败。要构建高度健壮的数据空间架构，必须在设计解决方案时就重点考虑失败和故障，包括评审数据空间架构的可用性、可靠性、恢复时间目标（RTO）以及可接受的最大数据丢失，甚至要考虑关闭数据空间的后果。

持续交付不仅涉及数据架构模型，还涉及架构设计。数据空间架构师的工作是深入了解基线架构（当前状态），开发目标架构，并制订排序计划以确定优先级和架构变化的顺序，同时，还须关注用例创新与生态协作。数据空间架构的主题永远是交互的、运动的、变化的，所有组件可扩展、所有接口外部化、所有流程自动化，无一例外，这就是设计数据空间解决方案并持续交付的最佳实践。

总之，数据从哪里来，架构就从哪里开始。持续交付的是数据价值，而不是数据架构本身。不断演进的数据空间架构往往是数据价值诉求"反卷"形成的。同理，架构演进诉求也"反卷"着新兴技术的持续迭代更新。高速数据网、高通量高性能高智能算力智联网、零丢包可信实时数据传输技术等超现代数据技术的不断革新，都在支持"无架构"数据空间架构解决方案的启动。持续交付的数据空间架构级别与层次如图 3-31 所示。

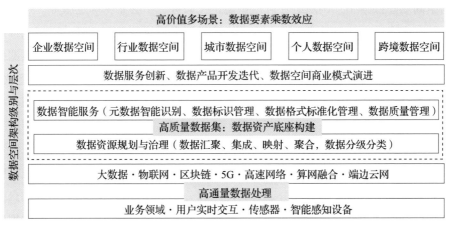

图 3-31　持续交付的数据空间架构级别与层次

2. 数据空间架构维护

数据空间架构的维护往往与持续交付和始终设计分不开，而且都优先考虑数据的最终一致性。数据的最终一致性是分布式系统中一个重要的概念，它描述了在某些条件下，系统的数据副本在经过一段时间后会达到一致状态，尽管在短期内可能会存在不一致的情况。

总体而言，数据空间架构维护是一个涉及多个方面的复杂过程，特别是在分布式系统中，维护数据的最终一致性尤为重要。日常变化和演进的数据空间，始终以数据价值为目标，架构治理与维护需要重点关注以下几点。

（1）保持可伸缩性和可用性

数据空间架构需要设计成能够应对不断变化的负载和用户需求。基于空间的架构模式（SBA，即面向服务的架构，旨在提供更灵活、更可扩展、更容易部署和管理的解决方案）通过消除中央数据库约束并改用可复制的内存数据网格来实现高可伸缩性。这种架构模式允许数据空间应用数据保存在内存中，并在所有活动的处理单元之间复制，随着用户负载的增加和减少，处理单元可以动态启动和关闭，从而解决可变的可扩展性问题，并保证灵活性和易用性。

（2）构建松耦合系统

松耦合系统允许数据空间组件独立地发展和演化，而不会相互影响。在数据空间动态探索中，调用组件可以按需定位服务，不必紧密绑定服务。通信独立性、安全独立性以及实例独立性是构建松耦合系统的关键要素，它们允许组件在不同的接口或协议层之间通信，同时支持同步模型和异步模型。在数据空间系统内部，松耦合架构允许各个角色、各个实体之间的交互通过API定义、消息模式、抽象组件（如目录引擎）进行，它们各自迭代自己的部分，而不需要发布内部细节，相关变更也不影响数据空间的稳定性。

（3）始终优先考虑安全

数据安全是数据空间架构维护的首要任务。数据擦除、数据屏蔽和数据弹性是数据安全的重要组成部分。数据发现和分类工具可以帮助识别敏感信息并实现漏洞评估和修复流程的自动化。此外，数据变更、日志和文件活动监控也是确保数据安全的重要手段。

（4）拥抱 MetaOps

MetaOps 指的是一种以元数据为中心的运维模式，是 Metadata 与 Operations 基于 DevOps 扩展的、在数据空间场景下协同应用与融合创新的产物，它强调自动化和智能化的运维实践，可以指引架构变更、扩展和优化。关于 MetaOps 的详细介绍，参见 6.2.3 节。

（5）无服务器数据空间系统

无服务器数据空间系统可以用于实时文件处理、事件驱动型工作流、任务调度作业、聊天机器人和虚拟助手等场景。它允许开发者专注于代码和业务逻辑，而不必担心底层的基础设施管理，这有助于提高开发效率和系统的可伸缩性。

（6）保持用户友好的设计和可访问性

为了确保现有用户和新用户均可访问，创建用户友好的界面和流程至关重要。提供清晰的文档、培训资源和支持服务，以促进快速采用，并确保参与者能够有效利用数据空间资源。

3. 自动化支持数据治理策略

数据治理是获取高质量数据集、实现多场景数据价值的重要手段。数据空间架构应支持全局数据治理，包括数据资源、数据流通过程、数据管控过程等。

- 实施自动访问控制，简化访问管理，降低数据暴露风险。
- 利用自动化数据发现工具，提高数据透明度，简化影响评估。
- 通过元数据丰富数据，促进一致的数据交付管理，减少误解。
- 创建和维护集中式商业词汇，确保数据语言的标准化。
- 自动策略传播，确保数据管控策略一致应用于所有数据资产和数据空间参与角色。

自动化支持数据治理的数据空间，高度符合现代数据架构技术栈的诉求。数据空间架构治理应吸取数据湖、数据中台、数据湖仓一体化等数据架构实践的一些失败教训，避免数据空间建设成为组织巨大的负担，甚至成为华丽的摆设或新的超级垃圾场。

3.5.3 开放数据空间架构

1.数据空间开放创新生态

党的二十大报告提出:"扩大国际科技交流合作,加强国际化科研环境建设,形成具有全球竞争力的开放创新生态。"营造具有全球竞争力的开放创新生态是推进新一轮科技革命和产业变革的重要一环,体现了我国深度融入全球创新网络、参与全球科技治理的决心,为我国实施更大范围、更宽领域、更深层次的对外开放指明了方向。

数据空间开放创新生态是一个复杂的网络结构(如图 3-32 所示),通过组织间的网络协作,整合数据、人力、技术、知识、资本等创新要素或创新资源,构建价值共创和利益共享的创新网络关系。国家数据局也明确指出,可信数据空间是数据要素价值共创的应用生态,而开放数据空间架构就是一个旨在实现数据授权、处理、交换、交易和汇聚的全新网络体系,包括以下几个要点。

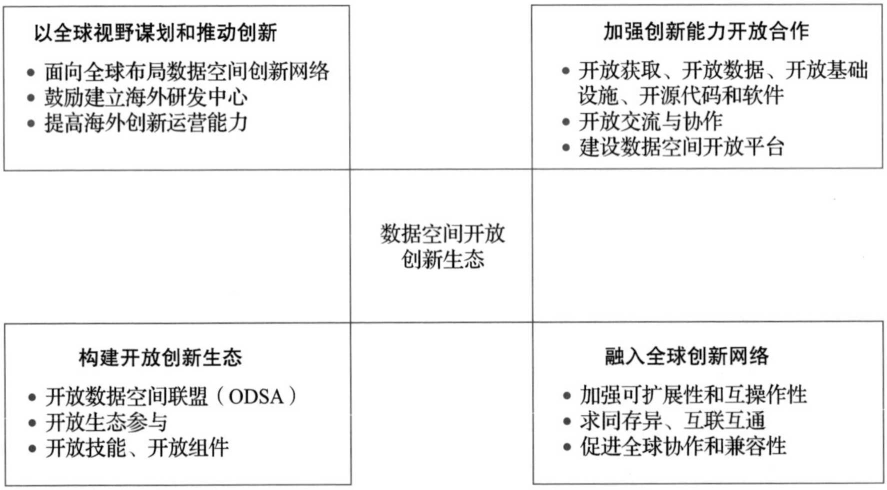

图 3-32　数据空间开放创新生态

(1)以全球视野谋划和推动创新

抓住全球创新资源加速流动和我国经济地位上升的历史机遇,提高我国全球配置创新资源能力。以全球视野支持企业面向全球布局数据空间创新网络,鼓励建立海外研发中心，提高海外创新运营能力。在数据空间架构设计方面，应充分考虑全球视野，对齐、超越国际上关于数据空间的发展态势。

（2）加强创新能力开放合作

开放合作包括创新能力的开放获取、开放数据、开放基础设施、开源代码和软件、开放交流与协作等方面。建设数据空间开放平台是融入全球科技创新网络的重要方式，有助于积累制度型开放试点经验，探索创新监管方式。

（3）构建开放创新生态

国内数据空间建设起步较晚，但不意味着我们应该放弃主导权。国家数据局通过发布政策性文件的方式，强化政策引领，也表明了我国全力推进数据空间创新发展的决心。与此同时，作为数据空间生态组织的"开放数据空间联盟"（Open Data Spaces Alliance，ODSA）正式成立。ODSA 是在全球数据资产理事会的指导下，由数据空间运营者、服务商以及数据要素市场主体（包括数据交易所、数据服务商、数据集团等），联合广大第三方专业服务机构共同成立的，将通过开放生态、开放平台、开放技能构建面向全球的数据空间开放创新生态。

ODSA 是一个非营利性数据空间组织，利用现有的标准和技术以及数据经济中广泛接受的数据空间治理模式，在可信的商业生态系统中促进安全、标准化的数据交换和数据链接，驱动数据要素价值释放与倍增。

（4）融入全球创新网络

数据空间的发展是螺旋式的，必须强化可扩展性和互操作性，不同地区有不同的设计需求但应该求同存异，实现互联互通。数据空间建设各方应采取一致行动，拥抱数据空间共同协议，实现全球数据共享。作为主导性数据空间缔造者，在全面推进五类数据空间建设的同时，应考虑促进全球协作和兼容性，主动融入全球创新网络。

通过生态构建，开放数据空间架构提供一个安全、标准化的数据交换平台，降低了学习和开发成本，提高了数据空间架构的适配性，促进了数据的自由流动和高效利用，同时保护了数据权益，为数字经济的发展提供了重要的技术支持和基础设施。

2. 数据空间标准化和互操作性

数据空间架构的底层逻辑是数据交换要有一套标准化的业务流,将现实世界的交换协议条款通过技术手段实现数据的可控流转。统一的标准为开发者和创新者提供了一个共同的起点,使他们能够更容易地构建新的应用程序和服务,推动技术和业务模式的创新。

在开放数据空间架构方面,应充分考虑数据级融合、特征级融合和决策级融合架构路线,以提供标准化和互操作性指南。标准化的普及程度决定了数据空间的活跃程度。数据空间架构的弹性化也在很大程度上依赖于互操作性的覆盖程度。

3. 跨数据空间桥接

数据空间架构的开放不仅仅面向内部参与者,还应面向生态链接和外部交互。通过标准化接口与空间交换操作协议,各类不同架构、不同设计理念、不同定位、不同规模、不同应用成熟度的数据空间能够实现资源共享、价值共创、技术互联、数据互通。我们把这种形式叫作"跨数据空间桥接"(Cross Data Space Bridge)技术,包括以下几种模式。

(1)加入(Join-in)模式

这种模式通常指的是将一个实体加入另一个实体中,类似于数据库中的JOIN操作。在数据库中,JOIN操作用于连接两个或多个表,根据一个或多个共同的字段合并数据。这种模式在跨数据空间桥接中可以指将一个数据空间加入另一个数据空间中,共享数据和资源。

(2)继承(Inheritance)模式

继承是一种面向对象编程的概念,允许一个类(子类)继承另一个类(父类)的属性和方法。在跨数据空间桥接技术中,继承模式可能指的是一个数据空间继承另一个数据空间的架构或规则,从而实现数据和功能的扩展。

(3)组合(Composite)模式

组合模式是一种设计模式,允许将对象组合成树状结构以表示"部分 – 整体"的层次结构。在这种模式中,单个对象和组合对象都被视为同一类型,使得客户可以使用统一的接口来处理单个对象和组合对象。在跨数据空间桥接技术中，组合模式可以用于构建复杂的数据结构，使得不同的数据空间可以像单个数据空间一样被处理。

（4）共创（Co-creation）模式

共创模式强调的是多方共同参与和协作，以创造新的价值或产品。在跨数据空间桥接技术中，共创模式可能涉及不同组织或个体共同参与数据空间的构建和维护，共享数据创新和应用开发的过程。这种模式鼓励开放创新和协作，以实现更广泛的数据利用和价值创造。

这些模式提供了不同的方式来实现数据空间之间的桥接，每种模式都有其特定的应用场景和优势，可以根据具体的业务需求和技术环境来选择最合适的模式。

4. 连接不同云的数据空间

数据空间的多云、混合云架构往往与系统的鲁棒性相关。多云架构不但可以促进数据空间的高可用性（High Availability，HA）和灾难恢复（Disaster Recovery，DR），还可节约、复用基础设施资源，避免重复建设，并且易于部署和可扩展。多云代表超过一个相同数据空间类型的云部署，它可能是来自不同云提供商的公有云或私有云。数据空间采用多云技术来混合和匹配一系列的公有云和私有云，以使用最佳的应用和服务。

其中，作为承载数据空间可信管控的"治理云"处于核心地位，它可以通过数据空间控制器以及相关连接策略和服务协议，与各类政务云、工业云、企业云、开放云、安全云以及计算资源分发中心、算网融合中心等进行交互和资源共享，形成开放数据空间架构。例如，国际数据空间连接器可以连接国际数据空间内部的核心组件、内部部署应用程序，以及外部工业数据云、单个企业云和单个连接设备，支持从数据源到数据使用建立安全的数据供应链。多云连接的数据空间形成"合纵连横"的架构格局，不同云之间通过标准化接口和协议进行资源传递和数据同步（如图 3-33 所示），实现数据空间的开放生态共创。

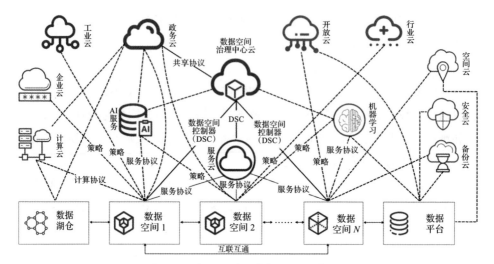

图 3-33　多云连接的数据空间开放格局

| 第二部分 |

数据空间工程

在这个数字化飞速发展的时代，大部分数据就像是还没被发掘的金矿。而数据工程就是我们挖掘这些金矿的必备工艺和流程。与传统的软件工程项目和信息化工程项目不同，数据工程项目几乎完全由充满未知的因素、分布且分散和"千奇百怪"的数据资源所左右。为了成功执行一个试图通过全新数据流通范式、复杂系统结构、弹性生态网络来创造数据价值的项目，需要考虑采用一套不一样的解决方案和最佳实践框架。

启动数据空间工程之前，围绕数据空间规划设计和技术选型，首要着眼点基本上都不是数据空间本身，而是"数据在哪里""谁拥有数据""谁要来建这个数据空间""建了这个数据空间要干什么"等一系列最基本的问题。也就是说，在数据空间项目的初始阶段，重点在于考虑如何让利益相关方参与进来，配置数据空间参与者角色并让他们找到自己的定位，然后不断对数据空间价值锚点进行精准聚焦。

数据空间工程旨在构筑数据空间跨越技术和范式的完整图景，涵盖数据空间系统和流程的设计、开发、部署和维护，是数据安全、数据管理、数据架构、软件工程和技术创新的交集。在这个阶段，相关工程需要在一定的约束条件下，完成具有特定目标的一次性任务。

显然，数据空间工程是数据科学和软件工程的交叉领域，聚焦从数据到价值的全链路，应用有关的科学知识和技术手段，通过有组织、可管控的方式，将某些现有实体转化为具有预期使用功能和价值的复杂系统。在这里，数据空间从原理走向现实，并且持续发挥作用，通过运营，面向应用，发挥价值。

数据空间设计

　　数据空间设计是对数据空间模型的分解与构造，它基于数据空间原理，面向数据空间应用，为数据空间建设提供一套关于认识与抽象的落地方案。

　　本章内容涉及数据空间设计广阔而深厚的目标分解、战略规划、原则体系等理论基础，采用多角度、多模型、多路径的方式，充分解释数据空间设计的目标背景、战略分析工具与框架、设计原则、发展引导体系等内容，而非"就设计论设计"。

　　设计首先基于需求分析，且始终对齐目标与战略，更面向实践路径与实施流程，旨在为数据空间工程提供系统的方法论和实操指南。然而，数据空间"以数据为中心"构建的复杂系统，需要高度抽象化地基于"能力复用""全局优化""生态迭代"三阶模型进行全局视角分析。鉴于此，本章将分解数据空间广泛互联、资源集聚、生态繁荣、价值共创、治理有序的发展目标，依托工具箱、7S 模型、战略画布、发展周期框架等理论模型深入分析数据空间战略，进而归纳数据空间设计过程中应遵循的具体原则，并为数据空间工程实践提供流程与路径参考。

4.1　数据空间发展目标

一个数据空间就是一个大环境，甚至是一个单独的世界。从设计上讲，参与数据空间的组织拥有并控制其在此类网络中参与和协作的职责和权益，并有权通过数据空间运营获得价值。这可能会成为进入和启动数据空间的壁垒，但数据空间全套机制和体系也被视为组织进阶参与推进数字经济高质量发展、掌握如何更好地控制其数据并增加从数据资产中捕获的价值的潜在机会。

作为比较成熟和领先的数据空间体系，IDS 的设计原则和参考架构虽然非常值得借鉴，但是其在具体的商业化技术落地时，更多考虑的是欧洲的数字化特点和法律法规，和国内的实际情况存在一定差异。

国家数据局《可信数据空间发展行动计划（2024—2028 年）》提出，到 2028 年，可信数据空间标准体系、技术体系、生态体系、安全体系等取得突破，建成 100 个以上可信数据空间，形成一批数据空间解决方案和最佳实践，基本建成广泛互联、资源集聚、生态繁荣、价值共创、治理有序的可信数据空间网络，各领域数据开发开放和流通使用水平显著提升，初步形成与我国经济社会发展水平相适应的数据生态体系。从工程角度出发，设计数据空间的起点，就是建造一个健壮的数据生态系统。

当前，远程需求的爆发和 AI 技术带来的数据增长，极大地推动了数据基础设施的建设和新兴数据产品的出现。数据空间工程正是要承担建立数据可信流通基础设施和搭建数据基础设施的任务，而解决方案和最佳实践的标准也形成了数据空间目标体系：广泛互联、资源集聚、生态繁荣、价值共创、治理有序，如图 4-1 所示。

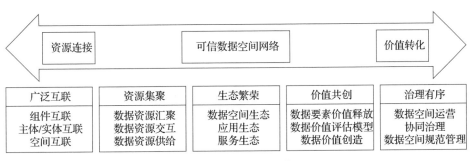

图 4-1　数据空间目标体系

上述数据空间目标体系是一个相互作用的有机体，并且层层递进、相互支撑、相互作用、相互依赖。广泛互联是基于数据空间可信机制而面向人机物连接世界开放的联通环境，互联的不仅仅是数据空间内部组件和实体，还包括外部数据源、网络空间以及其他数据空间。通过广泛互联，最大限度获得广阔的关联资源，即全要素领域资源。进而以数据为中心，实现数据资源集聚，完成数据空间的数据要素流通。而支撑数据资源集聚和流通还需要一个繁荣的生态系统，让数据更快速地流动和交换。数据空间生态、应用生态、服务商生态等的繁荣发展，才能创新各种服务而实现价值共创，牵引数据要素价值无限释放。整个目标体系离不开自始至终的可信与安全，更离不开高质量数据和高价值服务的支持。而这些都来源于数据空间的规范管理和有序治理。数据空间目标体系的结构如图4-2所示。

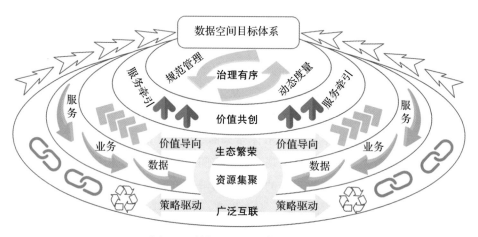

图 4-2　数据空间目标体系的结构

4.1.1　广泛互联：策略驱动的可信复杂系统

数据空间旨在实现不同数据源、系统、实体和平台之间的无缝连接和交互，并确保数据可以被用户和系统轻松访问，无论其位置或存储媒介如何。同时，不同系统和数据格式之间能够相互理解和协作，以实现数据的流动和整合。如上文所述，数据空间将成为"无所不在""无数不及"的生态交互系统，指的就是数据空间广泛互联的发展目标。

当然，在广泛互联的发展过程中，数据空间的运作需遵循相关的法律法规和行业标准，确保数据的合法使用。合规与管控是通过预定义的策略来指导数据的存储、处理和共享，以满足业务需求和安全要求。策略能够根据环境变化和业务需求动态调整，以保持数据空间的标准化互操作性、灵活性和适应性。因此，互联互通是建立在稳定而清晰的策略基础上的。在数据空间设计的过程中，配置易用、可扩展的策略引擎组件非常有必要。

此外，广泛互联还涉及数据空间生态的主动管理。数据空间作为新型数据基础设施，有一个广泛应用的过程。构建一个可信、安全的环境，彰显系统的可靠性，充分释放数据价值，会使得数据空间具有更广泛的影响力。

策略驱动的可信机制以及具有价值变现能力的复杂系统是数据空间实现广泛互联的基础。复杂系统能够通过自动化流程和智能算法，提高数据空间的效率和效果，还能够自我优化和进化，以适应不断变化的技术和业务环境。

总体而言，数据空间的目标是构建一个广泛互联、策略驱动、可信且能够处理复杂性问题的系统，以支持数据的高效利用和价值创造。

4.1.2　资源集聚：以数据为中心的流通机制

数据空间通过广泛互联实现数据、业务、服务和生态资源集聚的方式主要包括以下几个方面。

（1）构建数据基础设施

数据基础设施包括网络、算力等设施，它们为数据提供高速泛在的连接能力和高效敏捷的处理能力。这些基础设施是实现数据空间广泛互联和资源集聚的基础，使得数据能够在不同主体间流动和共享。

（2）打通数据共享流通堵点

数据空间通过区块链、隐私计算等可信管控技术以及高速数据网、加密传输等数据流通设施，打通数据共享流通的堵点。这些技术手段有助于实现数据在不同主体间的"可用不可见""可控可计量"，提升数据流通的安全可靠水平。

（3）促进跨空间身份互认、资源共享、服务共用

可信数据空间应实现各类数据空间互联互通，促进跨空间身份互认、资源

共享、服务共用。这有助于集聚不同来源的数据资源，实现数据的集中管理和利用。

（4）提供数据产品和服务的应用开发环境

可信数据空间为数据使用方和数据服务方等参与方提供应用开发环境，推动数据产品和服务的创新。这有助于集聚业务和服务资源，促进数据的商业化应用。

（5）建立运营规则和权益保障

可信数据空间运营者应制定运营规则规范，建立各方权责清单，制定数据共享、使用全过程管理制度，以及公平透明的收益分配规则。这有助于保护各方权益，促进资源的集聚和共享。

（6）提升数据服务方接入能力

可信数据空间应为数据开发、数据经纪、数据托管、审计清算、合规审查等数据服务方提供标准化的数据服务接入规范与指引。这有助于集聚服务资源，提升数据服务的质量和效率。

（7）推动区域数据协作

推动区域数据协作，促进全国一体化数据市场发展，培育新兴产业。这有助于集聚不同区域的数据资源，实现资源共享和优势互补。

（8）加强数据服务能力建设

加强数据基础设施建设，推动数据利用方式向共享汇聚和应用服务能力并重的方向转变。这有助于集聚服务资源，提升数据的服务能力和价值。

数据空间的资源集聚是基于以数据为中心的循环流通机制而实现的，涉及数据接入、数据发布、数据发现、数据转换和数据交付等多个环节，每个环节都面临特定的挑战和要求。因而基于目标的数据空间设计，不但要考虑资源集聚，还要预见与解决各个环节可能会面临的问题。

（1）数据接入

数据接入是数据流通的起点，涉及数据的采集和输入。为了保障数据的准确性、真实性、公平性、安全性，可以采用数据分级分类管理制度，并利用区块链、数字水印、数据标识等技术对数据源进行身份鉴别和记录，防止恶意篡改。此外，通过恶意数据过滤技术，对数据中可能存在的含偏样本、伪造样本、对抗样本实现过滤，从而保障数据生产安全。

（2）数据发布

数据发布涉及数据的共享和分发。在数据发布过程中，需要考虑数据的合规性和安全性，确保数据在发布前经过适当的处理和验证。例如，可以通过高效的加密算法对数据进行加密，以保障数据的安全性；通过密钥管理服务，实现密匙全生命周期安全管理。

（3）数据发现

数据发现是供需匹配、用户找到所需数据的过程。为了提高数据的可发现性，可以构建公共数据目录，自动创建交换数据库表，提供数据退役管理功能，以及支持云计算环境部署和多种协议传输。

（4）数据转换

数据转换是将数据从一种格式或结构转换为另一种，以适应不同的使用场景。在数据转换过程中，需要支持包括顺序流程、分发流程、汇聚流程，以及路由处理流程。此外，软硬协同技术为软件技术带来了新的机遇，以满足业务规模不断扩张的需求。

（5）数据交付

数据交付是将数据安全地、可靠地传输给最终数据使用方的过程。在数据交付过程中，需要考虑数据传输的安全性和稳定性，以及在云计算环境下的部署。同时，需要有数据补偿机制，当数据交换的一个或多个步骤出现错误时，能够终止当前操作并返回出错提示，或在全局数据不一致的情况下，自动为其他步骤做数据补偿。

数据空间通过运用各类技术和治理规则，保护各方合理数据权益，促进不同主体间开展安全可信的数据互联互通互操作，实现数据应用创新与价值释放。这一过程有助于打消各方数据开放共享顾虑，促进更多数据资源"浮出水面"，加速数据资源集聚与开发利用。

4.1.3　生态繁荣：价值导向的可持续生态发展

数据要素市场生态圈建设涉及政府、企业、非营利组织、个人等多个主体共同参与。政府通过制定相关政策和法规，引导和规范数据要素市场的发展。

企业通过投入技术、资金等资源，建设和运营数据要素市场。

国际上，IDS 致力于建构数据生态系统。IDS 采用去中心化的数据存储和流通形式，参与者之间通过连接器直接相互连通，进行安全互信的、保证数据主权的数据流通。IDSA 等监管者仅提供对参与者的评估和认证，并非提供一个中心化平台。为了实现一个去中心化的数据生态系统，第三方服务商是至关重要的。生态系统内的数据资源必须得到完整的描述，并形成公认的词汇表（Vocabulary）。为了快速便捷获取数据，生态系统内必须有数据经纪人（Broker），并提供实时的数据搜索服务。连接器可能来自不同的供应商，必须建立标准，让所有连接器之间实现互操作，确保生态系统内的所有参与者通过连接器能够互联互通。互操作包括三个层面，即语义互操作（包括数据元素、模块、映射等的互操作）、语法和结构互操作（包括标准的数据资源描述框架和格式）、协议互操作（包括相同的规则和协议）等。互操作的实现有赖于 IDS 提供的统一标准。此外，IDS 还支持数据市场的发展。数据市场包括数据清洗、数据标注、数据经纪和数据中介等服务商，也包括使用限制、法律协议等模板提供者。这些第三方服务商给 IDS 实现商业价值提供了支撑。可以说，连接器将数据空间内的参与者相互连接起来，构成了一个数据网络，那么数据市场的第三方服务商则弥散在整个数据网络之中，给整个生态系统赋能。

根据《数据产业图谱（2024）》，我国数据产业蓬勃发展，产业规模约 2 万亿元，企业数量超 19 万家。为了进一步培育壮大数据产业，需聚焦数据"供得出、流得动、用得好、保安全"，加快形成主体多元、竞争有序、协同创新、繁荣活跃的数据产业生态，而这就是数据空间生态繁荣目标的基础。

充分借鉴国际上关于数据空间生态建设的技术路线，也结合国内数据要素市场和数据产业生态发展的现状和政策指引，数据空间的生态繁荣是一个循序渐进的过程。国家数据等十七部门联合发布的《"数据要素 ×"三年行动计划（2024—2026 年）》强调需求牵引，注重实效，聚焦重点行业和领域，挖掘典型数据要素应用场景，培育数据商，繁荣数据产业生态，激励各类主体积极参与数据要素开发利用。而满足需求的起点就是价值导向。

"无利不起早"，生态的发展必须依循一条可持续路线，让参与者实现各自的需求，形成共研共创、共建共享的生态格局。尤其是数据空间运营者，应注重建立公平透明的收益分配机制，培育数据服务的生态圈。

与 IDS 技术驱动的生态发展路线不同，ODSA 更注重价值导向的可持续生态发展路径。ODSA 不但开放、开源各类数据空间组件技术，坚持以价值共创共享为出发点，持续输出数据空间显性知识，率先部署研发各类数据空间组件，并用于支持城市、企业、行业等各类数据空间建设。同时，ODSA 通过发布《数据空间全球展望报告》《全球数据空间用例洞察报告》等系列白皮书、研究成果，加快数据空间应用的推广和传播。在 ODSA 生态内，成员与专家充分联动、充分交流，共享知识技能、共享研究成果，形成了一个具有强大生命力且开放共享的可持续生态。

从实践角度出发，生态繁荣对于数据空间这一新领域的快速发展尤其重要。围绕数据供应链、价值链、产业链而形成的各类生态，依托数据空间形成一个庞大的矩阵，加快了数据流通、释放数据价值。对此，国家及社会各界均充分配置了各项条件和基础，以实现数据空间的生态繁荣的目标。从一般环境分析，在政策、经济、社会和技术等方面，数据空间均已具备完整的发展基础。数据空间生态 PEST 分析模型如图 4-3 所示。

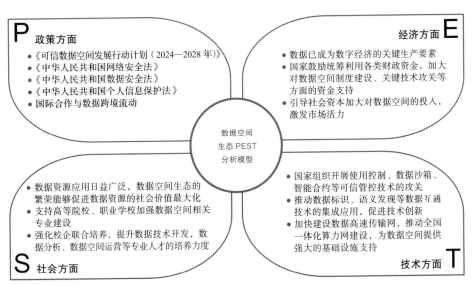

图 4-3　数据空间生态 PEST 分析模型

（1）政策环境

- 国家层面的政策引导：《可信数据空间发展行动计划（2024—2028年）》的出台，明确了国家对数据空间生态繁荣的重视，提出了到2028年建成100个以上可信数据空间的目标，体现了国家层面对数据空间发展的全面支持和规划。

- 数据安全与合规要求：随着《中华人民共和国网络安全法》《中华人民共和国数据安全法》和《中华人民共和国个人信息保护法》等相关法律法规的实施，数据空间生态的建设与运营必须符合严格的合规要求，确保数据的安全性和合法性。

- 国际合作与数据跨境流动：国家支持建立高效便利安全的数据跨境流动机制，通过数据出境管理清单（负面清单）等方式，降低企业数据跨境成本和合规风险，推动跨国科研合作、供应链协同等。

（2）经济环境

- 数字经济的发展：数据已成为数字经济的关键生产要素，其流通和利用效率直接影响经济的高质量发展，数据空间生态的繁荣对推动数字经济具有重要意义。

- 资金支持与投资环境：国家鼓励统筹利用各类财政资金，加大对数据空间制度建设、关键技术攻关等方面的资金支持，同时引导社会资本加大对数据空间的投入，激发市场活力。

（3）社会环境

- 数据资源的社会价值：数据资源在社会治理、公共服务、科学研究等领域的应用日益广泛，数据空间生态的繁荣能够促进数据资源的社会价值最大化。

- 人才培养与公众意识：支持高等院校、职业学校加强数据空间相关专业建设，强化校企联合培养，提升数据技术开发、数据分析、数据空间运营等专业人才的培养力度。

（4）技术环境

- 核心技术攻关：国家组织开展使用控制、数据沙箱、智能合约等可信管控技术的攻关，推动数据标识、语义发现等数据互通技术的集成应用，促进技术创新。

- **数据基础设施建设**：加快建设数据高速传输网，推动全国一体化算力网
  建设，为数据空间提供强大的基础设施支持，满足多主体灵活传输数据
  资源的需求。

4.1.4　价值共创：服务牵引数据价值无限释放

价值共创理论最早出现在管理学中，不同于传统的生产模式，互动是其核心，这与数据空间交互的重要属性相通。价值共创，作为现代商业合作的核心概念之一，强调的是多个参与者通过协作、创新和共享资源，共同创造价值并实现共赢发展。在建立合作伙伴关系的过程中，价值共创不仅有助于提升数据空间机制的竞争力，还能促进整个生态系统的繁荣。

尤其是在当前数据流通、数据价值释放存在诸多难点、痛点的现状下，数据空间解决价值共创显得更加迫切。社会各界对于数据是重要的资产已经共识，但对于价值的转化、数据变现却存在巨大的障碍。数据空间价值共创的目标正是打开一条数据变现之道，是数据共享、流通、交换的"正确姿势"。

在数据领域，传统的价值创造过程是数据在组织内部降本增效、决策支持的辅助活动。国家把数据列为生产要素后，数据要素市场建设开始启动，而数据才通过市场交易释放外部价值。然而，此时的数据价值仍需要供需双方联合起来共同创造。而且，数据交易市场存在严重的供需不匹配、交易信息不流畅、产品类型匮乏等问题，导致市场长期不活跃，尤其是场内交易市场。

数据空间不仅解决了广泛互联、资源集聚，还通过生态繁荣的基础，集聚供方、需方、服务方、运营方，允许每个主体之间相互合作、分享经验、价值共同创造，实现高质量的交互融合。数据空间运营者还面向各类数据空间主体提供了包括共性技术、可信管控、流通交易支持等各方面的公共服务，以确保价值共创能够在数据空间内完成。

同时，数据空间的治理规则还要求服务方秉承合理、公允的收益分配模型，协调数据、应用、产品、服务等各类载体在价值共创过程中进行共享分配。而且，在很大程度上，数据空间的创新与应用更是各个角色联合设计、共建共享的，以满足数据空间本身的定位需求。

创新服务牵引数据价值无限释放，这可以说是数据空间独特的魔力（如数据空间价值金钻模型）。协同创新正是这种魔力的源泉。

协同创新是一种复杂的创新组织方式，旨在通过不同创新主体间的深度合作，有效汇聚创新资源和要素，实现优势互补和资源共享，从而加速科技创新和成果产业化。数据空间的参与角色都经过了身份认证、服务验证，具有主体可信。数据的流通首先通过数据标识、语义发现、元数据以及目录服务进行，数据不出域、数据可见不可用，具有标的可信。数据空间的一切行为都通过存证、管控、策略配置等方式进行记录、监督和纠正，具有行为可信。在这种可信环境内，创新主体能够放下"思想包袱"和"竞争负担"，充分开展商品交换、知识共享和能力迁移，从而实现协同创新、价值共创。

尤其在数据空间发展初期，国家出台政策引导，各级政府围绕公共数据授权运营先行先试，推动数据空间试点落地。各类创新主体包括生态组织（如CAICT可信工业数据空间生态链、ODSA开放数据空间联盟等）、企事业研究机构、政府授权机构、科研院所、中介组织、第三方专业机构等。这些主体在协同创新过程中发挥各自的优势，形成多元主体协同互动的网络创新模式。协同创新强调创新生态系统的整体性，即各种要素的有机集合而非简单相加，其存在方式、目标、功能都表现出统一的整体性。协同创新主要也是以服务的方式，包括咨询、规划、设计、开发、治理、运营等，在实践中以业务作为载体和形式，推动数据可信流通环境下的价值协同释放和数据要素 × 应用场景的价值聚变释放，并循环演进，以共创形式无限释放数据要素价值，形成一个价值生态系统，如图4-4所示。

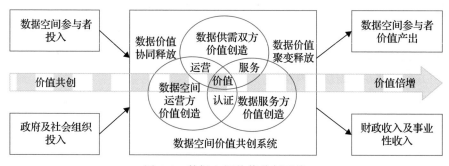

图 4-4　数据空间价值共创系统

4.1.5　治理有序：规范运营与动态度量

治理有序是数据空间的基础目标，广泛互联、资源集聚、生态繁荣、价值共创，都建立在数据空间治理有序的基础上。数据空间具备可信基础，互联互信机制得以形成、资源主动集聚、生态可持续发展、价值受到保护并得到合理分配。

治理有序不仅仅包括可信管控机制的有效运行，还包括资源交互的合法合规，以及价值合理配置。正如国际数据空间协会反复强调的"数据主权"与"可信机制"一样，可信是数据空间恒久的基石。

数据空间实现治理有序目标的步骤主要包括以下几点：

- 使用现有的治理标准和最佳实践。数据空间不是为了给已经解决的问题提供一个新的解决方案，而是将现有的、成熟的方法有机结合起来，并在必要时进行适当的增补。

- 鼓励非官方构建。数据空间从底层逻辑上讲是一个共创的生态，因而具有价值挖掘的基因和价值释放的动力。分布式治理、协同式创新等都充分体现了数据空间的新型数字化商业模式属性。

- 共同授权的规范运营。参与者接受一套数据空间运行机制，意味着共同赋予数据空间可信管控的权力。既定的数据空间策略和规则，不因某个特定参与者的意志而改变。数据空间参与者可以通过接受运营方配置的协议，通过接入、认证、申请等方式加入数据空间，也可以通过行为共创、服务进入等方式参与数据空间规范运营。

- 动态信任评价与度量。数据空间的安全等级、可信评价，也是变化的、动态的。随着参与者数量增多、数据量增长、复杂程度提高，数据空间的安全等级可能有所提升。同样地，对于运营方、服务方的要求可能也会提高。而动态度量则包括日志变更捕获、异动预警机制和动态监控机制等，实现对数据空间主体、客体、行为进行动态评级和实时管控。

关于数据空间的可信管控、规范运营以及动态度量的具体措施，可进一步参见第 5 章和第三部分的相关章节。

4.2 数据空间战略规划

4.2.1 数据空间国家战略

《全国数据资源调查报告（2023年）》显示，2023年生产的数据中只有2.9%被保存，在存储的数据中，一年未使用的数据约占40%，大量数据价值被低估，亟待挖掘复用。在此背景下，国家数据局适时提出了《可信数据空间发展行动计划（2024—2028年)》，旨在促进数据要素合规高效流通使用，加快构建以数据为关键要素的数字经济。这一举措不仅标志着国家层面对数据空间建设的顶层设计达成了共识，也标志着中国在数据治理领域将进入快速发展阶段，更进一步彰显了国家对未来数字经济的战略远见。

《行动计划》提出了到2028年的战略目标：

- 可信数据空间取得体系的突破，覆盖标准、技术、生态、安全等体系。
- 建成100个以上可信数据空间，形成一批数据空间解决方案和最佳实践。
- 基本建成可信数据空间网络。
- 初步形成与我国经济社会发展水平相适应的数据生态体系。

《行动计划》对于数据领域具有里程碑意义。与此同时，全国数据标准化技术委员会成立并将可信数据空间从愿景概念阶段走向标准制定、产品定义、商用试点、应用探索的产业化阶段。中欧数据空间建设均展现出积极的态势，政策与技术成为推动建设的强大动力。

很显然，数据空间已成为数据价值释放的不二选项。各行各业、各层级地方政府，均应把数据空间建设和发展上升到组织的首要战略层面：

- 进一步加快数据空间标准体系架构设计，指导数据空间标准有序、科学展开；
- 在可信数据空间标准建设中，根据需求重要性和技术成熟度把握好节奏；
- 积极开展数据空间试点项目，以实践促发展。

不论是企业数据空间、城市数据空间还是行业数据空间、跨境数据空间的建设和探索，在推进实践落地的过程中，战略定位与规划都是必要的。在战略三要素中（如图 4-5 所示），《行动计划》初步框定了发展目标，在实践中通过标准体系搭建和各类数据空间架构设计，总结战略方法和策略，进而快速推进数据空间建设的实施规划。

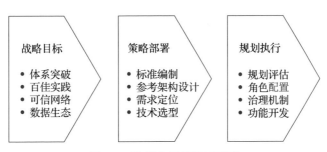

图 4-5　数据空间战略三要素

4.2.2　数据空间战略分析

　　数据空间的概念是新兴的，不论是理论研究还是实践用例，数据空间仍处在初级发展阶段。而关于数据作为生产要素相关的政策以及数字经济高质量发展的实践已经非常成熟，加之国家数据局在计划制订标准编制等方面，为数据空间建设提供了强有力的指引。现实中，海量数据的无限价值得不到释放，数据空间作为新型数据基础设施，能够激活"黑暗数据""唤醒数据价值"，亟待各行各业积极探索数据空间战略，规划实施数据空间开发建设部署。

　　国际上已有的大量数据空间用例实践，以及国内部分先行者对数据空间的研究和探索，都围绕数据空间的功能定位和规模大小，采用特定技术组合，创新交互生态系统，实现数据的共享流通与价值交换。进而形成了一系列实践成果，包括 IDSA、Gaia-X、Catena-X 等，已提供了一些连接器、参考架构、用例典型、数据空间生态样板。国内各类研究机构也陆续发布各项白皮书、蓝皮书、报告等研究成果，为数据空间战略分析提供了一些参考。在此基础上，数据空间战略还需围绕三要素，从规划、分析、部署、评估等内容进行全局分析，确定愿景、厘清目标，指导快速推进数据空间探索与建设。

　　1. 数据空间战略规划钻石工具箱

　　对于新兴事物的探索，政策和标准必然是首选的工具。而数据空间属性、特征和功能的一些成熟理论、方法和工具，也是数据空间战略规划的重要参考。以下数据空间战略规划钻石工具箱（如图 4-6 所示）是一个弹性 Bundle，强调数据空间战略规划应充分考虑政策、经济、环境、研究成果以及实践经验，并结合市场洞察，根据数据空间能力体系、设计原则、组件功能、治理机制、技术路线等，由各参与角色对战略规划达成共识。充分利用政策、框架、原理、原则、模型、架构等工具，有利于进行更精准的定位、更有效的规划和更卓越的战略部署。

图 4-6　数据空间战略规划钻石工具箱

2. 数据空间战略 7S 模型

7S 模型是美国麦肯锡管理顾问公司 20 世纪 70 年代末设计出来的著名管理理论，重点阐述现代企业在发展过程中必须全面考虑的各方面问题。参考麦肯锡 7S 模型，数据空间战略分析需全面考虑包括战略（Strategy）、结构（Structure）、系统（System）、定位（Style）、参与者（Staff）、技能（Skill）、价值共创（Shared Value）等全局要素。也就是说，数据空间的探索不仅需要有明确的战略和深思熟虑的行动计划，还需要考虑策略部署、实施落地的各项支撑要素，需要组合人员、数据、流程、架构，才能实现价值。数据空间战略 7S 模型如图 4-7 所示。

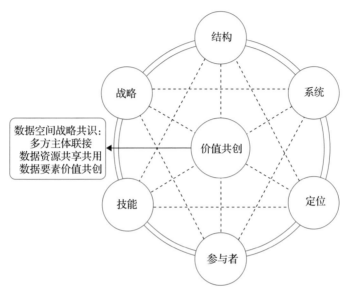

图 4-7 数据空间战略 7S 模型

在模型中，战略、结构和制度被认为是数据空间战略发展的"硬件"，定位、参与者角色、技能和价值共创共享被认为是数据空间成功运营的"软件"，各个要素相互作用，形成数据空间战略实现必不可少的"组件"。

3. 数据空间 GOALSONG 战略画布

开启数据空间之旅，战略定位是第一步，随之而来的就是商业模式。数据空间建设因何而启动、什么样的数据空间最合适、参与者能否从中获利、怎么实现数据价值最大化，这些问题既关乎成本与收益，更关乎数据空间的价值与文化。具有清晰的愿景、场景和使命，配置明确的价值路线，数据空间的战略画布才完整。

从宏观角度看，数据空间的使命是促进数据要素合规高效流通使用，场景是数据资源共享共用，愿景是构建数据要素价值共创的应用生态。为盘活海量数据（Ginormous Data），规划最优战略（Optimum Strategy），构建一个开放共享的（Accessible）、互联互利的（Linked & Lucrative）生态体系，形成了数据空间的 GOAL 愿景框架。为实现数据空间愿景，还需依托合规与安全底座（Security），通过服务驱动数据价值涌现（Overflow），并循环创新演进生态与服务，动态管控数据空间运行系统，巡航定位（Navigation）价值指标，这样才能真正实现数据资产价值的无限增益（Gain），实现数据空间价值共创的终极目标。

上述数据空间愿景 GOAL 框架引擎与 SONG 数据价值路径共同织就了数据空间战略的商业画布。数据资源状态分析、定位策略对准、可信流通体系设计、共享共创机制配置是数据空间战略框架引擎。安全底座、价值导向、动态管控、数据变现是数据空间服务与产品驱动的价值路径。数据空间 GOALSONG 战略画布如图 4-8 所示。在具体策略和执行层面，战略画布还包括更细粒度的分析模型、定位工具、管理方法，需要在实施过程中不断完善，如此才能奏响数据空间 GOALSONG 凯旋之歌。

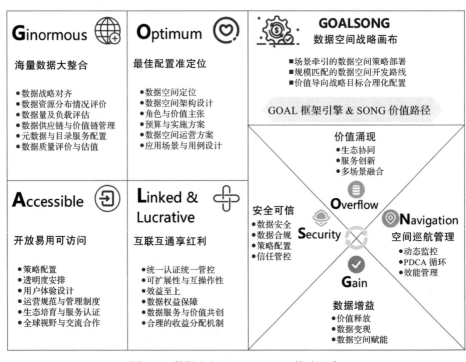

图 4-8　数据空间 GOALSONG 战略画布

4. 数据空间战略发展周期分析框架

整体而言，目前数据空间远未普及，甚至可以说仍在探索和创新阶段。即使是起步最早的欧洲，成熟、高效且富有价值创造力的数据空间还屈指可数。我国对数据空间长期处于理论研究阶段，直至国家数据局立项"数据空间推进路径研究"课题、发布《行动计划》，全国数据标准化技术委员会推动数据空间相关标准编制，数据空间全面建设才提到日程上来，成为全国共识。

政策驱动下，数据空间建设将迎来一波热潮，各类数据空间建设将列入优先议程。然而，事物的发展总要遵循一定的规律，数据空间发展同样有过程和周期，从初级阶段发展到高级阶段。所谓初级，意味着软硬设施均存在不适配、不成熟以及效率低、风险高的状态。为了避免失败，系统性规划就显得非常重要。

如上文所述，数据空间是三元连接的世界，人机物对应数据空间的参与者、实体与流程，数据空间三环模型、三要素、可信三维，都为数据空间建设的启动提供了一些参考模型。通过审慎而周密的论证，经过初级（最少数量）的参与者协定，进行数据整理、用例分析，参与者导入数据空间模式，开启了探索阶段。

在数据空间参与者的推动和交互中，数据空间的筹备阶段确定规划方案与资源配置，快速通过测试期并推进到部署阶段，进而实施适配期运营。此时，数据空间正式运行，并且反复校验定位与目标，持续优化架构与功能，并开启了协同创新和价值共创。数据空间成长期的时间跨度比较长，大量的技术不成熟、不统一，知识、技能和标准还有待进一步宣贯、推广和更新。但是在成长期，数据空间的创新运营、生态扩张以及最佳用例实践的落地，都彰显了数据空间作为数据流通高效机制的卓越模式。因而，规模发展成为趋势，数据空间网络将随之生成。内部协同网络、外部联接网络加速财政、金融、科技、人才等多方面政策工具对数据空间建设的投入。在成熟期，数据资产运营、数据价值共创与倍增以及国际交流合作、数据空间标准化与专业化，将成为规模发展阶段的主要内容。数据空间战略发展周期分析框架如图4-9所示。

周期分析框架除了指导数据空间战略规划与分析，还可作为应用成熟度评价的参考，提供数据空间"完成时""进行时""将来时"全生命周期的阶段评估，为战略调整、策略优化、部署升级指明方向。

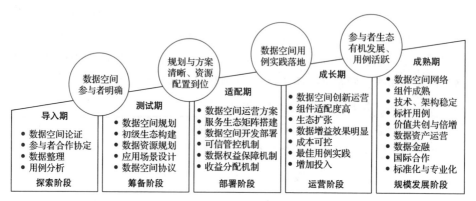

图 4-9　数据空间战略发展周期分析框架

4.2.3　数据空间基本设计原则

数据空间是促进数据流通共享的一个关键技术路径，经过多个国家和地区的实践，已逐步形成共识。未来数据空间将形成一个广泛、开放的数据空间网络，一套实现数据的授权、处理、交换、交易、汇聚的流通网络，包括多个运营平台，以及海量的接入端和众多专业的数据处理和应用程序，建立在达成共识的管理规则、数据标准和接口之上，保障数据的自主权。这能够让产业的上下游在一个灵活、安全、高效的空间内进行数据的可信交互，实现数据资产化，释放数据要素的无限价值。

启动数据空间建设伊始，除了对齐数据空间构建的目标以外，还应遵循一些基础操作准则，或称基本设计原则。而关于原则的论述会出现多种角度、多维观点，从而很难确定数据空间设计的"黄金法则"。本书假定数据空间共性知识和原理已被通晓，进而基于现代数据架构背景，以及技术可实现的限度内，从数据空间设计思路归纳几个有用的关键思想。

1. 共识机制

数据空间共识机制是确保数据在分布式网络中安全、合规、高效流通的关键技术。它通过一系列算法和规则，使得不同节点能够在没有中心化权威的情况下达成对数据状态的一致性评价和管控。这种机制的核心在于维护数据的一致性和有效性，同时保障系统的高可用性。

在数据空间中，共识机制的构建涉及数据可信管控、资源交互能力的提升以及价值共创能力的强化。数据可信管控包括接入认证体系的构建和数据管控策略的实施，确保参与各方身份可信，数据资源管理权责清晰，以及数据使用方在合同约定下按约访问、使用和二次传输所需的数据资源。资源交互能力的提升则涉及数据标识与语义转换技术服务的提供，以及空间互联互通能力的实现，这些都是为了实现数据产品和服务的统一发布、高效查询、跨主体互认。价值共创能力的强化则包括应用开发环境的部署和运营规则及权益保障的建立，为数据使用方和数据服务方提供应用开发环境，支撑人工智能发展，并建立公平透明的收益分配规则。

在构设数据空间共识机制的路线上，首先需要制定和推广关键标准，包括参考架构、功能要求、运营规范等基础共性标准的研制，以及贯标试点与标准应用示范的推广。其次，核心技术攻关是推动使用控制、数据沙箱、智能合约等可信管控技术的发展，以及数据标识、语义发现、元数据智能识别等数据互通技术的集成应用。此外，筑基行动的推进包括共性服务体系建设，降低可信数据空间建设和使用门槛，以及规范管理与安全保障的建立，确保可信数据空间的健康运行。

总体而言，数据空间共识机制的内容与构设路线是一个系统性工程，它不仅涉及技术层面的创新和应用，还包括标准制定、法规遵循、市场机制的建立等多个方面。这些元素共同作用，形成了一个既能促进数据流通又能保障数据安全和隐私保护的复杂系统。

2. 考虑服务而非服务器

数据空间可以被视为一种新型数据基础设施，同时也是数据要素价值共创的应用生态。数据空间的设计必须遵循价值导向原则，从需求匹配出发，以数据服务为核心牵引数据价值释放。云计算和微服务架构中的一个重要设计原则"考虑服务而非服务器"（Think in Service, not Server）同样适用于数据空间设计。

这个原则强调的是在设计和构建系统时，应该以服务为核心，而不是以数据空间单个组件、单个服务器或硬件资源为核心。以下是这一原则的几个关键点：

- 服务导向：在这种思维方式下，系统被分解为一系列独立、松耦合的服务，每个服务都负责一部分特定的业务功能。这些服务可以独立开发、部署、扩展和维护。
- 抽象和封装：服务隐藏了内部实现细节，只暴露所需的接口给外部调用者。这种封装使得服务的内部可以自由变化，而不影响其他服务。
- 灵活性和可扩展性：服务是独立的，可以根据需求独立扩展。如果某个服务的需求增加，可以只增加该服务的实例，而不是增加整个应用。
- 容错性：服务之间通过定义良好的接口通信，一个服务的故障不会导致整个系统的崩溃。这种隔离性有助于提高系统的稳定性和可靠性。
- 敏捷性和响应性：服务化的架构使得新功能可以快速开发和部署，响应市场变化。新服务可以快速集成到现有系统中，而不需要重构整个应用。
- 技术多样性：不同的服务可以采用最适合其业务需求的技术栈，而不是整个系统都被限制在单一的技术平台上。
- 持续集成和持续部署（CI/CD）：服务化架构支持持续集成和持续部署的实践，每个服务都可以独立地进行测试和部署。
- 成本效益：服务可以按需部署在云环境中，根据实际的使用情况付费，这有助于优化资源使用和降低成本。
- 去中心化的数据管理：每个服务可以管理自己的数据，这减少了数据同步的需要，并允许更灵活的数据模型。
- 业务对齐：服务的设计通常与业务能力直接对齐，使得数据空间系统更贴近业务需求，提高了业务敏捷性。

总的来说，"考虑服务而非服务器"的原则鼓励数据空间开发者从数据业务需求出发，设计灵活、可扩展、易于维护的系统，而不是仅仅关注数据空间元件组件和底层硬件资源。这种思维方式有助于构建更加现代化、高效和可靠的数据空间系统。

3. 安全与合规无处不在

数据空间的安全与合规无所不在，这点很好理解。但是在数据空间规划和设计的过程中，设计师、工程师往往优先考虑数据空间的功能配置和性能部署，安全往往被放在后面，甚至是次要的位置。虽然加密、身份验证、防火墙和审计等技术非常重要，但很多人在实践中常常忽略安全与合规才是数据空间设计的起点。可信是数据空间的基石，这点再怎么强调都不过分。国家数据局发布的《行动计划》把"可信"两个字放在前面，意在强调国家倡导构建的数据空间，首先是一个"可信数据空间"。而可信的基因正来源于无处不在的安全与合规。这个原则的内涵主要体现在以下几个方面：

- 安全性原则：安全性是数据空间的首要原则，包括可鉴别性、机密性、可控性。这意味着数据空间必须采取必要的技术和管理措施来保护数据不被未授权访问、泄露、篡改或破坏。这涉及数据的全生命周期，从数据收集、存储、处理到传输和销毁。

- 合规性原则：合规性是数据安全中最为特殊的属性，涉及数据治理、隐私保护和合规使用。数据空间必须遵守相关的法律法规，如《中华人民共和国网络安全法》《中华人民共和国数据安全法》等，确保数据处理活动符合法律要求，尤其是在处理个人信息和敏感信息时。

- 透明度原则：透明度原则要求企业必须向数据主体清楚告知数据收集和使用的目的、范围、方式等，确保数据主体充分了解其个人信息的处理情况。在发生数据泄露或违规使用情况时，企业需及时通知数据主体和相关监管机构。

- 正当性和必要性原则：数据收集和处理必须与数据空间业务活动直接相关，且不能超出必要的范围。任何组织不得为了潜在需求而无限制地收集和存储数据。

- 数据主体权利保障原则：数据主体拥有访问、纠正、删除和反对数据处理的权利，数据空间运营过程中必须为数据主体提供行使这些权利的有效机制，确保个人隐私得到尊重和保护。

- 安全防护能力：可信数据空间应针对数据流通的全生命周期，构建必要的防范和检测技术手段，防止数据泄露、窃取、篡改等危险行为发生，并建立相关的管理制度和应急处置措施。

- 合规监管能力：可信数据空间应监测空间中违反相关法律法规的行为，并应在行为发生时及时采取相应的处置措施。

- 实施数据保护技术措施：包括数据加密与匿名化、访问控制与权限管理等，以确保数据的安全性和合规性。
- 建立数据合规审计和监控机制：数据空间运营方需要定期对数据处理活动进行审计和监控，确保数据合规管理体系有效运行。

4. 自动化一切

数据空间是数据驱动的，数据空间的运行始终以数据为中心。海量的数据被发现、被识别、被处理、被交付，都通过系统来完成。这个系统不仅需要具备可扩展性，还应充分考虑自动化管理，以及允许数据空间参与者提供自助服务和自动化交互。数据接入是无缝的，并且能够直接产生有形价值。

数据空间的设计应该允许创建自动化模块以实现数据的无缝引入和实时发现新数据，并围绕数据的流通，专注于构建开发利用数据的一整套自定义工具和系统。

同时，在数据空间的可信管控和资源交互环节，同样需要配置一系列自动化组件。整个数据空间系统内能够实现公开和传播数据的自动化工具部署，如身份交叉验证、服务认证模型、数据标识加注、无感数据存证、自动化生成数据目录、随行记录的数据血缘工具、元数据智能识别管理系统等。

整体而言，数据空间的"自动化一切"原则强调的是在数据空间的构建和运营管理中尽可能地实现自动化，以提高效率、降低成本、增强可靠性，并提升用户体验。

自动化的第一步是实现可观测性，这有助于从不同的组织孤岛中提取可操作的数据。全栈可观测性解决方案可以跟踪与应用程序、网络、云环境、支持服务、潜在漏洞甚至个人终端用户体验的性能相关的指标、事件、跟踪数据和日志。自动化可以确保用户获得一流的数字体验。例如，自动化基础设施可以根据流量需求进行扩展，使用户能够随时随地访问应用程序。同时，自动化的DevOps环境可以在不良代码进入生产之前将其捕获，提升用户体验。

在数据空间中，自动化包括数据实时采集、数据管道构建和数据质量提升。这涉及高效的 CDC 架构、灵活支持多种数据源和目标库、数据库表和 ETL 脚本的生成、数据流灵活编排以及数据管道试运行。自动化在数据空间中的应用还包括在整个数据管道过程中实施数据治理，确保交付的数据都是可信的、安全的和受保护的，并满足合规性要求。

此外，自助化是自动化原则的一个重要组成部分，它包括数据的自助探索和服务的自助消费。数据目录、数据专题和数据地图使得数据探索更加便捷，而服务市场、服务定制和服务运营则使得服务消费更加灵活。

5. 双向门多通道设计

数据的流通使用是数据从数据提供方流通到数据使用方的过程，我们称之为"单向门"。这对数据的流通要求很高，需要提供方精准匹配到使用方。而且出于各种原因，往往导致数据提供方与使用方之间无法就数据使用方案达成一致。

数据空间提供了一套数据合规高效流通的解决方案，消除了数据流通过程中的很多孤岛问题、堵点问题、难点问题。从数据流通使用的角度看，数据"供得出、流得动、用得好"是数据市场的首要诉求。而从高效利用的角度看，数据空间更侧重解决供给侧问题，即通过双向交互，由数据提供方发布数据或者使用方主动发现数据，形成双向沟通机制，即"双向门"。同时，为提高数据流转效率和数据复用，多通道匹配设计让数据从多个源头供给侧集中共享到需求侧，重点解决数据发布、数据发现、数据转换等流通堵点，以及配置数据加工、数据聚合等数据价值提升服务，形成数据供需"双向奔赴""多通道共享"的交互生态，并充分激活数据要素融合的乘数效应和价值倍增效果。数据单向流通与数据双向多通道流通的对比如图 4-10 所示。

在实践应用中，数据空间既不是数据中心的升级，也不是数据交易所的集合，更像是一个开放、组合的市场组织。有人把数据空间的数据交换模式类比成一场野餐。在这场野餐中，没有主人。每个朋友都有自己的桌子（如个人数据空间、企业数据空间），他们可以在那里提供食物和饮料（提供数据）。朋友们在与其他提供东西的朋友直接互动时，给予或拿走他们需要的任何东西（获取数据）。有人带来食物和饮料，有人带来餐具和碗碟（提供应用程序或服务工具），还有人带来桌子（提供基础设施或数据空间运营服务）。每个朋友都是他们所提供物品的权利持有者。所有必要的食物、饮料、餐具和桌子可能需要更长的时间才能准备好，但如果有足够多的朋友，并且他们的选择多种多样，野餐很可能会举行。野餐也更具弹性，因为多个朋友可以提供相同类型的食物或用品，而且只要有人在场，野餐就会持续下去。在这样多主体参与和互动过程中，数据的价值被挖掘、被发现、被释放，从而数据空间构建的目标也就得以实现。

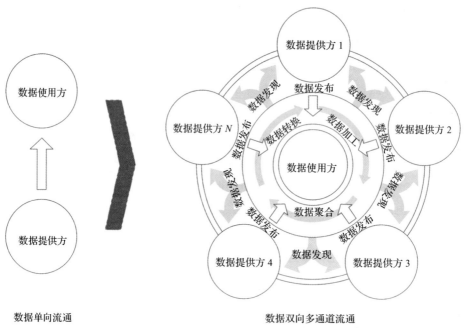

数据单向流通   数据双向多通道流通

图 4-10　数据单向流通与数据双向多通道流通对比图

4.3　可信数据空间发展引导体系

　　数据空间发展的研究围绕一个系统工程生命周期的重要思想展开，聚焦于整个数据空间工程全图景脉络，打通规划设计与开发部署全过程，从技术转移到最终目标的一个动态演进周期。这个周期的各个阶段包括规划、设计、开发、部署、服务和运营管控，同时也需要技术底层架构的支撑。数据空间工程生命周期如图 4-11 所示，可信数据空间发展引导体系也基于生命周期展开。

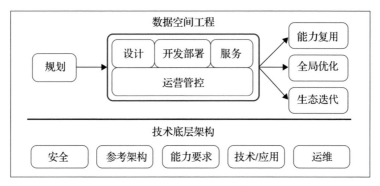

图 4-11　数据空间工程生命周期

4.3.1　数据空间设计三阶模型

国家数据基础设施布局建设呈现出全面铺开、"多点开花"、整体推进的良好局面，网络基础设施和算力基础设施建设方面取得显著成效，均处于世界领先水平。先进计算、人工智能等关键核心技术不断取得突破。高性能计算持续处于全球第一梯队，智能芯片、通用大模型等创新成果加速涌现。数字技术和数据要素深度耦合发展，成为拉动数字经济增长新的爆发点。数据空间作为数据流通利用基础设施，是国家数据基础设施的重要组成部分。

数据空间建设绝非从零开始的异世界重构，而是当前基础设施、软硬生态、市场基础的复用与升级。充分依托相对成熟的基础设施、数商生态、数据资产化进程，通过系统设计、技术部署，以能力复用、全局优化、生态迭代三阶思维推进数据空间设计，是一条从构建到优化再持续演进的敏捷高效进阶路径，如图 4-12 所示。

1. 能力复用

能力复用是指在数据空间设计中，通过识别和构建平台的基础能力和能力组件，使得不同的业务能够针对特定的需求复用这些基础能力，并快速进行定制。这种模式允许通过配置和开发扩展点来实现业务的特定需求，从而避免重复开发，提高开发效率和资源利用率。能力复用的步骤包括配置新业务对应的业务身份在各基础能力扩展点上的扩展实现，开发基础能力的扩展实现，根据业务流程编排基础能力和能力组件，以及对现有能力进行必要的修改或新增以满足业务需求。这是建立在软硬解耦逻辑基础上的一套能力复用体系。传统IT架构所建立的解决方案难以适应数据要素市场发展所带来的复杂性，包括边缘计算、云计算、IoT、人工智能、数据平台、SaaS化应用、组装式应用等诸多创新将帮助实现数据空间这一技术架构的迁移，塑造数据要素流通全新的、可针对需求重复利用的能力体系。

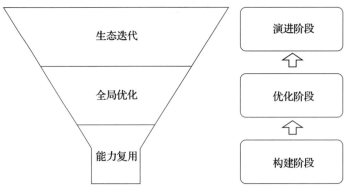

图 4-12　数据空间设计三阶模型

能力复用是数据空间设计的起点，它强调在数据空间中构建基础能力和能力组件时对"过去"的直接复用和面向"未来"的可复用。在数据空间的构建阶段，能力复用是关键，因为它为后续的全局优化和生态迭代打下了基础。

2. 全局优化

全局优化是指在优化问题中，通过遍历来配置全局最优解的策略。遵循硬件通用化与可编程服务这一逻辑，逐步实现从技术管控、动态信任监测、使用控制、边缘优化到云端优化的智能进程，使数据空间的互通化、实时化、智能化程度从技术级、系统级跨越为生态级。

全局优化是在能力复用的基础上进一步发展的概念。它涉及数据空间中的自助服务、数据计算和处理，目的是在整个数据空间中寻找最优解，以提高操作效率和满足用户需求。全局优化需要在数据空间中进行广泛的搜索和分析，以确保找到的是全局最优解而非局部最优解。这一阶段是在能力复用的基础上，对数据空间进行更深层次的优化和调整，以实现更高效的数据合规流转。

3. 生态迭代

生态迭代是指在数据空间生态中，服务链、创新链、数据链和价值链之间紧密衔接、循环迭代的过程。这种模式强调了数据生态的动态递进和扩张衍生的复杂结构性特征，以及数据空间生态从单一到融合、从碎片到系统、从单边到协同、从点对点到一体化、从手工到智能的发展趋势。生态迭代的理论模型为促进数据空间生态体系各要素、各环节的整体质量跃升提供了新的解决思路。

生态迭代是数据空间随着时间推移和应用变化而不断自我进化的过程。这一概念强调数据空间的动态性和演化性，即数据空间系统会根据主体的需求不断调整和优化。生态迭代是数据空间设计的最高阶段，它不仅包括能力复用和全局优化，还涉及数据空间与外部环境的互动。这一阶段的目标是实现数据空间的持续演进和优化，以适应不断变化的需求和环境。

4.3.2 数据空间发展三大引擎

数据空间发展已经上升到国家数据战略层面。国家数据局发布的《可信数据空间发展行动计划（2024—2028 年）》不但确立了可信数据空间发展的总体思路与目标，还配置了能力建设、筑基以及培育推广三大行动，构建了数据空间发展的能力引擎、应用引擎和安全引擎，如图 4-13 所示。

1. 能力引擎

根据数据空间魔力三角：可信管控、资源交互、价值共创，数据空间发展的能力引擎主要围绕可信管控能力、资源交互能力和价值共创能力这三个核心能力展开，它们共同构成了数据空间发展的动力和支撑。

可信管控能力是数据空间发展的基础，它包括对空间内主体身份、数据资源、产品服务等开展可信认证，确保数据流通利用全过程的动态管控，并提供实时存证和结果可追溯功能。资源交互能力支持不同来源的数据资源、产品和服务在可信数据空间的统一发布、高效查询、跨主体互认，实现跨空间的身份互认、资源共享和服务共用。价值共创能力是数据空间发展的核心，它支持多主体在可信数据空间规则约束下共同参与数据开发利用，推动数据资源向数据产品或服务转化，并保障参与各方的合法权益。

图 4-13　数据空间发展三大引擎

这三个能力引擎相互依赖、相互促进，共同推动数据空间的发展。可信管控能力为数据空间提供了安全和信任的基础；资源交互能力促进了数据的流通和共享；价值共创能力是数据空间发展的最终目标，通过数据资源的高效利用和价值转化，实现数据要素的价值最大化。

2. 应用引擎

数据空间的应用引擎是指在数据空间中推动数据资源汇聚、生态主体参与以及数据开发利用的服务与应用产品的能力集合。

数据资源汇聚是数据空间应用引擎的基础。它涉及数据的采集、整合和存储，确保数据资源的丰富性和多样性。数据资源汇聚水平评估了数据空间中数据的种类、格式、来源和行业类别等维度。

生态主体参与是数据空间应用引擎的重要组成部分。它包括数据提供方、数据使用方、数据服务方以及可信数据空间运营者等，依据既定规则，围绕数据资源的流通、共享、开发、利用进行互动和协作，共同构建以价值共创为导向的生态系统。生态主体参与程度评估了数据空间中各参与方的数量、多样性和活跃度。

资源开发利用是数据空间应用引擎的核心。它涉及数据服务、数据产品和应用场景的开发，以及数据价值的创造和释放。可信数据空间应为数据使用方和数据服务方等参与方提供数据产品和服务的应用开发环境。资源开发利用程度评估了数据服务、数据产品、应用场景的数量、多样性和活跃情况。

可信数据空间运营者应制定运营规则规范，建立各方权责清单，制定数据共享、使用全过程管理制度，以及按贡献参与分配、公平透明的收益分配规则。这为数据空间中的应用和服务提供了规范和保障。可信数据空间应为数据开发、数据经纪、数据托管、审计清算、合规审查等数据服务方提供标准化的数据服务接入规范与指引。这增强了数据空间的服务能力，促进了数据服务的多样化和专业化。

3. 安全引擎

数据空间的安全引擎是一个综合性的框架，它从安全防护、合规监管和保障措施三个维度确保数据空间的安全性和可靠性。

数据空间的安全防护能力要求构建全生命周期的数据安全管理体系。这包括必要的防范和检测技术手段，以防止数据泄露、窃取、篡改等危险行为的发生。例如，零信任安全架构作为一种全新的安全理念，强调以身份为中心进行访问控制，在事前准入、事中控制、事后审计三个环节都进行严格管控，核心思想是"从来不信任，始终在验证"。此外，安全防护还涉及构建空间行为和数据存证体系，提升数据资源开发利用全程溯源能力，保障参与各方权益，保护数据市场公平竞争。

合规监管能力要求数据空间监测违反相关法律法规的行为，并在违法违规行为发生时及时采取相应的处置措施。这包括建立健全合规管理指引，明确参与各方的责权边界，防范利用数据、算法、技术等从事垄断行为。数据空间参与各方须遵守网络安全法、数据安全法、个人信息保护法等法律规定，落实数据安全分类分级、动态感知、风险识别、应急处理、治理监管等要求。

保障措施是为了确保数据空间安全引擎的有效实施而采取的一系列行动。这包括加强统筹联动，国家数据主管部门会同相关部门，加强统筹协调，探索跨部门联合管理模式，共同推进各项工作落实落地。加大资金支持，统筹利用各类财政资金，加大可信数据空间制度建设、关键技术攻关、项目孵化、应用服务等方面的资金支持。加强人才培养，支持和指导高等院校、职业学校加强可信数据空间相关专业建设，强化校企联合培养，加强技术开发、数据分析、数据合规、数据服务等专业人才培养。

能力引擎、应用引擎和安全引擎是数据空间发展的三大核心引擎，它们相互依赖、相互促进，共同构成了数据空间健康、稳定、可持续发展的基础。

4.3.3 《可信数据空间发展引导体系（1.0 版）》

三阶模型以及三大引擎为数据空间的建设发展提供了一整套引导体系。如表 4-1 所示《行动计划》以附件形式发布了《可信数据空间发展引导体系（1.0版）》，为数据空间规划设计、应用探索和创新发展提供了指引，也为数据空间相关标准制定和实践推广提供了参考依据。

表 4-1　可信数据空间发展引导体系（1.0 版）

基本要素	主要方面	重点内容
可信管控能力	接入核验审查	可信数据空间应提供参与方注册以及对其审核的能力，并对参与方进行身份认证，宜集成公安、税务、市场监管等身份核验机制 可信数据空间应对接入的数据资源、数据产品、数据服务等，针对互操作和安全可信等方面，进行规范性审查
	履约机制与数据管控	可信数据空间应针对数据流通的关键环节，构建数据管控策略，确保数据使用方在合同约定下，按约访问、使用和二次传输所需的数据资源、产品和服务
	日志存证与溯源	可信数据空间应具备追踪和记录数据来源、流动路径、变化历史以及数据当前状态的能力，保证操作行为记录真实、不可篡改、可计量
资源交互能力	数据发布发现能力	可信数据空间应支持参与各方按照各自权限，发布或查询所需数据资源、产品和服务，及其具体位置和访问方式等相关元数据
	数据互操作能力	可信数据空间应定义数据资源、产品和服务的规范描述格式，宜定义数据语义规范，以支持跨参与方、跨系统对数据内容的互相理解和应用
	空间互联互通能力	可信数据空间应按照目录标识、身份认证、接口要求等国家标准要求，实现各类数据空间互联互通，促进跨空间身份互认、资源共享、服务共用

（续）

基本要素	主要方面	重点内容
价值共创能力	数据开发利用环境	可信数据空间应为数据使用方和数据服务方等参与方，提供数据产品和服务的应用开发环境
	运营规则和权益保障	可信数据空间运营者应制定运营规则规范，建立各方权责清单，制定数据、共享、使用全过程管理制度，以及按贡献参与分配、公平透明的收益分配规则
	数据服务方接入能力	可信数据空间应为数据开发、数据经纪、数据托管、审计清算、合规审查等数据服务方，提供标准化的数据服务接入规范与指引
应用成效	数据资源汇聚水平	评估可信数据空间中数据资源类型的丰富程度，包括数据种类、格式、来源、行业类别等维度
	生态主体参与程度	评估可信数据空间中数据提供方、数据使用方、数据服务方的数量、多样性和活跃情况
	数据资源开发利用程度	评估可信数据空间中数据服务、数据产品、应用场景的数量、多样性和活跃情况
安全保障	安全防护能力	可信数据空间应针对数据流通的全生命周期，构建必要的防范和检测技术手段，防止数据泄露、窃取、篡改等危险行为发生，并建立相关的管理制度和应急处置措施
	合规监管能力	可信数据空间应监测空间中违反相关法律法规的行为，并应在违法违规行为发生时及时采取相应的处置措施

引导体系把数据空间的各项能力视为基本要素，提供了数据空间启动的初级样板。可信、交互、共创、应用、安全是引导体系的核心关键词，抽象了数据空间的主要方面。引导体系进而通过具体内容来指导数据空间的规划设计和开发部署。

随着数据空间应用成熟度的提高，引导体系也将动态升级，后续由参与方与监管方共同推动更新、更高版本的迭代。

4.4　数据空间设计流程与实务

可信数据空间是以数据安全基础设施为底座，通过可信数据流通层和数据价值中心运营中心等构建的全栈数据应用生态。

目前，企业、行业、城市、个人、跨境等五类可信数据空间的划分，更多是规则制度方面的区分，而不是技术体系的区分。企业可信数据空间能有效提升企业竞争力，并促进产业链上下游的协同发展，形成更具活力和竞争力的产业生态；行业可信数据空间能够打破信息孤岛，实现行业数据的互联互通；城市可信数据空间整合城市的人口、交通、能源、环境、教育、医疗等各类数据，实现城市的智能化管理和运行；个人可信数据空间则充分保障了个人的数据权益和隐私安全；跨境可信数据空间的建设对于推动全球经济一体化和数字贸易发展具有重要意义，能够促进国际贸易、跨境电商、数字金融等领域的发展，实现资源的优化配置和全球产业链的协同合作。各类数据空间除了功能和规则制度的差异外，在规划设计、技术体系上，具有通用的逻辑基础，均可采用相似的设计部署流程。数据空间建设发展过程如图 4-14 所示。

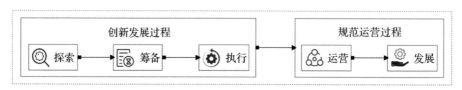

图 4-14　数据空间建设发展过程

图 4-15 展示了不同阶段设计与开发流程之间的联系以及相应顺序，尤其是数据空间的创新发展过程。

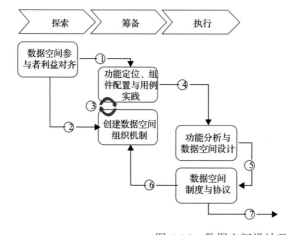

①明确数据空间参与者的具体需求并精准聚焦用例实践

②针对数据空间的原则、目标和范围，确定组织机制模式，并识别利益相关者，以构建数据空间组织机制

③用例与组织机制之间的强交互

④用例驱动数据空间组件配置及功能实现

⑤围绕需求导向的功能分析进行数据空间设计，并完善治理机制和协议框架

⑥组织机制是关键性治理框架，治理框架则由协议和策略部署来持续完善

⑦数据空间参与者各类协议已确定并纳入治理框架，进入数据空间的实际开发与部署

图 4-15　数据空间设计开发流程

设计数据空间的方法有很多种，开发流程也可以模块化配置。模块化意味着数据空间或数据空间计划可以根据情况选择哪些开发流程或特定流程的部分，并进行相互关联。

数据空间的不同组件在开发流程中根据需求和功能进行设计。这些组件包括一个完整的治理框架，是数据空间得以规范运行的治理结构和治理文件，如协议和策略规则。治理框架是数据空间的规则手册，在开发流程阶段就应当完整设计并实施。

4.4.1 数据空间参与者合作机制配置

在数据空间探索启动阶段，首先需要解决以下几个问题：

- 一定数量的参与者，这些参与者包括愿意共享数据的提供方、存在数据需求的使用方以及作为数据空间建设和运营者的服务方等。他们根据一定的"数据空间联盟意愿"达成合作，并快速对齐价值导向。
- 通过用例与功能定位明确价值，聚焦参与者和利益相关方的需求，确定开发用例和场景，规划数据空间的功能，以澄清数据空间参与者的目的和期待，形成数据空间的愿景、宗旨与使命。
- 搭建数据空间组织，包括创建数据空间的制度规范和治理框架。
- 细化数据空间功能分析和规划设计，将利益诉求、功能需求转化为可供执行的数据空间设计方案。
- 建立数据空间协议和策略规则，制定数据空间运营的决策程序并配置各类角色、赋予权限控制，测试并实施治理框架。

这个过程最核心的是解决数据空间的"精神""意愿"层面的共识，即利益核心、合作基础，有可视为数据空间参与者的利益对齐。数据空间参与者设立共识可分为四个步骤，其流程如图 4-16 所示。

明确了数据空间的参与者范围、功能定位以及治理框架，在进入下一阶段实施之前，有必要对数据空间的一些基本问题和价值诉求进行复盘：

- 数据空间旨在提供什么价值？
- 数据空间的主题范围是什么？
- 数据空间的目标是什么？

- 数据空间的价值愿景是什么？
- 数据空间可能扩展的不同方式。
- 数据空间是营利或非营利运作？
- 数据空间如何实现价值共创？

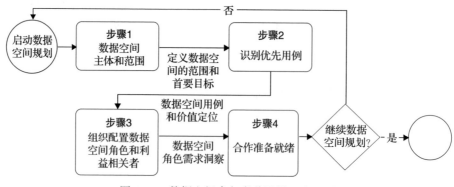

图 4-16　数据空间参与者共识设立流程图

4.4.2　数据空间定位与用例识别

在数据空间中，数据决定价值，而数据需要在应用场景中才能发挥乘数效应，实现价值倍增。识别和定义数据空间将要支持的高级用例是数据空间设计部署的关键步骤。数据空间的构建是为了开发特定场景，以激活数据潜在价值、丰富数据应用，并展示数据空间的价值。

通过识别和定义高级用例，数据空间才能丰富商业模型构建，并进一步校准总体目标，优化战略决策。它强调了定义每个可识别用例如何支持与促进数据空间实现更广泛的目标、使命、范围、影响。

识别和定义指的是研究如何吸引和扩展数据空间用户、数据提供者和数据服务产品，并从已确定的用例实践中围绕参与者利益归纳出一份功能需求清单，并支持指定技术、法律和商业协议，以确保用例通过数据空间释放足够的价值。

在这个阶段，围绕数据空间设计的一切行为聚焦到"可行的数据空间模式"上。数据空间在主体之间围绕数据是否真正能够各自获得利益、数据空间建设的可行性和必要性是能够成立、必要的建设资金是否到位或不受限制、数据空间是否已经到了投入开发建设的临界点等实质性问题，都应该在这个阶段得到解决或解释。相应的流程如图 4-17 所示。

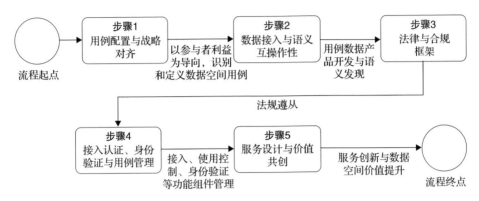

图 4-17　数据空间定位与用例识别流程图

从上述流程图可以看出，步骤 1 关注数据空间将产生什么价值，步骤 2 关注将交付什么，步骤 3 和步骤 5 关注如何交付价值，步骤 4 验证参与交付的各方（包括数据提供方和使用方）。具体可能涉及以下若干问题：

- 数据空间应该首先关注哪些用例，哪些将在未来开发？
- 识别和优先考虑为数据空间启动创造足够价值的用例。
- 哪些参与者或第三方直接参与哪些用例，他们扮演什么角色？
- 治理框架实现可互操作、自动化和可扩展的协议配置？
- 组织形式和治理模块是否充分定义了参与者的角色、责任和关系，以确保有效的协作和治理？

参与者从每个用例的参与中可以衍生出具体好处、价值主张和预期结果，预测商业洞察，以确保价值共创。

4.4.3　数据空间组织机构建设

参与者作为主体、数据（用例）作为内容都完成了设计，接着就是行为机制环节。换句话说，随着价值创造和商业模式定义的实现，是时候针对数据空间组织正式化进行决策了。这个阶段主要解决数据空间的约束机制，重点关注"数据空间合作者如何进行有效合作"，持续通过稳定的组织形式和发展策略来推进数据空间生态发展。

在此设计流程的步骤中，做出了第二个决策点（如图 4-18 所示）。步骤 1 是关于数据空间创始人的合作协议与投资决策：是否愿意投入资金启动数据空间？如果答案是肯定的，则进行下一步，正式化规则手册。如果部分参与者认为数据空间创造的价值不足，可能需要重新审视一些假设或模型。或者，数据空间计划的成员可以考虑重新分配价值。如果价值仍然不足，则没有真正的理由让数据空间继续。当然，这里讨论的价值可能是货币，也可能是其他东西，例如领先优势、竞争力获取或特定场景的高质量数据集。

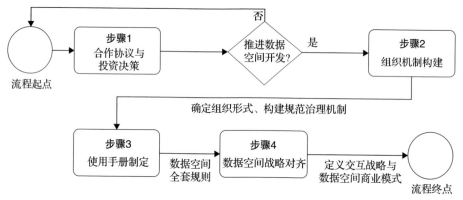

图 4-18　数据空间组织形式构建流程图

这个阶段的首要目标是正式确定数据空间中的角色和责任分工，并在完成组织搭建后优化数据空间战略，丰富数据空间商业模式和价值共创机制。

- 将成为治理权威的数据空间创始人的角色和责任是什么？
- 建立数据空间各方同意投入资金、资本或实物贡献？
- 数据空间商业模式是什么？
- 为数据空间选择哪种组织形式？
- 建立数据空间需要哪些数据空间协议？
- 创建数据空间的规则手册需要考虑什么？
- 治理机制将配置哪些策略来运行数据空间？
- 使用哪些沟通渠道和反馈机制？
- 数据空间如何识别需要改变其商业模式的需求，以重新设计并满足这些变化？

4.4.4　数据空间功能分析与组件架构设计

这一过程是数据空间设计中偏"硬"的模块，在其他设计开发流程的目标和成果基础上，将其功能需求转化为数据空间整体实施设计，并组合必要的组件、标准和服务。本阶段的设计应包括技术组件和组织构件，以及关于治理和策略的控制规则实施。

哪种数据空间设计模式能最有效地将功能需求转化为可实现的数据空间参与者目标，并促进安全、合规和高效的数据流通？为解决这个基本问题，我们在此设计流程中定义了 5 个步骤（如图 4-19 所示）。与开发用例和确定数据空间定位的流程类似，这些步骤应与数据空间商业模式对齐，并聚焦于为参与者提供可信服务。

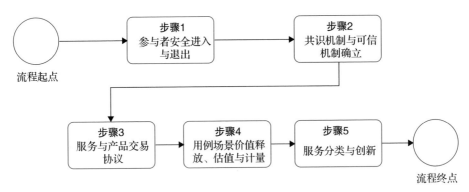

图 4-19　数据空间功能与组件设计流程图

安全地进入和退出、普遍的共识规则与可信机制、持续创新的产品和服务、不断衍生和释放的数据价值，都依托数据空间相对应的功能与组件。这里关乎可信流、数据流、服务流与价值流。

在这个环节，数据空间的设计应考虑：

- 数据空间中使用哪种标识符来识别数据实体？
- 身份和认证管理与核验机制如何配置？
- 数据空间使用哪些协议来支持参与者信息和数据的自主交换？
- 数据提供方和数据使用方如何发布和发现数据？
- 数据空间是否实现元数据智能识别？

- 如何在数据空间中交换数据？将使用哪种协议？
- 数据空间参与者如何追踪他们参与的交易数据？
- 存证与溯源的易用性如何？
- 参与者可以使用哪些服务来发布数据产品并找到最符合其需求的产品？
- 发布和发现是否存在集中的目录服务？有无清晰概览？
- 如何允许数据产品提供者和消费者之间进行动态数据交易，它们彼此之间松耦合？
- 数据空间的哪些功能可以或应该由专门的中介服务提供商提供？

4.4.5 数据空间策略与协议制定

本环节流程的目的是总结数据空间的设计，通过测试、记录运行数据空间所需的政策和协议来固定数据空间生态机制。主要内容包括数据空间可信管控、使用控制、运营管理等方面的系列制度与规则，还包括涉及参与者与第三方的各项数据价值挖掘与增值服务协议，以及数据空间内部管理的流程协议。交易协议属于买卖合同范畴，不在数据空间协议框架范围内。当然，为确保交易安全与数据交换规则稳定，数据空间运营者可以推荐相应的示范合同文本供选择或参考。

数据空间策略配置与协议制定不是静态的"文案"工作，虽然内容和步骤（如图4-20所示）简单，但关系复杂且经常根据数据空间的价值目标与主体角色变换而改变，不是能一蹴而就的工作。

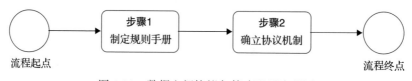

图4-20　数据空间协议与策略配置流程图

此外，策略配置也与组件功能实现相关，技术协议更是影响数据空间架构设计。虽然本流程在数据空间组织形式确立、组件设计之后，但通过数据空间日常运行的规则记录和协议安排效果，包括身份认证、信任框架、使用控制策略等的执行，都是验证组织形式、组件功能是否有效的重要手段。

4.5   数据空间实践路径

4.5.1   数据空间的局限与挑战

数据空间在应对复杂系统时面临的挑战主要包括以下几个方面：

- 技术门槛和安全隐患：数据空间技术的理解和掌握，例如智能合约的编写和执行需要较高的技术门槛，且一旦部署难以修改，存在安全隐患。

- 数据使用控制机制的复杂性：控制技术的实施需要建立复杂的数据使用控制机制，且随着数据流通场景的变化，控制策略也需要不断调整和优化。

- 共性技术和标准配置还没到位：涉及数据空间共性的通用组件仍不成熟，尚处在供应商研发阶段，或标准不一，阻碍了数据空间大规模推广建设。

- 数据质量管理的挑战：数据空间重点关注数据发布与数据发现，即元数据、数据目录。在语义发现功能不够完善的背景下，数据质量管理面临的挑战包括数据收集的复杂性，数据获取、存储、传输和计算过程中可能产生的错误，数据的高速更新导致的过时数据问题，数据标准不完善导致的不一致和冲突问题。

- 跨域数据管理的挑战：包括跨空间域、跨管辖域和跨信任域的数据管理挑战，涉及网络传输时延和不确定性、异构数据和模型的高效融合、隐私计算以支持不同信任域之间的安全数据流通。

- 复杂数据系统的内生复杂性：强大的数据分析和机器学习工具的广泛应用使得建立具有高度内生复杂性的系统变得更为容易，管理这种内生复杂性极其困难。

- 团队协作与专业能力的挑战：随着各类数据空间的实践探索，不同成熟度的数据空间进行交互，运营者与服务方的协作可能引发低效和错误，尤其是当缺乏适当的培训或组织结构时。

- 学术界与工业界之间的鸿沟：弥合学术界与工业界之间的鸿沟是一个挑战，因为二者在开发高质量代码和整合基础设施、团队和部署平台方面存在差异。

- 长期维护的成本和难度：即使是一个小型的数据空间系统，由于其复杂性，所依赖的软件包数量也很容易达到几十个，这使得长期维护代码成本高昂或不可能长期维护。

这些挑战涉及技术、管理、成本和协作等多个层面，需要综合考虑和解决以实现数据空间在复杂系统中的有效运作。尤其在数据空间设计和推进实践探索的过程中，不容忽视。随着政策大力驱动、标准得到普及、用例不断衍生，数据空间的实践将持续创新演进，上述各项问题也将得以解决。

4.5.2 数据空间基础设施建设

国家通过发布《可信数据空间发展行动计划（2024—2028年)》《国家数据基础设施建设指引》等政策，大力推进数据流通利用设施建设。重点按照"三统一"要求，开展数据流通利用基础设施底座建设，从数据使用控制、数据管理服务、数据流通能力三个维度开展能力建设，并符合相应的安全保障要求。具体措施包括建设数据空间连接器，构建数据跨域使用和交互能力。建设管理服务平台，具备身份认证与管理、数据安全检测、数据跨域使用违规行为检测、数字合约协商、数据权益变更管理等关键功能，具备在可信数据空间平台上构建多个数据空间的能力，可面向不少于5种行业专用转件提供数据使用控制能力。建设数据流通利用平台，具备供需磋商、加工利用、数据交易、数据交付等能力。整个实践路径如图4-21所示。

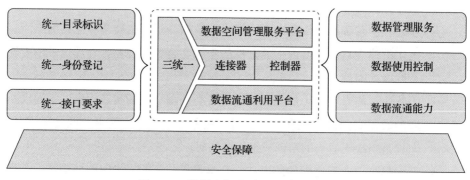

图 4-21　数据空间基础设施建设路径

（1）使用控制
- 建设数据空间连接器，实现数据跨域使用和交互能力。这涉及建立统一的数据接入点和数据高速传输网络，实现数据主体之间的互联互通。

- 实现数据的精细化访问与控制管理，确保数据的可靠性、真实性和实时性。根据不同数据类型和管理级别，采用授权、加密和脱敏等规则，确保安全。
- 推广数据空间控制器组件标准化，构建完整的使用控制策略和生态系统交互能力。

（2）管理服务

- 建设管理服务平台，该平台应具备身份认证与管理、数据安全检测、数据跨域使用违规行为检测等关键功能。
- 平台应支持数字合约协商、数据权益变更管理，并能在可信数据空间平台上构建多个数据空间。
- 管理服务平台应能够面向不少于 5 种行业提供数据使用控制能力，这可能涉及单点登录（SSO）、多因素认证（MFA）、令牌、加密技术、虚拟专用网络（VPN）和数据脱敏等技术。

（3）流通能力

- 建设数据流通利用平台，该平台应具备供需磋商、加工利用、数据交易、数据交付等能力。
- 平台应支持构建企业、行业、城市、个人及跨境五类可信数据空间，以促进数据资源的高效共享并打破数据孤岛。

（4）安全保障要求

- 采用数据分级分类管理制度，基于区块链、数字水印等技术对数据源进行身份鉴别和记录，防止恶意篡改。
- 通过恶意数据过滤技术，对数据中可能存在的含偏样本、伪造样本、对抗样本实现过滤，从而保障数据生产安全。
- 采用高效的加密算法对数据进行加密，通过密钥管理服务实现密匙全生命周期安全管理。
- 利用加密传输和安全传输协议保障数据传输安全，构建完整的数据基因体系确保数据传输过程中可溯源、可追踪、可关联。

通过上述措施，可以构建一个安全、高效、可信的数据空间基础设施，以支持数据的流通利用,并符合国家数据局发布的《国家数据基础设施建设指引》中的要求。

4.5.3 以最小可行数据空间为起点

最小可行数据空间(Minimum Viable Data Space,MVDS)是启动数据空间所需的最少组件组合,该数据空间仅具有可信管控和数据流通的足够功能。MVDS 旨在通过缩短设计、开发、部署和运营实施时间,避免冗长的论证、复杂的细节、等待非必要组件技术的出现。这使数据空间探索者能够从第一个工作版本开始,开发团队可以在其中迭代、识别和响应有关数据空间要求的假设。

最小可行数据空间遵循 MVP 思维,从数据空间用户需求出发,聚焦解决方案匹配,根据现有渠道解决市场问题。最小可行数据空间思维框架如图 4-22 所示。

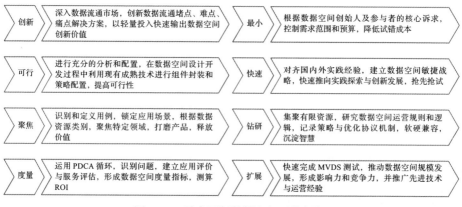

创新	深入数据流通市场,创新数据流通堵点、难点、痛点解决方案,以轻量投入快速输出数据空间创新价值	最小	根据数据空间创始人及参与者的核心诉求,控制需求范围和预算,降低试错成本
可行	进行充分的分析和配置,在数据空间设计开发过程中利用现有成熟技术进行组件封装和策略配置,提高可行性	快速	对齐国内外实践经验,建立数据空间敏捷战略,快速推向实践探索与创新发展,抢先抢试
聚焦	识别和定义用例,锁定应用场景,根据数据资源类别,聚焦特定领域,打磨产品,释放价值	钻研	集聚有限资源,研究数据空间运营规则和逻辑,记录策略与优化协议机制,软硬兼容,沉淀智慧
度量	运用 PDCA 循环,识别问题,建立应用评价与服务评估,形成数据空间度量指标,测算 ROI	扩展	快速完成 MVDS 测试,推动数据空间规模发展,形成影响力和竞争力,并推广先进技术与运营经验

图 4-22 最小可行数据空间思维框架

最小可行数据空间包括主体、组件、机制,从最小配置角度出发,需要以下 3 个模块:

- 两个以上的数据空间连接器或控制器。
- 身份验证机构(如 X.509 证书颁发机构,即 CA 证书机构)。
- 一个包含存证功能的信任层,记录数据空间的各项行为。

数据空间连接器解决连接与交互,控制器则集成接入认证、身份验证等功能。身份验证由 CA 证书实现，而认证则需要数据空间标准化组件来实现，两者是不同的。除此以外，数据的交互还需要第三方提供全流程的存证，以确保所有日志、交易记录和数据空间行为被记录下来，且不可篡改、可追溯。这样的最小可行数据空间（如图 4-23 所示）具备了可信数据空间信任管控、资源交互、价值共创的三大能力，并且具备要素接入、身份认证、存证监管等可信环境，具备了数据空间的功能和属性。

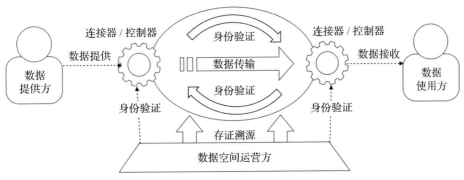

图 4-23　最小可行数据空间参考架构

总体而言，数据空间分为两种类型：技术模块和治理模块。图 4-24 展示了数据空间"软"设施的四类基础模块：资源交互（互操作性）、可信管控（信任）、价值共创（数据价值）、规范治理。

图 4-24　数据空间"软"设施

基于上述架构，MVDS 可按照以下基本工作流程完成数据交换（传输、交易）：

- 证书颁发机构（或授权数据空间运营方）向数据提供方连接器和使用方连接器颁发证书。
- 当使用方向提供方请求数据时，运营方通过实时监控和存证，收到相应请求（如消息队列形式）并进行身份验证和数据交换确认。
- 提供方应要求向使用方发送数据。

为了在参与者之间建立信任，数据空间运营方应全面构建如图 4-24 所示的"软"设施，并采用集中式、分布式、联邦式等方式对数据空间的主体、行为和状态进行规范管理。连接器或控制器在数据空间中发挥比较重要的作用。全时运行的连接器以 API 形式与各项服务请求进行交互。而控制器全面集成了数据空间策略、权限信息以及数据资产的元数据、数据模型等，以 JSON-LD 结构的数据，经由 API 流通，实现了数据资产特性的描述与策略传递。

4.5.4 基于功能模块集成的数据空间解决方案

数据空间解决方案需要支持建设共性服务体系，降低建设和使用门槛。其中最具价值创造力的是服务模块的构建，应为数据开发、数据经纪、数据托管、审计清算、合规审查等数据服务方提供标准化的数据服务接入规范与指引。图 4-25 说明了如何通过一组综合功能模块来创建数据空间，这些功能模块将按照数据空间的技术架构、业务结构和政策要求进行集成。

在以功能为模块化组装的数据空间中，不同的功能模块可以相互独立地加以规范和开发。前提是使用现有的规范、标准和最佳实践，以确保功能模块的内聚性。每个数据空间解决方案都可以集成多个功能模块，只要它们符合数据空间参考架构（例如，可信数据空间参考架构、数据空间通用参考架构模型等）。数据空间的功能组件以服务为核心，它们可以被认为是不受行业限制的。同时，也有部分服务模块是为特定行业场景定制的。

功能配置齐全的数据空间能够让数据供应链上下游以及行业内外所有相关主体都在一个安全、可靠和高效的空间内进行透明、可控的数据交互，让数据发现（查找）、数据授权、数据交易、数据服务等更加简单、快速、安全、高效。数据空间中同时汇集了数据提供者、数据消费者、数据处理服务提供者、技术服务提供者、运营机构等各方主体，形成数据流通的多方协作生态系统，这也有助于形成更易用的、标准统一的高质量数据集。

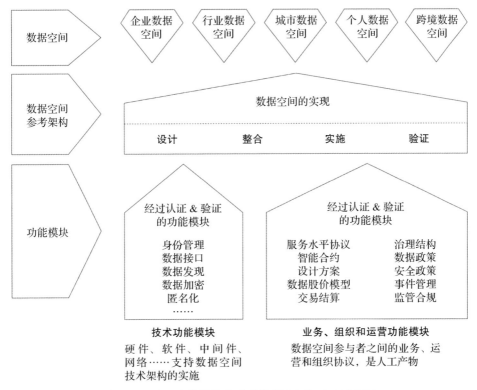

图 4-25 基于功能模块集成的数据空间解决方案框架

最后，数据空间中的数据提供方可通过数据连接器、数据空间控制器实时更新和提供持续化的数据，为 AI 模型的迭代和优化提供持续的高质量数据支持。

数据空间不需要大规模的基础设施投资，能够像互联网一样方便、灵活、安全地接入和使用，可接入各种系统、应用程序和数据源，并在参与者之间持续共享和集成数据。

综合来看，随着数据空间的不断发展，基于功能模块集成的数据空间必然会形成一个开放的数据交互网络，让数据获取更简便、数据数量更多、数据质量更高。在开放数据空间网络中形成高水平的数据流通体系，充分激活数据动能。

4.5.5 开放数据空间联盟创新实践

数据空间的规划建设路径主要可以分为两类：一是政府主导建设，二是企业或行业组织发起的数据空间建设。前者如欧盟数据空间以及我国推进的城市数据空间（城市数据空间也可以由企业或行业组织建设）。后者一般由平台企业或技术服务商发起，面向特定场景，在生态内实现数据共享和流通。这两种建设路径都存在相应的缺陷，难以真正形成开放数据空间网络。目前，欧盟委员会已专门建立推进机构 EU DATA SPACE（4.0）联盟，成员包括 Innovalia、IDSA、Plattform Industrie 4.0、FIWARE Foundation、西门子、VTT 等前期参与过数据空间设计与建设的机构，主要基于统一的互联互通中间件去打通各早期建设的数据空间，实现同行业数据空间的互联。

基于上述背景，ODSA 在 DAC 全球数据资产理事会逾 300 家成员单位（包括数据交易所、数据服务商、第三方专业机构等）的基础上，由近百家企事业单位、科研机构联合发起。ODSA 在国家大力推进数据空间建设的大环境下，定位于支持数据空间创新建设发展、标准研制推广、共性技术研发，旨在构建一个开放、共享的数据空间生态网络。

ODSA 通过发布《数据空间全球展望报告》《全球数据空间用例洞察报告》，组织生态专家编写各类数据空间建设指引、指南、规范、规则以及协议示范文本，构建数据空间共性知识传播，宣贯国家数据空间政策。同时，ODSA 还发动生态成员共建一个规范运营的开放数据空间，并开展实质性数据流通交易、科学性数据空间技术管控、协同式数据空间运营治理等一系列业务活动与实验研究。

ODSA 组织成员单位共同建设开放数据空间平台，并将相关技术成果共享到开源平台（如 GitHub 等），旨在提供一个数据交换基础设施，其特征是统一规则、经过认证的数据提供者和接收者，以及公众合作伙伴之间的生态可信机制。ODSA 的目标是在数据空间模型中实现数据共享，同时确保每个参与者都能完全控制自己的数据，并经过规模化的运营，创新数据空间共性技术的发展。

ODSA 数据空间的建设基于现有的标准和技术，包括区块链数据标识、存证溯源、隐私计算平台以及元数据识别、数据感知等。在数据空间运行过程中进一步发展这些标准和技术，封装连接器、控制器、目录中心、词汇表等组件，以确保参与者在互信、安全的基础上实现数据交互，促进数据共创共享。整个发起、筹备、部署、运营全过程都有生态成员作为参与者共同完成，因而建立了基于普遍共识的开放标准和互操作性框架，是数据空间发展的典型创新实践。

ODSA 数据空间的建设方案列出了可能有助于解决已识别功能和构建块的相关服务和组件，包括已经在实践中的标准解决方案，并重点关注数据价值和开放生态构建，尤其注重互操作性、治理和安全、可信。

开放数据空间联盟的上述创新实践构建了具有强大生命力和影响力的"开放数据空间战略框架"（如图 4-26 所示），引领数据空间实践路径的第三空间，为多个数据空间建设提供了全流程的帮助。同时，ODSA 组织生态成员以及专家团队，依托 DAC 智库，成立"数据空间创新支持中心"，启动"数据空间灯塔计划"（Lighthouse Plan，支持探索创新各类数据空间解决方案和最佳实践）、"数据空间雏鹰计划"（Eagles Plan，培育一批数据空间开发运营专业人才）、"数据空间应用开发者激励计划"（Applications Developer Incentive Program，资助和激励一系列数据空间开源共性技术研发项目），统称为 ODSA 开放数据空间联盟"LEAD 计划"，为社会输出知识、技能、高级用例、最佳实践和通用技术。

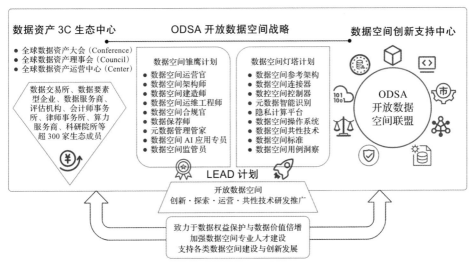

图 4-26　ODSA 开放数据空间战略框架

4.5.6　加入数据空间

数据空间创建了一个安全可信的数据流通环境，保留了数据正外部性的优势，降低了数据负外部性引发的风险，为激活数据要素价值奠定了扎实的基础。

加入现有的数据空间组织是参与数据空间发展共创的敏捷方法。加入数据空间，不用担心失去对数据的控制权，更不用担心被复杂系统约束。数据空间首先是一个生态系统，是基于共识规则而形成的数据基础设施，除了验证参与者主体流程外，对于参与者的加入和退出基本不设实质性条件。而且，绝大多数数据空间具有开放性、可访问性、易操作性，并且提供了一套完整的使用规则手册和指引，加入数据空间的流程，通常很简单，如图 4-27 所示。

图 4-27　加入数据空间的步骤

参与数据空间探索与创新的过程，同时也是提升数据思维、加速数字化转型升级、重构组织数据资产、强化市场竞争力的创新举措。在数据空间运营过程中，通过用例实践的数据交换、场景应用的服务创新，参与者使用标准化数据格式、验证数据源、实施数据验证规则、自动化数据交换流程，并进行跨组织协作，加速创新，创造新的商机。

具体而言，加入现有的数据空间为组织提供了一个极具吸引力的机会，使其成为完善的协作生态系统的一部分。通过加入数据空间而不是从头开始构建数据空间，可以使用已经存在的基础架构、数据资源和参与者网络。

加入前，申请人应充分了解数据空间的核心使命、目标和优势。这个基本的指导过程可以采取各种形式，例如参加网络研讨会、查看全面的文档或参加数据空间推广会议。而后，要清楚了解数据空间的目的以及对有效协作和数据共享的支持与组织的目标一致。研究并考虑数据空间定位和核心使命，数据空间的类型、重点领域及其所服务的区域，识别加入数据空间的好处，例如提高数据质量、提高效率和加强协作。这个过程中，最好能够根据数据空间的策略规则找准自己的生态位，选择或申请合适的角色和职责。最后，审查并签署各类数据空间协议，接受数据空间的规范条款、治理机制和安全管控机制。具体的流程步骤如图 4-28 所示。

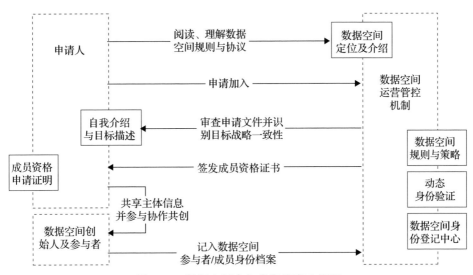

图 4-28　数据空间参与者资格审查流程

加入数据空间后，参与者组织的系统与数据空间的连接器技术和控制器数据服务集成。根据适当的服务级别协议（SLA）建立有效的流程，以确保联合服务和数据提供商端点的可靠性和可用性，并确定是否需要进行数据标准化和转换，以确保与数据空间标准的兼容性。参与者应首先执行数据质量和合规性检查，进行严格的测试，以验证数据是否可以安全无中断地流动。同时，可以访问其他人提供的数据，从而使数据应用场景与特定用例保持一致。

随着信任管控机制的完善、参与度的提高、影响力的扩大，数据空间将持续扩展生态系统，包括更多的参与者和数据类型、用例实践。参与者也在协作中不断提升数据价值创造能力和管控能力，并驱动数据空间技术持续迭代、创新，数据空间向更高维度扩展。

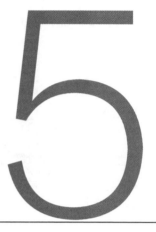

数据空间技术

数据空间最初是作为一项数据管理技术进入创新视野的。而随着国家基础设施的建设，数据空间又作为典型的数据流通利用技术和基础设施在各个应用场景中持续创新发展。数据空间工程始于规划设计，而依托总体技术体系，通过不同技术、不同平台、不同系统的高效数据交互与连接，实现数据共享共用和价值共创。

本章围绕数据空间技术架构，介绍数据空间共性技术、可信管控技术、资源互通技术，重点在于系统性构建数据空间技术框架，基于数据空间可信管控、资源交互、价值共创核心技术底座，将大数据、人工智能、区块链等新技术与数据空间建设相结合，推动技术融合创新，提升数据空间的智能化和自动化水平。5.5节构想了数据空间操作系统数据空间超级 App、数据空间多智能体协同以及全域全链全景全时数据空间等技术路线，为数据空间发展提供了一定的方向参考。

5.1 数据空间技术架构

技术是创新领域的桥头堡。尤其是数据空间这一"新事物"，更需要首先实现技术信赖，以抵抗人为不确定性因素的负面影响。普遍看来，以数据空间为核心有助于克服跨异构技术栈、环境和地理位置的组织间数据集成问题。该技术使组织能够保持对数据的控制，同时促进创新、协作和与他人共享知识。数据空间为传统的集中式数据管理系统（例如数据湖和数据湖屋）提供了分布式替代方案，后者通常依赖单一信任点。这使得数据空间比传统系统更具弹性和稳定性。它还鼓励协作和分担责任，从而在利益相关者之间建立信任，因为他们遵循开放标准和兼容的数据交换规则。控制与合作之间的平衡可确保敏感数据的安全性，并鼓励创新。

5.1.1　数据空间技术魔方

数据空间技术是一个"大聚合"技术栈，不仅包括硬性的安全技术、数据技术，还包括软性的管理技术。狭义的数据空间技术更关注隐私计算和数据沙箱技术，还有寻址、搜索等技术，可以称为数据空间共性技术。广义的数据空间技术还包括人机物连接的逻辑技术、底层数据件技术，以及参与者交互、空间治理、价值交换、流程控制和优化的一系列交叉领域（流程控制、运筹管理、服务管理、组织治理、科学研究等）的综合技术。还包括尚处在研究阶段的一些新兴技术，如数据场、数共体以及 AGI 应用技术。当然，大部分技术都是成熟、稳定、易用的。把这些技术放在一起，可以形成一套已经有相当实践的技术体系。尽管并不是一套体系解决所有问题，但通过一套体系的构建，可以支撑数据空间目标实现、生态持续扩展和价值无限释放。这一组数据空间技术在能力和价值引导下，形成了一个技术魔方（如图 5-1 所示），通过数据空间的各类配置和引擎，释放无限魔力。

在这个魔方中，每个平面内的组件模块之间都具有一定的关联性，比如可信管控与资源交互的交叉面是面向数据可信流通的；资源交互与价值共创的交叉面是面向服务创造价值的；可信管控与价值共创的交叉面是面向动态管控与生态创新的。各项代表性技术未穷尽展示，但构成了一个完整有机体，说明技术栈的相互作用是数据空间的魔力基础。

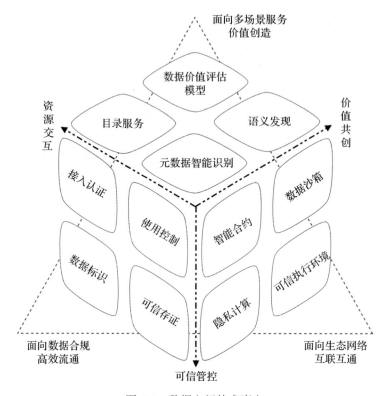

图 5-1　数据空间技术魔方

5.1.2　可信工业数据空间技术视图

数据空间技术架构的核心是基于数据空间实现数据流通的可信可管可计量，为数据价值共创提供一个标准化的数据管控解决方案。其底层逻辑是在可信安全和数据自主权得到保障的基础上，数据可以被更加便利地找到，且始终保存在数据提供方处，只有交换数据时才进行点对点的传输，传输后仍可使用控制技术和智能合约来使用数据，同时开发多云端的能力为参与方提供认证和交易结算服务，实现数据、应用、服务的合纵连横与价值共生。为彻底打通技术实现路径，对于完整技术架构的研究和尝试从不间断。中国信息通信研究院发布的《可信工业数据空间架构1.0》就提出了一系列参考模型。

围绕一套技术体系，《可信工业数据空间架构1.0》提供了一个涵盖7类技术的完整技术视图（如图 5-2 所示），为技术架构的创新发展提供了参考样板。

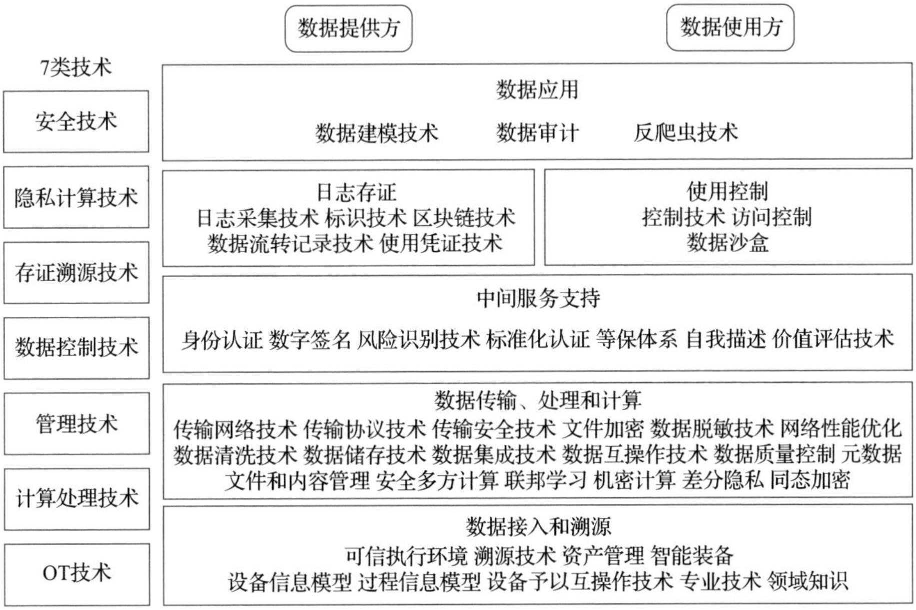

| 7类技术 | 数据提供方 | | 数据使用方 |

图 5-2　可信工业数据空间技术视图

上述技术视图展示了可信工业数据空间的 7 类技术。

（1）安全技术

安全技术是保障数据安全的重要基础，主要包括文件加密、身份认证、数字签名、数据脱敏、反爬虫技术、传输网络、传输协议、传输安全以及可信执行环境等技术。

（2）隐私计算技术

隐私计算技术可以在原始数据不出本地的情况发挥数据的价值，保护用户的数据隐私。主要包括安全多方计算、联邦学习、机密计算、差分隐私、同态加密等技术。

（3）存证溯源技术

存证溯源技术主要负责对数据全生命周期进行日志存证与溯源，主要包括日志采集技术、标识技术、区块链技术、数据流转记录技术、使用凭证技术以及数据溯源等技术。

（4）数据控制技术

数据控制技术实现了数据提供方对数据全生命周期的掌控，例如数据撤回、使用次数与时间限制，以及用后即焚。使用控制技术主要包括控制技术、访问控制以及数据沙盒等技术。总体而言，数据控制技术是对传统访问控制技术的丰富与革新。

（5）管理技术

管理技术主要用于实现中间服务层和计算处理层的功能，主要包括数据安全审计、风险识别技术、标准化认证、等保 2.0 体系、自我描述、数据质量控制、元数据技术、文件和内容管理以及价值评估等技术。

（6）计算处理技术

计算处理技术负责对数据的清洗、储存、计算与处理提供支持，主要包括网络性能优化、数据清洗技术、数据建模和设计技术、数据储存技术、数据集成技术以及数据互操作等技术。

（7）OT

OT（Operational Technology）为可信工业数据空间架构提供支撑，主要包括资产管理壳、智能装备、信息模型设备语义互操作技术、相关专业技术及领域知识等技术。

这 7 类技术并没有对应数据空间通用参考架构的七层模型，也没有根据数据空间的功能模块进行技术配置。关于通用技术架构的探索，仍未停止。

5.1.3 数据空间通用参考技术架构

1. 数据空间 XaaS 模型

前文多次提及，数据空间是个开放架构，具备松耦合的可扩展性，每个组件都可以独立开发，且可以分布式部署。考虑数据空间能力复用、全局优化、生态迭代的进阶，数据空间技术应首先复用当前比较成熟的数据架构和基础设施。基于此，在这个开放技术领域，XaaS 模型尤其适合指导数据空间的技术搭建。

XaaS 是 "Everything as a Service" 的缩写，意为 "一切皆服务"。它是

指一种服务模型，通过云计算和互联网技术，将各种计算机资源、软件、应用和功能作为服务提供给用户，以满足他们的需求。XaaS 的优势包括灵活性、可扩展性、降低成本和简化管理等。用户可以根据需要选择和定制所需的服务，无须购买和维护昂贵的硬件和软件，以及进行相关的部署和管理工作。同时，XaaS 提供商负责提供和维护基础设施、平台或应用程序，用户可以专注于自己的核心业务。显然，XaaS 符合数据空间快速搭建以及创新扩展的目标。

在 XaaS 生态中，比较为人所熟知的包括 SaaS、PaaS、IaaS 等：

- Software as a Service（SaaS）：软件即服务，将应用程序作为服务提供给用户，用户通过互联网访问和使用应用程序，无须在本地安装和维护软件。数据空间大量的应用程序是以 SaaS 形式提供的。

- Platform as a Service（PaaS）：平台即服务，提供开发和部署应用程序所需的软件和工具，包括操作系统、数据库、开发工具等，用户可以在云平台上构建、测试和发布应用程序。数据空间的管控平台就是典型的 PaaS 服务模式。

- Infrastructure as a Service（IaaS）：基础设施即服务，提供虚拟化的计算资源、网络和存储等基础设施，用户可以根据需要进行弹性地租用和管理。数据空间本身也可视为基础设施，相关服务尤其是外部服务均以 IaaS 模式提供。

此外，XaaS 在应用场景内还有很多扩展，例如 Storage as a Service（存储即服务）、Security as a Service（安全即服务）、Database as a Service（数据库即服务），以及 Data as a Service（数据即服务）、Model as a Service（模型即服务）、Data as a Product（数据即产品）、Knowledge as a Service（知识即服务），这些扩展共同构成了 XaaS 模式矩阵，也支持数据空间本身成为一个技术服务"超级应用"，可谓 Dataspace as a Service（数据空间即服务），同时也构成了数据空间 XaaS 模型（如图 5-3 所示），为数据空间的技术架构提供了重要的模型引导。

数据空间 XaaS 模型意味着在数据空间开发建设过程中，不需要从头开始搭建非常复杂的技术架构，而通过预先配置、部署数据空间策略和协议，通过统一认证接口，以管控平面的方式接入各类 XaaS 服务，即可快速实现数据空间服务生态的组建，而不影响各类服务本身的独立运行。这点非常重要。数据空间的建设应该充分借助现有的各类基础设施、数据平台和软件服务，并以统一管控的形式轻量化敏捷开发部署。

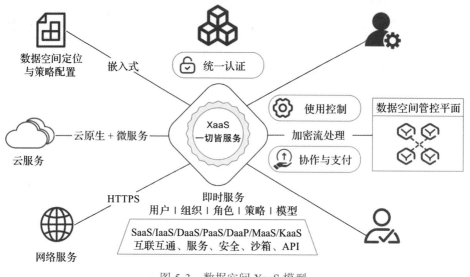

图 5-3　数据空间 XaaS 模型

2. 数据空间平台架构

经过数据空间原理的深刻分析以及国内外数据空间架构的比较，结合国家数据局发布的可信数据空间能力视图，本书提出了一个推荐性数据空间通用参考架构，如图 3-30 所示。该通用架构已由若干的数据空间创新项目实践验证，并被开放数据空间联盟等组织列为重点推广架构项目。

以数据空间通用参考架构为蓝本，基于数据空间技术实现路线，从数据空间的完整功能和逻辑架构出发，并充分依循数据空间 XaaS 模型路径，数据空间的平台架构（充分考虑能力复用以及迭代升级）可包括数据源 / 数据基础平台、数据空间通用组件、数据空间管控平台、数据空间技术平台、数据服务平台、生态系统联接平台和用户体验及数据应用终端七个技术层面，共同形成了完整的平台架构体系，如图 5-4 所示。

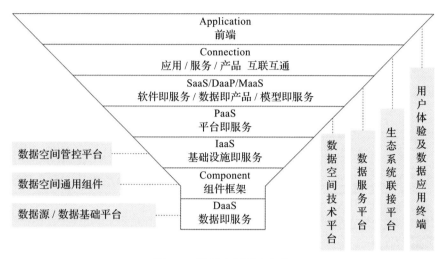

图 5-4　数据空间平台架构

当前，数据空间处在一个发展的风口，而数据空间建设最重要的抓手莫过于技术驱动，最核心的目标是价值牵引。在上述技术架构内，数据从底层接入，经过数据空间一系列组件（包括身份验证、接入认证、使用控制、智能合约等）的策略配置，经由管控平台（提供数据标识、目录服务等）进入资源交互领域（数据空间技术平台），数据发布、发现、转换、交付等均在技术平台上实现。同时，服务平台协作激活数据价值，并通过应用与前端的对接，实现数据价值的最终转化。

架构内各个平台分层是虚拟的，实践中部分技术（例如存证、动态可信机制）贯穿各个平台层，而且部分分层也不一定存在完整构建的平台。但是，与数据空间通用参考架构对齐的平台架构具有很强的参考意义，指导数据空间技术框架蓝图的绘制以及数据空间技术选型和开发部署。

3. 数据空间技术框架

逐级细化数据空间技术架构，从实践角度出发，通用参考技术架构应当提供一些技术选型推荐，或者进一步演示各类技术栈、业务栈、工具栈的代码和命令运行情况。囿于篇幅问题，加之本书旨在构建一个完整的数据空间知识体系，无法穷尽数据空间的一切技术可能性。同时，本节内容建立在现代数据架构和数据库技术已普及的前提下，并且尽量列举主流的、稳定的技术，以降低数据空间开发门槛。

　　基于上述考虑，结合数据空间 XaaS 模型和平台架构，数据空间技术框架重点说明一系列操作，旨在为数据空间的管控和数据流动创建接口、交互访问、服务和机制。数据空间技术的一个最佳实践框架如图 5-5 所示。

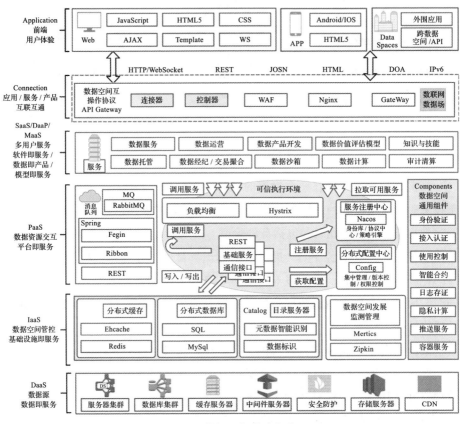

图 5-5　数据空间技术框架

　　上述框架基于数据空间的能力要求、功能期待、结构依赖、流程交互和目标对齐，给出了一套完整的技术方案。每个分层、组件、部件、技术栈、运行命令都形成一个系统化的有机体。虽然部分推荐技术可以变更、替换、调整，但相应的执行效果与数据空间战略始终保持一致性。而且，框架还考虑了数据空间创新发展的技术演进。值得注意的是，该框架暂未充分引入 AI 技术，在实施数据空间开发技术选型和配置过程中，应重点考虑自动化、自助化和智能化。

对于上述框架中提及的若干技术和协议，实施中也应关注其优先级。

高优先级：这些技术和协议是数据空间中的核心组件，对于确保数据的安全性、可靠性和高效传输至关重要。例如，HTTP/HTTPS、TCP/IP、OAuth 2.0、OpenID Connect、TLS/SSL 和 REST 等构成了现代网络通信的基础。

中优先级：这些技术和协议在特定场景下非常重要，如实时通信（WebSocket）、文件传输（SFTP）、消息队列（RabbitMQ/AMQP/MQTT）和容器化技术（Docker/Kubernetes）。它们在提高网络效率和应用部署灵活性方面发挥着重要作用。

低优先级：这些技术和协议在特定情况下使用，如服务网格技术（Istio），它们可能在大型分布式系统中更为常见，但对于大多数数据空间应用来说不是必需的。

5.2　数据空间共性技术

5.2.1　数据空间通用化与工程化

通用参考架构、最小化可行数据空间、通用参考技术架构，都是数据空间工程的敏捷方法，试图构筑数据空间的通用与工程化之路（如图 5-6 所示）。在这个路径中，共性技术贯穿始终。共性技术是介于原理和应用之间，在多个数据空间领域内已经（或未来有可能）被广泛采用、对各类型数据空间发展能起到根基作用的基础技术，它具有通用性、关联性、系统性和可扩展性等特点，是数据空间发展创新链和价值链的基础。共性技术的推广应用效果是数据空间的通用化、工程化。

通用化的目的是最大限度地减少技术部件在设计和开发过程中的重复劳动，避免数据空间的重复建设，实现成本的降低、管理的简化、周期的缩短和专业化水平的提高。通用化既包括对数据空间组件的通用化，也包括对流程和应用的通用化。数据空间组件的通用化的目的是最大限度地扩大数据空间（包括元件、部件、组件、最终产品）的使用范围。通用化还关联组件和技术的系列化、组合化、工程化，是基于共性应用场景，通过共性技术驱动标准化的共性服务抽象出通用设计，并在类似的应用环境中进行开发、测试和部署。

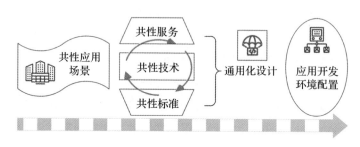

图 5-6   数据空间通用与工程化之路

1.共性应用场景开发

在数据领域，我国具有超大规模市场、海量数据资源、丰富应用场景等多重优势。国家数据局通过发布《"数据要素 ×"三年行动计划（2024—2026年）》，面向 12 个共性应用场景，推进"数据要素 ×"重点行动。12 个应用场景，可以作为数据空间技术创新的共性应用场景。针对这些应用场景，数据空间的设计、开发可以分别探索领域内通用的技术路线。

国际上，数据空间起源于制造业／工业 4.0 领域，工业制造业也成为数据空间案例数量最多的领域。能源领域同样关注数据的安全可信共享，以及数据驱动的创新，以提高能源管理的效率和可持续性。而移动领域也开始利用数据空间来优化服务，提高移动通信的效率和用户体验。此外，物流和运输领域是数据可视化运用最有效的领域之一，通过数据可视化进行优化管理、提高效率，包括货物追踪监控、仓储状态或运输路线等，最终发展为生态协作的数据空间体系。此外，绿色经济、通信领域也有数据空间应用的基础场景，相关用例也比较活跃。

我国重点培育五类数据空间应用，也是基于共性应用场景的考虑。企业通过数据空间打通内部数据孤岛；行业通过数据空间共享先进技术；智慧城市利用数据空间来整合城市的各种数据资源，提高城市管理的智能化水平，包括交通管理、公共安全、环境监测等多个方面。之后，个人数据空间、跨境数据空间也将有相应的技术创新和应用案例落地。

2. 共性服务体系建设

《可信数据空间发展行动计划（2024—2028 年）》强调"支持建设可信数据空间共性服务体系，降低可信数据空间建设和使用门槛"。这里的共性服务是指在多个领域、多个场景中都普遍需要、具有广泛适用性的服务。共性服务往往遵循一套标准化的流程和协议，以便于在不同系统和平台之间进行互操作。共性服务内容聚焦于数据空间的基础功能，这些功能是更复杂应用和服务构建的底座。

从价值服务角度看，共性服务即基础性数据服务可能包括但不限于：

- 数据采集和处理服务：提供数据采集、数据存储、处理和分析的基本能力。
- 数据安全服务：包括数据加密、访问控制和安全审计等服务，以保护数据不被未授权访问。
- 数据交换服务：支持数据在不同系统和组织之间的交换和共享。
- 数据治理服务：包括数据质量管理、元数据管理和数据合规性管理。
- 数据集成服务：帮助整合不同来源的数据，以支持更复杂的分析和决策。

从技术架构角度看，共性服务体系建设要遵循以下几个关键点：

- 统一建设：共性服务在设计和实施过程中，应遵循一致的标准和流程，确保各项服务能够无缝集成和一体化部署。
- 统一标准：建立统一的标准是确保不同系统和服务之间能够有效互操作的基础。通过制定和遵循统一的接口标准、数据格式和安全协议，可以提高服务的兼容性和可用性。
- 统一发布：所有的服务和资源应通过统一的发布机制进行管理，这样可以简化用户的访问流程，确保所有参与方能够方便地获取所需的服务和资源。
- API 管理服务：提供 API 的创建、发布、监控和管理，以便于开发者构建应用程序。
- 多主体灵活交互：数据空间应支持多主体之间的灵活交互，允许不同的组织和个人根据各自的需求和权限进行数据共享和服务调用。这种灵活性有助于促进创新和合作。

- 一体化算力网络支撑：构建一体化的算力网络，以支持数据处理、存储、分析和计算的需求。通过集中管理和调度计算资源，可以提高资源的利用效率，确保服务的高可用性和响应速度，并让数据空间具备与大模型融合创新的基础。
- 云服务架构管控：采用云服务架构进行管控，确保服务的可扩展性和灵活性。云架构能够提供弹性资源管理和高效的服务部署，支持快速响应市场变化和用户需求。云服务商通过构建数据管控能力，实现云上数据可控、可管、可计量，还可实现数据空间运营的云托管。

3. 共性标准研制

3.3.1 节具体介绍了数据空间的标准体系，其中包括数据基础设施标准和通用数据技术标准，也包括数据空间参考架构、能力基本要求、应用成熟度评价等基础标准。然而，数据空间的通用化以及共性技术的研发，还需要一系列标准化、专业化依据。

数据空间共性标准研制将包括但不限于以下一系列标准矩阵的构建：

- 数据空间　系统架构
- 数据空间　通用技术框架
- 数据空间　运营规范　通用要求
- 数据空间　运营规范　策略与协议
- 数据空间　功能组件　功能要求
- 数据空间　功能组件　测试要求
- 数据空间　功能组件　开发部署规范
- 数据空间　使用控制　流程规范
- 数据空间　存证溯源　流程规范
- 数据空间　存证溯源　技术规范
- 数据空间　身份认证　技术规范
- 数据空间　服务认证　技术规范
- 数据空间　数据模型　通用要求
- 数据空间　数据交换　接口标准

- 数据空间　数据共享　数据格式
- 数据空间　数据发布　流程规范
- 数据空间　目录标识　通用要求
- 数据空间　语义转换　流程规范
- 数据空间　元数据智能识别　技术规范

以上初步列举了共性标准研制的方向和内容。在实际发展过程中，应根据数据空间的开发建设排定各类标准、规范、要求的优先级，快速推进共性技术研发、测试与应用，并形成标准应用示范案例和样板模式，引导可信数据空间规范发展。

4.通用化设计

数据空间系统设计与开发如何达到通用化这个问题的核心在于：模块化设计、灵活的架构、强大的可扩展性、标准化的接口、良好的文档和测试。这些要素确保了数据空间共性技术不仅能满足功能需求，还能在其他环境和场景中发挥作用。模块化设计是其中最重要的一点，因为它允许开发者将应用软件和组件分解成独立的部分，每个部分可以单独开发和维护。整个流程形成一套设计体系（如图 5-7 所示），为数据空间共性技术的研发提供一套通用模板。

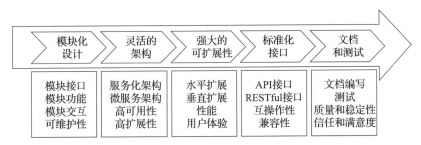

图 5-7　数据空间通用化设计流程

实现模块化设计的关键在于定义清晰的模块接口和模块职责。每个模块应该有明确的功能和职责，并通过标准化的接口与其他模块进行交互。而通过采用灵活的架构，系统可以在不进行大规模重构的情况下，快速响应需求的变化。这里重点推荐服务化架构和微服务架构的采用，将系统拆分为多个服务，可以实现服务的独立扩展和故障隔离，从而提高系统的稳定性和性能。灵活的架构也关乎系统的可扩展性（水平扩展、垂直扩展），并直接影响到系统的性能和用户体验。不同模块和组件之间的接口采用统一的标准和规范（如 API、RESTful 接口）。标准化接口同样可以提高系统的可维护性和可扩展性，同时增强系统的互操作性和兼容性。最后，良好的文档和测试是技术开发过程中不可或缺的重要环节。通过编写详细的文档和进行全面的测试，可以提高软件系统的质量和稳定性，从而增强用户的信任和满意度。文档的主要内容包括数据空间系统架构设计、模块接口定义、功能说明和使用指南等。测试的主要内容包括单元测试、集成测试、系统测试和性能测试等。

5. 应用开发环境配置

除了共性技术的推进外，面向数据价值的数据产品化和服务标准化也是数据空间发展的重要内容。部署应用开发环境，不但能够为数据空间共性技术的研发提供底座，还能够为共性服务的创新提供场景支撑。

数据空间的基石是可信与安全，而技术研发和服务创新，应该确保"自始至终安全可信"。配置一个安全、可信的应用开发环境，并面向领域开放，是提高数据空间开发效率、降低认知壁垒、提升团队协作的重要环节。

数据空间应用开发环境的配置包括一系列核心组件的选择、环境配置的自动化策略以及安全性与性能优化安排。由于数据空间是一个复杂系统，且数据产品开发又涉及大量的模型调用和外部交互，因此部署应用开发环境一般选择容器化，且持续进行环境监控，并允许多语言开发，最大限度鼓励数据空间生态协同创新。

目前，已有多个数据空间生态组织致力于提供开放性的标准和环境。国际数据空间协会（IDSA）一直在开发数据空间的关键技术，包括 IDS 参考架构模型（IDS-RAM）、IDSA 规则手册、数据空间协议、标准化工作和 IDS 认证。开放数据空间联盟（ODSA）也通过发起数据空间"LEAD 计划"，推进通用性、基础性知识共享、技能普及和技术推广，并通过 GitHub 等平台开源相关项目。ODSA 还配置了一个稳定的应用开发环境，实施"数据空间应用开发者激励计划"，鼓励开发者在免去复杂的开发环境搭建的情况下参与数据空间技术研发和项目推动，并给予必要的资助和奖励。

场景牵引、服务驱动、标准引领，数据空间设计与开发的通用化、工程化、自动化将加速数据空间技术的发展和演进，为数据空间建设与实践落地提供更多、更丰富的技术方案参考和功能组件选择。当然，优先级最高的仍然是共性技术以及关键核心技术的研发与应用。

5.2.2　接入认证技术

接入认证，是数据空间共性服务最核心、最基础的服务，也是数据空间可信管控与资源交互能力的起点，并贯穿数据空间运行始终。同时，接入认证技术也是行业实践比较成熟稳定的通用技术，主要解决数据空间主体、技术工具、服务等接入的规则。

接入认证体系包括身份认证、技术工具（包括数据空间实体以及组件等）认证以及服务认证，同时也包括对前述认证对象的能力评定，以及认证对象在数据空间内活动、记录的履约审计。《行动计划》指出，支持可信数据空间运营者构建接入认证体系，保障可信数据空间参与各方身份可信、数据资源管理权责清晰、应用服务安全可靠。接入认证体系架构如图 5-8 所示。

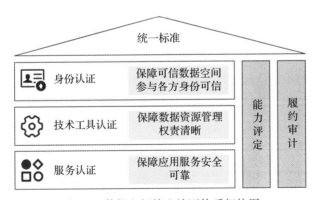

图 5-8　数据空间接入认证体系架构图

针对接入认证体系，数据空间一般构建一个对参与者友好开放的环境，接入认证流程也是良好用户体验和简化操作的典型，如图 5-9 所示。而且，这个流程一般都是高度自动化的，并结合认证机构和服务商组件（SDK）来实现。

特别强调的是，数据空间的接入认证不是一次性审批行为，身份、技术工具和服务等各项认证必须在数据空间运行过程中始终保持有效状态，并接受数据空间治理机制的动态验证和二次认证。尤其在参与者角色变更、能力等级变化以及服务内容调整时，需要对各类认证进行重复核验，并且根据核验机制配置不同级别的策略。

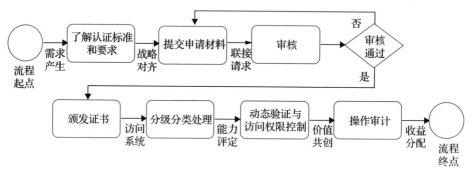

图 5-9　数据空间接入认证流程图

1. 身份认证

身份认证是确认用户或实体声明的过程，通过验证其所提供的凭证和属性，确定其所宣称的身份的真实性和合法性。身份认证通常涉及标识信息（如用户名、手机号等）、凭证（如密码、数字证书、生物特征等）、认证过程等要素，即账户与凭据。

值得注意的是，认证与授权的含义不同，认证是一个"是谁"的问题，授权是一个"能做什么"的问题。在接入认证技术领域，身份认证首先解决数据空间参与各方以及各类运行载体的身份，再通过其他机制（如使用控制等）配置权限。

在身份认证中，令牌（Token）和会话（Session）是两个常用的概念。它们用于表示用户的身份信息和认证状态。令牌适用于分布式系统和无状态的API认证，而会话适用于传统的 Web 应用和需要服务器端状态管理的场景，在数据空间中，两者都有所涉及。此外，SAML（Security Assertion Markup Language）、OAuth2.0（Open Authorization）和 OIDC（OpenID Connect）等标准和协议也广泛应用于身份认证流程。其中 SAML 主要用于单点登录，OAuth2.0 主要用于第三方应用认证，而 OIDC 则整合了身份认证和授权协议。

图 5-10 展示了身份认证技术的相关生态矩阵，也说明了数据空间身份认证技术运行的基础流程。

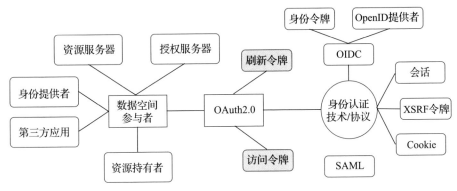

图 5-10　身份认证技术生态图

上述技术生态在实践中已经广泛应用，通过一系列认证技术组合，数据空间提供参与者注册以及对参与者审核的能力。这意味着数据空间需要有一个机制来允许各方注册，并对他们的资格和身份进行审查，以确保只有合法和可信的参与者能够加入。

为了增强身份认证的可靠性，可信数据空间宜集成公安、税务、市场监管等身份核验机制，构建身份核验机制一体化（如图 5-11 所示）。身份核验机制一体化集成可以利用这些权威机构的数据库和验证流程，来进一步确保参与者身份的真实性和合法性，并支持数据空间参与者服务认证、能力评定与履约审计相关流程。

可见，可信数据空间在身份认证和参与者审核方面的能力是多方面的，旨在确保数据空间的安全性、互操作性和合规性，同时保护参与各方的权益。依托权威数据源提供包含实人认证、活体检测、人脸对比与 N 要素等能力，在不同安全等级的应用场景提供通用身份核验服务，安全效果在数据空间场景被有效验证，实现自动化的"以数治数"。

2. 技术工具认证

数据空间应对接入的数据资源、数据产品、数据服务等，针对互操作和安全可信等方面，进行规范性审查。而数据资源、产品、服务往往通过接入、传输、发布以及应用程序等形式提供，也就是一系列的技术组合。这些规范性审查，也是技术工具认证的过程，包括了对接入的技术、工具、产品进行评估和认证，确保它们符合安全和互操作性的标准。

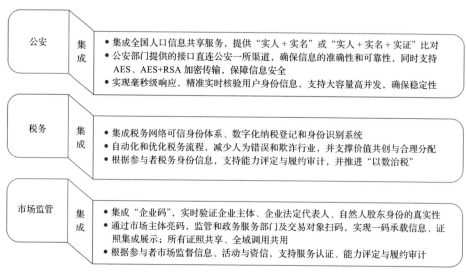

图 5-11　公安、税务、市场监管身份核验机制一体化集成

对于技术工具的认证，首先要依循统一标准、技术规范、技术参数和通用基本要求，包括技术标准确认、设计确认、安装确认、运行确认、性能确认等各项验证流程，执行一套技术验证的标准框架，确保技术工具或系统在实际应用中能够可靠地执行其预定功能。

目前，国际数据空间协会（IDSA）和开放数据空间联盟（ODSA）都在实施针对数据空间组件和操作环境的认证工作。尤其是 ODSA 构建了对数据空间组件、技术工具、服务能力以及物理环境、流程、组织规则等全面评估认证体系，采用环境检测和现场核查等形式，按照技术认证规范实施技术验证，并出具认证报告。针对技术工具认证的结果，ODSA 还配套了改进建议与技术共享方案，以确保数据空间技术的统一标准化，提高技术工具的置信度。

3. 服务认证

对服务进行认证，通常指的是对服务提供商的服务能力、服务质量、服务流程等进行评估和验证的过程，以确保服务满足特定的标准和要求。服务认证常常与技术认证组合进行，尤其是在"一切自动化"的时代，许多服务都通过技术进行加载。同时，服务认证又与身份认证和能力评定高度关联，服务是基于一定的身份和能力，支撑数据空间的整体运行。这里的服务不仅包括数据服务，还包括数据空间运营服务以及保障技术、系统运行技术咨询等各项服务，是数据空间价值的转化环节。

以下是对服务进行认证的一般步骤：

- 确定认证目标和范围：明确需要认证的服务类型、服务内容以及认证的目标和预期结果。
- 选择认证标准：根据行业特点和国际 / 国内标准，选择合适的认证标准，如 ISO 系列标准、行业特定标准等。
- 选择认证机构：选择一个具有相应资质和认可的认证机构来进行服务认证。
- 自我评估：服务提供商首先进行自我评估，识别服务流程中的强项和弱点，并制定改进计划。
- 准备文件：准备必要的文件和记录，包括服务手册、操作流程、质量控制记录等。
- 预审核：进行预审核以识别潜在的问题和不符合项，并在正式审核前进行改进。
- 正式审核：认证机构派遣审核员对服务提供商的服务进行现场审核，包括文件审核和现场操作审核。
- 纠正不符合项：审核过程中发现的不符合项需要被记录，并在规定的时间内进行纠正。
- 审核报告和结论：审核结束后，审核员会编制审核报告，并给出是否通过认证的结论。
- 做出认证决定：认证机构根据审核报告做出最终的认证决定，决定服务是否符合认证标准。
- 获得认证：如果服务通过认证，则服务提供商将获得认证证书，并可以在宣传材料中使用认证标志。

- 持续监督和复审：获得认证后，需要定期接受监督审核以确保服务质量持续符合认证标准，并在证书有效期满后进行复审。
- 持续改进：服务提供商应持续收集客户反馈，进行服务改进，以维持和提升服务水平。

服务认证是一个持续的过程，需要服务提供商不断地评估和改进服务，以确保服务质量始终符合认证标准。

4.能力评定

数据空间的创新发展是能力建设的一个迭代过程。为提升数据空间运营的效率和效果，在实施接入认证的过程中，随之而来的是对接入数据空间的各类型主体、产品、技术和服务进行分级分类管理，以配合权限控制、使用控制、角色配置的策略实施，并针对特定的能力进行重点推荐、管控和孵化。同时，对基础设施（包括服务器、组件、系统等）等的评价，也是能力评定的范围。

能力评定不仅仅是信任管控的手段，更是创新激励的有效措施，同时也是可信数据空间核心能力评估的重要参考。进行能力评定通常涉及以下几个步骤和方法：

- 制定能力评定准则：应根据能力度量方式制定能力评定准则和规则依据。
- 专家评审：由顾问组或其他有资格的专家直接确定报告结果是否与预期目标相符合。专家达成一致是评估定性测试结果的典型方法。
- 与目标的符合性：根据方法性能指标和参与者的操作水平等预先确定准则。
- 统计方法确定比分数：用统计方法确定比分数，其准则应当适用于每个比分数。例如，设定"满意""有问题""不满意"等级，指导改进方向。
- 评价工具：应使用国家标准和通用协议等相关成熟工具和模型，确定参与者服务认证结果的分布、多个能力验证对象结果间的关系、不同方法所得结果分布等。
- 提问和疑难问答：通过模拟日常工作中可能出现的困难及应急情况，来考核服务提供商的解决问题的能力及应变能力。
- 空间核心能力验证：服务认证除了在接入认证过程中实施，在数据空间整体评价时，往往也是重要的验证内容，是数据空间核心能力评估的重要组成部分。

5. 履约审计

履约审计是数据空间动态管控的重要手段之一，涉及数据空间工程的全生命周期。履约审计与能力评定，都是从数据空间接入开始的，覆盖整个运行过程，主要针对主体真实性、合法性以及行为有效性进行管理。主体、工具、服务都是履约审计的重要对象和内容，具体活动包括：

- 支持主体身份核验以及始终一致性校验，确保数据空间接入认证的持续有效性。
- 对数据空间参与者及其提供的技术工具与服务进行资质、能力、信誉等方面的调查，确保符合数据空间的使用控制策略和规则协议。
- 支持参与各方按照各自权限，发布或查询所需数据资源、产品和服务，及其具体位置和访问方式等相关元数据。
- 评估现有标准和规程是否适当，是否与业务要求和技术要求相一致。
- 检索和审阅机构相关监管法规要求，验证机构是否符合监管法规要求。
- 评审合同、数据共享协议，确保供应商切实履行数据安全义务。
- 推荐数据安全的设计、操作和合规等方面的改进工作建议。
- 对各评估领域中识别的关键流程进行穿行测试以确定审计目标，并对体系、流程、工具的设计进行评估。
- 基于上述审计程序中识别的发现，提供审计建议。

5.2.3　可信存证技术

可信存证是数据空间可信管控核心能力的重要基础，也是构建数据空间可信基石的起点，它包括对空间内主体身份、数据资源、产品服务等开展可信认证，以及空间内各项交互行为的记录，确保数据流通利用全过程的动态管控，提供实时存证和结果可追溯。可信存证围绕人机物连接的每个环节和过程展开，采用主流的成熟技术对关系进行"物理化"固定，为数据空间的信任管控提供客观依据。可以说，数据空间的可信存证是一种"空间全态存证"。

可信存证技术的实现路径包括哈希存证、时间戳等，通过存证技术基础支撑层、区块链支撑层、中间件服务层、应用服务层、展现层，各层采用的技术实现包括 P2P、共识算法、交易引擎、密码学算法、智能合约、数据同步等，实现电子数据存储、电子身份服务、合约编写执行、可信时间戳、密钥管理系统、节点身份服务、国密算法等的集成与服务，从而保证"数据空间里的一切"在未来的可审查性和可验证性。

实践中，可信存证技术主要利用区块链技术将数据高效、快速、便捷地固化、存储于链上，保证数据安全、不被篡改，同时支持链上数据的统计、管理、查验及自定义检索，精准定位存证内容，快速校验所需条目。可信存证作为一种可信数据空间共性服务，能够保存数据流通全过程信息记录并不可篡改，为清算审计、纠纷仲裁提供电子证据，确保全过程行为可追溯。

1. 日志存证

可信数据空间应具备追踪和记录数据来源、流动路径、变化历史以及数据当前状态的能力，保证操作行为记录真实、不可篡改、可计量，这就是日志存证的主要内容。日志存证还与数据溯源高度关联，存证也是溯源的重要基础手段。

具体来讲，可信存证的日志类型包括以下各种类型：

- 权限管理日志：记录有关权限变更、权限分配和权限使用的相关日志，确保权限操作的可追溯性。
- 账号管理日志：涉及账号创建、修改、注销等操作的日志记录，用于追踪账号的生命周期管理。
- 登录认证管理日志：记录用户登录、认证成功与失败的详细信息，包括时间、IP 地址等，以便于安全审计和异常行为分析。
- 系统自身日志：包括系统运行状态、错误报告、配置更改等系统层面的日志信息，帮助维护系统的稳定性和安全性。
- 业务访问日志：记录业务层面的访问和操作日志，如交易数据、交易记录等，用于业务监控和事后审计。
- 操作日志：记录用户在数据空间中进行的操作，如数据查询、数据修改、数据下载等，确保操作行为的可追溯性。

- 电子封条存证数据：用于确保数据的完整性和不可篡改性，适用于需要高度保密和安全性的数据场景。
- 监测管理日志：记录数据空间监控系统的相关数据，用于安全监管和事后调查。
- 数据流通日志：记录数据从进入空间、传递、使用到删除的全流程日志，包括数据来源、流动路径、变化历史以及数据当前状态。
- 资源发布行为日志：记录数据资源发布过程中的操作日志，确保数据发布过程的透明性和可追溯性。
- 产品开发行为日志：涉及数据产品开发过程中的操作日志，用于监控和审计产品开发活动。
- 服务与产品消费行为日志：记录数据消费过程中的行为日志，用于分析数据使用情况和优化服务。
- 运营保障管理行为日志：记录数据运营保障过程中的管理日志，包括数据安全监测、预警和应急响应等。
- 数据空间运营服务日志：记录数据空间运营、交互、沟通的具体行为和内容，以优化和提升服务质量。

从日志存证的对象上看，通常应当在系统内记录以下信息：

- 用户身份信息：记录登录数据空间系统的用户身份信息，确保操作可追溯。
- 数据标识和 HASH 值：记录数据的唯一标识符和数据的 HASH 值，用于验证数据的完整性和未被篡改。
- 主体信息：涉及数据空间参与者的主体信息，包括个人、组织等参与方的相关信息。
- 内容日志和行为日志：记录系统操作、数据交换、数据服务等环节中产生的用户行为和内容日志，包括数据的访问、使用和传输等。
- 数据属性：记录数据的属性信息，如数据来源、类型、大小等。
- 交易合约：记录数据空间产品和服务交易的合约条款，包括价格、计费方式、交付方式、使用权限等。

- 传输协议：记录数据传输过程中使用的协议，确保数据传输的安全性和合规性。
- 使用控制策略：记录数据使用过程中的控制策略，如访问权限、使用限制等。
- 操作日志：记录数据流通过程中的操作日志，包括数据的采集、加工、申请、授权、场景应用等。
- 交易结算：记录平台上的交易结算信息，包括支付等相关信息上链并由智能合约进行自动结算。
- 监管通道：政府部门通过超级节点访问区块链存证平台，获取存证、密码等信息，并在数据存储、传输等环节对数据内容取证。

这些日志存证内容共同构成了数据空间流通环节的主体、行为和系统完整记录，确保了安全性、合规性和可追溯性。

关于日志的保留期限，《中华人民共和国网络安全法》第二十一条第三款规定："采取监测、记录网络运行状态、网络安全事件的技术措施，并按照规定留存相关的网络日志不少于六个月"，《互联网政务应用安全管理规定》则要求"机关事业单位应当留存互联网政务应用相关的防火墙、主机等设备的运行日志，以及应用系统的访问日志、数据库的操作日志，留存时间不少于1年，并定期对日志进行备份，确保日志的完整性、可用性"。在配置数据空间规则和策略时，要考虑日志留存的期限，以满足法律法规的要求。

2. 数据溯源

数据溯源使用各种技术来帮助提高数据的可信度。从数据接入到多次转换再到当前状态，追踪和记录数据来源、流动路径、变化历史以及数据当前状态，保持每个数据资产生命周期的详细历史记录（如图5-12所示）。数据中的依赖关系突出了数据集、转换和流程之间的关系，可以提供数据溯源的整体视图，并揭示数据空间某一部分的变化如何影响其他部分。如果数据不一致，那么依赖关系有助于将问题追溯到导致问题的特定流程、创建者或数据集。

数据溯源经常使用算法来自动采集和记录不同系统中的数据流，从而减少人工工作量，将错误降到最低。它们通过标准化数据处理和实时跟踪数据转换，确保一致性和准确性。高级算法可以检测异常或不寻常的模式，帮助识别潜在的数据完整性问题或安全漏洞。组织还使用算法分析溯源信息，以确定效率低下的问题，并通过为监管要求提供详细准确的记录来支持合规性。

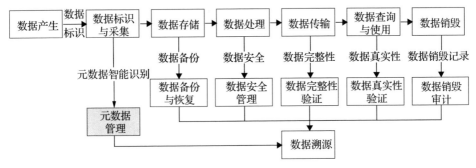

图 5-12　数据溯源流程图

　　数据溯源应用程序接口用于促进不同系统、工具和数据源之间的无缝集成和通信。它们能够跨不同平台自动收集、共享和更新溯源信息，从而提高溯源记录的准确性和完整性。数据溯源不仅采集数据本身的活动，还采集系统运行过程中产生的各类数据，如交易数据、服务数据、运营数据等。数据溯源记录数据空间在整个生命周期内的运行信息和数据处理内容。例如，用户行为溯源通过提取用户行为操作日志，基于数据挖掘和行为分析技术完成行为序列模式挖掘，将实体身份标识在一段时间内的操作行为归集为基于时序的行为序列，完成针对用户行为的溯源操作。跨数据空间日志审计系统通过日志收集及跨域汇总、跨域用户行为溯源等流程，实现用户行为的跨域追溯。应实行基于数据空间网络统一实体身份标识，支持用户行为的跨数据空间追溯。

　　技术实现方面，一般通过建立数据模型，确定数据溯源的大体步骤和基本思路。例如，流溯源信息模型、时间－值中心溯源模型、四维溯源模型等，这些模型都建立在不同领域、不同行业。而区块链存证技术将数据记录在区块链上，形成链式数据结构，实现后期对链上数据的追踪，是数据溯源的重要技术手段。

　　数据溯源同时也是数据血缘管理和数据价值链管理的重要手段。数据标识提供了数据对象的唯一标识，元数据管理提供了数据的描述和上下文信息，而数据溯源则利用这些信息来追踪数据的流动和变化。三者相互依赖，共同确保数据的透明度、可追溯性和合规性。

3. 可信根

可信根（Trust Anchor），又称信任锚、可信锚点，即信任的起点，是指在信任模型中，当可以确定一个实体身份或者有一个足够可信的身份签发者证明该实体的身份时，才能做出信任哪个身份的决定。这个可信的身份签发技术和行为成为可信根。

可信根可以视为经济学、社会学和法律意义上的"可信"基础，即公信力的基础。在数据空间中，可信根与可信存证是构建信任和确保数据安全的关键组成部分，它们之间的关系密切且互补。可信根为可信数据空间"背书"，形成可信基础上的各类型数据空间，这为可信存证提供了权威的起点。可信存证作为数据流通过程中的记录和证据保存机制，依赖可信根提供的信任基础来确保其记录的真实性和不可篡改性，这些记录因为可信根的存在而具有法律效力和可信度。在数据流通过程中出现的任何纠纷，可信存证提供的数据记录可以作为解决纠纷的依据。可信根的存在增强了这些记录的可信度，使得纠纷解决更加公正和有效。

同时，可信根也是接入认证的验证依据，并穿透数据标识与语义转换。可信根和接入认证、可信存证共同作用于数据安全和隐私保护。可信根确保数据处理环境的安全，而接入认证确保各类接入资源的主体真实与行为可信，可信存证确保数据处理过程的透明和可追溯，两者共同基于可信根维护数据空间的安全性和隐私性。相应关系结构如图 5-13 所示。

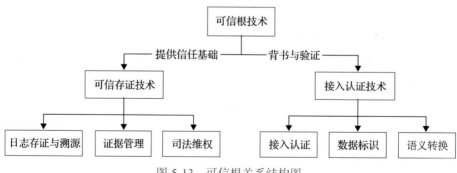

图 5-13　可信根关系结构图

5.2.4　资源目录服务

数据空间中的目录服务主要涉及数据的组织、管理、发现和访问，是数据空间架构的核心模块之一（如图 3-27 所示），也是共性服务的主要围绕数据展开的基础活动。

数据目录服务提供类似于在线商业平台的搜索体验，使用户能够快速找到所需数据，并基于元数据接收推荐和提示。数据目录需要连接组织内的所有数据资产，并支持部署在数据所存储位置，包括本地、公有、私有、混合或混合多云环境，同时集成了数据质量规则、业务术语表和工作流，以支持分析数据资产价值、推断应用场景与数据特征融合方向，并通过机器学习等进行自动分类和标记，支撑数据接入、发布与发现。资源目录服务架构如图 5-14 所示。

图 5-14　资源目录服务架构

此外，数据空间大量的组件系统也是资源实体，同样需要构建一个目录体系。数据服务方的服务和产品，也被视为数据空间资源。本节重点讨论数据资源目录，而系统资源目录、产品与服务目录也是资源目录服务的内容，相应的服务流程与数据目录服务流程是一致的。

目录服务是基于海量资源为了增强交互、保护隐私、提高效率而产生的，包括资源封装、目录标识、目录维护等，构建了数据空间资源发布、发现与互联互通的能力。目录服务作为数据空间的共性服务之一，同样需要按照统一的接口标准建设，以确保目录互联互通，并同时被多个数据空间使用。具体流程和内容包括：

1. 数据资源封装

数据资源封装是指将数据资源打包成标准化的形式，以便于发布、发现、管理和使用。

- 数据整合：将来自不同源的数据整合到一个统一的格式或模型中。
- 数据标准化：确保数据遵循特定的标准和协议，以便于交换和互操作。
- 数据封装：将数据和元数据一起封装，形成可以独立管理和分发的数据包。
- API 封装：为数据资源提供 API，使得数据可以被外部系统以编程方式访问。

2. 数据资源目录标识与维护

数据资源目录标识与维护涉及为数据资源分配唯一标识符，并维护这些资源的目录信息。

- 唯一标识：为每个数据资源分配一个唯一的标识符，以便于引用和链接。
- 目录维护：定期更新目录信息，包括数据资源的位置、状态、所有者、访问权限等。
- 版本控制：管理数据资源的版本，确保可以追溯和访问不同版本的数据。
- 访问控制：确保只有授权用户才能访问或修改目录信息。

3. 业务术语表

业务术语表是一组与业务相关的术语和定义，用于确保数据的一致性和准确性，即 IDS 参考架构里的词汇表。

- 术语定义：为业务术语提供明确的定义，以减少歧义和误解。
- 术语管理：管理和更新业务术语表，以反映业务变化和新需求。
- 数据映射：将数据资源与业务术语表中的术语相映射，以便于理解和查询。
- 术语一致性：确保数据资源的标签和描述与业务术语表保持一致。

4. 数据发布与数据发现

数据发布与数据发现是指使数据资源可供用户发现和使用的流程。

- 数据发布：将数据资源发布到目录中，使数据资源可供其他用户发现和访问。
- 数据发现：提供搜索和浏览工具，使用户能够根据关键词、标签或其他属性发现数据资源。
- 数据共享：允许数据资源在不同用户或组织之间共享。
- 数据订阅：用户可以订阅特定的数据资源，以便在数据更新时收到通知。
- 数据访问：提供接口和工具，使用户能够访问和下载数据资源。

这些流程和功能共同构成了目录服务的核心，它们帮助组织有效地管理和利用其数据资产，同时确保数据的可发现性和可访问性。通过这些服务，组织可以提高数据的透明度，促进数据的共享和协作，从而提高数据的价值。

5. 目录共享与分发

资源目录服务可以采用集中式或分布式管理，推荐采用分布式目录如 DHT（分布式散列表），通过覆盖网络中的查询洪泛（Query Flooding）机制，提高搜索效率。分布式目录架构如图 5-15 所示。

目录结构通常采用树形目录结构，通过文件路径标识文件，层次结构清晰，能进行更有效的文件管理和保护，不同用户、不同性质的文件可呈现在系统目录树下的不同层次或不同子树中。而无环图目录结构在树形目录结构的基础上，增加了指向同一结点的有向边，使整个目录成为一个有向无环图，以便于实现文件共享。

目录共享管理结构方面，同样也采用树形管理。资源目录一层分为数据、应用、服务。应用目录下是应用分组，应用分组下是应用系统。数据目录下是 ODS、DWD、DWS、DIM、ADS 等。服务资源目录显示为查询服务、统计服务、指标服务、算法服务、业务服务。这样的设计符合当前主流的操作体验，具有较强的易用性，并且结构上也与大部分平台能够自主关联，易于构建资源目录服务的自动化。

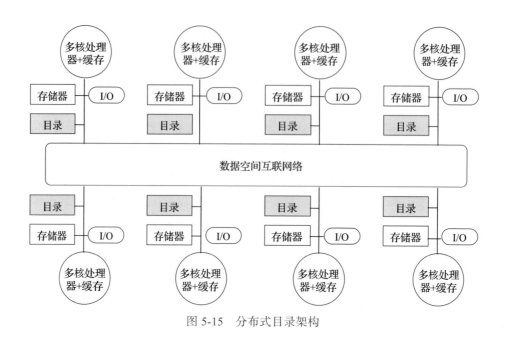

图 5-15　分布式目录架构

5.3　数据空间可信管控技术

5.3.1　数据空间可信三维

数据空间的可信管控技术可谓贯穿始终、覆盖全局，绝大部分功能组件都与可信管控相关，共同构筑了数据空间的信任基石。从全链身份认证、全态可信存证再到全局数据交互，都离不开可信基础，甚至可以说，可信管控是数据空间最核心的共性技术。

主体可信、数据可信、行为可信，构成了数据空间的可信三维（如图5-16所示）。主体可信包括参与者身份可信、空间环境可信、组件可信、技术工具可信，数据可信包括数据来源可信、目录可信、数据价值可信、数据传输可信等，而行为可信则包括认证、审计、监管、策略、合约等各项机制以及参与者交互过程中的各类服务、应用产品等的可信。整个可信机制构建了数据空间多方主体共享共用的安全环境和可信生态。

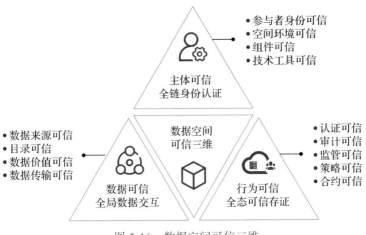

图 5-16　数据空间可信三维

5.3.2　使用控制

基于数据空间可信三维，预先设置数据使用条件形成完整、可行的控制策略，进而依托控制策略实时监测数据空间内数据使用过程，动态决定数据操作的许可或拒绝，这就是使用控制。共性技术领域的接入认证、可信存证，以及隐私计算、区块链、数据沙箱技术，同时也是支持使用控制策略实施的重要技术。

配置一个全面的使用控制策略，可以采用 5W2H 方法，通过回答 7 个关键问题来帮助理解和管理控制策略各个方面。

- Why（为什么）：确定数据使用的目的和理由。这包括从政策、市场、技术、目的等角度进行风险评估，分析数据需求。
- What（什么）：明确数据使用的具体内容和目标。这涉及数据资产统一视图，实现全域的数据资产一张图，让数据汇聚过程完全可视、可管、可用。
- Who（谁）：识别数据使用的负责人或相关方。这有助于分工合作，提高工作效率，并确保数据能够得到有效的管理和使用。
- When（何时）：确定数据使用和访问的实践（如"阅后即焚"）、框定数据开放周期（如"定时开闸"）、规定数据使用次数等。这有助于提高工作效率，避免资源浪费，并确保数据在正确的时间被正确使用。

- Where（何地）：确定数据使用的位置。这包括数据存储的位置、数据处理的地点等，有助于提高数据管理的效率和安全性。
- How（如何）：制定数据使用的操作方法和步骤。这涉及数据治理框架，支持智能数据分类、生产统一数据目录，实现智能数据标签和数据要素智能提取。
- How much（多少）：评估数据使用的成本和收益。这包括数据使用的次数、有效期限、是否下载等策略控制，确保在数据权益可控的基础上合规使用数据。

5W2H方法正是针对数据空间环境下极松散结构模型，以可信三维为框架，"剥洋葱式"全面配置使用控制策略，支持细粒度和动态的使用控制框架部署。以下重点针对智能合约、基于角色的访问控制以及使用控制框架对数据控制策略部署实务进行分析。

1. 智能合约

智能合约，顾名思义，是一种基于计算机协议的信息化、自动化合同，其内容是以数字形式定义的一组承诺，这些承诺包括合约参与方同意的权利和义务。智能合约是一种自动执行的计算机程序，当合约条款满足时，自动传播、验证和执行，支持无第三方监管和辅助的可信交易。

举个简单例子说明，自动贩卖机在运行正常且货源充足的情况下，当被投入硬币后，便触发了履约机制——释放购买者选择的饮料，且这一履行行为是不可逆的。智能合约是"代码即法律"（Code is Law）的典型，执行"if then"代码规则。

智能合约依托计算机程序在数据空间运行，所有立约人确认条件没问题后将它放在区块链上，由区块链负责执行、交易、记录，相应行为和结果不可逆且可追溯。智能合约不仅可以有效地对信息进行处理，而且能够保证合约双方在不必引入第三方权威机构的条件下，强制履行合约，避免了违约行为的出现。

显然，智能合约是可信技术强制执行的典范，是构建数据空间强公信力场景的重要手段。实践中，通过4W2H方法配置的使用控制策略，都能以代码编程的形式将相应规则、内容写入执行程序，并采用区块链技术进行封装、上链，使得相关规则可信、可共享且不可更改，这也是构建数据空间共识机制的过程。

数据空间参与者以及利益相关方均可以参与智能合约的编写，运营方也应当充分围绕数据空间的功能和定位，依据使用控制策略来部署智能合约。

2. 基于角色的访问控制

基于角色的访问控制（Role-Based Access Control，RBAC），是一种广泛应用于计算机系统和网络安全领域的访问控制模型，解决"谁可以访问什么资源"的问题。RBAC 通过将权限分配给角色，再将角色分配给用户，来实现对系统资源的访问控制。一个用户拥有若干角色，每一个角色拥有若干权限，构造成"用户—角色—权限"的授权模型。在这种模型中，用户与角色之间，角色与权限之间，一般是多对多的关系。

从用户角度看，根据 RBAC 规则，所有数据访问必须通过身份验证和授权并设定数据的最小权限原则。数据所有者和管理员可以执行数据的创建、修改和删除操作，数据分析师和科学家可以处理数据，但不能修改数据结构。数据审计员可以访问所有数据使用日志，但不能修改数据，且所有数据访问和操作必须被记录和审计。数据所有者可以决定数据的共享范围和条件。所有数据传输和存储必须加密，并应定期进行数据安全审计和漏洞扫描。

从角色与权限的角度看，围绕数据进行配置的使用控制策略示例见表 5-1。

表 5-1　数据空间角色权限使用控制策略矩阵示例

权限	角色				
	数据提供方	数据使用方	数据服务方	数据空间运营方	数据空间监管方
数据提供	√				
数据访问		√	√	√	√
数据使用		√	√	√	
数据管理	√			√	
数据维护	√			√	
数据安全	√	√	√	√	√
数据审计				√	√
数据监控					√
数据合规性检查				√	√

(续)

权限	角色				
	数据提供方	数据使用方	数据服务方	数据空间运营方	数据空间监管方
数据质量控制	√			√	√
数据共享	√			√	
数据隐私保护	√	√	√	√	
数据加密	√				
数据解密		√			
数据备份	√				
数据恢复	√				
数据删除	√				√

3. 使用控制框架

使用控制框架是一个综合的体系，它确保数据空间稳定健康的整体运行状态。尤其是针对数据的相关策略，保障数据在存储、处理和传输过程中的安全性、合规性和有效管理。以下是以数据为中心的使用控制参考框架，包含一系列关键组件和步骤。

（1）框架目标和原则

- 确保数据安全：防止数据泄露和未授权访问。

- 合规性：遵守数据保护法规和行业标准。

- 数据隐私：保护个人和敏感信息。

- 透明度：确保数据处理过程的透明性。

- 可审计性：记录数据处理活动，以便于审计和监控。

（2）身份和访问管理

- 身份验证：确保只有合法用户可以访问系统。

- 授权：基于角色的访问控制（RBAC）或其他访问控制模型，确保用户只能访问授权的数据。

- 账户管理：管理用户账户的生命周期，包括创建、修改、禁用和删除。

（3）数据分类和标识

- 数据分类：根据数据的敏感性和重要性对数据进行分类。

- 数据标识：为数据分配标签，以便于管理和访问控制。

（4）数据使用控制策略

- 智能合约：使用智能合约自动执行数据使用条款。
- 数据使用限制：定义数据的使用条件，如访问时间、使用次数和数据用途。
- 数据沙箱：在隔离环境中处理数据，以保护生产数据环境。

（5）数据保护技术

- 加密：对数据进行加密，确保数据在传输和存储过程中的安全。
- 数据脱敏：对敏感数据进行处理，以减少数据泄露风险。
- 安全协议：实施安全通信协议，如 TLS/SSL，保护数据传输。

（6）数据监控和审计

- 日志记录：记录数据访问和操作日志，以便于事后审计。
- 异常检测：监控数据访问模式，检测和响应异常行为。
- 合规审计：定期进行合规性审计，确保数据处理活动符合法规要求。

（7）数据共享和分发控制

- 数据共享协议：定义数据共享的规则和条件。
- 数据分发控制：控制数据分发的范围和方式，确保数据不会被滥用。

（8）数据生命周期管理

- 数据接入：设定数据接入的程序、类型和方法。
- 数据发布：确保数据在发布时就符合使用控制要求。
- 数据发现：开放数据查询、目录服务、咨询。
- 数据转换：根据标准格式进行数据标准统一化，便于共享流通。
- 数据存储：实施数据存储策略，包括备份和归档。
- 数据加工与服务：配置数据整合、聚合、加工、产品开发设计相关权限与流程。
- 数据退役和销毁：安全地退役和销毁不再需要的数据。

（9）应急响应和恢复

- 应急计划：制订应急响应计划，以应对数据泄露和其他安全事件。
- 数据恢复：确保在数据丢失或损坏后能够快速恢复数据。

（10）用户教育和培训

- 安全意识培训：提高用户对数据安全和隐私保护的意识。
- 使用手册宣贯：推广数据空间使用手册，确保理解使用控制策略。
- 最佳实践分享：教育用户关于数据使用的最佳实践。

这个使用控制框架提供了一个全面的视角，涵盖了从数据创建到销毁的整个生命周期，确保数据在整个使用过程中的安全和合规性。通过实施这个框架，利益相关方可以有效地管理和控制数据的使用，降低数据相关风险。

使用控制策略框架的实践范围不仅基于数据展开，还包括数据空间动态管理的全过程。相应的策略体系往往记载于数据空间规则手册并对外公开。在使用控制环节，策略与协议并行，控制与联通同在，构造数据空间可信管控核心模块。

5.3.3 隐私计算

隐私计算，作为数据空间的一种可信管控技术，允许在不泄露原始数据的前提下进行数据的分析和计算，旨在保障数据在产生、存储、计算、应用、销毁等数据流转全过程的各个环节中"可用不可见"。隐私计算的常用技术方案有多方安全计算、联邦学习、可信执行环境、密态计算等。关于前述各类技术方案的对比分析见表5-2。

表5-2　多方安全计算、联邦学习、可信执行环境、密态计算对比分析表

特性	多方安全计算	联邦学习	可信执行环境	密态计算
安全性	安全模型清晰，理论上可以提供强安全保证	在关键子过程上采用安全防护技术，但不追求完善的计算过程安全性，可能会泄露部分额外的中间信息	通过硬件隔离提供安全环境，能够抵御合谋攻击和恶意敌手攻击	仅在密态下进行计算，保护数据隐私，但需要考虑结果发布的隐私保护
可用性	性能挑战，密态下计算性能远低于明文计算	旨在实现安全、效率以及精度的平衡折中，适合大规模分布式计算	性能接近明文，能够达到与明文相近的计算性能	性能受加密算法影响，但可以实现在密态数据上直接进行计算
隐私保护维度	保护计算过程安全，适用于多方数据的各种计算	保护数据在分布式学习过程中的隐私	提供一个安全的执行环境，保护数据在该环境中不被外部窃听	保护数据在计算过程中的隐私，支持在加密数据上进行计算

（续）

特性	多方安全计算	联邦学习	可信执行环境	密态计算
隐私保护强度	可以实施数据最小化使用原则，防止数据滥用和非授权使用	保护程度取决于所使用的安全技术，可能需要结合其他技术如差分隐私	能够抵御硬件漏洞和侧信道攻击，提供较高的安全隔离	保护数据在计算过程中不被泄露，但需要考虑结果发布的隐私保护
适用场景	适用于需要严格隐私保护的多方计算场景	适用于分布式机器学习，特别是数据分布在不同节点的场景	适用于需要隔离执行环境的场景，如金融服务、政府等	适用于需要在加密状态下进行计算的场景，如隐私保护查询等
研发难度	需要深入了解密码学知识，研发难度较高	需要处理分布式计算和数据隐私保护的复杂性，研发难度中等	需要硬件支持和安全编程，研发难度较高	需要密码学算法的支持，研发难度较高

通过上述对比分析表可以看出，四种隐私计算技术都有其各自独特的优势和局限性，选择合适的技术需要根据数据空间的定位和具体应用场景来决定。表 5-3 是五类数据空间建设过程中所对应的隐私计算技术选型推荐。

表 5-3　各类型数据空间隐私计算技术选型参考

数据空间类型	推荐技术	主要优势
企业数据空间	联邦学习（FL）	企业数据空间涉及企业内部数据的整合和外部合作数据的管理。联邦学习允许企业在不共享原始数据的情况下，通过协作训练模型来优化业务流程和提高决策能力，同时保护数据隐私
行业数据空间	多方安全计算（MPC）	行业数据空间需要实现行业内数据的共享与协同，MPC 可以在保护数据隐私的同时消除因数据联合分析带来的法规风险，提升数据价值
城市数据空间	可信执行环境（TEE）	城市数据空间涉及城市规划、交通、医疗等多领域的数据融合应用。TEE 通过构建一个安全的执行环境，保护数据在该环境中不被外部窃听，适合处理城市级别的复杂数据
个人数据空间	密态计算 [同态加密（HE）等]	个人数据空间需要保护个人隐私权益，实现个人数据的自主管理和授权使用。同态加密允许在加密数据上直接进行计算，保护个人数据在计算过程中的隐私
跨境数据空间	多方安全计算（MPC）和差分隐私	跨境数据空间涉及跨国企业业务数据、跨境电商平台交易数据等，MPC 可以保护数据在跨国传输和处理过程中的隐私。差分隐私通过添加噪声来保护个人数据，降低数据跨境流动的风险

同态加密（HE）、零知识证明、差分隐私等是常见的隐私计算技术路径。同态加密允许在加密数据上直接进行计算，计算结果解密后与在明文上直接计算的结果相同，实现数据的"可算不可见"；零知识证明允许一方向另一方证明某个陈述是正确的，而无须透露任何有用的信息，除了该陈述的正确性；差分隐私通过添加噪声来保护个人数据，确保在数据集中删除或添加任一记录时，算法输出结果的概率不发生显著变化，从而保护个人隐私。这些隐私计算技术可以针对不同需求和应用场景单独使用或进行组合应用。

在隐私计算领域，目前主流的技术方案包括基于密码技术的隐私计算、数据不出本地的联邦学习、基于可信执行环境的机密计算、细粒度访问控制的数据管控以及数据脱敏等。而依赖密码协议的隐私计算技术包括联邦学习、多方安全计算、同态加密等，相应的密码协议通常都需要多次复杂的密码运算，整体计算量膨胀较大。另外，多方安全计算和联邦学习每一个基础单元还需要一次公网交互，公网交互的成本（10毫秒级）远大于简单的计算操作（纳秒级），总体成本较高，不适合大规模应用。

鉴于此，适应计算复杂、数据量大、数据不泄露、参与方众多，且大量计算不依赖跨网交互的新型高性能密态计算技术备受关注，有望成为数据可信流通的"最优解"。密态计算是通过综合利用密码学、可信硬件和系统安全的可信隐私计算技术，其计算过程实现数据可用不可见，计算结果能够保持密态化，以支持构建复杂组合计算，实现计算全链路保障，防止数据泄漏和滥用。密态计算的综合能力相较于传统单一隐私计算技术有很大的提升，密态计算能够提供大量数据密算服务、大模型密算服务、密态数据托管、密态数据研发等"按需获取、即开即用"（Pay As You Go，Plug and Play）的普惠密态算力服务，将是数据空间隐私计算的优选方案。

5.3.4　数据沙箱

数据沙箱，一种可信管控技术，通过构建一个应用层隔离环境，允许数据使用方在安全和受控的区域内对数据进行分析处理，数据提供方的数据不直接暴露在开放网络上，而是将数据封装成沙箱，只有具有沙箱密钥的数据使用方才可以查看数据。

数据沙箱使用虚拟化技术、访问控制技术和防躲避技术，主要特点是将隐私安全能力植入数据计算、存储引擎等基础设施，通过将调试环境与运行环境隔离，构建一个安全可控的数据环境，提升数据融合计算过程中的隐私安全水位，实现数据挖掘计算过程中的可用不可见，且不改变业务原有技术栈和使用习惯，无须改造现有的数据分析算法和工具，同时使得业务算法模型精度折损微小。

显然，数据沙箱技术高度符合数据空间可信管控、资源交互、价值共创的能力要求，与其他共性技术如接入认证、使用控制、智能合约等策略组合，能够实现数据不出域不落地的"可用可算且可见"。数据以沙箱方式传输到数据使用方，会根据指定策略控制沙箱的访问权限和时效性，保障数据提供方的数据权益。交换数据以沙箱的方式传输数据，使用方以指定的策略控制沙箱的访问权限、访问方式、访问时效等，并将所有过程数据记录到区块链上，有效追踪数据的使用权。

数据沙箱能够保障只输出数据分析结果，数据不落地、不外泄。这样，即使在数据交易过程中，也能保护客户隐私，并且通过区块链技术记录所有数据上传、更新、交易或使用行为，这些行为记录一经确认就不可被篡改，使得数据具有可确权、可溯源的功能。

5.3.5　动态信任管控

从数据空间的原理、架构分析来看，数据空间是一个高度结构化的复杂系统。结构，即秩序。秩序越井然，结构越平衡。而秩序是需要管理和维护的。而且随着需求、技术和环境的变化，先前良好的秩序可能会因为过时、不适应而暴露出问题（包括成本过高、运营难度过大、数据精度不足等）并导致结构失衡。为保障数据空间持续可信，动态信任管控手段就显得很有必要。

国家数据局《可信数据空间发展行动计划（2024—2028 年）》强调，建立完善可信数据空间发展引导体系，健全成效评估工作机制，组织开展可信数据空间动态监测评估，加强监测评估结果反馈运用，促进可信数据空间建设和应用水平迭代发展。数据空间动态监测评估，是动态信任管控的重要节点性措施，能够全面评价数据空间的应用成熟度，并分析改进方向。

在日常运营过程中，数据空间保持主体、实体、用户及技术组件的可信可控可计量，更关注的是全过程的动态信任。而且，随着数据空间参与主体数量的增多，交互数据量也呈指数级增长，可信三维的复杂程度更高，对于动态可信机制的依赖程度也就提高。因此，动态信任管控机制的设计应当作为重要的底层设计，并应充分考虑利用模型自动化部署"主动安全""主动可信"，构建一个常青的数据空间工程。以下是动态信任管控的几个关键内容：

- 持续信任评估：通过信任评估模型和算法，实现基于身份的信任评估能力，同时需要对访问的上下文环境进行风险判定，对访问请求进行异常行为识别并对信任评估结果进行调整。
- 动态访问控制：基于上下文属性、信任等级和安全策略进行动态判定，权限判定不再基于简单的静态规则，而是实时调整，以适应不断变化的安全环境和需求。
- 安全与合规无处不在：动态管控的对象不仅仅是当前状态，还包括经审计的历史状态和"多想一步"的预防状态，安全与合规绝非主观建构或评估获取的，而是植入到系统的每个角落和全生命周期。
- 可持续发展的数据 API 生态：主动式信任是基于模式化的 API 系统进行建构的，这也是"自动化一切"设计原则的体现。数据空间生态首先是一个结构化的系统生态，否则动态信任将无从构建。
- 演进的共识机制：再怎么强调的自动化，都绕不过人性。动态信任的逻辑是演进的共识。随着技术成熟、架构稳定、价值倍增路线清晰，数据空间构建的共识基础也会变得坚固，动态信任管控力量的来源也就是由牢固的共识所催生的数据空间自演进网络生态。

5.4　数据空间资源互通技术

5.4.1　数据标识

1. 数据标识的概念及其应用

数据标识是一个广泛的概念，涵盖了为数据和数据空间实体提供唯一标识的技术、方法和过程。作为一种核心的数据资源互通技术，数据标识在数据空间内通过为数据资源分配唯一标识符，实现快速准确的数据检索和定位，实现数据全生命周期的可追溯性和可访问性。

数据标识经常与数据标签、数据标注相关，但各自含义和应用场景又有所不同，具体见表 5-4。

表 5-4　数据标识、数据标签、数据标注对比分析表

特性	数据标识 （Data Identifier）	数据标签 （Data Label）	数据标注 （Data Annotation）
定义	唯一识别和区分数据项的一系列信息	描述数据特征或属性的标签	对数据进行分类、标记和注释的过程
目的	确保数据的唯一性和可追溯性	提供对数据的快速理解和分类，支持决策和业务流程	为机器学习模型提供训练数据，帮助模型识别模式和特征
应用场景	数据管理和数据空间互联互通	组织内部业务流程和客户画像	机器学习和数据科学领域
内容和形式	包含数据的来源、类型、特征等信息的抽象	对业务对象特征的描述	对数据内容的分类和注释
示例	数据标识可能包括数据的编码规则和标识技术	数据治理中，数据标签可能用于构建高可信、高质量的标签体系	在机器学习中，数据标注可能涉及对图像数据的分类标记

可见，数据标识是一系列用以唯一识别和区分数据项的信息，它通常包括数据的来源、类型、属性和内容等。数据标识是数据的"助记符"，具有独立性。而数据标注是给数据加注标签的过程，数据标签（即数据指标体系）是数据的重要内容，本身就是一种数据。

在数据空间应用场景，数据标识使得数据资源能够被唯一识别，这对于数据的检索、定位以及管理至关重要。同时，数据标识还可应用于数据空间的各类实体资源，帮助系统快速找到特定的交互对象，提高了数据空间的可用性和运行效率。

在多个数据空间之间，数据标识技术可以帮助实现跨数据空间的互操作性。通过统一的数据标识，不同的数据空间可以更容易地交换和共享数据资源，促进了数据空间的互联互通。数据标识技术还可以与数据安全措施相结合，比如

区块链技术，以确保数据标识的不可篡改性和真实性。这样可以增强数据在传输和存储过程中的安全性。

数据标识在数据空间中的资源互通技术中扮演着核心角色，它不仅提高了数据的可检索性和可访问性，还为数据的全生命周期管理、安全性和跨系统的数据交换提供了基础支持。

2.数据标识结构

结构上，数据标识通常包括标识头、标识体、校验信息，又可分为外部码、内部码和安全码，是一串标识数据与资源含义与格式的字符。

标识头记录数据标识自身的外部特征信息，用于数据资源的识别与管理。它主要由以下信息构成：

- 标识 ID：唯一识别码。
- 签发时间：记录标识的生成时间。
- 签发者 ID：记录标识签发主体的唯一识别号。
- 有效期：记录标识的有效起止日期。

标识体用于记录数据资源的内容和属性，是数据标识的载荷信息。不同应用领域对客体数据属性关注点可能有所不同，因此标识体采用开放式的设计思路，由具体的应用项目确定其所包含的属性项。通常情况下，标识体可以包含数据的分类分级、应用场景、业务类别以及所有者标识等信息。

校验信息主要由数据实体校验码和安全标识校验码两部分组成。数据实体校验码记录客体数据的消息摘要值，用于对客体数据进行完整性验证，以及建立客体数据与安全标识之间的绑定关系。数据标识结构如图 5-17 所示。

图 5-17　数据标识结构

3.数据标识技术

数据标识技术尚处于初步阶段，但随着数据空间建设发展的全面布局和推进数据要素化、资产化，包括数据资产编码、标识绑定和认证技术等数据标识技术的应用潜能令人期待。通过海量数据唯一编码技术，在标识中记录数据产权主体和权益保护要求，建立"一码通天下"的数据源和数据所有者证明机制，形成全范围通用的数据标识，可服务于数据溯源、数据确权、数据加工、溯源举证、权益保护和收益分配等新业态。

数据标识所依赖的技术主要包括以下几个方面。

（1）识别码生成技术

识别码是数据的唯一身份编号，用于区别于其他数据。随着数据量的激增和数据流通应用的发展，识别码生成技术开始采用基于数据特征的哈希算法等复杂技术。

（2）关联绑定技术

关联绑定技术是将识别码和数据特征、安全属性等信息编码在一起，并与数据建立相对应的关联关系。这可以通过将数据标识直接嵌入数据对象中实现封装式绑定，或者将数据标识和数据对象分别存储，并在两者之间通过特定特征间接与数据关联的引用式绑定。

（3）安全认证技术

安全认证技术主要用于验证标识生成时嵌入的数字证书签名等认证信息，以确保其完整性、一致性和安全性。目前，安全认证技术正从基于证书颁发机构（CA）的中心化认证技术向区块链等去中心化认证技术发展。

（4）数据资产综合管理与分级分类技术

这项技术涉及对多种来源的数据进行数据资产梳理、数据分级分类，对数据资源进行动态度量和评估，并针对不同级别的数据资产和安全风险采取差异化可信管控措施。

（5）数据全生命周期安全管控技术

该技术围绕数据采集、传输、使用、存储、共享、交换和销毁全生命周期，提供标识生成/绑定/保护、数据传输保护、数据存储保护、数据防泄漏、数据脱敏、细粒度访问控制等安全防护功能。

（6）智能识别技术

智能识别技术包括语义发现、语义转换、名称经验值、描述关联联想等多维度的组合方式，用于创新性准确识别、自动化识别数据内容并自动加注标识。这种技术在元数据智能识别场景的应用尤为突出。

（7）统一数据识别编码和分析系统

建立一个统一的数据识别编码和分析系统，这包括对人机物等基础数据对象和数据本体进行统一标识编码。该系统支持数据空间各类参与者加强数据分类、分级和标识校准的管理，以支持数据的标准化处理和流通。

（8）标识融合技术

标识融合技术基于多源数据标识的关联融合，使多个标识共同指向同一个实体，这对于数据流通领域的研究至关重要。业内通过标识匿名化处理增强标识流通融合的安全性，以及通过建立全国通用的标识体系促进多源标识互认连通。

（9）标识规则体系和存储管理

建立统一标识规则体系，利用标识编码解析技术对数据资源进行统一标识编码，并进行匿名化处理，可以增强数据流通安全性。建立标识存储管理体系，实现数据标识的输入、输出、增加、删除、浏览、查询、修改、分类等功能，可以保证数据标识状态的实时更新。

5.4.2 语义发现

语义发现是通过自动分析理解数据深层含义及其关联性，了解数据内容并匹配使用者需求的一个过程，旨在实现不同来源和类型数据的智能索引、关联和发现。

语义发现受数据、语境、目标需求三个因素的影响。首先需要确定语境和需求，再选择用于发现的数据集和分析（发现）方法。语义发现的工具包括统计、数据挖掘/知识发现、逻辑推理、离群解析、图分析、可视化分析、相似对比分析等，不同分析方向存在优点和局限性，需要基于需求进行选择。根据语义应用特征，语义发现可以分为在线、离线、可延时、侦听预警等。通常来讲，语义发现结果不具备普适性，这与发现目标和使用者的主观相关，客观上又受数据分布特征约束。同一目标的语义发现在不同应用场景可能出现差异，产生这一现象的因素很多，因此语义发现存在不确定性。因此，构建语义发现方案，一定要考虑容错、可扩展、兼容等。

语义发现通常是数据空间里的一项自动化服务，其实现过程涉及以下几个关键流程。

1. 从原始数据到智慧洞察

在 DIKW 模型中，从数据到智慧是大数据领域一条复杂且漫长的道路，其中，自动化语义发现，则是从数据中提取智慧的基础。现代数据架构解决方案普遍关注数据洞察，数据库服务商往往集成了数据编目、查询调度，并形成一个统一的解决方案。而在数据空间内，数据来源于多个组织体系，具有更复杂的属性特征，包括数据库视图、文件、流、事件、指标、仪表盘，都不尽统一。这也对数据空间在数据接入的语义发现工作带来了巨大挑战。

语义发现是指从原始数据中提取出有价值的信息和知识，进而转化为智慧洞察。这个过程涉及对数据的深入理解和分析，以识别数据中的模式、趋势和关联性。在自然语言处理（NLP）中，语义分析是实现这一目标的关键步骤之一。语义分析关注对自然语言文本的深层理解，即识别和解析语言中的词汇、短语和句子的含义。通过语义分析，计算机能够更好地理解人类的语言，从而提供更加智能和个性化的服务。

2. 语义特征提取

语义特征提取是自然语言处理中的关键步骤，目的是从原始文本（或者元数据存储库）中提取出与任务相关的特征。常见的方法包括词袋模型和深度学习模型。词袋模型通过将文本转化为词频向量，忽略词语的顺序和语法关系，适用于大规模数据集。深度学习模型，如卷积神经网络（CNN）和循环神经网络（RNN），能够自动学习文本的特征表示，无需手动设计特征工程。预训练语义模型，如 BERT、GPT 等，也被广泛用作特征提取器，它们能够提供丰富的语义信息，如词义、上下文关系、语义依存度、句法结构等。

虽然语义发现和特征提取是一项高度自动化的技术，但人工干预在一些场合不可避免，数据分析师和语义解析师在提供数据标识、语义转换等技术服务过程中，也发挥重要作用。

3. 智能索引

智能索引技术利用人工智能技术和机器学习方法来提高数据空间系统的查询效率。智能索引通过捕获底层数据的分布规律或者查询负载的特征等，建立深度学习模型或者强化学习模型来加强或更新资源目录服务。智能索引技术能够解决传统索引结构在处理海量数据时面临的空间代价高和查询效率低的问题。智能索引的研究包括一维数据和多维数据的索引，以及不同查询类型的索引，如哈希索引和布隆过滤器。

基于自动化特征提取的语义发现使得数据管理分析成为可能，进而构建数据空间的智能索引系统。整个过程围绕数据接入、数据标识、语义转换、元数据智能识别、统一目录标识以及统一接口要求等资源互通技术，共同实现数据产品和服务的统一发布、高效查询、跨主体互认，也加强各类数据空间互联互通，形成了数据资源互通连接技术体系，如图 5-18 所示。

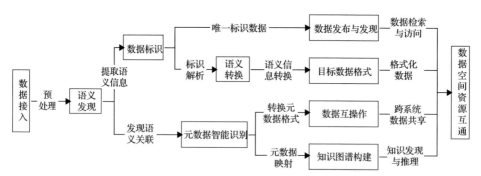

图 5-18　数据空间资源交互过程中的语义发现与语义转换

5.4.3　元数据智能识别

1. 元数据概述

元数据描述了一个数据空间内流动的数据动态、特征、属性与内容，说明这些数据代表什么，如何被分类，它来自哪里，在组织之内如何移动，如何在使用中演进，谁可以使用它，以及是否为高质量数据。元数据使数据、数据生命周期和包含数据的复杂系统易于理解和使用，并且是数据空间资源互操作的关键主线引擎，关联了资源目录、数据标识、语义发现、数据格式、数据检索等各项技术和功能组件。尤其在数据空间发展初级阶段，完善的元数据管理，是支撑数据空间正常运行的核心模块。

元数据按照功能可以分为描述性元数据、结构性元数据、管理性元数据及技术性元数据。例如，本书就是一组数据，包括了书的详情、内容及其传播、衍生管理等，而关于这本书的相关抽象和概括描述信息就是元数据，帮助我们了解这本书的概况和管理方式。元数据分类及关系结构如图 5-19 所示。

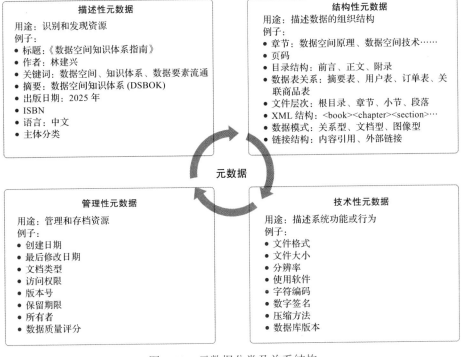

描述性元数据
用途：识别和发现资源
例子：
- 标题：《数据空间知识体系指南》
- 作者：林建兴
- 关键词：数据空间、知识体系、数据要素流通
- 摘要：数据空间知识体系 (DSBOK)
- 出版日期：2025 年
- ISBN
- 语言：中文
- 主体分类

结构性元数据
用途：描述数据的组织结构
例子：
- 章节：数据空间原理、数据空间技术……
- 页码
- 目录结构：前言、正文、附录
- 数据表关系：摘要表、用户表、订单表、关联商品表
- 文件层次：根目录、章节、小节、段落
- XML 结构：\<book>\<chapter>\<section>…
- 数据模式：关系型、文档型、图像型
- 链接结构：内容引用、外部链接

元数据

管理性元数据
用途：管理和存档资源
例子：
- 创建日期
- 最后修改日期
- 文档类型
- 访问权限
- 版本号
- 保留期限
- 所有者
- 数据质量评分

技术性元数据
用途：描述系统功能或行为
例子：
- 文件格式
- 文件大小
- 分辨率
- 使用软件
- 字符编码
- 数字签名
- 压缩方法
- 数据库版本

图 5-19　元数据分类及关系结构

关于元数据驱动、元数据智能识别功能模块可关联参考本书 3.4.3 节相关内容。

2. 元数据智能识别技术

元数据智能识别技术是一种利用人工智能和机器学习等技术自动识别、分类和处理元数据的方法。在数据空间场景，作为一种资源互通技术，元数据智

能识别的目的是将元数据从一种格式转换为另一种格式，包括并不限于对数据的属性、关系和规则进行重新定义，以确保数据在不同系统中的一致性和可理解性。

智能化元数据识别与管理技术利用机器学习和知识图谱等底层人工智能应用，完成数据侧写、自动分类、自动口径提取、内容智能解析、使用状况分析，以及面向业务语义的智能发现和推荐、异常探测等功能，当然还包括利用脚本编写、组件嵌入实现的自动化和协同化功能，这些一起达成更"主动"的元数据管理，最终指向智能的数据的供需满足，以及系统、业务之间的互通。具体过程包括：

- 从各种数据源自动提取元数据，对于半结构化、非结构化的数据，采用文本识别、图像识别、语音识别、自然语言处理等技术，自动发现和提取其元数据，以目录服务形式构建有价值的数据资源池。
- 通过语义模型、标签体系自动采集相关的技术元数据和业务元数据，自动建立技术元数据与业务元数据的关系，并将其存储进元数据存储库中，同时，应手动创建无法自动捕获的元数据。
- 验证和清理收集到的元数据，建立元数据创建和捕获的标准流程，实施质量控制措施以确保元数据的准确性和完整性。
- 实施元数据分类和标记系统，建立中央元数据存储库。其中，元数据的可视化展示（通常作为目录服务）通过数据地图和可视化工具，将复杂的元数据关系以直观的方式展现出来，帮助用户更好地理解和管理数据。
- 确保元数据的安全性和可访问性，建立元数据之间的关系和链接，并定期审查和验证元数据，更新过时的元数据、删除冗余或不再相关的元数据，以确保元数据与实际数据资产保持同步。
- 在人工智能技术的帮助下，元数据的管理和维护更加智能，例如通过自定义规则探查元数据的一致性，并自动提醒更新和维护。

元数据智能识别是"主动元数据管理"的典型范式，也是数据空间数据流转过程中最重要的技术组件，处理数据接入、数据发布、数据发现以及数据转换过程中大量工作任务，形成数据与服务对接、技术与功能匹配的价值链接。

3. 元数据智能识别与管理系统架构

在分布式数据管理过程中，元数据的智能识别与汇聚，以及系统化的管理，是数据空间资源互通的重要内容，也是核心模块之一。以元数据智能识别技术驱动的元数据管理系统是一个流程化的综合应用，一般应包括 3 个主要层次框架（如图 5-20 所示）。

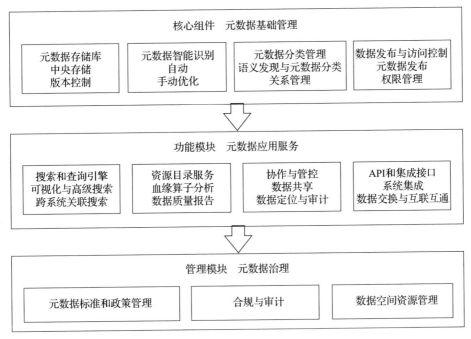

图 5-20　元数据智能识别与管理系统架构

（1）第一层：元数据基础管理

- 元数据存储库：负责中央存储和管理元数据，包括版本控制。
- 元数据智能识别：自动和手动优化元数据的识别过程。
- 元数据分类管理：通过语义发现与元数据分类来管理关系。
- 数据发布与访问控制：管理元数据的发布和访问权限。

（2）第二层：元数据应用服务

- 搜索和查询引擎：提供可视化与高级搜索功能，支持跨系统关联搜索。
- 资源目录服务：包括血缘算子分析和数据质量报告。

- 协作与管控：涉及数据共享、数据定位与审计。
- API 和集成接口：支持系统集成、数据交换与互联互通。

（3）第三层：元数据治理

- 元数据标准和政策管理：制定和维护与元数据相关的标准和政策。
- 合规与审计：确保元数据管理符合法规要求，并进行审计。
- 数据空间资源管理：管理数据空间中的资源，确保有效利用。

这个框架展示了元数据从基础管理到应用服务，再到治理的全过程，强调了元数据在数据管理和应用中的核心作用。

整体而言，数据标识、语义发现以及数据目录等与元数据智能识别高度关联的资源互通技术共同组成了数据价值链的发现逻辑。数据标识和数据目录是数据资源的表示形式，本身不保存数据，但都是用元数据指向数据资源。而语义发现正是填充数据标识内容、形成数据目录的重要工具，三者共同形成了数据空间的语义模块，位于基础数据资源存储单元之上，并通过元数据共享形式进行集成，以便数据空间参与者能够进行数据的充分交互、共享与流通。

5.4.4　Xsensus 交互式数据探索技术

X，常被用来表示探索、未知、无限，以及"目标"和"希望"等抽象概念。X（形状如同乘号）又有成倍增长、合作、完美组合的意思，表示乘数效应。Space X、Model X、Google X 等公司及产品，以及 Gaia-X、Catena-X、Robg-X、Manufacturing-X 等数据空间项目，都带有"X"。此外，X 还有交互之意，表示全方位的互联互通。

Xsensus 正是兼具"X"的上述各种含义，是一项定位于数据空间资源交互、动态管控、价值共创的交互式数据探索技术，是数据空间系统的"芯"。Xsensus 的内生逻辑是"感知一切""集成一切""协调一切"，并面向无限价值愿景。

Xsensus 技术以"感知""交互"为内核，具备数据感知、空间感知、价值感知、交互感知的底层能力，具有管理进程、配置组件、协调软硬设备、提供系统调用的基础功能，并关注数据价值，通过策略引擎与 AI 技术驱动，从数据、系统、流程、业务中提炼价值并在数据空间运行中实现价值转化和释放。Xsensus 数据探索架构如图 5-21 所示。

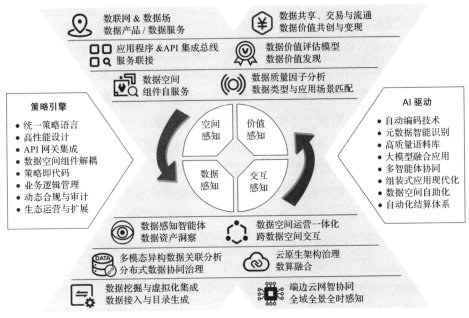

图 5-21　Xsensus 数据探索架构

空间、交互、数据、价值作为 X 的四象限，以统一的感知逻辑进行能力融通。

首先，数据空间创新技术（包括数据场、数联网、数共体等）以数据模型和数据架构等方式定位了数据空间的使命，进而通过应用程序组合与 API 集成总线构建数据空间的各类型服务内容，并落脚于组件，形成组件自服务生态。整个过程构成了 Xsensus 的空间感知能力。

其次，在数据空间架构运行体系内，数据接入与目录生成，启动了数据变现之路。Xsensus 技术集成数据标识、语义发现、语义转换、元数据智能识别等，进行多模态异构数据关联分析与分布式数据协同治理，实现数据资产识别与价值洞察。

同时，AI 驱动的自编码技术、大模型底座、多智能体协同以及高性能计算策略，共同形成了 Xsensus 系统感知体系，为数据空间的运行和数据价值挖掘提供了自动化、自助化基线服务。

最终，数据的价值在感知体系内围绕高质量数据集通过质量因子、价值模型获得价值确认与展示，并通过数据空间系统化的生态支撑，完成数据价值转化、释放与变现。

更重要的是，Xsensus架构采用全局AI驱动，通过创建AI应用环境为数据赋予生命。数据变动、需求和事件成为功能应用程序触发器，为Xsensus系统对数据进行适配性处理创造机会，然后该处理任务可能会触发其他功能，例如人工智能推理、元数据丰富和大模型调用和价值验证等。通过将数据与代码结合起来，系统可以对新数据和长期数据进行递归计算，从而通过将新的交互与过去的实现实时结合起来以变得更加智能。

Xsensus数据探索架构是个可扩展的理论模型、系统原型与技术内核参考，始终配置统一策略语言，使用代码来定义和管理策略、规则与条件，也就是"策略即代码"（Policy as Code，PaC），始终关注数据、流程和自动化的结合，以实现"感知一切"，持续为数据空间参与者提供价值。

Xsensus交互式数据探索技术可以作为数据空间连接器的底层技术，也可以封装为数据空间控制器，还可以作为数据空间操作系统的内核技术，成为数据空间的核心智能体。这也正是由于Xsensus具备生态感知、复杂数据处理与空间治理三大基础能力。

1. 生态感知策略引擎

生态感知是指数据空间人机物连接体系的全态势感知，基于数据空间三环模型（参见图2-4），以数据为中心、关注数据组件结构、面向生态发展，实现三环交互演进的生态格局，即包括数据生态、技术生态以及空间生态。

而实现生态感知的手段是统一配置的策略引擎，从数据空间规划开始，Xsensus即介入设计，遵循共性技术，集成广泛的应用程序，充分考虑数据空间设计三阶模型，并积极拥抱AI技术，实现数据空间生态全局规则和条件策略部署，构筑数据空间的感知引擎。

具体而言，策略引擎是一种软件组件，用于定义、实现和执行业务规则与策略。策略引擎允许开发人员和运维团队在复杂系统中实现灵活的策略管理。

它的核心优势是与域无关的特性，能够广泛应用于各种场景，如接入认证控制、微服务 API 授权等。

策略引擎提供一种统一的策略语言，使用代码和利用源代码管理（SCM）工具定义、更新、共享和执行策略，使得开发人员可以在不同的系统和应用以及跨空间一致地表达和管理策略。

通过这些关键点，策略引擎能够在实现数据、业务、服务和生态资源集聚方面发挥着重要作用，并成为 Xsensus 架构的动力模块。

2. 复杂数据任务调度与处理

数据空间本身就是一个复杂系统，且面对复杂任务，处理多模态、多场景的复杂数据。从数据源层到数据目录层，再到数据集中处理层以及数据消费层，数据的形态发生连续变化。仅依赖静态的存证管控和被动式数据标识等手段，数据的价值仍旧无法被激活。Xsensus 通过多任务交叉处理与服务调度，让数据在空间内流通，让技术与服务共生，让协同创新聚焦价值发现，去除重复环节以及交易噪声，加速数据交换与数据共享（例如通过需求推荐与自动化匹配），使得数据空间参与各方能够充分关注数据价值。

随着 Xsensus 的技术升级，数据的复杂处理任务在一个"超级虚拟终端"内统一调度，将多个来源的数据集中在一个逻辑上的"超级虚拟终端"本地，让跨端数据处理转变成如同"本地数据"处理一样方便快捷。

例如，在数据发布环节，数据提供方形成数据后，不论是实时数据还是批量接入的数据集，都可以通过 Xsensus 进行整合与传送。Xsensus 已经继承了基础目录，并具备应用场景的智能匹配功能，能够主动识别数据提供方的数据质量、应用和价值场景。提供方无须进行额外的数据加工即可对接数据交换与共享的需求，并在供需交互中，持续聚焦价值，优化数据内容与质量，形成价值迭代的发展态势。

明确数据的含义对于确保不同人员和系统能够准确一致地解释和使用数据至关重要。在认证与对接之后，Xsensus 的首要任务是发现和处理"有意义的数据"。基于 Xsensus 的语义互操作性，数据提供方和数据使用方采用数据空间通用词汇（通用词汇作为 Xsensus 的组件之一）来表达他们的数据提供或需求。

然后 Xsensus 通过统一配置的策略语言，构建了一个虚拟的认证中心，让分布式数据处理任务完成一次性认证和数据同步，再通过任务调度和匹配中心，配合数据的发布、发现与交换，完成复杂数据处理任务的集中调度，系统流程框架如图 5-22 所示。

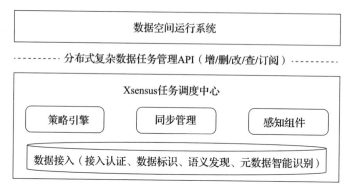

图 5-22　Xsensus 数据接入系统流程框架

整个框架的宗旨是让"数据找人"而非"人找数据"。Xsensus 数据接入系统构建于现有架构之上，利用了现有的元数据和基础设施，通过将被动元数据转换为主动元数据，识别跨系统的数据行动，采用一致性策略，提升数据集成和数据管理任务效率。并且，Xsensus 的感知内核是通过自动化和智能化组件实现的，减少了人工干预，提高数据处理的速度和准确性，使高度复杂的交互系统和多场景数据任务自助化对齐数据空间的价值战略。

3. 空间动态管控与治理

Xsensus 本身具备连接器、控制器功能，已经内置了各类可信管控组件以及 AI 应用，尤其是动态管控模块，为接入方系统建立可信认证、数据的隔离与同步访问控制、数据安全和隐私保护。通过分布式软总线的技术，用户系统和接口可实现自动认证和连接。实际应用中，Xsensus 还提供扫码方式完成认证和连接，只需要调用系统接口生成二维码，再调用系统扫码接口实现扫码操作即可完成认证连接。这个时候，通过权限申请，用户可以实现应用沙箱内的数据以及应用文件的互访。

同时，Xsensus 不仅仅是应对复杂多变的数据环境、完成多源数据应用需求的重要实践方法，也是数据空间重要的管控模块。数据空间是一个多权利主体交叉协同、多价值创造方式融合创新的数据生态，需要平衡数据的"管"与"用"。Xsensus 始终关注数据保护、数据合规、敏感数据管理等，并强调数据分级分类、数据角色授权、数据安全过程场景化管理的重要性。为实现动态管控，Xsensus 策略引擎不仅集成了数据政策，还把数据空间的可信管控技术统一部署到数据感知和交互处理的全过程，实现全程动态合规与持续审计。

Xsensus 的核心除了感知外，还包括交互，而再完美的代码也无法跨越"人性"。鉴于此，Xsensus 的动态管控和数据空间治理除了通过基础策略的自动化执行和校验，还将数据空间的生态管控与运营责任配置到每个角色，以每个参与者的价值诉求为导向，共建共享一个价值生态。这主要也来源于 Xsensus 数据探索架构是跨越边界的、覆盖全空间全生态的感知体系。Xsensus 深入数据空间的数据平面、服务平面、管控平面，通过 API 进行交互，保持了良好的解耦，并采用一种分布式的治理模式，将各种策略（如访问控制、加密、隐私保护等）以代码的形式嵌入到每个数据流动环节中（嵌入式策略），让每个角色在交互过程中遵循统一策略，并记录各个交互细节，通过持续审计（审计跟踪）来迭代优化策略（动态合规），最终实现数据空间的动态管控和全局治理（如图 5-23 所示）。Xsensus 虽然提供了统一的控制接口，但具体的策略执行则在数据空间系统运行的上下文中进行。这种设计既保证了治理的一致性，又避免了中心化治理可能带来的制度约束瓶颈。

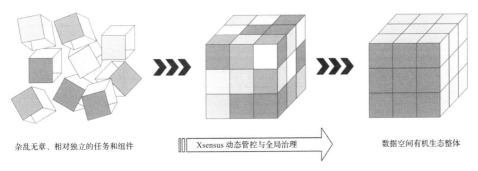

杂乱无章、相对独立的任务和组件　　　　Xsensus 动态管控与全局治理　　　　数据空间有机生态整体

图 5-23　Xsensus 实现动态管控与全局治理

5.5 数据空间技术创新展望

5.5.1 数据空间操作系统

在计算机中，操作系统是最基本也是最为重要的基础性系统软件，根据运行的环境，可以分为桌面操作系统、手机操作系统、服务器操作系统、嵌入式操作系统等。数据空间操作系统（Data Space Operating System）并不是传统意义上的前述某一种特定类型的操作系统。它更像是一个概念性的框架或平台，跨越了这些传统操作系统的范畴，提供了一种在不同操作系统和环境中动态管理和操作数据以及支持数据空间可信管控、资源交互、价值共创的方法。

正如 Xsensus 交互式数据探索技术作为数据空间操作系统的内核，数据空间操作系统的主要功能包括为数据空间提供使用控制、资源分配、任务调度、动态管控、组件管理、系统配置等，是数据空间互联互通与生态运营的核心模块。

数据空间操作系统可以作为各参与者访问数据空间的统一入口或用户界面，是实现数据空间集中治理和管控的统一系统。同时，数据空间操作系统也是空间内信任管控流、数据资源流、服务价值流的统一视图，负责组件接入、资源分配、任务协同调度等。从层次结构上看，数据空间操作系统是用户、应用程序与数据空间组件（基础设施）互动的中间层（如图 5-24 所示），整合用户需求、应用服务与数据空间硬件和组件，形成一个生态交互的内部一体化系统。

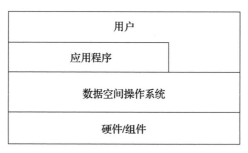

图 5-24　数据空间层次结构

此外，数据空间也是一项跨技术领域的技术生态有机体，数据空间操作系统更像是一个整合传统操作系统，并且内置了一系列应用软件和程序的巨大泛用管理系统。与传统操作系统的定位不同，数据空间操作系统更关注易用性，考虑"尽力而为"（Best-Effort）的单一服务模型，并关注服务质量（QoS）要求，且支持"按需付费"，以支持数据空间的可扩展性和灵活性。

从数据流通角度看，数据空间操作系统的核心在于提供一个统一的数据管理和访问环境，无论数据存储在何处，无论是在本地设备、云服务器还是边缘设备上。它关注的是如何在不同的系统和设备之间安全、高效地共享和利用数据，而不是直接管理硬件资源。

在数据空间语境内，功能与价值总是体现在系统边界的接口处，因而，数据空间操作系统在很大程度上更像是一条 API 服务总线，整合组件功能架构和应用工具形式结构，是形式与功能的映射，如图 5-25 所示。数据空间组件通过命令启动进程，并联动击发工具，形成进程管理、作业管理、设备调度与分配等各项交互，这就是操作系统的基本运行过程。

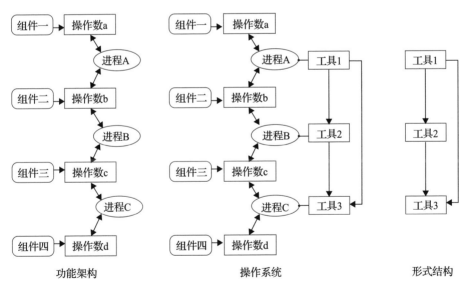

图 5-25 由组件功能架构和应用工具形式结构组成的操作系统

可见，数据空间操作系统本质上是一个"复杂系统的内部互操作系统"，使得分布的控制系统通过统一配置的交换策略，能够协调工作，从而达到一个共同的目标。为了达到数据空间可信可管、互联互通、价值共创的目的，需要包括硬件、网络、操作系统、数据库系统、应用软件、数据格式、数据语义等不同层次的互操作，且涉及运行环境、体系结构、应用流程、安全管理、操作控制、实现技术、数据模型等一系列传统模块，因而也需要一个统一的管理系统来进行协调、控制。

随着数据空间的建设发展，数据空间操作系统也会随之创新，直至成为一个独立的生态自组织操作系统。而在数据空间发展初期，以下路径可以作为系统封装和部署的方向：

- 服务器操作系统：数据空间操作系统在服务器端可能有更明显的应用，因为服务器通常是数据存储和处理的中心。在这里，它可以作为一个中间件或服务层，管理和协调来自不同客户端和设备的数据处理请求。

- 云操作系统：随着云计算的发展，数据空间操作系统可以被视为云操作系统的一部分，它在云环境中管理和协调跨多个云服务和云资源的数据。

- 跨平台系统：数据空间操作系统可以跨越多种操作系统，为不同的设备和平台提供统一的数据访问接口。在这种情况下，它不局限于单一类型的操作系统，而是作为一种跨平台的解决方案存在。

- 嵌入式操作系统：在嵌入式系统领域，数据空间操作系统可以提供数据管理和访问功能，尤其是在需要处理大量传感器数据和执行实时数据分析的场景中。

总的来说，数据空间操作系统是一个更为抽象的概念，它不直接对应于传统的操作系统分类，而是作为一种补充和扩展，增强了现有操作系统在数据管理和访问方面的能力。

当然，类似 HUAWEI Harmony OS 的分布式任务调度平台面向数据空间的扩展应用，或者是 Xsensus 独立封装的独立操作系统，都可能是数据空间 OS 的创新方向。随着数据空间网络生态的持续发展，用户对 OS 的期待会越来越高。支持多组件统一管理、动态策略配置管控并提供数据自助服务的数据空间系统，将搭载数据空间的核心能力、通用架构、接口容器、统一策略引擎等，并具备多元化部署和高弹性运行能力，成为各类数据空间的通用软件。

5.5.2　数据空间超级 App

超级 App 的典型例子包括中国的微信和支付宝，它们不仅提供了即时通信和支付功能，还集成了购物、出行、金融服务等多种生活服务，极大地方便了用户的日常生活和工作。在数据领域，数据空间虽然主要解决数据流通问题，但实际上构成了数据价值变现的枢纽，不但类型众多、参与者数量巨大，服务内容、应用场景也极其丰富。

国家将大力推进数据空间建设，到 2028 年建成 100 个以上可信数据空间，并形成一个数据空间网络，促进多场景数据价值实现。综合分析数据空间的功能和发展态势，数据空间充分具备传统超级 App 的各项特征（见表 5-5）。从生态发展和技术创新的角度看，数据空间将成为数据领域的一个新型超级 App。

表 5-5　数据空间超级 App 的属性特征

特征类别	传统超级 App 特征	数据空间超级 App 特征
多功能集成	提供支付、社交、购物、出行等一站式服务	集成城市、行业、企业、个人、跨境等多维度数据资源，提供全价值链数据共享、交易和多场景应用服务
用户黏性	高频率使用，满足多种需求	高度依赖，满足数据管理和流通需求
平台化	连接用户和第三方服务提供商	连接数据提供者、数据使用者以及数据服务商，促进数据生态体系建设
个性化服务	根据用户行为和偏好提供个性化服务	根据数据使用场景和需求提供定制化的数据服务
生态系统构建	构建服务和用户的生态系统	构建数据流通和利用的生态系统
数据驱动	利用大数据和 AI 技术优化服务和用户体验	利用新型数据基础设施构建以数据为中心的复杂系统
安全性和隐私保护	提供账户安全、支付安全等保护措施	实现数据的安全流通和隐私保护，如隐私计算技术
跨平台能力	支持 iOS、Android、Web 等多平台	可扩展架构，跨行业、跨区域、跨平台数据连接
国际化	服务全球用户	支持跨境数据流通，促进国际合作和数据共享
创新性	不断引入新技术和服务	集成先进技术并持续协同创新

通过上述矩阵，我们可以看到数据空间超级 App 不仅具有传统超级 App 的

一些核心特征（如平台化、数据驱动、创新性），也发展出了自己独有的特征，特别是在数据流通、个性化服务、生态系统构建、安全性和隐私保护等方面。数据空间以其多功能集成、安全性、促进治理现代化、构建一体化市场、技术适配性、互联互通、产业链协同和个人数据保护等特点，展现出作为一个数据领域超级 App 的价值和潜力。

尤其是国家大力发展高速数据网、高通量数据传输、高性能计算等核心技术攻关，为数据空间的创新发展提供了强大动力支持。与算力属性相通，数据空间具有高链接性、强渗透性、泛时空性、快衍生性、广赋能性和正外部性等新质生产力属性，也表现出智能性、泛在性、普惠性和高移动性等数字技术特征。数据空间的建设发展将进一步激活数据新动力、催生数据新业态、释放数据新潜能。

5.5.3 数据空间多智能体协同

智能体是指能够感知环境并采取行动以实现特定目标的代理体。它可以是软件、硬件或一个系统，具备自主性、适应性和交互能力。智能体在人工智能领域广泛应用，常见于自动化系统、机器人、虚拟助手和游戏角色等，其核心在于能够自主学习和持续进化，以更好地完成任务和适应复杂环境。针对人工智能技术，国家正推动开展可信数据空间核心技术攻关，探索大模型与可信数据空间融合创新。如今，数据智能不仅被纳入人工智能范畴理解，而且越来越被认为是主流人工智能。

数据空间作为一个数据与技术交汇融合应用的复杂有机体，从架构到设计再到技术与工程，以及部署与运营，都需要智能化应用的支撑。随着大模型的百花齐放，大语言模型（LLM）会支持更长的上下文、更大的参数规模，其推理能力也会愈发强大。因此，基于大模型搭建的智能体的能力边界也在不断突破。当前，AI 技术正在从大模型到智能体应用方向演进，多智能体系统（MAS）也开始进入实践领域。这种由多个相互作用的智能体组成的系统，可以通过智能体协作、竞争或独立地工作，以解决复杂的问题。每个智能体在该系统中都有自己的目标、感知和行动能力，并能够在环境中自主决策和行动。数据空间多智能体协同机制正是这种系统的最佳应用场景。其关键特性是分布式协同，智能体之间通常通过通信和协作来完成任务，而不依赖中央控制系统，这也与数据空间的模块化和可扩展架构相通。

多智能体协同效应也来源于逐步迭代的智能体自主性深化应用，其应用层次和自主性级别如图 5-26 所示。

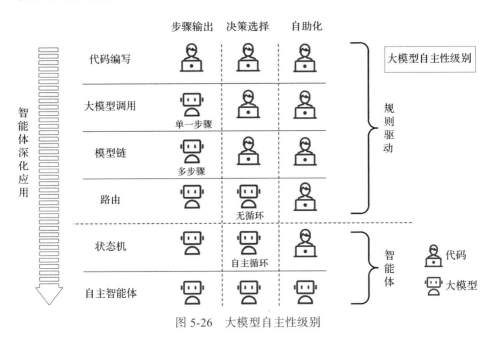

图 5-26　大模型自主性级别

根据现有的实践，在数据空间应用智能体技术，也需要遵循一定的开发框架，抽象和封装那些被高频使用的模块，如数据标识、语义发现、元数据智能识别、动态管控等，通过智能体的记忆能力、规划能力、检索增强生成（RAG）能力、大模型调用等。使用智能体框架，有助于快速搭建智能体（如图 5-27 所示），部署自定义智能体、编码、研究、数据分析、多智能体等。

图 5-27　智能体构建与部署流程

总之，多智能体协同应用是大模型与可信数据空间融合创新的重要方向，是构建一个高度自动化、智能化的数据生态系统的最佳解决方案。如孙凝晖院士所称，人工智能在数据空间中的作用不容忽视。如果说，信息空间的高价值活动特点是"核裂变",那么数据空间的高价值活动特点则是"核聚变"。未来人人都将拥有自己的模型,而构建数据空间的基础设施是实现这一愿景的关键。

5.5.4 全域、全链、全景、全时数据空间

数据空间代表一个枢纽,更是一个联动的大生态格局,不同来源、不同格式的数据以及不同利益诉求的主体可在此轻松链接、交互、共创并分享价值。从愿景上看,数据空间将成为新一代数据技术的汇聚地,并成为数据价值释放的堡垒。从国家构建多类型数据空间、推进生态体系建设的政策来看,数据空间将形成"即取即用""无处不在""随时、随地、随需"的数据应用网络生态。

与此同时,全域数字化转型、东数西算、算网融合等局部战略也推动了数据空间从一项数据流通技术走向全要素价值共创的生态网络。尤其是当前相关城市正在开展数场、数据空间、数联网、数据元件、隐私计算、区块链等数据基础设施先行先试,为数据空间演进为一个覆盖各行各业、全域全链的数据流通引擎提供建设蓝本。

数场、数联网、数据元件、隐私计算、区块链以及算力基础设施,都面向海量数据的虚拟集成和汇聚、数据产品开发与价值发现、可信安全、实时数据处理和应用。各项新型数据技术和基础设施的落地,将推动构建一个"全域、全链、全景、全时"数据空间(如图5-28所示)。

(1)全域

全域(All-Domain)指的是数据空间覆盖的范围广泛,能够跨越不同的地域、行业和组织。它意味着数据空间能够整合来自不同来源和领域的数据,实现数据的互联互通和综合利用。在全域的数据空间中,无论是地理上的边远地区还是不同行业的数据,都能够被有效地管理和利用,打破地域和行业的限制。

(2)全链

全链(All-Chain)强调的是数据空间在全产业链数据整合及数据全生命周期的作用,从各行各业上下游产业链数据的产生、存储、处理、分析到应用的全过程。数据空间提供了一个平台,使得数据可以在供应链、产业链等多个环节中流动和共享,支持数据的全链条管理和应用。例如,在工业数据空间中,可以实现供应链多个主体间数据的可信可控流通,提升产业链的协同能力和安全水平。

图 5-28　全域全链全景全时数据空间

（3）全景

全景（All-Scene）描述的是数据空间能够覆盖全行业各类应用场景开发与设计。数据空间具备全面视角和多维度的分析能力。数据空间不仅仅关注单一类型的数据，而是能够整合和分析多种类型的数据，包括结构化数据和非结构化数据，提供全面的业务洞察和决策支持。全景的数据空间能够对传统产业进行全方位、全角度、全链条的改造，催生新的业态和模式。

（4）全时

全时（All-Time）指的是数据空间的全局动态实时管控能力，以及能够实现数据的实时处理和分析，支持数据的动态更新和即时响应。这意味着数据空间能够处理和分析实时产生的数据流，及时响应各类需求，为用户提供最新的数据服务和价值挖掘。全时的数据空间能够实现数据的动态维护和自动化运行，确保数据的时效性和准确性。

数据空间的"全域、全链、全景、全时"特性，共同构成了一个全面、动态、多维的数据流通、管理和应用环境，为数据的整合、共享、分析和服务提供了强大的支持。

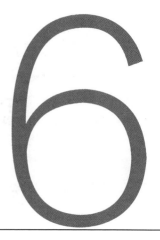

|第6章| CHAPTER

数据空间开发与部署

数据空间开发与部署既是数据空间工程的落地见效环节，也是数据空间工程持续运维的起点，同时还是数据空间设计优化、技术验证的重要过程。

本章内容包括数据空间开发框架、开发路线、开发实战、部署与运维，系统阐述了开发环节的各个步骤、方法和实践。重点内容是首次提出 Xsensus 开发框架、数据空间开发七步法、MetaOps 方法论等全新理论体系，为数据空间开发提供全面指导。这些理论体系是构成数据空间知识体系指南的重要模块。

其中，数据空间开发七步法充分结合 MetaOps 方法论体系，通过 7C 钻石模型、动车模型、高铁模型、车站模型层层分解，阐述数据空间开发的实践步骤和运维关键。而 MetaOps 方法论模型、路径优化、运营模式及开发工具包等内容，又为数据空间的实践落地提供了较为完整的逻辑参考。数据空间的开发基于对元数据和人工智能技术的充分应用，最终落脚于系统构造与智能运维，是数据空间实践的重要基础环节。

6.1 数据空间开发框架

软件工程一直是数据工程师的一项基础技能，即使在 AI 时代，编程仍是数据工程的一种不可或缺的手段。许许多多的大数据技术演进来源于开发框架。例如 Hadoop 生态系统以及 MapReduce 框架引发了数据处理技术的大爆炸。如今，新一代的开发框架更关注数据的管理、增强、连接、优化与监控，提供更好的元数据处理、数据价值发现与数据聚合管理。

回顾数据空间架构、设计和技术框架，数据空间开发涉及的技术领域非常广，而计划构建的系统又相当庞大，难以找到一种能一站式完成数据空间整体搭建的开发框架。从某种意义上讲，数据空间开发框架只关注提供一个适应变更的路线图，帮助开发者快速将需求和设计转化为代码和策略。而在这个过程中，基础设施即代码（Infrastructure as Code，IaC）将开发实践植入基础设施的配置和管理中。越来越多的分布式数据管理任务通过 IaC 框架来完成，而不是启动程序或安装软件。同时，数据空间主要关注数据的流通，流水线即代码作为当今编排系统的核心概念，成为数据空间开发框架的一个重要参考。数据空间开发工程师使用代码（通常是 Python）来声明数据服务和产品之间的依赖关系。编排引擎（如 Apache Airflow）围绕数据空间的目录服务工具解释这些关系并调度和使用数据空间的资源。

在实践中，无论开发框架设计得多么完美，都无法确保每个问题都能得到完美解决。尤其在数据空间建设发展初级阶段，开发者经常要面对在工具之外编写自定义代码的情形。这要求数据空间开发者精通软件工程以理解 API、提取和转换数据、临时搭建连接器、处理数据空间无法预见的各类异常等。而应对这些挑战，是为了满足数据空间各类用户需求，并依循需求路径扩展数据空间组件和功能，形成工具体系，最终实现一致性目标配置的开源框架。

6.1.1 端到端需求分析

在传统的数据交易场景中，不论是场外交易还是场内交易，数据提供方和数据使用方之间通常通过签署协议、合作等方式开展数据共享，这可能包括单一通道的定向数据开放、数据交换碰撞和数据交易等不同方式。双方主要通过一对一的方式磋商需求。为推动数据要素畅通流动和数据资源高效配置，数据空间不仅要解决上述需求对接问题，更需要为需求达成与目标实现提供完整的服务与支持。而一系列的服务都是围绕数据提供方和数据使用方之间的关系展开的，甚至可以说主要是为双方构建一个可信交易环境。

整个数据空间不是一个松散的技术联合体，而是一个端到端的连续有机体，是植入规则、组织、合作与公平等文化的生态网络，形状类似橄榄球，如图6-1所示。数据空间的开发必须建立全局观，考虑整体而非部分，关注结果而非分散的流程，关注价值而非系统，只有这样，才能为每个参与者提供价值创造、转化、共享以及获取"突破性倍增收益"的最佳方案。

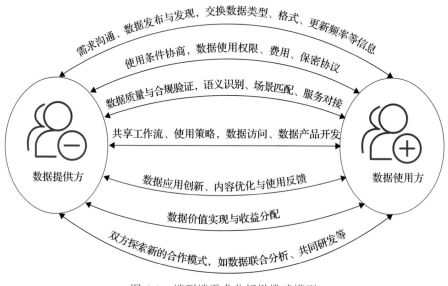

图 6-1 端到端需求分析橄榄球模型

上述需求分析模型同样适用于空间内交互协作的利益相关方。从各方需求与利益矩阵出发，探寻数据空间的共同目标并对齐需求、满足路线、完成开发，是构建数据空间开发框架的主线思维。

同时，还需考虑各方主体的需求层次，聚焦优先级，确保数据空间功能的实现。

（1）功能需求和非功能需求

功能需求：数据空间运行应该具备的具体功能，如接入、管控、可信存证等。

非功能需求：那些提升数据空间性能的组件，如数据空间助手、社区等。

（2）业务需求和用户需求

业务需求：来自数据空间主要业务、涉及数据流通和交易的高级需求。

用户需求：最终用户对系统使用的期望和需求，关注用户体验和界面设计。

（3）基本需求和派生需求

基本需求：直接由用户或参与者提出的核心需求，如目录服务、数据质量提升。

派生需求：从基本需求派生出来的更具体、详细的需求，通常涉及技术实现或系统设计的约束。

（4）功能模块和子系统

功能模块：对系统功能进行逻辑分组，每个模块对应系统的一个具体功能。

子系统：更大的功能单元，由多个功能模块组成，有助于处理复杂的系统结构。

（5）优先级

根据普遍性、重要性和紧急程度对需求进行分类，如高优先级、中优先级和低优先级，以便在开发过程中合理安排和实现。

优先级排序构成了数据空间开发的路线依赖，必备型需求优于期望型需求，个性化需求优于无差异需求。当然，需求总是变化的，有些时候甚至呈侵略性膨胀态势，而数据空间的可扩展性也使得各种需求不断进入开发者视野。权衡这些需求并排定优先级顺序，更像是一门艺术。

6.1.2　无限扩张的功能列表和工具清单

新兴技术的发展尤其是 AI 赋能使得人们越来越不惧怕复杂任务，一次性解决所有问题的欲望总是越来越强烈。数据空间开发者经常迷失在一张无比冗长的功能列表中，并且反复测试各类纷繁复杂的工具清单。

表 6-1 是一份数据空间开发过程中可能碰到或值得考虑的系统功能列表示例。

表 6-1　数据空间系统功能列表示例

序号	功能模块	序号	功能模块
1	控制面板	11	在线用户
2	用户管理	12	定时任务
3	权限管理	13	文件管理
4	机构管理	14	多数据源
5	应用管理	15	操作日志
6	角色管理	16	登录日志
7	菜单管理	17	通知管理
8	资源查看	18	SQL 监控
9	系统配置	19	服务器信息
10	目录管理	20	持续更新

这份列表还只是系统级别，尚未涉及数据空间的具体业务模块和策略组件。开发者不得不考虑进一步分析，并且功能列表已经庞大到需要用矩阵进行排布，见表 6-2。

表 6-2　数据空间功能列表示例

功能类别	功能 1	功能 2	功能 3	功能 4	功能 5
数据管理	1. 数据导入 / 导出	2. 数据清洗	3. 数据备份与恢复	4. 数据分类与标识	5. 数据版本控制
安全与合规	6. 访问控制	7. 数据加密	8. 审计日志	9. 合规性检查	10. 数据脱敏
策略执行	11. 策略定义与管理	12. 策略执行监控	13. 策略冲突解决	14. 策略变更通知	15. 策略效果评估
业务管理	16. 服务标准管理	17. 业务条款审核	18. 合同执行跟踪	19. 数据交易处理	20. 服务更新与评价
身份验证	21. 用户注册与登录	22. 多因素认证	23. 身份信息同步	24. 权限分配与管理	25. 用户行为分析
数据传输	26. 数据传输加密	27. 数据传输加速	28. 数据传输监控	29. 数据传输错误处理	30. 数据传输日志记录
辅助工具	31. 消息中心	32. API 管理	33. 云服务集成	34. 数据沙箱环境	35. 注册中心
……	……	……	……	……	……

　　这个矩阵分类（未穷尽列举）可以帮助开发团队更清晰地理解和管理数据空间开发过程中需要考虑的不同功能项，且每个功能项都可以进一步细化为具体的技术要求和实现步骤。

　　面对多元化功能需求、庞大且复杂的系统以及无法穷尽的列表，开发团队更期待数据工程世界里那些有趣、实用的工具，包括软件架构、框架、模式、模块、组件、插件、控件、中间件等，能让开发任务变得井井有条，易于推进和实现。关于数据集成、数据处理、数据分析、数据计算、调度编排、数据治理、数据仓库以及数据可视化的相关大数据技术工具非常丰富（如图 6-2 所示），而且关于数据空间可信管控、资源交互的技术和工具仍在不断演进，更有大量的低代码、零代码平台，使得数据空间的复杂开发任务成为可分解、可达成的工作。

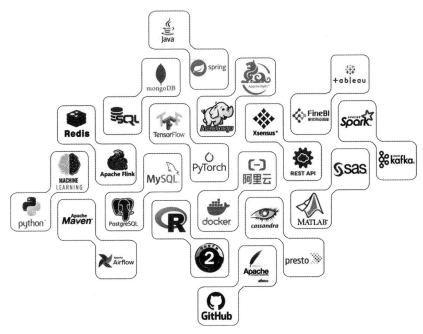

图 6-2　数据空间开发工具矩阵

　　大量的工具应用使数据空间的开发几乎可以"鱼和熊掌得兼"。但值得提醒的是，要关注总拥有成本（Total Cost of Ownership）和机会成本。数据空间开发框架需要充分考虑成本与效益。开发建设一个数据空间，不但涉及开发成本，还应考虑运营成本，两者常常是紧密相关的。

另外，虽然快速更迭的未来技术值得期待和探索，但数据空间的可信管控属性要求开发团队优先考虑安全、稳定、成熟的技术和工具，并充分考虑当前的实际需求，避免过度设计和过度开发。

6.1.3 搭建数据空间开发框架

1. 框架搭建目标

搭建一个开发框架至少有以下几点目标：

- 整体代码规范化。
- 重复代码自动化。
- 复杂关系精简化。
- 公共代码统一化。
- 团队协作便利化。

围绕上述目标，开发框架需要根据以下特点和要求进行搭建：

（1）代码模板化

框架一般都有统一的代码风格，同一分层的不同类代码都有大同小异的模板化结构，方便使用模板工具统一生成，从而省去编写大量重复的代码。在学习时，通常只要理解了某一层的一个有代表性的类，就等于了解了同一层的其他大部分类的结构和功能，容易上手。团队中不同的人员采用相同的代码风格进行编码，可以在很大程度上提高代码的可读性，方便维护与管理。

（2）考虑重用

框架一般层次清晰，不同开发人员在开发时都会根据具体功能将代码放到相应层次的合适位置，加上配合相应的开发文档，代码的重用率会非常高。想要调用什么功能直接到对应的位置查找相关函数，而不是每个开发人员各自编写一套相同的方法。

（3）高内聚封装

框架中的功能会实现高内聚，开发人员将各种需要的功能封装在不同的层中，供大家调用，而大家在调用时不需要清楚这些方法的实现原理，只需要关注输出的结果是不是自己想要的就可以了。

（4）规范管理

开发框架时，必须严格执行代码开发规范要求，做好命名、注释、架构分层、编码、文档编写等规范。因为开发出来的框架并不一定只有开发人员自己在用，要让别人更加容易理解与掌握，这些内容是非常重要的。

（5）可扩展

开发框架时需要考虑可扩展性，比如：当业务逻辑更加复杂、数据记录量暴增、并发量增大时，是可以通过一些小的调整来适应，还是需要将整个框架推倒重新开发？尤其是数据空间涉及多功能模块、多技术交互，更应注意各种开发细节。

（6）可维护

对于成熟的框架而言，在二次开发或现有功能的维护方面，操作上应该都是非常方便的。比如项目要添加、修改或删除一个字段或相关功能，只需要进行简单的操作。新增一个数据表和对应的功能，也可以快速完成。功能的变动修改不会对系统产生不利的影响。代码不存在硬编码等情况，保证软件开发的生产效率和质量。

（7）AI 辅助

随着 AI 技术的迅速发展，代码助手已经成为软件开发领域备受关注的工具。一些 AI 驱动的编程助手具备代码补全、代码推荐、测试生成等能力，能够在编程的各个阶段提供协助。部分厂家甚至推出零代码编程智能体，并提出"人人都是开发者"的 AI 智能体生态图景。对于数据空间的开发，在确保安全的情况下，也可充分借助 AI 辅助开发，以提高效率，以及实现 AI 能力与数据空间的融合并进行测试。

（8）协作开发

数据空间的建设本来就不是运营者或者某一个参与者的任务，而需要多个角色共建、共研、共创。有了开发框架，数据空间开发团队可以更好地进行协作开发，成熟的框架将大大降低项目开发的难度，加快开发速度，降低开发成本和维护难度。

（9）通用性

在数据空间发展初期，将出现企业、城市、行业以及跨境的各类数据空间纷纷推动建设的局面。为避免重复建设，在统一标准、统一接口、统一共性技术的基础上，采用领域框架、通用框架，预先配置通用功能的开发环境，这样各类数据空间开发团队在应用到类似的项目中时，不用做太大的改动。在框架中，通用化的基础功能，比如接入认证、可信存证、权限管理、角色管理、菜单管理、日志管理、异常处理等均提前设置和部署。这样框架就能快速应用到各个行业和企业，以驱动"最小可行数据空间"的快速落地实践，加速新一轮技术迭代。

2. Xsensus 开发框架

Xsensus 是一项面向数据空间资源的交互感知技术，内置了数据空间的多个通用组件，包括连接器、控制器以及基础操作系统，具有强大的通用性。作为开发框架，Xsensus 具备以下性能。

（1）跨领域多场景应用

Xsensus 具备数据感知、空间感知、价值感知和交互感知能力（如图 5-21 所示），适用于企业、行业、城市等各类数据空间的底层部署，开发者只需关注接口配置、处理数据接入范围、监控数据感知和处理过程，并专注于数据空间的目标与价值，而无须从头开始进行复杂的设计和漫长的开发部署。此外，Xsensus 能够根据数据类型和应用场景进行匹配，这意味着它能够满足或适应不同的数据需求和业务逻辑。这种适应性是通用框架的一个重要特征，因为它允许框架在多种不同的应用中发挥作用。

（2）数据质量评估与管理

Xsensus 包含的数据质量评估模型和数据价值发现机制，能够评估数据的准确性、完整性、一致性、时效性和可靠性。这种全面的数据质量管理能力是构建任何数据空间框架的关键要素，确保了数据的可靠性和有效性。

（3）技术集成与扩展性

Xsensus 的构建考虑了技术的集成和扩展性。例如，它支持应用程序、API 集成总线，允许服务连接和组件自服务。这种设计允许用户根据需要添加或修改功能，增强了框架的通用性和适用性。

（4）端边云网智协同

框架支持端边云网智协同，实现全域全景全时感知。这种能力使 Xsensus

能够适应或满足不同的网络环境和计算需求，无论是在边缘计算场景还是在云计算环境中，都能够提供有效的数据管理和分析服务。

（5）数据挖掘与智能分析

Xsensus 集成了数据挖掘和智能分析工具，如多模态异构数据关联分析和分布式数据协同治理。这些工具的集成使 Xsensus 能够提供深入的数据分析能力，这对于各种数据密集型应用来说是必不可少的。

（6）云原生架构治理

Xsensus 采用云原生架构，支持数算融合，这意味着它能够充分利用云计算资源，拥有弹性和可扩展的数据处理能力。这种架构的采用进一步增强了 Xsensus 作为通用数据空间框架的适用性。

3. 通用开发框架

通用开发框架是在数据空间的开发建设过程中，通过现有技术积累而建立起来的一种具备通用扩展能力的基础平台。这类框架使开发部门能够根据数据空间规划定位和数据业务需求，快速搭建出符合参与者要求的应用系统。

数据空间通用开发框架包括应用开发平台、服务管理平台和数据服务平台。

（1）应用开发平台

应用开发平台为开发团队提供了一套预定义的基础模块和组件，如接入认证标准、权限管理、数据空间组织架构、工作流、缓存、国际化、建模等，这些都是构建现代化数据空间应用系统的通用能力。通过这些预构建的模块，开发人员能够快速搭建各类应用系统（如数据发布和发现系统），减少从零开始的开发时间和精力，同时确保应用系统的质量和可靠性。开发人员能够专注于业务逻辑的实现，而不是底层技术的细节。

要实现这一平台，通常需要选择 Spring Boot、Django、Ruby on Rails、JavaScript 等框架或语言，采用 Docker（容器化技术）或 Kubernetes（自动部署和管理）进行组件化开发，并实现持续集成 / 持续部署（CI/CD）。

（2）服务管理平台

服务管理平台主要解决数据空间异构系统和数据的集成与交互问题。它提供了一套中间件服务，用于连接不同的系统和服务，实现它们之间的无缝交互。

这对于打破信息孤岛、促进数据和服务的共享非常关键。服务管理平台常见的能力包括服务注册与发现、API 管理、负载均衡、消息队列等。这一平台的实现往往依赖服务网络技术、API 网关、配置中心、日志与监控等技术。

（3）数据服务平台

数据服务平台致力于解决数据的流通、管理、分析、交易和使用问题，为数据提供方、使用方和服务方提供统一视图。通过构建统一的数据服务平台，数据空间的各类角色能够实现对数据的动态感知，包括数据标识、语义发现、元数据智能识别以及集成化的目录服务和标准化安全控制，为各类数据空间系统提供统一的数据访问接口，保证数据的一致性和准确性。数据服务平台的实现涉及数据库技术（如 PostgreSQL、MySQL、MongoDB、Cassandra 等）、湖仓技术（如 Databricks、Vastdata、Hadoop、Spark 等）、实时数据处理（如 Kafka、RabbitMQ、Flink 等），以及数据可视化（如 Tableau、Power BI 等）。

通用开发框架的建立不是一蹴而就的，而是需要在持续的开发实践和技术探索中逐步完善的过程，而且需要由具备一定技术积累、团队技能和生态协作能力的组织或团队来完成。ODSA（开放数据空间联盟）正致力于搭建一个具备上述功能和作用的数据空间通用开发框架，以推广相关共性技术和最佳实践总结。

6.2　数据空间开发路线

6.2.1　数据空间开发三要件

系统并不是一些事物的简单集合，而是一个由一组相互连接的要素构成的、能够实现某个目标的整体。从这一定义可见，任何系统都包括三种构成要件：要素、连接、功能或目标。而从开发流程上看，系统的开发需要经历需求分析、系统设计、系统实现三个重要步骤，以实现具有适应性、自组织、层次性的"系统之美"。数据空间作为生态系统，同样追求与战略对齐的适应性、动态性、目的性，并可以实现自组织、自我保护与演进。

具体而言，数据空间工程是可信安全、数据管理、空间运营（MetaOps）、数据架构、编排和系统工程的交集，是大规模、分布式、多方协作、多元交互、动态管控、持续扩展和演化的复杂系统，关键要素包括组件、连接件、配置、约束等，是成就系统之美的典型场景。

在开发路线上，框架、流程和组件所对应的原则、方法和工具，进一步抽象为要素思维、系统架构和产品 / 服务画像，让整个开发过程始终对齐战略目标而进行持续交付，完成资源整合、系统连接与功能实现，并实现数据空间可信管控、资源交互、价值共创的三大核心能力。整个抽象和能力对齐的路线如图 6-3 所示，逐步聚焦数据价值与数据空间愿景。

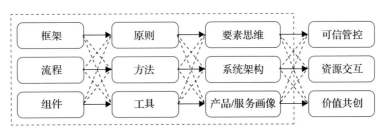

图 6-3　数据空间开发路线抽象过程

指引开发路线的上述要件彼此之间是相互作用的，例如框架与组件、工具生成系统架构，流程和方法抽象出要素思维，而各类组件在数据空间设计原则的指导下相互作用以支撑产品和数据服务并实现价值。系统将要素、框架与原则通过实践转化为物质形态上可识别、可计量、可支配的价值，而开发正是遵循这一路线将需求转换为目标的过程。

通过以上分析，从开发的视角来看，基于系统的三种构成要件，因循开发路线，可以归纳出数据空间开发的三要件：实体、形式和功能。

1. 实体：逻辑构件

数据空间系统是由参与者、组件、数据以及软硬件基础设施资源相互作用而形成的关系集合，这些要素可以统称为实体，而这些实体的组合所实现的功能价值要大于各自的独立作用和价值。不论是数据空间的原理分析，还是开发建设的规划设计，都从数据空间的各类实体出发，从实体关系中定位价值目标，形成数据空间战略。开发行为则是这一战略目标实现的过程，而这个过程就是实体作为数据空间构件通过策略、协议、技术、软件以及应用服务形成的逻辑互动，展现出一种价值共创的组合形态，即复合体，也就是系统。

2. 形式：系统连接

形式要描述系统是什么，以及各实体要素之间是如何相互作用的。形式体现了数据空间工程的物理进程和信息供给情况，目的是执行系统的功能。与形式紧密关联的是架构，架构是形式及其演进过程的抽象。这种抽象用来指导形式的分层，探究实体之间的关系，构建系统性连接，并对功能的实现起到工具性的执行作用。

实体之间的相互作用就是内在关系。关系可以是静态的，如连接关系，也可以是动态并且交互的，如数据交换关系。数据空间的开发重点在将这些关系通过编码映射到系统中，形成系统的外在形式。进而，围绕实体角色的属性、定位以及需求（功能）进行系统化设计，并采用技术手段进行配置和部署，让关系通过计算机程序得以连接和交叉互动。整个开发过程遵循一套架构体系，抽象出系统内的实体形式和实体间的关系形式，采用组件功能组合的方式完成系统搭建。

3. 功能：价值涌现

实体和形式是一种存在，而功能强调的是一种活动。在数据空间系统内，功能价值是功能与实现功能所发生成本之比。一系列实体通过数据空间形式发生关系形成互动功能，且每个实体都有自己的作用机理或功能，各个功能构件组合起来，形成一个复杂系统，如果这个复杂系统所涌现的价值远大于所有实体作用和功能的总和，那么可以说这个系统开发是成功的。功能本身只是系统所做的事情，也就是数据空间系统运行的动作、产出或者输出。而系统的价值正在于它能不断涌现出新的功能，甚至是单体功能组合状态下的卓越性能，这就形成了价值涌现。

功能必须以外在的方式得到执行，才能体现出系统的价值。开发路线的探索，正是将这种执行机制贯彻到实际行动中。系统功能一般是在交互环节即各种接口连接的过程中满足需求并涌现价值。因此，开发路线更是一条价值通路，始终围绕功能发挥、需求满足和价值传递来完成。这一点在流式架构中很明显。

例如，数据从接入、发布、发现、转换到交付，完成了一条价值链路，而这个过程正是数据空间系统实现的。更多的时候，价值通路并不明显，有些非功能性子系统的价值更是被数据空间整体所吸收。为了避免忽略这些隐性功能价值，在进行数据空间开发的过程中，一张完整的关系视图就显得很重要了（如图 6-4、图 6-5 所示）。

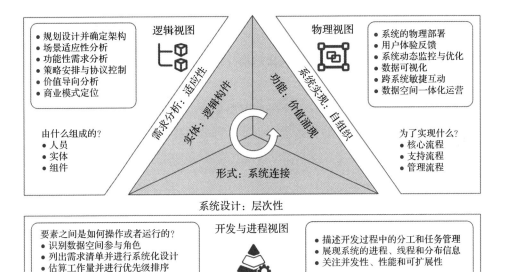

图 6-4　数据空间开发三要件结构图

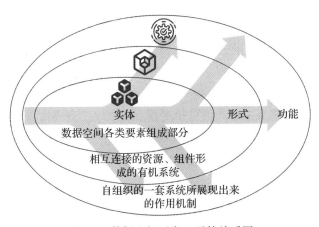

图 6-5　数据空间开发三要件关系图

在图 6-4、图 6-5 中，开发路线被抽象成可视化的图景，由逻辑视图、开发与进程视图和物理视图构成，分别对应系统的逻辑构件、实体关系和功能目标，并解释了各个要件分别解决什么问题，为数据空间的开发控制提供了宏观指引。

6.2.2 数据空间开发七步法

开发是一项很具体的工作，除了抽象的要件分析和路线图规划，还需要明确的步骤。例如，软件开发通常包括需求分析、系统设计、编码实现、测试验证、部署上线以及后期维护等多个主要步骤。数据空间的开发同理，也是由一系列重要且复杂的任务组成，每个任务都始于数据，使用现有的或设计的组件满足端到端的数据需求，并持续创造价值。可见，数据空间的开发不仅仅是软件开发或系统构造，更是支持和支撑数据空间目标实现的一个动态过程。

1. 数据空间开发流程

结合数据空间战略规划和开发路线，可以尝试归纳数据空间开发的具体流程，为整个开发过程提供一个实践指南，以确保数据空间的开发既符合技术要求，又能够对齐战略，满足需求和顺应趋势。

以下是对数据空间开发路线和方法的概括。

（1）需求分析与开发规划

在需求分析阶段，开发团队需要与数据空间的创始人、建设单位及利益相关方紧密合作，以确保数据空间的开发目标与战略目标一致。这包括对数据空间的愿景使命、功能定位、应用场景、目标用户群体、数据类型和数据量进行深入分析。

开发规划应考虑数据空间的可扩展性、安全性、合规性以及与现有系统的兼容性。规划应包括技术选型、项目时间表和资源分配。

（2）功能与用例设计

功能设计应基于需求分析的结果，围绕数据空间的核心能力和共性技术要求，进一步遍历可复用的基础设施和组件套装，进行结构化安排和配置。尤其要关注那些基础的、能够快速实现的功能组件。

用例是数据空间运行的核心对象。一个或多个用例以及未来扩展的用例，如何通过数据空间系统发挥数据要素的叠加倍增效应，是开发团队需要重点研究和关注的。而且，用例往往决定了数据空间的定位，或者用来分解数据空间战略，让数据空间的功能设计与战略对齐动作更加精准和具象化。

（3）协议与策略配置

对于数据空间这一复杂体，流线型的操作不一定适配，更要注重全局思维。在协议和策略配置阶段，开发团队首先要有数据空间运行机制的整体画像，从数据空间底层逻辑出发，厘清各个参与角色之间的关系，进而根据已完成的功能设计和组件安排，梳理各类协议和使用策略。

数据空间协议包括系统内的技术协议和运行过程中的操作协议，可分为软件协议类和法律约束类。而策略则是保障数据空间运行和各类协议执行的规则体系，往往被封装成一个组件，即策略引擎，配置自助化、自动化调用及触发机制。

协议与策略配置是确保数据空间安全和合规的关键步骤，这包括定义数据访问控制、数据共享协议、数据隐私保护措施以及数据治理策略。策略引擎还涉及术语和类型的标准化，以确保数据空间内数据的一致性和互操作性。协议、策略和规则手册，都需要与行业标准和最佳实践保持一致。

（4）数据空间系统开发

开发人员往往对文案类工作比较抵触，而从这一环节开始，具体的开发工作（代码编写）就启动了。数据空间的设计一般都是模块化、可扩展的，并且很大程度上借助现有的数据系统和平台进行"升级"。所以，真正的开发不是从 0 到 1 的疯狂编码，而是在战略部署与规划实施的基础上进行的多任务交叉协作过程。

所谓系统或机制，是指各要素之间的结构关系和运行方式。系统开发，就是要把这些结构关系和运行方式通过系统、子系统、模块、组件、插件、元件多级开发任务的分解，进行代码级的编程，并逐个映射到系统中，再通过接口、命令进行运行、测试、封装。

数据空间机制的内核是信任与约束，这也是开发的重要内容，目的是建立一个安全、可靠的数据交换和共享环境。这包括数据空间的系统连接、信任管控、使用控制、认证机制、合约机制等内容。

（5）数据服务与应用开发

数据空间建设发展的宏观目标是促进数据要素合规高效流通使用，加快构建以数据为关键要素的数字经济。实现这一目标的底层基础是数据要素价值共创的应用生态。

在完成数据空间组织形式和运行机制开发之后，应该转而实施数据空间的应用开发，此时更关注的是产品、服务与价值。与策略引擎的开发相似，数据服务的开发也将充分借助 AI 技术，从数据接入开始，自动化数据编码、自动化元数据识别、自动化语义发现与数据关联以及自助化服务流程，都是这一阶段的重要工作。

同时，数据服务的开发需要关注数据的质量和可用性。这包括确保数据的准确性、完整性和时效性，以及提供数据质量监控和改进机制。数据服务还应包括明确的数据使用策略和数据价值定价模型，以促进数据的合理使用和商业化。

数据服务的开发本质上是产品开发，开发团队应始终坚持以价值为导向，抵挡住构建酷炫应用的诱惑，专注于把数据空间开发成一个"数据产品加工厂""数据要素流通站""数据价值聚变机"。

（6）系统部署与运维测试

同上述两个环节，数据空间的部署与运维也是开发的执行阶段。对于一个庞大的系统，即使经过反复测试，也不一定能构建出"好系统"。在系统部署过程中，通过运行来检测功能，通过功能来识别需求满足程度，通过需求满足来量化功能价值。这是本阶段最重要的开发任务。

部署与运维（指保证系统正常运行的一系列措施，与运营有所区别）常常是分不开的，都需要确保数据空间平台的稳定性和可靠性。这包括选择合适的硬件和软件环境，以及实施有效的系统监控和故障恢复机制，目标是识别问题和找到改进方向，推动数据空间进入实质性运营阶段。

（7）协调管控与迭代创新

协调管控是确保数据空间项目按计划进行的关键，这包括项目进度的监控、风险管理以及利益相关者的沟通和协调。协调管控还包括对数据空间运行、运营与发展的监测和管理，以促进迭代创新。本阶段更注重在数据空间的开发过程中不断引入新技术和方法，以提高数据空间的性能和用户体验。这需要开发团队保持对新技术的敏感性，并具备快速适应和创新的能力。

2. 数据空间开发 7C 钻石模型

进一步归纳上述开发路线，为每个阶段抽象出一个关键词，高度提炼每个阶段的核心与特征，分别为背景（Context）、内容（Content）、概念（Concept）、信任共同体（Community of trust）、产品（Commodity）、交互（Communication）、管控（Conduct）。这 7 个关键词如同数据空间开发路线上的灯杆，指引开发任务逐级下沉和分解，形成一个系统性的数据空间开发 7C 钻石模型（简称"7C 钻石模型"），如图 6-6 所示。

通过对 7C 钻石模型的分解（像是打磨一颗光彩四射的钻石），开发任务被拆解成一系列软 / 硬组件、元件或子任务，形成一条清晰的节点式开发路线。

具体而言，背景分析也就是需求与规划分析，包括数据空间实体（Entity）的探查、数据空间规模（Scope & Scale）的梳理以及启动数据空间开发的时间（Time），以充分理解数据空间将在何时、何地使用以及涉及哪些实体或参与者，进而设定数据空间开发的目标和预期成果。

内容设计指向数据空间的核心功能和用例，包括数据、成熟组件、软硬件设施等资源（Resource）、数据空间创始人（Representation）和用例（Instance）。这涉及确定数据空间将提供哪些资源，哪些参与方将使用这些资源，以及它们将如何使用这些资源。

在协议与策略配置阶段，明确且标准化的概念尤为关键，需要准确定义数据空间中的关键概念，包括主题词（Keyword）、术语（Term）和类型（Type）。这有助于确保所有参与者对数据空间的理解和使用是一致的，并且便于制定统一的数据共享和交换协议，以及数据治理和合规策略。

信任共同体是数据空间组织和机制构建的基础，由参与者（Participant）、连接器（Connector）、认证（Certification）和合约机制（Contract）组成。在开发过程中，可信管控是搭建数据空间基石的重要内容。从这步起，开发人员更关注通过技术手段构建数据空间的全流程治理机制。

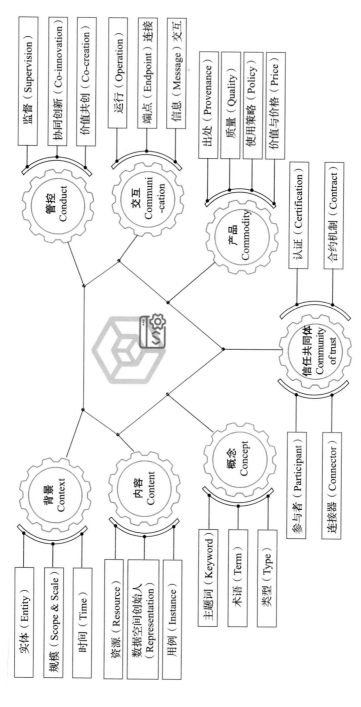

图 6-6 数据空间开发 7C 钻石模型

　　数据空间系统开发的目的是支持数据可信流通，也就是说，数据在数据空间内被视为产品、服务或商品进行共享交换。那么产品各个维度的属性包括出处（Provenance）、质量（Quality）、使用策略（Policy）和价值与价格（Price）等都是重要的开发对象。这个部分涉及将数据作为产品进行管理和提供，确保数据的可用性和价值。

　　支撑价值流动的系统形成持续的内外交互，则这个系统就进入了运行阶段。部署数据空间系统，并确保系统能够支持运行（Operation）、端点（Endpoint）连接和信息（Message）交互。这是数据空间进入实际使用阶段并发挥作用的重要步骤。

　　部署完成后，数据空间的运行虽然有大量的自动化模块支持，能够实现系统的自适应，但远未达到"自组织"的状态。因此，数据空间运营方需要对数据空间的运行状态进行持续管控，包括协调、任务调度、发展监测，并实施监督（Supervision），确保数据空间的运行符合预期目标和策略。参与者之间的协同创新（Co-innovation），以及数据空间的持续发展和价值共创（Co-creation），是这个阶段的重要内容，也是数据空间目标实现的终点。

3. 数据空间开发七步法动车模型

　　从愿景出发，到目标实现，开发团队通过各个步骤完成数据空间旅程。在这个旅程中，数据空间架构、战略、规划、设计以及技术，一路随行，共同促成了数据空间开发七步法动车模型（简称"七步法"，如图6-7所示），每个步骤所涉及的工作任务、要点、对象都应与战略和价值对齐，始终不偏离。

图 6-7　数据空间开发七步法动车模型

　　七步法为数据空间的开发提供了一个全面的框架，从规划到部署，再到持续的创新和改进的各个环节，均可以与7C钻石模型组合应用，根据步骤和锚点分解开发任务，形成系统性认知，指引开发工作持续推进。

本书作为知识体系指南，在开发环节并未深入代码层级，但这并不意味着代码不重要。"代码编写世界"，即使在低代码、零代码、开源代码触手可及的当下，系统开发工程仍然离不开编码。一方面，我们强调知识模型和最佳实践的指引作用；另一方面，也要时刻保持对技术创新的热忱。同时，在科技创新领域，组合式创新、跨界创新、融合创新以及协同创新是重要途径，往往会收获意想不到的效果。

此外，虽然数据空间主要在现有的技术体系上进行建设，开发团队也要充分关注使用控制、数据沙箱、智能合约、隐私计算、高性能密态计算、可信执行环境等可信管控技术的创新发展，以及数据标识、语义发现、元数据智能识别等数据互通技术的迭代优化，更应主动探索大模型与可信数据空间的融合创新。

4. AI 引擎助力的数据空间开发高铁模型

当前，AI 作为全球化新时代的引擎，已经深刻影响着各行各业的发展模式。本书反复强调 AI 技术对数据空间发展的积极作用。尤其在数据空间开发领域，从需求预测到用户体验优化，AI 正在重新定义开发者的工作方式。如图 6-8 所示，在 AI 引擎助力的数据空间开发高铁模型（简称"高铁模型"）中，以数据空间的可信基石为轨，以 AI 引擎为动力系统，大模型底座以及 AI for Data（AI4D）驱动多智能体协同系统与数据空间开发进行融合，形成多个 AI 应用场景，统一构成数据空间的智能视窗。开发者利用 AI 技术包括自动化数据处理、自动代码生成与优化、自动化测试、自动化文档生成等辅助甚至主导系统的开发工作，不但提高了开发效率，提升了团队协作效率，还降低了安全风险。未来，更多的 AI 应用将赋能软件开发以及数据质量优化。例如，AI for System、AI for Spark、AI for TensorFlow、AI for PostgreSQL、AI for MySQL 等都将逐步成为数据库调优和系统开发的有效工具。

在开发路线上，开发者结合 7C 钻石模型执行七步法，对接各类数据平台的同时，也需要接入模型平台辅助系统整体优化。开发者主导开发思维、架构、设计和流程，采购不同的标准化组件和 AI 能力，然后专注于把数据空间工程完美实现。数据空间系统不仅能管理异构数据，还能支持多种计算形态，即使是非技术人员也能直接使用。

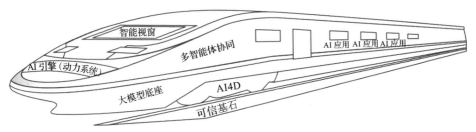

图 6-8　AI 引擎助力的数据空间开发高铁模型

5. 数据空间开发与运维车站模型

执行七步法，开发者还需深入数据空间工程全生命周期，进行持续交付和迭代开发。由于数据空间涉及多方主体，且规模持续扩张，因此在整个开发过程中存在非常复杂的利益交换和多场景异构数据任务，开发过程也是持续且不断优化的。同时，我国将开展可信数据空间动态监测评估，并探索开展可信数据空间备案管理，动态发布备案名录。不断更新数据空间技术和能力，形成标杆引领并接受监管，也是开发的主要目标。

在后半程，数据空间已经试运行，并且在监管中持续升级。而有些数据空间已经形成了最佳实践，具有整体解决方案。那么，开发者应该主动学习、交流、参考，通过共性技术工具仓、应用程序加油站等开放性资源，进行敏捷迭代。如图 6-9 所示，数据空间这趟开发列车也要时常靠站，接受监管并且借鉴行业领先经验，提升空间各项综合能力。

综上所述，数据空间的整个开发路线，结合 7C 钻石模型（分析框架）、七步法（参考步骤）、高铁模型（AI 辅助）以及车站模型（持续运维），可进一步扩展为"7×2+2"全套方法论，支持数据空间工程全生命周期的演进，持续开发、设计、交付、集成与部署。

6.2.3　MetaOps

MetaOps 运营模式是一种结合了元数据（Metadata）管理和 DataOps 实践

的方法，旨在通过自动化和优化技术来提升数据空间的开发与运营的效率和效果。MetaOps 包括两大核心模块：以元数据为核心的数据空间治理机制建设、以数据价值为核心的数据空间运营优化。MetaOps 是 Metadata（元数据）和 Operations（运营）的组合词，来源于 DevOps 并高度整合了 DataOps，形成一套新的方法论和实践范式。MetaOps 方法论模型如图 6-10 所示。

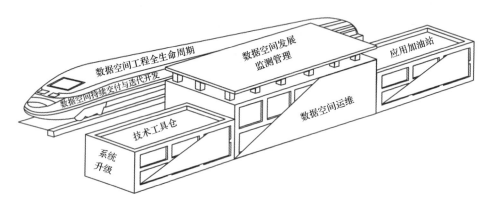

图 6-9　数据空间开发与运维车站模型

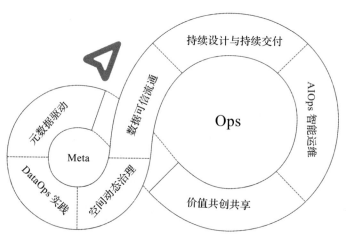

图 6-10　MetaOps 方法论模型

1. MetaOps 方法论

如今，随着系统复杂性提升，数据管理更注重数据血缘、版本控制及流程自动化。从批量到实时，从单数据源数据到跨系统多源数据，从关系型数据到非关系型数据，工具的进化让数据查询更迅速、更灵活、更流畅。加上 AI 技术加入了数据处理、分析和管理，各领域技术赋能与叠加，使得超复杂系统的高效开发和运营成为可能。而在这个过程中，尤其是面向数据空间领域，适合指引整体开发和运营的 MetaOps 方法论及最佳实践也就诞生了。

MetaOps 方法论包括以下模型和路径。

（1）Meta+Ops 两核心、双引擎

两核心，指的是两大核心模块，包括以元数据为核心的数据空间治理机制建设、以数据价值为核心的数据空间运营优化，分别对应元分析、元模型、元数据等，以及运维、运营。

双引擎包括元数据引擎和 AI 引擎，分别主导元数据驱动（Metadata-driven）和 AIOps 智能运维。

值得强调的是，MetaOps 模型的双核心、双引擎两个圆象征着无穷大（∞），且一大一小，小圆驱动大圆，代表着数据资源的价值在方法论的实践过程中将持续涌现并无限释放。

（2）五阶价值实践路径

在国家政策的指引下，数据空间的建设发展将呈现出"多、快、好、省"的局面，各类空间将迅速进入实践领域，而大多数是通过共性组件在原有的数据基础设施上"升级"与"建设"。在这种情况下，MetaOps 提供了一套既符合建设发展需求又能保障战略目标实现的完整路径。

一阶元分析，聚焦数据空间要素分析与规划定位，主要完成数据空间的设计与配置，是最为基础的起点，重点关注数据空间的价值导向和治理机制，要点是持续设计。

二阶敏捷开发，主要结合 DevOps 和 DataOps 的实践，快速完成数据空间系统、组件和共性应用程序的开发与封装，重点关注系统的功能和性能，要点是持续交付。

三阶产品开发，包括数据资源交互开发、数据服务产品开发以及关于数据交易、交换、共享的定制化系统的开发，重点关注服务和产品应用的优化，要点是价值共创。

四阶智能运维，重点考虑 AI 技术的全面应用与支持，从开发、运维到运营，充分依托 AI 以及相关技术，优化和升级系统并推动服务创新、提升用户体验，要点是持续创新。

五阶生态发展，即可信数据空间网络和数据生态体系的构建目标。这一阶段是数据空间迭代循环的新起点，关注公平合理的收益分配，即价值共享机制，要点是利益共享。

（3）七步迭代循环模型

七步迭代循环模型涉及两个关键词："迭代"和"循环"。该模型是一个适用于数据空间开发与运营全链路的路线参考模型。迭代，说明每个阶段相互依赖、循序渐进、有所升级。循环，说明七步流程是一个反复循环的过程，持续驱动数据空间演进与生态发展。

其中，元数据驱动指的是在数据空间规划设计阶段，应首先通过元数据探查和梳理，了解数据资源现状，进而分析数据相关主体的数据主张。

然后，引入 DataOps 实践（DataOps 已整合 DevOps），进行全面的数据整理和分析，形成数据空间开发建设的数据基础。在这个基础上进行数据空间治理机制的设计、开发与部署，方有成效。

此时，数据空间尚处于初级阶段，需要不断调试和细化系统部件与运行管控策略，并随着业务进行动态治理，以系统性优化数据空间三大核心能力。

只有具备共性技术底座和共性服务体的数据空间，才能让数据真正流通起来。参与者基于可信机制，进入数据空间开展各类数据活动，包括数据发布、数据交换、数据共享、数据交易以及提供或接受数据服务，数据在一系列活动中"供得出、流得动、用得好"，数据价值也在这个过程中得到持续释放。

而为了解决上述过程中可能出现的系统问题、功能问题、应用问题，更为了促进数据空间进一步发展壮大，需要进行持续设计与持续交付。这也是 DevOps 敏捷开发的延伸，而且持续的设计与交付依然始终高度对齐数据与价值，且与"五阶价值实践路径"中的元分析和敏捷开发具有相通之处。前者作为流程的节点，后者作为价值基础，共同诠释了 MetaOps 方法论的一体性和完整性。

在数据空间系统进入稳定发展期后，面对海量数据接入、众多参与者、纷繁复杂的子系统与应用程序，人力已无法胜任日常运维。这时 AIOps 智能运维就显得非常重要。AIOps 智能运维利用专家规则（包括数据空间策略、协议、目录、术语表、日志等），以及接入的各类 AI 应用，能够实现自适应运行，包括工作流自动化、用户服务自助化、基础数据分析（语义发现）自动化以及日常监控程序化。并且，随着 AI 技术的进一步发展，多智能体协同、生成式人工智能（GenAI）、通用人工智能（AGI）日渐成熟，数据生成接入与治理自动化、服务质量（QoS）自规划、数据产品开发与应用场景设计自助化、数据共享交易结算无感化以及模型自优化等高度自治将逐步实现，驱动众多交互数据空间走向真正的数据生态网络。

在生态网络中，数据价值的无限释放以及价值共创共享机制的实现，标志着数据空间愿景达成。MetaOps 七步迭代循环模型勾画了数据空间从开发到运营的全链路视图，是数据空间建设发展明晰的愿景指南。

2. MetaOps 数据空间开发路径优化

MetaOps 构建了以元数据和 AI 为核心的双引擎开发路径，能够与七步法完美融合（如图 6-11 所示），优化数据空间开发路线。

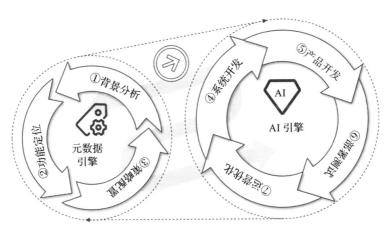

图 6-11　MetaOps 双引擎驱动的数据空间开发七步法

MetaOps 双引擎驱动的数据空间开发七步法中，前三步聚焦背景、内容和概念，是对实体、关系形式和功能进行元分析（Meta-Analysis）、构建元模型（Meta-Model）的过程。对主体（空间创始人、参与者及利益相关方）的需求、目标及愿望的关注，对组件和系统的属性、特征、模型（包括元模型以及元元模型）及其关系的关注，对数据空间的初始战略和发展愿景的关注，都属于"根本性""元属性"的维度，而且都离不开对元数据以及目录、策略的构建和管理。在这个部分，元数据是核心引擎，既是起点又是目标（形成自动调用与分发的目录），面向多数据源、多数据类型提供统一联合查询、统一调度使用，采用目录服务，提供数据全链路的融合应用。同时，整合新兴大数据技术（如Open Metadata、Beam、Elastic 等），提高自动化元数据识别和语义发现，使用一套查询语句及统一界面，将系统简单的日志管理及可视化发展为集日志、指标、追踪为一体的数据观测栈，指导和编排整个开发流程。

元数据引擎同时驱动数据空间工程全生命周期。如果说数据仓库是数据的集成，那么 MetaOps 元数据管理系统就是整个数据空间业务、技术、管理的统一体。MetaOps 通过元数据拉取和推送，识别关系数据库、NoSQL 数据库、文件系统、实时流数据处理系统等各种数据源，通过统一的元数据视图，即目录服务组件，使数据空间用户能够方便地查询、浏览和管理元数据信息，获取数据资产目录，并用于交换、共享和产品开发。MetaOps 还将机器学习、智能体等技术与元数据管理系统进行整合集成，以此进行语义分析、数据映射和格式转换，形成分布式元数据知识库，然后，通过建立标准的元数据交换格式实现元数据的集成管理。

在具体开发环节，通过系统构建信任、发布产品、形成交互并持续管控，都需要充分借助 AI 技术。关于数据空间开发过程中的 AI 引擎作用，可参见6.2.2 节相关内容。自动化编码、自动化代码验证、数据质量／一致性保证、版本控制以及支持模型训练、微调的 AI 函数库，都大大降低了开发人员的工作量。AI 引擎使数据空间工程能够实现动车速度的开发、高铁速度的发布以及赛车场级别的运维。

MetaOps 方法论对数据空间开发七步法的优化与整合还体现在开发路线的"瀑布式"阶段目标校准，形成数据空间 MetaOps 开发路线，如图 6-12 所示。MetaOps 的"五阶价值实践路径"，从元分析、敏捷开发、应用优化到智能运维，最终走向生态发展。七步法动车模型与五阶价值实践路径既是线性流程化的，又有阶段性小循环内生优化的形态。因此，持续设计与持续交付始终关注系统的循环升级，而价值共创环节围绕服务与产品创新，在各类应用程序的支撑下完成数据空间的整体构建。

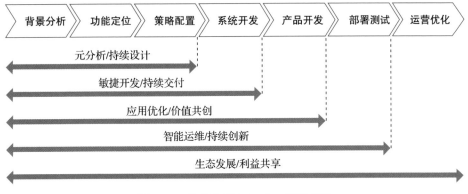

图 6-12　数据空间 MetaOps 开发路线

五阶、七步的整合，让数据空间的开发路线始终遵循价值导向、价值共创与价值共享，开发不是脱离业务的软件工程，而是以数据为中心的应用设计与系统优化。这也是数据空间作为生态系统的属性要求。

3. MetaOps 数据空间运营模式

运营与运维是两个不同领域的概念，运维是为了维护系统正常运行，运营是为了更大限度地发挥系统的功能价值、更好地服务用户。前者属于技术开发后端，后者属于业务服务前端。而从数据空间工程全生命周期的角度看，开发、运维与运营则是不可分割的。

MetaOps 是面向数据空间创新发展的一种运营模式，吸收了 DevOps 和 DataOps 敏捷开发与数据管理的方法论，是一套完整的解决方案。对于开发而言，MetaOps 用来设计和构建健壮的数据空间系统。对于运维而言，MetaOps 尤其是智能运维则关注数据开放、洞察提效与数据自服务。对于运营而言，MetaOps 是在开发与运维的循环演进和数据空间的动态管控中，不断释放数据价值，营造数据空间持续发展的生态格局。

如图 6-13 所示，在数据空间的生命周期内，MetaOps 依循既定的数据空间战略、商业模式、治理机制和策略协议，指导技术架构和运维管控的实施，并协同完成数据空间开发与运营。同时，MetaOps 又是一个可扩展的组合方法论模型，不但能够反哺战略优化、模式变更、动态治理，还根据开发与运维实践，复用 DevOps 与 DataOps 最佳实践，持续深化规则、标准和模型，形成数据空间开发与运营的整体解决方案。

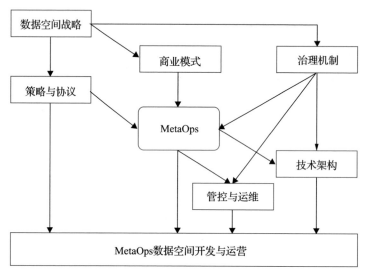

图 6-13　MetaOps 数据空间运营模式流程图

4. MetaOps 开发工具包

数据治理、数据工程、数据科学、数据可视化以及 AI 应用等领域数以千计的工具、语言和供应商，为数据空间的开发任务提供了宽广的选择和组合方案（可参考第 6.1.2 节）。为了更清晰地理解和执行 MetaOps，除了关注软件开发领域的传统工具，我们更要关注那些简单易用的数据工具和新兴的自动化系统运维工具，同时也要持续扩展工具包，探索和创新数据空间的专属工具集和知识库。例如，本书也可视为 MetaOps 工具包的组成部分。

（1）数据工程开发工具

数据开发工具包可能包括以下组件：

- 元数据管理工具：用于收集、整合和管理元数据，帮助理解数据的结构、来源和关系。

- 数据集成工具：支持不同数据源之间的数据集成，确保数据的一致性和可访问性。
- 数据质量工具：用于监控和管理数据质量，确保数据的准确性和可靠性。
- 数据治理工具：提供数据治理的框架和工具，帮助组织制定和实施数据治理策略。
- 自动化和编排工具：支持自动化数据处理流程，提高效率，减少人为错误。
- 监控和报警工具：实时监控数据系统的状态，及时发现并响应潜在的问题。
- 安全和合规工具：确保数据的安全性，帮助组织遵守相关的数据保护法规。
- 开发和测试工具：支持数据应用的开发和测试，包括 API 测试、性能测试等。
- 文档和知识管理工具：帮助团队共享知识，记录开发过程中的决策和设计。
- 协作和沟通工具：促进团队成员之间的沟通和协作，提高团队的工作效率。

（2）XOps 参考工具

XOps 普遍被认作 DataOps、MLOps、ModelOps 和 Platform Ops 四大类，它们分别是数据、机器学习、模型、平台化等技术热点或理念趋势与运维（Ops）的融合。然而，正如 X 所包含的未知与无限的意义，XOps 这个概念也伴随着 Ops 功能的丰富不断扩充。除了前面提及的以外，DevSecOps（研发安全运营一体化）、FinOps（云财务管理）、GitOps（基础设施自动化）、BizDevOps（业务研发运营一体化）等优秀实践也被广泛借鉴。同时，GreenOps（碳足迹运营）以及基于 MLOps 扩展的 GenAIOps（生成式 AI 运营）、LLMOps（大型语言模型运营）和 RAGOps（检索增强生成）也逐步加入 XOps 家族矩阵（如图 6-14 所示）。

XOps 的出现始于 DevOps，正是 DevOps 的成功使企业看到了敏捷开发的价值，也催生了其他 Ops 的出现。它们都专注于改进流程、提高效率，都能够对各自领域产生一定的影响。数据空间涉及多场景应用，覆盖各行各业且具有生态扩张性，上述各类 XOps 实践，都可以作为空间运营的参考。尤其 DevOps、DataOps 以及 AIOps 是 MetaOps 的主要来源，其实践整合可谓 MetaOps 三重奏（如图 6-15 所示），普遍适用于数据空间开发与运营的全过程，相关实践、解决方案及其衍生形态，都具有很强的参考价值。

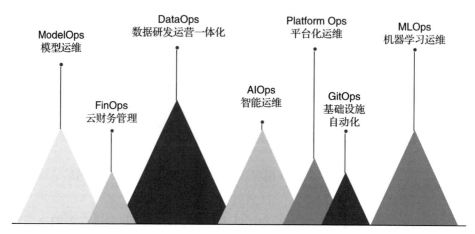

图 6-14　XOps 家族矩阵

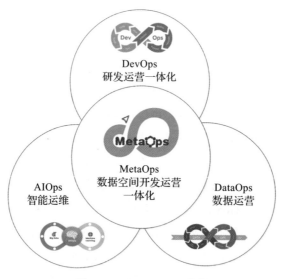

图 6-15　MetaOps 三重奏

（3）MetaOps 专属工具包

数据空间发展虽已逾 10 年，但仍处在初级阶段，尤其在我国，尚未形成一套相对完整的可参照的开发运营模式。MetaOps 作为面向数据空间的全新解决方案，需要具备提供显性知识和培养共性技能的能力。为此，MetaOps 也集成了一些领域知识体系、操作指引、认证规则、开源代码、参考模型以及共享目录库等工具，以加快共性知识普及，形成统一认知和实践方向，并将随着国家标准体系的构建，持续优化、扩展专属工具包。

- MetaOps 术语表：包括 MetaOps 专业术语、数据名词解释、数据空间词汇表等，为数据空间知识体系的构建提供标准化语言。

- DSBOK 数据空间地图：关于数据空间知识体系指南的可视化知识地图，汇总了数据空间原理、工程技术、运营与实践等全链路的模型、路线、指引，清晰易懂且具有可操作性，可以作为数据空间开发运营的重要参考。

- ODSA 认证规则与标准体系：由 ODSA 开放数据空间联盟基于 MetaOps 方法论原型开发的一系列面向数据空间组件、模型以及数据空间本体的认证规则和标准体系，可以作为数据空间建设开发的技术要求和测试标准。

- Xsensus 开发框架：一个通用开发框架模型，内化集成了数据空间开发三要件、7C 分析模型、七步法、动车模型以及 MetaOps，并部署了基础开发环境，可以进行组件与空间的开发、测试。

- 核心数据空间模型（CoreSpace）：由 ODSA 基于 MetaOps 联合生态成员单位一体化集成的数据空间模型，持续吸纳行业最佳实践和新兴技术组件及应用，为各类数据空间建设发展提供蓝本。

- 共享型数据资产目录库：基于数据空间开发运营过程中形成的公共性组件和系统元数据、目录资源，以及生态共享的数据资产目录和行业参考数据集，通过标准化的注册和管理，利用数据表示与目录工具形成网状分类功能，提供调用、参考。

此外，MetaOps 鼓励数据空间开发者开放共享各类知识、组件和代码，推动专属工具包的持续扩展，形成通用的共享的 MetaOps 工具链。

5. MetaOps 扩展技术栈

MetaOps 方法论框架的设计是为了适应不断变化的业务需求和技术环境，它通过整合多种方法论和实践，提供了一个全面的、集成的数据空间运营解决方案。而新兴技术、不断发展的方法和不断变化的业务需求将持续定义、有效实施和丰富 MetaOps 实践。例如机器学习、AI 辅助、容器化及安排、可信管控技术、模块化开发等，都是开发者熟悉的技术栈，但应用于数据空间领域，仍需要一定程度上的技术处理和适配。尤其是多智能体协同应用、混合云与多云联动以及面向纷繁复杂标准不一的多源异构多模态多场景数据资源的识别与开发，都急需成熟的解决方案。

作为一个数据生态，数据空间始终以价值为导向。基于数据权益的一系列技术，包括自动化交易辅助、无感结算体系、多服务商协同创新工具等，特别是即插即用（Plug and Play）、随用随附（Pay As You Go）等技术都是围绕价值共创，最终促使数据空间实现生态聚合，驱动数据空间网络的持续扩张。

可见，MetaOps 本身也是一个技术生态，是一个开放、可扩展、易用的数据空间可扩展应用体系（如图 6-16 所示）。

图 6-16　MetaOps 扩展技术栈

6.3　数据空间开发实战

6.3.1　敏捷数据空间工程项目开发

敏捷开发是以需求进化为核心，采用循序渐进的方法进行软件开发，已经在实践中广泛应用。敏捷项目在构建初期被切分成多个子项目，各个子项目的成果都经过测试，具备可视、可集成和可运行使用的特征，其核心实践包括持续集成、测试驱动开发、重构等。敏捷开发通过短周期的迭代（通常为2~4周），不断交付可用的系统版本。关于敏捷开发及 DevOps 的理论和实践，读者可进一步结合相关资料扩展，以丰富知识体系，本书不再赘述。

敏捷数据空间工程项目开发实践面向共性技术普及的各类型数据空间建设项目，适用于数据空间发展初期的子系统、组件创新和应用程序开发，也适用于建立在数据系统、数据平台、数据基建基础上的数据空间开发项目，强调频繁交付可用版本。即使是数据空间复杂系统的搭建或重构，同样可以结合敏捷开发与 MetaOps 方法启动开发任务。

1. 快速交付

人工智能与机器学习的应用、无服务器架构（Serverless）的普及、成熟的MetaOps 实践，都使得最小可行数据空间（参考 4.5.2 节）的快速交付成为可操作、可实现的简单任务。

通过发现技术而不是发明技术，开发团队（可能只有一两个具备一些扎实数据工程技能的人员）可以在几天之内构建出一些东西，这些东西可以快速验证如此"敏捷"方法的可行性，识别这些东西与可运行数据空间的差距，并确定需要进行重点投入的地方。开发人员可以通过这样的切入，快速启动项目，研究现有的系统设计和数据空间实践，学习如何构建系统的下一个版本。

而且，快速交付的内容，不仅仅是系统、子系统、应用、最小可行产品，还可以是 Demo、原型、文档、设计方案，甚至是价值。快速交付也意味着交付更多实体并覆盖数据空间全局，更多实体具有更多属性、更多属性形成更高质量、更高质量代表更大价值。敏捷数据空间工程项目快速交付路线如图 6-17所示。

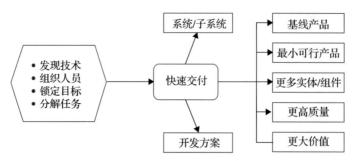

图 6-17　敏捷数据空间工程项目快速交付路线

数据空间的开发，不是始于设计，而是始于交付，这似乎与传统开发路线相悖。传统开发路线通常遵循一个预先设计好的蓝图，从需求分析、设计、编码到测试和交付，是一个线性的过程。而数据空间的开发则更强调从交付开始，逐步构建和完善数据空间，这并不意味着系统不需要设计，而是基于现有技术和基础设施以及同类实践的并行发展背景，追求项目启动的切入点，小步快跑，实现项目启动。每一次交付都构成对项目建设的推动，而且快速交付可以是任务级、组件级、系统级以及整个数据空间，如图 6-18 所示。

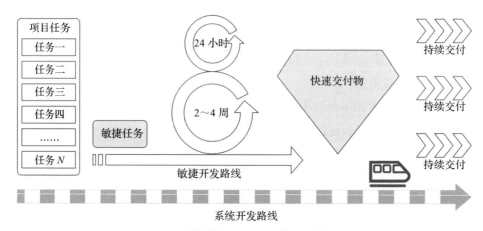

图 6-18　敏捷数据空间开发快速交付流程

2.持续设计

持续设计与快速交付都是敏捷数据空间开发实践的起点，两者是交叉组合、协同共进的。虽然 IT 与数据有着实质性区别，但软件工程、数据工程、数据科学和机器学习功能工程之间的界限却越来越模糊了。尤其是"企业级"数据空间开发，并没有专门的数据空间架构师，设计与开发经常是同步的，甚至大多数情况是由数据工程师甚至是软件工程师兼任。只是在设计架构（尤其是元数据优先架构、事件驱动架构、实施数据栈）时，数据空间架构师应当与数据空间创始人及利益相关者评估权衡各项工作安排。

实践中，持续设计应始终保持以下几个关键要点：

- 从数据到模式（From-data-to-schema）：数据空间不依赖于严格的数据模式，数据模式可以是松散的、滞后的，根据主体需求逐步演化出来。

- Pay As You Go 的集成方式：数据空间的构建是一种基于用户需要的演化集成方式，只有当用户认为必要的时候，才会将对象保存到数据空间中，才会在对象之间建立关系。这种数据管理方式前期成本比较低，也更为实用。

- Best-effort 的数据操作：由于没有严格的数据模式，数据关系是根据主体需要逐步建立的，因此数据操作具有 Best-effort 的特性，即查询或搜索结果不一定是最优的，可能是次优的、近似的。例如，目录只提供基本的数据信息，并没有完全暴露数据。

- 多源异构数据集成：数据空间的数据来自多个不同的数据源，数据格式多种多样，包括关系表、文本、电子邮件、图像、音频、视频等多种异质的数据。需要考虑用特定的方式（包括数据标识、语义发现、元数据智能识别、目录索引服务）等进行虚拟集成。

- 动态的数据关联：单一场景的数据与多场景交叉融合的数据，价值维度是不一样的。而且数据空间中数据关联是基于对象的，任何对象之间都可以建立关联，只要这种关联对数据空间主体是有用的。因此，数据对象之间关联是复杂的、动态的、演化的。

数据空间的设计更注重于实际的数据发现和使用，以及数据的动态管理和集成，这与传统的基于预先设计的开发路线形成了鲜明对比。持续设计强调在整个数据空间工程生命周期中不断地进行设计和改进。在敏捷开发和 DevOps 实践中，代码本身被视为设计的一部分。持续设计强调通过代码的持续集成和持续部署来实现设计的持续演进，而不是依赖于大量的设计文档。持续设计依赖于快速反馈循环，通过持续集成和持续部署（CI/CD）实践，开发人员可以迅速获得关于他们代码变更的反馈，从而快速地进行设计调整。

同时，持续设计的实施往往依赖于自动化工具，如 Jenkins、GitHub、CI/CD 等，这些工具支持自动化的编译、测试和部署，从而加快从设计到运行的过程。

3. 试运行

很快，数据空间工程到了运行阶段。更令外部开发者吃惊的是，随着数据空间共性技术（如统一目录标识、统一身份登记、统一接口要求的标准规范及通用组件）的推广与普及，许多数据工程项目从一开始即集成了数据空间接口，无须开发就可以通过加入、连接、共享等形式获得数据空间系统能力。

这也是本书以及 MetaOps 强调交付与设计同步，快速推进数据空间试运行的原因。在技术频繁更新变化的时代背景下，国家大力推进数据基础设施建设（包括数据空间、数据场、数联网等），开发人员自然要"多想一步"，避免开发还未完成，系统已经落后了。

更何况，数据空间是一项面向交互的网络生态技术，只有驱动数据资源的互联互通，才能真正实现数据价值共创，这也是 MetaOps 强调元数据驱动而快速切到 AIOps 智能运维的方法轮逻辑基础，旨在通过快速投入试运行，以终为始，加快项目开发的循环迭代。

试运行是检验快速交付与持续设计成果的最佳手段，通过配置自动化测试与自动化部署，发现问题、分析原因，快速实现系统正常运行，使开发人员把精力更多地用在关于数据价值的其他活动中。

4. 协同创新

超越现代数据架构，搭建数据流通网络枢纽，这是数据空间的宏伟目标。而单一数据空间工程项目虽然也承载类似愿景，但更聚焦的是数据资源价值的释放。

"协同创新"是指创新资源和要素有效汇聚，通过突破创新主体间的壁垒，充分释放彼此间"人才、资本、信息、技术"等创新要素活力而实现深度合作。从广度看，协同创新不仅在团队内通过充分沟通与协作实现，还在数据空间内部各主体互动中以变化的需求出发实现系统和技术升级，更在于"放眼望世界"充分了解外部技术的更新情况，在"拿来主义"的基础上进行协同迭代。如

图 6-19 所示，协同创新是组织内外部上下联动的多元主体系统创新生态，其结果包括了知识增值、技能提升、技术共享与技术创新。

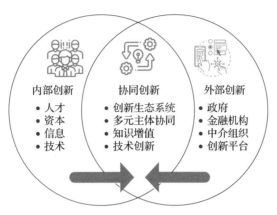

图 6-19　数据空间内外部协同创新

6.3.2　以数据平台为基础的数据空间工程

数据平台专注于集成数据并支持大规模高级分析。它提供了一套集成良好的领域无关服务，用于处理数据提取、集成、转换、管理和交付。主要目标是使组织能够高效地设计、开发、操作、管理、发布和使用能够带来商业价值的数据产品。

当前，作为下一代数据平台架构，湖仓一体满足复杂现状下架构的灵活升级，统一存储和元数据，打通数据体系，利用智能数仓技术针对不同的数据和业务，做自动分类存储和处理。越来越多的 AI 技术会融合进大数据系统，进入"自动驾驶"时代。而基于自然语言的智能数据查询实现"所查即所得"，提高数据查询的便捷性和准确性。同时，国家大力推进数据基础设施建设，打通各类数据平台，为跨层级、跨地域、跨系统、跨部门、跨业务数据流通利用提供安全可信环境。数据空间作为基于共识规则，连接多方主体，实现数据资源共享共用的数据流通利用基础设施，不仅是国家数据基础设施的重要组成部分，更与其他各类数据基础设施具有相通之处。

为避免重复建设，结合数据空间不改变数据物理储存状态、不影响各类主体对数据的开发利用流程的技术属性，以及数据空间工程敏捷构建的解决方案，数据空间工程可以充分复用各类数据平台，并在国家建设各类数据基础设施的过程中，同步进行融合开发。

1. 从数据基建到数据空间网络

国家数据基础设施以行业、区域数据基础设施为主体，以企业数据基础设施为重要组成部分。企业数据基础设施是指服务企业生产、运营、管理的数据平台，包括采集、存储、处理、管理等相关硬件和软件系统，以及企业整合、协同关联数据方形成的数据服务平台。行业数据基础设施是指覆盖某一行业领域，服务行业内企业、用户及利益相关者，实现数据要素化、资源化、价值化的各类设施，包括行业数据流通交易平台、行业数据归集平台、行业数据公共服务平台等。区域数据基础设施是指覆盖本地区，服务区域内企业、用户及利益相关者，实现数据要素化、资源化、价值化的各类设施，包括数据归集平台、数据资源管理服务平台、公共数据运营平台等。国家在企业、行业、区域数据基础设施的基础上，组织建设基于统一目录标识、统一身份登记、统一接口要求的数据流通利用底座，搭建数据流通利用基础设施管理平台，以及建设数据产权登记、公共数据运营、数据资源管理、数据流通交易、算力资源监测调度等基础公共服务的平台。这些设施相互贯通、协同推进，共同促进国家数据基础设施建设发展。整体结构如图6-20所示。

从上述结构图来看，各类平台均聚焦各类数据资源开发利用及共享共用，目标都是为了实现数据要素化、资源化、价值化，与数据空间的建设目标高度一致。数据基础设施和各类平台构成了一个多层次、多维度的数据管理和流通体系。在数据基础设施建设过程中，通过连接器、控制器、接入认证等组件配置和连接，能够快速统一构建跨层级、跨地域、跨系统、跨部门、跨业务的数据空间网络（如图6-21所示）。

数据空间网络是一个互联互通的生态系统，向下管理调度泛在资源，向上开发运行泛在应用，具有构建数据泛在接入体系，支持数据资源、参与主体、第三方服务更大规模接入的底层属性。数据空间工程从构建设计到开发过程，始终以可信为基石、以价值为主线、以互联互通为内核，而且能够实现对现有的以及未来建设的各类数据基础设施和平台系统的静态复用，是保障数据安全自由流动的最佳流通利用设施解决方案。

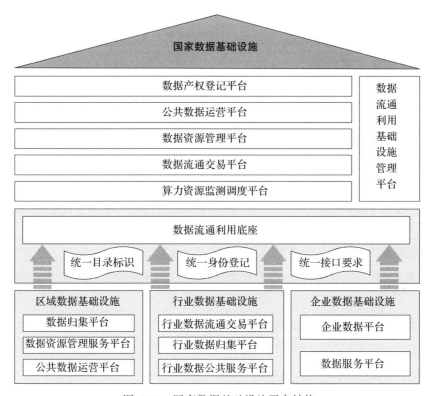

图 6-20　国家数据基础设施平台结构

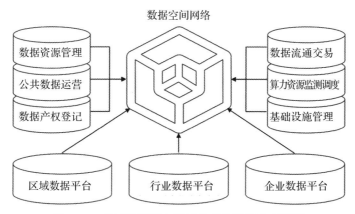

图 6-21　基于数据平台敏捷构建的数据空间网络

2. 面向数据空间的数据中心与政务系统融合

数据中心网络架构的演进，特别是超融合数据中心网络的发展，为数据空间的建设提供了网络基础。通过提升网络性能，可以显著改进数据中心算力能效比，这对于数据空间的高效运作至关重要。《可信数据空间发展行动计划（2024—2028年)》中提到，构建数据空间可信管控能力是关键行动之一，包括接入认证体系、空间资源合作规范、空间行为和数据存证体系等。这些措施为数据中心与政务系统融合翻转接入数据空间提供了信任基础和安全保障。

相比较为成熟的数据中心和数字政务项目而言，数据空间是全新的数据基础设施，是数据价值释放模式中最具可行性、可操作性的方案，而且利用简单技术（如接入认证技术）就可以完成系统构建。

数据空间主动数据管理技术，包括数据标识、语义转换等技术服务，以及数据资源封装、目录维护等手段，实现数据产品和服务的统一发布、高效查询、跨主体互认。这为数据中心的数据治理提升和政务系统集成提供了新的实践路径。

此外，各地政务系统已经通过政务服务与社会各界形成了联动，而数据空间作为价值共创的生态，也需要面向社会提供泛在应用服务。各类数据空间均可通过与政务系统的融合，实现业务推广和技术升级，并反哺政务系统和服务的优化。

整体而言，成熟的数据中心矩阵为数据空间提供了数据资源、计算资源，可以直接作为底座构建数据空间工程。而政务系统是连接企业、行业与个人的枢纽，与数据空间建设融合，有利于推动数据空间生态发展。

3. 面向数据空间的数据平台建设

数据平台的灵活性与易用性是未来发展的重要关注点，云计算、大数据技术、人工智能等技术的发展将提升数据平台的智能化程度。这些技术的发展为数据空间的建设提供了技术支持，使得数据平台能够更好地适应数据空间的需求。

数据空间的建设也遵循数据平台生命周期的构建逻辑，以模块化、灵活性和成本效益为基础，聚焦数据资产价值释放，从而也成为升级现有数据平台的一个动力。然而，考虑到数据类型的多样性和特定的业务需求，构建一个一刀切的数据平台既具有挑战性，又成本高昂。相反，数据平台应该被视为一个概念蓝图，根据组织的要求，通过基于云的组件或本地服务实现。

MetaOps 强调数据即产品思维、主张通过数据空间建设来摆脱孤立系统和单片数据湖，将数据视为产品。每个数据产品都是使用数据平台提供的与领域无关的功能开发的，与特定数据领域保持一致，并且必须遵守 FAIR（可查找、可访问、可互操作和可重用）原则。这些数据产品还应发布 SLA/SLO，并致力于"水平"端到端数据管理。而这些要求主要基于一张清晰的元数据地图——元数据管理平台。以下重点以元数据管理平台开发为例，说明数据平台与数据空间连接或平行开发的可行性及必要性。

面向数据空间的元数据管理平台（如图 6-22 所示）是数据要素价值化的航标，指引数据的内部高效利用，并实现数据不出域条件下的数据发布，让数据得以在数据空间内流动。平台管理技术和业务元数据，确保所有数据工件（原始数据、派生数据和数据产品）都在此目录中注册。目录应包括数据格式、模式、谱系、来源、敏感度分类、版本控制、SLA/SLO、质量属性、统计数据、分类法、保留、存档要求和所有权的详细描述。它还应支持数据产品发现和采样，并与数据空间实时同步与连接。

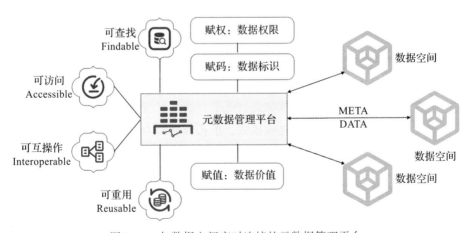

图 6-22　与数据空间实时连接的元数据管理平台

数据空间与元数据连接的内容及方式主要包括：
- 数据资源类包括表、分析、API、目录等四类数据资源。

- 任务调度类主要包括通过平台执行的数据采集、数据加工、数据分析等任务。
- 数据空间系统的数据推送（接口或 Kafka）或者数据拉取（JDBC 或对接），统一纳入元数据管理平台。
- 优化和生产元数据目录。元数据目录与数据空间内部的分类分级等模块联动补齐数据标识和语义内容，形成全链血缘分析，最终走向价值变现之路。

鉴于元数据管理平台的建设目标之一是与数据空间连通，为了让组织内部数据得以全面推广，实现数据要素叠加倍增效应，平台还应充分遵循统一目录标识、统一身份登记、统一接口要求，通过智能化手段进行全量数据资产盘点，并为数据资产进行"赋码""赋权""赋值"。因为元数据管理平台本身会采集全量的资产进行管理，所以可以为组织梳理所有资产提供帮助。借助自动化技术，平台在采集元数据时能够同时根据统一标准加注数据标识（赋码），并将数据管理者、权限信息、摘要信息记入元数据信息（赋权）。同时，平台可接入业财一体化系统，对数据成本（包括存储成本、计算成本、人工成本）进行可计量的探索，以及对数据质量进行智能评估，量化数据产生的价值（赋值）。

与数据空间一体化构建的元数据平台根据可信传输模式，将元数据同步到数据空间目录系统，根据需求对外发布。同时也根据策略和限制条件允许数据空间用户查询平台元数据信息，深化平台与数据空间的互联互通，加速数据流通。

企业级、行业级乃至城市级相关数据平台的开发与升级，都可以参照上述元数据管理平台与数据空间连接的模式，扩张数据能力，驱动数据要素化、资源化、价值化。

6.3.3 数据空间组件开发

1. 连接器开发

连接器（Connector）是一种软件工具，允许在各种系统、应用程序和数据源之间共享和集成数据。在数据空间的背景下，连接器主要根据数据空间协议预定义的标准和交换策略，连接不同平台、系统和组织，实现通信和数据交换。典型的连接器包括 Eclipse 数据空间组件（Eclipse Dataspace Component，EDC）、国际数据空间协会（IDSA）的 IDS 连接器（IDS Connector）、开放数据空间联盟（ODSA）的开放连接器（ODC）、FIWARETRUE 连接器（FTC），以及华为云交换数据空间（EDS）、高颂数科 Xsensus 元策数据空间（XDS）等多功能多场景连接器组件。

各类连接器都具备相似的关键特点和功能：

- 通用性及开源开放性：连接器的接口是标准化、通用且可兼容扩展的，使用、接入、部署的方式是开放的，代码也常常是开源的。
- 数据互操作性：连接器提供了一种标准化的方法，使不同系统之间能够互操作，进行数据交换，而不需要依赖于特定的技术或平台。
- 数据治理和安全性：通常集成了初步的数据治理和完整的安全功能，确保数据在共享过程中得到保护，并且数据所有者可以控制谁可以访问其数据以及如何使用这些数据。
- 模块化设计：具有模块化设计，允许用户根据自己的需求扩展和定制功能。用户可以添加或删除模块，以适应不同的数据共享场景。
- 生态系统集成：支持与现有的 IT 基础设施和生态系统集成，包括云服务、企业系统和其他数据平台。
- 标准化协议：使用标准化协议，如 HTTP 和 RESTful API，来确保与其他系统的兼容性和易用性。

以下对比分析两个目前比较成熟的连接器实践模式：EDC 与 IDS Connector（见表 6-3）。

表 6-3　EDC 与 IDS Connector 对比分析表

特性	EDC	IDS Connector
基础组件	包括连接器（Connector）、联邦目录（Federated Catalog）、身份中心（Identity Hub）、注册服务（Registration Service）、数据仪表板（Data Dashboard）等	包括连接器核心服务、认证服务、自定义服务及 IDS 应用商店等
数据主权保障	通过策略管理、身份验证与授权、合同管理等机制保障数据主权	通过安全架构、认证、通信和数据交换保护、数据使用控制等保障数据主权

（续）

特性	EDC	IDS Connector
开发者支持	提供简化、必要的样本和最小可行数据空间（MVD）来支持开发者入门和开发	提供 IDS Apps 管理和部署，以及与 IDS 协议的认证和通信
架构	简单、可互操作、去中心化，重视数据保护，分离元数据和数据，一致语义，自动化处理	包括安全视角、业务层、功能层、过程层、信息层，强调安全、认证、通信和数据使用控制
通信协议	支持多种传输协议，通过数据平面扩展实现	通过 IDS 协议实现通信，包括 IDS Multipart Messages 和 IDSCPv2
社区与治理	由 Eclipse 基金会管理，遵循开放性、透明度和精英管理的原则	由 International Data Spaces Association 管理，推动数据空间协议的国际化标准
许可证	Apache 2.0 或 Creative Commons 许可，鼓励重用、进一步开发和商业采用	未明确说明，但作为开源项目，可能遵循类似的开源许可

连接器的开发，通常都遵循模块化（Modular）、可扩展性（Extensible）、适应性（Adaptable）、弹性（Resilient）的原则采用普遍使用的语言如 Java 编写，并且一般都与身份认证、目录服务、日志记录、监控等组件预设了连接或进行"打包式"一体化集成。连接器接入数据空间并完成身份认证的流程示例如图 6-23 所示。

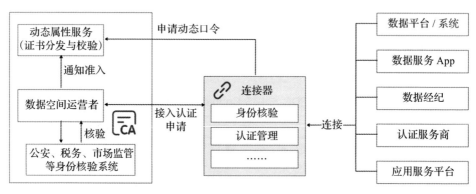

图 6-23　连接器接入身份认证示例

连接器是系统层上的核心技术组件，在数据空间工程中广泛应用，并且主要以开放 API 的形式提供。为了推广各类型连接器的普及应用，供应商普遍采用标准化的技术进行封装，并提供开源代码允许开发者进行快速配置。当然，各类连接器也需要通过适配性、功能性以及安全性认证。从通过认证的连接器供应商获取接口才是明智的。

在系统搭建和应用层面，连接器不但是各类验证的渠道，还是数据传输的管道，更可以分布式配置到应用商店、服务系统、数据库、业务平台中。根据约定的协议条件，连接器实时传输验证信息、日志信息、元数据目录信息以及各类数据加工、发布、查询等指令。

连接器可以运行不同的服务并进行交叉通信，一个分布式连接器集群，构成了数据空间系统的交织节点网络。为了让复杂网络更易于开发部署，连接器供应商常常提供各种"菜单式"连接功能，包括数据集成、程序下载、服务认证、数据校验等，并且采用 API 或 SDK 形式进行连接与分发。连接器或其他核心组件托管部署在数据空间参与者系统（一个连接器可能包含多个数据端点接口），实现对各个系统共享模块的读写。

尤其重要的是，连接器不仅仅是系统之间沟通的桥梁，更是数据管理和数据资产运营能力传递的纽带。即使是数字化水平较低的组织，在连接器持续的双向"主动式"服务驱动下，数据与服务也容易实现对接从而加速数据发现与流通。一方面，每个连接器开发和部署后，都需要进行系统接入认证，从而完成端点的自我描述，再通过这些描述把端点触达的系统安全"植入"可信生态，既可以接受服务也可以发布数据。另一方面，连接器提供数据发现服务，例如元数据识别、自动化数据标识，都有助于提升数据质量，并且能轻松查找合适的数据产品开发路径，实现与应用场景的匹配，从而高效地查询和交换数据产品。当然，连接器的开放的程度是可定义的，如通过 Java 编程或脚本，参与者不希望信息被公开，则可以限制条件或只接受间接搜索，例如，只接受数据空间运营商的数据发现服务。

在连接器技术成熟且充分普及后，技术栈会变得越来越庞大，以至于连接器的身份不断演进，最终走向更大的组件套装——控制器。

2. 控制器开发

控制器（Conductor），或数据空间控制器（DSC），不论其名称为何，都是负责协调和管理整个数据空间运行的一套组件或一个子系统，具有资源管理器、任务调度器、空间管家、超级中间件的职能，功能覆盖系统连接、资源交互、动态管控等，并具备实时智能、自动配置、无感交互的能力，且持续扩展。关于控制器的介绍可参考 2.3.3 节，关于其核心技术架构可参考 5.4.4 节。

通常来说，控制器可以被视为数据空间一系列解决方案的集合。图 6-24 从用户视角，以数据空间实体为例，解释控制器持续开发的一个路线示例（P2P 模式）。

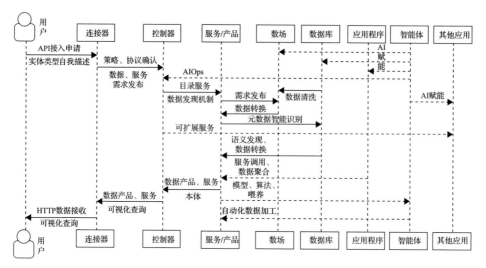

图 6-24　无限扩展的控制器开发路线

从上图可以看出，连接器是控制器的流程起点，与控制器交换数据空间协议和策略，并通过连接器完成认证和接收服务需求。控制器核心组件逐层交叉对接服务与产品、外部数据及外部应用程序，从而实现对数据空间整体的运营管控。控制器负责调度、处理各类需求，通过可扩展服务接入数据服务能力，借助数据空间组件协同用户需求，形成产品和服务并提供给其他用户查询、接收。

控制器除了整合、内置了连接器的功能外，还接入外部生态系统（如数场、数据库、数据平台、应用服务等），为数据空间的数据加工、处理、服务提供支持，并通过 AIOps 等组件配置数据空间的动态管理，实现对全局的灵活掌控。

在开发路线上，控制器主要关注各类接口的标准化和安全性，并确保数据、服务、产品和空间任务调度、资源管控的流畅性。控制器开发的逻辑解析如图 6-25 所示，图 6-25 全面解析了控制器原理及接口，也为开发提供了清晰的指引。

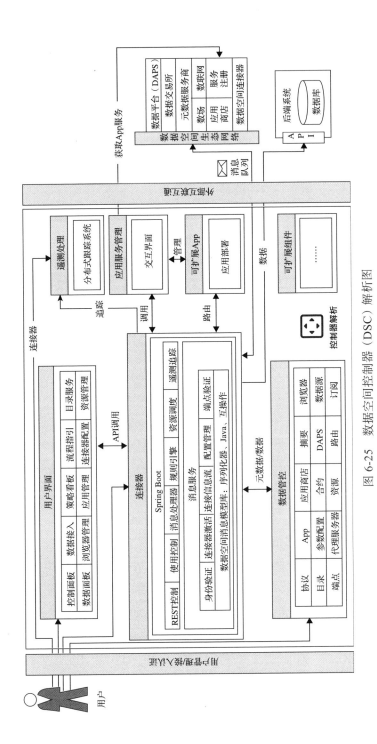

图 6-25 数据空间控制器（DSC）解析图

用户进入数据空间后，第一个看到的组件就是控制器。控制器的控制面板负责管理和配置数据传输、策略管理、身份认证等任务，而数据面板则专注于实际的应用管理和资源调度。这样设计提高了系统的可扩展性和灵活性。当数据面板需要处理大量数据传输时，控制面板不会受到影响，从而保证了数据空间系统的稳定性和可靠性。

控制器允许额外的服务或功能扩展，增强了数据空间系统的模块化和可维护性，并促进第三方服务和应用的集成。

未来，控制器将全面取代数据空间连接器，并成为数据空间操作系统的核心部分。控制器开发的主要关键点和方向包括：

1）异步传输与任务处理：采用异步处理方式来执行数据传输任务，以实现最大可扩展性。这意味着 DSC 可以同时处理多个任务，而不需要等待前一个任务完成。

2）分布式身份管理：DSC 采用分布式身份管理方案，并允许用户定制信任锚（包括标化连接器分发）。信任锚（集成在连接器里）是验证身份和建立信任关系的基础设施。这种方式提高了身份管理的灵活性和安全性，允许用户根据自己的需求和安全策略定制信任锚（权限配置）。在分布式系统中，分布式身份管理可以避免单点故障，并降低对中央化认证服务器的依赖。通过可定制的信任锚，用户可以定义自己的信任关系和验证机制。

3）阅后即焚的策略设置：DSC 允许数据提供方设置数据资源合约使用的时间、数据资源合约使用的次数。数据使用方查看数据时如果超过有效期或使用次数，无法查看与使用，消费侧的连接器数据会被删除。

4）实时智能：Real-Time Intelligence，是一项功能强大的服务，让数据空间用户都可以快速发现数据、匹配场景并将各类动态可视化。它为事件驱动的应用场景、流式处理数据和数据日志提供了端到端解决方案。其使用无代码连接器无缝地连接来自各种源的基于时间的数据，从而实现即时的视觉对象见解、地理空间分析和基于触发器的反应，这些反应都是组织范围内数据目录的一部分，并且都根据统一标识（加注时间戳）进行封装。实时智能可处理数据接入、发现、转换、分析、可视化、跟踪和实时操作。在 DSC 中，实时智能实现了对空间动态数据、日志的集中化管理，提供了数据操作、高效查询、转换等功能，并能存储大量结构化或非结构化数据。无论是需要评估来自外部的数据系统、数据平台、系统日志、自由文本、半结构化数据，还是将数据提供给空间的其他用户使用，实时智能都可以提供多功能解决方案，如图 6-26 所示。

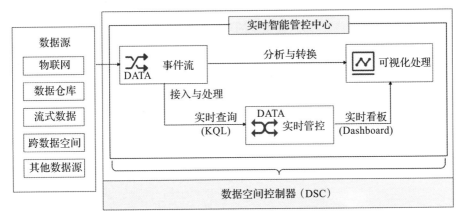

图 6-26　数据空间控制器（DSC）实时智能管控中心

5）多元化数据传输：采用接口传输、中间件传输、Message 方式传输等，如 MQ 队列、HTTP 接口、Otter、文件共享传输等，允许 HTTP 调用、Java 远程调用、Web 服务调用，并允许使用 POST 和 GET 方法。GET 是从服务器方请求数据，POST 是向服务器方传送数据。接口交互数据可以是主动推送，也可以是请求获取。

6）全面集成：DSC 可以持续扩展和集成，基于 MetaOps，获得 AI 支持，整合数据空间网络的动态信息流，提供全方位的基础设施目录、接口地址清单、数据开放指数分析以及用户服务推荐与匹配，甚至辅导用户面向数据资产进行业务重构。

3. API 开发与集成

API 是系统（包括各类服务、产品及应用）间实现交互与通信的关键桥梁。它定义了一套规范和工具集，使得不同的应用程序能够相互通信、交换数据并协同工作。API 提供了一系列预定义的方法和函数，开发者通过这些接口可以访问并操作各类应用的功能和数据，从而实现应用程序的集成、数据传输、功能调用以及资源共享。

许多数据空间开发工作都与 API 相关，包括 API 自定义、API 集成等。某些 API 集成可能仅涉及一个 API，而大多情况下可能涉及两个或多个 API，以解决第三方数据接入、应用程序集成、移动应用开发、微服务架构部署以及数据空间外部的跨平台集成、开放平台接入。完成数据空间系统开发后，还可通过 API 进行自动化测试，以验证系统的功能和性能。

在 API 开发领域，有几个关键的术语是开发人员必须掌握的，以确保有效的沟通和理解。以下是一些基本术语和概念：

- API 端点：一个 API 接收请求和发送响应的特定 URL 或地址。端点通常是围绕资源组织的，如用户或产品。

- HTTP 方法：标准的 HTTP 动词，如 GET（从服务器检索资源）、POST（创建新资源）、PUT（替换资源）、PATCH（更新资源）和 DELETE（删除资源），用于通过 API 对资源执行 CRUD（创建、读取、更新和删除）操作。

- 请求和响应：API 通信的基本组成部分，客户端向 API 发送请求，API 处理请求并返回响应，通常采用 JSON 或 XML 等格式。

- REST（Representational State Transfer）：一种流行的架构风格，用于设计网络应用。RESTful APIs 使用 HTTP 方法，坚持无状态通信原则，并利用统一的接口来提高可扩展性和可维护性。

- JSON（JavaScript Object Notation）：一种轻量级的、人类可读的数据交换格式，通常用于 API 通信，以键值对的方式构建数据。

- 认证与授权：在 API 中采用安全机制来验证客户的身份并确定他们对资源的访问权限。

- API 密钥：用于验证用户、开发人员或应用程序的 API 请求的唯一标识符，通常由 API 提供者提供。

- 速率限制：一种技术，用于控制客户在指定时间范围内对 API 的请求，以防止滥用并确保公平使用。

- API 文档：全面的、结构良好的指南，提供关于 API 的功能、端点和使用实例的详细信息，帮助开发者理解并有效地整合 API。

- API 版本管理：管理 API 随时间的变化和更新，使开发者能够保持向后的兼容性，并在不破坏现有集成的情况下引入新功能。

- API 安全维护：用适当的认证和授权机制保护 API，如 API 密钥、OAuth 或 JWT，对于保护资源和控制访问至关重要。

API 集成方法包括：

- 自定义集成，需要使用软件开发人员手写的脚本。
- 连接器应用，使用数据空间连接器，连接到任何开放或自定义的 REST API。
- 原生集成，即手动编码开发，如数据空间的接入认证、存证溯源等，是直接构建到应用程序里的"官方集成"。
- 集成平台是数据空间工程里旨在帮助连接大量应用程序的平台，不需要代码，并且可以根据要求进行操作。平台提供应用程序模块，这些模块已经配置了连接到 API 端点所需的代码，从而消除了代码的复杂性，并提供了比连接器和原生集成更多的选择。

例如，控制器（DSC）集成平台就是这样做的。它支持几乎所有的数据空间应用程序，从身份验证套件到数据交易结算，从数据仓库到数据产品，从用户到终端。数据空间开发很注重 API 优先的思维方式，并强调用户体验，各类 API 需要针对这些用户进行设计，成为数据空间交互的重要软件形式。

4. 子系统及应用开发

《行动计划》强调，推动可信数据空间资源管理、服务应用、系统安全等技术工具和软硬件产品研发，支持打造可信数据空间系统解决方案，培育一批数据技术和产品服务商。这里所提出的资源管理、服务应用、系统安全，就是数据空间系统的子系统。从技术角度来看，数据空间的子系统还包括：

- 数据基础设施管理系统：数据空间的基础设施包括模型即服务、算力网、数场，它们紧耦合在一起，支撑数据空间的运行。
- 运营管理系统：关注以数据为中心的活动及数据价值共创行为，为数据价值挖掘和数据流通提供系统性支持。
- 数据空间控制系统：关注运行稳定性及动态信任管控，是数据空间可信基石的系统形式。
- 第三方服务管理系统：包括大量应用程序与服务的整合，如隐私计算系统、区块链底座等，尤其是第三方 AI 应用服务，为数据空间复杂系统的正常运行和多场景数据价值创造提供技术支持。

- 分布式管理系统：支持数据空间的分布式存储和处理以及各类代理服务等组件，使得数据空间的分布式事务、分布式计算、分布式存储得以实现，并解决数据互操作性问题。

这些子系统共同构成了数据空间的技术框架，因而数据空间也被称为"系统的系统"（System of Systems），每个子系统也可能还有多个子系统或应用系统。

例如，数据空间控制系统的开发，就涉及多个子系统的组合，系统之间通过 API 等形式相互关联，而系统又可以封装为一个 SDK 包，成为一套工具，支持其他系统的开发。

如图 6-27 所示，Xsensus 控制器以交互感知为核心，集成了接入认证、使用控制、元数据管理、资源调度以及可信管控技术，还与资源目录服务紧耦合，关联各类应用程序、服务 / 产品，内置算法 / 模型，提供语义 / 格式转换、元数据智能识别、语义发现数据标识等数据资源互通功能。向上可封装为覆盖数据全生命周期的 SDK 工具包，向下可与各类数据源通过 API 进行连接，代表了一个独立子系统或特定功能应用的开发架构模型。

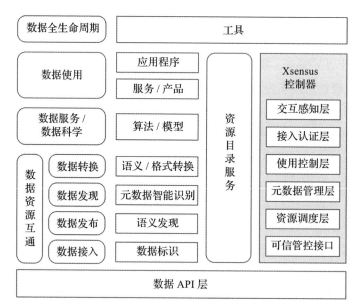

图 6-27　Xsensus 控制器系统架构

5. 智能体开发

AI 智能体（AI Agent）结合大型语言模型（LLM）、机器学习（ML）等技术，正快速推动 AI 的进化，并催生软件和系统开发新范式。在数据空间系统内，智能体可以被视为一个独立实体，从数据空间环境内感知动态数据（包括事件、日志、活动、条件等），进而自主执行符合数据空间策略和协议的行动，具有自主性、能动性、适应性和自治性等特征。数据空间要持续扩张，应用到社会各个领域，实现"无所不在、无数不及"的生态网络，离不开智能体、多智能体的配置和构建，如图 6-28 所示。

图 6-28　智能体配置模式

智能体开发的目标，是以自我导向的循环方式工作，为人工智能设置任务、确定优先级和重新确定任务的优先级，直到完成总体目标。而创建一个智能体，首先要定义智能体的功能和应用场景。在数据空间工程领域，智能体可应用于以下方向：

- 数据空间智能助手：基于 LLM 的 AI 智能体，可以通过 Chain-of-Thought（CoT）、问题分解等技术发挥推理和规划能力，提供问答、验证、流程辅助等服务，以提高效率、提升用户体验。
- 数据空间自动化动态监测：反应型智能体，关注环境，强调快速和实时响应。主要基于"感知 – 行动"循环，优先考虑直接的输入 / 输出映射，而不是复杂的推理和符号操作。通常只需要较少的计算资源，就能够实现更快速的响应，并能够在具有明确规则体系的数据空间监测与管控领域有效应用。
- 智能数据工匠：具有反思、工具、规划、协作等多个功能组合体，主要负责元数据智能识别、语义发现、数据标识、数据质量评价、数据价值评估、应用场景分析以及工具选择等。

- 数据产品及服务推荐系统：面向用户的智能系统，实现需求匹配、产品推荐、交易撮合、数据融合分析等。
- 感知与交互系统：例如 Xsensus，对数据进行主动管理，捕捉数据空间内外部的一切动态，并根据变化采取预测性自主安排和行动（以提供建议的方式），为数据空间运营提供支持。

随着智能体应用的不断成熟，数据空间将出现更清晰的场景。运营者重点关注可信底座的建构，而对于数据、产品、业务、服务、应用以及复杂系统的运维，均可交给多智能体协同系统（如图 6-29 所示）。

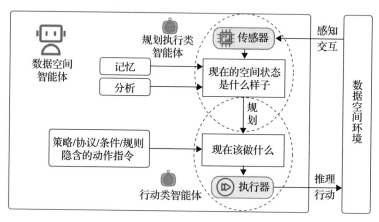

图 6-29　数据空间多智能体协同系统基本架构

开发框架方面，LangChain、AutoGPT、AutoGen、MetaGPT 提供关联 LLM 的可扩展性、可定制性、可对话开发环境，可用于开发多智能体交互式对话工具、多智能体监测工具和空间助理等。Coze、Dify 平台支持零代码或低代码搭建智能体，技术门槛低，适合开发聊天机器人、个性化学习助手等智能体，具有可视化的编排界面，自定义技能、添加知识库和数据库、选择多类型插件和定制工作流等优势。

目前，AI 应用还有巨大的提升空间，智能体的开发是一个迭代和多学科交叉的过程，需要结合软件工程、数据科学、机器学习等多个领域的知识和技术，并且知识越完整，智能体的作用就越强。

6.3.4　数据空间系统级开发测试

1. 复杂系统测试要求

数据空间系统的主要特征是多模块分布式系统，各个服务器执行特定功能，并形成连接和交互格局，共同作用于数据流通。在开发过程中，数据空间工程往往采用多方协作、多头并进的方式实施，一是因为系统本身功能复杂，二是因为参与者角色较多，三是因为技术尚不成熟和稳定，需要交叉迭代、协作创新。

同时，数据空间多系统功能域逻辑主要由加载在通用（如连接器）或专用处理平台（数据空间管理系统）上的不同软件实现，通过高速数据总线（泛在灵活接入、高速可靠传输、动态弹性调度的数据高速传输网络）互连成为子系统 / 系统，实现各个特定功能域的子系统 / 系统软件构成了一个分布的、异构的、松耦合的复杂软件系统。

1）交互连接的系统和设备多，数据交互频繁：数据空间软件连接各种不同成熟度的数据系统或平台，并且连续长时间运行，会接收到各类数据采集、用户需求和自动化信息等，涵盖数据参数（数据标识、语义、元数据、位置等）、系统状态（运行状态、故障状态等）、任务数据（数据发布、目录调用、接口配置等）以及持续的动态管控（监测、认证、任务处理）等多种类别，这些接口交互是实现数据空间生态系统持续构建的基础。

2）严格时序约束：系统多为实时嵌入式控制软件，在数据接收时序、数据处理时序、控制输出时序、操作执行时序等方面存在较为严格的约束关系，实现对身份、行为、数据溯源、可信存证等的实时自动控制，是一个在短时间内需要对多元化复杂对象进行精准控制的过程，稍许误差都可能影响数据空间的可信属性。因此，若时序关系未得到满足，则会对系统任务执行过程、系统运行安全等产生严重影响。

3）可靠性 / 安全性要求高：尤其在数据空间建设发展初期，可能会存在大量的故障判断、上报、记录、清除等情况。需要逐一对每个故障的条件处理和上报，同时系统通常设计了一定的数据冗余策略，不同状态下的功能重构和数据重构，功能、数据及通信链路等存在多种形式的备份措施。

4）任务场景复杂：通常情况系统软件会经历试行、推广、扩张、运营、优化、生态发展等多个阶段，完成模式验证、数据感知、运行监测、动态控制、价值评估、协同交互等不同任务过程，经历空间内部自适应、外部生态交互、数据基础设施融合等不同场景切换。因此，数据空间运行过程中的任务场景呈现出多样化、不确定、动态变化等复杂特征。

尽管基于统一目录标识、统一身份登记、统一接口要求建设，并配置统一应急处置、统一安全监测、统一运行监控管理，数据空间复杂系统仍然存在巨大的技术挑战（参见 4.5.1 节），尤其是数据一致性的保障、事务处理的设计、并发和互斥问题、远过程调用带来的性能下降和容错等问题。

结合上述特征与问题，数据空间作为一个持续演进的复杂系统，在测试方面应重点关注以下几点基本性能要求：

- 资源瓶颈识别：识别接口、缓存、网络、服务器等各环节的性能瓶颈，指导系统优化。

- 稳定性与可靠性：通过长时间压力测试，验证系统在持续高负载下的稳定性，检查是否存在内存泄漏、死锁等问题。

- 可扩展性：测试系统在增加硬件资源或调整架构后的性能提升情况，验证其横向或纵向扩展能力。

- 数据完整性与一致性：确保在高并发环境下数据的正确写入、读取与同步，无数据丢失或冲突。

- 用户体验：模拟真实用户行为，评估页面加载速度、交互流畅度、前端性能指标。

- 安全性与兼容性：测试网站在不同浏览器、操作系统、设备间的兼容性，以及对安全攻击（如 DDoS、SQL 注入等）的防御能力。

- 并发处理能力：评估系统（尤其是城市数据空间、行业数据空间）在大量用户同时访问时的响应速度、系统负载及资源利用率，确保在高峰期能稳定服务。

- 吞吐量与响应时间：测量系统在不同负载下的请求处理速率（TPS、QPS）及用户端响应时间，确保满足服务质量（SLA）要求。

上述性能要求属于数据空间基础功能性准备，在测试环节应逐一予以排查。

同时，还应关注数据空间关于数据流通、可信管控、价值共创等方面的测试要求，如单元测试、精准测试以及系统级测试。至于具体的测试方法和操作规程，本书不做展开介绍，测试人员可自行扩展。

2. 端到端集成测试

端到端集成测试，又称为 SIT 拉通测试，主要关注不同系统和应用之间的接口集成。端到端的场景可能会涉及多个产品、多个组织、多个平台，以及庞杂的参与角色，更多的是关注上下游依赖的系统。这一测试阶段主要是将系统中的各个模块、组件进行组合和集成，以验证它们之间的接口是否正常工作，以及系统整体的功能和性能是否达到预期要求，目的是确保各个部分能够协同工作，并发现可能存在的集成问题。

集成测试有如下特点：

- 规模大：端到端集成测试涉及业务的全链路流程，需要配合的系统数量多，规模大。
- 系统多：数据空间实际的业务场景相对复杂，需要多系统配合，不论哪个环节出问题，对数据流通而言，就是失败的。
- 涉及参与主体多：由于前面两个原因，测试涉及人员会很多，需要做好沟通和协调，对数据空间运营者的软技能要求高。
- 数据交互关系复杂：由于不同参与者有不同的立场，且主要标的是不可见的数据，因此对系统的置信度、数据流通的安全性、利益保障及分配的合理性要求较高。

因此，数据空间的集成测试应当使用"银行级"乃至"航空级"的严格标准，且应关注数据的流向而不是单系统的异常。测试人员需要关注的是完整的业务场景是否能走通，异常业务流是否能回退或者有解决方案，而不需要过于关注某个节点系统内部的异常（由迭代级的单元测试负责解决）。

在数据空间开发过程中，端到端集成测试团队，一般采用"虚拟化"的组织形式。从各系统团队中抽取出来（角色包含测试和产品，必须有产品加入），这些人既参与日常的迭代测试，了解当前迭代系统的业务需求，同时在开展端到端测试的时候，抽出来负责端到端测试，由各团队负责人统筹安排，一般来说集成测试任务优先级更高。同时这种组织方式信息更加透明，知识能够及时共享。接口人可以将集成测试发现的问题更快地分享给团队内，团队内可以针对问题及时调整迭代。同时迭代内开发新功能的信息可以及时共享为后续端到端集成测试打下基础。

此外，由于数据空间涉及的系统多，各系统又有各自的环境，所以需要在开展端到端集成测试前，确认各系统对接的环境是正确的，明确各系统对应的IP、端口、中间件地址等，方便后续排查问题能够快速对应的服务器。

总之，集成测试关乎整个系统级测试，覆盖整个系统的功能、性能、兼容性、稳定性及安全性进行全面验证的过程。与单元测试和模块测试不同，集成测试关注的是系统层面的交互和集成效果，确保系统在各种预定工作环境和应用场景中都能正确、高效地运行。一般情况下，为了更高效地进行开发测试，开发团队往往采用测试分层的策略。从关注每个服务的测试，到关注某个模块的多个服务集成，再包括一个产品内不同模块间的基础测试，最后再到整个端到端多个产品间的集成测试。

3. 单元测试

单元测试，对于分布式架构系统而言，尤为重要。特别是数据空间系统内，即使是共性技术，也具有不同开发路线和技术依赖的众多特殊功能模块。且很多单元模块或子系统存在灵活部署要求，有性能的要求，有并发的要求。

在单元测试环节，首先关注的是接口模块的测试。各类型的连接器、控制器以及应用程序和系统接口测试应覆盖功能、性能、稳定性和信息安全这些质量特性。需要综合运用边界值、场景法、状态迁移等测试设计技术来设计测试用例（包括正向和异常），覆盖接口设计的各个方面。由于分布式架构软件系统的高度复杂性，通常在完成前面一系列接口集成后，还需要对系统内外接口进行完整的系统测试。在这里，特别注意确保分布式系统的高可用性。当部分节点失效时，其他节点能够接替它继续提供服务。

其次，单元测试重点关注的就是功能测试。例如，安全方面，主要还是依托传统的安全测试方法，通过静态、动态扫描来初步筛查粗略的代码编写规范。通过防范 XSS 脚本、DDoS 攻击来挡住大部分安全压力负载、检测 SQL 语句注入来规避植入数据库相关的安全访问漏洞，从而避免数据泄露。

此外，自主可控性也是重要的内容。开发过程中，数据可信连接器的源代码使用 Java 语言在集成开发环境中完成代码的编写和编译打包，再通过修改或添加自定义代码实现功能的修改或增加。特别是在利用开源代码或 AI 生成代码的情况下，要重点识别代码的自主可控性，并采取以下措施，确保单元测试的精准度。

- 独立性：单元测试应该独立于其他测试和外部环境，每个测试用例都能独立运行，互不影响。这可以通过使用 mock 对象来隔离外部依赖，如数据库、网络服务等，确保测试结果的准确性和可靠性。

- 自动化与可重复性：单元测试应该是全自动执行的，并且非交互式的。测试框架通常是定期执行的，执行过程必须完全自动化才有意义。同时，单元测试应该是可重复的，每次运行的结果应该是一致的，不受环境变化的影响。

- 测试覆盖率：测试覆盖率是衡量单元测试质量的重要指标，包括语句覆盖率、分支覆盖率和路径覆盖率。可以通过分析未覆盖代码路径，补充相应测试用例，针对边界条件和异常处理编写用例来提升覆盖率。

- 测试粒度：单元测试的粒度应该足够小，以帮助精确定位问题。测试粒度至多是类级别，一般是方法级别，这样可以在出错时尽快定位到出错位置。

- 代码与测试的分离：单元测试代码应该与业务代码分离，通常放在特定的测试目录下，如"src/test/java"，以避免源码构建时跳过测试代码。

- 评估软件产品自主可控性：可以采用一种评估软件产品自主可控性的方法，包括建立评估模型、选择评估指标、搜集证据和采集度量指标、综合评定等步骤。这种方法可以帮助量化分析软件产品的自主可控性。

- 使用开源工具：在数据空间开发中，可以利用开源的 docker 容器技术和 docker-compose 容器管理工具进行编排、部署和启用，通过修改 yaml 配置文件实现对部署方式、部署架构和网络连接配置的调整，增强自主可控性。

- 实时设置和更新安全策略：使用外挂的方式实现测试床的数据链路的自

主构建或修改，同时可以使用恭泰加载配置文件的方式实现安全策略的实时设置和更新，增强数据空间的安全性和可控性。

4. 自动化测试

自动化测试凭借其高效、准确和可重复执行的能力，成为提升软件测试效率、缩短上市时间、确保质量的关键工具。开发团队可以根据项目需求选择合适的自动化框架和工具（如 Selenium、Appium、JMeter、Postman、Swagger UI 等），考虑使用持续集成 / 持续部署（CI/CD）工具（如 Jenkins、GitLab CI/CD、CircleCI 等）来自动化测试流程。

自动化测试通常应用于以下三个场景，而对于系统级测试和精准测试，自动化手段也常常配置作为辅助措施。

- 单元测试：针对最小功能单元（如函数或方法）进行验证，确保每个模块在独立运行时没有问题。
- 接口测试：接口测试位于系统模块之间，用于验证各模块的交互情况和数据传递，确保接口调用的有效性。
- UI 测试：UI 测试关注用户界面的正确性与稳定性，通过模拟用户操作验证系统的整体表现。

自动化测试的探索和实践已经到了一个比较成熟的阶段，集编译构建、打包、自动验证、发布为一体的端到端自动化流水线使得每个测试人员都可以很容易搭建出自己的自动化系统。但是即便有开源工具加持，很多团队的自动化测试还是只能停留在"冒烟测试"的程度。

面对数据空间如此复杂的多功能交互系统，持续自动化测试最基本的测试质量保证手段。更重要的是，"手工测试"也要随时跟"自动化测试"协同而严格施行"手自一体"的测试模式。"手自一体"要求在测试用例首次执行时就考虑自动化的可能性，并遵循以下原则：

- 快速：测试应该能够频繁执行，并且尽早进行频繁的测试。
- 隔离：单个测试不能依赖于外部因素或另一个测试的结果，确保测试结论的独立性和准确性。
- 可重现性：测试应该每次运行时都产生相同的结果，可结合测试左移、测试右移进行结果一致性验证。

- 及时：测试应该与生产代码同时编写。甚至是测试在前、开发在后，即测试驱动开发，其中典型的实践有需求评审、设计评审、单元测试、代码扫描分析与检查等。

"手自一体"模式要求测试团队在软件开发周期早期和所有利益相关方合作，因此他们能清晰地理解需求以及设计测试用例去帮助软件"快速失败"，促使团队更早地修复所有的 Bug。

最后，测试活动不应该随着数据空间系统部署上线发布而结束。在完成部署，进入实际运维过程中，测试团队应继续在生产环境做监控，监控线上性能和可用率，一旦线上发生任何问题，尽快反应，提前反应，给用户良好的体验。尽量做到技术人员要比业务方先发现问题。其中典型的"测试右移"活动有生产环境上的流量回放、全链路压测、用户体验的 A/B 测试等。

6.4　数据空间部署与运维

6.4.1　数据空间部署

1. 系统封装

完成了系统开发与测试，数据空间工程迎来了最终的系统封装、部署与发布环节。至此，我们再回过头，对齐数据空间战略，并校准数据空间工程的以下几个基础要点：

- 不要重新发明轮子：使用经过验证的技术。
- 整合现有系统：尽可能将数据空间整合到现有系统中。
- 使用现有标准：协调适用国家和国际规范、技术标准、最佳实践和既定流程。
- 独立于行业和领域：使数据空间系统作为一种范式可用作横向迁移。
- 易于使用：注重可移植性和可复制性，且部署门槛低。

复盘上述要点，也经过了完整的测试，系统封装之前仍需考虑区分内部代码和外部代码，判定内外区域界面。内部区域包含了所有的功能组件，而外部区域则包含了与外界交互的部分，如用户界面、数据系统连接、第三方集成等。只有外部代码能依赖内部系统，反之则不行。过分耦合的系统，一经封装发布，将损害其可扩展性和易用性。

同时，数据空间作为跨层级、跨地域、跨系统、跨部门、跨业务的数据流通利用设施，是国家数据基础设施的重要组成部分，也需要与外部数据基础设施（包括其他数据空间）进行交互，如图 6-30 所示，包括数场、数据元件、数联网、区块链网络、隐私保护计算平台等技术设施，都可能成为数据空间重要的关联体，甚至是依赖关系。

图 6-30　数据空间与外部数据基础设施

尽管如此，系统封装也要谨慎耦合外部系统，以保持系统"架构整洁"。同样地，在数据空间内部子系统、组件之间，也需要清晰分置各个功能模块（如图 6-31 所示）。例如，采用系统封装、子系统封装、应用封装、组件封装、功能封装等方式，根据场景和数据空间系统的适配度、应用广度进行组合，以避免将数据空间系统打包成一个"大泥球"。

2.持续部署

在数据空间的部署环节，首先需要考虑的是数据空间的持续交付、持续部署。持续部署是 DevOps 以及 MetaOps 的关键技术，其核心要点包括：
- 自动化部署：通过自动化工具实现系统的部署，减少人工操作的风险和错误。

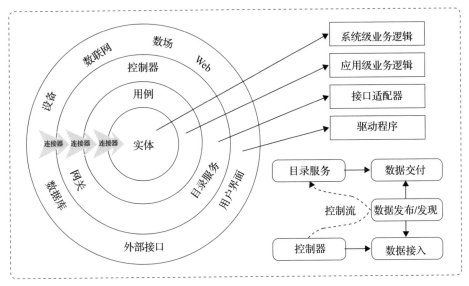

图 6-31　数据空间整洁架构

- 持续集成：在开发过程中实施更新和改进，以提高系统的代码质量和可靠性。
- 快速反馈：通过自动化测试和监控，实时获取反馈，以便快速修复问题。
- 可扩展性：通过模块化和微服务的设计，实现可扩展性，以满足业务需求的变化。
- 持续优化：通过持续监控和分析，实现持续优化，以提高性能和可用性。

对于数据空间这类比较复杂且较长周期的开发工程，配置一个自动部署环境或平台，非常有必要。自动部署平台通过搭建统一的配置管理以及持续集成和持续交付两个功能引擎，整合分布式代码管理系统、统一软件包管理系统、部署作业系统、容器技术以及第三方软件，实现包含应用工作项管理、代码管理、自动化代码测试和分析、代码在线评审、自动化构建等持续集成实践，达到集中管理和规范应用系统研发，促进团队协作的目的；同时实现包括应用发布版本包的统一管理、规范部署方案管理、自动化部署多套环境、多个版本的应用等持续交付实践，达到标准化部署流程，提高部署自动化程度，实现应用可靠、快速交付上线。

至于系统实际部署的方式，应当根据各个子系统的功能采用不同的策略。

这种策略一般由数据空间运营者定义。例如，数据空间服务管理系统一般采用混合云部署，将日志、存证、可信管控等进行私有化部署，而把数据空间策略、规则、公共管理应用服务等放到公有云，确保安全性、弹性伸缩、灵活性以及可扩展的存储空间。而行业数据空间，往往与现有的行业云进行集成部署，以便共享一些行业特有的资源。

3. 按需发布

"多想一步"是数据空间工程安全防护的重要思维原则。尽管整体系统已经全面完工，并且完成了部署，为了避免系统过早暴露也为了扩大持续集成和测试的通道，有些应用和系统应考虑"按需发布"的形式逐步上线。此外，按需发布还与快速交付、持续设计相关。开发团队"以终为始"，从需求出发，根据需求开发系统并快速发布，也是按需发布的逻辑。

按需发布是以应用的功能价值为核心，围绕着用户需求出发，只针对有效益、有需求、有场景的业务进行发布，而不是"一股脑"地往外输出。识别价值流可以帮助数据空间运营者理解如何最有效地交付价值、引导参与者共创价值。这个价值流是从概念到收益的全过程，如图 6-32 所示。

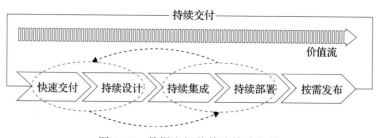

图 6-32　数据空间价值流持续交付

除数据空间共性技术外的数据服务、应用产品和程序，应充分考虑市场情况进行开发、交付。一方面避免资源浪费，另一方面也保证了系统的安全性。对于"整装数据空间系统"，例如供应商预先封装的全套软件，通常是软件＋硬件整体配置，仍然会涉及用户端的部署与上线，然后再根据数据空间应用的阶段性需求进行应用发布。

6.4.2　数据空间系统性能优化

评估部署后的系统性能并据此进行优化，可以遵循以下步骤：

- 理解系统：在进行任何优化之前，首先要全面理解系统的架构、工作负载以及性能目标。深入了解系统的工作原理及其潜在瓶颈是优化的基础。
- 设定基准：通过记录当前系统的性能，建立基准线，以便在优化前后进行对比，从而评估优化效果。
- 收集数据：使用各种工具和方法收集系统的性能数据，这是分析性能问题的第一步。主要的数据收集方法包括系统级监控、应用级监控、日志分析、基准测试和事件追踪。
- 识别瓶颈：利用收集到的数据，识别系统中的性能瓶颈，确定哪些资源或操作导致了系统响应时间过长或资源过度消耗。
- 优化：针对识别出的瓶颈，可以采用一系列策略进行优化，如优化算法、改善 I/O 性能、增加硬件资源等。
- 验证和迭代：优化完成后，通过基准要求和性能度量来验证优化效果。如果性能仍不达标，则需要重新迭代该流程，继续分析和优化。
- 监控与分析：性能优化是一个持续的过程。通过监控和分析系统的性能指标，可以及时发现性能瓶颈，并采取相应的优化措施。

正如测试在系统部署后仍应持续一样，系统的性能优化，即使在正常运行过程中也是不能停歇的一项工作。性能监测与系统优化，本身就是为了不断提升系统的功能价值，而且很大程度上是持续"将需求转换为目标"的过程。

在数据空间建设之初，参与者定义了数据空间的一组策略和规则。随着数据空间应用成熟度的演进，参与者角色和利益关系更加复杂，系统的性能与功能期待将出现失衡。而且，随着国家数据基础设施的不断成熟与完善，数据空间的迭代优化将可能出现颠覆性的回归。

当然，没有哪一个复杂系统能够为所有的利益相关方进行优化。很多因素都会影响并作用于系统的设计与扩展、实现及操作。数据空间运营者、架构师、工程师，需要在系统性能和利益相关方诉求之间找到平衡，明确度量标准，让大多数参与者的利益得到保障。

6.4.3　MetaOps 智能运维

MetaOps 智能运维使用人工智能和机器学习技术来自动化和简化数据空间系统运维。简单看来，MetaOps=Meta+Ops。这也对应了 MetaOps 方法论的两个主要方面：元数据驱动（Metadata-driven）和 AIOps 智能运维。两者分别对应数据空间治理机制构设、以数据价值为核心的运营优化两个核心模块（可参见 6.2.3 节），共同支持数据空间的高效开发和运营。

（1）元数据驱动（Metadata-driven）

元数据管理：利用元数据来指导数据的管理和使用，包括数据的发现、理解、整合和分析。

DataOps 实践：强调数据的持续集成、持续部署和持续测试，以提高数据处理的效率和质量。

空间动态治理：指的是在数据空间中实施动态的管理和控制，以适应不断变化的数据环境和需求。

（2）AIOps 智能运维

数据可信流通：确保数据在流通过程中的可信度，包括数据的准确性、完整性和安全性。

持续设计与持续交付：在数据空间的开发过程中，持续地设计和交付新功能和改进，以满足不断变化的业务需求。

价值共创共享：通过 AIOps 实现数据价值的创造和共享，提高数据的商业价值。

元数据驱动提供了数据空间开发的基础，通过元数据的管理和利用，可以更好地理解数据、发现数据价值，并实现数据的动态治理。AIOps 智能运维则在此基础上，通过自动化和智能化的手段，提高数据空间的运维效率，实现数据的可信流通，并通过持续的设计和交付，以及价值共创共享，进一步提升数据空间的商业价值。

MetaOps 模式强调自动化在数据空间运营中的重要性。通过自动化工具和脚本，可以减少手动操作，提高数据处理的速度和准确性，从而加快数据从采集到分析的整个周期。在系统部署后的智能运维过程中，MetaOps 的智能体自动地从海量运维数据中学习并总结规则，并做出决策。在 MetaOps 框架中，智能运维包括：

- 事前智能预警：利用数据分析预测潜在的系统问题，实现事前预警。
- 事后快速定位：在出现问题时快速定位故障原因，减少系统恢复时间。
- 自动化脚本执行：执行自动化脚本以实现对系统的整体运维，有效运维大规模系统。

从具体工作内容上看，智能运维主要包括故障管理（Failure Management）和资源调度（Resource Provisioning）两大类。故障管理主要处理系统运行过程中的异常和错误，包括预防、预测、检测、根因分析和恢复，通过预防、恢复和提前预警，可以提高系统的可用性和可靠性；资源调度的范围涉及更加广泛，包含资源整合、调度、任务管理、服务组合和负载预测，资源调度提高了系统的可观测性和总体性能。MetaOps 智能运维整体的运行模式如图 6-33 所示。

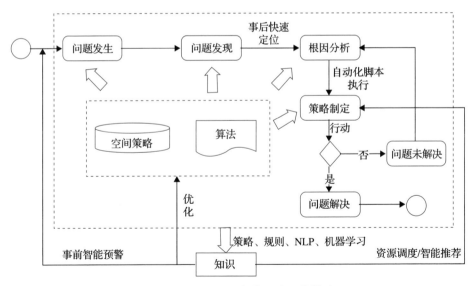

图 6-33 MetaOps 智能运维工作模式

MetaOps 代表着从传统的自动化运维向智能化运维（AIOps）的演进。它利用数据（日志、行为和监控数据等）驱动决策，通过对海量运维数据的实时采集、分析和处理，自动发现潜在问题，提前预警，甚至在某些场景下自动执行修复操作，极大地提高了运维效率和服务质量。对于已知类型的常见问题，MetaOps 可以自动触发预定义的修复脚本或流程，实现快速恢复。此外，通过不断学习和反馈，MetaOps 能够自我优化监控规则、告警阈值等，适应业务变化和系统演进，保持运维体系的灵活性和有效性。

MetaOps 强调数据和业务团队之间的沟通和协作，以提高速度、可靠性、质量保证和治理。它涉及实施数据管道编排、数据质量监控、治理、安全和自助服务数据访问平台等流程，从而打破数据孤岛，促进团队之间的协作。另外，通过添加自助数据访问，MetaOps 流程让数据分析人员和业务用户等下游利益相关者能够更轻松地访问和探索数据。自助访问减少了对 IT 数据检索的依赖，自动执行数据质量检查又可带来更准确的分析和见解。

可见，MetaOps 在数据空间运营中的作用体现在提升运维的自动化和智能化水平，优化数据资源管理，加强数据质量监控与治理，确保数据安全，以及提供自助数据访问，从而提高数据空间运营的效率和效果。

| 第三部分 |
数据空间运营

　　数字中国、数字经济、数字社会的建设提出了数据资源化、要素化、价值化的新要求，而数据只有流通才能真正发挥新价值，数据空间正是通过新技术组合与系统交互，实现数据的合规高效流通，从而培育基于数据要素的新产品和新服务，促进数据多场景应用、跨主体复用，实现知识扩散、价值倍增，而这个过程就是数据空间运营。

　　数据空间运营是在风险管理的基础上所进行的价值管理与生态运营活动。其中，数据空间价值管理的主要目标是充分发挥数据要素的放大、叠加和倍增作用，通过数据空间价值共创与全面数据资产运营，持续创新数据空间商业模式，进而在生态发展过程中，确保数据空间规范运营，最大化释放数据价值。数据空间全生命周期风险管理在生态发展过程中持续受到关注，以保障数据空间安全与合规管控。

　　整体上，价值管理是数据空间运营的内核机理，生态发展是数据空间运营的结果呈现，而风险管理是数据空间运营的根本前提。在价值共创的过程中，数据空间逐渐内生了商业活力，并呈现出生态扩张态势，形成协同创新与网络化应用成效。这也正是数据空间价值释放的全过程。

数据空间价值管理

数据空间作为数据价值共创的应用生态，通过构建一套系统和机制，使得数据得以联通和流动，形成聚合效应、聚变效应。而系统的组织、运行、聚合，目标是通过系统的功能驱动数据价值的释放、涌现。在这个过程中，数据空间通过构建一套聚合系统和功能机制，支撑各参与角色通过业务和服务实现价值共创，充分发挥数据要素的乘数效应，释放数据要素的倍增价值。

数据空间的价值管理，首先是数据空间系统功能与业务流程的深度融合，通过构建一种通用的、泛在的、互联互通的数据流通利用设施，替代多头、分头、割裂、重复的数据投入，并引导参与者在充分利用数据空间机制释放数据价值的同时，通过数据的全要素驱动力，提高全要素生产率，形成新质生产力，进而实现数据的本位价值、属性价值和动力价值。

7.1 数据空间价值共创机制

7.1.1 数据要素化、资源化、价值化

数据要素作为一个新的生产要素类别，正逐渐展现出其在现代经济活动中

的重要性。根据国家数据局发布的《数据领域名词解释》，数据要素是指能直接投入生产和服务过程中的数据，是用于创造经济或社会价值的新型生产要素。而数据要素化、资源化、价值化是数据在数字经济中发挥关键作用的三个递进阶段，它们共同构成了数据从原始形态到创造经济价值的全过程。

数据要素化是指将数据确立为重要的生产要素，并通过各类手段让其参与社会生产经营活动的过程。这表达了对数据作为战略性资源的重视，也体现了结合数据要素独特性并将数据按照生产要素的运作方式来运营的思想。在数据要素化过程（如图 7-1 所示）中，数据被视为基础性、战略性资源，其价值释放的潜力在于原始数据的获取以及后期的加工组织。

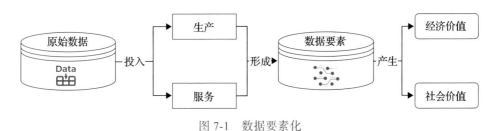

图 7-1   数据要素化

数据资源化是数据要素化的初级阶段，涉及原始数据的获取和加工，将无序、混乱的原始数据转变为有序、有使用价值的数据资源。这个过程包括数据采集、整理、聚合、分析等，目的是形成可采、可见、互通、可信的高质量数据。数据资源化是激发数据价值的基础，其本质是提升数据质量、形成数据使用价值（如图 7-2 所示）。

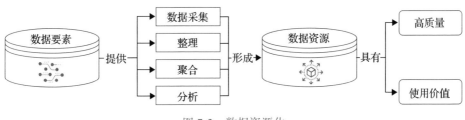

图 7-2   数据资源化

数据价值化是数据转化为价值的关键过程，它整合了数据采集、数据确权、数据定价、数据交易等环节。数据价值化包括**数据资产化、数据产品化、**

数据商品化、数据资本化几个阶段。数据资产化是数据通过流通交易给使用者或所有者带来经济利益的过程，而数据资本化则涉及数据信贷融资和数据证券化等方式，使得数据价值可以度量、交换，成为被经营的产品或商品。数据价值化（如图 7-3 所示）的最终目标是实现数据价值的增长和释放，通过市场化配置，让数据要素在全社会范围内广泛流通，全面进入社会化大生产和经济系统。

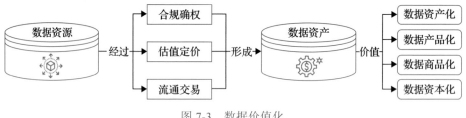

图 7-3　数据价值化

这三个阶段共同推动了数据从原始资源到生产要素再到资产并持续释放经济价值的过程。业界普遍把这个过程称为"数据三化"，即数据的"资源化、资产化和资本化"。数据资源化是激发数据价值的基础，数据资产化是基于应用需求侧而开展数据服务或产品开发的过程，数据资本化是通过市场化的方式实现数据要素的价值变现。数据三化更多从数据的资产属性出发，虽与数据要素化、数据资源化、数据价值化这"新三化"一样都聚焦数据价值，但前者更强调数据的"自身"价值，而新三化则更关注数据作为新型生产要素的"全要素驱动"价值。

数据只有流动起来才有价值。一方面，数据要素与传统的生产要素（如劳动、资本、土地等）相结合，通过流通交易直接创造价值，并降低交易成本，形成规模经济和范围经济，提升全要素生产率，从而全面推动经济增长。另一方面，数据通过优化土地、资本、劳动、技术等生产要素的组合，减少交易成本，提高优质生产要素的流动效率，促进经济产出和结构的持续改善。在流动中，数据应用推动了行业革新，在工业制造、现代农业、交通运输、金融服务、医疗健康、绿色低碳等行业形成数据赋能路径，数据驱动经济增长的能力成为新时代引擎，极大加速了科技创新、提升了生产效率。在组织内部，数据在生产环节、组织管理和业务活动中积累和使用，而通过数据空间的高频可信流通、交换与共享，原始数据加快进入组织外部的社会生产经营活动中进行扩张性交互，并通过第三方服务的支撑，进行低成本加工和复用，成为数据资源后快速实现数据价值叠加倍增的乘数效应，完成价值释放。可见，"新三化"更具体地描绘了全社会各行业对数据要素"渗透性"的价值共创活动，数据要素"新三化"结构图如图 7-4 所示。

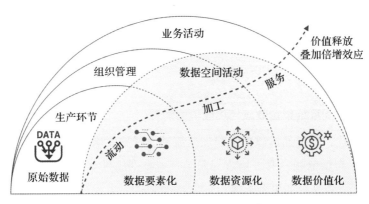

图 7-4　数据要素"新三化"结构图

　　从结构上，"新三化"之间并不存在严格意义上的界限，甚至可能同时出现在一个流程环节、一项工作或一次交互中。尤其是在"数据要素 ×"与"人工智能 +"叠加的场景里，原始数据通过诸如自动化标识、元数据智能识别、语义发现等工具被发现、被加工、被分析，并在约定条件下被自动化匹配、使用且即刻转化成相应收益，而这个过程在数据空间系统内可能只是一项命令执行的结果，并且能够瞬息完成。数据空间提供了可信、可控、可计量的数据流通环境，而 AI 技术提供了全流程自动化，数据服务商通过应用程序及具体操作提供多场景数据服务，数据的价值在数据空间内经过协同联动、规模流通、高效利用、规范可信的共创机制，完成了无限价值的释放。

　　显然，数据空间是实现"数据要素 ×"与"人工智能 +"的叠加，进而驱动数据资产价值持续释放的最佳解决方案，其跨层级、跨地域、跨系统、跨部门、跨业务的规模化数据可信流通利用网络更让数据价值共创机制持续交互进行，数据价值在循环中无限放大，形成"数据资产 ∞"效应。数据资产 ∞ 价值模型如图 7-5 所示。

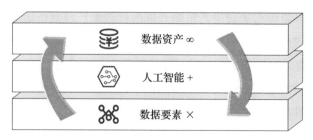

图 7-5　数据资产 ∞ 价值模型

7.1.2　数据空间服务链与价值链

1. 数据空间系统聚合效应与功能价值涌现

如上所述，数据通过数据空间加速流动而释放无限价值。这个流动并释放价值的过程高度依赖一套可信管控系统、一系列组件单元和一体化运行机制，这也就形成了数据空间生态系统。

作为可信管控系统，数据空间始终确保系统的稳定性、可用性、易用性，以数据为中心，将来自不同来源、不同格式的数据进行虚拟汇聚、整合和统一管理，以便于数据的索引、访问、查询和安全保护。其核心在于构建一个跨组织创新协同和价值共创的数据流通利用生态，解决数据动态供给问题、数据自主权与可信问题、数据安全问题、数据互操作问题等。

系统内的各个组件形成一整套聚合机制，通过功能运转涌现价值。这种涌现能力强调的是数据空间的创新性和创造性，数据因集聚、智能化处理和相互作用产生新的产品、服务、流程、知识，从而形成新的价值。而且，这种涌现能力在数据空间的符号化实体交互中可以无限释放，持续产生新的组合和聚合，并在 AI 技术的作用下发掘出在实体空间无法预知和感知的模式，构成新的知识，并对实体空间业务进行优化。系统的聚合效应与功能价值的涌现，辩证统一，建构了数据空间价值共创机制的动态的、结构性的底层逻辑。

2. 数据流、业务流与价值流多流合一

从系统的角度看，数据空间实现了一个语义专用的虚拟共享空间抽象，可以由应用程序工作流中的所有组件和服务关联地访问数据。系统采用统一目录

标识、统一身份登记、统一接口要求的标准规范，采用分布式架构和流式处理方式，把跨层级、跨地域、跨系统、跨部门、跨业务、跨主体、跨领域的各类结构化数据、非结构化数据、半结构化数据以及 AI 生成数据通过技术手段"汇聚"到空间内。然后，通过对数据接入、发布、发现、流通、使用全流程的规范化，对多个数据流之间的交互、聚合、转换和冲突进行标准化处理，并将多个不同的数据流合并为一个数据流。

基于可信数据空间的数据资源流将显著降低数据流通的操作难度，使参与者能够更加专注于数据本身和价值创造。参与者在数据空间中可以扮演各种角色并在角色关系机制里形成多维度的交互模式，在数据全生命周期里开展元数据、数据标识、语义建模、产品开发、场景匹配等业务。核心参与者（数据提供方、使用方、数据空间运营方）负责接入、使用或实际控制数据，服务提供者根据需求提供定制的应用程序和服务，监管机构负责认证、评估和监督数据空间的运作。各方协同进行数据细粒度、标准化交换和多场景开发利用。

此外，通过区块链、隐私计算等技术，数据空间能够确保数据流通的安全性和可追溯性，切实保证数据在传输、加工处理和交换共享过程中的安全，让数据提供方安心发布、放心交易数据。加上日益普及的人工智能技术和持续演进的智能体应用，大量数据的虚拟汇聚和数据空间系统管控中的敏捷开发（MetaOps）能够轻而易举地实现。围绕数据全生命周期的各项活动形成数据供应链、数据服务链、收益分配链，并与数据产业链协同创新，形成数据价值流。在空间内，数据流、业务流、价值流经过多主体之间多方式、多场景、多元化的数据互动，形成"多流合一、多链协同、流链一体"的交互生态格局，建构了数据空间价值共创机制持续的、演进的动力逻辑，如图 7-6 所示。

3. 数据空间多价值链协同

分析了价值共创机制的底层逻辑、动力逻辑，接下来让我们聚焦数据空间的价值链，数据的价值如何通过系统聚合与功能运作在数据空间多流合一的运营中被创造出来。

大数据时代，大家普遍关注数据分析的结果、预测的精准度、数据应用的效率，却也通常把数据当作计算机的产物，而且认为必须依赖系统才能发挥作用。而今，数据是生产要素，系统的接入和应用也不再像往常那样复杂和高成本。数据作为要素最根本的变化是数据被独立出来，并且成为极具"魔力"的一种新型生产要素。这不得不引起各界对数据的重新定位和解读。

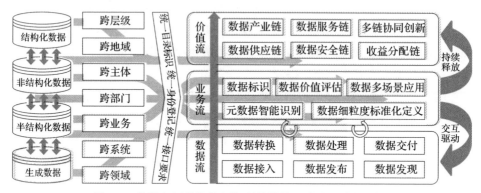

图 7-6　数据空间价值共创机制持续的、演进的动力逻辑

数据其实不是 IT 副产品，更不是计算机的产物。那么，数据从何而来？在数据采集环节，通常认为数据来源于设备收集、数据库、日志、爬虫等。而其背后是社会生产和生活活动，没有人、没有交往、没有生产行为，数据不会产生。从根本上讲，数据是业务、流程、人员的产物，机器本身不会制造高质量数据。也就是说，数据是"人"造的，机器和系统只是辅助管理和处理数据，并在运行中形成新的数据，而机器的功能、机制的设计、系统的运行，都基于人类智慧和技术迁移。所以，在考虑数据价值的时候，不应当过度关注系统、设备、数据量，而应关注业务、流程和管理（人）的协同链路。在这个链路中，数据始终处于核心地位，通过全要素驱动，不但可以提高业务效率、改进流程、优化管理，其本身天然就是资源，与其他生产要素结合更可以进化成具有更高价值的物质（如智能机器人）。同时，数据的低成本复用、正外部性，使得数据的作用完全可能超出最初收集者的想象，也完全可能超越最初系统设计的目的，即同一组数据可以在不同维度、不同场景、不同流程中产生不同的价值和效用，如果不断发现、开拓新的使用维度，数据的能量和价值就将层层放大。

大多数情况下，系统的开发和建设是为了实现业务目标，先有目的后有数据。如今，我们拥有全球领先的数据存量和产量，拥有强大的数据资源基础。也就是说，数据本身就是资源而且是生产要素，那么数据直接就可以驱动业务流程、满足需求、达到目的。这两种价值逻辑是完全不同的（如图 7-7 所示），数据流通在数据空间里成为主要的业务流程，是构筑经济社会"第二增长曲线"的重要方式。通过数据空间，数据提供方共享（流通）和交换（交易）数据获得收益，数据使用方支付对价满足需求，服务方创造价值而获取报酬，各方基于数据都实现各自的目的，且这个过程中又形成新的数据。这就使得数据的供需两侧得到平衡且持续创造价值，形成数据空间清晰的价值链。

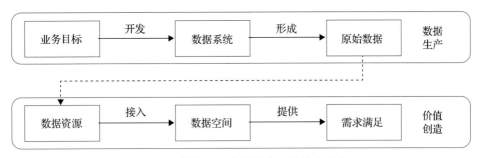

图 7-7 数据空间价值链形成的基础逻辑

数据价值链中的数据呈现多向流动的特点，包括正向数据流动、逆向数据流动、环节内数据流动、外部数据注入和内部衍生数据输出。这种多向流动形成了主体、产品、服务和运营等多维度的价值链，充分发挥了数据的要素价值和叠加（数据与数据叠加、数据与其他生产要素叠加、数据产品与服务叠加、应用与流程叠加等）倍增效应。数据空间围绕数据所形成的多链数据资源整合、多链数据处理、多链业务协同、多链流程优化、多链产品融合、多场景应用交叉交互构建了数据空间价值共创机制的倍增逻辑，如图 7-8 所示。

图 7-8 数据空间价值共创机制的倍增逻辑

围绕数据的每项活动都能够产生价值，这些相互关联的活动就构成了创造价值的动态过程，即数据空间价值链。在数据空间整个环境中，每项活动、各个系统以及实体间存在着相互影响而又相互合作的关系。例如，不同服务商之间的相互配合与协作、供需磋商关系的协调、服务与产品相互竞争的作用、系统中的管控和制约，以及参与者之间通过相互激发和相互作用产生的整体效应或结构效应，都是协同的体现。

多价值链协同不仅在物质形态上通过数据供应链、数据服务链、收益分配链等产生共创价值，也在知识、技能、系统功能等方面形成联动创新效应。例如，特定场景用例的数据空间用户相互间共享专家系统、知识图谱甚至是经营诀窍，形成内生的知识引擎，提升数据利用效率、增强业务协同能力，并持续创新。

总之，构建能够支持多主体协同合作、资源整合以及场景创新的数据空间体制机制，是数据空间价值管理的首要出发点。

7.1.3　数据空间价值共创十步法

价值共创是数据空间的内核动力机制，也是数据空间建设发展的首要目标。可信管控能力、资源交互能力都是为了支撑价值共创能力。在可信管控层面，系统聚合与功能价值涌现建构了价值共创的底层逻辑。而在数据服务层面，多流合一、多链协同、流链一体的资源交互又构成了价值共创机制的动力和倍增逻辑。整个数据空间系统支持多主体在数据空间规则约束下共同参与数据开发利用，推动数据资源向数据产品或服务转化，在保障参与各方合法权益的同时，价值共创的溢出效应更激发了全社会的内生动力和创新活力。

价值共创是数据空间战略的重要组成部分，包括数据空间用户共创、数据空间网络协同创新和外溢的社会价值共创。数据空间通过泛在数据接入体系、广泛互联网络，以价值为导向，通过生态协同，创造出多层面的数据价值。数据的价值从传统的供需交易价值，到多层次数据要素市场价值，再到数据空间多方多维多场景复杂系统持续释放的倍增价值，完成了时空之旅。通过数据空间复杂系统，不同的社会和经济行动主体基于自发感知和响应，根据各自的价值主张，通过制度、技术和语言，共享数据信息、交换数据服务和共同创造价值。可信机制驱动多层次的互动，包括资源整合和服务交换，在动态的复杂情境中，通过多层次互动和制度影响价值共创。这与工业经济时代组织间"价值提供"与"价值接受"的单点交易模式形成了显著区别。

从实践中看，数据空间价值共创机制通过一系列行动，多方主体交互提供全套服务解决方案，数据信息（目录服务）、服务信息（产品清单）以及各类需求无障碍流动，形成开放式价值创造模式，是一种以服务主导为主的价值共创逻辑。各类服务提供者通过主动发掘潜在需求来推进价值创造，形成"数据 – 新场景 – 服务 – 新数据"的良性循环。这个循环由数据空间系统支撑，聚焦数据、产品与服务的全周期，由参与者基于信任共同通过一系列行动法则来高效完成。

"十步法"是这个行动法则的典型分解，为推进价值共创提供了指引。数据空间价值共创十步法是在数据空间已完整构建的基础上（数据空间的设计、开发、建设，也是价值共创的过程），从具体行动层面来分析，全面解释数据空间价值管理的一套完整的方法论。

（1）步骤一：确认愿景与用例

愿景是数据空间战略的一项要素，通常具有明确性、动力性和一致性等特征，是数据空间价值路线的强有力指针。时刻聚焦愿景能够避免错误决策和资源浪费，从而提高效率、提升价值。各参与方共同基于一个未来的方向，依托特定用例和场景，通过战略、计划、目标、策略、预算等，开启了数据价值共创的旅程。

（2）步骤二：分析资源与系统性能

了解并分析数据空间运行所需的资源、预算、角色和系统的成熟度，以确保价值共创机制具有稳定的支撑基础。各方需要充分了解数据空间环境，识别需求、理解约束、构建流程、配置技术，确保系统的性能足以支撑持续的价值活动。

（3）步骤三：评估数据现状

基于用例场景，从质量维度、价值维度、项目范围、业务属性等，评价分析数据空间所涉各项数据的现状、应用场景、开发方向和价值情况，并提前采取行动，确保共创具有基本的价值底座，并调整对齐战略目标、优化迭代空间系统，排定数据利用的优先级和目标里程碑。

（4）步骤四：测算目标价值

价值共创的核心是"有价值"，数据空间运营的一系列行动出发点也都聚焦价值的实现。在这里，数据空间商业模式、参与者利益诉求、运营成本与收益分配，都应该有精准的分析，并在实际推进中持续完善、分解、细化，以确保各参与者的权益在空间里都得到重视，最终促成价值目标的超越。

（5）步骤五：改进与优化机制

价值共创是动态的、持续的、迭代的，在充分理解数据空间系统和运营目标之后，根据实际的数据状态和空间成熟度，发现不足、纠正错误、解决阻力，是这一步骤的主要内容。价值共创的模式以共创主体之间的"连接－互动－资源整合－重构"为主线，改进、优化与重构也是系统功能价值和数据服务价值涌现的重要过程。

（6）步骤六：角色激励，实现短期目标

在数据空间价值共创十步法中，角色激励是关键的一环，旨在激发各参与方的积极性和创造力，以快速迭代实现共同的目标。数据空间提供了参与者之间高可信度、零沟通成本、互助文化的环境，避免群体思维，从而能够快速创造价值。在明确的运营规则和权益保障机制内，确保所有参与方都能在数据空间中公平地付出和受益，提高参与动力、激发创新和增加参与度，是数据空间运营的重要短期目标，也是数据空间持续进入生态发展的重要步骤。

（7）步骤七：服务创新

服务创新是数据空间复杂系统价值共创的内核，也是价值"引爆点"出现的手段。数据空间的服务创新首先在于资源与能力的整合，以及在此基础上的多场景价值挖掘。服务创新的重点在于转变传统的数据处理思维，更关注数据的场景融合以及主动式、自动化的服务。在数据空间形态里，服务创新包括良好的用户体验、开放的准入，以及持续的场景创新、模式创新、机制创新。

（8）步骤八：宣布成功

宣布成功通常意味着项目或计划已经达到了既定的目标。而作为持续发展的数据空间生态，过早宣布成功本来不值得鼓励。但价值共创的目标是共享价值，如果目标迟迟未能达成或者过于宏大，就会影响生态的活力。在经过一段时间的运营后，当数据空间的价值创造机制比较稳定且已实现短期目标并进入协同创新阶段时，适当的推广和适时宣布成功，很有必要。

（9）步骤九：空间网络生态扩展

数据空间网络生态扩展是为了从价值共创快速进入价值倍增场景。价值共创和价值倍增是相互关联的，价值共创为价值倍增提供了基础，而价值倍增又可以进一步促进价值共创，形成良性循环。通过广泛的知识扩散和持续的生态繁荣，可以实现更广泛的价值共创和更快速的价值倍增。

（10）步骤十：全过程动态管控

数据空间的全过程动态管控是确保数据安全、合规和高效利用的关键环节，更是构建并保持数据空间可信的手段，包括隐私计算、使用控制、区块链等技术，优化履约机制，提升可信数据空间信任管控能力，并提升数据资源开发利用全程溯源能力。全过程动态管控是贯穿始终的，是保障可信数据空间稳定运行与安全合规的持久方案，包括目标动态控制、过程动态控制、资源动态控制以及风险动态控制，覆盖数据空间的全生命周期。

数据空间价值共创十步法如图 7-9 所示，全过程动态管控是价值共创与倍增路线的基座，是构建生态信任与扩张的基础。从步骤一到步骤九，是一个业务下沉的过程，最终走向稳定和繁荣的价值倍增生态，形成一条"V"形价值路线。

图 7-9　数据空间价值共创十步法

7.2 全面数据资产运营

7.2.1 跨域数据治理

数据要素市场、数字治理体系以及数据技术体系构成了数字经济发展的三大基石。越来越多的数据资源正以数据要素的形态独立存在于不同空间域、管辖域和信任域，并参与数字经济活动的全过程。为了更好地释放数据价值，需要应对跨域带来的系列挑战，对大规模、跨域的数据进行高效的治理。

1. 跨域数据治理生态模式

作为全面数据资产运营的重要组成部分，跨域数据治理是指在不同空间域、管辖域和信任域之间进行数据的共享与协同管理的过程。它涉及数据的获取、处理、存储和使用，目的是高效、安全、经济地管理和利用数据，尤其是在多个不同领域和信任级别之间。

从数据空间建设运营的角度看，跨域数据治理能够从不同角度、维度、粒度对数据进行统一的价值化管理，从应用系统级、数据平台级以及数据空间、数场、数联网等数据基础设施、生态系统来贯穿治理的方法和手段，整合业务单元、组织主体、产业集群、城市中心以及跨境领域的数据流通，形成跨域联动的生态化数据治理模式。跨域数据治理生态模式如图7-10所示。

2. 跨域数据治理理论研究

关于跨域数据治理，中国人民大学的数据团队围绕跨域数据治理的挑战，从理论框架、实践路径、工具方法等方面开展了进一步的研究和探索，系统地研究了跨域数据治理的理论内涵、技术体系和应用实践；针对跨空间域、跨管辖域和跨信任域的跨域数据治理特性，形成了以数据为中心、以社会化信息系统为载体的技术框架，突出了数据与组织分离、数据跨域流通、数据对象化和标签化组织以及跨域业务快速构建和协同开发等原则，系统梳理了数据资源体系、服务支撑体系和业务应用体系的关键技术，为数据空间全面数据资产运营提供了理论基础和实践方向参考。跨域数据治理的要点见表7-1。

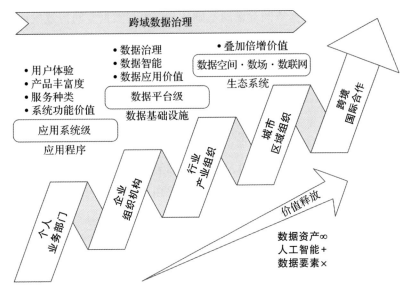

图 7-10　跨域数据治理生态模式

表 7-1　跨域数据治理的要点

内涵	跨域数据治理需要解决跨空间域、跨管辖域和跨信任域的挑战
目的	打破数据孤岛，促进数据要素的共享与协同，实现数据价值的最大化
作用	减少不确定性网络对事务处理性能的影响，实现异构数据和模型的高效融合以及支持不同信任域之间的安全数据流通
方法论	"以对象为中心"的数据治理方法论体系，包括数据资源体系、服务支撑体系和业务应用体系的三层体系框架
关键技术	数据资源对象化组织、数据资源服务化交付和数据场景协同化构建
实现模式	"数据空间 - 服务工厂 - 业务中台"三层系统实现方案
解决方案	事前的数据脱敏、加密等数据治理机制，事中的过程管控机制以及事后的审计监督机制
要求	数据来源可确认、数据可用不可见、数据可算不可识、数据使用可界定、数据流通可追溯
全流程管控	需要考虑数据生成、存储、处理、传输和销毁等不同阶段的安全措施

　　跨域数据治理是一个复杂的过程，为构建全社会数据资产底座提供了一套理论模式，与传统的组织视角的数据治理有一定的联系和区别。跨域更关注共性问题、协同方式、复用机制，同时也确保有关数据质量提升以及有效数据

治理模式的实践，是数据空间运营的基础环节，也是数据空间持续发展的价值源泉。

跨域数据治理工具有效推动了数据价值链演化，从基础型数据资产的形成阶段，贯穿服务型数据资产全部生命周期，并通过协同方式实现服务创新和价值共创。

3. 数据空间中的跨域数据治理

在跨域数据治理的理论框架内，数据空间治理也呈现出以下几种特征。

- 基于服务的治理模型：数据空间需要采用面向服务的数据治理方法，更加注重赋予数据空间针对数据流通能力进行管理的有效手段，实施自助式数据治理平台，使空间用户能够高效地访问和管理数据，从而减少集中治理团队的工作量。
- 数据治理中的人工智能和机器学习：人工智能和机器学习与数据治理的整合将继续加速，数据空间普遍使用这些技术来自动化数据验证、元数据管理和合规性监控等流程，帮助保持高标准的数据质量。
- 监管和合规性增强：跨域数据来源涉及不同行业、不同场景、不同数字化水平的合规监管条件，数据空间汇聚海量数据并促使开放流通，需要配置高标准的合规管理体系和动态的监管流程，需要不断调整其数据合规治理框架以遵守新标准、新要求。
- 数据生态系统治理：随着各类参与者越来越多地进行跨行业协作和共享数据，对基于生态系统的治理模型的需求变得愈发迫切。数据生态系统治理更注重利益平衡与价值共创模型，驱动共识机制、协同意识、数据文化的深化，让数据空间成为一个自然演进的有机体。

7.2.2　数据资源开发与流通利用

跨域数据治理为数据的互联互通提供原材料，而数据接入空间后，作为原材料的数据在流通中需要完成价值旅程，这就要求数据空间应提供一套高效的数据开发与价值创造的环境和机制，并支撑各方协同开展全面的数据资产运营。从数据空间的架构逻辑上看，数据从接入到交付，要经过数据发布、数据发现与数据转换几个流程，其中就需要由数据空间各参与方围绕数据价值共创开展一系列交互活动，包括数据标准化加工、数据质量改进、数据资源互通、数据目录共享等，以便于服务创新所驱动的数据价值快速释放。

1. 数据三赋：赋码、赋权、赋值

数据空间最值得期待的是"数据大统"，即泛在数据的统一管控和使用，这是建立在数据广泛互联（"数据大通"）基础上的统一数据视角，最终走向数据价值共创共享（"数据大同"）的生态繁荣，全周期实现数据的联接联通、联管联用、联创联享，"数据大统"三阶模型如图 7-11 所示。

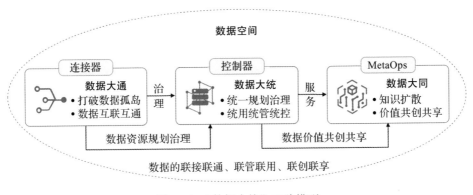

图 7-11　"数据大统"三阶模型

实现上述"数据大统"愿景的核心路径在于"三统一"的快速实现，即统一目录标识、统一身份登记、统一接口要求标准规范的普遍应用，这也是数据要素化、数据资源化、数据价值化的重要链路前提。围绕数据空间场景内的三统一，以数据为中心的规划与治理可落脚于将数据要素、数据权益、数据价值进行一致性配置，让数据具备"行走江湖"的穿透力，实现多场景跨域开发利用。相应地，为数据赋予统一标识、多元权属标记、全景价值封装，即赋码、赋权、赋值（如图 7-12 所示），是数据空间资源规划与治理的关键技术和管理手段。

赋码是根据名称、结构、字典等信息属性为数据资源分配唯一标识符的过程，这是实现数据全生命周期管理和追溯的基础。通过数据标识技术，可以快速准确地检索和定位数据，实现数据的可追溯性和可访问性。标识解析技术的

应用可以显著减少数据冗余，避免资源浪费，并简化数据的更新和维护过程，确保数据在不同系统之间的同步和一致。同时，在数据空间场景里，数据标识的内容可以不断丰富和扩展，数据标识不仅仅是数据字段、字符串、哈希值、时间戳等技术标签，还可以包括数据格式、数据来源、数据类别等符号集。根据数据流通所必要的丰富度和使用控制策略，数据码还可以在生成和接入阶段进行丰富，作为数据空间数据流通最基础的数据身份。

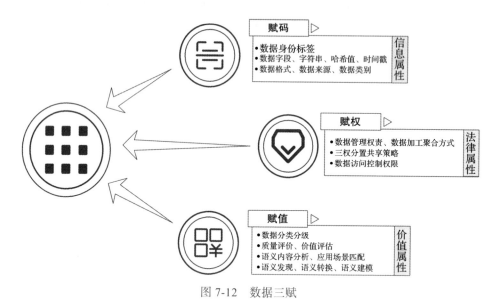

图7-12　数据三赋

赋权涉及数据资源管理主体、权责、数据加工聚合方式等清晰划分，也涉及数据资源持有权、数据加工使用权、数据产品经营权等数据产权的授权与共享策略，以及数据空间里的数据访问控制权限，是一个法律确认的过程。在可信数据空间中，构建接入认证体系和空间资源使用合约是赋权的关键步骤。这包括利用隐私计算、使用控制、区块链等技术优化履约机制，提升信任管控能力。赋权确保了数据资源管理的安全性和合规性，通过控制策略实时监测数据使用过程，动态决定数据操作的许可或拒绝。

赋值是指对数据在分类分级基础上的质量评价、价值评估以及语义内容分析、应用场景匹配等一系列价值判断的结果。通过多维度语义发现、语义转换、语义建模来分析和度量数据价值、重要性程度、推荐与索引，并为数据空间参与者的价值共创提供参考依据。这包括考虑数据的质量、来源、用途等因素，评估数据对业务经济效益的影响。数据价值评估模型综合这些因素，帮助组织识别和利用数据资产中的价值。通过赋值，空间各方可以更好地理解和利用数据，实现数据资产的价值最大化。

综上所述，数据三赋是数据资源规划与治理中不可或缺的部分，它们共同作用于提高数据管理效率、增强数据安全性、促进数据共享与互操作性，以及实现数据价值的最大化。通过赋码实现数据的快速检索和定位，通过赋权保障数据的安全存储和合规使用，通过赋值提升数据的经济效益和决策支持能力。数据三赋要点对比分析见表 7-2。

表 7-2　数据三赋要点对比分析

要点	赋码（数据标识）	赋权（数据管控）	赋值（数据价值管理）
目的	为数据资源分配唯一标识符，实现数据的可追溯性和可访问性	确保数据的安全和合规使用，实现数据的安全管理	评估数据的价值，实现数据资产的价值最大化
属性	信息属性	法律属性	价值属性
关键步骤	数据溯源、数据标识符、区块链上链	数据脱敏、数据集成、数据加密	数据清洗、数据转换、数据压缩
技术手段	数据标识技术、编码组件、区块链	隐私增强技术（PET）、数据安全技术	数据处理技术、数据存储技术
结果	实现数据的快速检索和定位	保障数据的安全存储和合规使用	提升数据的经济效益和决策支持能力

数据三赋在应用场景、数据管理角色与权限控制、数据分类分级等领域根据需求和目标可以动态调整，分层加注标签内容，也可一次性标注后针对不同开放程度进行加密处理或加工应用。这个过程常常与数据元件的加工同时进行。或者说，数据三赋通常是数据元件加工的主要内容。

2. 高质量数据集开发与治理

高质量数据集是指那些准确、可靠、一致、完整、及时且易于理解的数据集合，它们能够满足特定分析、决策或应用的需求。高质量数据集的特征及指标体系见表 7-3。

表7-3 高质量数据集的特征及指标体系

特征	内涵	指标
准确性	数据准确表示其所描述事物和事件的真实程度	内容准确率
		精度准确率
		记录重复率
		脏数据出现率
一致性	不同数据描述同一个事物和事件的无矛盾程度	元素赋值一致率
完整性	构成数据资产的数据元素被赋予的数值程度	元素填充率
		记录填充率
		数据项填充率
规范性	数据符合数据标准、业务规则和元数据等要求的规范程度	值域合规率
		元数据合规率
		格式合规率
		安全合规率
时效性	数据真实反映事物和事件的及时程度	周期及时性
		实时及时性
可访问性	数据能被正常访问的程度	可访问度

除了上述特征及指标以外，高质量数据集的度量还需要综合考虑以下维度：

- 可靠性：数据来源应是可信的，数据收集和处理方法应经过验证。
- 及时性：数据集应包含最新的数据，以确保分析和决策的时效性。
- 可理解性：数据集应易于理解，无论是对于数据科学家、分析师还是最终用户。
- 可维护性：数据集应易于维护和更新，以反映最新的信息和变化。
- 可扩展性：随着数据量的增加，数据集应能够扩展而不影响性能。
- 合规性：数据集应符合相关的法律法规和标准，尤其是在隐私和数据保护方面。
- 无偏差：数据集应尽可能地减少偏见和歧视，确保数据的公平性和公正性。
- 可追溯性：数据集应能够追踪数据的来源和变化历史，以便审计和验证。
- 文档化：数据集应有详细的文档，描述数据的来源、结构、质量、使用限制等。

- 多样性：数据集应包含多样化的数据，以支持多角度的分析和决策。
- 互操作性：数据集应能够与其他数据集或系统兼容，以便数据的整合和共享。

高质量数据集是数据分析、机器学习、人工智能和许多其他领域成功的关键，是推动算力、模型、数据、应用一体化发展的重要一环。它们能够提高分析的准确性，减少错误和偏差，从而提高决策的质量和效率。

高质量数据集具有准确性高、多样性好、信息量大等特点，以满足大模型对广泛、专业数据的需求，进而使得训练出来的大模型可以满足不同应用场景的需求。高质量数据集开发和治理是大模型与可信数据空间融合创新的重要基础，更是数据空间参与者关注的主要内容，是数据空间的价值活力来源。

通俗意义上，高质量是指数据指标"好"的程度。高质量好数据符合期望、满足需求并承载高价值期待，是数据空间多场景服务的成果，也是数据接入数据空间后再流通过程中形成的优质产物。数据空间服务方通过算法服务、技术服务、加工服务等技术，针对多源多模态数据进行组合式开发与产品设计，以适配多场景目标。协同合作的服务创新使得各组织内的基础数据资产通过治理、加工和应用，形成高质量数据集，传导高价值期待。如图 7-13 所示，基础数据资产通过多场景应用、多样性组合，提高丰富度，从而实现低价值向高质量的演变。

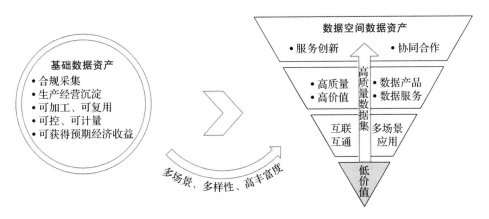

图 7-13　数据空间多场景服务驱动的高质量数据集开发

数据空间复杂系统不仅支持多源多模态异构数据接入，还集成了众多数据应用程序和服务，并通过 AI 技术以及多智能体协同，自动化地从多种来源主动采集数据信息，通过去除噪声、缺失值和异常值处理，以及数据归一化、特征选择和降维，提高数据集的质量。同时，AI 技术还可以辅助进行数据标注和注释，提高标注的效率和准确性。尤其是深度学习可以用于数据增强，通过变换原始数据生成更多的高质量数据集，用于场景分析和大模型训练，提高数据空间数据输出和价值泛化能力。可见，数据空间的数据流通也伴随着数据质量的改进和数据形态的变化（融合、碰撞、聚合、转换等），最终达到符合期待的高质量标准。数据空间高质量数据集开发流程如图 7-14 所示。

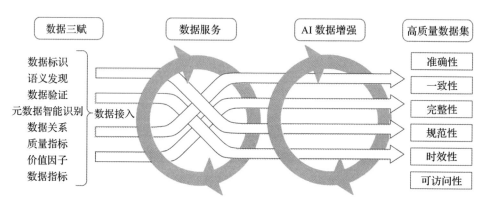

图 7-14　数据空间高质量数据集开发流程

3. 数据联合开发

当前，围绕数据要素流通、数据产品开发的各项新兴技术正处于加速融合与创新的阶段。这一领域强调通过大数据处理，促进数据在交易流通过程中产生经济价值的重要性。其中，"可控、可计量、可流通"成为对数据产品交易技术提出的新要求，新兴技术（如云原生、软硬协同、湖仓一体化等）不断涌现，为数据要素价值的释放提供了保障。

数据空间为数据从数据产品化到交易流通提供了一体化的技术支撑和应用，数据汇聚、存储、计算、流通、应用，以及大量的技术交叉融合，共同实现了数据产品流通，驱动数据价值的释放与倍增，形成了完整的数据产品开发技术版图，如图 7-15 所示。

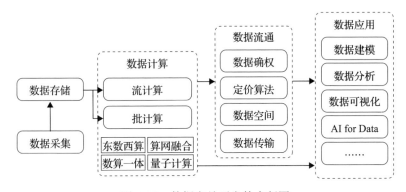

图 7-15　数据产品开发技术版图

　　数据产品开发与交易技术有助于提升数据处理能力，使数据空间、数据交易场所能够整合和管理来自不同来源、不同格式的大规模数据，为交易提供更丰富的数据资源；新兴的加密技术（如同态加密、多方安全计算等）在数据交易过程中可以实现数据的"可用不可见"，保障数据在交易和使用过程中的安全性和隐私性，增强交易双方的信任；机器学习和人工智能算法可以对数据的价值进行更准确的评估和定价，考虑数据的质量、稀缺性、应用场景等多种因素，提高数据交易的合理性和公平性；智能合约技术可以实现数据交易的自动化执行，减少人工干预，提高交易效率，降低交易成本；数据可视化技术能够将复杂的数据以直观、易懂的方式呈现给交易双方，帮助他们更好地理解数据特征和交易详情。此外，云计算技术使得数据空间能够实现云服务，方便不同地区、不同行业的用户访问和使用，促进数据的跨平台和跨领域流通与交易；API 技术能够实现不同数据空间之间的数据共享和整合，形成更广泛的数据生态系统。

　　然而，原始数据要实现要素化、价值化，不仅需要经过信息、法律、价值属性的判断，还需要一系列加工处理，才能具备可复用、快流通、高质量的特征，并符合需求、支持各项服务创新。这个过程往往需要多项技术融合应用才能实现。虽然数据空间系统已经集成主要的通用技术并提供关于数据开发的共性服务，但数据的多样性和需求的动态性仍要求数据开发持续整合各服务商的能力，包括推动原始数据到符合交易流通的数据产品全链路活动，并根据数据内容、属性、特征去匹配需求。这就是数据空间内多场景数据价值共创流的过程，其主要形态是数据服务商与数据供需主体的联合开发过程。

在启动数据联合开发项目时，首先应对数据的现状和使用需求进行分析和评估，根据数据空间成熟度和可用技术，对数据进行一系列处理。未经处理的原始数据可能包含不一致的格式、不完整的信息或者需要特定上下文才能理解，因而更难共享、更难使用，同时也具有最真实和原始的内容，更容易重新适应新需求。

为了提高数据的质量和一致性，使其更适合分析和使用，通常需要对原始数据进行解码、融合、清洗、混排和衍生等操作，并通过添加注释（语义发现）来提高数据的可理解性，通过简化来降低复杂性，让数据更容易共享、更容易使用。

此外，为了符合数据合规要求或者脱敏数据敏感信息，原始数据通常需要与其他数据集进行聚合处理，通过求和、平均、计数、分组等操作，简化数据、提高性能、增强可读性，使其更易于管理和分析，同时保留数据的核心信息。

整个开发过程是数据从原始状态到聚合状态的处理过程，每个阶段数据的共享性、易用性和适应性也在发生变化，数据开发简要流程如图7-16所示。

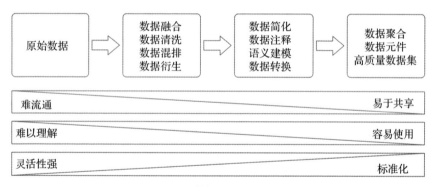

图 7-16　数据开发简要流程

数据空间提供了由数据服务商联合数据供需双方进行的多场景数据联合开发的环境。它涉及数据的共享、整合和分析，以促进不同主体之间的数据流通和价值创造。其中，数据服务商扮演着关键角色并提供技术方案，帮助数据提供方将其拥有的数据资产开发形成具备交易价值的高质量数据集或数据产品。

数据提供方与数据服务商的合作模式可以分为全权代理模式和协作开发模式。在全权代理模式下，数据提供方的数据由数据服务商全权代理，后续数据的开发、发布、承销直接由数据服务商负责。而在协作开发模式下，数据提供方与数据服务商在开发、上市、销售、交付中紧密协作，数据的销售及合同签订由数据提供方、数据服务商和需求方三方共同参与。

在联合开发中，围绕"数据量产""数据工厂""数据流水线"等，各领域都在协同协作、融合创新。例如，数据元件的加工融合机器学习和自然语言处理，提供全流程、自动化审核算法，实现原始数据与数据应用的"解耦"，形成大规模、全流程、自动化的数据元件加工生产流水线。

数场也为数据委托开发、联合开发提供多元化服务。数据基础设施服务商、数据开发服务商、数据持有主体和数据需求方，通过一套点、线、面、场、安全五个维度构建标准化技术框架，实现数据可见、可达、可用、可控、可追溯，完成数据应用场景化创新。

数据空间的建设还包括加强政企数据平台化对接，打造数据融合应用机制。这涉及创新数据融合应用模式，围绕特定场景业务需求，对数据进行深度融合、分析加工，形成一批标准化、可复用的算法、模型、标签、主题库，使数据以"数据特征对数据特征""主题库对主题库""应用场景对应用场景"的方式对接融合。

数据空间为数据联合开发提供了可信环境，并具有强大的生态扩展能力，能够组合多方主体，包括数据空间参与方、利益相关方、基础设施提供商以及空间外部服务主体，共同聚焦数据价值挖掘与产品封装，形成协作、协同、创新格局，数据联合开发格局如图 7-17 所示。

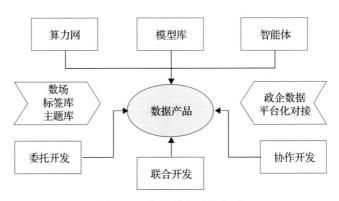

图 7-17　数据联合开发格局

4. 数据中介

数据中介，通常有两种含义：一种是数据经纪，另一种是数据传输、交换和共享的介质、协议、模式。前者更偏向数据的价值和商业领域，而后者是一项技术。本书所讨论的数据中介，指的是帮助促成数据从数据源到数据用户之间流动的中间者，包括数据经纪人、数据交换共享平台以及数据交易机构等，目的是增强数据共享能力、提升数据可用性、加快数据流通并确保数据收益的合理性。

数据空间解决了数据流通的信任问题，数据开发商解决了从数据资源到数据产品的转化，而数据中介就是在这基础上，通过供需撮合、场景和需求匹配，完成数据价值释放的"后半程"。

与数据中介相关，美国联邦贸易委员会（Federal Trade Commission，FTC）对数据经纪商的定义是，从各种来源收集信息，然后将此类信息转售给其客户以实现各种目的的、从事数据运营的公司。而欧盟于 2022 年 6 月出台的《数据治理法案》则限制了数据中介机构的范围，认为数据中介服务（Data Intermediation Service）是指旨在通过技术、法律或其他手段在数量不确定的数据主体和数据持有人与数据用户之间建立商业关系以实现数据共享的服务，包括为了行使数据主体有关个人数据的权利。很明显，欧盟把数据经纪商模式排除在数据中介之外。数据经纪商并不是以在数据主体或数据持有人与数据用户之间建立商业关系为目的，数据经纪商提供服务是为了通过对获取的数据进行聚合、丰富或转换以增加其实质价值后向数据用户许可使用。数据经纪商在数据交易中需要向数据主体购买、实质性处理数据后向数据用户出售，这些都属于独立法律行为。可见，美国的数据经纪商更像数据服务商（数商），而欧盟的数据中介服务则聚焦数据经纪领域，更符合数据中介的定位。

《中华人民共和国民法典》规定了"中介合同"，《中华人民共和国数据安全法》则明确规定"从事数据交易中介服务的机构提供服务"。从相关立法上看，我国更接近欧盟的数据中介模式，即数据中介仅指那些不直接拥有数据，但通过中介服务连接数据供应方和需求方的机构。它们的主要职责包括撮合交易、风险控制和价值挖掘，帮助客户发现数据的应用场景，并促进数据的有序流通。数据经纪公司通常不直接参与数据的收集和处理，而是专注于提供中介服务，以确保数据交易的顺利进行。

在数据空间内，数据中介服务商具备生态协同能力、数据运营能力、技术创新能力、数据安全能力和组织保障能力，围绕多场景需求开展数据要素市场中介服务，推动数据流通规范化，是数据空间参与者的重要主体。它们的主要职责包括受托行权、风险控制和价值挖掘，充当数据价值发现者、数据交易组织者、交易公平保障者和交易主体权益维护者等多重角色。

数据中介往往不只提供交易撮合服务，还提供数据验证、数据增强、数据资产识别等多项技术和服务，尤其关注数据质量问题，以确保所交付的数据符合使用方的需求：

- 新数据获取：通过获取更高质量的数据来替换引起质量问题的数据。
- 标准化 / 规范化：用符合标准的数据替换或补充非标准数据，以确保数据的一致性和准确性。
- 记录链接：识别可能引用同一现实对象的多个表格中的数据表示，从而减少重复和不一致的数据。
- 数据和模式集成：从异构源定义统一的数据视图，允许用户通过单一界面访问数据。
- 源可信度：根据数据源的数据质量选择数据源，确保使用的数据来源可靠。
- 错误定位和更正：通过检测不符合特定质量规则的记录来识别和消除数据质量问题。
- 成本优化：在各种维度上定义质量改进行动，同时最小化成本。

数据中介依托数据空间的可信机制，始终保持中立地位，并与数据服务商形成协同创新与联动合作，具有"浅浅的"商业性和"浓浓的"中立性特征，专注提供居中媒介、交易撮合等核心服务，并与数据评估、数据登记结算、数据争议解决服务高度关联，形成数据流通过程中重要的保障性细分生态领域。

从具体形态上看，数据中介包括职业化的数据经纪人、协作运营的数据合作社、专业的"数据授权"和"知情同意"机构，以及通过数据空间生态系统开展数据供需匹配、场景设计和生态推广的"数据空间大使"。不论形式或形态如何，数据中介持续通过双边或多边数据交换，或者创建能够实现数据交换或数据联合使用的平台或数据库，以及为数据持有者与数据使用者之间的互联建立其他特定基础设施，打破数据流通使用的知识壁垒和技术屏障，为数据流通和共享搭建稳固的桥梁。

5. 数据托管

目前，参与数据要素市场的企业需要自行完成数据从收集到流转的全部过程，成本高且难度大。对大部分企业来说，数据要素管理与经营并非其主营业务，相关能力建设的投入高于收益，故而存在数据托管业务的市场需求。同时，数据空间的建设发展使得数据更易于被发现、被使用，大大改变了数据流通的被动局面。而数据空间大量的数据信息同样需要统一的管理和运营。即使是在数据空间内，仍然有数据托管业务的直接需求。

值得注意的是，数据托管与数据云存储是不同的业务，二者除均提供数据存储之外，云服务器侧重向数据持有主体提供数据计算能力，而数据托管机构则侧重数据管理和运营，涉及数据交易流转、授权使用的后续监督工作。当然，云服务器可以作为数据托管业务的重要支撑或组成部分。

从数据市场角度看，数据从产生到价值变现的全链路，都有数据托管的需求点。数据托管实质为数据资产的托管。通常，数据托管机构作为独立的第三方，根据法律法规规定，与委托方、运营方签订数据托管合同（包括但不限于明确托管权利义务关系的相关协议），依约保管委托方的数据资源或数据资产，履行托管合同约定的权利义务，提供托管、运营服务，并收取托管、运营管理费用的中间业务。

以上定义可进一步解释数据托管业务的特征和要点：

- 托管机构：一般为独立第三方，也可以由数据空间运营者承担。
- 委托人：可能包括数据提供方、数据使用方的一方或两方。
- 运营方：基于数据托管提供数据基础管理活动以及开发利用服务的主体，通常为托管机构本身或经委托人认可的托管机构合作方。
- 托管合同：通常是由委托人与托管机构签订的包括但不限于明确托管权利义务关系的相关协议，也可能涉及数据运营内容，还可能涉及运营方、数据服务商以及数据使用方等主体。
- 中间业务：是指基于独立托管的业务属性，不参与数据流通实质性条件磋商的服务性业务。

数据托管业务开展时，需要获得数据权利主体的充分授权（如持有权、使用权、经营权等），并应借助区块链存证、多方安全计算、可信执行环境等技术手段实现数据保管、经营和使用，以保证数据在约定条件下的合法管理。若所托管的数据涉及个人信息使用，除收集个人数据的持有主体需要获得个人授权外，使用主体同样需要获得个人用户授权，即"双授权"后才可以使用个人数据。

数据托管业务发展初期仅涉及数据存储与管理，数据托管机构拥有数据有限持有权（即数据保管权），并在一定情况下可以接受委托拥有数据经营权。随着数据托管业务的拓展，未来数据托管机构可能发展出数据服务、数据交易等深层业务，并且托管机构类型也会发生较大的变化，除了个人征信类业务机构的准入门槛较高外，许多数据服务商也会持续拓展数据托管业务。数据托管机构将有机会代理数据持有主体作为数据提供方直接参与数据交易，相较于数据持有主体直接参与数据交易，数据托管机构具有数据来源多样、数据质量高、数据标准统一等优势，有助于进一步提升数据价值。此外，数据托管机构在获得委托后可以直接授权数据使用，进行数据流转与向外提供数据服务，包括数据分析、会计核算等附加服务。在这种模式下，托管数据的委托人不但不需要支付托管费用，还能从托管业务中获得分润，实现主要数据收益。整个演进的数据托管业务格局如图 7-18 所示。

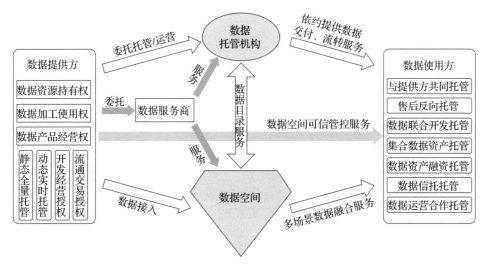

图 7-18　整个演进的数据托管业务格局

演进的数据托管业务格局存在吸纳数商服务和数据中介业务的趋势。委托方可以选择约定条件的全量数据托管、动态实时托管以及与托管业务捆绑委托开发经营和流通交易等数据运营权。而面向数据需求侧，数据托管业务可衍生匹配需求的供需双方联合托管、售后反向托管、数据服务商与数据主体的联合开发托管，以及关于数据资产权益保障和法律保护的集合数据资产托管（如数据资产证券化业务场景）、数据资产质押融资托管（数据金融业务场景）、数据信托托管（数据信托业务）以及合作社形式的数据运营合作托管。

托管业务也可采用数据存证中心、数据溯源中心、数据托管中心、数据运营中心等形式开展，依托数据托管运营系统，在整个数据空间生态内，通过日志、目录、数据信息、在线数据集、数据沙箱等技术，提供可信安全的托管服务，并根据委托和授权发布实时、准确的数据信息，为数据空间的生态主体提供各方面的独立服务。

国家数据局支持可信数据空间运营者与数据托管服务方开展价值协同和业务合作，建立健全数据托管服务体系，提供专业、安全的数据存储和管理服务，确保数据在托管过程中的完整性和可用性。数据托管服务流程如图 7-19 所示。

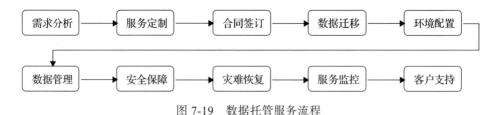

图 7-19　数据托管服务流程

- 需求分析：数据托管服务提供商需要与客户沟通，了解客户的数据托管需求，包括数据类型、规模、安全要求等。
- 服务定制：根据需求分析的结果，服务提供商将为客户定制数据托管服务方案，明确服务内容、服务水平协议（SLA）等。
- 合同签订：双方就服务内容达成一致后，签订数据托管合同，明确双方的权利、义务和责任。
- 数据迁移：在合同签订后，数据托管服务提供商将协助客户将现有数据迁移到托管环境中。这可能涉及数据的备份、传输和恢复。数据托管服务商还可能提供数据不出域的"在地托管服务",直接在客户系统或数据库管理系统中部署具有数据托管功能的监控管理系统。

- 环境配置:根据客户的需求配置托管环境,包括硬件、软件、网络等,确保环境的安全性和稳定性。
- 数据管理:在数据迁移完成后,服务提供商将负责数据的日常管理,包括数据备份、恢复、监控和维护等。
- 安全保障:数据托管服务提供商需要采取一系列安全措施(如物理安全、网络安全、数据加密等),以保护客户数据的安全。
- 灾难恢复:服务提供商应制定灾难恢复计划,以应对可能发生的灾难性事件,确保数据和服务能够快速恢复。
- 服务监控:服务提供商将对托管服务进行持续监控,确保服务质量,并根据客户反馈和市场变化进行服务优化。
- 客户支持:提供客户支持服务,包括技术咨询、问题解决等,确保客户在使用数据托管服务过程中的问题能够得到及时解决。

7.2.3 数据资产化管理实践

1."数据要素 ×"多场景数据服务

国家推进建设五类数据空间,并将持续拓展丰富多元的应用场景。例如,在企业上下游协同领域开展协同设计研发、产供销一体化,在行业价值共创领域拓展碳足迹管理、行业大模型开发,在城市智慧治理领域拓展交通出行规划、城市规划建设,在个人精准服务领域拓展精准诊断医疗、金融产品定制,在跨境各业务协同领域拓展跨国科研合作、跨国供应链协同,逐步丰富数据空间的应用场景。数据空间多场景应用如图 7-20 所示。

与此同时,《"数据要素 ×"三年行动计划(2024—2026 年)》也在持续深入推进。"数据要素 ×"作为推动数字经济发展的核心概念,强调数据作为新型生产要素与传统生产要素相结合发挥乘数效应,是推动经济社会高质量发展的重要战略思路。该行动计划聚焦 12 个行业和领域,包括工业制造、现代农业、商贸流通、交通运输、金融服务、科技创新、文化旅游、医疗健康、应急管理、气象服务、城市治理和绿色低碳等,以促进数据要素的高水平应用。

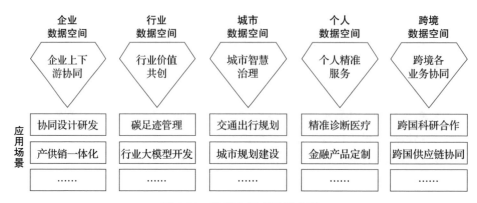

图 7-20　数据空间多场景应用

实施"数据要素×"行动，就是要发挥我国超大规模市场、海量数据资源、丰富应用场景等多重优势，促进数据多场景应用、多主体复用，培育基于数据要素的新产品和新服务，实现知识扩散、价值倍增，开辟经济增长新空间；加快多元数据融合，以数据规模扩张和数据类型丰富，促进生产工具创新升级，催生新产业、新模式，培育经济发展新动能。图 7-21 是对数据空间内"数据要素×"效应机制的归纳。

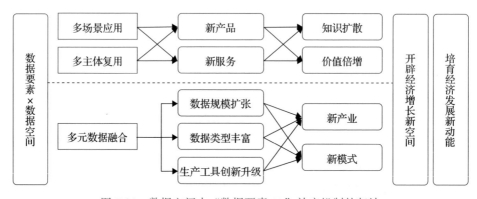

图 7-21　数据空间内"数据要素×"效应机制的归纳

可见，"数据要素×"引导的数据多场景应用、多主体复用、多元融合，是数据空间价值共创核心能力的重要形式，促使数据资源向数据产品、数据服务转化，进入价值创造循环。多来源、多模态、多主体、多元化数据在数据服务方的协同合作中，形成更高质量、更丰富应用场景的新产品、新服务，并具有扩张性的价值驱动力，形成知识扩散、价值倍增效应。而且，在数据空间中，这些过程是交织在一起的，供需双方直接低成本交叉复用、循环创新，数据价值也在这个过程中涌现，并根据数据空间策略和协议进行公平合理的分配，真正实现数据流通的"零噪声"和数据价值共创共享的"零损耗"，形成数据、服务、产品、应用场景交叉融合、创新演进、价值互换、价值共创、价值共享的格局（如图 7-22 所示）。

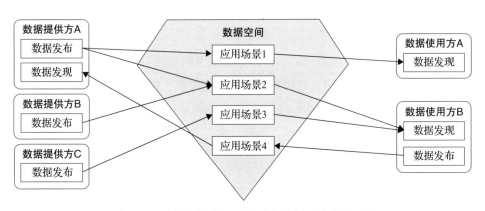

图 7-22　数据空间多场景应用产品与服务交互格局

数据空间支持企业内部不同部门间以及与外部合作伙伴之间的数据共享交换，促进企业与供应商、研发伙伴、服务伙伴等上下游企业之间的业务协同，支持政府公共数据的采集、汇聚、加工、融合、共享、开放。而数据空间的运营者负责制定并执行空间运营规则与管理规范，各方协同构建跨域数据流通使用的安全管道，实现数据的"可用不可见""可控可计量"，共同打造规则清晰、技术可信、供需活跃、服务创新的生态体系，共同实践数据资产化管理。

"数据要素 ×"多场景服务创新实践方式，包括但不限于以下类型：

- 场景对场景（Scene to Scene）：在数据空间中，不同的应用场景可以相互关联和支持。例如，工业数据空间可以打通测试、生产、库存等环节，破除信息壁垒，促进产业链协同发展。这种场景对场景的服务模式使得数据能够在不同的应用场景中快速流动和增值。
- 用例对用例（Use Case to Use Case）：数据服务提供商可以根据特定数据

空间的核心用例，开发和提供用例所属场景内的定制化、标准化数据服务。这些服务可以针对特定领域、特定行业的业务需求（如精准医疗、低空数算、无人驾驶、风险控制模型等）提供针对性解决方案。通过用例对用例的服务，数据空间能够更好地满足客户的个性化需求。

- 数据对产品（Data to Product）：在数据空间中，原始数据经过加工和处理转化为数据产品。这些数据产品可以是产业图谱、客群画像、研究报告、大模型语料库等，它们是面向应用场景形成的交付物，能够直接为客户创造价值。

- 服务对价值（Service to Value）：数据服务的最终目标是实现价值的创造。通过提供数据处理、应用和分析工具等服务，数据空间能够帮助用户从数据中识别并萃取价值，精准匹配专业服务以提升价值创造能力。

数据空间内的"数据要素×"效应，通过整合上述关系，实现多场景下的数据服务。这种服务不仅关注数据的流通和共享，还强调数据的安全性和合规性，确保数据在不同场景下的有效利用。

2. 数据资产目录管理

数据空间是支撑数据流通的生态环境，而数据流通高效实现的首要形式就是数据资产目录的共享和交换。数据资产目录以其简洁、直观、业务友好的方式，成为数据管理的重要工具和管理对象。在数据空间构建、开发的过程中，也充分关注数据目录的生成、标准化和发现机制。通过目录服务，不同来源的数据资源、产品和服务能够在可信数据空间内统一发布、高效查询、跨主体互认，实现了数据资源的"可见"、可视化、可查询、可利用，大幅降低数据内容理解难度、数据资源获取难度和数据共享交换成本。

在数据提供方，内部的数据资产目录工具还可以帮助数据资产管理体系的建立。数据持有人应当首先汇总全量数据清单，形成数据资产目录，确定数据的共享清单、交换清单、责任清单、负面清单和需求清单，并采用统一的上链技术，记录数据更新和变动情况，明确数据使用权限，实现数据可信溯源。这也是数据资产目录管理的重要内容。

在数据空间支持的数据资产化管理实践中，目录服务更是实现多场景价值共创的主要基础。目录不仅包括可流通的数据资源目录，还包括"成品化"的数据产品目录、"价值化"的数据服务目录、"场景化"的应用程序清单，以及数据空间功能目录和资源状态清单。通过目录服务，用户可以对数据空间全景"一目了然"，全面透视数据空间可共享、可交换、可使用、可连接的各项资源，便于进行数据使用的需求优化和目标设定。

资源目录提供了所有数据资产的详细清单，包括结构化数据、非结构化数据、报告、查询结果、数据图表、仪表板、机器学习模型以及数据库之间的连接方式，其形式包括元数据、数据信息、数据要素摘要、应用场景匹配推荐，甚至包括报价、共享条件、使用要求等。数据空间各参与主体在数据接入、发布、发现、服务、交付等流程中，围绕数据目录开展一系列工作，引导数据从提供到交付的全过程，数据空间目录服务流程如图 7-23 所示。

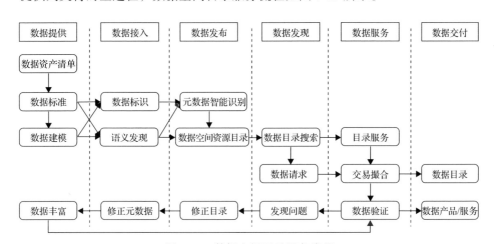

图 7-23　数据空间目录服务流程

从目录归集与管理的角度看，数据提供方应重点关注以下几个环节：

- 数据资源目录：这是数据目录结构的基石，负责管理和记录从各种源端系统收集到的所有原始数据资源。
- 数据资产目录：当原始数据资源经过清洗、转换和集成后，它们便成为可以为业务提供直接价值的数据资产。数据资产目录是这些经过加工处理的数据的集合。
- 数据开放目录：在数据资产目录的基础上，数据提供方根据实际情况选择将一部分数据对外开放，以促进数据的共享和创新应用。数据开放目录便是这部分数据的集合。

- 范围确定与材料收集：在明确了业务场景和建设目标后，数据提供方需要确定构建数据资产目录的范围，并收集与数据资产目录建设相关的材料，以促进数据治理工作的开展，对内对外提高数据价值。

- 数据资产目录盘点与构建：利用数据资产目录工具，对数据资产进行初步的信息采集，智能解析技术被应用于自动识别和提取关键数据属性，形成数据资产目录的初始清单。

- 审核并发布数据资产目录：组织必须确保该目录的准确性、合规性以及与业务目标的一致性，还需要一个跨学科的专家团队，对数据资产目录进行全面的审核。

- 数据资产目录运营和管理：在数据资产目录成功构建并发布之后，接下来的重点将转移到使用和管理工作上，确保数据资产目录能够长期有效地支持数据空间内数据的有效流动和循环交易。

从数据空间运营的角度看，围绕数据资产化和服务创新，数据目录在数据空间内需要经过系统性的验证和丰富。目录服务使用元数据来创建一个信息丰富且可搜索的清单，帮助数据服务方、数据使用方快速找到最合适的数据线索。元数据是描述数据资产或提供有关资产信息的数据，使数据资产更容易定位、评估和理解。

目录服务的核心在于提供出色的数据"购物"体验，包括数据发现、数据搜索、数据推荐、索引助手、场景匹配算法辅助等，使得各参与方能够基于元数据快速找到需要的数据，并接收相关推荐和提示。在这个过程中，数据空间犹如一个大型"购数中心"，通过目录流动牵引数据流通，通过服务推荐带动产品创新，形成"数据找人""人找数据"的交互式生态流通循环。

为了提高效率、确保合规，目录管理和服务模块通过分析数据资产、推断它们与特定规则的相关性、自动分类和标记以简化合规工作，并可以部署在数据所驻留的任何地方，包括本地、公共、私有、混合或混合多云环境，同时与现有的质量和治理程序和工具无缝集成，包括数据质量规则、业务术语表和工作流。

数据资产目录管理除了上述各项与数据相关的流程和内容外，还涉及数据空间主体架构、运营管理的各类可用资源。数据资产目录覆盖提供方、使用方、服务方共享的所有数据目录，还包括数据空间运营过程中衍生的共性服务数据目录，以及数据空间系统的资源目录、日志目录、经营目录等内生数据信息。这些日渐丰富的目录内容经存证、可溯源，不仅为数据流通提供支撑，而且还是数据空间监测管理、清算审计、动态合规管控等的重要依据。

3. 数据资产设计

数据设计，通常指的是数据架构设计、数据库设计或数据模型设计。随着数据资产的重要性越来越显现，数据作为组织的核心资产逐渐形成了"第二增长曲线"，甚至是主要增长点。数据管理、数据治理已经很难满足资产价值释放的内在动力。以需求牵引、场景驱动、目标导向的数据资产价值设计与封装，将成为组织资产重构以及数据空间运营的一种创新方向。

传统的数据运营针对数据存储和集成的情况，采用工具、系统对数据进行质量提升、分析和加工，对于不适配场景的数据，则无法进行重复利用，更难以形成"数据标品"。而数据资产的价值又受技术因素、数据容量、数据价值密度、数据应用的商业模式和质量要素等影响，较为复杂，难以确定。

基于逆向思维的数据资产运营，则更多考虑需求匹配和目标导向。从数据的产生开始就植入数据开发和经营思维，每一条数据都聚焦价值，小数据也可能有大价钱。这与传统大规模商品生产逻辑相似，关键点在于数据资产价值的封装从需求侧来牵引而不是从供给侧的海量数据基础出发。一方面，基于设计的数据资产具有更精准的需求匹配度；另一方面，数据资产的封装始终遵循质量管理，能确保数据资产的功能，增强数据可信价值。尤其是在数据空间运营过程中，始终以数据为中心、以价值共创为主线，围绕价值生成的数据资产设计与封装越来越值得重视。在数据空间多场景数据服务（包括联合开发、托管运营、AI 服务等）的协同下，"订单式"数据生产将成为传统业务基础上的增量数据资产业务。

诚然，面向无限价值的数据资产设计与封装是一个复杂的过程，涉及数据资产管理体系的构建、数据资产的分类分级、权利分置、数据资产的封装规范等多个方面，属于主动式数据价值管理，更是一个持续演进的过程。从数据资源开发与流通利用到数据目录共享与分发，数据空间为数据资产提供了价值释放的环境和通道，使得数据持有人和利益相关方能够轻松实现价值共创。

具体而言，数据资产的设计方法和路径主要包括基于数据分层结构的数据资产粒度设计（数据资产分层设计）、基于业务流程集成的数据资产逻辑设计（业务集成数据资产设计）、基于外采数据聚合的数据资产多场景设计（多场景数据聚合设计）以及结合业务思维的生成式数据资产应用设计（生成式数据资产设计）等，以下分别简要论述。

（1）数据资产分层设计

针对数据资产目录的不同分层和粒度，从主题域分组、主题域、业务对象、逻辑数据实体、属性（L1～L5）分别对应的数据内容出发，封装成匹配特定场景的不同粒度的数据资产。其中，细粒度数据能够提供详细的分析信息。例如，零售业务数据库中存储的每个客户每次购买的所有商品的详细信息，适合进行深入分析和研究客户行为，也适用于深度数据挖掘和机器学习等需要大量细节信息的分析。而粗粒度数据更多应用于宏观趋势分析，适合进行战略规划和决策支持，以及快速查询、宏观分析、制作仪表板和可视化报告等。当遇到需要同时满足精确分析和宏观分析的场景时，可以考虑结合细粒度和粗粒度的数据进行综合分析，以提供更全面的分析结果。数据资产设计不是简单的数据集封装，除了考虑应用场景外，还应考虑数据粒度的选择。

数据资产分层设计（如图 7-24 所示）应基于业务需求和查询需求来确定。细粒度数据适合需要详细分析的场景，而粗粒度数据适合快速查询和宏观分析的场景；中等粒度数据则可以平衡两者，适用于需要综合分析的情况。选择合适的数据粒度可以提高数据的利用率和场景匹配效果，同时降低存储和计算的负担，因而也更具有单体价值和流通价值。

（2）业务集成数据资产设计

业务集成数据资产设计强调将业务流程整合到数据中，通过数据关系驱动业务流程的复刻和优化。在传统业务拓展和运营过程中，数据是用来支撑业务分析与经营决策的。而数据正来源于业务，不论是元数据、主数据还是企业数据模型，都是对业务的高度抽象，承载着业务流程、管理方式等价值信息，具有将数据转化为业务洞察和行动的能力。

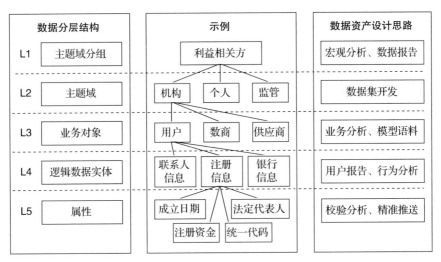

图 7-24　基于 L5 的数据资产分层设计

在企业数据空间、行业数据空间运营过程中，业务集成的数据资产更具有高价值属性，适用于需要跨部门、跨业务流程的数据整合和分析的场景，如企业资源规划（ERP）系统重构、客户关系管理（CRM）系统优化以及数据平台部署等。

（3）多场景数据聚合设计

当组织内部的数据场景单一、指标丰富度不足而存在数据资产价值难以外化的情形时，数据提供方可以通过联合开发或直接采购外部数据的方式，整合、聚合不同来源的多场景数据，形成统一的数据集，以支持相应的业务场景需求，提高数据资产价值。这包括数据脱敏、清洗、集成、转换和加密等处理步骤，适用于需要处理和分析大规模多源异构数据的场景，如智慧城市建设、物联网（IoT）数据分析等。

（4）生成式数据资产设计

生成式数据资产设计结合了生成式 AI 模型、自然语言处理模型和数据分析模型，以提供生成报告、数据查询、用户交互等核心业务功能。这种设计方法来源于生成式商务智能（GBI），将企业中现有的数据进行有效的整合，快速准确地提供报表并提出决策依据，帮助企业做出明智的业务经营决策。

生成式数据资产不完全是 AI 技术的产物，其中蕴含着算法逻辑、业务模型和应用场景。国家对人工智能生成合成数据高度关注，并且通过《人工智能生成合成内容标识办法》等规定规范了人工智能技术制作、生成、合成的文本、图片、音频、视频等信息内容、属性和标准，使得生成式数据也可作为数据资产进行流通。尤其是基于大模型底座的智能客服、个性化推荐系统、预测分析等，也需要具有业务逻辑和场景属性的生成式数据资产作为语料。

数据空间的多场景数据服务和丰富的数据资产目录资源，为数据资产设计打开了新的通道。不论是基于原始数据的数据资源开发利用，还是基于场景匹配的数据资产封装，都需要通过数据提供方、数据使用方、数据服务方以及数据空间运营方在合法合规的基础上进行价值共创，持续推进协作协同与服务创新。

4. 集合数据资产运营

数据资产需要用逆向思维根据市场需求来设计，这是一条数据粒度细分深化的运营路线。而从数据交易角度看，数据资产可能是一个数据集、一个数据产品或一项数据服务，甚至是一个工具、一套应用程序或系统。从财务交付看，数据资产被定义为由企业拥有或控制的、能够为企业带来未来经济利益的、以物理或电子方式记录的所有数据资源。从数据空间运营的角度看，数据资产是一切有价值、可交换、可共享、可交易的数据形态标的物。

可见，从抽象层面上看，数据资产可能无所不包。数据资产的设计遵循的是市场逻辑，追求数据作为产品和商品的形态，力求满足使用方的需求。而数据资产的运营更多考虑的是价值的构设。正如数据空间是基于共识机制构设的，数据资产的价值也可通过被认可的、逻辑支撑的数据本体、加工方式、业务内核、技术含量以及可期待的集合收益来封装，从而形成共识和认知层面的数据资产价值。这与交易、交换、流通层面的商品价值并不冲突，反而相辅相成。

一直以来，数据都被当作重要的资产。在数字化转型进程中，数据始终扮演着重要角色。从互联网消费时代到数据要素时代，数字化转型也经历了一个深化的过程，勾勒出一条数字化转型的"微笑曲线"，如图7-25所示。

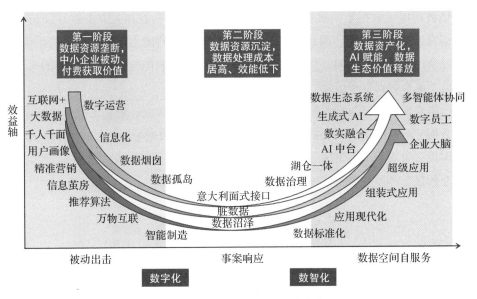

图 7-25　数字化转型的"微笑曲线"

在数字化转型初期，数据被平台公司或头部企业垄断，用户的数据权益几乎没有价值转化路径。而参与数字化转型进程的组织则面临诸多数据处理和应用难题，数字化水平难以提升。但随着业务的开展，数据沉淀越来越多，很多组织开始从保护数据到治理数据再到数据资产运营，经历了数字化转型升级进入"数智化""智改数转"的阶段。

恰逢其时，国家大力推进数据空间建设发展，为"治数""用数"提供了更宽广的生态空间。数据不仅可以在组织内部持续赋能，还可以通过外部流通驱动内部质量提升并强化数据的业务价值。数据空间参与者可以通过数据空间基础设施快速脱离数据困境，进入技术和生态支撑下的数据空间自服务阶段。

通过日渐成熟、稳定易用的技术革新，组织内部数据的整体盘活快速从 IT 驱动演进到自助化、自动化阶段，数据利用的方式变得越来越多样化、即时化、智能化。加上数据空间数据资产运营的赋能，组织内部数据资产化的对象不仅包括数据资源，而且还包括暂未被发现和利用的黑暗数据，甚至包括已经形成保存负担的尾气数据。

数据空间构建了一个全流程的可信管控底座，不论是主动加入数据空间，还是被动接受数据空间服务，所有的活动、行为、利益相关方都被存证记录，数据自始至终可溯源。因此，在不具备数据资产运营能力的情况下，组织仍然可以通过接受数据空间运营方和数据服务方的协作合作，以数据提供方的视角，开启"集合数据资产运营"。

集合数据资产运营是指包括原始数据、初加工数据、精加工数据、场景融合数据、黑暗数据、尾气数据等全量数据资源，在数据遍历、目录索引、AI技术辅助以及多场景数据服务的支撑下，实现面向价值最大化的整体运营方式。集合数据资产类型如图 7-26 所示。

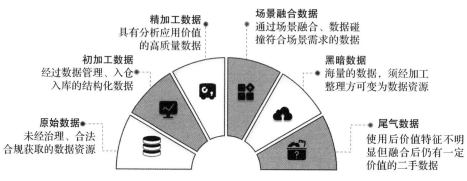

图 7-26　集合数据资产类型

集合数据资产运营关注的是数据的整体价值和多场景应用潜在价值，并且充分考虑数据来源的稳定性、更新频率、场景需求等因素。例如，某县级市所属"低空+城市综合数据资产"包，就在数据交易所挂牌并启动融资。此次挂牌并启动融资的"低空经济"数据资产包评估价值超过 2 亿元（此前多个单一场景的同体量数据评估均在百万级、千万级），包括低空二维影像地图数据、低空三维模型地图数据、无人机视频数据等，数据总量超过 30TB，年更新数据量超过 5TB，在"低空+旅游""低空+物流"等多维度有着丰富的应用场景。也就是说，此次的挂牌交易内容并非仅在一个场景。很明显，这个"数据资产包"就是集合数据资产运营的成果，并未区分出适用于特定场景的数据产品，也没有具体划分支撑业务收益的元数据，而是对数据资产的多场景、多领域应用前景进行整体性分析和评价。

集合数据资产是多路径、多元化数据资产设计的组合，基于历史数据、实时数据以及外部数据融合而构建的数据底座，结合业务模式、数据驱动能力和数据资产的应用场景，综合考虑价值和使用方式，具有数量大、种类多、价值含量高、应用场景广泛等特性，适合进行整体分析、整体估值以及结构化运营。在集合数据资产运营流程中，数据资产经过规划、识别与汇聚、集合治理等形成数据资产包，再通过联合开发、AI 增强等手段提升价值、优化资产属性。通过价值模型评估、结构化金融设计以及市值管理等流程，数据资产在数据空间的运营机制内将实现无限的价值释放。集合数据资产运营流程如图 7-27 所示。

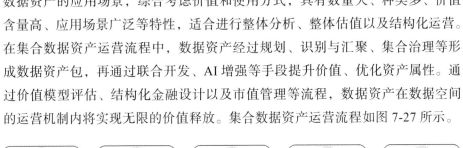

<table>
<tr><td>
数据资产规划</td><td>
数据资产识别与汇聚</td><td>数据资产集合治理</td><td>
数据资产发布</td><td>
数据资产价值优化</td></tr>
<tr><td>• 数据现状分析
• 数据目录管理
• 数据治理体系
• 数据合规治理
• "数据三赋"
• 数据空间接入准备</td><td>• 数据资产认定标准
• 数据资产确权登记
• 数据资产入表
• 数据产品开发
• 应用场景设计
• 数据资产变更</td><td>• 数据质量改进
• 数据资产价值指标
• 数据加工与增强
• 共享政策与收益
• 场景融合与创新
• 商业模式封装</td><td>• 数据发布与目录共享
• 数据流通与价值共创
• 外部数据合作
• 数据托管运营
• 数据标准化治理
• 数据资产报价</td><td>• 数据资产价值评估
• 数据成本更新
• 联合开发与AI增强
• 集合数据资产运营
• 结构化数据资产融资
• 数据资产市值管理</td></tr>
</table>

图 7-27　集合数据资产运营流程

随着数字化转型的持续深化，各类组织普遍重视数据资产的管理和运营，并持续关注数据资产的价值变化方式。在数据空间全面数据资产运营体系的支撑下，组织的数字化转型将快速迎来上扬的"微笑曲线"，这就是集合数据资产运营所带来的良性效应。

7.2.4　动态数据价值评估

1. 数据资产价值评估方法

根据《数据资产评估指导意见》，数据资产评估是指资产评估机构及其资产评估专业人员遵守法律、行政法规和资产评估准则，根据委托对评估基准日特定目的下的数据资产价值进行评定和估算，并出具资产评估报告的专业服务行为。

《数据资产评估指导意见》提出，确定数据资产价值的评估方法包括成本法、市场法和收益法三种基本方法及其衍生方法。

（1）成本法

成本法是基于数据资产的获取、处理和维护成本来估算其价值的方法。它考虑了从数据采集、存储、处理、分析到维护等各个阶段的成本。成本法适用于数据资产的初始价值评估，尤其是在数据资产没有明显市场价值或者收益模式不明确的情况下。评估步骤包括计算数据采集成本、数据存储成本、数据处理和清洗成本、数据分析和挖掘成本、数据维护成本等，并考虑折旧和摊销以及风险和机会成本。

（2）市场法

市场法是基于市场上类似数据资产的交易价格来估算目标数据资产价值的方法。它假设在自由市场条件下，类似资产的交易价格可以作为评估参考。市场法适用于那些在市场上有明确交易记录和可比性的数据资产。评估步骤包括确定评估目的、选择可比数据资产、收集市场交易数据、分析市场条件、计算价格比率、调整价格比率以及估算目标数据资产价值。

（3）收益法

收益法是基于数据资产未来收益的预测来估算其价值的方法。它假设数据资产的价值取决于其未来能够为所有者带来的经济利益。收益法适用于那些能够直接或间接产生经济收益的数据资产。评估步骤包括确定评估目的、预测未来收益、确定收益期限、估算折现率、计算净现值（Net Present Value，NPV）以及考虑风险和不确定性。

这三种方法各有优缺点，对比分析见表7-4，实际应用中组织可以根据具体情况选择合适的评估方法，或者结合多种方法进行综合评估。

表 7-4　数据资产价值评估方法优缺点对比分析

评估方法	定义	适用情况	优点	缺点
成本法	基于数据资产获取、处理和维护的成本估算价值	适用于数据资产初始价值评估，尤其是市场价值或收益模式不明确时	简单易行，适用于没有明确市场价值的数据资产	不考虑市场需求和未来收益，可能低估数据资产的价值
市场法	基于市场上类似数据资产的交易价格估算价值	适用于市场上有明确交易记录和可比性的数据资产	直接反映市场供需关系，适用于市场交易活跃的数据资产	需要有可比的交易数据，可能受到市场波动的影响

（续）

评估方法	定义	适用情况	优点	缺点
收益法	基于数据资产未来收益的预测估算价值	适用于能够直接或间接产生经济收益的数据资产	考虑了数据资产的潜在经济价值，适用于收益模式明确的数据资产	需要对未来收益进行预测，存在不确定性，对折现率的选择敏感

2. 动态数据价值评估模型

数据资产具有非实体性、依托性、可共享性、可加工性、价值易变性等特征。非实体性是指数据资产无实物形态，虽然需要依托实物载体，但决定数据资产价值的是数据本身。数据资产的非实体性也衍生出数据资产的无消耗性，即它不会因为使用而磨损、消耗。依托性是指数据资产必须存储在一定的介质里，介质的种类包括磁盘、光盘等。同一数据资产可以同时存储于多种介质。可共享性是指在权限可控的前提下，数据资产可以被复制，能够被多个主体共享和应用。可加工性是指数据资产可以通过更新、分析、挖掘等处理方式，改变其状态及形态。价值易变性是指数据资产的价值易发生变化，其价值随应用场景、用户数量、使用频率等的变化而变化。

数据资产的上述特征表明，数据价值评估与传统资产评估存在多方面的区别，需要探索实行符合数据资产价值释放路径的评估模型。《行动计划》提出，探索构建动态数据价值评估模型，并进一步将数据价值评估模型定义为"一种从多维度衡量数据价值的算法模型，综合考虑数据的质量、来源、用途等因素，评估数据对业务经济效益的影响"。

数据空间内，多场景数据服务为数据提供方、数据使用方提供了数据质量评价、合规审查、验证、聚合、增强等价值评价支持。同时，依托统一数据登记机构和数据交易机构，各方通过动态数据价值评估模型实现了价值共创，并为收益分配提供了重要的参考依据，数据空间动态数据价值评估模型如图 7-28 所示。

数据空间是一个多方主体参与、多源数据汇聚、多系统动态交互、多场景循环演进的生态网络，具有明显的动态特征，而且数据本身的属性也决定了其价值相关的成本因素、场景因素、市场因素和质量因素都会在生命周期内持续发生变化。

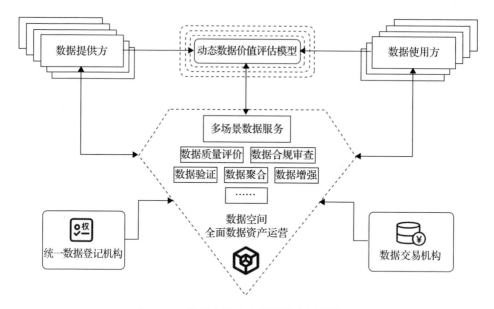

图 7-28　数据空间动态数据价值评估模型

　　除了环境和数据是动态的，评估手段和模型也是动态发展的，需要密切关注各类因素，合理使用评估假设和限制条件，从而得出更准确、更客观的评估结论。尤其是要根据场景来探究数据价值的根本来源，分析数据本身的动态价值，形成一套价值逻辑。

　　数据的特征和属性决定了其具有多层次、多维度且动态和相互作用的价值机制，包括基于二进制本位而形成的记录价值、使用价值和作为数据集等产品的交换价值，基于可复制性、非竞争性、可无限次数复用等属性而产生的产销一体性、数据要素报酬递增、低成本复用价值，以及基于数据要素 ×、要素融合、叠加而聚变的要素协同优化、复用增效、融合创新等动力价值。本位价值、属性价值、动力价值，共同形成了数据的全要素价值动力模型（如图 7-29 所示），充分诠释了数据本身的动态属性。因而，针对数据价值的评估模型，也应随数据而动，才有可能客观、真实、准确。

　　动态数据价值评估模型是一种创新和系统的方法，它与传统的数据资产评估方法相比，更加注重数据资产的价值动态变化和实时评估。

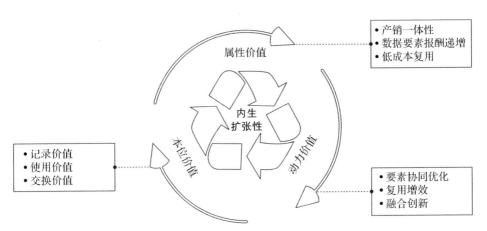

图 7-29 数据的全要素价值动力模型

（1）全生命周期评估

动态数据价值评估模型基于数据全生命周期理论，对从数据的采集、存储、处理、分析到应用等各个阶段进行价值评估。这种方法能够更准确地捕捉数据资产在不同阶段的价值变化。

（2）实时性和动态性

动态模型能够实时反映数据资产的价值变化，适应数据资产快速迭代和更新的特点。这与传统的静态评估方法不同，后者往往只能提供某一时间点的价值快照。

（3）多维度分析

动态模型不仅考虑数据的直接经济价值，而且还综合考虑数据的非经济因素，如数据质量、数据多样性、数据完整性等，这些因素都会影响数据资产的价值。

（4）市场环境适应性

动态模型能够根据市场环境的变化（如数据需求、竞争状况、技术进步等）动态调整数据资产的价值评估，以反映市场的真实情况。

（5）企业战略整合

动态模型将数据资产评估与企业战略紧密结合，考虑数据资产在企业运营和发展中的作用，以及数据资产的整合与共享，从而提高数据资产的利用率和价值。

（6）技术和算法应用

动态模型运用数据仓库、图算法等技术，以及血缘分摊算法等，精确计算数据资产的成本价值，并通过层次分析法等方法得到数据资产的非经济因素权重，进而得到数据资产的阶梯价值。

（7）应对挑战和问题

动态模型在实际应用中可能遇到数据质量与完整性问题、评估指标选取与权重确定问题、模型预测准确性问题、数据隐私与安全问题等挑战，需要不断探索和实践以提高模型的适用性和有效性。

（8）法规和标准遵循

动态模型的建构路径遵循相关资产评估准则和指导意见（如中国资产评估协会制定的《数据资产评估指导意见》），确保数据资产评估的合规性、客观性和准确性。

综上所述，动态数据价值评估模型是一种综合考虑数据资产多维度特征、市场环境变化以及数据空间战略需求的评估方法，它能够提供更准确、更客观和更及时的数据资产价值评估结果，帮助数据空间各参与方更好地管理和利用数据资源。

3.动态数据价值评估七阶模型设计

从实践的角度分析，动态数据价值评估模型需要考虑全面的组合因素，从数据本身的客观情况出发，结合市场环境、经济条件等外部因素，穿透业务和场景，进行整体评价。而且，针对不同的业务需求和使用目的，模型还有所侧重。在交易环节，模型更偏向多维数据的本位价值，即记录价值、使用价值、交换价值等。在运营领域，模型更偏向属性价值，如产销一体性、数据要素报酬递增、低成本复用。而在投融资领域，模型则充分考虑了其动力价值，关注全要素协同优化、数据复用增效、融合创新等价值。动态评估模型根据评估目的、评估对象的应用场景分别聚焦数据的潜能、产能、效能进行调整和平衡，并且相互交叉、相互作用、整体协同，同时充分关注数据底层的成本因素、风险模型和合规要件，形成分解视角下的一体化结构，动态数据价值评估模型分解如图 7-30 所示。

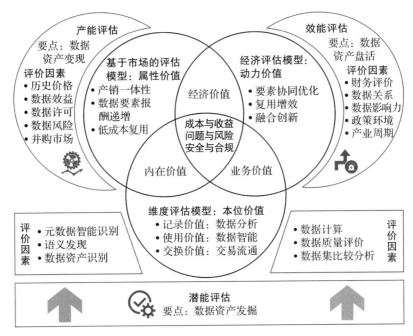

图 7-30　动态数据价值评估模型分解

动态模型的建构和实际应用采用分解、透视、层次递进的方式，逐一度量、评价和分析数据的各项要素，从底层的因子、指针，到指标、权重、算法，构建一个完整的动态模型，并配置适应不同目的和场景的评估方法，形成一整套模式，可称为动态数据价值评估七阶模型，如图 7-31 所示。

第一，针对价值因素围绕数据资产本身的来源、使用过程、应用场景以及深层次的业务逻辑等因素，分析元素级的质量因子、价值因子、规模因子、动量因子、多场景增速因子以及混合因子等，设计一套细粒度、全面、系统、科学的指标体系，作为基础"算子"和"指标原子"。

第二，从数据维度、属性特征和价值倍增动力因素，分析数据的本位、属性和动力价值指针，并排定指针优先顺序。

第三，针对数据关系、业务关系、场景关系、市场关系，抽象出更高维度的具体指标，作为量化成本、业务价值、应用前景分析等核心价值指标，以提高指标体系的针对性和有效性。

图 7-31 动态数据价值评估七阶模型

第四，在动态模型构建过程中，配置科学的权重。权重反映了各个指标在数据资产价值评估中的相对重要性。确定权重的方法有多种，包括层次分析法、模糊综合评价法和德尔菲法等。

第五，为适应动态平衡，需要借助算法和系统的支持，例如基于重置成本的动态博弈算法、市场价值法的回归算法，以及智能关联分析算法等，对影响数据资产价值的关键因素进行量化分析，以得出一个合理的评估结果。

第六，将上述各层级分析结论、方法、系统组合成一整套模型，即动态数据价值评估模型，可针对潜能、产能、效能等侧重点通过人工、自动化、系统化配置模型运行机制，形成数据空间内价值判断的组件，持续为参与方提供数据价值的参考。

第七，模型的运行和使用仍需要专业评估人员根据数据资产评估的操作要求和评估方法对数据价值做出最终判断，形成结论性意见。

通过上述七阶模型，数据的客观基础价值、业务牵引价值、市场流通价值、经济利益价值和社会共识价值被层层剖析和发掘，形成五层塔模型，如图 7-32 所示。从底层的数据流通价值到数据空间共治机制内释放的数据扩张性与竞争性市值，数据资产在全面运营和评价下，实现价值的无限释放。

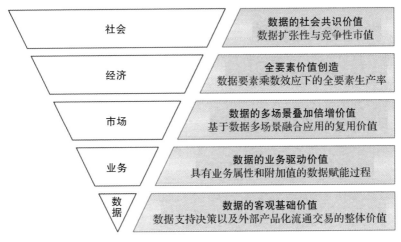

图 7-32　动态数据价值分析五层塔模型

此外，随着动态数据资产评估模型的落地与应用，数据空间将集成自动化的数据资产"量化客观评价"系统，通过简单、明确的规则和算法引擎，辅助进行自动估值。动态评估系统通常也整合了知识图谱、自然语言处理技术、目录构建与血缘追溯技术、区块链技术等，为数据资产的行业特性和业务属性建立分级分类的灵活数据目录树，将数据资产依据其属性对接到相应节点，并实现数据资产目录的自动化扩展。这些算法和技术的集成和应用，为动态、自动化数据资产评估提供了强有力的技术支持。随着数据空间价值共创和商业模式的持续演进，动态评估模型将更加完善、稳定、高效、智能，不断适应持续增长的数据量和复杂性，以满足数据价值扩张的业务需求。

7.3　数据空间商业模式

7.3.1　数据空间商业路径

价值共创是数据空间的三大核心能力之一，指多方主体在数据空间规则约束下共同参与数据的开发利用，推动数据资源向数据产品或数据服务转化，并实现参与各方合法权益的一个持续的动态过程。一方面，数据空间作为数据资源共享共用的一种数据流通利用基础设施，需要充分考虑共性可信基础的构建；另一方面，作为生态系统，数据空间更需要长期运营，为参与方提供商业价值，并持续创造经济价值、社会价值。

1. 数据空间商业发展周期

当前，数据空间的发展还处于初级阶段，但随着越来越多的试验性数据空间出现，早期创新者将引领跟随者推进数据空间从早期市场快速进入红利市场，这些创新者和跟随者通过密切的协同合作，共享第一波数据空间红利，并推动数据空间深化建设，发展成为成熟、稳定的主流市场。高度聚焦数据空间商业模式打造的突破者将凭借其运营、资源、场景等优势，成为红利及商业价值"掠夺者"，驱动数据空间商业模式"突破性"创新。而数据空间的价值随着早期参与者数量的增多，将快速进入价值释放周期。早期大众充分利用数据空间运营机制获得多层次价值，进一步刺激更多的后期大众参与，形成数据空间的主流市场，并且快速进入协同创新、长期、稳定、持续发展的周期。那些始终观望、怀疑的"慎入者"则逐渐变成被动的落后者，甚至难以共享数据空间主流市场的商业价值。图 7-33 展示了前述过程，归纳了数据空间商业发展周期，进一步说明了各阶段参与者可能获取的商业利益将有所差异。

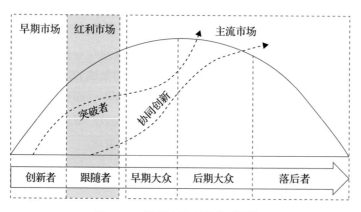

图 7-33　数据空间商业发展周期

商业模式并非单指盈利模式，而是一个综合的概念，是指一个组织（包括数据空间本身）在市场中创造价值、传递价值以及获取价值的核心逻辑和架构体系。在数据空间规划设计之初，商业模式是重要的内容，涉及数据空间战略、愿景和定位，还包括指导后续运营的具体策略、组织结构、业务流程。数据空间作为一个生态协作系统，本身就有价值创造的"魔力"，而商业模式的构建，正是充分释放这种"魔力"的手段。

　　商业模式的选择还需要以数字经济发展阶段以及数据要素市场的整体环境为背景，充分借鉴政策、经济和社会分析手段，探索"低风险""成本可控""可持续"的生态协同创新模式，构建社会协同网络系统（如图 7-34 所示）。尤其是在数据空间发展初期，充分复用现有的数据流通基础设施（包括场内、场外数据要素市场），结合外部协同创新，数据空间战略才能通过清晰的愿景和价值定位实现既定商业模式的价值输出。

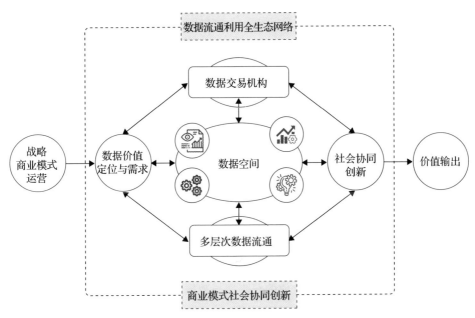

图 7-34　数据空间商业模式的社会协同创新

　　数据空间商业发展周期在社会网络协同系统中，通过系统机制、愿景目标、内部创新、外部驱动的融合呈现出一系列关键特征，并逐步形成符合战略的商业路径。

- 创新性：数据空间的"新"毋庸置疑。从概念提出至今，数据空间仍未进入成熟应用阶段。我国在把数据列为生产要素之后，数据要素市场建设也还处于探索阶段。而可信数据空间的大规模实践同样刚刚开始。理论研究、应用实战、运营模式等方面都为数据空间的发展和商业模式构设提供了广阔的创新弹性空间。而数据空间的核心能力与全要素协同，将重塑商业服务模式，不仅可以加速数据流通，更使得价值可以源源不断地释放，从而形成持续创新引擎。

- 正外部性：数据空间是一个共享共用的数据生态，基于现有的数据基础设施以及国家大力投入建设的数据流通利用设施，能够实现低成本的快速投入运营，提供了一个低门槛的价值共创共享机会，颠覆了传统的逐利性商业模式。同时，数据空间又通过分布式系统配置公平合理的收益分配体制，形成良性的正外部性网络扩张效应，使得参与者都能够受益。

- 正向价值循环：除了正外部性，数据空间的价值创造机制又具有正向价值循环效应。数据与传统商品不同，越流通越频繁使用，价值越高。数据空间为多源数据接入、多场景服务、多渠道商业运营提供了一套可信体系，不仅解决了信任障碍，而且大大降低了交易成本，溢出价值持续分配到参与者，形成正向价值循环，并导致价值持续涌现。

- 多边性：数据空间涉及多方主体且是分布式的，日常管理和运营复杂，各主体利益的协调也充满挑战。多边性要求数据空间各利益相关方的诉求都要被尊重，商业模式也应当充分考虑公平性，尤其是数据提供方、数据服务方、数据使用方等围绕数据价值共创的核心角色，在数据空间内应该形成多边协同的利益平衡格局。

- 普惠性：商业利益和价值的普惠性与数据空间的多边性密切相关。数据空间并非特定群体利用机制"攫取"商业利益的工具，而是加速知识扩散、价值传递的生态协同网络。参与方一方面提供数据、资源和服务，一方面推动协同创新、进行价值共创，因而也具有获取收益和报酬的地位和能力。数据空间的普惠性是其商业模式与传统各类型大平台最大的区别，价值随着数据和服务在数据空间内流动。

- 自演进：动态数据价值评估模型以及多智能体协同系统、MetaOps 运营方式，为数据空间提供了自演进的基础。在商业模式更新、优化的过程中，数据空间也随着日常运行而构建基于共识原则的价值生成、价值主张、价值承诺、价值传递、价值共享的生态机制。

作为新事物，数据空间运营和商业模式验证，首先是基于早期市场创新者、倡导者的投入，快速实现价值共创（如图 7-9 所示），并通过数据价值评估的七阶模型（如图 7-31 所示）为分布式系统配置多边协同网络效应的正向价值循环体系，同时遵循价值分析五层塔模型（如图 7-32 所示）为可信管控的集中治理模式配置正外部性、普惠性价值策略，以构建开放、包容、生态、发展的数据空间商业路径。

2. 数据空间商业模式画布

回归传统商业模式，简而言之，是组织如何运作并实现盈利或达到价值目标的蓝图。它不仅涵盖了产品或服务的创造与销售，而且还包含了如何与市场互动、如何分配资源以及如何构建与维护客户关系等多个方面。与数据空间 GOALSONG 战略画布的作用相似，数据空间商业模式画布作为一种强有力的战略工具，以其直观和系统性的特点，帮助数据空间各参与方和治理机构深入挖掘和表达其商业模式的核心要素。

- 用户细分：明确数据空间服务的不同群体，了解各自的角色定位、需求和偏好。
- 角色关系：各参与者之间、数据空间与用户之间的关系定位，以及如何建立和维护关系等。
- 渠道生态：如何通过不同的渠道扩展参与者生态和扩大影响力，将数据空间的能力和价值传递给更多用户。
- 价值主张：分析数据空间功能价值与场景特色，以明确如何满足需求。
- 关键业务：数据空间必须执行的核心活动（如数据可信流通、价值释放等），以确保商业模式的运作。
- 核心资源：数据空间运营所需的最重要的资源，如系统、组件、可信能力等。
- 重要合作对象：支持数据空间运营以确保商业模式成功的利益相关者网络。

- 资金来源：数据空间的商业属性定位以及运营资金和现金流保障。
- 成本结构：数据空间开发建设、运营过程中产生的主要成本，以及这些成本是如何与商业模式的其他要素相互作用的。

图 7-35 为数据空间商业模式画布，描绘了上述九大要素的关系格局，第 1～4 项要素关注主体和价值，第 5～7 项要素说明了数据空间运行与持续运营所需的各项资源，而最后两项要素则是商业的核心，也就是成本支撑的价值变现。九大要素共同聚焦一个目标——增长，即数据流通与服务创新过程中数据价值（包括经济价值和社会价值）的持续释放与叠加倍增。

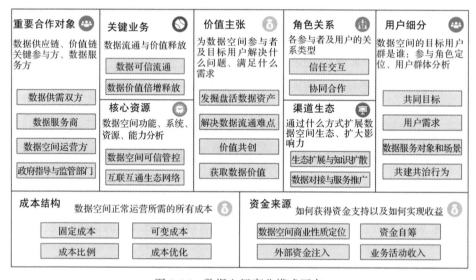

图 7-35 数据空间商业模式画布

清晰的商业模式和透明的商业驱动是数据空间运营需要优先考虑的问题。与此同时，还需要区分作为商业运营载体的数据空间和作为基础设施的数据空间。前者以数据空间发起人、创始人、参与者利益最大化为目标，而后者则更注重数据的内外部合作以及数据空间模式的最佳实践价值。当然，不管是哪一类，商业模式都是数据空间建设发展过程中的重要主题。

3. 作为自由市场的数据空间

数据空间的概念自 2005 年提出至今，其核心目标主要聚焦私域数据跨域互联（发布和发现数据）、互通（传输和调度数据）、互操作（访问和使用数据），已成为重要的跨层级、跨地域、跨系统、跨部门、跨业务数据流通利用设施，能够实现数据跨业务域、管辖域、信任域、时空域的可信流通，是支撑构建全国一体化数据市场的重要载体。

互联网时代，平台模式通过创建多方互动的生态系统，吸引多方用户进行交易，平台方负责运营并赚取服务费，如在线市场、共享经济平台等。数据空间虽然具有一定程度上的平台商业模式特征，但与平台商业最大的区别在于其利益和价值是扩散的，而非竞争（或有限竞争）和垄断的。数据空间作为多主体参与、多方互信、多方资源配置的复杂系统，始终是多边协作的，承载着复杂的价值网络，而且数据空间的中立和独立属性决定了其弱商业的属性。即使是基于商业目的而构建的营利性数据空间，其商业模式也是混合多元的，是各类主体利益相互协调并达到平衡的自由市场模式。这些商业模式来源于各参与方，基于不同的背景、立场、资源禀赋、贡献大小等，进行自由协调。随着更多数据提供方、使用方、服务方的加入，数据空间的价值共创能力越发强大，价值随之增长，形成了相互赋能、相互加持的共生利益（正向价值循环）格局。这与传统的以利益最大化、客户价值和服务为核心的商业战略是不同的，数据空间自由市场商业模式更关注利益相关者共创的总价值、公平合理的分配体系以及协同创新的价值网络，如图 7-36 所示。在商业利益主体中，数据空间并不存在绝对垄断地位或主张竞争优势的任何一方，即使是数据空间的创始人，更多也是承担持续运营的义务并因此获得长期价值。

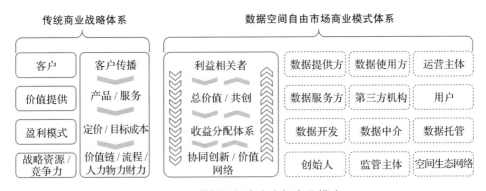

图 7-36　数据空间自由市场商业模式

在符合数据空间策略与协议要求的情况下，任何参与方均可基于可信管控技术的支持而自由"进出"数据空间，并发布需求、查询与获取产品或服务。众多数据空间还通过相互之间的互联互通实现了数据市场的一体化。在自由市场内，数据是有条件开放和共享的，不同维度的元数据、数据产品目录、数据要素摘要信息等在数据空间内不受限制地流动，从而形成数据流、业务流、价值流多流合一（如图7-6所示）的价值交互格局，各方在互动中共享数据资源高效流动与数据价值释放的红利。

值得强调的是，作为自由市场的数据空间也不一定是营利性质的。数据空间商业模式的核心在于价值创造，而由于多元利益主体，不论是自益型还是他益型，都面对复杂的利益关系，需要在协同合作中通过估值与收益分配来平衡商业的"逐利性"。

当然，数据空间的价值也是需要外化、具象化的，尤其是在数据空间发展初期。这也就是数据空间价值共创十步法中强调角色激励和适时宣布成功的缘故。为了扩大数据空间的生态引力，数据空间需要采取有效的商业措施来引导更多人参与进来，进一步丰富数据数量和种类，以推动高价值数据业务创新，进入数据价值循环释放的倍增逻辑。在这个过程中，需要快速培育"种子用户"以及孵化可以实现巨大价值释放的"标杆用例"，以展示数据空间的价值创造能力。《行动计划》提出的到2028年建成100个以上可信数据空间，也具有相似的逻辑，即快速封装数据空间解决方案和最佳实践，加强全国可信数据空间应用推广工作，打造一批数据资源丰富、数据价值凸显、商业模式成熟、产业生态丰富的可信数据空间标杆项目，遴选一批可信数据空间典型应用场景和解决方案，形成良性的生态示范效应。

特别是在数据空间自由市场环境下，数据可以自由发布、定价、交换、流通，完全受价值规律自主调节。产、供、销各方通过分工协调，确定数据类型、交易方式、频率和条件，完成数据价值的共同创造及合理分配。

交易和分工创造了整个社会的财富。随着高频的多元化数据交易、多场景数据共享、多维度数据交换在数据空间内自由、自主进行，数据与价值融为一体，数据成为这个经济社会的驱动力，交易越频繁，这个驱动力就越强，经济就越活跃，社会产值就越高。

而且，数据空间对市场提供了可靠的信任基础，并通过技术实现了交易信息透明化，"欺诈"的代价非常高。多方协作共生且博弈合作的体系具有稳定的团体理性，使得数据的质量、效用更高，价格更合理，而总体价值却更大，也就构建了广泛互联、资源集聚、生态繁荣、价值共创、治理有序的可信数据空间网络，形成了蓬勃发展的一体化数据市场。

4. 作为基础设施的数据空间

国家数据局确定了包括数据空间在内的 18 个数据基础设施建设任务，旨在实现数据、算力、算法的基础设施化，支撑智能时代核心资源的广域共享与人工智能低门槛的广泛应用。数据空间、区块链、高速数据网等作为数据流通设施，强有力地打通数据共享流通堵点，连接所有数据件与模型库，加工全量数据形成智能模型，并通过数据空间的互联互通，实现多源数据的按需融合，挖掘数据的潜在价值，为跨组织场景的数据共享、分析和服务提供新方案，从而促进数据的高效流动和共享，对传统产业进行全方位、全角度、全链条的改造，催生新的业态和模式，加速数字经济的发展，推动产业转型升级，提升经济的整体竞争力。

这就是作为基础设施的数据空间所承载的重要使命。社会生活中的各项便利设施，如自由进出休憩的城市公园，全民共享的图书馆、体育馆，都是典型的公共基础设施。数据空间所提供的共性服务和基础功能，让各参与方更专注于数据价值创造，同时大大降低交易成本和信任成本。参与方只需要以较低成本即可使用数据空间基础设施进行可见、可预测的价值交换，而整个过程由全体参与者共同形成价值感知、价值映射，并完成价值共创。如图 7-37 所示，作为基础设施的数据空间整合了外部数据产业链、数据供应链和内部数据价值链，具有价值内聚的商业驱动效应。

基于广泛互联的数据生态，数据空间以数据价值共创为核心，主动接入各类数据资源和基础设施，构建一个实现价值创造和数字化转型的生态框架。

首先，"数据要素 ×"为数据空间提供了强大的数据产业基础及多场景数据来源，形成数据供应链，通过国家数据基础设施接入数据空间。

数场、数联网、数算一体化、算网融合、IPv6 网络标识、区块链、隐私计算等技术加快了数据采集、汇聚、加工、分析、计算、传输、标注并确保安全，为数据空间提供了海量数据原料。

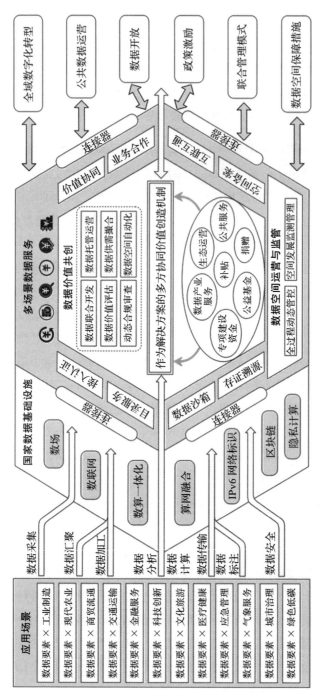

图 7-37　作为基础设施的数据空间的商业框架

各类数据进入数据空间后，通过多场景数据服务（包括价值交换、转化、定位、评估、创造、定价等）以联合开发、托管运营等方式在动态合规管控和自动化运营的基础上实现数据价值共创。

数据空间的运营与监督底座提供了坚实的公共资金、公共服务和公共管控能力，为数据空间基础设施与外部全域数字化转型、公共数据运营、数据开放、政策激励的成果形成内聚、融合效应。

整体来看，作为基础设施的数据空间的核心在于多方协同机制促进数据价值的创造，是由政府、企业、研究机构和行业协会共同参与的合作平台，通过统一架构和运营框架，引导参与方在统一架构下规划设计和建设数据空间。同时，通过研发补贴、税收优惠和专项资金等方式，加强对数据空间关键技术的研发投入，加强政策引导，让数据空间的标准化、规范化和商业化进程加速演进，数据多场景应用、跨主体复用并实现安全自主的数据共享以支撑价值创造。

作为基础设施的数据空间商业运营模式秉持制度规范统一性、技术设计整体性和治理模式协同性的架构原则，面向"公共物品"为全社会的数据流通提供蓝本。数据空间的运营管理、数据连接器、第三方服务三大类功能，以及信任体系、数据互操作、访问和使用控制、分布式架构等关键技术都作为公共知识进行持续扩散，支持数据在不同系统和平台间无缝流动和交互。

随着数据空间项目建设和应用的不断发展，相关产品和服务也将如雨后春笋般涌现。例如，华为云围绕数据空间构建的四横四纵解决方案体系，提供了数据采集、存储、处理、分析、应用等全方位的服务，为数据空间的建设和运营提供了强大的技术支持和解决方案。贵阳大数据交易所与高颂数科联合研发的数据空间一体机，集成了数据连接、身份验证、数据存证等多项共性技术，为数据空间建设提供了基础构件，并通过各自的交易服务、数据开发服务等为数据空间快速实践提供了一站式技术支撑。ODSA 开放数据空间联盟自成立以来，始终保持独立、中立并聚焦建设一个开放、包容、共建共治的公共数据空间。成员单位及社会公众可以出于非营利目的，以自愿或免费的方式共享，为公共利益而接入数据。这为现有的大型科技平台的数据处理实践提供了一种替代模式。这些方面共同构成了数据空间基础设施商业运营模式的创新，为数据空间的商业属性注入了浓厚的"利他主义"色彩，促进数据共享，进而发挥数据的经济、社会功能。

5. 数据空间商业创新

设想一下作为自由市场并具有公共基础设施属性的数据空间，大家可以通过自主验证而自由进出，可以随时发布数据、查询数据、调用数据、委托开发，还可以享受自助式服务、24小时引导式空间助理、零门槛开展数据场景模拟开发，还能给数据打分、估值，并且能够根据自己的意愿快速实现数据交易并获得满意的价格收入，数据加工、交易、变现、买卖跟上网冲浪一样便利。

国家推进五类数据空间的建设，覆盖全行业、全社会、全产业链，随之而来的将是各类商业创新模式的出现，不仅沿袭以往的交易和消费习惯，而且可以通过自动化手段和信任共识机制，催生更多样化的实践。

- 充值式数据订阅：用户可以通过预付费的方式订阅数据服务，按需获取数据资源。
- 数据租赁：数据租赁允许企业或个人通过租赁的方式获取数据使用权，而不是直接购买数据。这种方式可以降低成本，同时保证数据的合规使用。
- 数据共创：数据共创模式鼓励多方参与数据的生成和价值创造，通过合作共享数据资源，实现数据的增值。
- 先用后付：这是一种灵活的付费模式，用户可以先使用数据服务，然后在服务结束后根据使用情况支付费用。
- 数据快递：提供快速的数据传输和交付服务，满足用户对数据时效性的需求。
- 数据跳蚤市场、数据旧货市场：即数据的二手交易市场，用户可以在这里买卖基础标准件、数据集或卖方不再需要的数据资源。
- 数据便利店：提供便捷、快速的数据获取服务，类似于便利店的运营模式，用户可以轻松获取所需的数据。
- 数据面包、数据方便面：指易于获取和使用的数据产品和服务，就像面包和方便面一样普及和便捷。

- 数据麻辣烫、数据乐高、数据魔方：即数据的多样化和个性化服务，用户可以根据自己的需求选择和组合数据服务，就像选择麻辣烫的配料、乐高积木的组合或魔方的玩法一样。

这些商业模式的创新，不仅能够促进数据的流通和利用，而且还能为数据空间带来新的商业价值和增长点。

同时，数据空间运营也根据商业创新持续推出一些个性化、便利性服务，包括 24 小时数据交易在线服务、自助交易服务、无感结算、拍卖平台、数据银行、数据保险箱、元数据共享中心、数据空间自助中心等公共配套服务，形成一系列创新版图，数据空间商业创新图景如图 7-38 所示。

图 7-38　数据空间商业创新图景

7.3.2　数据空间收益分配体系设计

数据空间强调以数据为中心、以价值为导向的生态协作，多方以共识为基础，围绕数据流通、开发、利用形成多领域合作。这种合作关系可以分为以下五种类型：

- 数据空间建设发展的战略联盟关系。
- 在自由市场内共同创造价值的正和博弈。
- 为开发新业务、创造新场景、催生新价值而构建的合作关系。
- 为确保可靠数据供应而形成的数据牵引、信息互通关系。
- 基于多方协商的无争议收益分配机制，形成"合作剩余价值"，驱动合作升级。

为了确保上述各类型合作能够持续、稳定进行，数据空间需要提供一套具有信赖基础的约束机制、策略指引和收益协调，以避免合作关系失衡。

从数据空间的构设基础逻辑上看，数据空间兼具自由市场与基础设施功能，并提供类似平台模式的综合服务，具有共享经济的特征。用户通过接入数据空间，同意并授权数据空间对其数据的查询、使用，同时享受数据空间提供的数据标准化、元数据加工、目录发布等服务；另外，需求用户也提供数据模型共享、数据开发组件、应用场景设计等基础服务，从而自由调用数据空间内的共享数据，并在区块链溯源技术和存证技术的支撑下，实现数据共享交换关系的一一对应。这就是数据空间内数据流通的简要流程。在大量的数据交换过程中，数据提供方因享受数据空间服务而自愿共享数据，数据使用方以提供基础数据服务的方式形成查询和调用数据的对价，数据在共享中实现了双边正向价值释放，数据空间简易数据交换服务如图 7-39 所示。

图 7-39　数据空间简易数据交换服务

更多情况下，数据提供方是带着利益诉求参与数据空间相关活动的，而数据使用方需要支付一定的对价才能获得符合期待的数据产品或服务，而且，相关服务有可能是第三方（即数据服务方）提供的。各方在数据空间运营方的支持下，实现"一对多""多对一""多对多"的交互关系。各方通过数据、产品、服务的交付、联动磋商以及共创形成各种合同关系，形成相对复杂的商业模式，数据空间数据流通基本关系格局如图 7-40 所示。

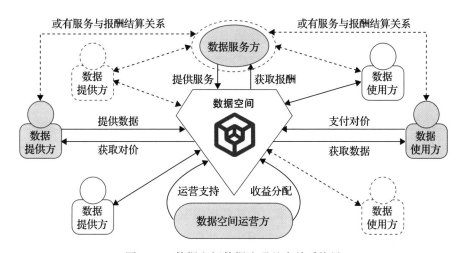

图 7-40　数据空间数据流通基本关系格局

上述基本关系存在多方受益、多方支付对价等情形，而且数据空间实际运营中更加复杂。为此，《行动计划》特别强调，可信数据空间运营者应制定运营规则规范，建立各方权责清单，制定数据共享、使用全过程管理制度，以及按贡献参与分配、公平透明的收益分配规则。收益分配过程中，特别需要明确三类主体角色。一是主要负责收益分配的结算或清算主体；二是负责设计收益分配机制、核算收益分配账单、监管分配实施的监管核算主体；三是在数据价值共创、增值开发和服务过程中投入贡献的主体，即主要收益获得者。三类角色在各种合作中进行博弈、协作并形成收益平衡，而且在某些情况下还可能出现角色交叉与混同。

为了确保收益分配原则的公平合理执行，一般由数据空间运营方主要负责收益分配机制的设计，包括分配比例议定、投入贡献核算和等价收益拨付三个方面。分配比例议定机制要求在多元主体的共识基础上确定，投入贡献核算机制需要建立以数据资产凭证和收益分配账单为核心的核算机制，等价收益拨付机制则确保收益能够根据账单准确拨付给投入贡献的主体。

而从数据空间整体运营的角度看，具体的分配方式还可以结合收益分成和保留数据增值收益权两种方式。收益分成是在数据价值变现完成后，数据空间各参与方按约定比例分成。保留数据增值收益权则是数据空间运营方保留数据的增值收益权，并以此为基础确定收益分配机制。前者更适用于项目型的数据业务，而后者则是数据空间生态发展的主要方式。充分组合两种分配方式，形成了整体收益包括现金收益、价值配置和潜在收益补偿的三次分配模式。

1. 收益的三次分配

在数字经济高质量发展的背景下，围绕数据收益分配的研究和讨论从未停歇。特别是在数据空间多方主体、动态交互、复杂协作的系统内，切实做好利益相关者的数据权益保障，配置公平合理科学的收益分配机制，是数据空间商业模式有效发挥作用的前提。数据权益的分配需要平衡数据提供方、数据服务方、数据使用方之间的利益诉求，而从数据的生命周期来看，这种平衡可以抽象为在前期的数据投入和后期的数据交换共享之间的价值流动、权衡取舍与权衡配置。

数据投入是指从关注数据产生开始，通过专业且科学的采集和汇聚方法，将散落的数据资源转化为可用的数据要素所付出的总成本。在数据要素化之后的数据资源化，是数据投入过程的具象化成果。数据资源化完成后，数据价值之旅开启转化、释放、变现，而数据空间是支撑这个旅程的一条"高速路"。

作为一种新型生产要素，数据与土地、劳动、资本等传统生产要素在经济特征的一个重要区别在于其具有非竞争性。数据要素的非竞争性意味着数据可以不受限地被不同主体在不同时间、不同空间同时使用，不影响生产效率且价值变动很小，因而也驱动着数据的充分流通和共享。同时，数据具有规模性（数据量大）、多样性（数据来源多、类型多）、时效性（数据更新快、响应速度要求也快）、价值性（总体价值大，但价值密度低）、聚合扩张性（数据之间相互关联，可以将数据加工衍生出不同信息，把海量数据汇聚在一起分析才能充分发挥数据价值）等技术特征。这些技术特征意味着数据创造价值既要多源、海量、新鲜的数据投入，又要多类型叠加的服务（加工、计算等），才能真正挖掘出数据多层次的价值。与此同时，多方主体共同构建了数据空间，使得前述价值能够最大限度地释放。各类数据要素市场主体积极投入数据流通市场建设，"做大蛋糕"并形成价值牵引。

那么，"做大蛋糕"之后必然就要"分好蛋糕"。2021 年 8 月 17 日，中央财经委员会第十次会议指出，要正确处理效率和公平的关系，构建初次分配、再分配、三次分配协调配套的基础性制度安排。传统意义上讲，初次分配靠市场机制，再分配靠税费、转移支付、完善基本公共服务等手段，三次分配靠社会力量和公益机制。

在数据空间这个"小社会"系统内，收益分配体系设计也可参照上述三次分配安排来进行科学配置。对于数据空间数据权益的初次分配，主要根据数据要素的形成、供给、加工、流通、服务并最终获得价值量化、货币化过程的贡献进行分配。数据空间的多主体性决定了其商业特征具有动态性、多元性、复杂性。特定范围内的初始分配，往往无法实现收益的公平合理配置，仍需要进一步通过数据空间治理策略和运营机制来进行重新调整和加权再分配，在各类价值创造主体之间进行第二次的比例分配。与初次分配不同，再分配中起主导作用的是数据空间运营者，强调公平的原则，具有通过治理机制约束、强制进行的特征。除了公平的目标外，再分配的动因也在于运营者通过共性服务、可信管控等基本公共服务的提供，创造自由的数据流通环境，降低交易和信任成本，增强数据的复用协同，最大限度地释放数据要素的叠加倍增乘数效应，从而为所有参与者实现更多的价值转化机会。

整体上，按市场评价贡献、按贡献决定报酬，根据相关主体在数据产品和服务价值形成过程的实际作用，获得与其贡献相称的收益，这是数据空间内初次分配（交易分配）以及再分配（效益分配）的基本原则。而后者更偏向于数据产品和服务的收益分配调节机制。

至于如何评价、如何决定，可通过收益分配模型来实施，而模型的设计一般需要考虑以下几个关键点：

- 归因原则（Attributable）。数据提供方的收益额应限于与向数据使用方提供数据直接相关并且可归因于该数据提供请求的合理范围。

- 客观、透明与非歧视原则（Objective，Transparent and non-Discriminatory）。收益模型的确定应以数据空间参与方共同执行的客观、透明、无差别和非歧视性方法为基础。
- 全面原则（Comprehensive）。收益模型的确定应基于从数据使用方和数据提供方收集的各项全面市场数据。
- 定期动态更新原则（Periodical）。由于数字技术的快速发展，应定期对该收费模型进行审查和监测。
- 普惠原则。模型定价原则和收益分配标准应尽可能趋向市场上的最低价格水平，以扩大模型的稳定性、适应性和普惠性。
- 范围限制原则。该模型的适用数据范围应仅限于所约定的时限、范围和场景内，当条件发生变化时，模型可能不适用或不完全适用。

总的来说，收益分配体系的设计，需要遵循"数据生产－数据流通－数据使用"的过程，识别各个细节，进而配置合理的分配周期、分配原则和分配方式。

区块链等新技术出现后，数据可溯源、行为可记录，贡献的评价和计算等难题有了变革性突破，也就使得数据空间科学的数据收益分配机制设计成为可能，能够清晰穿透每个数据空间用户的实际价值贡献。例如，在进入数据空间后，数据的共享、目录的发布以及身份信息的披露，都可以根据自主权来进行配置，使用控制与访问权限可以由数据主体自由定义。

对于数据空间运营方而言，用户所共享、共创的数据，譬如详细程度、活跃度、参与度等，都可量化并根据机器学习、数据沙普利值（Data Shapley Value，DSV）、收益分配模型和算法来测算实际产生的价值（通过交易系统、结算系统、清算机制），并自动化执行分配（收益到账）。

综合上述各项分析，数据空间收益分配机制形成了一个整体的结构化体系（如图 7-41 所示）。该体系基于数据空间的特征和机制属性，首先"让市场说话"并结合数据价值创造的复杂性配置三次分配，在既定的原则基础上采用区块链、智能合约、模型与算法、机器人流程自动化（Robot Process Automation，RPA）等技术进行收益分配量化，既考虑贡献，又关注数据空间的共性和共识基础，从而兼顾了参与方的主体利益和数据空间的运营效益。

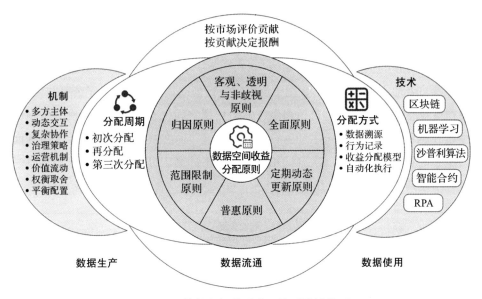

图 7-41　数据空间收益分配体系设计模型

在这个模型中，广义的"分配"概念指向单向链条上数据资源流转过程，流转结束，一个分配的动态过程才算完成。然而，分配周期并未随着某次分配的完成而结束。对于数据空间复杂系统，收益分配需要考虑从传统的供需逻辑，上升到多方协同参与的主体间价值共创共享逻辑。数据空间的利益是交叉而非对立的，是多元而非二元的，是动态而非恒定的。这就为数据空间收益的第三次分配提供了生态价值基础。

初次分配是基于"按劳分配""按贡献分配"的供需交互原则、效率原则的分配；再分配则基于数据空间的多主体性"公平原则"对初次分配进行调节，遵循数据空间可持续运行机制。而第三次分配是在兼顾供方的意向和需方的需要，在信息共享和多方共识的基础上，根据"共享与共担"进行的补偿性分配，是针对数据空间所有利益相关方并具有互助、共享等特征的资源配置活动。

作为机制补偿的第三次分配既独特，又具有"分配共性"，是数据空间协同创新、机制融合、生态演进的动力源泉。第三次分配不是被动、独自地填补其他分配层次留下的空白，也不是可有可无的选择，而是更多地通过主动的机制融合来促进其他分配层次内扩、优化以弥合空隙，解决利益失衡与价值枯竭问题。

　　三次分配是一个有机体（如图7-42所示），初次分配刺激了贡献者，促使更多参与者加入数据空间，数据价值得以持续创造。再分配优化了公平与发展，使得数据空间形成稳固的价值引擎，驱动数据空间生态扩张。第三次分配则更注重普惠和共识，是基于主动弥合"价值裂缝"而在数据价值无限放大后的面向生态的补偿性支付。三次分配相互之间并不冲突，可针对具体业务和场景一次性配置到位，也可交叉组合。

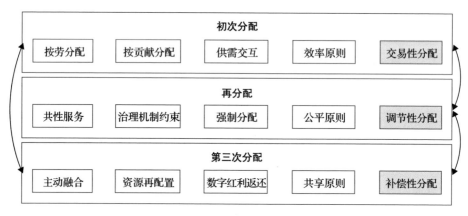

图 7-42　数据空间收益的三次分配

2. 从用益走向共益

　　数据空间收益的三次分配，价值流向是基本一致的，不存在牺牲任何一方利益的情形，但变动幅度逐步走向均衡。三次分配始终基于资源投入、风险共担、服务创新、生态共促的主线进行。在数据空间发展初期，价值创造主要基于数据主体和数据服务产生，重点配置初次分配原则，辅助再分配，而弱化第三次分配。在成熟阶段，价值涌现，数据的价值更多因生态共创而产生并持续释放，基于按劳分配、按贡献分配的原则逐渐向所有参与者依据共享和公平原则进行调整，三次分配的配置权重区域平衡，数据空间三次分配的动态调整如图 7-43 所示。

图 7-43　数据空间三次分配的动态调整

收益分配方式动态调整的主要原因在于数据空间并非传统平台模式下的自益性组织，而是作为生态系统、基础设施的共性载体，在赋予数据权益主体主要收益权的同时，要考虑数据收益的再分配向用户（包括提供数据衍生价值的服务方、维护平台正常运行的运营者和保持平台活力的创新用户）倾斜，使用比如数据订阅服务费、空间运营服务费或数据使用费等方式进行调节。让数据空间始终充满创新动力，并引导数据空间的合作持续深化，直至形成共识有机体。只有这样，数据空间才能承载数据的无限价值。

数据空间从一诞生就是个混合体，一方面，它是具有弱商业属性的公共服务机构；另一方面，它是一个追逐数据价值和商业利益的组织，需要持续开辟财源并持续进行商业创新。只有这两种价值形态平衡共生，数据空间才能充满活力。共同参与、共同出力、共同安排、共同议事等互动关系，是在达成共识、统一战略、固化目标的情况下，通过持续的协同合作行动来实现利益整合与价值动力释放的。

在数据空间发展的早期市场，除了政府主导建设形成推广示范的数据空间外，还有大量的数据空间是基于小范围的特定主体投入而产生的。商业驱动的数据空间必然使得运营过程中首先关注"投入产出比"，那么，更多的收益会被数据空间创始人、投资人、运营者控制并且主导进行初次分配。这也是正常并且能够被接受的。

一是系统开发运营维护成本较高。数据空间需要构建和维护一套稳定、高效且安全的系统，从而支持各种开放 API 的调用和数据交换。这涉及数据汇聚、服务器租赁、软件开发、系统维护以及安全防护等多方面费用。

二是运营团队的人力成本。运营方（背后可能包括投资人、创始人等）需要配备专业的技术人员和运营人员来负责数据空间系统的运维、迭代、升级以及服务等工作。此外，还需要专门的合规团队来确保数据在数据空间运营过程中的操作符合相关法律法规和监管要求。

三是数据空间运营者还需要持续投入。这包括引入算力、拓展生态、宣传推广以及持续进行数据产品的创新开发与运营，以快速实现可见效益。

与其他数据利用基础设施不同，数据空间整体的商业色彩是比较浓厚的。数据空间的多方主体协同，每一个参与方都期待获得需求满足与超额收益。只是越来越多的参与方愿意"忍受寂寞"而秉持"长期主义"，期待更大的数据价值，从而暂时"牺牲"部分利益和价值，向早期市场的参与者适当"让利"，更突出数据的"用益"价值，而弱化数据空间的"共益"价值。随着参与者数量增多，数据空间内的利益平衡趋于稳定和透明，再分配、第三次分配逐渐成为主导，共益性色彩就更浓。图 7-44 描绘了不同阶段的分配原则重点，也展现了从用益走向共益的动态过程。

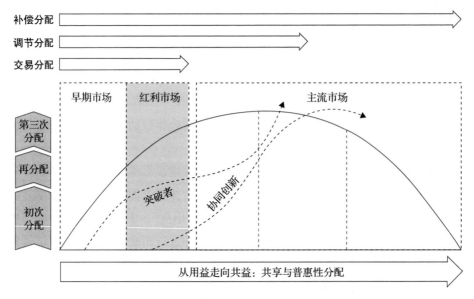

图 7-44　数据空间商业发展周期内的收益分配变动

3.数据资产账户体系

数据资产账户是指个人、企事业单位、行业机构、政府机构等数据权益主体用于保管、记录、管理和运营各类数据资产并进行外部价值交互、获取收益的数据价值化工具。在数据要素化、数据资源化、数据价值化的过程中，数据资产账户是实现数据要素高效配置和流转的重要管理工具，帮助数据主体对数据资产进行盘点、规整、确认、记账并统一运营，进而利用"三统一"技术对外发布、流通、共享、交易，以实现数据资产的增值与变现。

数据资产账户解决了"数据资产不知在哪里""数据不知如何用"和"数据不知谁来用"的信息不对称问题，推动了数据高效流转，辅助了数据价值合规释放。经"三统一"技术整合、集成的数据资产账户是数据空间价值流通的主要节点，是收益分配的重要起点和归宿。

2024 年 1 月 1 日，财政部发布的《企业数据资源相关会计处理暂行规定》正式开始实施，从政策角度将数据资产明确确认入表。而后，各行各业开展了数据资产入表的一系列工作，在财务报表中体现数据资产的真实价值与业务贡献，显化数据资源的价值，真实反映经济运行状态，为宏观调控和市场决策提供有用信息。同时，数据资产入表还可以促进数据流通使用，实现按市场贡献分配，优化资源配置，激发数据创新活力。

参与数字经济活动的每个主体都会产生大量的行为数据、生产经营数据，这些数据的采集、整理和管理，成为各个领域的重要活动。然而，各类数据在各个主体内部仍未形成统一的管理模式，存在多头治理、内部孤岛、价值沉默等情形。建立数据资产账户体系，将有助于：

- 优化数据分布格局：通过数据资产账户体系，可以优化数据分布格局，实现数据互联互通，提升数据使用效率，释放数据内在价值。
- 提升数据供给增量：盘活已有数据存量，激发数据供给增量，并通过数据空间实现数据合规高效流通，释放数据要素应有的价值。
- 形成健康市场机制：依托数据资产账户，整合有效数据需求，形成基于数据资产账户的价值牵引机制。

建立数据资产账户体系（即数据入账），可遵循"五步法"，整合数据治理、数据入表以及数据资产化各个环节，深入开展数据价值管理和数据资产运营工作，如图 7-45 所示。

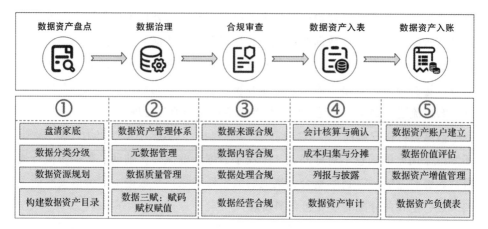

图 7-45　数据资产入账五步法

数据资产入账五步法如下。

第一步，数据资产盘点。以盘清家底为根基，以梳理分类、规范管理、根治问题、持续应用为目标，通过数据分类分级、数据资源规划，构建数据资产目录，发布数据，有效推进数据资源的共享和应用。

第二步，数据治理。数据治理从数据战略开始，建设数据资产管理体系，重点围绕元数据管理和数据质量管理，为数据标准化、数据价值因素配置相应指标，包括赋码（统一数据标识）、赋权（管理制度和治理机制）、赋值（应用场景设计和价值因子配置），形成可执行、可操作的有效数据治理体系。

第三步，合规审查。合规是数据价值释放的基础，数据资产账户应基于合规管理制度建立，包括数据来源、内容、处理以及经营等行为，均应符合标准和要求。同时，数据对外供给的权利来源、授权方式也需要进行合规梳理。

第四步，数据资产入表。上述三步也是数据资产入表的基础，而对数据资产进行会计核算与确认、成本归集与分摊、列报与披露，是每家企业的常规操作。数据入表之后，数据资产管理更加规范，数据价值得到广泛认知，数据资产也更易于发现。

第五步，数据资产入账。数据资产入表环节涉及强制披露与自愿披露。建立数据资产账户，并就所持数据资产进行估值、定价，是数据资产入账的重要步骤。具有明确合法合规基础的可计量数据资产是数据价值管理的主要对象，而数据资产账户则将数据价值通过反复的循环交互进行释放，实现倍增。最终，数据资产成为组织的核心资产，并以账户系统、目录管理、要素流通的方式进行运营。

入账五步法同时也解释了数据资产账户的内容、管理方法和作用。在账户体系内，数据资产标识（ID）、凭证和标准化认证技术为数据资产（如数据元件）的交换流通提供了通行证。通过数据资产凭证以及用户在数据空间的认证，数据资产账户充分说明了数据的合法合规性、价值性和可交易性，形成数据空间数据流通的锚定物。

数据空间的分配体系往往由运营者根据共识规则进行确定，同时，运营往往与结算关联，而结算又依托账户体系。因而，数据资产账户体系成为数据空间运营和收益分配的重要工具。不论是第三方结算还是 AI 结算，数据空间商业体系内的收益分配，都应当与数据资产账户结合。

尤其是作为数据空间最小利益单元的个人数据资产账户，构成了基础性的数据资产管理对象。个人数据空间依托个人数据资产账户体系构建，与外部数据空间（如企业数据空间、行业数据空间、城市数据空间等）进行数据交互。这些账户的设计宗旨为汇聚和整合分散的、碎片化的个人信息，创立唯一的个人数据资产账户（DID），以此保障个人数据权的完整性。基于这一架构，个人用户可以通过授权机制，向数据使用方授予其基础数据或衍生数据的使用权，从而推动数据资产的活跃流通和价值最大化。

从这个最小单元出发，数据空间的收益分配体系从清算机构、清算机制、清算规则，逐步落实具体的分配方案，以确保每个账户的应得收益得以实现。在这个过程中，数据资产账户作为可溯源的权利载体，代表数据的法律来源和收益的合法去向。并且，经过技术封装的数据资产账户与数据空间系统高度关联，通过端口与权限许可，便于实现"无感结算"。账户（含数据资产凭证）的流转就等于数据的流转，数据的使用也记录于账户内，因此最终识别贡献、分配收益，也就清晰了然。

随着数据空间建设发展的广泛推进，数据资产账户将依托联邦学习、区块链、人工智能等新技术形成更加完善的数据共享开放新模式。数据资产账户的全面普及和社会化应用，催生具有场景主动匹配意识的"智慧数据"。数据资产账户首先实现广泛互联、密切互动，才能更深入地推进价值共创。而标准化的数据资产账户体系，又避免了分配不公、贡献难以识别等难题，因而将成为支撑合理分配、高效流通以及服务创新的重要工具。

7.3.3　数据空间金融

《行动计划》提出，统筹利用各类财政资金，加大可信数据空间制度建设、关键技术攻关、项目孵化、应用服务等方面的资金支持。鼓励地方统筹利用多渠道资金，支持可信数据空间繁荣发展。引导创业投资基金等社会资本加大对可信数据空间投入力度，鼓励投早投小。在依法合规、风险可控的前提下，鼓励有条件的金融机构与可信数据空间运营者合作建立基于数据的增信体系，创新符合数据要素发展特征的金融产品和服务。

数据空间建设需要大量的资金投入。国家倡导统筹利用各类财政资金、多渠道资金以及创业投资基金，为数据空间建设提供多元化资金支持。同时，为了让数据空间价值循环得以持续且不断正向发展，数据空间运营还应关注创新金融手段，在合法合规、风险可控的前提下，进行一系列金融创新，以获得更多渠道的资金来源，进一步强化数据空间运营能力和价值管理能力。

1. 数据增信体系

数据增信体系是一种基于数据分析、数据应用和数据资产运营的信用评估和增信机制，它通过整合和分析各类数据资源、数据资产，提高组织的信用等级，扩充主体授信范围，从而帮助数据主体获取更灵活的资金来源。

数据增信包括两方面内容：一方面，通过关于授信主体数据的收集、整合、分析和应用，为主体信用评估提供支持，以降低信息不对称，提高信用评估的准确性；另一方面，针对授信主体所拥有的数据资产规模、数据价值管理能力和数据变现能力进行全面分析，清点出可获得经济利益的数据资产体量并结合数据资产变现的历史活动，为主体提供一次性一体化的资信配置。具体形式包括信息增信、风险补偿增信、数据资产化分析，将数据资源转换为数据资产，通过数据提炼信息，为企业增信提供增量路径。

数据空间的数据流通行为和参与者的交互记录，为数据增信提供了充足的信息基础。数据空间运营者可以积极主动与金融机构协同，共同研发数据资产增信模型，部署于数据空间系统内，通过共享数据流通记录和参与者行为信息，构建企业信用评价体系，为金融机构的科技贷款、普惠贷款、绿色贷款等提供决策依据。还可进一步创新金融产品，由金融机构平台接入数据空间，共享数据空间运营，自动化形成用户画像，实现更精准的主体信用评估，通过补充交易数据、使用数据模型、依托动态数据价值评估模型，提供增信依据。如图 7-46 所示，数据空间运营者还可多方位与金融机构达成协作关系，拓展数据结算托管业务、收益核算分配业务、核心数据托管保管业务，以及相关金融产品和服务创新。

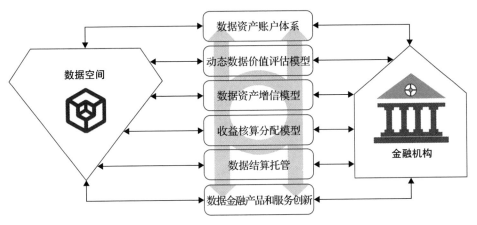

图 7-46　数据空间与金融机构协作关系格局

在数据增信体系的支持下，数据资产金融创新还将衍生出一系列依托数据要素市场和数据空间运营体系的信用贷款产品、数据资产质押贷款产品，并进一步催生诸如数据托管银行、数据清算银行、数据投资银行等金融创新服务，为数据空间商业提供了广阔的金融场景。

2. 数据信托

当数据资产运营与数据空间运营深度结合时，数据信托就显得非常重要了。数据信托是指在符合信托法律制度安排下，将数据全部或部分权利与权益作为信托财产，以信托法律关系约束当事人之间权利义务的一种数据资产服务模式或数据资产管理模式。从机构功能角度，可以将数据信托理解为信托公司以数据及相关产业为服务对象，运用综合金融工具提供数据资产管理、运营、投融资活动或相关受托服务，旨在创新数据资产价值释放和创造机制，盘活数据价值，驱动数据产业高质量发展。

数据空间的多主体参与、多渠道数据来源、多场景数据应用，为数据信托提供了良好的创新、应用和发展土壤。数据空间金融创新需要扩大资金渠道，增强价值转化和释放能力，积极创新数据信托金融模式，有利于数据空间商业运营的健康发展。

在数据信托场景下，数据空间参与者可以通过集中数据资产（如通过构建统一数据资产账户），构建特定类型或应用场景的数据资产池，作为委托人与信托公司（受托人）共同设立数据信托。数据服务方可向该信托提供多场景数据服务，而数据使用方可以支付一定的费用以获得数据的访问权与使用权。受益人可通过认购信托份额参与信托收益分配。最终，整体收益在扣除信托管理费之后，将向委托人进行支付。数据信托的全过程都依托数据空间系统的运行机制，并接受数据空间运营方的监督。数据信托关系图如图7-47所示。

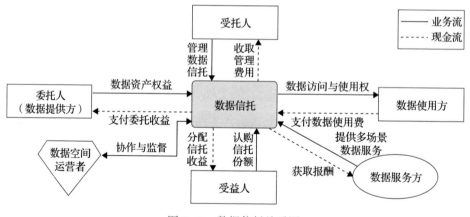

图 7-47　数据信托关系图

数据信托为数据空间运营提供了灵活的数据资产收益分配机制，可以根据信托主体的投入情况，将数据收益分配给多个主体，实现互利共赢。此外，当数据信托项目中的各参与方按照特定方式分配收益时，可达到帕累托最优，即数据信托项目的预期投资收益率可作为产品定价的依据。同时，数据信托建立了包括风险评估、风险预警、风险应对等方面完善的风险管理体系。受托人需要对信托财产进行定期的风险评估，建立风险预警机制，并制定详细的风险应对措施和预案。而信托作为金融载体，为数据资产确权提供了法律框架和保护。信托公司作为持牌金融机构，通过专业的管理和完善的运营体系，能够在处理复杂数据资产管理过程中，提供独立和公允的服务。

　　数据信托在实践中展现出其制度优势，有助于数据确权、流通和收益分配。在具体应用场景中，数据信托又可分为数据资产服务信托和数据资产管理信托，两者的定位、功能和价值释放路径有所不同，具体对比分析见表 7-5。

表 7-5　数据资产服务信托与数据资产管理信托的对比分析

维度	数据资产服务信托	数据资产管理信托
定义	依据信托法律关系，接受委托人委托，根据委托人需求为其量身定制数据资产保值增值规划以及托管、破产隔离和风险处置等服务	信托公司依据信托法律关系，销售数据资产信托产品，并为信托产品投资者提供投资和管理金融服务的自益信托，属于私募资产管理业务
核心	受托管理运营，信托公司全程不参与资产的主动管理，不提供投资或融资决策以及顾问服务，仅针对客户具体需求提供事务管理类服务	以投资管理为核心，涉及向投资者募集资金的行为，适用规范资产管理业务的指导意见
服务内容	包括数据管理服务信托、数据资产运营服务信托、数据资产证券化服务信托、风险处置服务信托及新型资产服务信托等	固定收益类信托计划、权益类信托计划、商品及金融衍生品类信托计划和混合类信托计划共 4 个业务品种
财产管理	强调数据作为资产的属性，数据资产被明确纳入财务报表，具有明确的财产性质和价值属性	更多关注数据资产价值及其关联的全要素资产的投资回报和管理，不特定于数据资产的静态价值
法律基础	结合数据资产的特点和相关法律法规，制定更加完善的法律制度和规范，明确数据资产的权属、使用权、收益权等法律问题	依据信托法和资产管理相关的法律制度进行规范
应用场景	应用于集合数据资产的管理和运营，以及跨行业、跨领域的数据共享和交换	适用于各种类型的资产，不局限于数据资产，包括"数据要素 ×"领域的全要素资产类型等

　　可见，数据资产服务信托更侧重数据资产的管理和运营服务，一般需要借

助数据服务方所提供的多元化多场景服务；而数据资产管理信托则侧重资产的投资和金融创新，一般需要与金融机构及多个专业服务机构进行合作，且亟待深化创新。进一步延伸，数据信托可以与数据保险、数据资产证券化以及 RWA 组合、嵌套，形成结构化金融创新手段，为数据资产价值的充分释放提供了更多元化的手段。

3. 数据资产证券化

数据资产证券化是指以数据资产未来可产生的现金流为偿付支持，通过结构化设计，发行资产支持证券的过程。数据资产证券化是一种金融创新工具，它涉及将数据空间运营的数据资产转化为可以在金融市场上交易的证券产品。

对于零散的数据源，即使经过"三统一"标准规范，也需要进一步通过主体权益集合、应用场景分析、数据归集与开发，实现数据的资产化，并深入进行评价和估值，为数据资产的价值化提供可靠依据。进而将数据资产进行打包，划分为不同的份额。再通过规范的发行方式，将打包好的数据资产份额发行给投资者，以融资或进行资产管理。这些操作和过程都可以由数据空间运营方进行组织、协调和管控。

数据空间内的数据资产权属明确，并持续进行可信管控，这是数据资产证券化的合规基础。数据空间运营方通过有效的管理和运营，能够产生独立、可预测的现金流，这是证券化产品发行的前提。数据空间运营通过评估框架和体系，能够对数据资产进行准确计量，这是证券化产品定价和交易的基础。可见，数据空间具有数据资产证券化的诸多便利条件，且随着参与数量增多，数据空间可多次发行多种证券化产品，拓展数据资产商业价值释放渠道。

数据空间在数据资产证券化场景内的金融创新，主要包括以下几种方式：

- 直接发行模式，数据空间运营方通过归集现金流、构建数据资产池、明晰数据产权和收益分配，并通过设立特殊目的信托或资管计划等方式，作为发起机构，组织发行数据资产证券化。
- 委托发行模式，数据空间运营方组织参与方形成统一策略，集中构建基础资产，委托数据资产证券化计划管理人（如数据服务方）负责发行。
- 集合信托模式，主要的数据提供方采用数据信托方式，设立集合信托（信托 A），由信托计划作为发起人，委托发行机构（信托 B）发行数据资产专项计划。

- 信托贷款模式，数据空间运营方通过设立信托并向数据提供方发放信托贷款形成底层资产。贷款债权的规模以融资主体持有的数据资产评估价值为依据，融资主体以持有的数据资产为信托贷款债权提供质押担保，并约定以数据资产产生的现金流作为第一还款来源。

实践操作中的数据资产证券化由于数据空间的具体用例、现金流模式和资产类型，更复杂、更多样化，交易结构也需要根据特定的业务进行设计。数据空间数据资产证券化交易结构如图 7-48 所示。

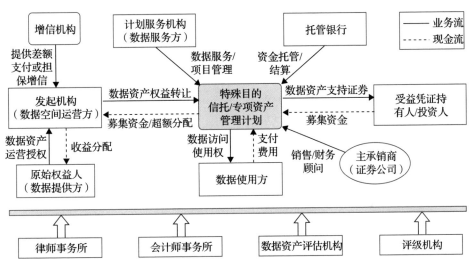

图 7-48　数据空间数据资产证券化交易结构

4. RWA

《国家数据基础设施建设指引》提出建立全国一体化的分布式数字身份体系，规范身份标识生成、身份注册和认证机制。建立统一的数据凭证、交易凭证结构、生成与验证机制，支持利用区块链、加密技术、智能合约等手段提高凭证的可溯性和信任性。作为国家数据基础设施的重要组成部分，数据空间的数据标识、存证溯源、可信管控、数据流通等能力也是高度依赖区块链、加密技术、智能合约等技术。随着这些技术的广泛应用，数据空间内的数据资产都具有天然可追溯性及清晰的价值辨识度，相比其他资产而言，更易于进行资产分割和链上清算，因而也具有与国际接轨进行金融创新的路径。

在数据空间金融创新路径中，数据资产通证化是一种新兴的模式。在数据空间运营过程中，统一的数据凭证、交易凭证结构、生成与验证机制已完全植入整体治理体系。随着大量数据的接入，数据资产价值逐渐显化，应用场景越发清晰。通过元数据智能识别、动态数据价值评估模型、区块链和加密算法以及人工智能技术，各类型数据资源可通过数据链、业务链、价值链的整合，经过通证化处理，变成标准的、可供交易的金融产品，进而增强数据资产的互通性、流动性，并降低交易和融资的成本。

我国拥有全球领先的数据存量，但往往由于缺乏流动性而处于"沉睡"状态，或者因为缺乏资金投入而没有得到很好的开发和运营，导致价值被低估、数据资产开发利用率比较低，制约了数字经济增长潜力的释放。数据空间支撑下的数据资产通证化，将有力化解前述难题。

对此，真实世界资产（Real World Assets，RWA）通过区块链、加密、智能合约等技术，将真实世界里已经存在的实物资产，以及数据要素、知识产权、碳信用等无形资产，赋予数字形态，在真实世界和数字世界之间建立起价值映射，能够与数据空间的数据资产通证化衔接，打开新的数据空间金融通道。

真实世界资产又称现实世界资产，是指那些在现实世界中存在的资产，它们可以通过区块链技术被数字化和通证化，进而在区块链或 Web 3 生态系统中进行表示和交易。一方面，RWA 数字化的特点可以提升真实资产的流动性和可交易性，让更多投资者获得对优质资产的投资机会，打通传统行业的融资堵点；另一方面，区块链、智能合约技术的使用可以提高资产运营、管理、处置、交易的透明度，降低道德风险，并有效提高资产交易效率，降低交易成本。传统融资方式高度依赖融资主体的信用，而 RWA 能够方便投资者对资产自身的信用进行评估，从而为拥有优质资产的数据空间参与者解决融资难、融资贵等问题。数据空间运营者又能够通过整体运营，为参与者和用户提供 RWA 设计、发行通道。

数据空间运营过程中，事实上也对所接入的数据进行了 RWA 处理，包括数字化、通证化和市场化三个步骤，流程如图 7-49 所示。

图 7-49　数据空间运营中的数据 RWA 处理流程

第一，将所接入的数据资源通过统一数据标识、语义转换和数据目录索引转化为数字形式，以便通过创建数字通证来代表该资产的所有权或权益。数字化过程包括对数据对象的验证、认证和记录，确保其在区块链上的唯一性和真实性。

第二，通过赋码、赋权、赋值在区块链上创建代表该数据资产的通证。通证化使得数据资产可以被分割成更小的单位，从而提高流动性。

第三，通过自由市场和数据开发利用的基础设施融合，为数据资产提供了一个合规高效的流通体系，并配套智能合约机制、动态数据价值评估模型、自动化收益测算与分配工具等，促进数据要素价值在链上流动以及收益结算。智能合约提高了交易的效率和透明度，并且可以嵌入合规性规则，确保交易符合相关法律法规。

数据空间的上述运营流程，实质上已构成 RWA 的整体操作。很明显，数据空间内形成的数据资产具有作为 RWA 发行的敏捷基础。因此，虽然 RWA 应用尚处初期，但是其特征和发行逻辑高度符合数据空间的本体属性，又有利于盘活数据资产价值，拓展数据价值释放路径，数据空间运营者应持续密切关注RWA 创新，并积极参考 RWA 发行方式，探索数据空间金融创新路径。

5.数据投行

数据空间运营，从价值管理到全面数据资产运营再到商业模式分析和创新，都高度聚焦价值创造与价值变现。这个过程就是通过组合式数据资产管理和运营，充分利用商业驱动手段，并借助金融创新，激活数据资产，驱动价值倍增的过程。而这也是数据投行模式的实践路径。

数据投行模式是一种新兴的数据资产金融业态，它结合了传统投资银行的资本运营功能和数字技术融合应用，专注于数据资产的管理和金融化，旨在通过专业化的服务将数据资源转化为具有金融价值的资产。数据投行，也可用来统称那些帮助完成数据资产化全流程服务的专业团队，一般由数据空间的数据服务方来完成相关工作。

数据投行的具体业务涵盖了数据资产化治理、数据价值评估、数据信贷、数据交易中介、数据资产证券化以及数据技术咨询、数字化转型升级、数据资产融资咨询等多个方面。

- 数据资产化治理：通过专业的团队对组织所拥有的数据资源进行科学治理，使其满足数据资产化的要求，包括数据资源规划、数据加工策略指导、数据产品开发设计、数据资产运营战略、数据资产市值管理咨询等，有些具备技术服务能力的数据投行，还提供数据清洗、编目、脱敏等一级开发处理服务。

- 数据质量评价和价值评估：依托专业化的数据质量评价和价值评估，采用自动化工具，根据丰富的经验，提供可靠、可信的数据质量评价、数据资产评估意见，使数据成为能够被有效定价的可计量资产。例如，为数据空间开发动态数据价值评估模型并负责维护。

- 数据资产金融化：帮助企业将数据资产通过证券化、质押融资、债权融资、信托、保险、金融租赁等形式实现数据资产金融化，从而实现数据价值释放和资本增益。前文所述数据增信、数据信托、RWA 等创新金融模式，都是数据投行的业务范围。

- 数据交易中介：作为中介机构，促进数据资源的流通和交易，包括数据的买卖、交换以及数据的增强、增值等。

- 智能投行建设：利用人工智能、大数据等技术提高投行业务的效率和质量，包括智能文档审核、风险管理、关联方智能分析等。

- 投行业务管理平台：构建投行业务管理平台，实现投行业务全生命周期线上化管理和运营。

数据投行业务基本遵循"储备数据资源－开发数据产品－做大数据资产市值－获取循环资金－储备数据资源"的流程，为数据空间的价值共创提供了丰富的业务场景。数据空间运营者应积极探索建立数据投行协作体系，激活数据要素价值，破除数据壁垒，提升数据的易得性、便捷性和通用性。同时，数据投行还承担数据的安全保护责任，通过隐私计算技术对数据进行脱敏使用和管理。另外，数据投行的交易目标可以从数据本身延展到数据处理中心的通信能力、存储能力和计算能力，甚至是背后的算法、人工智能、系统性解决方案等。最后，数据投行提供的全方位服务也有利于数据空间整体运营过程中的生态扩展。

第8章 | C H A P T E R

数据空间生态运营

数据空间是面向数字化、网络化、智能化的价值生态体，而生态运营是数据空间持续发展的基础。本章将从数据空间本体出发，以空间生态、数据生态、服务生态，构建数据空间网络生态发展格局，明体达用、体用贯通。基于数据空间的生态属性，数据空间规范运营以治理机制、共识规则为起点，探讨共识形成与动态演进过程，进一步分析运营规则和管理规范的制定。而规则与规范需要通过一定的模式来保障实施，实践中，数据空间运营模式包括联合管理模式、代运营模式、自动化托管运营模式等，都旨在探寻最大化释放数据价值的路径。

在生态构建初步实现、治理机制整体形成、经营模式实践落地后，数据空间生态运营进入扩展状态，因此对于数据空间发展的引导与动态监测就显得非常重要。数据空间的标杆引领效应、核心能力评价、应用成效评估以及发展监测管理，都是数据空间生态运营的重要手段，有利于加快数据空间的网络化生态发展。

数据空间能力模型、应用成效评估模型以及应用成熟度等级为上述评价、评估和监测管理提供了重要指引，是分析数据空间发展阶段、方向和态势的重要参考。相应标准也将快速落地，并随着实践更新和优化。

8.1　数据空间网络生态发展

生态是一个涉及生物与环境之间关系的广泛概念。它最初源自古希腊语，意指"家"或"我们的环境"。生态学（Ecology）是研究生物与环境之间相互关系的科学，包括生物与生物之间以及生物与非生物环境之间的相互作用。在更广泛的语境中，"生态"一词也被用来描述健康、美、和谐等美好的事物，例如健康生态、政治生态、社会生态等，这些都是生态概念的延伸。生态系统则是由生物群落及其生存环境共同组成的动态平衡系统，是生态学研究的基本单位。

在数据空间语境中，生态是指数据空间良好运行并持续产生价值的状态，以及数据空间内外部系统和环境环环相扣的关系。在这些复杂的"联接"关系下，只有维持各种元素之间的平衡状态，营造可循环发展的增长环境，才能称之为生态，才能期许生态产生附加价值。

《行动计划》将数据空间数据生态系统定义为"空间参与各方依据既定规则，围绕数据资源的流通、共享、开发、利用开展价值共创的生态系统，包括数据提供方、数据使用方、数据服务方、可信数据空间运营者等主体"，从规则（关系）、内容（行为）和主体（角色）三个维度解释数据生态有机体。《行动计划》还把数据空间定位为"数据要素价值共创的应用生态"，并把"生态"作为五大体系（运营、技术、生态、标准、安全）及五大目标（广泛互联、资源集聚、生态繁荣、价值共创、治理有序）之一。同时，生态发展的指标，包括生态主体参与程度、数量、多样性和活跃度，也是数据空间应用成熟度评估的重要内容。

可见，生态的培育、建设和稳定发展，不仅是数据空间良好运行的内在需求，而且是国家政策强调的重要举措，其原因正在于"无生态，不价值"。

"无生态，不价值"这一说法强调的是生态体系在创造价值中的核心作用。现代经济和科技背景下的健康生态体系中，各个参与者通过相互作用和协作，能够产生网络效应，即每个新加入的成员都能增加网络的价值。这种效应能够促进创新、提高效率、降低成本，从而创造更大的价值。一个成熟的生态体系能够适应市场变化，抵御外部冲击。生态体系中的多样性和互联性提供了灵活性，使得整个系统能够在面对挑战时快速调整和恢复，保持价值创造的连续性。生态体系强调长期价值的创造，而不仅仅是短期利益。通过维持生态平衡，确保资源的可持续利用，生态体系能够支持长期的经济增长和社会福祉。在数字化时代，数据和信息的自由流动是价值创造的关键。一个开放和互联的生态体系能够促进数据的共享和分析，从而驱动决策、创新和个性化服务。

"无生态，不价值"意味着在当今复杂多变的商业环境中，没有哪个组织能够独立创造价值，必须依赖一个健康、活跃的生态体系来实现价值的最大化。这个生态体系不仅包括内部的实体、角色和系统，而且包括外部的利益相关者、合作伙伴、供应商、用户以及竞争对手，它们共同构成了一个价值共创和共享的网络。

当今时代，随着数据与应用的解耦，数据从单一业务系统解放出来，寻找跨域商机和价值增长点。国家也大力推动数据要素市场化配置改革，建设全国一体化数据市场，打通数据流通动脉，畅通数据资源循环。这些都为数据空间网络构建与生态发展提供了基础。以下通过数据的空间生态、数据生态、服务生态，由粗及细、由外及内、由表及里，从抽象到具体、从架构到机制，逐级解析数据空间生态构造，并探寻数据空间网络生态发展路径。

8.1.1 空间生态

关于数据空间生态体系的介绍，可参考本书 3.3.3 节。本节重点分析作为数据流通利用基础设施，数据空间如何依托技术、市场、制度构建生态工程，通过持续的生态维护以及生态扩张，实现生态繁荣。

数据空间首先是一类数据流通利用设施，是国家数据基础设施的重要组成部分。因此，生态打造应从数据空间本身的功能和定位出发，从系统连接的角度出发，在内部形成一体化的有机体，在外部实现上下互通。内部包括数据空间系统、子系统、组件、应用程序、角色、使用控制、任务调度、动态管控等模块、单元、实体、元素的有机连接。外部重点是泛在数据接入以及主动式数据感知，向下连接有效治理的各类数据资源，感知各类数据所在并主动管理和抓取数据信息。随着数据空间生态的扩展、国家基础设施建设的实施以及人工智能等技术的迭代优化，数据空间之间的互联互通以及数场、数联网、大模型、算力网等设施的融合创新，配套数据空间监管与公共服务的发展（如数据空间备案中心、争议解决中心、协同创新共享中心等），数据空间向上拓展广阔的互联生态。由此形成了数据空间的完整生态架构（如图 8-1 所示），数据空间生态依托数据基础设施生态和数据源生态，持续扩展。

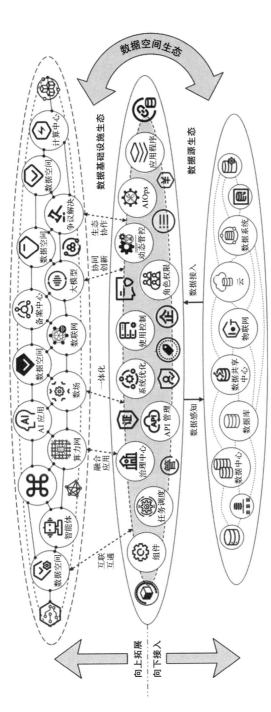

图 8-1　数据空间的完整生态架构

不论是向下接入还是向上拓展，数据空间首先需要构建一个适合价值传递、兑现价值承诺的一个内生平衡系统。在这基础上，通过数据流通释放价值，通过生态维护和扩张放大价值，形成共创共享以及共赢的生态发展态势。

1.数据空间生态工程：联接与控制

构造数据空间生态，与数据空间工程开发，基本上是一体相连、同生共设的。本书第二部分已就数据空间工程做详细论述，从架构规划到设计开发，再到运维部署，都涉及数据空间内部生态的打造。

从生态角度进一步复盘数据空间工程，可以得出数据空间生态构建的以下几个关键点。

- 业务层：这是数据空间架构的顶层，定义了参与者在数据空间中可以扮演的各种角色，如数据提供方、数据使用方、数据服务方、可信数据空间运营者等。这些角色之间通过一系列的交互模式来实现数据的交换和共享，通过业务形成内部的主体生态。

- 功能层：功能层基于业务层的角色和交互模式，定义了数据空间应具备的各种功能要求，而这些功能主要由系统、组件、构件等支撑实现。这些功能包括信任管控、安全和数据权益保障、数据生态系统构建、标准化互操作性实现以及价值增值应用开发等。

- 流程层：流程层涉及数据的整个生命周期，包括数据的采集、处理、存储、分析和共享等流程，是数据流、业务流、价值流多流合一的"软生态"，主要关注价值共生关系。

- 技术层：技术层包括实现数据空间功能所需的各种技术组件，如数据发现技术、数据安全技术、数据交换协议、身份验证、数据描述以及认证程序等组件，组件之间的无缝连接与交互，也形成了技术流，相当于数据空间的"硬生态"。

- 基础设施层：基础设施层是数据空间外部连接的物理基础，包括数据中心、网络设施、计算资源等，它们为数据空间提供必要的硬件支持。

- 应用层：应用层包括各种数据应用，这些应用利用数据空间中的数据来提供具体的服务和价值，应用层又自成一体，即主要由服务生态来实现。

- 可信与安全：可信是数据空间的基石，每个参与者在被授予进入可信商业生态系统的权限之前都要经过评估和认证。安全和可信是数据空间的核心，所有组件都依赖于最领先的安全措施。

上述分层描述主要在于进一步明确生态构造中的不同单元。与传统生态类似，数据空间生态同样由各实体、组件、业务单元、技术模块构成，并通过标准化互操作实现彼此的连接和交互。

其中，数据空间连接器是该架构的核心组件，有多种实现方式，可从不同的供应商处获得。不过，每个连接器都能够与数据空间生态系统中的任何其他连接器（或其他技术组件）进行通信。而且，整体生态架构不需要中央数据存储功能（仅保留可信管控的日志存证集中管理），而是追求数据存储分散化的理念，意味着数据在物理上仍保留在相应的数据所有者手中，直到转移到受信任的一方，这也就为生态的连接形成了广阔而泛在的触点。

数据空间的系统连接和生态联接是广泛且多元的，具有跨层级、跨地域、跨系统、跨部门、跨业务的规模化格局。

- 跨层级：指的是数据能够在不同管理层级之间流通和共享。例如，在政府数据管理中，数据不仅在同一个政府部门内部流动，还能在中央和地方各级政府之间实现共享和利用。
- 跨地域：意味着数据能够跨越地理界限，在不同地区之间实现流通。这对于促进区域间协作和资源优化配置具有重要意义，例如城市数据空间之间的互联互通。
- 跨系统：指的是数据能够在不同的信息系统或平台之间无缝流动和集成。这是基于数据空间连接器集成了"三统一"技术实现的，具有面向不同系统的数据兼容性和互操作性。
- 跨部门：强调的是不同组织部门或机构之间数据的共享和流通。这有助于打破"数据孤岛"，实现业务协同、信息共享和提高数据流通效率。
- 跨业务：指的是数据能够在不同的业务领域或应用场景中得到应用。这要求数据具有足够的灵活性和可扩展性，以适应不同的业务需求和分析目的。

这些"跨"的概念共同构成了数据空间生态的扩展属性，它们推动了数据的开放共享、业务协同和价值共创。实现这些"跨"的关键在于建立统一的生态架构，并对生态进行稳定、健壮的可信管控。通过这些联接工程与控制措施（如图 8-2 所示），数据空间生态可以促进数据要素市场的一体化建设，释放数据的创新活力和乘数效应。

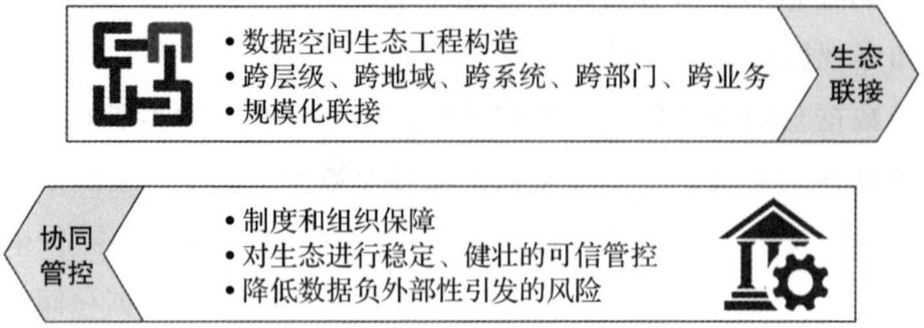

- 数据空间生态工程构造
- 跨层级、跨地域、跨系统、跨部门、跨业务
- 规模化联接

生态联接

协同管控

- 制度和组织保障
- 对生态进行稳定、健壮的可信管控
- 降低数据负外部性引发的风险

图 8-2　数据空间生态联接与协同管控

数据空间生态工程建设涉及创建一个安全可信的数据流通环境，为数据价值共创提供制度和组织保障，并降低数据负外部性引发的风险。例如，城市数据空间一方面连接存算融合平台、区块链平台、隐私计算平台、数字信任平台、数据交换平台和数智融合平台等，提供"采 – 治 – 算 – 管 – 用"全生命周期的支撑能力；另一方面将数据统一视为资产进行管理，通过安全可信和合规可控的框架，促进数据的市场化配置。

2. 数据空间生态维护：管理与服务

数据空间生态维护涉及持续的管理与系统化的共性服务，其中共识、激励和合约是关键组成部分。共识机制确保了跨行业、跨组织、跨个人等多方治理主体在分布式系统中能够达成共识并建立信任网络。在数据空间生态中，共识规则的达成意味着所有参与者对数据的完整性和真实性有了统一的认识。激励机制则鼓励参与者贡献数据、共享资源和服务。各方在数据空间策略、协议和智能合约的规制下，一致遵循复杂而系统化的数字协议，自动执行事先约定好的条款，确保数据空间中的数据交换和交易按照预设的规则实施，提高效率，降低成本，并使得生态具有自演进的基因。

数据空间生态的维护还需要有效的管理和服务。管理包括构建接入认证体系，保障参与各方身份可信、数据资源管理权责清晰、应用服务安全可靠。服务则涉及提供数据标识、语义转换等共性技术服务，实现数据产品和服务的统一发布、高效查询、跨主体互认。此外，还包括引导运营者加强协作，促进跨空间资源共享、服务共用。而这些都是生态构建的基础工作，与数据空间的日常运营融合在一起，形成数据空间内在的生态扩张力量。

生态维护强调数据空间运营领域的个性化与共性服务之间的平衡。例如，通过丰富数据空间系统的自动化组件，允许更多不同类型的数据生态系统接入，并对其用户的规模基础、参与度和技术背景进行有效评价和衔接，提升数据空间技术基础设施的有用性、可用性、生成性等，实现更多平台与系统之间的功能和目标竞合。

3. 数据空间生态扩张：共享与共赢

数据空间的生态工程构造、生态管理和服务，目标都是搭建一个持续的价值共创生态基础。而价值共创本身具有正向循环的内生扩张性，数据空间也应注重通过协同创新促进生态扩展，以支撑价值共创循环过程中的共享与共赢。

国际上，数据空间尚无体系化部署和应用的经验，我国率先发布《行动计划》，规划部署五类可信数据空间，并将构建一个完整的数据空间网络（如图 8-3 所示）。

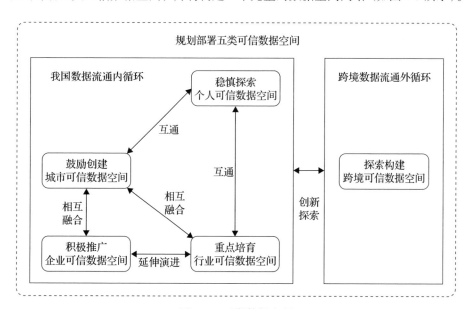

图 8-3 五类数据空间

可信数据空间的生态链很长，不能等生态完善后才开始推动部署。数据空间建设发展过程中的问题发现、市场培育和方案解决都来自实践，因而积极试点探索、统筹引导推动尤有必要。同时，生态扩张也意味着数据空间运营者需要持续投入，以探寻一种发展的、共赢的商业模式。在此之前，更要注重分析不同生态联接范式在结构、管理和应用方面的区别。

（1）联邦式生态

联邦式生态建立了统一的数据空间共性服务中心（例如数据空间治理委员会），同时在各个应用场景层、用例领域层或企业主体层都分别建立了独立的治理机制，协调各数据空间内部工作的开展以及跨业务单元的协调工作。联邦式数据空间治理结构如图8-4所示。

图 8-4　联邦式数据空间治理结构

联邦式生态是指在分布式的联邦节点间，以共性服务、通用架构、统一管控为核心，面向使用控制和资源协同管理，形成功能定位上相对独立而系统间协同的一个生态整体。联邦式生态架构强调安全可控，通过联邦控制实现数据统一化，通过联邦管理实现服务协同化，借助人工智能和大数据技术实现群体智能，驱动整个生态的创新和进步。

联邦式生态可以解决信息不对称问题，防止数据垄断，建立联邦节点间的信任关系，推动从数据、服务到智能的自动化转变，可应用于城市数据空间、行业数据空间以及跨境数据空间。

（2）分布式生态

分布式治理模式是从应用场景或用例业务属性出发，分别确定符合战略需求的数据空间治理机制，并在各个领域分别开展数据空间运营活动。而这些独立但又相互连接的数据空间节点又基于特定目标组成一个协同生态，如共享分布式存储、分布式计算等。分布式数据空间治理结构如图8-5所示。

图 8-5　分布式数据空间治理结构

分布式生态强调的是效率和扩展性，可广泛应用于企业数据空间或城市数据空间内的不同应用场景或者行业数据空间内的特定业务领域，尤其是数据空间与大模型融合创新场景下。分布式生态架构允许不同语料集构建特定的数据空间以形成垂类行业大模型。但是，分布式生态架构一般应于共性技术相对比较成熟的阶段进行推广建设，否则容易造成标准不一、重复建设等问题。

（3）网状生态

网状生态强调的是数据空间运营模式以及治理结构的连通性和多样性，可以视为联邦式生态与分布式生态的融合。虽然数据空间互联互通本身就形成了网络连接，但网状生态架构更强调生态网络的内部共享机制，以支持知识迁移和共用信任管控流。网状数据空间治理结构如图 8-6 所示。

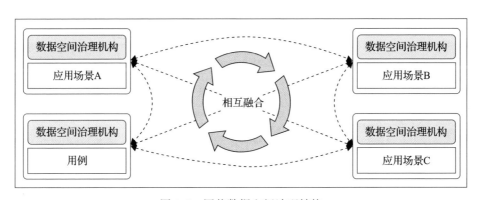

图 8-6　网状数据空间治理结构

网状结构一方面避免了集中治理而损失灵活性，又通过相互融合实现共性技术和服务的复用并具有较强的连通性，可应用于数据空间发展初期的协同共促。

除上述三种生态结构外，还可能衍生和创新出灵活应用模式，例如集中式、核心标杆引领式等，都具有生态互联互通、共性技术通用、公共服务覆盖等特征，都具有生态服务的结构属性。这种生态服务类似于公共物品供给、公地建设，旨在传导共建共享、开放包容的理念，让数据空间快速成就共赢生态典型，进而跨越建设初期、成长期进入规模扩张期。

在生态建设的初期阶段，数据空间首先对外明确自身的使命和愿景，确定核心价值观和长期发展目标，吸引利益相关的合作伙伴和用户加入。同时，配置合理的激励机制、友好的合作条件和良好的用户体验来吸引和留住核心参与者，形成良性循环。在这个阶段，生态工程的构造尤为重要，数据空间核心参与者应注重搭建完善和稳固的基础设施，包括共性技术支持、数据资产运营、安全保障等，进而不断提供高质量数据服务和产品，通过测试期的用户反馈和运营分析进行优化和创新。

生态系统的健康发展离不开合作伙伴的支持和共同成长，共享机制、合作项目和共同目标的推动，是生态系统良性循环和持续增长的内生动力。各方协同创新，推进生态系统走向成熟，建立良好的运营形象和用户信誉，继续推动创新和技术升级，满足用户不断演进的需求，形成更大的影响力和辐射力。数据空间生态网络扩展路径如图 8-7 所示。

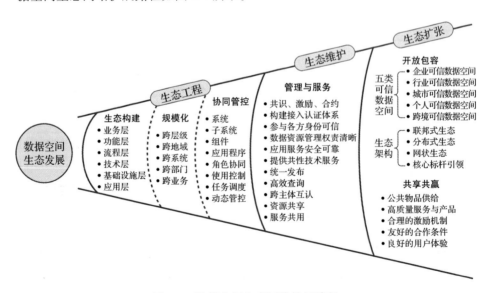

图 8-7　数据空间生态网络扩展路径

8.1.2　数据生态

在上述空间构造（数据空间本体层面）的生态基础上，数据空间生态内涵应继续深化到数据层面。就计算机科学与哲学来说，二者所说的本体之间的共同之处就在于它们都是依据某种类别的体系来表达实体、概念、事件及其属性和相互关系的。而数据空间作为复杂生态系统，具有多维度交叉视角的解读和建构方式，更应注重"明体达用、体用贯通"。数据空间生态的养成就是为了数据价值的创造与释放，明体以达用，两者辩证统一。而体用贯通，正是空间生态与数据生态两个维度的结合与融合。

数据空间是实现数据资源共享共用的一种数据流通利用基础设施，这也充分诠释了数据空间的数据生态维度。数据资源高效流通共享、数据产品和服务协同复用、数据产业生态互促共进，是数据生态演进的路线和内容。可以说，数据空间的一切，都以数据为中心，面向数据价值的创造、转化、倍增与释放。数据空间提供数据资源接入认证、数据标识配置、数据流通溯源以及多场景数据服务，始终聚焦数据的合规高效流通，并在数据流通中充分释放数据价值。

如图 8-8 所示，数据资源从接入开始就通过共享目录而可供查询，并持续通过元数据管理丰富目录维度，结合数据合规审查，以语义发现、语义转换的方式形成标准化共享，并进一步提供更详细的数据索引和共享策略。经匹配的数据需求形成授权访问申请，数据使用方在使用控制中可获取更详细的数据信息，进而与外部服务商进行联合开发或托管运营，而后形成产品或进一步通过数据聚合与交易，完成数据变现。这个过程是一个"小闭环"，既是一个完整的数据链，又可反复循环，通过数据高效流通、反复碰撞，持续创新数据产品和服务。

就生态而言，上述数据流通生态，只是一个基本模型。数据空间中的数据流通呈现出更复杂、更多样化的形态，从而在数据空间本体之上，形成现象级的体用结合数据生态运行机制。

1. 从数据链到数据网

数据链，又称数据供应链、数据流，涉及数据采集、汇聚、传输、加工、流通、利用、运营、安全服务全过程。在数据空间内，数据链表现为数据的生成、接入、流通、使用和价值变现的线性流动。而生态视角的这种线性流动被扩展为一个网络化的结构，即数据网。数据网允许数据在多个节点之间流动和交换，形成了一个复杂的、动态的网络化数据交互环境。

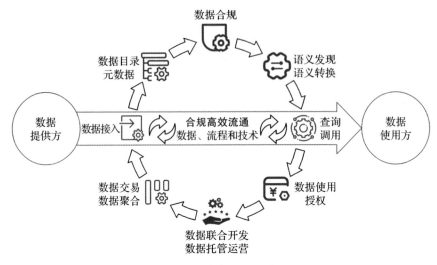

图 8-8 数据流通生态

数据链强调的是数据流动的顺序性和阶段性，每个环节都有其特定的功能和作用，如数据采集的准确性、数据传输的安全性、数据处理的高效性等。数据流通网络化则展现出数据的多向流动和多维互联互通。在数据空间，数据不只是单向流动的供需二元关系，而是可以在多个节点、多个场景、多个主体之间实时、反复、叠加流动和使用，能够进行多元化的数据共享和协同利用。这为数据价值的发现和创造提供了充足的机会，也为数据利用需求的满足营造了巨大的想象空间，从而在网络化的灵活性和效率之中，加快了数据流通速度，同时也提高了数据的可用性和价值。

数据生态从链式闭环到网络化循环，是数据空间价值创造机制的演进，也是数据空间设计的动力基础。数据网络的形成，促进了数据的民主化和价值共创，因为更多的参与者可以访问和利用数据，从而创造出新的价值和服务。数据空间内的数据网还涉及数据治理和监管，确保数据的合规流通和利用，进而强化数据安全和隐私保护。

2. 协同创新和网络效应

数据空间建设秉持制度规范统一性、技术设计整体性和治理模式协同性的架构原则，并按照数据产业思维、动态信任思维、分布式网络思维、集约治理思维的底层逻辑，形成较为完整的运营体系。在这个体系中，"连接"重构生态价值，"协同"驱动持续创新，"网络"激发价值倍增，形成数据价值释放的乘数效应。

协同创新是指在数据空间中，不同参与者（包括数据提供方、数据使用方、数据服务方等）通过合作共享数据资源，共同推动数据的创新应用。这种合作不仅促进了数据资源的充分利用，而且加速了新知识和新价值的创造。尤其是在数据多场景融合应用领域，多个数据提供方共享多样化数据资源、多个数据使用方复用同类数据资源以及多个数据服务方共创数据新产品，都是协同创新的典型路线。

数据协同创新可以通过 DIKW（数据 – 信息 – 知识 – 智慧）模型与 DRAC（原始数据 – 数据资源 – 数据资产 – 数据资本）模型的组合来实现。这两个模型的结合提供了一个框架，用于理解和实施数据融合的不同层次，从而促进数据的协同创新。

数据级融合，也称为像素级融合或原始数据融合，是在底层数据级别上进行的融合。这种融合方式通常发生在数据预处理阶段，即将来自不同模态的原始数据直接合并或叠加在一起，形成一个新的数据集。例如，对传感器的直接观测数据进行融合，然后从融合的数据中提取特征矢量并进行判断识别。通过数据融合处理，形成高质量数据集，可供多场景复用。

特征级融合，属于中间层次，先从原始采集的数据中提取有代表性的特征，这些特征融合成单一的特征矢量，然后运用模式识别的方法进行处理，作为进一步决策的依据。特征级融合在处理过程中对原始观测数据进行了特征提取和压缩，从而在减少原始数据处理量的同时保留了重要的信息。这种方法能够捕捉各模态间的互补信息，适用于多种模态特征提取的任务。这个过程也是数据从信息到知识的过程，更是数据标准化、产品化（即数据资产化）的基础。

决策级融合，是最高级别的融合。在这一级别中，首先对每个数据进行属性说明，然后对其结果加以融合，得到目标或环境的融合属性说明。这种融合方式可以结合多个独立模型的预测结果来做出全局的最优决策，通常包括独立的模态特征提取和决策步骤。决策级融合的优点包括很好的实时性、自适应性，数据要求低，抗干扰能力强。决策级融合不但需要基础工具，更需要高级处理技术和算法模型配置，才能实现开发成本控制。稳定和持续的决策级数据融合技术，往往是数据竞争力的重要表征，也是数据智慧形成和数据资本构建的重要方式。

通过这三个层次的融合，数据协同创新能够实现从原始数据到最终决策的全过程优化。而这种多层次的融合往往难以在单一组织内完成，需要通过数据的网络化协同才能实现，高度依托数据产业生态、数据应用生态和数据产品生态。

当然，协同创新本身也驱动着网络效应的生成。随着数据空间中参与者数量的增加，每个参与者从网络中获得的价值也随之增加。在数据空间中，网络效应表现为数据资源的集聚和共享，使得整个生态系统的价值得以放大和倍增，这也是协同创新的结果。

3. 低成本复用与高频交易

多层次的数据融合往往容易形成市场中具有超高人气、超高销量、超高口碑，并且具有较强市场生命力和升值空间的数据产品或服务，即"数据爆品"。数据爆品的产生往往与更低的搜索和交易成本有关。

数据空间的可信机制使得信息不对称和信任成本基本消失，而数据网络效应又使得数据能够快速高效流通，进而为数据的低成本复用与高频交易提供了可能性。数据产品信息和用户评价在数据空间生态网络中快速传播，降低了其他用户的信息获取成本，提高了产品的复用率。而高频交易特性意味着它们在市场上的流通速度快、交易次数多，这也降低了单次交易的成本，提高了整体的市场效率。

低成本复用是指在数据空间中，数据资源可以被多个参与者以较低的成本重复使用。这种复用降低了数据获取和使用的成本，提高了数据的利用效率，促进了数据资源的优化配置。高频交易是指在数据空间中，数据资源的交换和交易可以在高频率下进行。这种高频交易得益于数据空间提供的技术支持（如数据标识、语义转换等），使得数据产品和服务能够实现统一发布、高效查询和跨主体互认。

综上所述，数据空间内的数据生态通过构建广泛互联的数据网，促进协同创新，发挥网络效应，实现低成本复用和高频交易，从而推动数据资源的高效利用和价值最大化。这些特点共同构成了数据空间内数据生态的核心要素，为数据的流通和利用提供了强大的动力和支撑。

8.1.3 服务生态

空间生态为"体"，数据生态为"用"，而服务生态可以被视为联接和协调这两者的"桥梁"或"纽带"，它通过提供服务来实现数据的有效利用和价值转化，促进空间生态和数据生态的协同发展，是数据空间生态和数据流通生态的价值"催化剂"。

就数据空间场景而言，一般来说，先有空间系统，而后数据接入才有了数据生态，有了系统的支撑和数据的流动，也才有服务方参与的机会。数据空间网络生态发展的视角从生态系统到生态功能，落于生态引擎——数据服务。

数据空间的建设发展，将极大促进数据涌现。然而，数据持有人往往因为缺乏数据管理能力，无法"发现"内部优质数据，因而离数据提供方还有一定的差距。数据服务方的介入正好可以弥补这一差距，并且可以形成持续的多元化、多维度、多场景的服务。服务，首先是一种行为，而一系列行为以及工具的组合，又具有结构化特征。从广义上讲，数据服务本身也是一种数据产品，这种产品的价值在于撬动和激活"沉睡数据"，甚至是数据价值的"化学反应剂"。

"数据二十条"首先提出要培育数据要素流通和交易服务生态。《行动计划》再次强调，支持可信数据空间运营者与数据开发、数据经纪、数据托管、审计清算、合规审查等数据服务方开展价值协同和业务合作，打造可信数据空间发展的良好生态。此外，数据集成、数据经纪、合规认证、安全审计、数据公证、数据保险、质量评价、资产评估、争议仲裁、风险评估、人才培训等第三方专业服务机构，丰富了数据空间服务商生态矩阵（如图 8-9 所示），共同助力数据流通和交易全流程服务能力的提升。

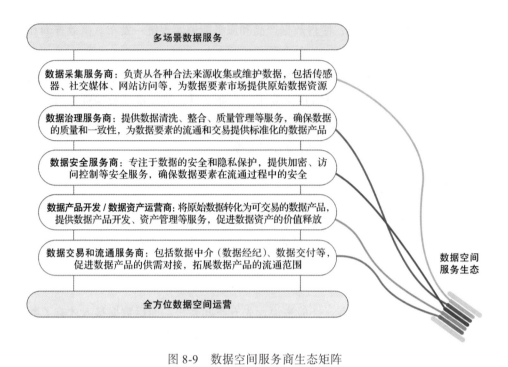

图 8-9　数据空间服务商生态矩阵

如图 8-9 所示，聚焦数据空间数据要素流通场景，数据服务商根据其专业领域和业务类型可以分为以下几类。

- 数据采集服务商：负责从各种合法来源采集或维护数据，包括传感器、社交媒体、网站访问等，为数据要素市场提供原始数据资源。数据采集服务商的服务内容还包括提供数据接入空间的"保荐"服务，包括数据三赋、数据验证以及数据粗加工等，将数据生产者转化为数据提供方。

- 数据治理服务商：提供数据清洗、整合、质量管理以及数据目录加工、元数据管理、高质量数据集汇聚等服务，确保数据的质量和一致性，为数据要素的流通和交易提供标准化的数据产品，使得数据更易于发现。

- 数据安全服务商：专注于数据的安全和隐私保护，提供加密、访问控制等安全服务，确保数据要素在流通过程中的安全。尤其是提供数据空间可信管控服务，为数据加工、聚合、传输和交付提供区块链存证、隐私计算、数据沙箱、密态计算等服务。

- 数据产品开发 / 数据资产运营商：将原始数据转化为可交易的数据产品，

提供数据产品开发、应用场景设计以及数据资产运营、数据资本创新等资产管理服务，促进数据资产的价值释放。

- 数据交易和流通服务商：包括数据中介（数据经纪）、数据托管、数据交付等，促进数据产品的供需对接，拓展数据产品的流通范围。

这些服务商构成了数据空间的服务生态系统，其核心在于价值共创，即不同技术背景和服务特色的数据服务方基于各自的专业优势，通过数据空间的数据共享和共创机制，以专业技术和共同的数据语言为媒介，进行关系构建、互动和整合，共同生产、提供服务、创造价值。服务生态系统中的每个服务商都是资源整合者，通过资源整合与再配置实现系统的服务提供和创新。这种整合过程中的互动性强调服务是交换的基础，数据空间所有参与者通过资源整合和服务交换的互动为自己或他人创造价值。

数据空间运营者主要负责协调各方形成稳定协作的整体运作状态，包括通过服务协议、行动规则来协调服务生态中的多场景数据服务，形成一致性正向价值共创行动，并使服务生态在运作过程中不断地适应、反馈和调整。

与此同时，服务生态还作为空间生态与数据生态的纽带和价值黏合剂、催化剂，为数据空间生态系统的一体化运行提供了丰富的动力源泉。数据服务方具有灵活性、主体间离性，能够更清晰地预测数据价值和应用场景，是数据价值释放的重要桥梁。

数据空间网络生态发展，正是以价值共创服务为主线，横向进行空间生态联通，纵向进行数据生态贯通，并通过服务生态有力协调空间运行机制，打通数据流通动脉，畅通数据资源循环，促进数据应用开发，推进构建全国一体化数据市场。

同时，还应充分发挥产业联盟、标准化组织、行业协会等引导作用，促进可信数据空间制度规则、技术研发、能力构建、运营推广、市场服务等方面的交流与合作。鼓励开展多种形式的可信数据空间对接活动，推进跨空间、跨域的数据产品和服务交流共享。

例如，可信数据空间发展联盟（TDSA）、开放数据空间联盟（ODSA）就是典型的数据空间行业生态组织。这些产业联盟通过举办行业交流会、组织编制知识读本，并通过构建专家智库持续输出研究成果，围绕政策制度、标准规范、技术应用、标杆案例等，广泛开展宣贯培训，形成卓有成效的数据空间网络生态推动机制。

数据空间生态联盟集聚数据生产者、数据控制人、数据提供方、数据使用方、行业代表性机构、数据资产评估机构、数据安全审计机构、数据合规服务机构、数据咨询服务机构、数据经纪人、数据基础设施托管运营商、第三方数据技术供应商等主体，形成产业生态，为安全可信数据空间的参与主体提供优质可靠的专业服务，往往能够担当数据空间传播者、倡导者的角色。

8.2　数据空间规范运营

8.2.1　数据空间治理机制

数据空间规范运营的基础在于建设清晰的治理机制。无论是生态扩展还是日常运营以及价值主张的兑现，都离不开治理机制的支撑。治理机制指的是一系列规则、流程、政策和制度，它们共同作用于数据空间的管理和运营，确保数据空间的运作符合法律法规、标准和最佳实践。"清晰"意味着治理机制应当明确、透明、易于理解和执行。这包括明确的角色和责任分配、清晰的决策流程、透明的运营规则和公正的利益分配机制。数据空间的价值主张通常涉及通过数据的流通和利用来创造经济和社会价值。治理机制确保这些价值创造的过程是公正的、透明的，并且能够为所有参与者带来预期的回报。

治理机制是数据空间规范运营的根基，它确保了数据空间能够在一个有序、安全、高效的环境中运作，从而实现其价值主张，并在扩展和日常运营中发挥关键作用。没有坚实的治理机制，数据空间可能会面临运营风险、信任危机和合规问题，从而影响其长期发展和成功。

在治理机制的作用下，随着数据空间运营工作的深入开展，数据空间角色持续扩展（如图 8-10 所示）。部分角色还出现了交叉、混同、交替等情形。例如，制造企业、金融机构一方面是数据提供方，同时也是主要的数据需求方，而其需求往往来源于数据服务方。此时数据服务方从数据提供方处获取数据进行加工而成为数据使用方，对外向制造企业、金融机构等数据需求方提供数据服务而又成为数据提供方。同时，数据服务方由于谙熟数据空间机制和规则，往往主导数据空间整体构设和运营，也承担着数据空间运营者的角色。

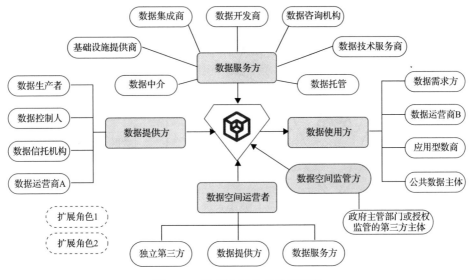

图 8-10　数据空间角色扩展矩阵

如此复杂的角色关系，需要通过共识规则的建立，逐步形成系统化的治理机制，才能确保数据空间的良性运转。角色存在持续扩展和交互的过程，治理机制也会随之而动。数据空间的生态扩展涉及数据空间与其他系统或平台的互联互通，以及新参与者的加入。治理机制为这种扩展提供了框架和指导，确保新加入的成员能够遵守相同的规则，其中最关键的是共识机制的确立、遵循、扩展和演进。

首先，需要确定数据空间所有利益相关者共同关心的问题或目标。这些目标应该是普遍认可的，能够激发各方的共鸣和参与，并基于此形成数据空间战略以及普遍的共识规则。数据空间运营过程中，鼓励所有利益相关者表达自己的观点和意见。这可以通过会议、研讨会、在线论坛或工作小组等形式实现，确保信息透明和共享，形成稳定的信任关系。

信任是建立共识的基础。基于信任，各参与角色经充分协商建立共识，进而通过合作项目、共同研发、标准制定等方式，进行共研共创，并共建数据空间。

这个过程最主要的成果是治理机制的形成。在治理机制的作用下，各参与者开启了数据空间的共治、共用与共享，并形成具有价值导向一致性的数据空间治理钻石模型，如图 8-11 所示。

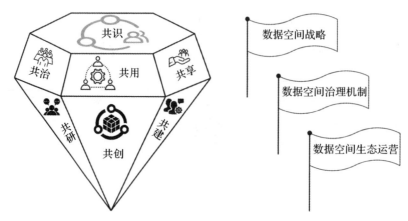

图 8-11   数据空间治理钻石模型

数据空间治理钻石模型依托"共识"基础，通过"共研、共创、共建"，形成"共治、共用、共享"格局，充分阐释了数据空间治理的机制和价值目标。在这个模型中，清晰的数据空间战略、稳定的治理机制和持续扩展的生态运营，犹如三面旗帜，指导治理机制的持续优化、完善和动态演进。

- 共识是指在数据空间的建设和运营中，所有参与方（包括政府、企业、研究机构等）对数据空间的战略、目标、原则、规则和技术标准达成一致认同。这种共识是数据空间有效运作的基础，确保所有参与者在相同的理念和框架下行动。
- 共研是指多方主体共同参与数据空间的技术研究和开发。这包括对数据安全、隐私保护、数据交换协议等核心技术的共同研究，以及对数据空间应用场景的探索和实践。
- 共创是指在数据空间中，各参与方共同创造价值。这不仅包括数据产品和服务的创新，也包括新的商业模式和市场机会的发掘。共创强调的是多方协同合作，通过共享资源和知识，实现价值最大化。
- 共建是指在数据空间的建设过程中，各参与方共同投入资源、技术和努力，共同构建数据空间的基础设施和服务。这涉及数据空间系统的开发与搭建、数据服务的开发和生态运营的扩展等多个方面。

- 共治是指在数据空间的治理过程中，各参与方共同参与决策和管理。这包括制定和执行数据空间的规则与管理规范、监督数据空间的运营、解决可能出现的争议等。共治强调的是多方参与和民主管理，以确保数据空间的公正性和透明性。
- 共用是指数据空间的资源和服务由所有参与方共同使用。这包括数据的共享、计算资源的共享、应用服务的共享等。共用旨在提高资源利用效率，促进数据的流通和价值的实现。
- 共享是指数据空间的成果和利益由所有参与方共同分享。这不仅包括经济利益的分配，也包括知识、技术和经验的共享。共享强调的是公平性和普惠性，确保所有参与者都能从数据空间的发展中获益。

值得强调的是，共识不是一成不变的，随着外部环境和行业内部的变化，可能需要对共识进行评估和调整。数据空间治理包含建立一个定期审查和更新共识的机制，以确保其持续的相关性和有效性。

数据空间治理还应设计一套激励机制，奖励那些积极推动和遵守共识的组织和个人，以增强共识的吸引力和执行力；建立健全合规管理指引，明确各参与方的基本要求和责权边界，防范利用数据、算法、技术等从事垄断行为；依托多边框架，探索建立对话合作机制，形成发展共识。通过这一系列措施，可以在生态扩展和参与者增加的过程中确保共识的确定、稳定遵循和演进，从而促进数据空间的健康发展。

具体而言，治理机制来源于参与者之间的共识，而共识形成于实体与组织的关系分析和评价，以及在此基础上的一致性认知。这些认知在空间内传播扩散，使得空间行为都朝向一个共同目标——聚力共创数据价值。为了让这种机制得到稳定执行，需要建立一个执行数据空间战略的治理机构，监督与数据空间互操作性以及价值共创相关的所有事项，即实体上的"软组织基础设施"。这个治理机构采用联邦式、分布式、网状等形式，与所有数据空间治理机构互动，可能会诞生一个面向共性服务的公共数据空间治理机构，例如集中式数据空间机构，或由数据空间监管方指导成立的数据空间治理委员会，主要负责共性技术的推广、通用参考架构的实施、普遍适用的治理机制的执行，从而加强统一的标准和规范。

图 8-12 展示了数据空间治理委员会在监管方的指导和监督下，对广泛互联的数据空间进行框架管理和协同创新的治理机制整体格局。

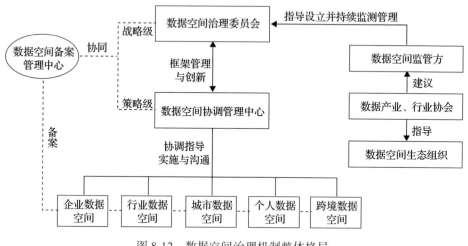

图 8-12　数据空间治理机制整体格局

行业数据空间、城市数据空间等各个成熟发展的领域数据空间，也可参考上述框架格局，形成内部的治理机构。例如，采用理事会、执行委员会、管理委员会、治理中心等形式，行使类似于数据空间治理委员会战略级管控及数据空间协调管理中心策略级实施等方面的权限与职责，即单个数据空间治理的实体组织架构，也可参照上述框架格局进行设置。

治理机构的主要目的是确保数据空间治理机制的有效实施和持续完善，并具体行使包括使用策略、运营规则、管理规范等的制定与实施，审批数据空间的认证、重大事项并负责收益分配体系设计与争议裁决。这些具体工作的实施，都需要遵循一套完整的数据空间运营规则与管理规范，而这些规范通常也是由数据空间运营者负责制定与执行的，以确保治理机制有效发挥协调、指导、管理和控制的作用。

8.2.2　数据空间运营规则

1. 数据空间运营规则解析

数据空间运营者在可信数据空间中扮演着核心角色，负责日常运营和管理，制定并执行空间运营规则与管理规范，以促进各参与方共建、共享、共用可信数据空间，并保障可信数据空间的稳定运行与安全合规。可信数据空间运营者可以是独立的第三方（如行业协会、平台型企业等），也可以是数据提供方（如制造企业、金融机构等），或者由数据服务方（如提供数据开发、数据中介、数据托管等服务的主体）承担。它们与数据开发、数据经纪、数据托管、审计清算、合规审查等数据服务方开展合作，并支持按照市场评价贡献、贡献决定报酬的原则分配收益。数据空间运营者在数据空间中的作用是多方面的，包括但不限于提供身份认证、数据目录、智能合约等关键功能，支撑数据产权结构性分置、促进数据流通交易、协助收益分配、保障数据安全治理等。

上述具体的运营管理工作，可简单归纳为共建共治、责权清晰、公平透明三大运营规则。

（1）共建共治

- 建立运营规则规范：运营者应制定明确的运营规则和管理规范，包括数据共享、使用的全过程管理制度，确保所有参与者在相同的规则下行动。

- 建立权责清单：明确各方在数据空间中的权利和责任，确保责权清晰。

- 探索动态数据价值评估模型：构建数据价值评估模型，按照市场评价贡献、贡献决定报酬的原则分配收益。

- 促进多方协作：支持数据开发、数据经纪、数据托管、审计清算、合规审查等数据服务方与运营者开展合作，共同打造数据空间发展的良好生态。

（2）责权清晰

- 接入认证体系：构建接入认证体系，保障各参与方身份可信、数据资源管理权责清晰、应用服务安全可靠。

- 空间资源合作规范：建立空间资源合作规范，利用隐私计算、使用控制、区块链等技术，优化履约机制，提升信任管控能力。

- 空间行为和数据存证体系：构建空间行为和数据存证体系，提升数据资源开发利用全程溯源能力，保障各参与方权益，保护数据市场公平竞争。

（3）公平透明

- 统一目录标识、身份认证、接口要求：按照国家标准规范要求，实现各类数据空间互联互通，促进跨空间身份互认、资源共享、服务共用。
- 数据产品和服务的统一发布、高效查询、跨主体互认：提供数据标识、语义转换等技术服务，推动数据资源封装、数据资源目录维护。
- 收益分配规则：制定按贡献参与分配、公平透明的收益分配规则，确保所有参与者都能公平地分享数据空间的价值和成果。

通过上述运营规则的建立和执行，可信数据空间运营者可以确保数据空间的共建共治、责权清晰、公平透明，从而促进数据空间的健康发展和有效利用。

2. 数据空间运营规则与管理规范制定

基于上述规则解析，结合数据空间战略以及治理机制，数据空间运营者应落实制定相应的规则手册和管理细则，为数据空间运营、生态发展以及日常管控提供依据。运营规则与管理规范也是数据空间协议和策略的重要组成部分，可记入智能合约，自动执行相应约束。

下面是一份数据空间运营规则的参考范本，参考了国家数据局发布的《可信数据空间发展行动计划（2024—2028年）》以及相关数据空间治理的实践和建议。

《数据空间运营规则》(参考范本)

一、总则

1. 本规则旨在规范数据空间的运营活动，保护数据安全，促进数据资源的合理利用和流通。

2. 数据空间运营应遵循合法、合规、安全、高效的原则，确保数据的真实性、完整性和可用性。

二、运营主体与责任

1. 数据空间运营者应为依法设立的组织或机构，具备相应的技术能力和管理能力。

2. 运营者应制定公开透明的运营规则并持续完善，明确各方权责，并确保规则的有效执行。

三、数据管控能力

1.运营者应构建接入认证体系，保障各参与方身份可信，数据资源管理权责清晰。

2.利用隐私计算、区块链等技术优化履约机制，提升数据资源全流程开发与利用的溯源能力。

四、资源交互能力

1.运营者应提供数据标识、语义转换等技术服务，实现数据产品和服务的统一发布、高效查询、跨主体互认。

2.推动数据资源封装、数据资源目录维护，实现跨空间的身份互认、资源共享、服务共用。

五、价值共创能力

1.运营者应部署应用开发环境，为各参与方开发数据产品和服务创造条件。

2.建立共建共治、责权清晰、公平透明的运营规则，探索动态数据价值评估模型的构建。

六、数据服务方接入

1.数据空间应为数据开发、数据经纪、数据托管、审计清算、合规审查等数据服务方提供标准化的数据服务接入规范与指引。

2.运营者应与数据服务方开展价值协同和业务合作，打造良好的数据空间发展生态。

七、安全保障

1.数据空间应针对数据流通的全生命周期，构建必要的防范、检测和阻断等技术手段，防止数据泄露、窃取、篡改等危险行为。

2.建立相关的管理制度和应急处置措施，确保数据安全。

八、附则

1.本规则自发布之日起生效，由数据空间运营者负责解释。

2.本规则未尽事宜，按照国家有关法律法规和标准执行。

数据空间管理规范则是在规则基础上进一步细化的文件，主要用来指导数据空间运营的日常流程和重要事项，尤其突出数据空间的目的和功能定位，明确可信管控、数据流通、价值共创的具体实施路径。

下面是一份数据空间管理规范的参考范本。

《数据空间管理规范》(参考范本)

一、目的与适用范围

1. 本管理规范旨在确保数据空间的安全性、合规性和高效性,促进数据资源的合理利用和流通。

2. 本规范适用于所有参与数据空间运营的组织和个人,包括数据提供方、数据使用方、数据服务方和数据空间运营者。

二、管理原则

1. 数据空间的管理应遵循合法性、合规性、安全性、透明性和责任性原则。

2. 管理活动应保护个人隐私和数据安全,防止数据滥用和非法流通。

三、组织与职责

1. 数据空间运营者应设立专门的数据管理机构,负责数据空间的日常管理和监督工作。

2. 数据管理机构应明确各参与方的职责和权限,确保数据活动的合法性和合规性。

四、数据质量管理

1. 建立数据质量管理体系,确保数据的准确性、完整性和一致性。

2. 定期对数据进行质量评估,并采取必要措施改进数据质量。

五、数据安全与隐私保护

1. 运营者应采取适当的技术和管理措施,保护数据免受未经授权的访问、泄露、篡改或破坏。

2. 遵守数据隐私保护的相关法律法规,确保个人隐私权益不受侵犯。

六、数据访问与使用

1. 数据访问和使用应基于最小必要原则,仅授权给有合法需求的参与方。

2. 所有数据访问和使用活动应有明确的目的和合法依据,并记录审计轨迹。

3.参与方使用共同的技术基础设施和构建模块，允许数据空间以高效和协调的方式构建，包括维护性、可变性、安全性、参与性和可扩展性。

七、数据流通与共享

1.数据流通和共享应遵循公平、合理的原则，不得损害国家利益、社会公共利益或他人合法权益。

2.数据共享协议应明确数据的使用范围、用途和期限，以及各方的权利和义务。

3.促进工具的开发，以便于数据的汇集、访问、使用和共享，支持开放标准和 FAIR（可查找、可访问、可互操作、可重用）原则。

八、数据互操作性

1.严格执行统一目录标识、统一身份登记、统一接口要求的标准规范，共同研发数据互联互通技术。

2.推广使用数据空间专用连接器，主动接入各数据系统、数据平台并确保数据可查询、可访问。建设数据泛在接入体系，支持数据资源、参与主体、第三方服务更大规模接入。

3.完善数据空间目录关系，优化元数据智能识别、语义发现与转换、数据价值评估等各类模型。

4.吸纳和招募各参与方共建共治，并主动与各类数据空间建立互联互通。

九、应急管理

1.运营者应建立数据安全事件的应急响应机制，包括预警、报告、处理和恢复等环节。

2.定期进行应急演练，确保在数据安全事件发生时能够迅速有效地应对。

十、合规性监督

1.数据管理机构应定期对数据空间的运营活动进行合规性检查。

2.对发现的问题及时采取整改措施，并报告给相关监管部门。

十一、附则

1.本管理规范自发布之日起生效，由数据空间运营者负责解释。

2.本规范未尽事宜，按照国家有关法律法规和标准执行。

实践应用过程中，主要由上述运营规则与管理规范所构成的数据空间治理框架应创造条件，以实现更系统化、可持续和负责任的数据共享和协作，激励不同参与者的参与和合作，促进信任和包容。更重要的是，始终对齐数据空间战略目标，围绕价值共创与共享，形成自主执行、自我演进的数据空间发展路线。

3. 数据空间角色治理与责权配置

如上所述，数据空间参与角色存在交叉甚至混同的情形，而且随着特色业务持续扩展。那么，设置清晰的角色职责与权限，明确各自的价值主张，也构成了治理机制实施和公平透明运营规则构建的重要内容。

数据空间角色治理和责权配置的目标是确保共识得以实施、价值得以尊重，以保障数据空间规范运营并持续为参与者带来价值和收益。成功的数据空间实践，应能够考虑所有相关参与者的价值主张，活跃的用例和业务模型也是在数据权益充分保护的基础上展开的。不论是核心参与者还是一般用户，不论是企业组织还是个人，都带着自己的价值主张进入数据空间，这些价值主张因为数据空间的规范运营而得以实现和满足，数据空间才达成了使命——共同创造价值与价值交换。

（1）一般个人用户

各类型的数据空间拥有各自的战略和目标，并基于战略和目标实施各自的运营规则，但最终用户基本毫无例外，都是个人。不论这个个人是作为独立数据主体还是作为数据空间参与者代表，都直接使用数据空间系统，包括注册、登录、验证、操作、申请、退出等。至少在相当长一段时间内，使用工具、接受服务、访问数据等行为都由人来完成。于是，最直接的价值主张就形成了，那就是"好用"。

数据空间系统足够好用，运营规则足够清晰，管理规范足够透明，形成以人为本的模式，才能获得强大的生命力和广阔的发展空间，在此基础上才能形成稳固的信任与共识，进而实现公平。在数据空间内，个人既是用户，也可能是其他角色的客户，或是数据生产者。大量的个人用户形成了数据空间非常明显的竞争力，而这主要来源于用户的满意度。用户体验设计、易用性、自助化是数据空间重要的经营理念。过度聚焦核心参与者的利益，可能导致数据空间难以形成良性的发展态势。

（2）数据服务方

数据服务方是对数据空间内服务提供商的概括。服务商不一定提供数据服务，技术服务、基础设施服务、咨询服务甚至是辅助性的支持服务，这些对数据空间日常运营都很重要。

对于各类型的服务，数据空间运营者最核心的工作就是给出清晰的服务接入路径、允许发布详细的服务清单和描述并能够指导服务和产品定价。数据服务方需要在数据空间注册，进行身份验证和服务认证，并遵守数据空间的所有治理、条款和条件以及技术要求。然后，数据服务方需要描述和列出其服务和产品以及使用政策、业务和定价模型。

进入数据空间后，数据服务方往往首先与其他用户建立联系，包括接受点评、监督和服务请求。随后，数据服务方根据自身价值需求，与数据提供方、数据使用方以及数据空间运营者开展各类业务合作，获取新客户、访问数据集、增强数据可见性以及提供其他服务并获取报酬。

（3）数据提供方

数据提供方是那些分享数据以获得潜在的金钱或非金钱利益的主体。数据提供方根据数据空间应用场景、用例领域（或者这些已由其主导完成设计）进入数据空间，遵循既定的使用规则、策略、业务要求和定价模型，发布数据。在这过程中，数据提供方需要遵循数据空间的连接规范，包括实施必要的 API 配置（例如数据和服务连接器）。若确有必要，则进行数据系统的升级或数据空间应用模块的开发。在相关工作由数据服务方（如数据中介）提供的情况下，数据提供方只需要配合并支付一定的服务费用。

数据提供方是数据空间"最有价值"的角色，所提供的数据是一种核心资源或"石油"，可为所有其他角色的活动、洞察和价值创造提供原材料。当然，数据提供方同样可以访问、组合其他"石油"，"炼出"更高价值的数据产品。

（4）数据使用方

数据使用方在数据空间中往往被定义为"消费者"，是数据空间创收的主要对象，也是数据价值的重要出口。尽管如此，数据的价值并不一定要由数据使用方来负责"买单"。数据使用方进入数据空间，往往是为了获得数据能力，而非兑现其他角色的价值主张。

从数据空间治理的角度看，数据使用方更多的是数据空间用户视角，考虑数据空间数据的质量水平、系统的可用性和服务的丰富度。而其责任机制则是充分尊重对价原则，认可数据价值评估模型以及价值共创机制。

同时，数据使用方是数据需求的主要来源，能够"倒逼"数据空间形成持续的价值创造力，并优化和提升服务质量与水平。

（5）数据空间运营方

数据空间运营方通常主导数据空间治理机构的设立并负责数据空间的规范运营。数据空间运营方无法在数据空间内"唱独角戏"，反而更应该开放包容地与各类核心角色快速达成一致的目标，构设数据空间商业模式，制定完善且公平合理的经营规则和管理规范，形成数据空间"治理权威"。数据空间运营方往往通过主动建立治理组织（包括设立小组、委员会等）来共享治理权威，与数据提供方、使用方、监管方共同定义数据空间的架构、业务和治理模型。

数据空间运营方是数据空间良好运转的主要负责人，应当具有一定的商业运营能力或资金实力，盘活和归集资源，投入数据空间运营。同时，数据空间运营方可以从服务方、使用方获得收入，以及通过提供认证、共性服务获取基础费用，以支撑数据空间的正常运营。

值得强调的是，数据空间构建了数据可控可追溯、损失可察可追责的体系，各类参与角色应共同遵守经营规则和管理规范，并充分注意价值共创背后的风险共担。尤其是数据空间运营方，对于数据权益在流通过程中受到侵害的，应当承担相应的民事赔偿责任。目前，《中华人民共和国民法典》第一千一百九十五条第二款的"通知规则"和第一千一百九十七条的"知道规则"是针对网络平台间接侵权责任的法律规范。基于此，侵权责任认定也应当以注意义务为核心，通过引入侵权法上的"善良管理人"标准，要求数据空间运营方以理性、谨慎、专业的管理者身份开展数据空间运营活动，以及组织、管理数据流通活动。数据空间运营方作为数据流通活动的专业组织者，具有更高的注意义务，应事先对交易主体身份真实性、流通环境安全性、数据内容合法性予以审查，并对整个交易过程开展全流程监管。

在各方协同创新与系统风险可控的前提下，数据空间通过既定商业模式开展活动，直至实现其作为数据生态的经济、社会价值。数据空间的经济效益来源于数据的直接使用，以及在所有参与者互动过程中形成的庞大生态系统而产生的价值涌现，而后者往往是数据空间运营的"真实目的"。因此，数据空间角色治理和责权配置应更多地考虑数据空间的生态价值，而非数据空间自身系统的盈利能力。富有特色资源和价值创造力的数据空间才可能成为最佳实践。

8.2.3　数据空间运营模式

1. 数据空间运营模式分解

随着国家政策的发布，各地掀起了数据空间建设高潮。数据空间不再停留在理论研究和试验性探索阶段，而是直接进入了最佳实践领域。各行各业期待利用数据空间打开数据价值大规模释放的格局，全力推动数字经济高质量发展。其间，行之有效的数据空间运营模式就显得特别重要。

如数据空间通用参考架构的分析路径，数据空间运营模式也应围绕制度、技术、市场来构建，尤其应当关注从制度和技术两个维度形成数据空间运营模式指引。

（1）制度角度的运营模式

- 政府主导模式：政府负责数据空间的顶层设计，制定规则，并承担基础设施建设等职能。市场主体在满足相关要求后参与数据共享与交换过程。

- 政府引导、市场主建模式：政府对数据空间进行统筹管理并提供资金支持，由行业协会、联盟或龙头企业牵头开展总体设计，形成生态圈，市场主体按需参与数据交换过程。

- 行业主导模式：垂直领域行业管理部门统筹开展行业内公共数据授权、管理、运营、服务等工作。下属国有企业作为公共数据统一运营机构，承担数据处理工作，并提供数据服务。

- 区域一体化模式：以区域内数据管理方统筹建设的公共数据管理平台为基础，整体授权至综合数据运营方开展公共数据运营平台建设。

- 场景牵引模式：以特定应用场景为牵引，推动数据空间的建设和运营，满足特定场景下的数据需求。

可见，制度角度梳理的数据空间运营模式更多地从数据空间的公共属性出发，更适用于城市数据空间、行业数据空间、跨境数据空间的应用。而多样化的企业数据空间，除了采用国家统一规范治理模式外，更多注重商业价值挖掘，往往难以遵循某种特定的制度模式。

（2）技术角度的运营模式

从技术角度，数据空间运营模式除了自主构建、统一管理外，还包括以下几种模式：

- 数据空间联合管理模式：利用技术手段实现多个利益相关者之间的协作和共享，例如通过数据共享平台和协作工具来促进数据的联合管理。

- 数据空间代运营模式：委托专业服务商来实现数据空间的日常管理和维护，减轻数据空间建设者的运营负担。

- 数据空间自动化托管运营模式：采用自动化工具和技术，如云服务、托管服务，或利用先进的技术，如人工智能和机器学习，来自动化数据空间的运营流程，包括数据备份、安全监控和性能优化。

- 开放数据空间模式：公开自己拥有的数据资源、数据空间系统，供开发者和研究者使用，如开放数据空间联盟（ODSA）组织成员单位联合开发的开放数据空间（ODS）。

（3）市场牵引的运营模式创新

在市场侧，数据空间运营还可能衍生出多种模式，包括：

- 数据共享模式：允许数据提供方在不转移数据产权的前提下，与其他主体共享数据资源，共担数据交易产生的风险和收益。

- 数据托管模式：数据提供方将数据委托给第三方机构托管，托管机构负责数据的存储和输出，同时收取固定管理费，数据提供方获得数据交易产生的超额收益，但需要自担风险。

- 数据租赁模式：数据提供方将数据出租给唯一承租人，合同期限内出租方获得固定租金，承租方获得数据加工、使用和运营权，以及数据交易产生的超额收益，并承担相关数据风险。

- 数据沙箱模式：通过构建一个应用层隔离环境（整个数据空间就是一个数据沙箱），允许数据使用方在安全和受控的区域内对数据进行分析处理，以数据"可用不可见"的方式实现互惠或有偿使用数据。

- 隐私计算模式：利用多方安全计算、联邦学习、可信执行环境、密态计算等技术，连接、汇聚多方数据，保障数据在分析和计算过程中的隐私和安全，使得数据的开发利用得以安全实现。
- 数据服务外包：数据服务方通过构建数据空间系统，主动接入数据提供方数据系统，进行数据处理和分析工作。这对于数据提供方而言，属于服务外包。
- 应用开发服务模式：数据空间系统服务商为数据提供方或数据使用方搭建数据空间系统并提供数据开发服务，主要负责数据产品和应用开发，帮助客户构建专属于自己的数据空间。

这些运营模式结合了制度优势、技术能力和市场需求，形成数据空间运营模式矩阵（如图 8-13 所示）。各种模式在实践应用中将可能存在融合，且具体选择应基于数据空间的需求、资源、目标以及参与者的偏好。通过这些模式，数据空间可以更好地服务于不同的业务场景和客户需求。

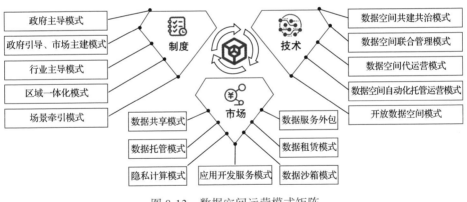

图 8-13 数据空间运营模式矩阵

各种模式创新都围绕着数据空间价值最大化，也始终遵循制度、技术与市场的融合。每种模式都有各自的不足，需要在协同中相互借鉴、应用与创新。下面重点分析数据空间的联合管理模式、代运营模式以及自动化托管运营模式。

2. 数据空间联合管理模式

这种模式涉及多个利益相关者共同参与数据空间的管理和运营。它强调合作和共享责任，确保数据空间的规则和标准能够满足不同参与者的需求。联合管理模式可能包括共同决策过程，以及对数据访问、使用和保护的共同监管。

数据空间联合管理模式是一种合作治理结构，包括数据提供方、数据使用方、服务提供商、技术供应商共同参与数据空间的规划、建设。在这种模式下，决策过程是集体的，所有参与者都有权对数据空间的规则、标准和运营策略提出意见和建议。这种共同决策过程有助于形成稳定的共识，确保数据空间的运营符合各方利益。

数据空间联合管理模式鼓励参与者共享数据资源、技术能力和专业知识，共担风险和责任，并鼓励更加稳健和可持续的运营实践。数据空间产生的价值和收益由所有参与者按照贡献和协议共享。同时，数据空间联合管理模式强调协同治理，即所有参与者在数据空间的治理中都扮演着重要角色。联合管理人可以通过管理委员会、执行委员会等治理机构，对各项制度进行系统性安排，通过协同治理提高数据空间的透明度和公正性。

3.数据空间代运营模式

在数据空间规模化发展之前，数据持有人往往对全面可信环境仍持有保留意见，但为了加快创新，投入数据流通应用领域，就选择由第三方代建数据空间并代运营。同理，数据使用方为了获得特定场景的数据，利用数据空间构建专业的数据开发环境，吸引数据持有人共享和交换所需数据类型。而更多的情况下，是数据空间专业服务商通过大量实践形成了标准化的数据空间代运营模式，并凭借其专业的技术能力和丰富的行业经验主动寻求代运营业务。

在这种模式下，专门从事代运营的第三方服务提供商负责数据空间的日常管理，包括数据收集、数据接入、技术维护、安全保障、用户支持等，而数据空间的治理机制（包括运营规则和管理规范）仍由数据空间建设者制定并主导实施。数据空间代运营模式可以减轻数据空间建设者在开发、建设、运营方面的负担，并能够激发其利用代运营商的专业知识和经验扩大数据价值，进而创造机遇。

数据空间建设者与服务提供商之间会签订合同和协议，明确双方的权利、义务和责任，包括服务范围、质量标准、费用结构、合同期限等，双方根据合同约定的利益分配机制来分享收益。这可能包括固定服务费、绩效奖金或其他激励措施。

代运营服务提供商可能会引入先进的技术和工具来提高数据空间的运营效率和效果，例如使用人工智能、机器学习、大数据分析等技术，并提供客户支持和服务，以提高用户满意度和忠诚度。

服务提供商专注于寻求改进和创新的机会，以提高数据空间的服务质量和竞争力，而委托方作为数据空间实际控制人，则专注于自身的核心业务以及数据供给，这种协作模式在提高运营效率、降低成本、增强竞争力方面具有潜在优势。

4. 数据空间自动化托管运营模式

数据空间自动化托管运营模式（简称自动化托管运营模式）是一种先进的运营方式，主要利用自动化工具和技术来管理数据空间，以减少人为错误，并确保数据空间的稳定运行。自动化托管可能包括数据备份、安全监控、性能优化等自动化流程，可以减少人工干预，降低错误率，并提高响应速度。

数据空间的建设者通过预设治理机制，选择一个或多个托管服务提供商来负责数据空间的自动化运营。这些提供商拥有专业的技术知识和经验，并提供健壮的自动化系统，能够快速上线数据空间并自动化运行，确保数据的高可用性和安全性。

自动化托管运营模式支持根据数据空间的需求动态调整资源，实现弹性扩展。这种灵活性使得数据空间能够应对不断变化的工作负载和数据增长。通过自动化托管，数据空间的所有者可以减少对内部 IT 资源的依赖，降低运营成本。同时，自动化工具可以提高资源利用率，进一步降低成本。

自动化托管运营模式强调数据的安全性和合规性。托管服务提供商会采取严格的安全措施来保护数据，包括数据加密、访问控制和定期的安全审计。服务提供商还负责管理与数据空间运营相关的风险。这包括对数据丢失、服务中断和其他潜在问题的风险评估和缓解措施。

尽管自动化托管运营模式强调标准化的流程，但它也允许一定程度的定制化，以满足特定客户的需求。服务提供商可以根据客户的具体要求提供定制化的解决方案。

自动化托管运营模式为数据空间建设者提供了一种高效、可靠且成本效益高的运营方式，同时也确保了数据的安全性和合规性。这种模式与数据空间代运营模式的主要区别在于数据空间建设者更少干预数据空间的具体运营，而通过预设规则和定期审计来监控数据空间管理行为。同时，服务商也基本不涉及实质性的数据运营业务，更多的是提供一个稳定的支持系统。数据空间的价值创造仍由各参与方共同完成。

在人工智能技术的支撑下，自动化托管运营模式数据空间将成为企业数据空间应用的首选。服务商提供通用数据空间系统架构，集成了隐私计算、使用控制、区块链并封装成一体化自动程序与自动化运维系统，能够快速部署上线并多主体、多场景复用，避免了各类数据空间的多头重复建设。而且，统一的流程和技术规范也有利于数据稳定、高效地流转，实现数据空间技术一致性和良好的互操作性。

8.3 数据空间应用成熟度评价

8.3.1 数据空间标杆引领效应

《行动计划》强调："加强全国可信数据空间应用推广工作，打造一批数据资源丰富、数据价值凸显、商业模式成熟、产业生态丰富的可信数据空间标杆项目，遴选一批可信数据空间典型应用场景和解决方案。建立完善可信数据空间发展引导体系，健全成效评估工作机制，组织开展可信数据空间动态监测评估，加强监测评估结果反馈运用，促进可信数据空间建设和应用水平迭代发展。"这在政策层面为数据空间生态运营提供了整体路径，其要点如下。

- 推广全国可信数据空间应用：我国以国家政策形式提出大力推进数据空间建设，并全面发展五类数据空间，这需要面向全国各行各业密集开展数据空间应用推广工作。
- 打造标杆项目：打造一批数据资源丰富、数据价值凸显、商业模式成熟、产业生态丰富的可信数据空间标杆项目。这涉及创建具有示范效应的数据空间项目，以引领行业发展。
- 遴选典型应用场景和解决方案：遴选一批可信数据空间典型应用场景和解决方案，这有助于推广数据空间的成功案例，为其他项目提供参考和借鉴。
- 建立发展引导体系：建立完善可信数据空间发展引导体系，包括政策指导、标准制定、技术支持、补贴激励等方面的引导和资金支持。

- 健全成效评估工作机制：健全成效评估工作机制，确保数据空间的建设和运营能够达到预期目标，并对存在的问题进行及时调整。
- 开展动态监测评估：组织开展可信数据空间动态监测评估，通过持续的监测和评估，确保数据空间的稳定运行和持续改进。
- 监测评估结果反馈运用：加强监测评估结果的反馈和运用，将评估结果用于指导数据空间的建设和运营，促进其迭代发展。

上述要点高度概括了数据空间生态运营从标杆引领，到体系发展并形成规模扩张的动态路线，如图 8-14 所示。

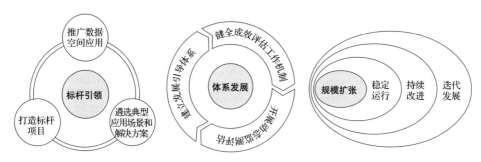

图 8-14　数据空间标杆引领生态扩展路径图

在数据空间发展初期，标杆引领作用尤为重要。数据空间生态发展和网络扩张很大程度上来源于标杆效应。建成 100 个可信数据空间绝非数量上的目标，而在于解决方案与最佳实践的打磨，以及初具规模的数据空间网络培育，形成与我国经济社会发展水平相适应的数据生态体系。而且，随着我国经济社会发展水平的提高，数据空间生态体系也继续循环演进。

PDCA 循环法，即计划（Plan，P）、执行（Do，D）、检查（Check，C）和处理（Act，A），为标杆引领效应的扩张提供了方法视图。结合上述路径的七个要点，可以把标杆打造采用 PDCA 循环法分解为制订计划、计划实施、检查实施效果，然后将成功的纳入标准，不成功的留待下一轮循环去解决，形成演进迭代格局。

国家政策的配套，为数据空间建设提供了明确的方向指引。尤其是《行动计划》提出了数据空间建设的详细蓝图（P），应重点纳入计划参考体系。在数据空间应用推广（P）过程中，重点选定某个数据空间项目（D），利用现有技术进

行规划、设计和实施（D），则属于执行阶段。而后根据所选定标杆项目的运营
情况，提炼出数据空间解决方案并配套发展引导体系（P）进行标准化推广（P），
启动新一轮的循环。在这个过程中，始终持续开展成效评估（C）以及动态监测
（C），并将监测结果进行反馈处理（A），确定最终全面推广的最佳实践（A），驱动
数据空间规模扩张（A），形成一个完整的标杆引领循环（如图 8-15 所示）。

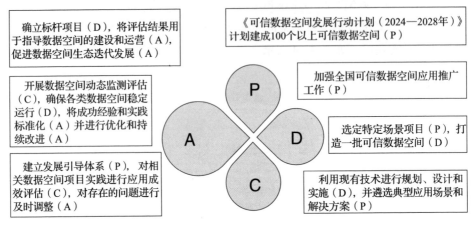

图 8-15　数据空间生态 PDCA 循环发展

　　打造数据空间标杆项目、推广典型应用场景和解决方案，加快形成规范化、
长效化培育机制，充分发挥标杆引领效应，需要组合规划布局、技术迁移、专
项资金配置、政府采购、试点示范、金融服务、品牌宣传等多项手段。立标杆、
强引领，以"头雁效应"激发"群雁活力"，才能真正形成充满价值活力的横向
联通、纵向贯通、协同创新的数据空间网络生态体系。

8.3.2　数据空间基本能力要求

　　可信管控、资源交互、价值共创，是数据空间必须同时具备的三大核心能
力。为确保数据空间建设有序进行，《行动计划》提出实施可信数据空间能力建
设行动，通过构建可信管控能力，提高资源交互能力，强化价值共创能力，打
造可信数据空间的核心能力体系（如图 8-16 所示）。同时，全国数据标准化技
术委员会也将数据空间能力基本要求、数据空间应用成熟度评价列为重点标准
项目，着力为数据空间能力建设提供标准化指南。

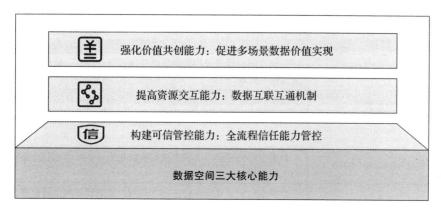

图 8-16　数据空间三大核心能力体系

在核心能力体系指引下，纵观数据空间全局架构和运营机制，表 8-1 列举了数据空间的部分核心属性和关键指标，构成了数据空间全面能力评价的维度参考。

表 8-1　数据空间性能一览表

性能	说明
互联性（Interconnectivity）	数据空间的互联性强调不同数据源、系统和平台之间的无缝连接和交互。这种属性要求数据空间能够跨越技术壁垒，实现数据的自由流动和共享
互操作性（Interoperability）	数据空间需要支持不同系统和数据格式之间的相互理解和协作。这涉及数据标准、协议和接口的统一，以确保数据可以在不同的环境和应用中无障碍地被处理和分析
可扩展性（Scalability）	随着数据量的增长和新需求的出现，数据空间必须能够灵活扩展，以适应不断变化的业务需求和技术发展
安全性（Security）	数据空间必须确保数据的安全性，包括数据的加密、访问控制和隐私保护。这涉及防止未授权访问、数据泄露和各种网络攻击
隐私保护（Privacy）	数据空间需要尊重和保护个人隐私，确保数据收集、处理和使用的透明度和合规性，且符合相关的法律法规
可靠性（Reliability）	数据空间应提供稳定和可靠的服务，确保数据的准确性和一致性，以及系统的稳定性和可靠性
灵活性（Flexibility）	数据空间应支持多种数据处理和分析工具，以适应不同的业务场景和用户需求
可维护性（Maintainability）	数据空间的设计应便于维护和升级，以适应技术变化和业务发展
可持续性（Sustainability）	数据空间的发展应考虑环境影响和资源消耗，确保长期的可持续性

（续）

性能	说明
合规性（Compliance）	数据空间必须遵守相关的法律法规和行业标准，确保数据的合法使用和处理
开放性（Openness）	数据空间应支持开放的标准和协议，促进数据的开放共享和创新
智能化（Intelligence）	数据空间可以集成人工智能和机器学习技术，以提高数据处理的效率和洞察力
集成性（Integration）	数据空间应能够与其他系统和平台集成，实现数据和业务流程的无缝对接
透明性（Transparency）	数据空间的运作应保持透明，让用户能够理解和信任数据的处理和使用方式

通过数据空间性能表，还可根据不同视角、场景、功能目标和系统维度，围绕各领域、子域、核心域、通用域和支撑域继续扩展，以探索和创新数据空间运营管控能力、数据应用能力与价值创造能力。

除了数据空间的上述核心能力域与主要性能指标以外，对数据空间能力的分析还应进一步分解数据空间能力的通用域、支撑域，以及各个能力域的能力子域、能力项，再细化相应的指标，以进行科学度量与合理评价。

结合上述三大核心能力及相关性能指标，根据能力域、能力子域、能力项三级分解，数据空间基本能力要求包括 3 个能力域、9 个能力子域、27 个能力项，共同组成数据空间基础能力项矩阵。基础能力项分析可以作为数据空间建设发展的依据和标杆项目的评价指标，并可与数据空间应用成效评估方法共同构成数据空间应用成熟度评价模型。

第一级：三大核心能力域

1）可信管控能力。

2）资源交互能力。

3）价值共创能力。

第二级：能力子域（共 9 项）

可信管控能力

1）接入核验审查：提供参与方注册及审核能力，集成身份核验机制。

2）履约机制与数据管控：配置履约机制，构建数据管控策略，确保数据使用方按约访问、使用和传输数据资源。

3）日志存证与溯源：追踪和记录系统状态、数据来源、流动路径、变化历史以及数据当前状态。

资源交互能力

4）数据发布发现：支持各参与方发布或查询所需数据资源、产品和服务，提供目录管理、数据索引与查询等服务。

5）数据互操作：定义数据资源、产品和服务的规范描述格式及语义发现、语义建模、语义转换，支持跨参与方、跨系统对数据内容的互相理解和应用。

6）空间互联互通：实现各类数据空间互联互通，促进跨空间身份互认、资源共享、服务共用。

价值共创能力

7）数据开发利用环境：为数据使用方和数据服务方等参与方提供数据产品和服务的应用开发环境。

8）运营规则和权益保障：制定运营规则规范，建立各方权责清单，制定数据共享、使用全过程管理制度。

9）数据服务方接入：为数据开发、数据经纪、数据托管、审计清算、合规审查等数据服务方提供标准化的数据服务接入规范与指引。

第三级：能力项（共 27 项）

接入核验审查

1）参与方接入注册：提供参与方注册、登录和系统访问功能。

2）身份核验机制：对参与方进行身份认证，集成公安、税务、市场监管等身份核验机制。

3）服务 / 产品认证：对数据产品、服务进行接入认证。

履约机制与数据管控

4）数据空间管控策略构建：针对数据流通关键环节构建管控策略。

5）履约机制：确保数据使用方按合同约定访问、使用和传输数据资源。

6）数据访问控制：实现对数据访问的控制和管理。

日志存证与溯源

7）系统日志存证：记录系统接入、运行、变更等日志。

8）行为记录存证：用户行为存证。

9）数据溯源：记录数据来源、流动路径及变化历史。

数据发布发现

10）数据资源发布：支持数据资源的发布。

11）数据资源查询：支持数据资源的查询，提供数据索引服务。

12）元数据管理：管理数据资源的位置和访问方式等相关元数据，并汇总成数据目录。

数据互操作

13）规范描述格式定义：定义数据资源、产品和服务的规范描述格式。

14）数据语义规范定义：定义数据语义规范。

15）跨参与方数据理解：支持跨参与方、跨系统对数据内容的互相理解。

空间互联互通

16）统一目录标识：为数据资源分配唯一标识符，实现快速准确的数据检索和定位。

17）统一身份认证：建立统一的身份认证框架，使得在不同数据空间中的用户身份能够得到互认。

18）统一接口要求：使用统一的接口标准，包括数据交换格式、通信协议和 API 设计原则，以确保不同数据空间之间的技术兼容性和互操作性。

数据开发利用环境

19）提供应用开发环境：为数据使用方和数据服务方提供应用开发环境。

20）支持数据产品开发：支持数据产品开发。

21）支持数据服务开发：支持数据服务开发与协同创新。

运营规则和权益保障

22）运营规则规范制定：制定运营规则与管理规范。

23）权责清单建立：建立各方权责清单。

24）收益分配规则制定：制定公平透明的收益分配规则。

数据服务方接入

25）数据服务接入规范：提供数据服务接入规范。

26）数据服务接入指引：提供数据服务接入指引。

27）数据服务标准化：实现数据服务的标准化。

将能力域拆分为能力子域并细分成能力项，一方面降低了数据空间整体能力理解的复杂度和系统实现的复杂度，另一方面，有助于在数据空间规划、设计、开发与运营阶段明确评估资源与能力配置情况，排定优先级顺序，细化工作重点，决定重点投入领域，形成完整、稳健而有效的治理策略。

　　图 8-17 汇总了上述三级能力域及各项能力项，形成一个完整的模型，有助于你系统地把握数据空间能力矩阵。随着实践领域的深入推进以及技术革新，部分能力项将逐步成为数据空间的基础要件，内化在数据空间系统和生态中，不再称为能力，同时还会有服务创新与价值牵引的新能力加入矩阵，持续完善和优化数据空间能力模型。

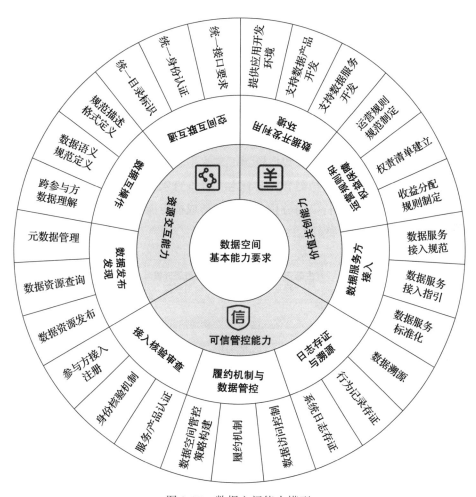

图 8-17　数据空间能力模型

除上述基本能力之外，在数据空间生态发展过程中，还应继续构建运营服务能力、商业价值能力、智能化水平等评价模型，为数据空间建设和运营提供指引和依据，驱动数据空间网络围绕价值创造健康、有序地良性发展。

8.3.3 数据空间应用成效评估

数据空间的标杆引领效应通过典型应用场景和解决方案形成标准化路线，而数据空间能力透视又静态分解了数据空间基本能力要求，为数据空间建设提供了完整的蓝图，有助于快速推进数据空间的规模化应用和创新发展。

为了更清晰地掌握数据空间的发展过程，为动态演进的数据空间提供度量方法，及时发现问题，并根据优化路线逐步提升数据空间运营能力、生态扩展能力和价值创造能力，数据空间应用还须开展相应的成效评估。

能力评价是对数据空间"体"的度量，而成效评估则是"体用贯通"的效果分析。在数据空间能力模型的基础上构建数据空间应用成效框架，是对数据空间生态发展水平、应用成熟度进行评价的一种手段。

数据空间应用成效可以从数据资源汇聚水平、生态主体参与程度、数据资源开发利用程度、安全防护与合规监管水平等垂直领域进行评估，并根据数据空间的基本能力主线进行横向分析和拆解，形成横向能力对齐、纵向领域贯通的应用成效评估框架（如图 8-18 所示）。

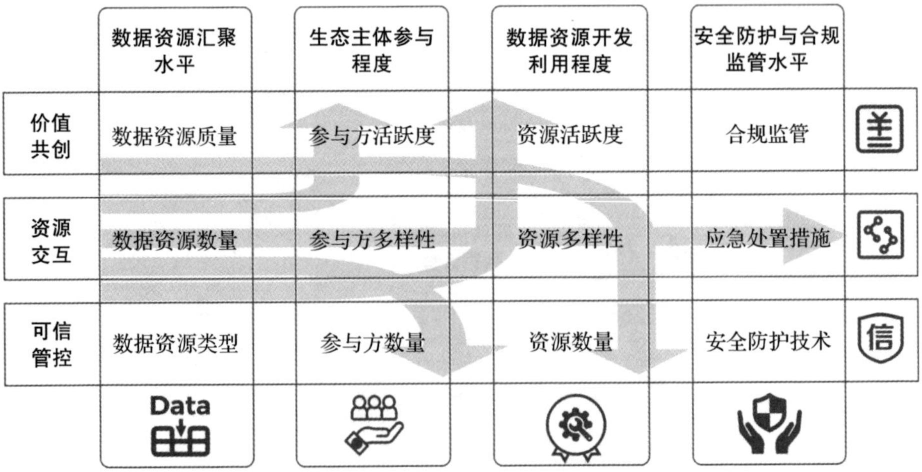

	数据资源汇聚水平	生态主体参与程度	数据资源开发利用程度	安全防护与合规监管水平
价值共创	数据资源质量	参与方活跃度	资源活跃度	合规监管
资源交互	数据资源数量	参与方多样性	资源多样性	应急处置措施
可信管控	数据资源类型	参与方数量	资源数量	安全防护技术

图 8-18　数据空间应用成效评估框架

　　根据数据空间应用成效评估框架，可进一步细化各项评估指标。以下是根据评估框架分解的数据空间应用成效评估指标体系参考。

　　一级指标（共 4 项）：

　　1）数据资源汇聚水平：评估可信数据空间中数据资源的类型、数量、质量等情况。

　　2）生态主体参与程度：评估可信数据空间中数据提供方、数据使用方、数据服务方的数量、多样性和活跃度。

　　3）数据资源开发利用程度：评估可信数据空间中数据服务、数据产品、应用场景的数量、多样性和活跃情况。

　　4）安全防护与合规监管水平：评估可信数据空间的防范、检测和阻断等技术手段以及合规监管行为，评价相应管理制度和处置措施。

　　二级指标（共 12 项）：

　　数据资源汇聚水平

　　1）数据资源类型：评估数据空间中数据种类、来源的多样性。

　　2）数据资源数量：评估数据空间接入数据资源的数量大小和规模。

　　3）数据资源质量：评估数据资源和资产的质量状况及价值指标。

　　生态主体参与程度

　　4）参与方数量：评估数据空间中数据提供方、数据使用方、数据服务方的总数。

　　5）参与方多样性：评估数据提供方、数据使用方、数据服务方的多样性及各自占比。

　　6）参与方活跃度：评估数据提供方、数据使用方、数据服务方及用户在数据空间中的活跃程度。

　　数据资源开发利用程度

　　7）资源数量：评估数据空间中数据服务、数据产品、应用场景的数量。

　　8）资源多样性：评估数据空间中数据服务、数据产品、应用场景的多样性。

　　9）资源活跃度：评估数据空间中数据服务、数据产品、应用场景的活跃度。

安全防护与合规监管水平

10）安全防护技术：评估数据空间中防范、检测和阻断等技术水平。

11）应急处置措施：对于安全事件及违法行为及时采取相应的处置措施。

12）合规监管：评估合规监测行为及管理体系建设情况。

三级指标（共30项）：

数据资源汇聚水平

1）数据记录数：具体记录数的统计。

2）数据容量：数据容量的统计。

3）数据多样性：数据来源的应用场景和行业多样性占比分析。

4）语义准确率：评估语义发现的准确率及数据格式的一致性。

5）数据目录完整度：元数据的数量和质量评估、数据目录数量及质量评估。

6）质量规范和控制措施：质量规范和控制措施的评估。

7）在线服务功能：在线服务功能、自助服务以及人工智能应用水平的评估。

8）访问接口规范：访问接口统一性、通用性、规范性的评估。

生态主体参与程度

9）用户体验：用户满意度分析。

10）系统易用性：参与方接入便利性、易操作性、系统稳定性及流畅程度评估。

11）数据提供方参与度：数据提供方的参与度评估，包括数量、多样性和活跃度。

12）数据使用方参与度：数据使用方的参与度评估，包括数量、多样性和活跃度。

13）数据服务方参与度：数据服务方的参与度评估，包括数量、多样性和活跃度。

14）数据空间活跃度：数据空间推广活动、宣传活动及培训情况评价。

数据资源开发利用程度

15）应用程序及特色软件工具：数据资源开发利用的相关应用程序、特色软件工具种类、可用性、丰富度评估与协同创新成果评价。

16）数据服务需求满意度：数据服务需求满意度、数据服务稳定性、响应及时性的评估。

17）数据价值创造能力评价：收益分配制度完整度、分配频率、分配比例等的评估。

18）数据服务缺陷业务影响程度：数据服务缺陷对业务影响程度及投诉率的评估。

19）数据资源活跃度：数据服务、产品和场景的交互频率及跨空间交互情况的评估。

20）数据资源多样化及更新频率：数据服务、产品和应用场景的多样化、更新频率的评估。

21）数据产品丰富度：数据产品数量、种类及行业分布和应用场景覆盖度的评估。

安全防护与合规监管

22）信息安全合规率：信息安全合规性的比率统计。

23）数据泄露防护能力：数据泄露防护能力的评估。

24）数据窃取防护能力：数据窃取防护能力的评估。

25）数据篡改防护能力：数据篡改防护能力的评估。

26）应急响应能力：应急响应能力的评估。

27）安全事件处理效率：安全事件处理效率的评估。

28）安全培训和合规意识：安全培训和合规意识的评估。

29）动态合规监测措施：合规管理制度评价及动态合规监测措施评估。

30）安全与合规投入：安全技术与合规监管投入的评估。

这些指标（未穷尽）提供了一个全面的框架来评估数据空间的应用成效，根据这些指标进一步构建数据空间应用成效评估模型（如图 8-19 所示，三级指标未体现），可以对数据空间的性能和成效进行全面的评估。

在上述框架、指标和模型的基础上，数据空间整体情况能够得到比较完整的评价，加上数据空间应用成熟度评价模型，配合动态监测评估手段，数据空间的生态运营情况及应用成熟度将得到全方位把控，为问题改进、根因分析、优化升级、迭代发展提供清晰的方法论和可靠的标准指引。

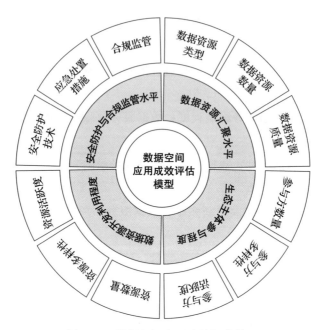

图 8-19　数据空间应用成效评估模型

数据空间应用成熟度评价模型是在能力评价与应用成效评估的各项能力项与指标的基础上，根据数据空间发展状态、运行现状和指标特征进行度量并根据各细项指标的度量结果进行分级的一套标准化体系。数据空间应用成熟度等级自低向高分别为一级、二级、三级、四级和五级，分别对应初始级（Initial）、应用级（Performed）、管理级（Managed）、优化级（Optimizing）、引领级（Leading），逐级递进、优化和迭代，如图 8-20 所示。

各个成熟度等级的关键特征分析如下。

1）初始级（一级）：

- 数据空间运营者应具有数据思维，面向数据要素化、数据资源化、数据价值化，开始实施探索数据空间应用并投入规划、设计、开发、部署、运营。
- 在运营、治理、能力构建的过程中，持续探索应用集成、系统升级与服务创新。
- 形成初步可运行的数据空间系统，并开始探索数据空间商业模式。

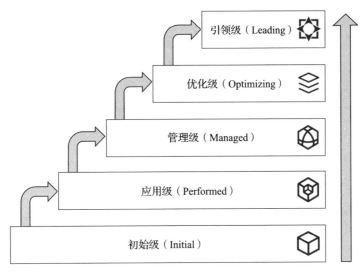

图 8-20　数据空间应用成熟度等级

2）应用级（二级）：

- 数据空间具有良好运行的状态，各参与方角色定位清晰，主体生态相对完整，场景具有辨识度。
- 数据空间持续接入各类数据资源，且通过多场景数据服务形成一定的商业模式。
- 数据空间运营者主导完成业务规则设置，形成规范的运营规则和管理体系，且配套相对完整的动态合规管理体系，初步具备生态运营和价值创造的能力。

3）管理级（三级）：

- 数据空间已完成关键业务的系统集成和数据交互体系，并稳健执行战略规划，形成较为丰富的资源交互格局。
- 各参与方协同创新，形成了多场景数据价值共创格局，并执行一套清晰的收益分配制度。
- 数据空间完成全面组件升级，实现可信管控，并完成数据空间各项认证和备案手续。
- 系统接入各类数据基础设施，并开始与其他数据空间进行互联互通，探索资源共享、服务共用。

4）优化级（四级）：

- 数据资源的合规高效流通成为数据空间持续运营、服务创新、系统优化、能力提升的核心要素，数据空间商业模式清晰并具有稳健的运营能力和发展态势。

- 各参与方的价值主张和数据相关需求得到满足，并持续有新的参与方加入数据空间，形成用户数量较多、数据种类丰富、各类资源交互活跃的内部生态格局。

- 数据空间持续进行动态合规监测，并形成标准化业务和流程，初步形成典型解决方案和最佳实践。

- 探索跨层级、跨地域、跨系统、跨部门、跨业务互联互通，开始构建数据空间网络生态。

5）引领级（五级）：

- 数据空间实现内外部能力、资源和市场等多要素融合，已构建独特生态场景并显现出巨大的价值，战略、运营、技术、数据、管理和创新等综合能力达到了国内外先进水平。

- 数据空间充分应用各类自动化工具并持续对外输出知识、标准、模型、自动算法，主动开源各类应用软件和程序。

- 各参与方积极投入数据空间互动中，获得巨大的价值回报，并主动传播先进经验，分享创新成果。

- 数据空间与国家数据基础设施完全实现互联互通，并带动数场、数联网等实践创新，形成网络化生态发展格局。

每个成熟度等级都反映了数据空间在生态运营过程中的深度和广度，以及它们在不同阶段应具备的能力和特征。数据空间运营者可以根据自身当前的成熟度等级制定相应的改进措施，逐步向更高级别的成熟度迈进。

数据空间应用成熟度的各个等级是相对的，但又具有明确的度量结果而形成不同级别。这些不同成熟度等级的数据空间互联互通又形成能力迁移与技术共享，有利于数据空间网络生态的形成，也有利于数据空间运营者通过应用成效评估、空间成熟度评价来优化系统、调整战略，聚力打造具有强大价值创造力的标杆项目。

目前，数据空间项目大多处于方案和试点阶段，尚未进入成熟期。从行业分布上，交通、供应链、跨行业的数据空间相对进展较快，制造和能源行业也已经储备一批进入方案和试点阶段的项目。随着各类数据空间组合推动政策和措施的落地，以及越来越多的实践探索，从合作伙伴的愿景和主要场景出发，数据空间将快速进入明确定义的技术架构、路线图以及项目实施建设阶段，并通过多措施资金投入，加速形成数据流通利用生态发展的局面。

8.4　数据空间发展监测管理

8.4.1　数据空间监管方

在生态发展过程中，数据空间呈现出兼具自由市场与基础设施属性的特征，既鼓励积极主动的数据共享与交换，又需要构建稳固的可信管控底座，两者相互促进。经过能力构建、共识形成，数据空间进入经营发展阶段，并持续进行成熟度评价与发展监测管理，如图 8-21 所示。

宏观路径中最核心的是共识机制的形成。对于共识规则，内部由参与者自主确定，而外部仍需要具有一定监管权限的主体支持数据空间运营者执行必要的约束。通常，强监管类数据空间运营通过遵循部门规章、地方政府规章或行业自律公约、联合声明来强化共识并据此处理违背共识的行为。此外，法律法规、国家标准、团体标准和行业标准也提供了清晰的规范基础，支撑数据空间生态稳定与安全合规。

然而，数据空间复杂系统不仅内部是动态扩展的，外部技术革新也促使数据空间需要持续迭代发展，加上数据空间逐渐呈网络化发展，难免出现一些状况需要借助外部力量来干预。因此，除了数据提供方、数据使用方、数据服务方、数据空间运营方四类核心参与者以外，我国还构建了数据空间的"第五方"主体——数据空间监管方，作为支撑数据空间生态运营的重要角色。

可信数据空间监管方，指履行可信数据空间监管责任的政府主管部门或授权监管的第三方主体，负责对可信数据空间的各项活动进行指导、监督和规范，确保可信数据空间运营的合规性，其职责主要包括：

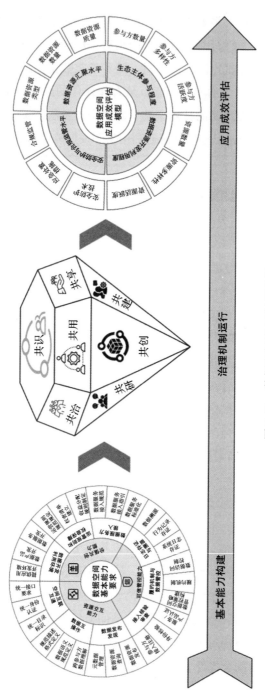

图 8-21　数据空间发展宏观路径

- 指导、监督和规范：监管方负责对数据空间的各项活动进行指导、监督和规范，确保数据空间运营的合规性。

- 保障数据安全：监管方需要监督数据空间中的数据安全，包括引导和加强个人数据和重要数据的保护，防止数据泄露和滥用。

- 推动合规管理：监管方应推动数据空间的合规性建设，包括引导数据空间建立数据采集、整理、聚合、存储、分析、流转等环节合规治理体系。

- 建立监管体系：监管方需要建立和完善数据流通准入标准规则，按照"三统一"技术规范，明确可流通数据的技术要求、质量评价、风险评估规范，并完善数据产品的合规审查和审计办法。

- 促进数据合理利用：监管方应鼓励数据依法合理有效利用，保障数据依法有序自由流动，促进以数据为关键要素的数字经济发展。

- 行业自律和标准制定：监管方应推动相关行业组织依法制定数据安全行为规范和团体标准，加强行业自律。

- 数据跨境流动监管：监管方负责建立高效、便利、安全的数据跨境流动机制，提供合规指引、跨境申报咨询等服务，降低企业数据跨境成本和合规风险。

- 核心技术攻关与创新：监管方应推动可信管控技术攻关，促进数据互通及开源，构建创新孵化机制和系统解决方案。

为履行上述职责，做好数据空间监管工作，数据空间监管方一般需要与国家网信部门、公安机关、国家安全机关、各级数据管理部门联动协作，形成数据空间监管框架，确保数据安全和合理利用。同时，数据空间监管方还与行业组织、第三方服务机构、备案服务机构、认证机构、安全技术机构、争议解决机构等协作，建立数据空间发展监测中心、数据空间备案管理中心、数据空间运营服务中心、数据空间技术支持中心、数据空间争议解决中心等功能性内设机构，形成监管功能组织架构（如图 8-22 所示），更全面地开展数据空间合规检测与安全治理工作，支撑数据空间生态运营与可持续发展。

图 8-22　数据空间监管功能组织架构

8.4.2　可信数据空间筑基行动

可信数据空间筑基行动是国家层面针对新型数据基础设施——可信数据空间进行的前瞻性系统布局，旨在通过一系列行动全面夯实可信数据空间的发展基础。筑基行动是《行动计划》三大行动之一，在开展能力建设行动、培育推广行动的同时，配置筑基行动，整体形成推动数据空间网络生态发展的组合拳。筑基行动的具体内容如下。

（1）制定推广可信数据空间的关键标准

强化可信数据空间标准化工作，加快参考架构、功能要求、运营规范等基础共性标准研制，积极推进数据交换、使用控制、数据模型等关键技术标准制定。组织开展贯标试点，发挥标准化引领作用，推广标准应用示范案例和样板模式，引导可信数据空间规范发展。

（2）开展可信数据空间核心技术攻关

组织开展使用控制、数据沙箱、智能合约、隐私计算、高性能密态计算、可信执行环境等可信管控技术攻关，推动数据标识、语义发现、元数据智能识别等数据互通技术集成应用，探索大模型与可信数据空间融合创新。推动可信数据空间资源管理、服务应用、系统安全等技术工具和软硬件产品研发，支持打造可信数据空间系统解决方案。依托现有开源平台推动可信数据空间技术开源，建立多方参与的创新孵化机制，提升技术创新研发和扩散转化效率。

（3）完善可信数据空间基础服务

支持建设可信数据空间共性服务体系，降低可信数据空间建设和使用门槛。加快建设数据高速传输网，推动全国一体化算力网建设，支持可信数据空间多主体灵活传输数据资源的需求。引导云服务商构建数据管控能力，实现云上数据可控可管可计量。

（4）强化可信数据空间规范管理

建立健全可信数据空间合规管理指引，明确可信数据空间各参与方的责权边界，防范利用数据、算法、技术等从事垄断行为。探索开展可信数据空间备案管理，动态发布备案名录。可信数据空间各参与方须遵守网络安全法、数据安全法、个人信息保护法等法律规定，落实数据安全分类分级、动态感知、风险识别、应急处理、治理监管等要求，建立可信数据空间安全管理体系。引导第三方开展可信数据空间核心能力评估。

（5）拓展可信数据空间国际合作

依托二十国集团、金砖国家、上海合作组织等多边框架，探索建立可信数据空间对话合作机制，形成发展共识。积极参与 ISO、ITU、IEC 等标准化组织活动，牵头或参与制定相关国际标准，推动我国可信数据空间技术标准、运营规则和认证体系的全球适用。面向"一带一路"等区域合作平台，推动可信数据空间国际合作示范项目建设，探索国内外数据空间互联互通。

可信数据空间筑基行动是一项全面推动数据空间安全、可靠、高效发展的计划，其核心目标是构建一个规范、安全、互联互通的数据环境，保障数据空间稳态发展。图 8-23 归纳了上述行动内容，形成统一视图。

8.4.3 数据空间备案管理与动态监测评估

1. 数据空间备案管理

数据空间备案管理是数据空间规范管理与运营的重要手段，也是构建数据空间生态体系的重要过程。备案管理有利于建立数据空间培育机制，根据数据空间不同成熟度、阶段、形态、专业领域形成有梯队、有层次的服务、管理和规范工作，并有针对性地提供必要专项资金支持与激励措施，更快地推动数据空间网络化、专业化、市场化发展，形成主体多元、类型多样、业态丰富的生态网络。

图 8-23　数据空间筑基行动版图

数据空间监管方应重点关注和培育发展方向明确、运营模式清晰、具备可持续发展能力的数据空间。数据空间运营者应首先与标杆项目和最佳实践用例对齐，优化运营规则与管理规范，主动申请备案登记，积极推动数据空间互联互通。国家层面，应探索建立全国数据空间登记备案平台，经备案的数据空间纳入数据空间管理服务体系。

监管方持续对备案数据空间进行动态监测管理，并适时开展阶段性评价，动态发布备案名录。通过开展备案工作，可以及时发现典型解决方案、改进运营规则、共享最佳实践，形成数据空间发展一盘棋。

数据空间筑基行动为备案管理工作提供了方向和目标，数据空间备案管理也是加强对可信数据空间监管的重要措施。

2. 数据空间名录

作为数据空间备案管理的工作内容和成果之一，数据空间名录的动态发布将有利于整体生态的协同演进，形成系统化的数据空间协同、动态监测与监督管理体系，为监管方提供数据空间的重点培育方向与宏观调控依据。

持续动态发布备案名录还能够提高数据空间运营的透明度，使得监管机构和公众能够更清晰地了解各个数据空间的运营状态和合规情况。同时，备案名录的发布可以引导可信数据空间规范发展，通过标准化引领作用，推广标准应用示范案例和样板模式。此外，备案名录的建立有助于在国际合作中形成发展共识，推动中国可信数据空间技术标准、运营规则和认证体系的全球适用。

定期发布数据空间名录是提升数据空间监管的有效工具,它不仅有助于规范市场行为,还能够增强数据安全和保护个人隐私,同时也是推动数据空间国际合作和标准化的重要手段。开放数据空间联盟作为行业自律性组织,依托生态专家智库,形成了一套名录体系,即数据空间名录(Data Space List)。该名录设置了数据空间的发展指数、行业覆盖度分析以及核心贡献评价等指标,通过系统性分析与动态性评价,为全球尤其是国内各种数据空间提供全景视图。

数据空间名录汇总了各类型数据空间的建设发展现状、路线,并提供相应的洞察分析,包括行业、应用场景、用例、参与者、位置和成熟度,以及数据空间的阶段性贡献。目录已形成一套完整的可访问的工具,采用市场调查分析和数据空间运营者申报的方式,努力实现所有数据空间的可见性、透明度,识别最有前景的项目,以促进发展和匹配。

另外,国际数据空间协会也通过数据空间雷达(Data Spaces Radar)展示数据空间用例,覆盖了从创建商业案例到实际数据空间的不同成熟度的用例,从计划到试点再到完全运营,跨越行业和功能领域。数据空间雷达提供了对数据空间在各个行业、全球扩展、技术透明度和新开发阶段的洞察。

3. 数据空间动态监测评估

数据空间运营者首先应主动开展数据空间的动态监测工作,并主动关注发展情况和问题处置,持续优化数据空间运营管控。

- 建立多层次的安全监测网络:通过建立多层次的安全监测网络,实现对数据泄露、篡改和滥用行为的实时监控。
- 利用隐私计算技术:在敏感数据的使用场景中,通过"可用不可见"的隐私计算技术防范敏感信息泄露风险,确保数据在产生、存储、计算、应用、销毁等数据流转全过程的各个环节中"可用不可见"。
- 权限管理精细化:依托灵活、高效的数据空间权限分配和管理机制,确保数据访问的安全性和合规性。细化权限配置管理机制,构建接入认证体系,保障可信数据空间参与各方身份可信、数据资源管理权责清晰、应用服务安全可靠。
- 数据流通留痕化:依托数据流通的全生命周期存证管理体系,实现数据从生成到使用的可追溯、可审计和可管理。强化主体可信认证与行为留痕,推动可信身份认证体系的普及,要求数据空间中的所有访问主体通过已认证身份进入系统,并对访问过程实现全程留痕。

- 安全监测常态化:依托实时监控和快速响应机制,实现对数据安全风险的全领域感知与防范。加强风险预警与异常监测能力,构建覆盖全场景的数据安全风险监测网络,集成数据泄露、篡改、滥用等风险识别功能。

- 积极参与数据空间备案管理,主动加入备案名录动态发布,接受监督并学习先进经验。

数据空间监管方在数据空间监测评估环节主要发挥主导和协调作用,按照国家标准体系,引导和规范第三方开展可信数据空间各项评估工作,健全工作机制,并建立监测评估结果反馈运用机制,包括采用动态发布数据空间备案名录、推广标杆项目和应用典型示范、加强专项资金支持和完善奖励机制等。同时,还应充分发挥产业联盟、标准化组织、行业协会等引导作用,围绕政策制度、标准规范、技术应用、标杆案例等,广泛开展宣贯培训,鼓励开展多种形式的可信数据空间对接活动,推进跨空间、跨域的数据产品和服务交流共享,促进可信数据空间制度规则、技术研发、能力构建、运营推广、市场服务等方面的交流与合作。通过上述措施,数据空间监管方能够对数据空间进行有效的动态监测和评估,形成完整的动态监测评估流程(如图 8-24 所示),确保数据空间的合规性、安全性和高效性。

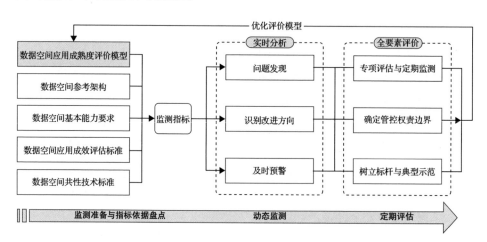

图 8-24　数据空间动态监测评估流程

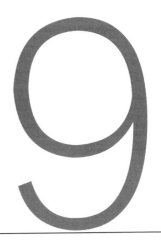

数据空间风险管理

　　风险管理，是数据空间运营的重要保障与核心内容，是数据空间始终可信的基础支撑，它既包含数据空间透明度管理、风险防控、安全与合规管理等内容，也包含措施、机制、体系、流程、技术以及人员在内的一体化管控过程。

　　本章以《可信数据空间发展行动计划（2024—2028 年)》保障措施为起点，通过数据空间可观测性、稳健的共识机制以及管理技术等方面阐述数据空间透明度管理，首先介绍风险预防的根本措施，接着围绕数据空间全生命周期，基于风险评价与防控措施的实践，构建防控体系，实施风险评价关键流程，采取必要的风险防控措施，确保数据空间内的数据在全生命周期中的安全、高效连接。

　　而对于数据空间安全与合规管理这一重要内容，则通过安全架构、安全策略、安全技术、安全评估等数据空间安全管理体系展开全面介绍。本章创新性地融合信息完全、网络安全、数据安全与生态，形成统一的数据空间全局安全观，进而构建数据空间安全框架以及合规管理框架，为数据空间可信安全与动态合规提供系统的参考。

9.1 《可信数据空间发展行动计划（2024—2028 年）》保障措施

《行动计划》在推进三大行动实施落地的同时，还配置了体系化的保障措施，通过政策、资金、人才和合作等多方面的支持，推动可信数据空间的发展，确保数据的安全、流动和有效利用，同时防范风险，促进数据经济的健康发展。

（1）加强统筹联动

国家数据主管部门会同相关部门，加强统筹协调，探索跨部门联合管理模式，共同推进各项工作落实落地。各地区要把可信数据空间推广应用作为促进数据"供得出、流得动、用得好、保安全"的重要举措，结合本地区发展基础和特色优势，组织实施好相关可信数据空间建设运营工作，推动政策落地见效。

（2）加大资金支持

统筹利用各类财政资金，加大可信数据空间制度建设、关键技术攻关、项目孵化、应用服务等方面的资金支持。鼓励地方统筹利用多渠道资金，支持可信数据空间繁荣发展。引导创业投资基金等社会资本加大对可信数据空间投入力度，鼓励投早投小。在依法合规、风险可控的前提下，鼓励有条件的金融机构与可信数据空间运营者合作建立基于数据的增信体系，创新符合数据要素发展特征的金融产品和服务。

（3）加强人才培养

支持和指导高等院校、职业学校加强可信数据空间相关专业建设。强化校企联合培养，鼓励企业与高校、科研院所共建实验室、实习实训基地，加强可信数据空间技术开发、数据分析、数据合规、数据服务等专业人才培养。完善可信数据空间项目孵化、资金扶持、技术指导、市场对接等创新创业服务体系，营造良好氛围，激发创新创业主体活力。

（4）加强标杆引领

加强全国可信数据空间应用推广工作，打造一批数据资源丰富、数据价值凸显、商业模式成熟、产业生态丰富的可信数据空间标杆项目，遴选一批可信数据空间典型应用场景和解决方案。建立完善可信数据空间发展引导体系，健全成效评估工作机制，组织开展可信数据空间动态监测评估，加强监测评估结果反馈运用，促进可信数据空间建设和应用水平迭代发展。

（5）推动交流合作

充分发挥产业联盟、标准化组织、行业协会等的引导作用，促进可信数据空间制度规则、技术研发、能力构建、运营推广、市场服务等方面的交流与合作。引导建立可信数据空间治理行业自律机制，防范前沿技术应用风险。

上述各项保障措施在引导数据空间健康发展的同时，全方位设置了数据空间的风险防范机制，见表 9-1。

表 9-1　基于数据空间发展保障措施的风险防控体系

风险防范机制	主要措施
统筹联动与跨部门合作	通过国家数据主管部门与相关部门的统筹协调，可以形成跨部门联合管理模式，共同推进可信数据空间的各项工作落实落地。这种联动机制有助于统一风险评估标准，减少部门间信息不对称导致的管理漏洞和风险
资金支持与风险分散	加大资金支持，特别是鼓励社会资本和金融机构的参与，可以分散单一投资主体的风险，同时通过资金的多元化投入，增强项目的抗风险能力
人才培养与专业能力提升	通过加强高等院校和职业学校相关专业建设，强化校企联合培养，可以提升专业人才对数据安全和合规性的认识，从而降低专业能力不足导致的风险
标杆引领与风险示范	打造标杆项目和遴选典型应用场景，可以为其他项目提供风险防范的示范和借鉴，通过标杆项目的经验和教训，帮助其他项目规避类似风险
交流合作与风险共担	通过产业联盟、标准化组织、行业协会等机构的引导作用，促进制度规则、技术研发等方面的交流与合作，可以共同分担风险，提高整个行业的抗风险能力
数据合规性审查	对数据要素的合规性风险进行全面而深入的审查，确保企业在数据全生命周期的所有环节严格遵守相关法律法规及行业规范，从而降低合规风险
风险监测与预警	依托实时监控和快速响应机制，实现对数据安全风险的全领域感知与防范，加强风险预警与异常监测能力，提高应对突发数据安全事件的能力
数据全生命周期管理	通过技术手段构建空间行为和数据存证体系，保障数据流通利用全流程留痕，增强数据的可信度，为后续的公共数据开发利用提供合规性依据，降低数据滥用和泄露的风险
数据风险防范能力提升	通过预警监测、行为识别和事件溯源等机制，建立健全的数据流通安全防护体系，提升全场景、全流程的数据风险防范能力
行业自律机制	引导建立可信数据空间治理行业自律机制，防范前沿技术应用风险，通过行业自律减少不当行为，提高整体的风险管理水平

9.2 数据空间透明度管理

透明化通常是指提供足够的信息，使用户能够理解服务的运行状况、性能、安全性和合规性等，这并不意味着数据空间运营商需要披露所有的内部运作和商业细节，尤其是那些涉及参与方密切相关利益而不直接影响用户权益保护的部分。透明化是重要的风险管理手段，尤其是对于复杂的数据空间系统而言。数据空间透明度管理主要包括以下几个方面。

（1）数据流通透明度

- 数据产品、场景、服务的可视化：数据流动"一张图"，用户全面了解数据资源交互的流程和状况，包括数据接入、使用、删除的明确说明以及访问控制策略。
- 数据资源数量：提供数据接入和发布的数量、频率以及完整的资源目录信息等。
- 数据资源类型：包括数据、用例、应用场景和服务的类型、多样性及其变化情况。
- 数据资源质量：主要是数据空间系统所具备的数据质量分析功能，为用户提供数据质量改进和应用场景匹配的方向。

（2）系统性能透明度

- 服务级别协议（SLA）：明确的 SLA 指标，如可用性、响应时间和故障恢复时间等。
- 性能实时监控：提供实时的性能监控工具，以便用户跟踪资源使用情况和服务性能。
- 资源状态更新：实时更新系统资源分布情况及占用信息。
- 子系统及组件分布运行情况分析：提供互联互通可视化界面，并具备跨系统监测功能。

（3）服务与支持透明度

- 支持服务：明确客户服务的可用性和响应时间，以及定期的服务更新和维护通知。
- 应用程序及服务类型丰富度：系统支持型应用程序，尤其是自动化、自助化应用程序及服务类型的丰富度。

- 用户策略及治理机制：提供清晰的用户策略指引和治理机制说明，并引导用户充分理解，例如提供数据空间治理在线培训。

（4）成本透明度

- 数据价值评估模型清晰：明确展示不同服务的费用，包括可能产生的额外费用，尤其是提供明确的动态数据价值评估模型，并面向用户全面开放自助测算与自评估。
- 成本效益可识别：定期公布数据空间运营过程中的主要成本支出和收入情况。
- 收益分配机制：提供收益分配规则介绍以及相应的激励措施。
- 计费方式：提供费用计算的工具或方法，帮助用户预测和控制成本。

（5）安全与合规透明度

- 安全管理体系：建立数据空间安全管理体系，描述相应的安全策略和措施，如加密、防火墙、入侵检测系统等，并引导参与者与用户共用安全机制。
- 合规评价体系：提供符合行业标准和法规要求的合规评价模型，并动态发布合规监测结果，同时引导参与者与用户共用合规模型。
- 应急处理措施：设置有效的安全事件、违法行为处置及应急处理措施，并公布流程、依据和结果。
- 动态合规监测措施：明确基于动态信任管控所涉及的隐私边界，并提供清晰的动态合规监测过程，平衡用户的隐私顾虑。

以上各项透明度管理措施及内容、指标构成了数据空间透明度管理框架（如图 9-1 所示），该框架具有全局性、动态性、可操作性等特征，并可以充分平衡有效的风险管理和良好的用户体验。实践中，透明度管理需要在数据空间持续可观测性的基础上构建稳健的信任基础，并采用必要的技术和手段来维持合理且必要的数据空间透明化程度。

9.2.1　数据空间的可观测性

作为一个互联互通的复杂生态系统，数据空间要实现透明度管理，首先要解决可观测性（Observability）问题。随着数据空间应用成熟度等级的提高，系统关系也会变得愈发复杂，多云服务、多组件协同、外部调用以及数据平台、数据系统、数据基础设施的互联互通，构建了一个庞大的多系统、多技术栈、多架构分布式生态。为确保数据合规、高效流通，保证数据空间系统的稳健、可用，需要持续提升数据空间的可观测性。

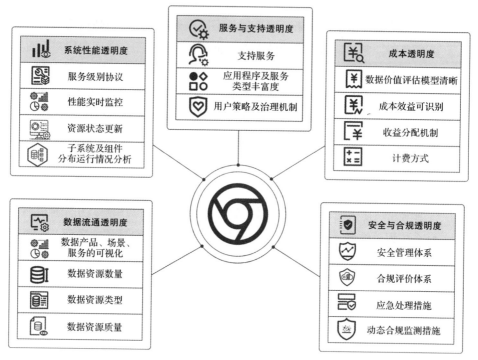

图 9-1　数据空间透明度管理框架

可观测性是数据空间的一项基本能力，是实时采集、自动化感知数据空间系统运行过程中产生的各项数据，如指标（Metric）、日志（Log）和链路追踪（Tracing）信息，来对系统进行全面观察、监测、评价、理解并采取及时、必要措施的能力。就系统而言，可观测性对内是对系统的全面感知，对外是对目标与价值的支撑，它既是一种能力，也是一种运营文化，需要从数据空间数据、系统、流程、业务等方面进行整体把控。Xsensus 数据交互探索技术就是一整套感知能力体系。

从透明度管理的角度看，数据空间可观测性是系统良性运行、维护、优化与升级的基础，与系统的可用性、可访问性以及安全合规均有联系，是数据空

间风险管理的关键措施，更是提高用户体验、优化系统性能的重要手段。数据
空间透明度与可观测性的关系如图 9-2 所示。

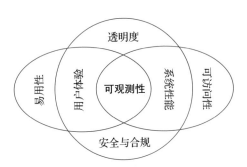

图 9-2　数据空间透明度与可观测性的关系

数据空间成功发展，不仅要靠合理的架构设计、组件集成和系统互联互通，
更要靠日常的运行维护与优化迭代。监控和观测是保障系统稳定运行的基本
手段。

监控与可观测性既有区别又有联系。监控是对系统运行中的客观状态进行
指标采集并予以分析的过程，关注的是系统的运行状况、运行时状态，是静态
的、被动的管理方式。可观测性是理解复杂系统的一种综合能力，关注的是系
统的设计、性能、效益、故障敏捷定位、修复、优化与应采取的措施等，是主
动的、深入的、理解性且面向改进的动态管理。虽然两者所采取的日常措施近
似，但思路、方法和目标是不同的。可以说，监控是一系列动作，是可观测性
的基础阶段，可观测性是一套流程体系，是数据空间系统演进的内生机制组成
部分。

数据空间的可观测性通过日志记录、系统分析、性能评价、运行监测、事
件警告和有效处置等方式提高系统的综合性能。通过日志、指标、链路跟踪信
息的收集并发布给统一的可视化平台，用这个可视化平台或组件来收集、处理
并展示系统所有组件的日志、运行指标、调用链路、事件处理、任务跟踪等
信息。

随着云服务基础设施以及多智能体协同的普及，数据空间的可观测性通过
分布式部署捕捉数据流、业务流所形成的云上、本地、跨区域的大量进程，并
充分理解这些分布式架构中的交互路径和相互依赖关系。这样做，一方面，可

以为业务正常开展和多服务价值共创提供支持；另一方面，通过实时掌控系统运行状况，发布预警，跟踪问题处理情况，定位根本原因，识别改进方向，以保障业务连续性并提升运维能力。

可观测性采用日志、指标、链路等工具体系，针对日志事件、任务调度采用指标聚合分析的方式获取最优配置，特别关注复杂分布式程序异常调试、异常定位需求，关注、理解运行中程序的运行状况、趋势、运行逻辑等。可观测性的关键指标是系统可理解性、异常定位难易程度、工具的可用程度。基于这些指标，通过"事件驱动、指标监控、异常预警、根因溯源、有效措施拆解、问题处理和效果管控"的管理闭环，自上而下针对高度关联的融合系统，以应用和服务为中心进行体系化、可观测性管控。数据空间观测工作流如图 9-3 所示。

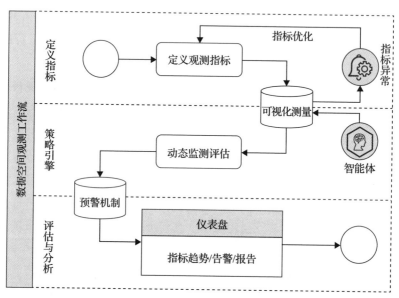

图 9-3　数据空间观测工作流

作为透明度管理的重要组成部分，数据空间可观测性组件、系统或平台需要采用"仪表化系统""驾驶舱系统"，提供全局可视化测量、统一数据分析、统一告警、快速定位处理。在多智能体协同系统的支持下，全局观测系统依托预设的策略与规则，通过算法模型实现高度自动化，不仅可以解决复杂系统的实时感知、自动化处理等一些常规问题，还可以获得系统优化方向推荐。

总之，"你无法管理和使用你无法衡量的东西"。可观测性是数据空间自我演进的方式之一，是互联互通系统透明度管理的重要能力基础。构建数据空间的可观测性体系是个长期的过程，它伴随着系统的研发、迭代、替代等过程，持续进行指标完善与优化，形成一套机制，不仅支撑数据空间可信基石构造，也成为指引风险识别的方向标。

除了对系统本身的监控、识别与度量，可观测性还包括对数据空间整体运行状况的动态性评价，尤其是成本可观测性，即透明度管理中的成本效益识别。

数据空间是基于共识形成的数据应用生态，其扩展性高度依赖清晰的商业模式，而商业模式有个重要组成部分就是成本收益模型。持续成本优化是基于可观测性实现的，首先是支出的可观测性以及供需的自由匹配，再通过成本优化，形成数据空间商业模型的整体构造。图 9-4 展示了数据空间成本观测流程，从中可以看出支出可观测性与成本可观测性的关系。

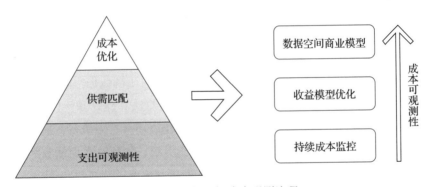

图 9-4　数据空间成本观测流程

9.2.2　动态且稳健的共识机制

动态共识机制是指在区块链网络中，根据网络状态和环境变化动态调整共识规则的机制。数据空间充分运用区块链技术，由多方主体形成共识，并依托共识机制构建生态系统。而区块链技术通过自身的透明性提供了处理风险的框架和工具，将风险控制在可接受的范围内。比如，在共识机制中，可以利用区块链技术的身份验证和反欺诈能力提高透明度和审计性，以及通过智能合约在风险管理中的应用实现自动化的风险管理。

  智能合约是基于区块链技术的自动执行合约，它们通过编程语言和算法定义合约条款，并在满足特定条件时自动执行。智能合约利用区块链的去中心化、不可篡改和透明性等特点，可以记录数据并将其应用于存证、监控和溯源等多个领域，是数据空间透明度管理的重要技术。共识机制的稳态发展，基于开放、透明、公正的开发环境与参与者的自主贡献。而区块链技术的分布式特性又为风险共享和分散提供新的可能性。通过区块链技术，可以创建去中心化的风险共担平台，风险可以被自动、公平地分散到所有参与者中，从而降低每个用户所需承担的风险，同时降低信任成本，提高效率。

  在数据空间各项交易发生时，区块链上的所有交易都是公开和透明的，这意味着所有参与者都能够查看和验证交易，从而增强市场公平性，减轻信息不对称问题，降低市场风险。区块链数据的不可篡改性提供了一个高效、可信的审计工具，审计员可以追踪每笔交易的全过程，提高审计的效率和准确性。

  因此，动态且稳健的共识机制在数据空间内是可实现的，且主要是通过技术实现的，减少了道德风险和商业欺诈。共识的形成与变动都来源于参与者和用户的协商与一致性主张。在变动的环境中，沟通反馈机制发挥了重要作用。通过建立有效的信息流通和反馈渠道，用户能够及时了解数据空间的最新动态，并表达自己的需求、想法和建议。而这些需求、想法和建议基于区块链技术，可实时共享且得到同等尊重，符合约定条件的建议还可自主执行，最终形成秩序化、一致化、统一化的透明格局，如图9-5所示。这种机制推动着共识变得更加稳健，使得数据空间文化更加内聚，从而更好地促进创新和发展。

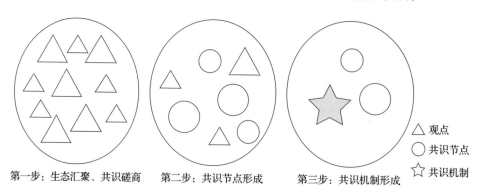

图 9-5　共识机制形成过程

通过上述协同措施，各参与方在确保数据安全和风险可控的同时，共同构建了一个动态且稳健的共识机制。这不仅涉及技术层面的实施，还包括组织文化和管理机制的建立，以确保共识机制能够在不断变化的环境中保持稳定和安全，而这些都是数据空间透明度管理的范畴。

9.2.3　透明度管理技术

实践中，建立透明度与信任将面临以下挑战：

- 数据空间内数据的持续增长和多主体复杂性：随着数据的增长和数据空间参与主体的复杂性增加，数据空间的风险管理挑战将越来越大。这将需要更高效、更智能的透明度管理解决方案。
- 法规和标准的变化：法规和标准在发生变化，数据安全与合规管控需要适应这些变化，以确保系统和运行过程的透明度与共识机制的变更。
- 隐私和安全的保护：数据使用范围扩大，各类型数据空间互联互通，隐私暴露的风险随之增加，需要更好地保护隐私和安全。
- 技术的发展：随着技术的发展，数据空间运营需要利用新的技术和方法来提高效率和准确性。

为了应对这些挑战，透明度管理需要配置专有解决方案，并扩展采用多项技术方案：

- 创新的算法和技术：需要研究和开发新的算法和技术，以提高系统的可观测性、自动化运维和运营效率、准确性。
- 标准化和一致性集成：需要开发标准化和集成的透明度管理解决方案，以更好地满足不同参与者的需求和价值主张。
- 数据加密和安全：数据加密和安全是指确保数据不被未经授权访问、篡改或泄露的方法。数据加密和安全可以使用各种算法和技术，例如对称加密、非对称加密、哈希函数等。
- 数据审计和监控：数据审计和监控是指监控与记录数据的访问、处理和使用情况的过程。数据审计和监控可以帮助确保数据的合规性和法规遵从性，同时也有助于确保数据的可追溯性。
- 构建支持 IT 和 OT 各类数据的接入和整合，支持 MQTT、WebSocket、

HTTP 等工况数据通信接入，支持系统监测联动、层级下钻、自由下钻、跳转等交互能力的综合系统。

- 持续深化超细粒度指标和日志记录数，捕获系统、用户、服务和使用行为的当前状态，分析聚合实时指标并设置行动指引模型，提升对未决故障发出警报并及时反馈和处置的能力。

此外，透明度管理应具备量化透明度影响风险管理效果的能力，包括采用以下多项技术进行分析：

- 时间序列分析：利用时间序列分析来预测系统运行的未来趋势和波动，提前做好资源配置、风险准备与系统升级。
- 随机森林与机器学习算法：应用随机森林等机器学习算法，通过大量决策树的集合来进行风险评估和分类，识别潜在的风险因素，并提供精确的风险分类。
- 优化算法：使用遗传算法、粒子群优化和梯度下降法等优化算法帮助数据空间运营者在既定风险水平下找到最优的策略组合，并为成本控制与收益模型优化提供参考。
- 大模型与智能体应用：利用风险分析与预测性大模型底座，配置多智能体协同系统，提高风险预测的准确性。
- 区块链技术与智能合约：如上文所述，利用区块链技术的透明性和可追溯性实现自动化的风险管理流程，减少人为操作失误带来的风险。
- 量子计算的突破：量子计算的发展可能大幅提高复杂量化模型的运算速度，特别是在高维度的多措施组合优化和极端市场（如 VUCA 模型）条件下的风险预测领域。
- 特征重要性评估：通过特征重要性评估量化每个特征对最终预测的影响，并为根因分析提供线索，为进一步优化模型和确保模型的公平性和准确性提供依据。
- 模型可解释性增强技术：使用可视化工具、集成模型以及模型简化技术增强模型可解释性，帮助数据空间运营者和用户理解模型的工作机制，从而做出更加明智的业务决策。

通过上述方法，可以量化透明度对风险管理的效果，提高风险管理的科学性和有效性。这些方法不仅有助于识别和预测潜在风险，还有助于优化风险管理策略和提高数据空间价值共创的能力。

9.3　数据空间全生命周期风险管理

9.3.1　数据空间全生命周期

数据空间全生命周期从规划设计到建设运营，最终走向网络化生态发展，经历了从诞生到优化管理的全过程。其间，部分数据空间项目可能由于经营不善、商业模式不清晰或使命达成而关闭，但数据空间作为数据利用基础设施以及数据应用生态，将持续成为不断演化升级的智能化、网络化市场载体，具有可持续发展的特征。数据空间全生命周期如图 9-6 所示。

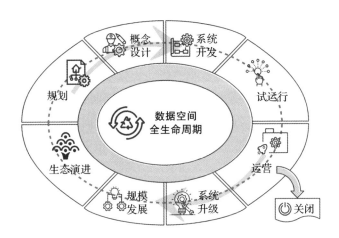

图 9-6　数据空间全生命周期

结合前文提到的数据空间战略发展周期分析框架和数据空间应用成熟度等级模型，可以初步将数据空间生命周期划分为规划、建设、运营、发展、生态演进等几个阶段。在这个过程中，风险管理始终是主线之一，以分析论证及配置为起点，形成细粒度指标化的风险度量模型，并经过持续验证与优化，依托智能技术，形成自动化风险管理模型，直至风险意识内化到生态发散的共识机制内。如图 9-7 所示，各个模型和分析框架融为一体，共同诠释了数据空间全生命周期风险管理。

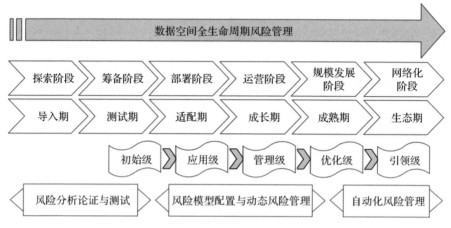

图 9-7　数据空间全生命周期风险管理示意图

从运营角度看，数据空间全生命周期涉及信任管控流、数据资源流、服务价值流的"三流合一"过程，是数据空间三大核心能力持续构建并进入稳态发展与自我演进的全过程。在建设初期，以全生命周期管理的理念启动一个数据空间项目，有利于构建一个可持续、面向未来、面向发展的生态空间，从而针对每个阶段所对应的不同发展特点和挑战采取相应的运营规范和风险管理措施。

根据《行动计划》，我国的数据空间建设从宏观层面将快速进入全面发展阶段。通过试点，推进数据空间进入成熟运营阶段，运营、技术、生态、标准、安全等体系取得突破，目标是在短期内（到 2028 年）建成 100 个以上可信数据空间，形成一批数据空间解决方案和最佳实践，基本建成广泛互联、资源集聚、生态繁荣、价值共创、治理有序的可信数据空间网络。这一阶段的重点是数据空间的运营效率和价值实现。

随着数据空间的发展，治理和法规遵循成为关键。数据空间需要遵守各种法规和合规性要求，包括一系列标准规范及配套政策与激励措施。这一阶段的重点是确保数据空间的合规性和安全性。

数据空间的发展是一个持续的过程，需要不断地改进和协作。这包括跨部门的协作、与供应商和合作伙伴的沟通，以及对新兴技术和法规的适应。持续的创新和协作将覆盖整个数据空间发展周期，尤其是生态演进阶段。数据空间作为一种面向全对象全生命周期的分布式多元技术框架，其核心功能包括构筑可信基石、保障数据合规高效流通、促进数据价值释放等。数据空间通过数据闭环、组件开环与生态循环，构建数据流动与服务交互体系，确保数据在全生命周期中的安全、高效连接。

9.3.2　面向全生命周期的风险评价与防控措施

1. 数据空间全生命周期风险防控体系

风险评价（Risk Assessment）是一个系统化的过程，用于识别、分析和评估数据空间各类风险，以便采取适当的措施来减轻或管理这些风险。风险评价的目的是确定风险的优先级，并为问题解决、系统优化、运营能力提升提供支持，以确保数据空间拥有持续稳健的可信环境并保证资源被有效地分配到风险管理活动中。

数据空间的三大核心能力始终基于持续、动态风险评估与防控进行构建，尤其是可信管控能力，支持对数据流通利用全过程动态管控，支持实时存证和结果追溯，是整个数据空间建设和运营的内外风险评价与防控基础。数据与服务接入数据空间后，数据安全与风险管理作为整体顶层对资源交互与价值共创提供保障，而持续的动态合规监测，则更细粒度地针对数据、服务以及各类产品和应用程序进行审查与处置。

如图 9-8 所示，风险防控体系不仅覆盖了数据空间全生命周期，更基于三大核心能力对数据空间进行全面构建，并提供持续保障。

广义上讲，数据空间共识规则与治理机制也是风险防控体系的重要部分。随着指标规则化、措施自助化、共识自主化，数据空间风险管控遵循"指标 – 规则 – 措施 – 共识 – 文化"的发展路径逐渐成为数据空间参与者与用户自然而然的日常。同时，新的规则和防控措施会跟着出现，以应对复杂系统的演进和外部环境的变化。

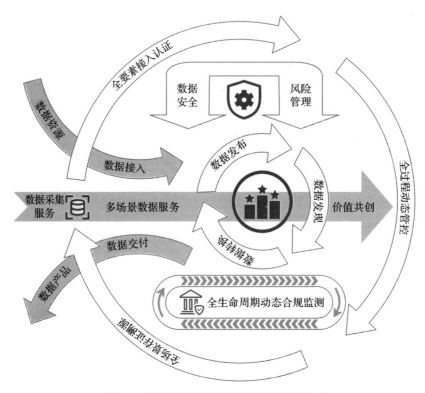

图 9-8　数据空间全生命周期风险防控体系

2. 风险评价关键流程

风险评价包括定性评估和定量评估，用于确定评价指标，并排定风险优先

级别。这个过程是为风险评价以及采取必要措施提供一个决策依据。定性评估是根据风险的性质（如高、中、低）对识别出的风险进行评估，进而通过计算风险发生的概率和可能造成的损失来评估风险。根据评估结果，对风险进行优先级排序。通常优先处理影响大的风险。例如，先解决可能的数据空间安全漏洞，再处理数据流通效率较低的问题。风险评价简要模型如图 9-9 所示。

图 9-9　风险评价简要模型

风险评价是一个动态的过程，需要定期进行，以确保适应不断变化的风险

环境。风险评价的关键组成部分如下：

- 风险识别：识别可能影响目标实现的潜在风险，这包括识别威胁、脆弱性以及它们可能导致的事件。
- 风险分析：分析已识别风险发生的可能性（发生的概率）和影响（如果发生，会造成什么后果），这通常涉及定性和定量分析。
- 风险评估：评估风险的严重程度，通常通过风险评价矩阵来完成，将风险发生的可能性和影响结合起来，以确定风险等级。
- 风险优先级排序：根据风险评估的结果对风险进行排序，确定哪些风险需要立即关注，哪些可以稍后处理。
- 风险处理：制定策略来处理已识别的风险，包括避免、转移、减轻或接受风险。
- 风险监控：持续监控风险和风险管理措施的有效性，确保风险管理计划与内外部环境的变化保持一致。
- 风险沟通：与所有相关方，包括数据空间参与者、监管方及用户等沟通风险信息，确保透明度和可理解性。
- 记录和报告：记录风险评价过程和结果，并向相关方报告，以便进行审查和决策。

为了更明确、清晰地把控数据空间全局风险，可以采用风险评价矩阵来分析和确定具体风险措施，划分风险区域和等级并进行重点监控。如图 9-10 所示，风险评价矩阵是一种有效的风险管理工具，可用于分析各类潜在风险，也可以分析采取某种方法的潜在风险。首先，列出数据空间全生命周期所有潜在问题，依次估计这些潜在问题发生的可能性，可按低、中、高标记，也可按数字标记。然后，依次估计这些潜在问题发生后对整个空间的影响，按小、中、大或按数字标记，就可以得出风险矩阵图以便于分析，进而找出预防性措施，建立应急计划。

如果问题出现在风险边界线以外（尤其是不可接受区域），则应立即阻止风险发生。如果风险无法避免或解决成本大于可接受范围，则考虑放弃。如果问题出现在风险边界线以内，则应采取合理的步骤来阻止风险发生。如果问题出现在可容忍范围内，也不能完全忽略风险，而应采取一些合理的步骤来阻止问题发生或尽可能降低问题发生后造成的影响。对于可容忍风险可采用被动反应管理，而对于其他风险则应该主动排除并时刻预防。

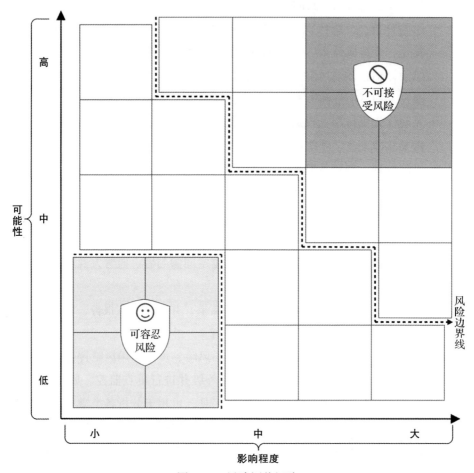

图 9-10　风险评价矩阵

3.风险防控措施

虽然本书多处提及安全、可信管控等内容，但对于安全，再怎么强调也不为过。数据空间的风险防控与安全管理常常是分不开的。前者更关注事件、措施以及运营保障，后者更注重系统和环境，二者相辅相成，相互作用。例如，以下各项既是风险防控措施，又是安全管理的重要内容。

- 建立数据空间全生命周期的科学管理体系，通过技术手段构建空间行为和数据存证体系，保障数据流通利用全流程留痕。
- 持续强化主体可信认证与行为留痕，推动可信身份认证体系的普及，要求数据空间中的所有访问主体通过已认证身份进入系统，并对访问过程实现全程留痕。
- 引入区块链等技术，对数据流动进行实时监控，确保数据使用始终符合授权范围。
- 依托实时监控和快速响应机制，实现对数据安全风险的全领域感知与防范。
- 加强风险预警与异常监测能力，构建覆盖全场景的数据安全风险监测网络，集成数据泄露、篡改、滥用等风险的识别功能。
- 探索建立可信数据空间安全管理平台，实时监控数据用途是否符合授权范围。
- 定期开展数据流通的安全合规性审查，对突发数据安全事件进行快速定位与处理，实现对数据流通过程的动态监控、风险预警和应急处置。
- 健全模型风险治理和实现模型闭环管控，构建覆盖全生命周期的模型风险管理体系，依托数据空间架构建设工程，搭建全局模型风险管理平台，覆盖全系统、全条线、全生命周期的模型风险管理，统一展示模型信息，实时跟踪、查询模型全生命周期状态。
- 自动化开展模型监测、跟踪评价、智能优化，实现实时监控模型有效性，实现模型全生命周期的闭环管理，有效支撑模型风险管理高效开展。对机器学习、关联图谱、图像识别、自然语言处理等人工智能技术在风险防控领域的高效应用，是强化数据空间风险防控措施的重要途径。

需要特别强调的是，风险防控的重点对象除系统环境外，还包括各类相关人员。风险防控措施应包括建立严格的内部威胁防控策略，建立全面的访问控制体系，实施最小权限原则，加强身份认证，实施数据分类分级管理，加强全局安全意识培训，实施全面的日志审计等。在必要的情况下，还应建立内部威胁情报系统以及内部监督举报机制。尽管未来的内部威胁防控将更加智能化、自动化，但无论技术如何进步，人的因素始终是内部安全的核心。因此，构建积极正面的安全文化，让每个参与者都成为安全防线的一部分，才是内部威胁防控的根本。

9.3.3 关闭数据空间

虽然数据空间全生命周期大多数向自我演进的可持续生态发展，但基于各种原因，还会出现一些关闭数据空间的情形，可能包括：

- 数据空间的目标和使命达成或者数据空间协议约定的终止情形出现。
- 数据空间参与者一致决议终止数据空间项目。
- 数据空间因经营不善而无法正常运营。
- 数据空间因违法违规被责令关闭。
- 数据空间因技术、商业运营等方面的考虑，整体并入其他数据空间。

基于系统维护和升级、资源限制和故障以及安全漏洞等引起的临时关闭则属于风险管理范畴，不属于数据空间项目的终止。

数据空间的建设与发展是基于价值创造的，如果数据空间的投入无法产出符合期待的经济和社会价值，例如运营成本过高或者市场竞争过于激烈，就可能导致数据空间运营者或主要投入责任人率先发起终止项目、选择关闭数据空间以减少损失。

大多数情况下，数据空间的关闭都是不得已而为之，而且往往猝不及防。因此，从风险管理的角度看，数据空间被迫终止的风险也需要提前防范。资源浪费和性能下降、系统锁定、完整性受损、系统崩溃且恢复困难等情况，都属于致命问题，可能导致业务停顿和严重损失。而最终数据空间的关闭涉及技术、安全、合规和商业等多个方面的原因，是一个复杂且受多因素影响的决策。

在关闭数据空间时，必须采取适当的措施来保护敏感和机密数据，防止数据泄露或滥用，确保遵守相关的法规和政策要求。还需要依据具体的使用场景和相关系统、平台的操作要求来进行，以下是一些常见的通用步骤示例：

- 确认相关影响及备份数据。在关闭数据空间之前，要充分考虑对依赖该数据空间开展的各项业务的影响。例如，如果是企业内部用于存储客户订单数据的数据空间，需要提前通知销售、客服等相关部门，协调好暂停业务操作或做好过渡安排，避免数据丢失或业务中断给企业运营带来严重后果。

- 数据备份。确保对数据空间内的重要数据已经进行了妥善备份。可以采用全量备份、增量备份等合适的备份策略，将数据保存到安全的外部存储介质或其他可靠的存储位置。
- 发布数据空间终止公告并接受各项监督。发布数据空间终止公告是关闭数据空间过程中的一个重要环节，其目的在于通知所有利益相关方（包括用户、合作伙伴、监管机构等）数据空间将被关闭。公告内容一般包括关闭原因、影响说明、处置方案、后续步骤等。
- 开展项目审计与清算。这涉及对财务和运营进行全面审查，编制审计报告，发表对清算财务状况、损益和财产分配情况的审计意见，并进行剩余财产清算与分配。
- 停止相关服务与进程。如果数据空间涉及特定的网络服务，如基于云计算的数据存储服务，要登录对应的云服务控制台，按照操作指引停止相关的数据服务实例。对于本地搭建的数据服务，可能需要在服务器端停止如数据库服务、文件共享服务等正在运行的服务组件。
- 下线。对于可通过网络访问的数据空间，断开它与外部网络的连接。比如关闭相应的网络端口，在防火墙配置中删除允许访问该数据空间的规则等，防止后续出现意外的数据访问或安全风险。如果是通过虚拟专用网络（VPN）等方式访问数据空间，则要关闭 VPN 连接。
- 进行后续确认与记录。确认数据空间已经完全关闭，将关闭数据空间的整个过程进行详细记录。这样在后续需要回溯或者审计时能够有据可查，也有助于总结经验，便于日后类似操作的规范开展。

需要注意的是，不同类型的数据空间（如云存储、企业内部数据中心、个人外置硬盘等）在具体的关闭操作上会存在较大差异，要严格按照对应的运营规则、管理规范等要求来准确执行关闭动作。

9.4　数据空间安全与合规管理

9.4.1 数据空间安全管理体系

数据空间安全管理，是指通过采取必要措施，确保数据空间处于有效保护、数据处于合法利用的状态，以及具备保障持续安全状态的能力。数据空间安全主要基于三个核心原则，即机密性、完整性和可用性，这三个原则被称为"CIA 三原则"，如图 9-11 所示。从这三个核心原则出发，数据空间安全管理体系主要借鉴数据安全与信息安全领域的各项最佳实践，根据运营需求和数据空间数据保护特征进行完整构建。虽然这三个核心原则同等重要，但在数据空间全生命周期内，不同的阶段对三者各有所侧重。例如：在建设初期更考虑可用性；随着参与者复杂性的提升以及用户数量的增加，完整性显得愈发重要；而到了数据空间广泛进行对外联接的阶段，机密性就更重要。

图 9-11　数据安全 CIA 三原则

在 CIA 三原则中，机密性是指数据及系统依据安全规则不泄露给未授权的实体或者提供被利用分析的特性。为保障机密性，数据持有者应遵循最少特权原则、加密、双重认证及强密码、组态管理、监测、审计及告警等原则，落实防护策略，例如访问控制清单（ACL）、数据传输加密等。

完整性是指在传输、存储信息或数据的过程中，确保信息或数据不被篡改或在遭到篡改后能够被迅速发现。完整性保护原则在风险评估、等级保护以及商用密码应用安全性评估中被广泛应用。

可用性是指数据不因网络攻击、物理设备故障等问题而变得不可使用。应当保障数据的合法拥有者和使用者能够及时得到所需数据。

除了 CIA 三原则之外，数据安全还有两个重要属性——真实性和不可否认性。真实性是指数据是真实可信的，并来自其声称的来源；不可否认性确保数据活动的主体或者触发事件者无法对数据或事件进行否认。

数据空间的建设与运营是在充分利用、复用现有数据基础设施的基础上进行的，也高度依赖既有的数据安全管理体系。由于数据空间系统是一个高度可信的复杂系统，对数据安全的要求更高，因此也需要时刻预防数据泄露、数据篡改、数据滥用、违规传输、非法访问等风险和挑战。

（1）数据泄露

数据泄露包括但不限于在数据接入、传输、交付过程中被恶意获取或者转移等相关风险。数据泄露是最大的数据安全风险，网络攻击、设备失控、监管缺失、内部违规、权限错误、供应链泄露等都会导致数据泄露。

（2）数据篡改

数据篡改包括但不限于造成数据及目录等资源破坏的修改、增加、删除、投毒等相关风险。例如系统和存储故障可能导致数据的改变、丢失或者不可访问，木马病毒会导致数据的恶意修改、加密以及损毁等。

（3）数据滥用

数据滥用是指未经数据权利人允许使用数据或以违反使用规则和访问限制的方式使用数据，包括但不限于数据超范围、超用途、超时间使用以及二次售卖等相关风险。数据滥用威胁来自内部违规操作、用户弃权、安全措施薄弱、信息过度收集等，严重的会导致数据泄露。

（4）违规传输

违规传输包括但不限于数据未按照有关规定擅自进行传输、未经授权进行跨数据空间操作等相关风险，例如敏感数据不加密传输等。

（5）非法访问

非法访问包括但不限于数据遭未授权访问等相关风险，最常见的是系统攻击（漏洞利用、SQL 注入、勒索病毒）、加密破解等，系统及应用程序的权限设置不当也会导致非法访问的发生。

这些挑战和风险都涉及数据安全、数据隐私以及数据保护。其中，数据安全的范围更广泛，旨在保护信息不仅免受未经授权的访问，还免受有意丢失、无意丢失和损坏。数据隐私的目标是确保数据空间接入、传输、存储和使用敏感数据的方式是负责任的，并符合法律法规。数据保护确保如果信息丢失、损坏或被盗，可以备份并恢复信息。数据保护是更大的数据安全策略的重要组成部分，在所有其他措施都失败时作为最后手段。

数据空间风险管理通过系统化构建可信管控底座并持续构建安全管理体系，确保数据空间始终可信。其中，持续优化的数据安全架构、行之有效的安全策略，以及定期开展的安全评估，都是风险管理的重要内容。

1. 数据空间安全架构

数据空间的安全架构通常基于广义的数据安全进行设计，也就是需要充分考虑信息安全、网络安全与生态发展的相关解决方案。信息安全是以信息为中心的安全体系，侧重于安全管理（ISO 27001 信息安全管理体系），主要包括内容合规、数据泄露防护等。网络安全是以网络为中心的安全体系，主要涉及网络安全域、防火墙、网络访问控制、分布式拒绝服务攻击及入侵等场景，对于数据空间广泛互联的网络来说也非常重要。数据安全则是以数据为中心的安全体系，狭义上侧重于数据分级及敏感数据全生命周期的保护。在这个基础上，数据空间也需要保持安全状态下的生态发展，构建生态安全。如图 9-12 所示，在数据空间安全框架中，系统安全是物理安全与软件安全的底座，网络安全负责防范外部攻击，保证系统接口与传输的安全，而信息安全与数据安全是数据空间安全的内容与价值安全，在此框架的基础上，生态安全发展得以持续。

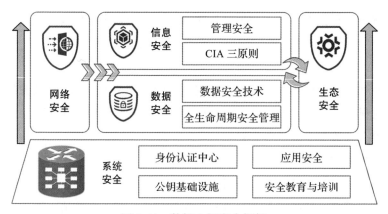

图 9-12　数据空间安全框架

安全架构是在上述框架的基础上在安全性这个方向的细分领域，其他细分领域还有技术架构、运维架构等。在数据空间的安全性上，常见的安全架构有三类，如图 9-13 所示。

图 9-13　数据空间安全架构

- 系统安全架构：构建系统安全属性的主要组成部分以及它们之间的关系。系统安全架构的目标是在不依赖外部防御系统的情况下，从源头打造自身安全的防护系统，构建第一道防线。
- 可信管控体系架构：构建数据空间信任管控能力的主要组成部分以及它们之间的关系。可信管控体系架构的任务是构建通用的可信技术基础设施，包括基于"三统一"等共性技术的可信机制、安全基础设施、安全工具和技术、安全组件与支持系统等，系统性地增强数据空间的信任基石，获得数据空间持续运营和生态发展核心能力，构建第二道防线。
- 动态合规管控与审计架构：基于系统安全底座和可信管控基石而持续开展的动态合规监测与定期审计。独立的审计架构及其提供的风险发现能力，是包括安全风险在内的所有风险防控的重要关卡，构成数据空间安全架构的第三道防线。

在数据空间架构设计过程中，身份认证（Authentication）、授权（Authorization）、访问控制（Access Control）、可审计（Auditable）、资产保护（Asset Protection）这 5 个核心元素被称为安全 5A 或 5A 方法论，是安全架构中重要的分析工具，如图 9-14 所示。

数据空间参与主体的范围不局限于用户，还包括数据空间参与者、利益相关者，数据空间设施、设备、系统、组件，以及其他数据空间主体。安全架构也从系统、应用层扩展到跨空间网络，覆盖物理和环境层、网络和通信层、设备和设施层、应用和数据层、服务和生态层。资产包括但不限于数据、资源与服务和产品，其中资源包括计算资源、存储资源、进程、功能、网络服务、系统文件等。这都显示出数据空间安全架构比传统安全架构更具扩展性。

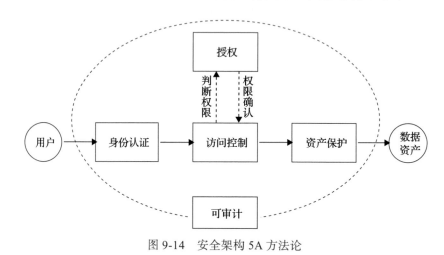

图 9-14　安全架构 5A 方法论

　　整体而言，身份认证、授权、访问控制、可审计、资产保护均是为了达成数据空间安全目标而采取的技术手段。其中，身份认证毋庸置疑是数据空间交互环节中最核心的启动环节，未经认证一概排除在外，这是"始终验证"的零信任要求。数据空间的安全也起于接入认证之后的全流程管控。

　　进入数据空间之后，就涉及对资源的访问和使用权限问题，也就是授权。授权，顾名思义，就是向通过身份认证的主体（用户 / 应用等）授予或拒绝访问客体（数据 / 资源等）的特定权限。授权的原则与方式包括基于属性的授权、基于角色的授权、基于任务的授权、基于 ACL（访问控制列表）的授权以及动态授权。从安全意义上，始终默认权限越小越好，满足基本的需要即可。

　　而访问控制主要由主体、客体和控制策略组成。控制策略即主动访问客体的规则的集合。授权是决策单元，访问控制是执行单元。

　　对于认证、授权、访问与保护的各项安全措施，都需要可审计。审计的目的包括发现安全缺陷、改进安全特性、消除安全隐患、为安全防御体系的改进提供支持以及满足监管或外部认证的合规要求。此外，数据空间运营者还可以基于审计日志构建日常例行的运营分析与事件挖掘活动，主动发现未告警的安全事件或隐患。

最终，资产保护作为数据空间价值核心，也需要进行全生命周期的安全管控。其中，对数据的保护是资产保护的重中之重，而且保护的范围不再局限于数据的安全存储，而是包括数据的接入、发布、发现、转换、交付以及在数据服务中的各项操作等全生命周期的安全管控。

数据作为一种动态的资源，是数据空间构建可信管控的重要目标对象，也正是由于数据空间的可信，各类数据主体才选择通过数据空间完成价值共创。数据的安全使用、安全传输、安全存储、安全披露、安全流转与跟踪等，是数据空间架构在资产保护环节的核心内容。加密是防止数据被窃取导致敏感信息泄露的典型手段。数据加密传输、密态计算、数据沙箱技术等都是数据资产保护的技术手段。同时，AI 可以用来学习、完善安全防护规则，或执行辅助防御。生物识别方面的 AI 技术可用于身份认证领域。AI 技术还可以用于完善风控系统。

从单一维度上看，安全架构 5A 方法论已提供了较为完整的视角，但数据空间复杂系统涉及多层架构、多元主体和多业务交互，有必要采用分层架构来进一步分析，尤其是输入层与输出层之间。例如，应用和数据层、设备和主机层、网络和通信层、物理和环境层都是风险管理与安全防控的关键节点。

对于这些关键节点的安全防控都有较为成熟的标准和最佳实践，本书不再扩展论述。使用现有的标准和最佳实践是数据空间安全架构设计的首要原则。在此基础上，数据空间安全还应充分考虑变化，提供一个可扩展的安全等级开放路线。在确保最基本安全等级的情况下，尽量多扩展安全组件以满足多样性服务与多利益主体交互。

2. 数据空间安全策略

数据空间安全管理体系由安全架构进行宏观指导，进而针对数据分类分级保护、动态感知、风险识别、监测预警、应急处置、治理监管等要求来系统构建，并进一步形成具体的数据空间整体安全策略。

（1）数据分类分级保护

根据《中华人民共和国数据安全法》第二十一条，国家建立数据分类分级保护制度，对数据实行分类分级保护。这意味着需要根据数据在经济社会发展中的重要程度以及遭到篡改、破坏、泄露或者非法获取、非法利用时对国家安全、公共利益或者个人、组织合法权益造成的危害程度，对数据进行分类分级，并据此实施不同级别的保护措施。

《数据安全技术 数据分类分级规则》（GB/T 43697—2024）按照先行业领域、再业务属性的思路对数据进行分类，进而根据数据在经济社会发展中的重要程度，以及一旦遭到泄露、篡改、损毁或者非法获取、非法使用、非法共享，对国家安全、经济运行、社会秩序、公共利益、组织权益、个人权益造成的危害程度，将数据从高到低分为核心数据、重要数据、一般数据三个级别。

数据处理者（包括数据空间运营者、数据提供方、数据使用方、数据服务方等）进行数据分类分级时，应在遵循国家和行业领域数据分类分级要求的基础上，参考以下步骤开展数据分类分级工作。

1）数据资产梳理：对数据资产进行全面梳理，确定待分类分级的数据资产及其所属的行业领域。

2）制定内部规则：按照行业领域数据分类分级标准规范，结合处理者自身数据特点制定数据分类分级细则。

3）实施数据分类：对数据进行分类，并对公共数据、个人信息等特殊类别数据进行识别和分类。

4）实施数据分级：对数据进行分级，确定核心数据、重要数据和一般数据的范围。

5）审核上报目录：对数据分类分级结果进行审核，形成数据分类分级清单、重要数据和核心数据目录，并对数据进行分类分级标识，按有关程序报送目录。

6）动态更新管理：根据数据重要程度和可能造成的危害程度变化，对数据分类分级规则、重要数据和核心数据目录、数据分类分级清单和标识等进行动态更新管理。

上述数据分类分级工作也是数据空间各参与方的重要工作内容，是数据空间目录服务的组成部分。

（2）动态感知

动态感知是指实时监测管理数据空间主体、资源、数据流动以及系统运行等各方面的感知体系（如 Xsensus 交互式感知体系），以识别和解析数据空间整体环境变化。在数据空间安全管理中，这意味着需要建立一个能够实时监控和响应数据安全风险的系统，以便及时发现和处理潜在的安全威胁。

（3）风险识别

风险识别是风险管理的第一步，涉及识别和评估潜在风险，并采取相应的措施来减轻或应对这些风险。在数据空间安全管理体系内，可以通过系统性地分析、评估和识别潜在风险，及时采取相应的措施来降低或避免风险对企业造成的损失。这与数据空间可观测性以及风险评价流程等相关联，是风险管理的重要步骤。

（4）监测预警

数据空间安全管理体系要求建立集中统一、高效权威的数据安全风险评估、报告、信息共享、监测预警机制。例如，构建一个能够获取、分析、研判、预警数据安全风险信息的平台，以便在数据安全事件发生前进行有效预警。

（5）应急处置

这是数据空间安全管理体系中解决问题、化解风险的重要工作。建立数据安全应急处置机制，一旦发生数据安全事件，数据空间运营者及重大利益相关方得以依法启动应急预案，采取相应的应急处置措施，防止危害扩大，消除安全隐患，并及时向用户及相关主体发布相关的警示信息。

（6）治理监管

强化可信数据空间规范管理，明确可信数据空间参与各方的责权边界，防范利用数据、算法、技术等从事垄断行为，这些都构成数据空间安全治理监管的重要内容。数据空间的治理监管包括内部监督和外部监管。内部监督由技术、流程和人员共同实现，而外部监管主体则包括数据空间监管方以及社会公众。利用跨部门、跨行业、跨组织的规制框架体系，加强可信数据空间全局系统治理，在遵守《中华人民共和国网络安全法》《中华人民共和国数据安全法》《中华人民共和国个人信息保护法》的前提下，落实细化各项监管要求，实现数据空间全面安全治理，这也是安全管理体系的构建目标。

数据安全治理目标可以简要归纳为透明度管理、风险管理与安全治理，即确保数据空间系统看得见（数据资产梳理、敏感数据识别）、控得住（动态合规监测、细粒度访问控制)、管得好(安全管理体系、安全策略、组织与人员、制度与流程、技术与工具)。在梳理管理体系的过程中,安全策略框架(见表 9-2)可以作为重要参考。

表 9-2　数据空间安全策略框架

策略分类	定义	特征与属性	主要内容
安全政策	数据空间关于安全的策略性文件,定义了对于数据安全以及信任管控的总体目标和方向	指导性	提供了关于数据空间应如何管理和保护其系统安全与数据资产的宏观指导
		规范性	定义了数据空间参与方、合作伙伴和其他利益相关者在数据安全方面的角色和责任
		全面性	涵盖从数据分类和访问控制到用户行为、信任管控和应急响应的多个方面
安全管理细则	为确保安全政策和标准得到一致执行而制定的详细指导	详细性	提供了详细的步骤和指令,确保操作的一致性和准确性
		易于遵循	通常格式化和结构化,易于理解和执行
		可衡量	明确的步骤和预期结果使得执行情况易于监控和评估
安全标准和指导方针	组织用来确保其安全措施和程序遵循特定规则和最佳实践的文档	权威性(标准)	安全标准通常有法律或合同约束力,必须遵守
		灵活性(指导方针)	安全指导方针提供了一定的灵活性,允许根据数据空间运营的具体需求进行调整
		实用性	提供了实际可行的方法,帮助实施和维护有效的安全措施
法律与合规	为了确保数据处理活动符合相关法律法规和行业标准而采取的措施	数据保护相关法律	《中华人民共和国数据安全法》《中华人民共和国个人信息保护法》《中华人民共和国网络安全法》
		合规标准	由行业组织或国际机构制定的标准,定义了在数据安全方面应遵循的最佳实践和要求,以帮助评估和提高其安全水平
		合规性审计和评估指引	合规性审计和评估是指定期进行的活动,通过检查和评估数据活动,确保它们符合适用的法律法规和行业标准

对于具体的安全策略制定与实施，应以数据为中心、以网络为中心、以信息为中心，充分考虑数据安全、网络安全与信息安全三位一体（如图 9-15 所示），还需要同步考虑定期稽核策略、数据动态防护策略以及定期安全审计等，在整体安全策略的控制和指导下，在综合运用防护工具（如防火墙、系统身份认证、数据加密等）的同时，利用检测工具（如漏洞评估、入侵检测等）了解和评估系统的安全状态，通过适当的响应将系统调整到"最安全"和"风险最低"的状态。

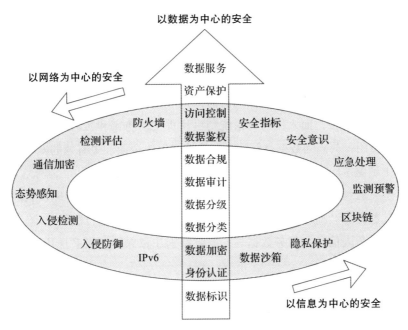

图 9-15　数据空间安全策略矩阵

3. 数据空间安全技术

基于 CIA 三原则，数据空间尤其关注加密技术、身份和访问管理（IAM）系统、多层次防御策略以及联邦学习中的隐私增强技术，以确保机密性、完整性与可用性的平衡，使得数据空间一切行为、数据和服务"可信、可控、可管、可证"。下面分别介绍几个重要的数据空间安全技术。

（1）防范、检测和阻断技术

在数据空间持续发展且商业模式逐步清晰的过程中，数据价值随着数据空间内数据的高频流动而倍增、释放，不安全因素持续增加。构建多层次防御策略，尤其是入侵检测与入侵防御技术，检测从网络层到应用层用户与系统的异常行为，提前发现潜在威胁，从而进行预警和提前防范，是对抗各类攻击的有效措施。

入侵检测系统是一种对入侵行为自动进行检测、监控和分析的软件与硬件的组合系统。入侵检测系统通过从计算机网络或系统中的若干关键点收集信息，并对其进行分析，从中发现网络或系统中违反安全策略的行为和遭到攻击的迹象。入侵防御系统是一种主动的安全防御技术，旨在防止恶意软件入侵和数据泄露。它通过实时监测和拦截网络流量中的威胁，保护网络和系统免受攻击。入侵防御系统能通过响应方式实时终止入侵行为的发生和发展。它不仅能检测攻击，还能有效阻断攻击，提供实时的保护。入侵检测系统主要侧重于检测入侵行为并提供警告，而入侵防御系统则更注重主动防御和实时阻断攻击。两者可以结合使用，共同为数据空间网络和系统提供更全面、更有效的安全保护。

（2）敏感字段识别

这是元数据智能识别、语义发现等相关技术在数据安全治理领域的应用，是指通过数据资产梳理，找出敏感字段的分布，并对其进行脱敏处理。敏感字段通常包括个人信息、财务数据等，需要特别注意保护。以下是几种常用的敏感字段识别方法：

- 正则表达式匹配：利用正则表达式对敏感信息，如身份证号、手机号、座机号、邮箱地址、IP 地址、MAC 地址等进行匹配识别，这些字段有明确的规则，可以通过正则表达式进行匹配。
- 关键字匹配：对于姓名、地址等没有明确规则的字段，可以通过配置关键字来进行匹配。
- 算法识别：对于银行卡号、信用卡号、组织机构代码、营业执照号码、统一社会信用代码等，可以通过特定的算法进行识别。
- 自然语言处理算法：对于没有明确规则的字段，如地址、图片等，可以利用自然语言处理算法进行识别，使用开源算法库来辅助识别。
- 周期性全库扫描：定期对数据空间进行全面扫描，识别敏感字段，可以周期性地触发，也可以在新增或修改表和字段时进行增量扫描识别。

- 字段安全级别：根据敏感程度，将数据分为不同的安全级别，如低敏感、中敏感和高敏感，每个级别对应不同的脱敏和管理策略。

（3）密态计算

数据密态流通的本质是通过密码学，把访问边界从传统的物理边界变成密钥管控的虚拟数据空间边界，即使数据离开了数据的运维域，依然能够进行有效管控。密态计算是把对人的信任转移到对技术的信任，实现数据跨主体流通过程中的跨域管控。通过利用密态计算技术，实现数据密态流转，做到数据"可用不可见，可控可计量"。

加密技术是可信数据空间保障数据机密性的基石。通过对数据进行加密处理，将原始数据转换为密文形式，只有具备相应解密密钥的授权方才能将密文还原为原始数据。常用的加密算法包括对称加密算法、非对称加密算法和多层次加密算法。

- 对称加密：使用相同的密钥进行数据的加密和解密，适用于大量数据的快速加密。
- 非对称加密：使用一对密钥，即公钥和私钥，公钥加密的数据只有私钥能解密，常用于数字签名和密钥交换。
- 多层次加密：在数据传输和存储过程中采用多层次加密算法，确保数据在各个环节的安全性。

（4）访问控制技术

访问控制技术用于精确地管理和限制数据访问权限，确保只有经过授权的用户或系统才能够访问特定的数据资源，并根据预先设定的规则执行相应的操作（如读取、写入、修改、删除等）。基于角色的访问控制（RBAC）、基于属性的访问控制（ABAC）以及基于身份的访问控制（IBAC）等是常见的访问控制模型。

- RBAC：根据用户的角色分配访问权限，适用于大规模用户管理。
- ABAC：根据用户、资源和环境属性动态确定访问权限，提供更细粒度的控制。
- IBAC：直接基于用户身份标识进行访问控制。

可信数据空间综合运用这些访问控制模型，根据数据的敏感性、业务需求以及合规要求等因素，为不同的数据对象和用户设定个性化的访问控制策略，实现对数据访问的严格管控。

（5）身份认证与授权技术

身份认证是确认数据空间参与方及用户主体身份真实性的关键环节。可信数据空间采用集成式身份核验机制（集成公安、税务、市场监管等）进行接入认证，并对用户采用多因素身份认证（MFA）机制，结合密码、指纹、面部识别、短信验证码、硬件令牌等多种身份验证因素，确保用户身份的准确性和可靠性。

在身份认证通过后，授权技术根据用户的身份信息和预先定义的权限策略，为用户颁发相应的访问令牌或授权凭证，用户凭借这些凭证在可信数据空间内进行数据访问和操作。区块链技术在身份认证与授权领域也发挥着重要作用，通过存证技术记录身份信息和授权历史，实现身份信息的不可篡改和可追溯性，进一步增强了身份认证与授权的安全性和可信度。

（6）区块链技术

区块链以其去中心化、不可篡改、可追溯等特性为可信数据空间提供了强大的信任支撑。在可信数据空间中，区块链技术主要用于构建数据共享的信任基础和监管框架。数据的共享交易记录被存储在区块链上，形成一个公开透明且不可篡改的分布式账本，所有参与方都可以对数据的来源、流向以及使用情况进行实时监控和审计。

同时，区块链的智能合约功能可以自动执行预先设定的数据共享规则和协议，例如数据使用的付费机制、数据质量验证规则等，确保数据共享过程的公平性、公正性和自动化执行，减少人为干预和潜在的信任风险。

各类数据空间安全技术的相互作用与组合支撑了数据空间的可信、可控、可管、可证（如图9-16所示），共同构成了一个全面的数据安全框架，确保数据在整个生命周期中的安全性和可靠性。

其中，可信主要通过使用加密、安全协议、身份验证机制和区块链等技术来确保数据的来源、完整性和机密性，从而建立信任。而通过身份和访问管理系统、ACL、RBAC等技术来管理和限制对数据的访问则构成了可控体系。可管是指数据空间能够被有效管理和监控，主要通过数据管理和监控工具、日志记录、审计跟踪和合规性检查等手段来实现可管理性。通过实施审计框架、数据保护影响评估、日志管理和区块链等技术来确保数据活动的可追溯性和可审计性，即可证。这四个原则共同确保了数据空间的安全性和可靠性，使数据和服务的多元交互能够在保护隐私和遵守法规的同时，实现数据的价值最大化。

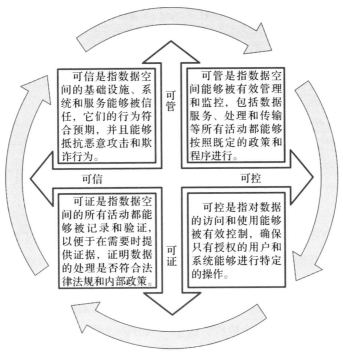

图 9-16　数据空间可信可控可管可证关系图

4. 数据空间安全评估

数据空间安全评估与数据空间动态监测评估及安全审计、合规监管具有密切联系，部分内容还有交叉，相应工作内容和成果也可相互支撑。相比之下，安全评估侧重对数据空间系统安全和数据安全进行安全调研、风险识别、风险分析和安全评价，重点关注可能导致危害数据空间稳定性、可用性，以及数据的保密性、完整性、可用性和数据处理合理性等事件的威胁、脆弱性、问题、隐患等，进而通过安全评估与防控措施提升数据空间的整体安全性能。数据空间安全风险要素关系如图 9-17 所示，其中，动态监测、合规审计等是数据安全评估参考依据的重要组成部分，均有助于发现风险源，优化防控措施。

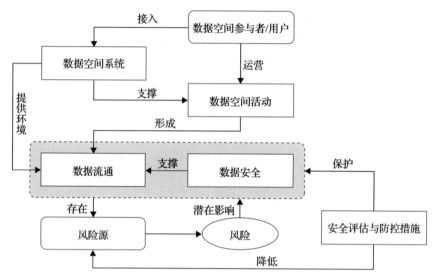

图 9-17　数据空间安全风险要素关系

在数据空间复杂系统的风险要素关系中，安全评估是指通过系统性的方法识别和评估潜在的威胁、风险源并评价失效模式及其后果，以确保数据空间整体设计及运行符合安全性要求的过程。这个过程包括对系统的功能、性能以及运行过程中的各项要素进行分析，并验证设计在各种操作条件下的可靠性。

安全评估通常涵盖多个阶段，包括需求分析、设计评审、测试和验证，其主要目标是确定风险的性质、影响和可能性，从而帮助用户制定应对策略。

- 资产识别：确定需要保护的资源和资产，包括软硬件资产（如数据空间系统、设备、设施）、信息资产（如数据、知识产权）和服务资源（如产品、服务、应用、用户）。
- 威胁识别：识别可能对这些资产构成威胁的因素，这些因素可以是自然灾害（如地震、洪水）、人为威胁（如黑客攻击、恐怖主义）或技术故障（如系统崩溃、硬件故障）。
- 脆弱性评估：评估数据空间在面对这些威胁时的脆弱性。这涉及采取漏洞扫描等方式检查现有的安全措施和防护机制，并确定其不足之处。
- 风险分析：结合威胁和脆弱性，评估每个风险事件发生的可能性及其潜在影响。这通常使用定量或定性的方法来衡量风险。

- 优先级排序：根据风险的严重程度和发生的可能性，对风险进行优先级排序，以确定哪些风险需要最先处理。
- 制定和实施对策：根据风险评估结果，制定相应的安全策略和措施。这些措施可以包括预防、检测、响应和恢复措施。
- 持续监控和评估：安全风险评估是一个持续的过程，需要定期监控和评估，以应对新出现的威胁和变化的环境。

如图 9-18 所示，安全评估流程与动态监测评估、应用成效评估以及发展监测等工作的流程相似，而且可以同步交叉进行。安全评估可以作为应用成效评估和发展监测的重要手段定期执行。

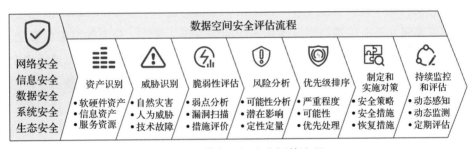

图 9-18　数据空间安全评估流程

从评估方式看，数据空间评估包括自评估、第三方独立评估以及监管方发起的检查评估。通常需要组成评估工作小组，依据有关政策法规与标准，对评估对象的网络安全、数据安全、信息安全等安全风险进行全面评估。

评估报告应当包括数据空间基本情况、评估团队基本情况、重要资产和资源基本情况、数据空间系统运行情况、数据接入与所涉及的各类数据活动情况、数据与服务的种类和数量、开展数据服务的情况、数据安全风险评估环境，以及数据处理活动分析、合规性评估、安全风险分析、评估结论及应对措施等。

具体的评估和调研内容应包括：

- 已开展的等级保护测评、商用密码应用安全性评估、安全检测、风险评估、安全认证、合规审计情况及发现问题的整改情况。
- 数据安全管理组织、人员及制度情况。
- 防火墙、入侵检测、入侵防御等网络安全设备及策略情况。
- 身份鉴别与访问控制情况。

- 网络安全漏洞管理及修复情况。
- 各类连接器等远程管理软件的用户及管理情况。
- 设备、系统及用户的账号口令管理情况。
- 加密、脱敏、去标识化等安全技术应用情况。
- 近期发生的网络和数据安全事件、攻击威胁情况。
- 其他可能面临的数据泄露、窃取、篡改、破坏/损毁、丢失、滥用、非法获取、非法利用、非法提供等安全威胁。

如上文所述，安全评估应充分借鉴现有的标准和最佳实践。在数据安全评估领域，可参考数据安全能力成熟度模型（Data Security Capability Maturity Model，DSMM）开展相关工作。DSMM借鉴能力成熟度模型（CMM）的思想，将数据按照其生命周期分阶段采用不同的能力评估等级，分为数据采集安全、数据传输安全、数据存储安全、数据处理安全、数据交换安全、数据销毁安全六个阶段，从组织建设、制度流程、技术工具、人员能力四个安全能力维度的建设进行综合考量。DSMM划分了5个等级，依次为非正式执行级、计划跟踪级、充分定义级、量化控制级、持续优化级，形成一个三维立体模型，全方面对数据安全进行能力建设。这为数据空间数据安全评估提供了系统性的指导方案。

此外，人工智能（AI）在安全评估中的作用和应用也值得关注，包括异常检测、用户和实体行为分析、模型训练与诈骗短信识别、入侵检测、风险评估和响应、预测分析、自动化和自我修复等AI安全解决方案，提供了覆盖数据空间全生命周期的安全防护与检测方案，可对各种安全要素数据进行归并、关联分析、融合处理，通过大量安全风险数据进行关联性安全态势分析，综合分析网络安全要素，评估网络安全状况，并预测其发展趋势。借力AI的学习和进化能力，可应对未知的、变化的攻击行为，并结合当前安全策略和威胁情报形成安全智慧，主动调整已有安全防护策略。从异常检测到风险评估，再到预测分析和自动化响应，AI技术正在成为数据空间安全领域的重要工具。

9.4.2 数据空间动态合规监管

1.数据空间合规管理指引

数据空间合规管理指引旨在为数据空间的建设、运营及使用过程提供一套全面、实用的合规管理框架和方法，确保数据空间相关活动合法、安全、有序进行，有效防范数据风险，保护数据主体权益，并满足相关法律法规及监管要求。合规管理范围包括所有涉及数据空间建设、运营、管理以及数据处理活动的企业、机构、组织和个人，涵盖了各类系统、组件、应用程序以及互联互通的外部数据中心、云计算平台、企业数据存储设施以及其他形式的数据存储空间等。内部动态合规监测以及外部行为稽核与过程性的数据合规审查共同构成了数据空间全矩阵的合规管理框架，如图 9-19 所示。

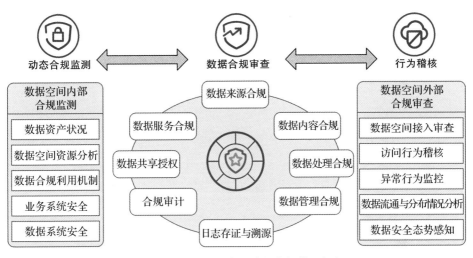

图 9-19 数据空间全矩阵的合规管理框架

在动态合规监测方面，数据空间内部合规监测包括数据资产状况、数据空间资源分析，并在业务系统安全、数据系统安全的基础上进行数据合规利用机制设置。而外部则持续进行各类交互行为稽核，包括数据空间接入审查、访问行为稽核、异常行为监控、数据流通与分布情况分析，构建全体系的数据安全态势感知，进而确保数据数流通过程的合规，包括数据来源、数据内容、数据处理、数据管理等方面的合规审查，以及采用日志存证与溯源、合规审计等手段，确保数据交换与共享、数据传输与交付、多场景数据服务等全方位的合规。

通过上述合规管理框架，数据空间确保系统运行与数据处理活动遵循国家和地区的数据保护法律法规，包括但不限于数据和系统全生命周期合法性要求，并聚焦保护数据主体的隐私权、知情权、选择权等合法权益，确保数据处理活动透明、公平，获得数据主体的有效同意与明确授权，同时依托健全的数据安全管理体系，防范数据泄露、篡改、丢失等安全事件，保障数据的保密性、完整性和可用性。

《行动计划》明确强调，应建立健全可信数据空间合规管理指引，明确可信数据空间参与各方的基本要求和责权边界，防范利用数据、算法、技术等从事垄断行为。从框架到指引，数据空间合规作为以流程和内容为核心的数据空间监管措施，应采取具体的、细粒度的实操路线。其中，制定一个具有可操作性、明确实施细则的合规指引就非常重要。下面是一份合规管理指引的提纲，包含适用范围、合规目标、关键合规领域与要求、合规管理流程以及应急响应与处置措施等，组织可根据数据空间运营的具体情况进行细化、梳理、制定。

《数据空间合规管理指引》提纲

一、引言

二、适用范围

三、合规目标

四、关键合规领域与要求

（一）数据合规管理与组织架构

（二）数据接入与处理合规

（三）数据访问与使用合规

（四）数据传输与共享合规

（五）数据销毁与处置合规

（六）数据主体权利保障

（七）合规培训与意识提升

五、合规管理流程

（一）合规风险评估

（二）合规制度建设与更新

（三）合规监测与审计

（四）合规问题整改与预防

六、应急响应与处置措施

七、附则

合规管理指引在实践中是动态的、可扩展的，组织应根据数据空间的目标和具体应用场景、数据用例进行拟定，并配置强有力的合规监管、定期审计与处置措施，方能保障数据空间的合规状态。

2. 审计清算实务

数据空间合规审计是指对数据空间运营行为及数据活动进行安全审查和风险评估，以确定数据空间是否存在合规风险，以及如何采取措施来降低或消除这些风险的过程，目标是确保数据空间的运营和数据处理活动完全符合国家法律法规、行业标准以及数据空间自身制定的数据合规政策和程序。通过审计，识别潜在的合规风险点，评估数据安全措施的有效性，验证数据主体权利是否得到保障，以改进数据空间的合规管理水平。合规审计的核心内容包括建立合规审计和监控机制，采取必要的技术措施实施合规监控，通过存证技术等审核环境配置、核心模块实现、集成与测试，形成审计结果并进行会审、分析和评估。

数据空间审计清算实务涉及数据的全链路生命周期管理，包括"清算存证＋血缘"的管理，支持数据空间参与方及监管方的查证追溯，利益相关方免证清白。核心流程包括规划和确定审计范围、收集信息、评估合规监测与控制措施的有效性、审查数据并确定潜在的安全漏洞或风险、记录审计发现。如图 9-20 所示，具体审计工作主要由三部分组成，一是合规审查与证据搜集，二是出具与报送审计报告，三是针对性地整改建议与优化实施。

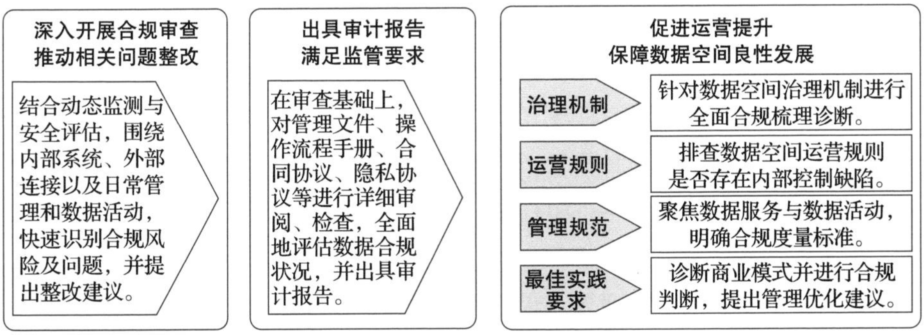

图 9-20　数据空间合规审计流程

在具体操作层面，审计工作通常分为财务审计、合规审计、安全审计与日常监控审计等，大多采用多种技术手段和方法相结合的方式。例如对数据日志进行挖掘，检查数据访问记录、数据处理操作记录，以发现异常活动或潜在的安全漏洞，如未经授权的数据访问、数据泄露迹象等。另外，还会进行人员访谈，与数据空间运营团队、技术人员、用户以及其他参与方人员进行交流，以更全面地评估数据合规状况。

审计工作除了数据空间发展过程中的阶段性自查自测外，在申请备案、申报专项资金扶持、吸引外部资金投资以及接受监管方要求等情况下进行年度审计、全面审计或专项审计，确保数据空间的合规性持续得到维护和改进。

在审计过程中，一般还需要针对数据空间的收益、分配以及财务管理情况进行综合评判，即清算、核验。清算在数据空间运营过程中是常规管理内容之一，与企业发生重组、并购、破产、业务转型或停止运营等重大变化时的清算处理类似，是对数据空间日常交易、数据价值变现、数据流通共享利益分配等的结算与核验工作，通常由第三方数据服务机构负责，也可与审计工作同时推进，进行阶段性全面清算核查。

首先，清算工作是数据资产梳理与数据空间资源盘点，对数据空间系统中接入和存储的所有数据以及数据空间内部资产、资源进行详细的梳理和分类，明确类型、数量、敏感程度、所属主体以及关联关系等信息，形成完整的资产目录清单。这是后续清算决策的重要基础。

其次，清算工作是评估与审计，对于历史交易行为、财务事项、资产交割等，通过专业的数据评估、评价方法和市场调研，确定其合法合规性，并对其中的不合理之处进行调整或价值重估。

再次，与审计报告的编写与出具一样，清算工作也要记录在案并汇总成册。可信存证技术为清算、审计提供了电子证据支撑，并使得自动化清算与告警成为数据空间系统的自动化管理组件之一，大大降低了清算工作的人力投入与人为不确定性。

最后，数据空间审计清算综合利用隐私保护计算、区块链、数据使用控制等技术手段，保证数据的可信接入、加密传输、可靠存储、受控交换共享、销毁确认及存证溯源等，规避数据隐私泄露、违规滥用等风险。同时，针对算法、模型的安全审计，也增强各类模型的鲁棒性和安全性，保证高价值、高敏感数据"可用不可见""可控可计量""可溯可审计"，确保贯穿数据全生命周期各环节安全。

审计清算工作应高度符合法律与监管要求。在整个数据空间审计清算过程中，必须严格遵守国家和地区的数据保护法律法规，如欧盟的《通用数据保护条例》（GDPR）、中国的《中华人民共和国网络安全法》《中华人民共和国数据安全法》《中华人民共和国个人信息保护法》等。这些法律法规对数据的处理、存储、传输、销毁以及数据主体权利保护等方面都有明确规定，审计清算工作需要确保每一个步骤都符合法律要求，特别是在数据销毁环节，要保证数据主体的知情权、数据的安全处理以及相关记录的保存期限等要求得到落实。同时，行业数据空间还需要关注特定行业的监管要求，如金融行业对客户金融数据的清算处理可能需要遵循更为严格的行业规范和监管审批程序，以防止金融数据泄露引发系统性风险和金融秩序混乱。

3. 包容审慎监管

数据空间的建设发展需要各方的大胆探索、创新投入与协作共创。对数据空间的监管应建立在风险防控的基础上，以发展视角看待合规与安全，因而更强调包容审慎监管。数据空间透明度管理、可观测性提升以及动态监测，都是数据空间可信基石的重要来源，也是数据空间具备生命力的基础。而数据空间基于可信管控而开展商业运营与持续生态扩展，也说明了其安全、合规及可信可管可控可证的内核，否则，数据空间运营将难以维系。

尽管如此，数据空间仍需要适当监管，这有助于确保数据空间的透明性和公平性，减少数据滥用和不当行为的发生。数据空间监管方通过跨行业监管机制，进行全面而综合的监管覆盖，制定统一监管规范，旨在推动行业的发展和创新，破除数据垄断，提升数据的自由流通性和可操作性，促进市场竞争。

尤其是在防范利用数据、算法、技术等从事垄断行为方面，监管方需要加强反垄断监管的技术能力建设，熟悉数据平台实施垄断行为的技术手段，开发应对数据分析和算法的反垄断理论与方法，提高监测和评估反竞争行为的能力。

其间，"三统一"技术扩大了数据空间的互联互通以及数据互操作性，而对于数据空间运营方而言，这些都应当作为基本义务要求，鼓励在任何情况下都采用统一的标准和规范，以技术规制技术，确保技术平等与交易公平。

最后，包容审慎监管还包括充分发挥行业协会等社会组织在合规评估、质量评估、资产评估、登记备案、智能撮合中的重要作用。同时，通过动态发布数据空间备案名录，建立数据空间信用体系，监管方也可引导对违法、违规数据空间进行处罚、警告或者责令关闭。

同时，可信数据空间应监测空间中违反相关法律法规的行为，并应在行为发生时及时采取相应的处置措施，包括取消接受服务资格、禁止相关账户的数据产品交易、向社会披露处罚结果等。

一旦产生争议，可根据存证记录的电子证据以及数据空间各类模型、合规算法等，支持纠纷仲裁与争议解决。

除了风险驱动外，合规性需求也是数据安全的驱动力之一。《中华人民共和国数据安全法》《信息安全技术 网络安全等级保护基本要求》（简称"等保 2.0"）以及商用密码应用安全性评估等合规检测要求系统地规范了企业如何收集、存储和使用数据。数据不合规意味着企业要投入时间和资金进行整改，如果是关键信息基础设施，则还需要定期上报数据安全状况。在金融等安全强监管行业，数据不合规还意味着巨额罚款和法律惩罚。

满足国家对数据的合规要求对于推动企业部署有效的数据安全策略而言是必要的，但是仅仅满足合规要求并不意味着数据是安全的。法律法规及相关标准通常只关注数据安全的特定方面（如数据隐私），现实世界中的安全威胁远比法规发展得更快，变化更多。企业数据安全防护应被视为一项长期、持续性的工作。

总之，数据空间的运营始终展现"浅浅的商业性和浓浓的中立性"。商业性主要表现为价值共创，中立性则来源于数据空间的可信安全属性。数据空间不仅技术中立、设施中立、主体中立，还通过持续的动态合规监管以及广泛的外部监督持续强化安全与合规。即使在规模化发展阶段，数据空间仍在包容审慎监管的要求下走向自我演进的生态之路，逐渐成为数据流通的公共产品，充分鼓励公平竞争与创新应用。

| 第四部分 |

数据空间应用

　　我国正大力开展可信数据空间培育推广行动，积极推广企业可信数据空间，重点培育行业可信数据空间，鼓励创建城市可信数据空间，稳慎探索个人可信数据空间，并探索构建跨境可信数据空间，以促进数据要素合规、高效流通使用，推动我国海量数据优势转化为国家竞争新优势。

　　实践中，数据空间的创新应用需要充分考虑面向数据资源，盘活以应用场景创新为主的系统构建与技术升级，通过五类数据空间的最佳应用实践，持续扩展数据空间生态，提升数据空间作为典型数据流通利用基础设施的核心能力与创造力。

　　在数据空间持续发展的过程中，各类解决方案和最佳实践将不断演进，驱动五类数据空间相互促进并形成广泛互联的生态网络，进而形成新技术、新产品、新场景大规模应用的典型示范，带动数据空间新形态、新模式演变。不论是专业数据空间、公共数据空间，还是基于"还数于民"构建的个人空间，都应始终以应用场景为核心，以数据价值释放为导向，最终赋能数字经济高质量发展，形成全球一体化数据空间的"中国方案"。

10

第 10 章 | C H A P T E R

数据空间最佳实践

　　本章以智能化、网络化发展的数据基础设施建设为背景，以数据空间创新应用为起点，以数据流通利用模式为主线，分别介绍企业数据空间、行业数据空间、城市数据空间的最佳实践，并探讨个人数据空间、跨境数据空间的构建逻辑与思路，形成系统化的数据空间应用实践版图。

　　作为最佳实践，数据空间应用的目标在于最大限度地释放数据的经济社会价值。而从各类数据空间的战略定位出发，场景、用例以及价值共创方式，是应用领域最值得关注的。尤其是企业数据空间、行业数据空间，一般具有较为清晰的愿景，更容易通过商业运营形成专业化服务能力和较强价值创造能力，并充分发挥标杆引领效应，带动更广泛的数据空间应用。

　　城市数据空间则以公共数据资源开发利用为切入点，聚焦公共数据、企业数据、个人数据的融合应用，支撑公共服务与城市更新。各城市数据空间采用分建统管、跨域协同的方式进行生态链运营，形成城市群数字一体化发展格局。

　　而个人数据空间的深化实践尚依赖数据空间的成熟应用与泛在互联。在全国一体化分布式数字身份体系建成后，数据空间集成了身份标识生成、身份注册和认证机制，以及统一的数据凭证、交易凭证结构和生成与验证机制，充分识别、确认个人数据权益，并通过区块链、加密技术、智能合约等手段实现数据流通与收益保障。

相比之下，跨境数据空间的发展则随着跨境数字货币、跨境物流、航运贸易等行业的纵深发展以及"一带一路"等国际交流合作快速进入实践探索阶段，以推进数据跨境便利化，为数据空间全球一体化创新提供了宝贵的经验参考。

10.1 数据空间应用创新路径

数据空间作为数据资源共享共用的一种数据流通利用基础设施，将持续以价值效益为导向催生数据资源开发利用的新技术、新场景、新模式，并持续释放新动能。在实践路径上，数据空间强调市场、制度与技术三位一体协同，市场提供需求和供给环境，制度设定数据管控与流通规则，技术确保过程的可信安全，共同构建合规、高效流通的全国一体化数据市场。

10.1.1 数据空间创新实践框架

当前，数据空间已成为打通数据流通堵点、匹配数据供需两侧需求的典型应用。数据空间基于"三统一"技术，依托三大核心能力，构建信任管控流、数据资源流、服务价值流，破解数据主体对数据"不敢用""不会用""不愿用"的难题，形成传递数据价值、支撑知识扩散、兑现价值主张、实现价值倍增的应用生态，真正让数据供得出、流得动、用得好、保安全。

而制度构设的最终目标是实践应用，也只有在实践中才能不断创新。特别是数据空间这种复合型的生态系统，更需要在具体应用中持续演进，以价值发现形成价值主张，以价值主张驱动价值创造，以价值创造迸发创新源泉，形成价值承诺、获取与转化的循环机制。数据空间战略规划正是遵循这个价值共创循环，以需求满足为核心，以应用场景挖掘与推广为牵引，封装商业模式，并通过有效的治理机制及富有价值创造力的生态运营手段，构建和维护一个健康的生态网络，促进数据的流通和价值的实现。其实践框架如图 10-1 所示。

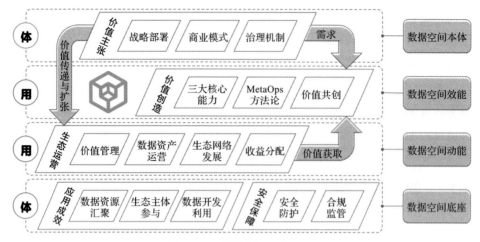

图 10-1　数据空间实践框架

　　上述实践框架以价值为主线，归纳了数据空间建设发展的基本路线。其中，安全保障与应用成效评估是整个实践路径的基础模块，作为数据空间价值保全与释放的底座。清晰的战略部署、完整的商业模式以及规范的治理机制则形成一系列价值主张并构成了"数据空间本体"。明体达用、体用贯通，不同维度、多场景、多元化的需求通过数据空间的能力构造与持续运营完成价值共创。而数据空间的生态运营会实现价值主张的广泛传递与扩张，是数据空间创新动能模块，支撑数据空间价值共创的效能展现。

　　数据空间最佳实践的创新是一个多维度、跨领域的过程，涉及技术、管理、商业模式、法规等多个方面。在价值创造环节，首先是价值的有效传递与扩张，将数据空间的价值传递给用户，将数据空间的影响力扩展到更广泛的领域和市场，并以数据智能、MetaOps 方法论支持价值获取的全过程，鼓励各参与方在不共享原始数据的情况下进行数据合作，优化数据供应链管理，提高全要素生产效率。在这个过程中，技术（尤其是三统一技术）的普及使得数据空间（通过连接器等）作为数据流通利用的主要架构模式，与其他生态系统中的连接器进行通信，支持创建利用数据应用程序的新型数据驱动服务，这些服务又培育出新的商业模式，创造出更多新的价值。数据空间始终支持新型数据驱动服务的创建，通过提供审计清算机制和收益计费功能，以及创建特定领域的元数据代理解决方案和市场，为参与者提供模板和其他方法支持，让数据空间成为易接入、可共享、泛存在、广联接的数据价值创造新能力模式。

10.1.2　数智基建驱动数据空间发展

《国家数据基础设施建设指引》指出，纵观人类经济发展史，每一轮产业变革都会孕育新的基础设施。农业经济时代，基础设施主要是农田水利设施。工业经济时代，公路、铁路、港口、机场、电力系统等成为新的基础设施。数字经济时代，网络设施、算力设施、应用设施等构建了数字基础设施，如图 10-2 所示。当前，数据成为关键生产要素，催生新的"技术 – 经济"范式，重塑产业发展方式，推动数字基础设施向数据基础设施延伸和拓展。

图 10-2　不同经济时代的基础设施演变

数据基础设施是从数据要素价值释放的角度出发，面向社会提供数据采集、汇聚、传输、加工、流通、利用、运营、安全服务的一类新型基础设施，是集成硬件、软件、模型算法、标准规范、机制设计等在内的有机整体。国家数据基础设施在国家统筹下，由区域、行业、企业等各类数据基础设施共同构成。网络设施、算力设施与国家数据基础设施紧密相关，并通过迭代升级，不断支撑数据的流通和利用。其中，在数据流通利用领域，目前业界的实践方案主要包括可信数据空间、数场、数联网、数据元件等。数据流通利用技术则包括隐私保护计算、区块链、数据使用控制、智能合约等。数据安全技术又为数据收集、存储、处理、传输、共享和销毁等全生命周期提供安全保障，包括数据备份与恢复、应用数据加密、数据泄露检测、流转监测、身份认证与访问控制、数据脱敏、数据水印、数据安全态势感知等，都是数据空间可信基石的能力构件。同时，网络设施、算力设施适应数据价值释放需要，促使数据空间技术向数据高速传输、算力高效供给方向升级发展，并通过加强算法、模型、数据的安全审计，增强数据空间各类应用模型的鲁棒性和安全性，保证高价值、高敏感数据"可用不可见""可控可计量""可溯可审计"，为数据空间的价值创造保驾护航。

上述各项数据基础设施的协同发展，形成全方位的"数智基建"，共同构建了数据流通利用基础设施矩阵（如图 10-3 所示），为跨层级、跨地域、跨系统、跨部门、跨业务数据流通利用提供全域、全链、全景、全时可信环境。

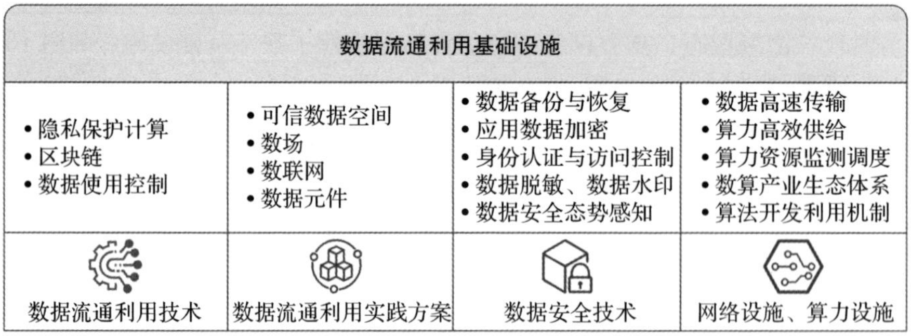

数据流通利用基础设施			
• 隐私保护计算 • 区块链 • 数据使用控制	• 可信数据空间 • 数场 • 数联网 • 数据元件	• 数据备份与恢复 • 应用数据加密 • 身份认证与访问控制 • 数据脱敏、数据水印 • 数据安全态势感知	• 数据高速传输 • 算力高效供给 • 算力资源监测调度 • 数算产业生态体系 • 算法开发利用机制
数据流通利用技术	数据流通利用实践方案	数据安全技术	网络设施、算力设施

图 10-3　数据流通利用基础设施矩阵

这个可信环境基于统一目录标识、统一身份登记、统一接口要求的底座，通过互联互通技术构建低成本、高效率、可信赖的流通环境，便于人、物、平台、智能体等快速接入，实现数据在不同组织、行业之间安全有序流动，并精准匹配数据供需关系，面向多场景创新融合数据应用，同时符合相关法律法规、社会伦理、个人隐私保护等要求。数据空间正是基于这样的可信环境构造的，并且包括网络设施、算力设施以及数据安全技术等，为数据空间的运行提供了强有力的支撑和保障。

尤其是数场为数据空间提供了数据可见、可达、可用、可控、可追溯的应用扩展，可以作为数据空间多场景服务的重要载体。数联网由数据流通接入终端、数据流通网络、数据流通服务平台构成，提供一点接入、广泛连接、标准交付、安全可信、合规监管、开放兼容的数据流通服务，从而为数据空间接入多源异构数据提供最佳解决方案。数据元件提供统一标准、自主可控、安全可靠、全程监管的数据存储和加工服务，支持采用标准化工序完成数据产品规模化加工、生产和再利用，适用于数据空间大规模数据加工和生产场景。数据空间与数场、数联网、数据元件的关系如图 10-4 所示。

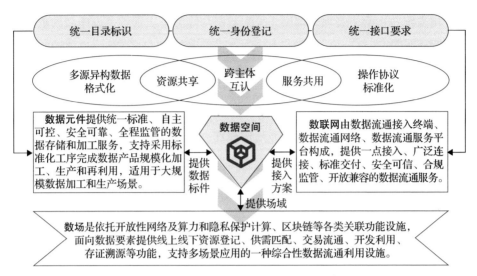

图 10-4　数据空间与数场、数联网、数据元件的关系

数据空间与数场、数联网、数据元件等数据流通利用基础设施，共同促进数据多场景应用、跨主体复用，赋能工业制造、现代农业、跨境数字货币、数字金融、智慧医疗、智慧交通、跨境物流、航运贸易、绿色低碳等行业领域。

我国已全面启动数智基建，通过《国家数据基础设施建设指引》等顶层设计自上而下布局，并按照"三统一"要求在各地开展数据流通利用基础设施底座试点建设自下而上探索，以建促用、以用促建，着力推进数据基础设施建设快速落地见效。

新型数智基建具有全局性、战略性、基础性、长远性、先导性、引领性、带动性等多重作用，特别是各类数据流通利用基础设施对数据空间而言，都具有聚合效应，即均可通过数据空间实现功能组合与应用融合，形成要素、资源、商品、服务市场高水平统一的基本形态。

10.1.3　数据空间智能化、网络化

与此同时，多智能体协同系统以及各类 AI 应用为数据空间基础设施的快速发展与普及适用提供了智能加速器。集成 AI Agent 数据空间系统，尤其是控制器（如 Xsensus 控制器）子系统的，将成为各类**数据流通利用基础设施**的通用引

擎，用来统一运营、管理、调度、分配数据与算力，实现各类设施间的数据流动与智能在线。

数据空间、数场可通过算力网和"模型即服务"（MaaS）高速连接并实时共创共享数据资源与算力、算法。数据空间通过"数据编织"为数据铺就一个流动网络，使得数据可视、可管、可用，从而在 AI 大模型训练过程中实现价值最大化。数据空间推动了数据从企业应用到社会共享的飞跃，通过数据与应用乃至业务的解耦提升了数据的利用效率和流通性，并为数据在更大范围内的交易和应用奠定了基础。在人工智能的支持下，数据空间中的高价值活动特点类似于"核聚变"，通过对多样化数据的处理，推动模型能力不断提升，并持续释放数据新价值。未来，人人都将拥有自己的模型，而构建数据空间基础设施是实现这一愿景的关键。

数据空间即基础设施沿循标准化技术验证和应用场景探索，既不改变数据存储位置，也无须重构各类数据平台和系统，是"低成本、高效率、可信赖"环境的最佳实践方案，具有低门槛使用的"亲民"特征。而数智基建通过提供技术试点、统一标准、可信环境、基础设施支持、国际合作、产业生态、安全管理和核心技术攻关等多方面的支持，为数据空间的发展提供了全面的动力和保障。

在数据空间应用实践路径中，数智化、网络化是数据空间发展的重要指标。数智化在宏观层面上，是基于数字中国、数字经济、数字社会建设提出的数据要素化、资源化、价值化要求在人工智能与数据要素融合应用领域的充分体现，主要特征为"数据自服务"。网络化则是数据空间互联互通及其与数据基础设施协同互动的过程，主要特征为"生态自演进"。两者共同组成数据空间智能化演进的路线，如图 10-5 所示。整个发展过程始终以安全为底座，从主动防御到态势感知，从安全互联到全局态势管控，都围绕数据空间智能化、网络化进程中的动态可信机制持续优化安全保障措施。

1. 数据发现自服务

数据发现不仅仅是数据使用方对数据空间内已发布数据的查询和获取，更重要的是作为数据提供方针对可用数据集的汇聚和梳理，以及按照统一标准进行数据准备以实时接入数据空间的全部流程。

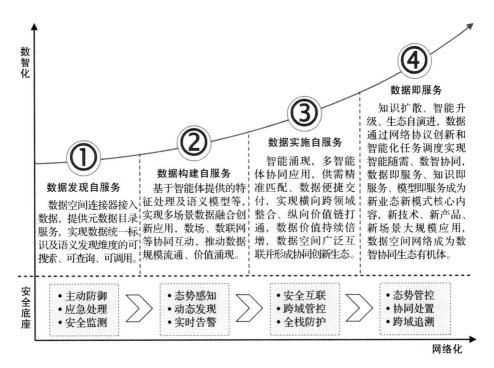

图 10-5　数据空间智能化演进实践

　　数据资源持有人往往因缺乏知识和专业人员，无法洞察数据价值，更难以跟随数据市场需求而主动匹配数据应用场景而驱动资源价值化。数据空间提供了简易连接器，能够主动"抓取"资源方的数据目录、信息和元数据，并在质量不一、复杂性、相关性、可信度各不相同的数据资源海洋中航行，捕获有价值数据并汇总成目录索引，供数据使用方、服务方了解、分析和进一步申请访问、调用。这个"主动抓取"与"信息捕获"的过程充分利用人工智能技术，诸如元数据智能识别以及大模型的融合创新。

　　在这个阶段，数据空间连接器接入数据，自动分析、理解数据深层含义及其关联性，实现不同来源和类型数据的智能索引、关联和发现，实现数据统一标识及语义发现维度的可搜索、可查询、可调用。

2. 数据构建自服务

随着海量数据的接入，数据空间进一步围绕元数据细节以及关联语义分析，基于智能体提供的特征处理及语义建模等，优化机器学习模型并创建数据仪表盘，将已识别的数据集（或元数据集）关联起来，协调异构系统间的数据互动，增强数据可用性。

对于数据空间参与方而言，这个过程是协作实现的，数据提供方继续根据协议丰富数据目录及元数据内容，服务方则深入聚合缺失的数据，开展多场景数据融合创新应用，且持续与数场、数联网等协同互动，在数据空间运营方和使用方的协同中推动数据规模流通、价值涌现。

数据构建涉及数据的标准化、一致性、关联、丰富和验证，以确保数据及访问权限合规，并提供访问和使用数据的最佳方法。这往往涉及查询、访问逻辑与策略的编写和执行。数据构建可以发生在使用需求明确之后针对数据集的处理，也可以在数据目录共享环节，通过利用键 – 值、数据库表、文档结构信息等原生 API 和关键词来构建数据查询引擎。此时，自动化的推拉式索引器成为核心组件，它不但具备数据感知能力，还有场景匹配推荐和数据产品设计服务功能，是数据构建的关键 AI 助手。

3. 数据实施自服务

数据实施自服务则是数据智能与价值共同涌现的过程。数据空间实现多智能体协同应用，数据供需精准匹配、数据便捷交付，整体上实现横向跨领域整合、纵向价值链打通，数据价值持续倍增，数据空间广泛互联并形成协同创新生态。

数据实施包括识别数据类型、位置、应用场景以及提取数据、解析数据内容、特征处理、数据转换、数据迁移等活动，目的是让数据供需双方的需求得以全面满足，直至数据完整交付。数据实施自服务本质上属于探索性数据分析以及数据转换，是跟踪数据访问以及理解数据的交互过程。

在这个阶段，数据提供方只需将数据提供到 API，并明确设置访问权限和文件依赖，数据空间自动化组件会生成一个自定义运行脚本，并完成数据发布，进入数据的自动化查询模式，主动匹配数据需求和场景。对于数据空间的所有历史数据和实时接入的流数据，也可采用统一查询模式。这种查询模式与数据库无关，并能够实现多种数据格式和模型之间的跨系统运行（例如使用兼容SQL 的查询语言）。在这里，数据是无界的，使用窗口函数即可进行操作，数据的细节并没有暴露，且完全不影响数据实施过程中的价值发现与联合共创。

实施阶段，模型训练也在同步进行。数据空间内置了多智能体系统，且深度依赖数据空间本体大模型。因此，各类数据实施行为、多场景服务行为以及数据的每一次查询、访问、调用、聚合、迁移、转换，都是对数据空间本体大模型的一种训练服务，这也为数据空间的下一步自我演进提供了内生基础。

4. 数据即服务

分布式训练以及自动调优模式是数据空间进化算法的来源。一方面，数据空间的广泛互联使得其能力得以复用，另一方面，高频率的交互也增加了数据空间智能体自我演进的"原料"。数据一接入数据空间即被感知，并立即进入跟踪、编排、验证、虚拟化集成，进而在机器学习管道内进行自动化协作开发。在这里，数据空间即基础设施，基础设施即服务，数据空间进入知识扩散、智能升级、生态自演进阶段。数据通过网络协议创新和智能化任务调度实现智能随需、数智协同，数据即服务、知识即服务、模型即服务成为新业态新模式核心内容，新技术、新产品、新场景大规模应用，数据空间网络成为数智协同生态有机体。如图 10-6 所示，数据即服务工作流重新编排了一系列数据依赖环节，进入洞察模式、自动调优模式，并在自动优化中持续涌现价值，而用户根本不需要了解或者只需简单了解系统内部和数据性能即可。

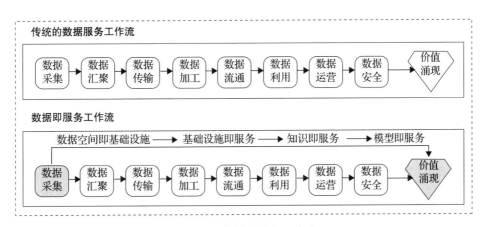

图 10-6　数据即服务工作流

数据空间在数智化、网络化的相互作用下，从数据发现、数据构建、数据实施，实现智能涌现、价值倍增，最终走向基础设施即服务、数据即服务、知识即服务、模型即服务的全面自动化、自助化，数据空间网络衍生出各类新应用、新服务、新价值。这也是国家推进数据基础设施建设，并大力发展数据空间应用的最终目标。

10.1.4　数据空间创新应用

1. 数据空间 ABC 创新框架

从上述各项分析可见，数据空间在应用领域具有广泛联接和持续创新的内在机制，而它的体系化的治理模式又能提供价值保障，根据价值主张新要求构建数字经济时代新型能力体系。新型能力体系在数据空间三大核心能力的基础上，基于系统性解决方案，以工具和应用支持的方式，促进数据要素流通过程中的多场景服务创新，进而实现价值获取。

在这个过程中，应用场景（Application Scenario）既是价值的起点，又是数据的"归宿"。数据被利用、复用都是依托特定的应用场景，数据从场景中来，又到场景中去。数据空间是连接数据场景和数据资源的载体，一头接入数据，另一头为场景应用输入高质量数据，在数据空间各参与方的交互中形成"应用场景 – 数据资源 – 应用场景"的无限循环。

从数据应用循环到价值循环，数据空间的建设发展逐步形成最佳实践（Best Practice），反向指导场景创新并产生典型示范效应，引领数据空间运营与应用的规模化，形成互联互通的生态发展格局。

同时，从数据空间智能化、网络化发展路线分析，数据空间的创新是技术与服务在系统方案中实现的，技术创新驱动模式创新，场景创新牵引机制创新，而各种融合创新均在数据空间各参与方的协同中完成，即驱动式协同创新（Collaborative Innovation）。整体看来，应用场景牵引、最佳实践指南、协同创新驱动共同构成数据空间 ABC 应用创新框架，如图 10-7 所示。

在 ABC 创新框架中，应用场景是"搞活"数据资源的牵引力，也是数据提供方将数据接入数据空间以获取价值的动力来源。而场景也需要依托数据空间系统，通过低成本、高效率的运营与应用，通过场景融合创新与数据的跨主体复用、多场景应用实现数据价值的倍增。

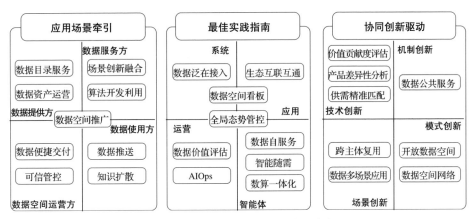

图 10-7　数据空间 ABC 应用创新框架

　　然而，俗话说"巧妇难为无米之炊"，没有丰富的数据来源，再专业的数据服务方或先进的智能体系统也无法加工出符合期望的产品，更无法无中生有地实现价值。数据空间应用的"最初一公里"，即"为有源头活水来"的海量数据接入，与"最后一公里"，即供需精准匹配和高效便捷交付，同样重要且相互牵引。数据空间的三大核心能力以及上述新型创新能力，都是为了保障数据两端的对齐、连接以及高效、便利、可信、大规模、低成本的数据安全自由流通。

　　数据空间运营环节普遍更关注的是价值创造与收益合理分配，而应用环节则应重点考虑数据如何敏捷接入数据空间。数据空间首先构建了一个可信环境，并提供一系列可扩展、易操作的组件和工具，采用统一标准和规范，以数据使用控制为核心，以连接器为技术载体，以实现数据可信交付，保障数据流通中以"可用不可见""可控可计量"为目标，持续接入泛在数据。而作为数据提供方，在确保数据不出域、不可见的情况下，通过连接器等组件，以加入数据空间的方式共享数据信息和元数据目录，是实现数据空间应用的第一步，也是关键一步。

　　数据空间工具层充分结合数据要素化底层逻辑，通过数据发布、发现与转换机制，盘活海量数据资源，对接超大规模市场与丰富应用场景，充分发挥数据要素的放大、叠加、倍增作用，形成数据要素协同优化、复用增效、融合创新的最佳实践。

　　数据空间系统在工具层基础上，通过全局态势管控以及智能随需的数据自服务，以商业模式为中心把数据的场景应用推向价值转化。在这个过程中，数据场景创新持续牵引数据泛在接入，形成良性扩张，进而在业务层面协同创新，以数据流引领技术流、资金流、人才流、物资流突破传统资源要素约束，并通过提高全要素生产率释放新质生产力，从而实现了价值共创与价值倍增。

图 10-8 汇总归纳了数据空间 ABC 应用创新框架在数据空间工具层、系统层、业务层的不同实践，形成敏捷模型，适用于各类数据空间实践路径，为数据空间生态扩张以及数据价值共创与倍增提供了参考指引。

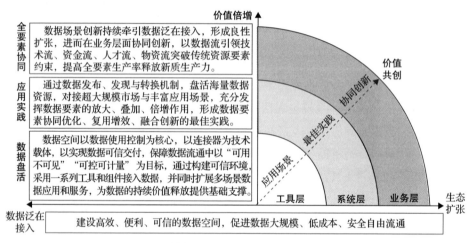

图 10-8 数据空间 ABC 应用创新敏捷模型

敏捷模型可与最小可行数据空间实现路径、数据空间开发七步法、MetaOps 方法论以及数据空间价值共创十步法等结合，重点在于扩大数据接入，"搞活"数据资源、唤醒沉睡数据价值，并充分利用开发运营一体化，快速落地数据空间实践，"跑出"数据应用模式，打造全链路数据空间运营并成就标杆引领。

2. 专业数据空间

根据《国家数据基础设施建设指引》的技术术语解释，可信数据空间是指数据资源开放互联、可信流通的一类数据流通利用设施。这个定义更凸显数据空间的"中立"属性。虽然《行动计划》明确分类施策推进企业、行业、城市、个人、跨境可信数据空间建设和应用，但数据空间作为一项中立设施，可广泛应用于各类数据流通利用场景及资源共享共用或价值共创领域，并与前述五类数据空间协同共进。此外，正如前文提及的，数据空间运营者可以是独立的第三方，也可以由数据提供方、数据服务方等主体承担。这也为数据空间的个性化发展提供了制度基础。

从商业角度看，数据空间运营者通常作为主要投资人，进而主导定义了数据空间的定位、目标和宗旨。根据"谁投入、谁贡献、谁受益"的原则，数据空间的应用路线更多由投入方、贡献者在共识规则内主导实践。因而，有些数据空间从构建伊始即富有商业驱动力，通过特色服务快速进入早期市场并在红利市场中获取超额运营收益。

此外，还有一些数据空间，高度贴合市场需求和数据场景牵引，践行专业化路线，为数据应用、数据流通、数据开发以及多场景数据服务和价值创造提供解决方案。特别是在数据空间发展初期，数据空间建设者需要更多专业指导，因而存在一些共性服务或特定领域内的专业服务，进一步催生场景个性化、应用定制化的专业数据空间。

随着数据空间应用普及、数据空间广泛互联以及智能体的内化，部分特色数据空间将逐渐进入自演进形态。此时，"数据空间即服务""数据空间即模型""数据空间即价值"等模式也将显现，从而淡化了数据空间的类型边界。

综合以上各项分析，除了五类数据空间外，实践中将可能持续衍生出一些专业领域或特殊场景的功能性、专业性数据空间，同样采用数据空间治理机制，提供数据流通利用服务或为数据空间运营提供定制化服务，这些数据空间可以统称为"专业数据空间"。以下是对各类专业数据空间的简述。

（1）政务数据空间

政务数据是指各级政务部门及其技术支撑单位在履行职责过程中依法采集、生成、存储、管理的各类数据资源。根据可传播范围，政务数据一般包括可共享政务数据、可开放公共数据及不宜开放共享政务数据。其中，可开放公共数据通常作为城市数据空间公共数据运营的主要资源和对象，而可共享政务数据则用于城市治理、智慧监管、社会治理、公共服务、生态环境保护、数字机关建设以及政务公开等多个领域。

各地市数据资源管理服务平台逐渐互联互通，实现了全国数据资源的跨领域、跨层级、跨区域流通利用，且部分地区积极建设政务服务大模型，推动政务服务智能化，将相关实践与数据空间模式结合，形成了广泛应用的政务数据空间，为企业、行业及城市数据空间发展赋能，成为政务数据分发、开放、共享的主要载体。

同时，政务数据空间不仅在政务领域内用于存储、管理和共享开放政务数据，还可以集成数据空间的监管职能，成为"数据空间的空间"（Dataspace of Dataspace），提供各类数据空间标准化共性组件和技术的分发与共享，并履行发展监测管理职能。

（2）科研数据空间

科研数据空间指为科研活动提供数据支持的综合性环境，通常作为科研人员及其团队数据交换与共享的工具，采用特定的访问控制手段，实现数据在空间中归档、管理、协作、交汇，为建设国家科学数据中心提供支持。

科研数据空间的目标是促进科学研究的效率和质量，通过集中管理科研数据，支持跨学科的合作和数据共享。例如，中国科学院科学数据总中心推出的软件 DataSpace 就是一个面向科研人员及其团队的数据管理工具。科研数据空间通过提供数据集成引擎、数据空间引擎、数据演化引擎和数据输出引擎等组件，实现数据的高效访问和应用。

此外，科学数据空间侧重于科学数据的组织和管理，它涉及科学数据产品规范化组织，这是科学数据管理过程中的重要环节。科学数据空间通过统一组织多学科多类型数据资源，发挥数据价值，支撑科技创新。例如，国家空间科学数据中心构建的科学数据产品组织模型，就是科学数据空间的一个应用实例，它从数据汇交与处理、管理与归档、发布共享等关键环节系统地介绍其在空间科学数据管理中的应用。

在实际应用中，科研数据空间和科学数据空间都强调数据的可发现性（Findable）、可访问性（Accessible）、可互操作性（Interoperable）和可重用性（Reusable），即 FAIR 原则。该原则指导着科研数据的管理和发布共享，确保数据能够被广泛用于科研活动。

数据空间技术为科学研究提供了框架和方法，以支持数据模型、数据集成、数据查询、数据更新、存储索引、数据演化和系统实现等方面的需求。

（3）数据素养空间

数据素养在现代社会中扮演着至关重要的角色，它不仅是个人职业发展的关键，也是推动社会进步和维护数据安全的重要能力。一个数据素养普遍较高的社会，将更具创新活力和发展潜力。

数据素养空间涉及提升个人及组织的数据素养，即理解和使用数据的能力。这可能包括提供基础知识、教育、培训和工具，以帮助用户更好地理解数据的价值、如何安全地处理数据以及如何从数据中提取洞察力。数据素养帮助人们理解数据的产生和处理方法，从而能够辨认可靠的信息，并采信得当。

随着数字化转型的推进，市场力量也会使得那些具备数据驱动能力和拥有数据素养的雇员的企业获益。因此，建设一个开放的数据素养提升空间，不仅是数字中国、数字经济、数字社会建设的要求，更是全民走向数字时代的重要举措。一方面避免各地方各领域多头重复建设和资源浪费，另一方面通过数据空间的统一汇聚及标准化知识与技能传播，能够比较快速地形成群体效应，有效提升全民数据素养。例如，为寻求实施数字化教育的现实途径，2021 年德国开启国家教育数字化平台建设，这个新型的数字教育空间是未来德国教育现代化的重要项目之一，目标是为创新型教与学提供更广阔的数字访问入口及支持服务。

数据素养空间以数据空间三大核心能力为底座，以数据知识传播、扩散为核心，由数据资源贡献者（如地方政府、图书馆、科研机构等）作为数据提供方，通过资源汇聚、数据流动、分发共享，带动知识扩散与技能提升。空间不仅可以作为数字化教育平台，还可以作为公共实训中心，尤其是涉及 AI 应用技能领域时，数据素养空间可以通过集成基础算力和通用算法，构建人工智能开发与应用环境，让更多人接入、调用公共应用程序，训练数据思维、提升数据技能。数据素养空间架构如图 10-9 所示。

（4）数据智能空间

数据智能空间是指利用先进网络通信技术（如确定性网络、长距无损网络）、人工智能方法、海量数据分析、先进计算机技术等多元技术手段，构建一个能够对海量、异构数据进行全面、深入分析、训练、渲染和处理的平台，是人工智能专业领域的数据空间应用创新。

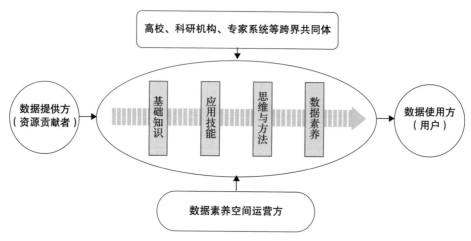

图 10-9　数据素养空间架构

以人工智能公共服务与应用创新为核心的数据空间，依托强大的技术能力和计算、高速网、大模型等设施投入，构建了集图像和视觉分析、增强智能分析工具、数据预处理和特征提取、模型训练、图像渲染、智能体开发等 AI 技术，可以作为其他数据空间的 AI 底座。

数据智能空间是"空间即模型""空间即价值"的典型应用，也是数据空间发展成熟阶段的重要形态，将成为数据空间生态网络的重要组成部分。

（5）数据托管空间

数据托管空间提供综合型数据托管服务，包括以专用服务器、虚拟私人服务器、共享主机以及自有数据中心等形式提供数据存证、数据加密、数据增强等增值服务，其目的在于在保证数据安全的基础上提升数据基础价值。每种托管空间都有特定的用途和优势，以适应不同的数据管理需求。数据托管服务具体包括数据存储、数据备份和恢复、数据安全、数据生命周期管理、数据分类、数据迁移、数据高速传输、监控与合规审计、灾难恢复等。

虽然数据托管只是数据空间内的一项专业服务，可在数据空间交互过程中获取，但构建一个高度可信且集成个性化服务的托管空间也将具有较明确的市场需求。具体模式可能包括：

- **数据托管交易模式**：企业将自身的数据资产委托给专业的数据资产管理机构进行统一运营和交易变现，并从中获取相应收益分成。

- 数据存证交易模式：为数据提供永久可查、不可篡改的电子指纹，保护数据权属，并为数据资产的合规流通提供技术支撑和身份认证。
- 数据运营增值模式：提供数据的标准化预处理、分级分类、数据标注赋能、制定营销策略、定价授权等全流程运营管理服务。
- 数据托管基础设施：支持监管机构和国家有关部门开展防止数据滥用、监控数据跨境流动、执法取证、征收数字税等方面的工作。

（6）数据清算空间

数据清算空间可能涉及数据的整理、鉴权、验证和清算过程，确保数据的准确性和合规性，以及提供数据交易结算、数据交割等专业服务。这可能包括数据清洗、数据质量控制、数据治理和数据结算托管清收等活动。数据清算空间通常兼具审计、核验、核资等能力，为数据空间的资产估值模型、收益分配模型以及各类商业交割提供一体化服务。

数据清算空间主要负责记录数据交换过程中执行的所有活动，承担交易清算人的角色，通过分布式账本技术记录交易详细信息，以便于计费和解决冲突。清算人提供一套数据交割系统，数据产品上架后，交易流程包括买家浏览和筛选数据产品、产品试用或样本下载、在线协商、下单和支付，以及平台担保交易。而后，数据清算空间承担相应的结算和清算工作，并对违反业务规则的行为给予纪律处分或采取其他自律管理措施，因而也具有交易监管的角色职能。

（7）元数据空间

元数据空间即前文提及的"数据空间的空间"，通常指核心数据空间（Core Space）、元空间（Metaspace），是数据空间互联管控中心、目录服务中心、元数据分发中心以及数据空间信息中心，相当于数据空间网络的枢纽站、监测站以及调度中心。元数据空间将形成于数据空间发展成熟阶段，除了上述职能外，元数据空间还可能提供标准化组件分发、成套开源系统与补丁升级下载以及丰富的应用程序。

上述各类专业数据空间可能独立存在，也可能作为数据空间的支持角色、服务角色或专业第三方参与数据流通和价值创造，并随着市场需求具有动态发展和交叉协作的情形。而且，随着数据空间应用创新持续深化，各类市场化需求将催生专业数据空间陆续出现，形成数据空间生态银河里闪耀的星群，如图 10-10 所示。

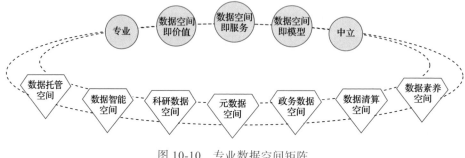

图 10-10　专业数据空间矩阵

3. 数据空间独立运营商

数据空间独立运营商是指那些专门负责建设和运营数据空间的独立第三方，它们在数据空间的开发建设、运营管理和创新服务方面发挥着重要作用。

数据空间运营者由独立第三方担任时，具有以下优点：

- 专业性和客观性：独立第三方运营者因其独立性，能够提供更客观、中立的服务，减少利益冲突，增强数据空间的公信力。
- 降低交易成本：第三方运营者通过提供专业的服务，可以降低数据供需双方的交易成本，包括搜寻成本、信息成本、议价成本和违约成本。
- 风险管理：第三方运营者能够提供更加安全可信的数据流通环境，降低企业的风险成本，尤其是在数据的安全性和合规性方面。
- 技术和资金能力：第三方运营者通常具备较强的技术能力和资金能力，能够提供专业的数据技术和资金支持，帮助数据空间实现技术升级和扩展。
- 提高效率和灵活性：第三方运营者可以提供灵活的服务模式，根据数据空间的实际需要进行扩展或缩减服务，提高业务效率。
- 促进互联互通：第三方运营者有助于实现不同数据空间之间的互联互通，建立起一套数据资源流通利用的技术体系。
- 合规性和标准化：第三方运营者可以依托行业标准和合规要求，提供标准化的服务，促进数据空间的规范发展。

上述优点主要来源于数据空间独立运营商的专业性，"因为专注，所以专业"，独立第三方通常专注于数据空间运营，而不被其他业务诉求所干扰，能够全心全力为数据空间发展提供规范运营与服务。

此外，独立运营商通常已经形成一整套完整的运营体系和技术套件，能够一站式配置数据空间系统，而真正避免重复建设，并有利于数据空间的标准化和网络化。这些运营商活跃于各类数据社群与行业协会，密切捕捉数据市场动向并高度关注各类数据需求，可以促进各产业链上下游企业间协同效率，快速形成数据模型、数据集、本体、数据共享合同和专业管理服务的生态系统，以及围绕它的软能力，如治理、社会互动、业务流程等。

在数据空间建设初期，独立运营商致力于促进数据提供者和数据用户之间的数据交换，确保数据交换的安全和基于简单概念的数据连接。随着数据交换的需求增长，独立运营商可能承担交易代理、应用运营和认证服务等新角色。而后，独立运营商重点构建各个垂直细分领域可信、可控、可追溯的数据流通网络，类似于数据的"物流网络"，运营领域数据空间，类似于数据的"电商平台"。

在这个过程中，独立运营商热衷于探索新兴技术，如隐私计算、数据沙箱、数场、数据元件，以融合适配更多场景的承载能力，与其他技术体系协同与融合，系统化提供包括数据采集、汇聚、传输、加工、流通、利用、运营、安全等多个环节的数据服务，涵盖金融、医疗、教育、交通等多个领域。尤其在数据空间运营方面，独立运营商构建"自研 + 生态"数据空间基础底座，覆盖数据接入、审核、上架、订购、交易合约、产品交付、结算支付等全流程，重点关注数据资源梳理、数据资产识别、数据目录整理等基础服务，扩大数据流通来源，解决行业内面临的数据集约共享与安全可信流通等问题。

综上所述，数据空间独立运营商在数据空间的建设和运营中扮演着核心角色，它们通过提供专业的数据服务和技术支持，并充分整合数据开发、数据经纪、数据托管、数据评估、审计清算、合规审查等服务，为数据流通提供了全栈解决方案。《行动计划》也指出，要推动可信数据空间资源管理、服务应用、系统安全等技术工具和软硬件产品研发，支持打造可信数据空间系统解决方案，培育一批数据技术和产品服务商，即数据空间独立运营商。

10.2　企业数据空间

10.2.1　企业数据系统建设

1. 企业数据价值双螺旋重构

在数字经济高质量发展的大背景下，企业数据空间建设已经成为企业数字化转型和数据管理的核心，涉及企业数据系统升级和数据价值重构，而系统侧的优化方向主要就是全面释放数据要素价值。

如今，数据作为企业核心战略资产已形成社会共识，但数据价值远远未得到充分释放。根据数据的全要素价值动力模型（如图 7-29 所示），数据内在价值包括本位价值、属性价值和动力价值。而从数据市场构建的过程中看数据的具体形态，又有数据要素、数据资源、数据资产等概念，都作为数据价值分析的对象和价值来源。

传统上，企业数据价值主要来源于数字化转型、数据治理过程中降本增效以及决策支持的使用价值或应用价值。而在数据成为生产要素、全社会开展数据要素市场化配置改革之后，数据成为要素并作为企业资产得到更深程度的重视，数据的价值不仅仅来源于应用层面，还与企业的内部业务和外部数据生态形成内外双轮循环，数据可作为资产进行交易，数据还可以发挥乘数效应，赋能其他生产要素发挥更大价值，整体上形成了规模报酬递增、复用增效、要素协同优化等叠加倍增效应。在这种情况下，数据在高效流通和循环利用中充分发挥了其属性价值和动力价值。企业数据价值倍增模型如图 10-11 所示，企业数据价值得到多维度释放，形成叠加倍增效应。

面对数据价值倍增需求，企业需要构建适应数据要素特征、促进数据流通利用、发挥数据价值效用的数据基础设施。企业数据基础设施是指服务企业生产、运营、管理的数据平台，包括采集、存储、处理、管理等相关硬件和软件系统，以及企业整合、协同关联数据方形成的数据服务平台。这些数据平台越来越关注数据价值链视角下的数据价值化路径。在数据平台的支持下，数据形态沿着"数据要素 – 数据资源 – 数据资产 – 数据商品 – 数据资本"动态进化，从而实现企业从应用成效到数据竞争力再到数据资产市值的价值倍增，各阶段价值形态分别对应潜在价值、价值创造、价值实现和价值增值。这一过程揭示了数据价值重构的动态性和演化性。

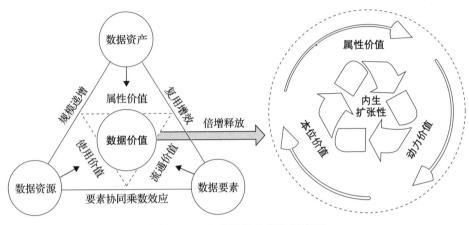

图 10-11　企业数据价值倍增模型

前文所述数据空间价值金钻模型（如图 1-8 所示）正是充分结合了数据的内部赋能与外部流通价值效应，形成价值一致性分析模型。在 DIKW 体系中，数据、信息、知识与智慧之间逐步抽象，从采集数据、提炼关联信息、发现新规律、研究出新理论到创造新的知识或技术，是数据与业务交互演进直至萃取智慧的过程。在这个过程中，企业实现了业务数据化，通过技术手段将企业内部的各个业务过程和活动转化为可量化、可存储和可操作的数据形式，进而实现数据业务化，将数据视为独立产品进行运营，用数据驱动业务运营和数据价值挖掘。该过程在数据整合的基础上，将数据进行产品化封装，并升级为新的业务板块，推动 DIKW 体系转为 DRAC 模型，即数据资源化、数据资产化、数据资本化新路线。在 DRAC 模型中，数据业务持续形成数据资产，企业主体采用数据资产入表、数据资产评估等方式，将数据资源转化为数据资产，并通过数据资产运营实现数据资本化。在这个双阶递进过程中，数据由原先的 IT 副产品和系统产物，从业务和应用程序中独立出来成为资产，是企业经营管理层面内生的一条数据形态演变路线。

正如企业数据价值倍增模型所示，数据除了本身的内生价值外，还具有多维度的属性价值和动力价值，并且通过流通利用、复用持续创造价值。在

DIKW 体系和 DRAC 模型叠加的演进过程中，还存在一条价值主线。尤其是数据空间的应用，使得这条价值主线愈发清晰并加速形成。DIKW 体系的数据、信息、知识和智慧面向数据要素化流通，分别提取转换成元数据、语义和模型，以匹配数据的外部需求场景。企业数据在流通中成为数据要素市场的数据资源并通过数据空间实现数据价值化，开辟了数据价值的一条应用场景牵引、全要素协同复用、价值共创的倍增路线。

上述数据路线与价值路线交互进行、协同演进，共同组成了企业数据 DIKW 体系与 DRAC 模型叠加、数据螺旋与价值螺旋交互演进的数据价值叠加双螺旋结构，如图 10-12 所示。此时，数据进入了内部扩张、全局交互与全息赋能的正向价值循环，要素、技术、产品、服务交叉叠加、相互作用，形成持续创新与价值倍增效应。

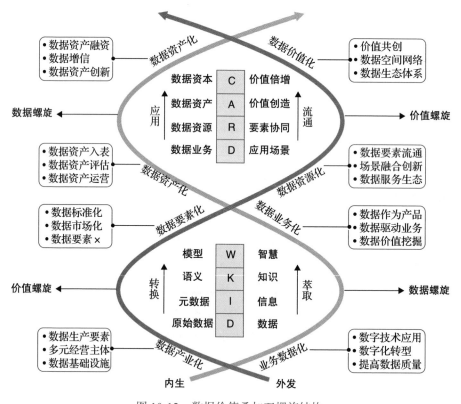

图 10-12　数据价值叠加双螺旋结构

根据上述双螺旋结构逻辑，数据可谓是企业价值的新型"DNA"，具有内生和外发双动力价值，数据价值双飞轮驱动模型如图 10-13 所示。数据价值叠加双螺旋结构也成为企业数据价值基因变革的方向与模型，充分说明了业务、应用、要素、市场多层面的价值逻辑，并面向数据空间应用，指明了企业数据价值重构路径。在这个结构内，数据要素的无界性和正外部性能够推动跨行业资源整合和新业态形成，成为连接不同产业、推动协同创新的桥梁，为企业价值重构、资产再造提供强劲动力。

图 10-13　数据价值双飞轮驱动模型

2. 面向数据空间应用的数据系统优化

数据的价值不在于存储，而在于流通和应用。数据本身也不可能自己变得"好起来"，它需要在应用和流通中进行持续优化与提升。如何构建一个灵活、开放的数据生态系统，如何让数据更好地服务于业务，如何让数据得到充分利用并高效流通，如何加速释放数据价值，试图解决这些问题的规划和策略长久以来都在企业的数据战略清单里。

从数据仓库到数据中台，企业数据管理经历了专注于数据的集中存储和分析并主要服务于高层决策的集成阶段，再到强调数据的共享和服务，使数据能够更广泛地支持各种业务场景的应用阶段。然而，不论是数据仓库（以及演进中的数据湖、湖仓一体等）还是数据中台（包括各类中台应用以及刚开始流行的数据飞轮），都没能真正把数据"搞活"，应用效果难以显示，反而大量增加了企业投入。

值得关注的是，数据飞轮将数据驱动的理念深入到业务的各个环节，形成数据、产品、用户之间的良性循环，强调数据和业务要双向地良性驱动，以数据消费为核心，一方面助力业务发展，另一方面也反向促进数据资产的生产，如图 10-14 所示。

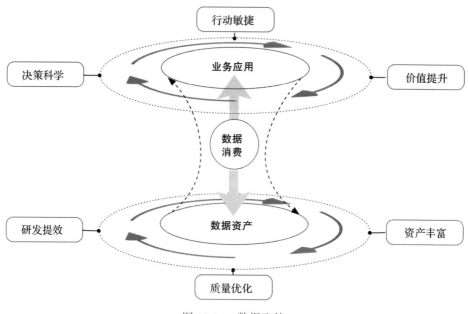

图 10-14　数据飞轮

数据飞轮有望成为继数据中台后企业数据管理的新模式、新理念，其工作原理可以类比为机械飞轮效应。飞轮最初需要通过外部的强大推动力才能开始转动，但一旦飞轮开始加速旋转，系统内部的惯性将使其自动持续运转，几乎不需要额外的外部推动力。同样，数据飞轮最初需要较多的资源投入来启动，但当数据飞轮进入正反馈循环后，企业的各个业务模块之间将通过数据的双向驱动形成自动化的良性循环，从而极大地提升工作效率和决策精准度。

首先，企业需要对现有业务进行信息化和数字化转型，从而生成可供分析的数据。这些数据通过收集、存储后，经过分析和挖掘，识别出潜在的业务价值。挖掘出的数据被应用到具体的业务场景中，如优化产品推荐、调整市场策略等，直接指导业务决策，使得业务更精准和高效。通过业务场景的反馈，企业进一步调整数据分析和挖掘策略，确保数据和业务相互促进。而 AI 技术和人类专业判断的结合，使数据分析和业务决策更为智能化和精确化，推动整个飞轮高效运转。

如此看来，数据飞轮的逻辑与企业数据价值重构的双螺旋与双驱动路线高度相似。但数据飞轮只是企业的内循环，无法真正实现数据高效流通转化数据价值从而反向激活企业内生数据动力。因而，企业数据价值的增长飞轮应该是内部业务数据飞轮与外部流通价值飞轮的叠加。这个外部流通价值飞轮就是数据空间飞轮。数据空间飞轮带动业务数据飞轮，形成一个良性循环。通过不断优化的业务实践，企业生成的高价值数据增强了数据空间飞轮的价值动力，并反向倒逼、带动数据飞轮快速运转，形成持续优化的正向循环。如图 10-15 所示，数据空间价值共创能力飞轮（图 1-10）驱动数据仓库、数据中台等数据系统中的原始数据要素化、资源化、价值化，把数据当作独立产品，带动企业数据能力增长并实现数据价值。

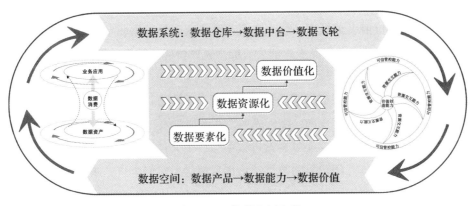

图 10-15　数据空间飞轮

在企业内部，数据驱动业务产生的数据进一步驱动数据分析与应用的优化，这一过程通过实时反馈机制使得数据和业务同步发展，企业得以持续提升运营效率和市场竞争力，形成新的产品、服务和应用场景，进而释放新的价值。这就是数据空间飞轮"点燃"企业数据飞轮的价值加速释放效应，从而构成企业数据空间价值引擎模型，如图 10-16 所示。

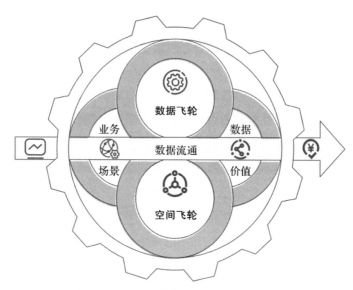

图 10-16　企业数据空间价值引擎模型

　　从企业数据价值重构的价值倍增模型，到价值叠加双螺旋结构、双飞轮模型，再到上述价值引擎模型，企业数据系统高度聚焦数据驱动业务、业务产生数据、数据形成产品、产品表彰能力、能力兑现价值的数据价值循环。

- 数据驱动业务：这是新一代数据技术驱动的企业数字化转型目标，意味着业务决策和战略是基于数据分析的。企业通过收集和分析数据来优化业务流程，提高效率，降低成本，并增加收入。

- 业务产生数据：在业务运营过程中会产生大量数据。这些数据可以是客户交易数据、用户行为数据、市场反馈等，它们为进一步的分析和决策提供原材料。同时，它们又接入数据空间，开启新的数据价值之旅。

- 数据形成产品：分析得到的数据可以转化为产品或服务。例如，通过用户行为数据分析，可以开发出更符合用户需求的产品特性，或者创建个性化的用户体验。这些产品不仅可以内部使用，还可以进行外部交易，获得业务增长第二曲线。更多情况下，数据形成产品是在数据空间内通过多场景数据服务实现的。

- 产品表彰能力：这里的"表彰"指的是展示或证明。产品通过其功能和性能展示企业的技术能力和市场竞争力。优秀的产品能够证明企业在数据利用和产品开发方面的能力，从而获得市场竞争优势地位，实现更大的业务运营能力和市场估值。

- 能力兑现价值：最终，企业的能力通过数据产品、服务、市值管理在市场上的成功转化为企业价值。这包括增加市场份额、提高品牌价值、增加收入和利润、扩大企业估值、实现数据资本等。

上述各环节逐步递进，是企业数据系统与数据空间应用相互作用下的数据价值闭环。通过持续反馈与自我优化、形成正向循环，企业能够持续提升自身的竞争力和市场价值。

3. 作为数据架构的企业数据空间

数据技术是伴随业务要求发展的，数据系统也随着技术更新而持续优化。新技术不断涌现，如云原生、软硬协同、湖仓一体、人工智能、隐私计算等技术，在助力降本增效、促进安全流通和释放数据价值方面发挥了重要作用。这些技术的发展和应用推动了数据价值的重构和实现。

当前，企业对数据技术的应用和数据系统的建设，目标都高度指向数据价值挖掘与业务赋能，且普遍采用架构治理的方式确保企业复杂系统良性运转。其中，数据架构在企业的整体架构中起到了承上启下的关键作用，作为连接纽带向上支持业务架构，向下驱动应用架构和技术架构。

在企业架构中，业务系统产生数据，应用系统消费数据，技术始终支持数据流动，数据架构则作为统管角色，确保数据被合理保护和使用。类比数据空间角色，业务架构、应用架构、技术架构和数据架构可一一与数据空间核心主体的职能形成对应关系。

业务架构关注的是组织的业务流程、业务能力以及业务服务，业务架构中的"业务决策者"或"数据所有者"类似于数据提供方。他们是提供数据资源的主体，有权决定其他参与方对数据的访问、共享和使用权限，并有权在数据创造价值后，根据约定分享相应权益。

应用架构中的"应用开发者"或"产品经理"可类比为数据使用方，是使用数据资源的主体，依据与企业数据空间运营者、数据提供方等签订的协议，按约加工、使用数据资源、数据产品和服务。

技术架构关注的是技术基础设施和系统组件，以及它们如何支持应用程序和业务需求。技术架构中的"系统架构师"或"网络工程师"类似于数据服务方，是提供各类服务的主体，包括数据开发、数据中介、数据托管等类型，提供数据开发应用、供需撮合、托管运营等服务。

数据空间运营方类似于数据架构中的"数据架构师"或"数据治理专家"，数据空间运营方负责日常运营和管理的主体，制定并执行空间运营规则与管理规范，促进参与各方共建、共享、共用可信数据空间，保障可信数据空间的稳定运行与安全合规。

可见，即使是静态迁移与粗略类比，传统企业 4A 架构与数据空间架构也具有强关联性甚至是战略一致性。从架构角度，数据空间天然适用于企业实践，而且结合企业数据价值重构路径以及数据系统优化路线，数据空间可直接作为企业数据架构的设计、实施和部署指南，以确保数据在内部赋能的同时具备外部流通的价值倍增能力。

数据空间各角色与企业各架构的对应关系如图 10-17 所示。

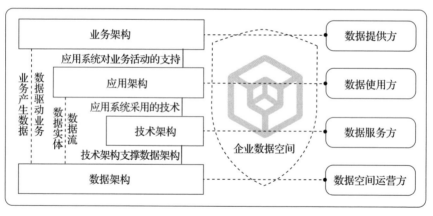

图 10-17　数据空间各角色与企业各架构的对应关系

基于上述映射关系，数据空间整体架构可作为企业数据治理的策略框架。不论是否实际部署数据空间系统，企业的数字化转型升级和数据系统建设应当对齐数据空间功能，在确保数据内部使用的情况下强化数据共享和外部流通能力。

数据空间架构基于普遍接受的数据治理模型，这包括商业生态系统中安全可信数据交换的要求。数据治理策略需要包含身份认证、数据交换、开发和行业逻辑等方面。与传统数据系统分层架构类似，数据空间的技术架构包括基础设施层、服务层和应用层，涉及数据访问控制、数据加密、审计与监控以及隐私保护。同理，企业数据管理架构则包括标准和规范的制定，以确保系统的互操作性和安全性。更重要的是，数据空间架构通过连接器进行数据交互，实质上减少了企业对外部数据基础设施的依赖，增强企业的数字自主权，这对于数据治理来说是一个重要方向。

总的来说，企业可以利用数据空间架构作为企业数据架构的一部分，甚至用数据空间系统重构企业数据治理体系，轻量化升级数据系统并深入开展元数据维度的数据治理，提高数据的共享性、可访问性，以推动数据的内外部高效利用。

10.2.2　企业数据空间应用实战

1. 低成本启动数据空间建设

我国通过发布《可信数据空间发展行动计划（2024—2028 年）》为数据空间建设配置了政策方针，并快速在若干城市开展数据空间建设先行先试，重点推进数据空间连接器开发以及共性技术应用，加快制订关键标准，攻关核心技术，完善基础服务，强化规范管理，拓展国际合作，全面夯实可信数据空间发展基础。同时，《行动计划》还强调，各地区要把可信数据空间推广应用作为促进数据"供得出、流得动、用得好、保安全"的重要举措，结合本地区发展基础和特色优势，组织实施好相关可信数据空间建设运营工作，推动政策落地见效。

很明显，包括接入认证、可信存证、资源目录等共性服务的统一建设，以及参考架构、功能要求、运营规范等基础共性标准，数据交换、使用控制、数据模型等关键技术标准，都将由各地率先以城市数据空间、行业数据空间等形式推进落地实践并形成可推广应用的数据空间模式，构建体系化的数据空间基础设施，为企业数据空间建设提供了一条敏捷落地路线。数据空间建设敏捷框架如图 10-18 所示。

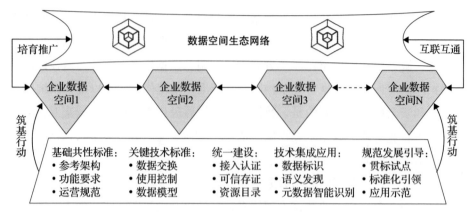

图 10-18　数据空间建设敏捷框架

那么，作为普遍应用的企业数据空间，将可接入、利用、复用数据空间基础设施及先进运营模式，以数据使用控制为核心，以连接器为技术载体，复刻数据空间系统，低成本启动数据空间建设或加入数据空间。

通过快速启动数据空间建设行动，即使没有改变现有的数据系统状况，企业也可以在成本可控的情况下获得以下多项能力：

- 确保所有活动符合相关法律和监管要求，借助数据空间的治理框架降低合规成本。
- 推进建立数据目录及数据服务管理机制，确保数据资源和服务的质量，对数据资源的使用情况进行监控和计量。
- 积极引入高质量的数据资源或参照数据空间标准化数据格式，建立数据质量评估和筛选机制，确保进入可信数据空间的都是高质量、有价值的数据。
- 熟悉数据市场的流通规律与应用场景需求方向，在不改变业务流程的情况下优化数据形成机制，确保数据"随需而动"，培养数据价值驱动力。
- 主动共享（例如首先在企业内部共享）数据，并跟随数据价值指标，探索数据收益计量与分配激励模式，实行数据内部使用与外部流通的价格机制一体化。

通过上述策略，各类型企业均可在控制成本的同时有效启动数据空间建设，并逐步构建起一个高效、安全、可信的数据流通和利用环境，跟进并引领数字经济新时代，积极共享数据红利。

2.企业数据空间应用路线

对于中大型企业、集团企业以及跨国企业而言，数据空间的建设通常需要在数据生态系统、跨硬件平台和跨地域的数据管理平台方向进行布局，以实现数据的全面管理和利用。而且，数据空间生态的构建仍然可沿袭敏捷框架低成本、高效率启动。只是企业内部需要首先调整战略思维，尤其应该关注数据空间战略与数据战略的一致性，并充分利用新技术启动数据飞轮，强化数据治理，形成一条从数据颗粒维度的质量体系到生态维度数据打通的新型治理路线，以获得数字化转型升级的新型价值能力。同时，数据空间建设与运营虽然并不需要改变原有的数据路径及管理方式，但仍然需要根据数据空间应用需求提升数据流动性，充分释放数据价值双螺旋动力，通过数据聚合、业务流程梳理与供应链协同，深化数据资产运营，并采用短期激励和有效分配，加速数据内外循环，探索数据价值倍增创新形态。这就是企业数据空间应用路线中战略与实施并举、业务与数据同行、应用创新与价值倍增正循环的"双 T"模型，如图 10-19 所示。

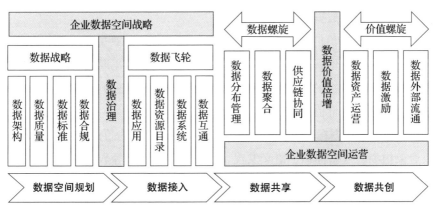

图 10-19　企业数据空间应用路线："双 T"模型

"双 T"模型在数据空间应用中是一个重要的概念，它通常指的是两个相互关联的维度：技术和业务。在数据空间的背景下，这个模型可以被解释为两个核心的流程或组件，它们共同推动数据空间的发展和应用。

- 企业数据空间战略（业务维度）：这是"双 T"模型的顶部，代表了业务战略和规划阶段。在这个阶段，企业会定义其数据战略，包括数据架构、数据质量、数据标准和数据治理等。这些规划活动为数据空间的建设和运营提供了方向和框架。

- 企业数据空间运营（技术维度）：这是"双 T"模型的底部，代表了数据空间的日常运营和技术实施。在这个阶段，企业会进行数据接入、数据共享和数据共创等活动。这包括数据的收集、处理、存储、分析和分发，以及确保数据安全和合规性。

- 数据接入：数据接入是数据空间运营的起点，涉及数据的收集和整合。这包括数据飞轮的概念，即数据应用、数据资源目录、数据系统和数据互通，这些都是数据接入的关键组成部分。

- 数据共享：数据共享是企业数据空间运营的核心，涉及数据的分布管理和聚合。这包括数据的流通和共享，以及供应链协同，这些都是实现数据价值增值的关键环节。

- 数据共创：数据共创是数据空间运营的高级阶段，涉及数据的内外部流通和协同共创。这包括数据价值倍增、数据资产运营、数据激励等，这些都是通过数据共创实现的。

- 数据螺旋和价值螺旋：数据螺旋和价值螺旋是"双 T"模型中的两个动态过程，它们代表了数据和价值在数据空间中的不断增长和循环。数据螺旋强调数据的持续积累和优化，而价值螺旋则强调通过数据的利用和创新来实现价值的增长。

数据战略为数据螺旋提供了方向，而数据接入准备为价值螺旋打下了基础。在企业架构中，数据标识、语义发现、元数据智能识别等数据准备及数据互通技术通常集成应用于技术架构，让数据模型与数据分布形成数据流，而始终遵循统一的数据标准，形成数据一致性交换与共享的元数据存储库，即数据资源目录，并可随时接入数据空间。数据战略、数据模型、数据标准与数据分布管理成为企业数据空间运营的基础活动，也是企业新型数据治理的核心活动，如图 10-20 所示。

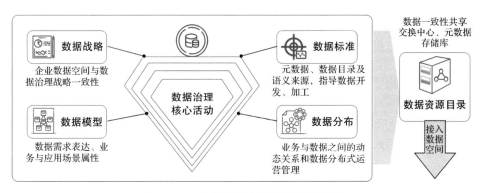

图 10-20　企业数据空间运营基础领域

在企业数据空间应用的始终，数据模型、数据标准、数据分布、数据资源目录都是最核心的领域。数据模型涉及数据的结构和关系，确保数据的一致性和可理解性。数据标准则是确保数据质量和一致性的关键步骤，涉及数据的格式、命名、定义等方面的标准化，也是企业对接国际数据基础设施的关键环节。这也说明企业在生产数据时，就需要完全匹配统一标识、统一接口要求等标准规范，并且把统一标准规范通过数据分布管理执行到不同数据系统，确保数据的可访问性和有效管理。最终，形成一个索引或目录，用于记录和检索数据资产，帮助用户找到需要的数据。

传统企业在大数据时代谋求数字化转型，通常遵循系统升级、平台建设的路线推进，尽管部分企业已实施数据战略，但数据应用及其价值挖掘仍未有效实现。数据空间利用暂时性抽象数据内容，提供数据信息流动的环境，在基础层面以降低利益风险的方式构建可信性，使得企业各部门均能实时同步数据目录，一方面了解企业数据价值动向，另一方面实现数据利用便利性，还倒逼业务部门和领域更加关注数据价值、提升数据思维认知。

况且企业数据空间的实施可完全复用原有的数据平台、数据系统甚至是办公系统，在不改变企业技术架构、应用架构的情况下，只通过连接器即可打通数据流通动脉，保持数据资源循环畅通，促进数据应用开发。企业数据平台与数据空间的连接如图 10-21 所示。

数据空间不是对企业数据系统和平台的颠覆或变革，而是数据应用方式的改变与系统演进，更强调数据模型驱动、数据分布治理与数据目录管理，是数据飞轮的发动机，而数据空间连接器则可视为企业数据价值的"探矿仪""挖掘机"，让每个数据空间用户都能看到最优质的数据并且随时使用。

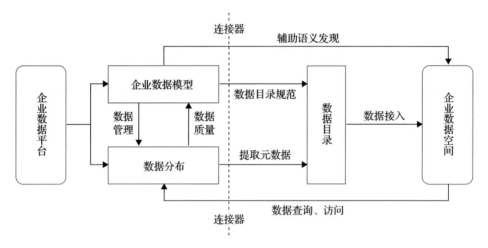

图 10-21　企业数据平台与数据空间的连接

当企业数据空间采用有限条件与外部互联互通时，数据空间的安全性需要大幅度提升。在这种情况下，数据空间的应用更多的投入来源于安全与合规治理，而传统的数据平台和系统投入则更加注重数据质量提升以满足有效的内部决策支持。随着一体化数据市场的建设，企业数据的价值更多地来源于外部流通赋能与场景融合创新应用，探矿仪以及挖掘机的任务就在于找到有价值的数据并以合法合理的策略对外连接并发布。

企业数据作为核心资产，更需要根据数据类型、数量、竞争优势与效能等，对企业数据资源进行分析和评价。这不仅仅涉及数据分类分级，还涉及更深入的数据经济价值和流通场景收益预测分析，以正确评估数据潜能、产能和效能，为数据共享策略配置提供方向。

1991 年，杰恩·B·巴尼（Jay B. Barney）提出 VRIO 模型，帮助企业分析竞争优势和弱点，明确企业的资源和能力，正确评估有潜力成为企业可持续竞争优势的资源或能力。该模型指出有四个影响可持续竞争优势的因素，分别为：有价值（Valuable），即企业的资源和能力能增加价值；稀缺（Rarity），即具有大部分或者所有竞争者没有的资源或能力；不可模仿（Inimitable），即资源不容易被模仿；组织性（Organization），即企业被有效组织起来。四个因素都满足时，企业才能获得可持续的竞争优势。而这四个因素可以借鉴为企业数据资源的共享策略分析模型，并为数据治理提供指引，以集中治理有价值数据并避免数据在共享过程中被低估、被"价值掠夺"。如图 10-22 所示，在 VRIO 模型基础上，数据策略根据不同类型的数据资源进行配置，可进一步作为数据共享方式与价值评估模型的重要依据。

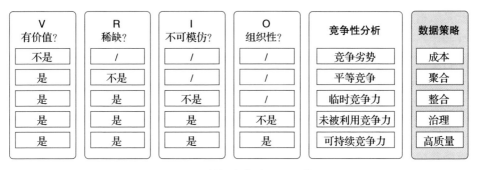

V 有价值?	R 稀缺?	I 不可模仿?	O 组织性?	竞争性分析	数据策略
不是	/	/	/	竞争劣势	成本
是	不是	/	/	平等竞争	聚合
是	是	不是	/	临时竞争力	整合
是	是	是	不是	未被利用竞争力	治理
是	是	是	是	可持续竞争力	高质量

图 10-22　数据竞争力 VRIO 模型

整体而言，企业数据空间的应用使得数据治理从传统的"数据集成、数据科学、数据应用"演进为"数据模型、数据目录、数据共享"应用路线。这一转变对企业尤其是中小企业具有深远的影响。

不论是自建数据空间还是加入数据空间，基于 VRIO 模型的数据梳理（即数据资源规划、数据资产盘点）是数据治理的起点，涉及对企业全业务流程的梳理，摸排企业业务流程下存在的基础数据资产，识别数据资产的重要性级别并分析数据共享策略。这一步骤有助于企业明确业务与数据责任矩阵，为后续数据空间应用打下基础。

数据目录的建设是数据治理的核心，它提供了一个集中的、可搜索的数据资产视图，极大地提高了数据的透明度。数据目录不仅包含数据资源目录中的信息，还增加了关于数据质量、数据血缘、数据合规性等更为丰富的元数据。这有助于企业优化数据合规性、增强数据理解，并提高数据空间运营计划的成功率。

数据空间的构建是企业优化数据治理的新范式，它支持对数据跨平台、跨域的灵活虚拟化集成，实现在正确的时间，从任意位置将正确的数据与正确的人连接起来的终极目标。数据可信流通、共享交换作为数据空间的底层技术，实现多主体数据的逻辑统一管理。

调整后的数据治理路线更加注重数据运营状态、过程、风控的可视化，基于大数据的强大应用，赋能企业运营管理和业务优化，并充分释放数据要素价值。

3. 分布式数据治理与集中式数据空间运营

破除孤岛、打通数据、唤醒价值，是企业数据空间应用的首要目标，起点就是数据资源盘点，尤其是对于数据分散管理的中大型企业以及数字化水平较低的中小企业而言，数据资源盘点是对企业数据资源现状的深入分析和全局情况归集，为数据空间运营的整体工作提供数据基础。

数据资源盘点涉及企业内所有数据资源，包括数据库、文件系统、云存储和第三方数据源等，除了对数据库、表、字段的结构和含义进行盘点外，还会对关联关系、使用频率、敏感等级、管理部门、潜在应用场景、数据产品开发策略等情况进行分析。

企业开展数据资源盘点的现实目标是构建企业数据全景视图或数据地图，配合资源目录、数据空间系统开发等工作，以快速、精准、自助式地找到数据，实施分布式数据治理。通常会将数据空间开发建设作为重点工作任务，通过元模型设计、元数据采集、数据模型开发、数据目录整理等几期项目实现全域数据盘点工作，实现数据空间运营的初始化。在实际盘点工作中，还会涉及业务架构和应用架构的盘点工作，盘点工作大多是从 IT 系统的维度展开，部分企业为梳理清楚数据与业务的动态关系，还会从业务流程入手梳理数据。如图 10-23 所示，数据盘点往往作为数据空间服务化设计的起点，需要贯穿全局且下沉到元模型层级，以统一数据标准，主要包括数据命名规则、格式、类型和质量标准，确保数据在整个组织中的一致性和可比较性，促进跨部门和跨系统的数据整合。

在构建企业数据全景视图之后，还需要从架构角度探查数据流，尤其是元数据关系、企业级逻辑模型、系统级逻辑模型，并从数据项、数据表到数据系统逐层分析、提取元数据，形成统一数据目录并接入数据空间，共享给数据空间用户。图 10-24 列示了企业内部两种元数据提取模式，均是基于分布式数据库系统的集中运营。模式 A 采用的是联邦式元数据治理，在业务单元级完成元数据识别并统一汇聚到数据系统中进行转换。模式 B 则采用集中式元数据治理，在系统与应用之间增加元数据层，更有利于元数据质量管理。两种模式在实践中可在同一企业并存。

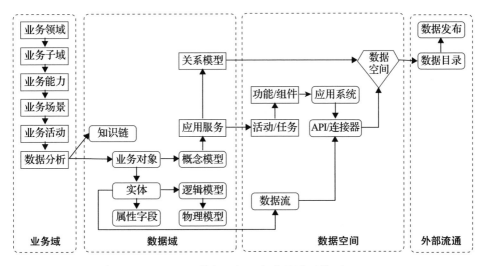

图 10-23　数据空间服务化设计元模型

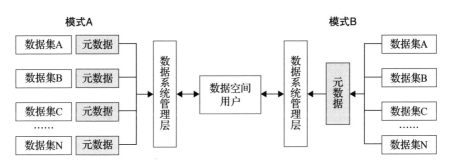

图 10-24　联邦式元数据治理与集中式元数据治理

从业务领域到业务单元，数据随业务产生又赋能业务增长，然而，数据贡献往往很难识别。当企业数据空间部署应用后，数据梳理、存证溯源、元数据提取以及数据交换都形成一套完整体系，数据通过"赋码、赋权、赋值"获得了"身份证"。各个业务部门在共享数据时，通过数据标识以及特征识别提取并集成元数据，每个数据贡献行为都被标记并形成特征因子，与质量因子、价值因子关联构成数据元数进而封装为元数据、元模型。当分散在各个业务部门的数据被调用、整合、分析、利用并形成数据服务、数据产品产生价值转化或业务赋能时，集中式数据空间运营就能通过特征关联采用数据空间技术进行收益贡献溯源，并根据权重实现精准的收益分配与业绩考核，而且这些工作都有系统和算法自动实现。

如图 10-25 所示，一项数据服务或一个数据产品都可能整合了多个业务部门的数据，以实现数据的完整、可用，并提高数据价值密度，最终实现数据收益。数据空间统一运营格局能够充分保障数据贡献的回报，并与业务、财务、技术、应用充分关联，实现数据集中变现情况下的分布式治理、分布式数据收益分配。

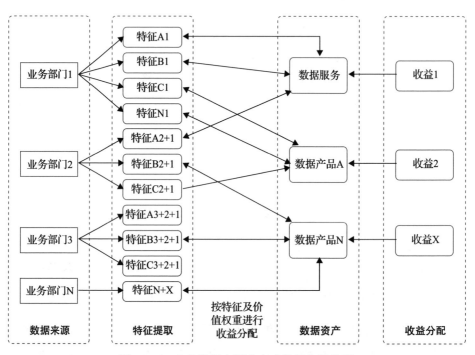

图 10-25　企业数据空间分布式数据收益分配

综上，数据空间的应用一方面实现了数据的内部共享和外部流通，另一方面则强化了数据治理效果，更彰显了数据效能，易于识别数据贡献。不论是在分布式数据治理体系还是集中式数仓模式内，数据空间运营都能充分发挥全量释放数据价值的积极作用。

10.2.3　企业数据空间典型解决方案

1. 供应链协同数据空间

供应链协同是指在供应链管理中，不同参与方通过共享信息、资源和决策，以达到提高效率、降低成本和提供更好服务的目标。供应链协同涉及供应链全链条的各环节（包括上下游各企业及企业内各部门）实现协同运行的一系列活动或最终效果。它要求各节点确立共同目标，在互利共赢的基础上，深入合作、风险共担、信息共享、流程互通、共同创造客户价值。图 10-26 展示了供应链协同的基本关系。

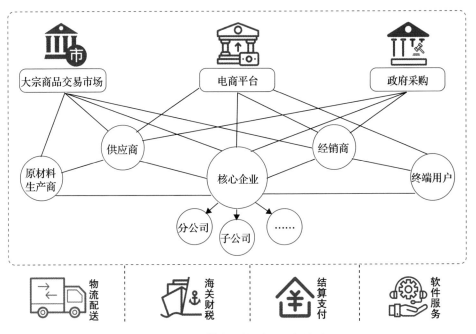

图 10-26　供应链协同的基本关系

当前，供应链协同面临内部流程优化难题，如打破部门壁垒，实现跨部门、跨职能的合作；外部环境不确定性，如全球经济和贸易环境的不稳定性对供应链稳定性的影响；数据安全与隐私保护问题。同时也存在数字化水平不对称、流程不兼容等问题。例如，一家企业可能拥有先进的**数据系统**，但与其供应商的系统却无法对接，导致数据传递不畅，影响了供应链的整体效率。

　　数据空间的应用可以有效改进上述难题，在供应链各个环节中实现信息、资源和流程的共享与整合，以打造全方位的供应链管理网络。通过打通数据统一标准化采集、处理、分析、存储传输等关键环节，集中进行数据空间运营管理，集成外部数据服务，改进数据质量不高、技术手段落后或分析能力不足以及数据存储传输过程中的安全漏洞等问题。

　　显然，供应链协同式数据空间应用可以作为企业数据空间外部联接的典型解决方案，彻底解决用户信任、增进数据多样性和一致性问题，并能保护客户信息、订单信息、采购成本等敏感数据。可信数据空间培育推广行动支持国有企业和龙头企业建设企业可信数据空间，构建多方互信的数据流通利用环境，协同上下游企业开放共享高质量数据资源，打造数字化供应链，提高计划、采购、生产、交付、运维等全流程协同效率。

　　通过数据空间生态，各节点企业树立"共赢"意识，变各自为战的松散关系为紧密合作的伙伴关系，以信息共享为基础，以优化供应链绩效为目标，进行协同决策，实现"你中有我，我中有你"的紧密联系局面，不仅可以使企业借助其他企业的核心竞争力来形成、维持甚至强化自己的核心竞争力，同时帮助供应商和客户提升他们的客户满意度，即协同管理可以使整个供应链创造的价值最大化，而其中最具有核心价值动力的是共享数据流。

　　以制造业为例，供应链上的信息透明，可以使得制造商的供应链计划、环境可持续要求合规等管理的效率大大提高。供应链协同方式从电子数据交换（EDI）到平台 B2B 电子商务再到产业互联网、工业互联网，逐步内化、升级，直至数据空间解决方案，可充分利用新一代技术，为企业提供一种标准化和可信赖的数据共享机制。

　　供应链协同数据空间的应用场景非常广泛，包括协同设计研发、产供销一体化、供应链金融、数据要素产业协同创新、风险管理、跨产业数据应用等，这些场景都能利用数据空间协同生态，充分发挥数据价值核心动力，并驱动"数据要素 ×"应用场景创新。

　　在实际应用领域，国家数据局发布了一系列"数据要素 ×"典型案例。其中，四川长虹电子控股集团有限公司通过建立工业数据空间，打通测试、生产、库存、应付账款、供应商资信和历史交易记录等数据，既能破除产业链上下游企业之间的信息壁垒，又能助力中小微供应商提升授信，促进产业链、供应链高质量协同发展。其业务架构如图 10-27 所示。

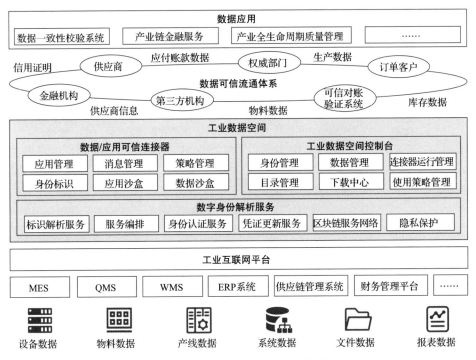

图 10-27　工业数据空间业务架构

在这个应用案例中，数据空间充分赋能生产制造、供应链金融等数据安全可控流通。一是完成多个工业软件系统数据汇聚与校验，二是实现供应链多个主体间数据可信可控流通，三是打造跨产业数据应用，创新供应链金融服务，为制造业中小企业解决融资问题保驾护航，促进了普惠金融服务实体产业。可信数据空间成为产业供应链的有效载荷，促进产业链供应链高质量协同发展。

此外，利用供应链协同数据空间技术，还可在智能制造、质量控制和智能运维、产品追溯与加工信息共享、资产管理与风险防控等领域进一步根据数据空间治理机制和共享策略进行不同程度的实践应用，形成供应链利益共同体（如图 10-28 所示）。

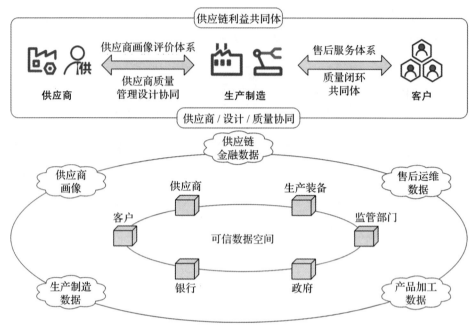

图 10-28　供应链协同数据空间

随着数据空间建设发展的持续推进，众多供应链协同数据空间将成为数据资源丰富、数据价值凸显、商业模式成熟、产业生态丰富的可信数据空间标杆项目，在共性应用场景中，协同上下游企业开放共享数据资源，打造数字化供应链，创新数据同源、数据交换、数据溯源机制，提高各环节协同效率，并有部分供应链数据空间与行业可信数据空间存在交叉协同关系，促进供应链、产业链端到端数据流通，由链式关系向网状生态转变。

2. 企业大脑：AI 数据空间

在当今企业数字化转型的浪潮中，AI 技术正如火如荼地应用于各类生产、管理和运营场景，AI 中台架构、企业大脑等 AI+ 数据应用解决方案持续助推企业智改数转。同时，如上文所述，数据智能空间也将作为一种专业服务，面向各行各业提供数据空间智能化共性服务，为企业快速接入 AI 能力提供了便利。

在企业内部，融合人工智能模型的数据空间应用，更深入企业数据和业务，重构了企业数据逻辑，形成数算一体化架构（如图 10-29 所示），大幅提升了企业数据洞察力和业务创新能力。

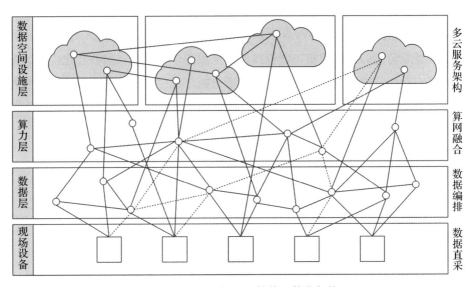

图 10-29　AI 数据空间数算一体化架构

　　融合人工智能模型等技术的一体化数据空间架构改变了传统的数据应用及服务模式，实现端到端的数据使用，"数据上得来、算力下得去"，且各类算法模型实时跟随数据活动，为业务活动和数据应用提供灵活可塑的自动化精准服务。不论是"数字员工"数据支持决策，还是"数据即服务"外部流通价值转化，数算一体化充分利用上下协同、内外一体的架构，使得数据同步实现内部赋能与外部流通的双重叠加价值并形成创新动力。

　　即使在现场设备层，面向数据应用、流通的各类指标已经内置于传感器、摄像头、智能设备终端，数据生成、产生、采集就符合产品化标准，能够直接为各类应用场景服务。在数据层，存算一体、数算一体加上新一代的数据分区、分箱以及排序、混排等组织模式的改变，数据编排、编织、网格、虚拟化成为新的数据管理方法，通过自动化的数据集成、转换和清洗，以及智能算法的应用，可以实现数据的快速整合和质量保障，形成一个统一的数据视图，帮助用户更好地理解和利用数据。加上数据空间天然的连接与联通，服务、计算、应用、产品都能随时为企业内部业务赋能。边缘计算、智能体、流程推荐、专家系统、自动化辅助甚至自动驾驶舱，共同推动形成了企业数据与智能的深度融合，实现湖仓存储一体、多模式计算一体、分析服务一体、Data+AI 一体，支持 OLAP 查询、即席分析、在线服务、向量计算等多个场景。

人工智能技术要赋能各行各业具有典型的长尾效应，我国仍有超过 80% 的中小微企业需要的是低门槛、低价格的智能服务。因此，我国数智化应用、智能计算产业必须建立在新的数据空间基础设施之上，其中的关键是我国应率先实现智能要素（即数据、算力、算法）的全面基础设施化，在数据空间内集成各类智能模块，构建 AI 数据空间智能矩阵，如图 10-30 所示。

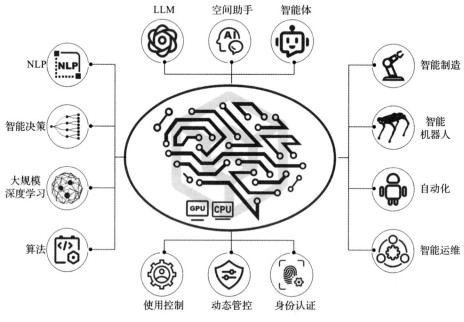

图 10-30　AI 数据空间智能矩阵

AI 数据空间是一个体系化的智能技术生态系统，包含了多个与人工智能和智能制造相关的应用，一站式为各行业企业提供"大脑"级服务。"数据空间大脑"实现对数据空间的全局统一管控和智能策略调度，这包括全要素数据统一接入、全形态产品统一发布、全流程策略统一管控等，从而提升各类型数据资源开发利用水平。

其中，大规模深度学习算法能够处理大量数据并从中学习复杂模式的深度学习模型。自然语言处理（NLP）涉及计算机与人类语言交互的技术，包括语言理解、生成和翻译，能够为专家系统、知识图谱、大模型、智能流程等提供标准化语料并使得数据转换、语义模型、智能体应用得以实现，进而构建企业内部的大型语言模型，能够理解和生成文本，支持智能决策及各项自动化业务。整个过程，AI 也赋能实时监控和系统性能优化，自主确保用户身份的安全性和准确性，更使得广泛连接的数据空间与智能制造、机器人辅助、自动化生产流程以及智能运维充分交互。数据空间在获取数据接入的同时，也实时向应用终端同步了最新的数据、算法和应用程序，循环优化各个生产经营细节，深入服务于机器人、无人驾驶、可穿戴设备、智能家居、智能安防等行业及应用，覆盖长尾应用。

随着 AI 应用的深化，企业大模型数据空间将持续提升智能服务能力，提供集风险分级、数据全流程管理、多用户微隔离于一体的数据空间即基础设施服务，集成行业数据和模型参数，可覆盖企业研发、生产、销售、供应、物流、服务全价值链，通过数据可信流通，实现研发设计协同、制造生产协同、供应链物流协同、运维服务协同，打通上下游产业链，更好地服务大中小企业和行业生态。

3. 中小企业服务数据空间

我国正在全面推进中小企业"点线面"结合数字化改造，加速人工智能创新应用和深度赋能，充分激活数据要素价值，着力提升供给质效和服务保障水平，打造以可信数据空间、区块链等技术为支撑的数据流通利用基础设施，推动大中小企业间实现研发设计、设备状态、交易订单等高价值数据安全可信流通，拓宽中小企业数据获取渠道。同时，对面向中小企业发展需求，提供普惠便利数据服务的企业可信数据空间予以重点支持。

随着数据空间应用的落地见效，中小企业"点线面"数字化改造可升级为普惠便利的"点线面体"协同网络生态支持，"连点成线、聚线成面、面动成体"，形成一个面向中小企业数字化赋能的数据生态体系，持续为中小企业数字化转型提供价值赋能，如图 10-31 所示。

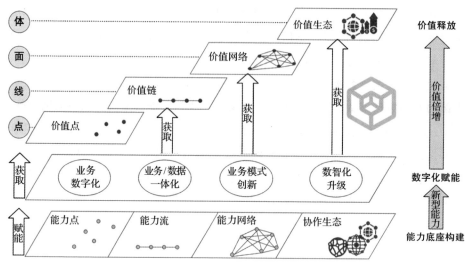

图 10-31　中小企业数字化赋能数据空间价值体

点：既指各领域一线人员（如员工、生产工人等）、服务参与者（如外卖配送员、网约车司机等）以及机、物、实体、设备等，也指局部的点状的数字化实践，如数字员工、数据自动化采集、设备设施数字化改造、现场单方面数字化工具等。

线：按业务单元、业务线、流水线、生产线、车间工序等进行划分，将各个点状的数字化实践进行连接，形成完整的业务数字化条线，实现业务线的整体协调和联动，构建一体化的数据生产与应用循环流水线。

面：对"点和线"的深度连接，其"平台""模式"特性十分明显，全面打通企业的物资流、资金流、业务流、信息流、人才流、技术流，实现企业整体的数字化。

体：即数据空间生态价值有机体，是构建支持中小企业深化数字化转型升级的生态体系，实现产业链上下游的连接、打通和融合，增强企业竞争力，提升中小企业数据价值获得感。

中小企业服务数据空间可通过广泛连接各类型中小微企业，通过数据空间智能化、自动化共性服务以及共性应用场景，为接入企业提供低成本的能力改造服务。一方面获取更多高价值数据来源，另一方面"倒逼""刺激""激励"中小微企业提升数字化能力，开展数据价值重构，推动中小企业向数据驱动的经营模式转型，利用数据管理、数据决策来实现流程再造、组织重塑和效率提升。这有助于中小企业通过数据洞察市场和适应市场，提升资源配置和运营效率，聚焦主营业务，同时获得数据资产"第二增长曲线"，增强市场竞争力。

在这方面，政策密集出台，鼓励龙头企业、平台企业向中小企业开放数据，提供专业普惠的数据服务，拓宽中小企业数据获取渠道。政府通过发放"算力券"和"数据券"等方式帮助中小企业降低数字化转型成本，使它们更容易获得所需的技术工具和数据产品。这有助于中小企业以更低的成本获取先进的数据服务和算力资源，加速数字化转型。同时，政策还支持中小企业开展数据资产价值评估，加强对中小企业数据资产依法依规入表的指导，加强数据资产管理，依法依规维护中小企业数据资产权益。实践中，行业龙头企业带动上下游企业共建行业数据空间，也促进大中小企业数据共享共用，推动跨行业、跨领域数据流动和融合利用。这有助于中小企业参与到更广泛的数字生态系统中，实现产业链协同创新。

数据空间为中小企业提供了数字化转型的新机遇。通过接入数据空间，尤其是面向中小企业提供便利服务的数据空间，企业可提升数据管理能力、降低转型成本、优化合规治理、促进产业链协同创新，在数字经济中获得更多的发展机会。

4. 数据空间一体机

作为典型的轻量化解决方案，数据空间一体机是一种具备数据空间三大核心能力以及共性服务能力，面向数据空间系统一体化部署的软硬件设备，通常是"开箱即用"并集成了通用组件、服务器、存储设备、网络、软件等。它简化了数据空间基础设施的部署和运维管理的复杂性。

数据空间一体机的设计理念遵循最小化可行数据空间的敏捷路线，通过预集成的硬件和软件，减少了部署时间和技术复杂性，使得中小企业能够更容易地启动数据空间项目，快速利用数据空间技术管理和维护其数据系统。一体机通常比单独配置各个组件更具成本效益，这对于预算有限的中小企业来说是一个重要的考虑因素，而且一体机通常由单一供应商提供（如高颂数科 Xsensus 数据空间一体机），这意味着中小企业可以获得一站式的技术支持和服务。数据空间一体机具备以下主要功能。

（1）**数据空间共性服务能力**

- 可信管控：包括接入认证、可信存证等模块，对接入可信数据空间的主体、技术工具、服务等开展能力评定，确保其符合国家相关政策和标准规范要求，并采用区块链存证技术保存数据流通全过程信息记录并且不可篡改，为清算审计、纠纷仲裁提供电子证据，确保全过程行为可追溯。

- 数据接入预处理：对接入的数据资源、数据产品、数据服务等，针对互操作和安全可信等方面进行规范性审查。

- 数据目录管理：集成统一数据标识、语义发现、元数据智能识别等技术，为数据资源分配唯一标识符，实现快速准确的数据检索和定位，实现数据全生命周期的可追溯性和可访问性，并自动分析理解数据深层含义及其关联性，实现不同来源和类型数据的智能索引、关联和发现。

- 策略配置：通过预先设置数据使用条件形成控制策略，实时监测数据使用过程，动态决定数据操作的许可或拒绝，同时具有使用控制策略自主调整的能力和配置灵活性。

（2）**数据能力**

- 数据接入可视化：提供可视化的数据接入工具图形界面，支持数据源集成、API 集成、文件集成、ETL 离线数据集成、Excel 集成等，并支持把所有集成的数据同步到数据仓库，并支持自定义分层和数据编目。

- 元数据管理：提供元数据智能识别、登记、维护、查找和分析等相关功能，并对全部元数据管理过程的动作进行记录，形成元数据管理档案。

- 数据质量标准：提供数据质量和标准的图形化管理工具，数据质量标准是指在数据获取、传输和保存过程中应遵守的最低质量要求，包括数据完整性、数据准确性、数据一致性、数据可靠性和数据可用性等。

- 主数据管理：可以通过智能化分析、数据建模等方式，将海量碎片化的异构数据进行组织、连接，形成"关系网"，"关系网"中的数据与现实世界中的人、事、物、时间、空间等一一对应，并且以可视化的方式展现对象之间复杂交错的关系，将数据投影为影像，让用户可以更加直观地捕捉到数据中隐藏的关联信息，从而形成主题数据。

- 数据可视化建模：为用户提供的自助式数据挖掘分析工具，是一个用于数据分析的可视化工具。用户可以把自己的业务思路注入自助式数据分析建模工具模型中，根据经验形成一个成熟的研判模型。提供基于工作流的交互式的算法定制开发工具，支持用户在画布上以拖曳的方式编排算子，构建业务分析流程。系统内置丰富的数据分析算子，并支持用户自定义丰富的业务模型资产。

- 数据可视化 BI：提供数据大屏应用模块组件，支持包括折线图、柱状图、饼图、雷达图、热力图、仪表盘等图表展现；支持 GIS 地图集成，提供表格、文本等多类型组件数据展现能力。支持零代码预制各类业务模板并可动态自由组合，通过拖曳的方式进行系统设计，完成业务需求。

- 数据资产管理：支持各类数据资产目录展示，包括数据表资产目录、API 资产目录、数据标签资产目录、第三方 API 集成目录等。

- 数据安全与运维：提供任务监控管理和数据安全管理相关功能，包括租户管理、审计日志管理、数据脱敏等功能。

（3）可扩展服务

数据空间一体机内置通用连接器，兼容各类连接器组件，能实现系统、平台、数据空间联接。各模块、组件均可升级、扩展。一体机供应商通常也提供多种定制化服务和版本选择，以适配不同规模需求和系统应用。

数据空间一体机是数据空间建设与运营一体化的缩影，本质是以数据使用控制为核心，以连接器为技术载体，以实现数据可信交付为目标，提供一套可持续、可扩展、易部署的"让数据活起来"的机制，涵盖数据集成、开发、治理、管理、分析、服务、安全、运维等功能，以及最关键的，基于国家和行业标准定义数据资产目录等数据服务。

典型的数据空间一体机架构如图 10-32 所示。

数据空间一体机架构采用统一的数据接入模式，以标准化、模块化的方式进行多源异构数据资源的接入；通过采集全面、动态可配的数据接入机制，实现数据的获取分发、策略配置、任务配置、任务调度、数据加密、断点续传等功能；在数据接入过程中，一体机同步维护数据资源目录和数据血缘信息，并提供可视化的任务调度运行管理，为数据智能管理和数据治理提供坚实的数据支撑。数据空间一体机的设计路径和应用场景紧密围绕数据的集成、处理、分析和应用，旨在为中小企业提供一体化的数字化转型解决方案。

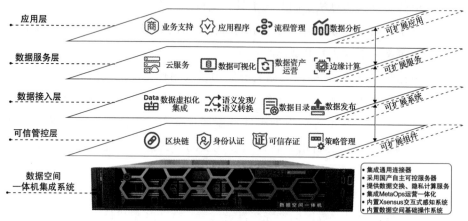

图 10-32　数据空间一体机架构

数据空间一体机通过采用云原生与服务化设计、模块化设计、软硬件协同优化设计，来实现智能化运维、安全与合规。可针对特定行业的需求，如制造业、金融业等，提供定制化的行业应用一体机，集成行业最佳实践和先进技术，助力企业快速构建符合业务特点的数字化转型解决方案。作为中小企业数字化转型的基础设施，数据空间一体机提供稳定可靠、灵活易用的数字化环境，支持企业快速实现数字化转型并达到行业标准。在边缘计算场景中，一体机可以作为边缘数据中心，提供低延迟的端到端统一管道计算服务，支持云边协同，实现资源的统一管控和业务的快速响应。在视频监控、媒体存储、AI 分析等场景中，数据空间一体机可以提供场景化云服务，满足企业内视频数据的处理和分析需求。此外，数据空间一体机还可以集成大数据分析和 AI 模型，为企业提供数据驱动的决策支持，优化业务流程，提升运营效率。

10.3　行业数据空间

数据空间将广泛应用于企业实践，并同时完整、规范、系统化地应用于行业实践。也就是说，企业数据空间更贴合企业内部实践且具有个性化、定制化等特征；而行业数据空间则更具有通用性、适应性、规范化和标准化，且行业数据空间的应用范围将持续扩大，连接并覆盖各企业及产业生态，形成企业间横向联通、产业间纵向贯通、行业间协调有力的跨行业、跨领域、跨组织的数据空间网络格局。

行业数据空间的发展有助于推动整个行业的协同创新和转型升级。在各行业内部以及跨行业进行数据共享与流通，能够打破行业和企业壁垒，促进资源优化配置和产业生态的构建。例如，金融行业通过共享信用数据，能够降低风险，提高金融服务的普惠性；医疗行业通过整合患者病历和医疗研究数据，能够加速医学研究和精准医疗的发展。

目前，行业数据空间的建设仍处于初级阶段，数据标准不统一、数据共享机制不完善等问题制约了其发展。未来，行业协会和政府将发挥更重要的引导作用，推动制定统一的数据标准和规范，建立健全的数据共享和交易机制。同时，区块链等新兴技术将为行业数据空间的可信共享提供有力支撑，保障数据的安全性和可追溯性。

10.3.1　国内外行业数据空间述评

纵观国内外数据空间的发展历程，行业应用率先形成了广泛实践。数据空间不仅仅是技术领域的突破，更是各行各业未来发展的基础平台。目前，不同成熟度的数据空间应用实践在全球范围内广泛开展，并将快速在我国全面落地。

1. 欧洲行业数据空间

数据空间这一概念最早形成于欧洲，并被"欧洲数据战略"采纳，进而开发了一系列共 9 个行业数据空间，并适时增加更多行业的数据空间。

最初的欧洲行业数据空间包括：

- 工业或制造业数据空间：为欧盟工业的竞争力和绩效提供支持。
- 绿色协议数据空间：利用数据的巨大潜力来支持绿色协议在气候变化、循环经济、污染、生物多样性和森林砍伐等问题上的优先行动。
- 移动数据空间：助力欧洲在智能交通系统的发展上保持领先。
- 健康数据空间：对预防、检测和治疗疾病以及改善医疗系统的信息同步、循证决策至关重要。

- 金融数据空间：促进创新、提高市场透明度和推动金融的可持续发展，为欧洲企业和更统一的市场提供融资渠道。
- 能源数据空间：以客户为中心，运用安全和可靠的方式，增强数据可用性，促进数据跨行业共享。
- 农业数据空间：通过处理和分析数据，促进农业的可持续发展，提高竞争力。
- 公共行政数据空间：在欧盟和国家层面打击腐败，提高公共支出的透明度和质量，强化问责制度。
- 技能数据空间：减少教育和培训体制与劳动力市场所需技能之间的不匹配。

除了这9个初步的行业数据空间，欧洲近期又新增了文化遗产、旅游、语言、研究与创新（欧洲开放科学云并入此项），累计已达14个行业。这些行业数据空间旨在通过统一的规则和标准，确保数据的安全性和隐私保护，同时提升数据的可访问性和利用率，推动各行业的数字化转型和创新。欧盟将继续推进行业数据空间的推广，重点关注实施相关立法和政策，以确保数据的安全共享和利用。同时，欧盟将支持各类行业和国家参与数据空间的建设，推动公共和私营部门的投资。

2. Catena-X 项目

在欧洲，目前将数据空间付诸实践并进行商业化应用的组织是国际数据空间协会（IDSA），其目的创建一个安全可信的数据空间，使得在数据空间中任何规模和行业的企业或组织都可以在充分享有数据自主权的前提下，对其数据资产进行共享、交易或使用，并可对共享数据进行全链条追溯。IDSA目前已经推出了Gaia-X（一种去中心化的数据基础设施架构），并在此基础上发布了Catena-X项目。该项目汇集了宝马、雷诺和巴斯夫等知名企业，创建了一个基于联合云基础设施的汽车数据空间，为整个价值链上企业之间的数据交换提供了通用标准。

Catena-X项目具有开放、协作、信任和标准化的特点，在汽车行业，只有将车企、零部件供应商、经销商、服务商等所在价值链环节连接起来，才能实现高效的数据共享和价值共创。Catena-X 的生态系统不仅包含数据流通（数据空间治理），还包括数据应用（供应商的产品供应链管理、研究机构的产品研发、IT 公司的相关应用）；而数据汇聚、数据处理、数据运营、数据安全等功能则由 Gaia-X 提供。

该项目的实施分为三个阶段：

第一阶段：为数据生态系统创建支柱、流程和提案，为组织结构发展提供标准和认证。

第二阶段：基于开源原则建立标准化认证并开展运营。

第三阶段：生态扩展和国际增长，构建全球参与的数据生态系统。

3. 可信工业数据空间生态链

2022 年初，为解决工业数据资源可信流通中的技术、标准、应用与产业培育等问题，中国信息通信研究院以可信工业数据空间为切入点，联合业界共同发起成立了"可信工业数据空间生态链"，旨在搭建工业数据开放共享、分析利用和可信流通的生态合作与发展平台。

可信工业数据空间是实现工业数据开放共享和可信流通的新型基础设施和技术解决方案。该空间的工作内容主要包括：

- 为数据拥有者提供可信、安全的数据流通环境，确保数据在开放过程中可用不可见、可用不可存、可控可计量。
- 为数据处理者提供日志存证、合规记录，实现数据资源的有效管理。
- 为数据供需双方提供中间服务。

可信工业数据空间生态链（于 2024 年更名为"可信数据空间发展联盟"）立足于搭建工业数据要素可信流通与共享的生态合作平台，开展可信工业数据空间技术、标准和产业研究，共同探索工业数据要素可信流通的新模式和新机制，推动技术落地应用，开展试点示范，推进可信工业数据空间发展，服务工业企业，为实施工业互联网相关政策提供必要支撑。

4. ODS 开放数据空间项目

ODS 开放数据空间项目由开放数据空间联盟的核心成员高颂数科联合多家机构共同发起，旨在提供开源、开放的安全可信数据接口，构建一个样板式

605

的开放数据空间项目，助力实现产业链由链式供应链向网状供应链转型升级。ODS开放数据空间既能为行业提供柔性、可靠的应用参考，同时也能为企业数据空间应用提供模板。其终极应用场景是数据驱动、实时动态的产业图谱，这也是未来数据空间的最大价值所在。

在开放数据空间项目中，企业、产业、行业构成了三层数据空间，相互促进、相辅相成。企业数据空间是基础，为产业和行业两层数据空间提供数据支撑。企业数据空间的横向联通为产业链和跨产业链的行业数据空间提供持续的数据支撑，而垂直产业及跨产业、行业的创新应用场景，又进一步推进企业数据空间的迭代升级，为企业数据主体带来更多价值回报。

开放数据空间项目基于存证云、隐私计算平台、IPv6和区块链等技术来构建数据空间基础设施体系架构。该架构底层以IPv6为底座构建高速数据网；核心层利用数据空间的数据流通来控制，辅以隐私计算、数据沙箱等技术，实现数据的可信流通和共享；顶层构建多样化的数据空间。同时，全程辅以区块链技术实现加密存证和溯源。开放数据空间项目重点关注行业、产业与企业应用，现已作为参考样板支持多个数据空间项目建设，未来将持续优化升级自身系统与架构。

10.3.2　行业数据空间应用架构

行业数据空间是行业数据基础设施的重要组成部分，覆盖某一行业领域，服务于行业内企业、用户及利益相关者，致力于实现数据的要素化、资源化、价值化。在应用实践中，首先应识别行业数据空间的具体场景及用例，在数据空间设计和规划的基础上，开展符合具体业务需求的应用架构部署。

应用架构是支持业务和数据处理需求的应用系统，主要实现业务到数据的转换与联动，重点关注应用场景及业务链、产业链和数据链的关系，进而实现应用的集成、交互和开发。图10-33展示了关联行业数据基础设施的行业数据空间应用架构流程。行业数据空间的应用，首先应基于对行业蓝图和应用场景的深入分析，梳理出符合数据空间战略和业务发展需求的目标，然后通过数据空间技术设计符合目标的应用架构，最后对应用架细化，从而实现数据与业务的对齐，构建数据共享、业务协同、价值共创的行业生态纽带。

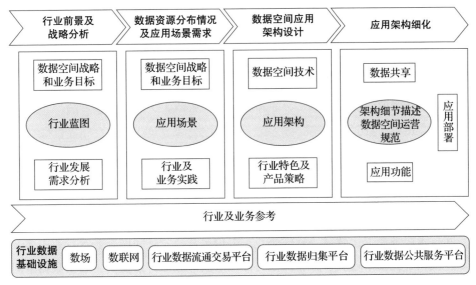

图 10-33 行业数据空间应用架构流程

行业数据空间是数据空间技术和系统的典型应用领域，是多层次技术架构和复杂应用系统的连接与整合，需严格按照数据空间原理、架构、治理框架和运营规范进行设计和部署。其核心是依托连接器实现数据与业务的统一，重点关注稳固的信任体系、灵活的数据互操作性、清晰的访问和使用控制策略以及分布式架构四个方面，而运营管理、数据连接、第三方服务则是其重点功能。

行业数据空间的建设发展，底层是企业数字化转型升级过程中的数据系统的连接与协同。在行业数据空间应用场景中，鼓励生态连接对象优先建设企业数据空间，形成数据资源共享底座。在企业数据流通利用基础设施的基础上，促进产业链端到端数据流通共享利用，推动产业链由链式关系向网状生态转变。

在行业数据空间运营过程中，共建、共治、共享的数据使用机制是核心，也是行业数据空间应用架构重点应进行细化的部分。只有通过建立共建共治、责权清晰、公平透明的运营规则，创新行业数据使用机制，才能真正实现行业领域的价值协同和业务合作。

当然，行业数据空间应用的发展，也有利于促进企业数据空间的建设。行业数据空间应用架构设计也应充分考虑企业接入的便利性，以及企业数据空间复用与技术迁移的可行性。行业数据空间的创新机制及共性应用场景服务，应覆盖产业链生态中的所有协作伙伴，通过上下联动、产业协同，共同推动行业数据空间和企业数据空间的建设，一站式优化数据流通的效率和安全性，避免重复建设与资源浪费。

10.3.3 行业数据空间应用实践

1. 行业数据空间典型应用场景

在多项政策密集推动下，我国数据空间已初步形成良好的发展态势。数据空间技术服务商、运营商、软件企业、电信运营商、互联网企业等行业主体及专业机构，在技术攻关、产品研发与标准研制等方面持续发力，可信数据空间的产品与解决方案日益丰富。同时，行业龙头企业联合行业协会等主体共建可信数据空间，打通行业内多个数据孤岛，探索数据产品标件、碳足迹管理等行业共性应用场景，促进行业转型升级；数据空间先导机构、地方数据集团、数据交易所等主体发挥数据空间运营方面的优势，统筹整合城市内人口、交通、金融、医疗等领域的数据，赋能普惠金融、商圈选址、智能交通等场景，持续推进数据空间典型应用场景的创新与融合。

《行动计划》明确提出，支持建设重点行业可信数据空间，创新共建共治共享的数据使用、收益分配、协同治理等机制，促进产业链端到端数据流通共享利用，培育价值共创、互利共赢的数据空间解决方案，推动产业链由链式关系向网状生态转变。国家数据局等部门关于促进企业数据资源开发利用的意见也指出，支持行业龙头企业发挥带头作用，带动上下游企业共建场景驱动、技术兼容、标准互通的行业可信数据空间，促进大中小企业数据共享共用，并鼓励探索创新基于可信第三方的行业可信数据空间建设运营模式，推动跨行业、跨领域数据流动和融合利用。尤其在以下几个重点领域，多项政策支持开展数据空间典型应用场景的实践探索。

- 科技创新领域：面向新药研制、新材料研发，推动基础科学数据集与高质量语料库的融合汇聚，支撑人工智能行业模型的跨域研发应用。例如，通过 AI 技术，可以快速筛选出具有潜在药效的化合物，预测其药理作用和毒性，缩短药物研发周期，提高研发成功率。同时，AI 技术在新材料研发中通过深度挖掘和分析材料性能、结构、制备工艺等数据，能够预测新材料的性能和制备条件，为新材料研发提供科学依据和智能指导。

- 农业农村领域：以育种研发、农业生产、农产品追溯等典型场景为重点，促进多源涉农数据的融合创新和流通应用，提升预警、监管、治理和决策水平。例如，通过整合种植、养殖、气候、土壤等多源数据，可以提高农业生产的精准性和效率，同时增强农产品的追溯能力，保障食品安全。

- 工业领域：以装备、新能源汽车、能源等行业应用为重点，促进工业数据资源高效对接、跨域共享、价值共创，提高产业生态的整体竞争力。例如，通过数据空间，企业可以共享生产数据、供应链信息和市场趋势，优化生产流程，降低成本，提高效率。

- 服务领域：大力支持金融保险、商贸物流、医疗健康、气象服务、时空信息、碳足迹管理等行业的可信数据空间建设，赋能一二三产业融合发展。例如，在金融保险领域，通过数据空间可以实现风险评估和信用评级的数据共享，提高金融服务的精准性和安全性。在医疗健康领域，数据空间可以支持电子健康记录的共享和分析，提升医疗服务质量和效率。

行业数据空间公共数据与产业数据融合创新的典型应用场景。在未来发展过程中，行业数据空间将成为多元化、多层次数据流通共享的重要场所。行业数据空间对上承接城市数据空间公共数据，对下汇聚企业数据空间产业数据，是公共数据与产业数据融合创新的桥梁，并持续针对各个"数据要素 ×"重点行动领域创新应用场景和数据产品及服务。

图 10-34 展示了城市治理、水电、医疗、政务、城市数据开放平台、政务云以及工业互联网等领域的数据汇聚形成了跨部门、跨地区、跨层级的公共数据资源。海量公共数据经过集成、开发、运营，并采用智能算法与集成计算，与行业数据进行跨场景融合创新，形成多元化、多领域的应用协同框架，进而

积累可复制、可推广的应用场景创新经验，为其他行业和领域提供借鉴，赋能整个数据空间生态良性发展，并继续创新各类应用和服务。

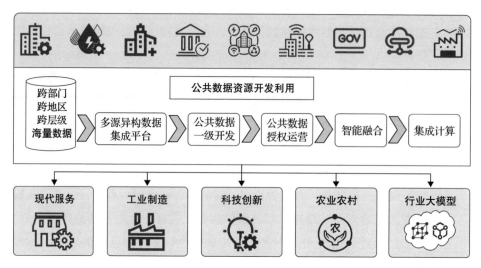

图 10-34 公共数据与行业数据融合创新

2.行业数据空间应用创新要点

在行业数据空间具体应用赋能方面，重点在于推动数据在多个场景中的应用以及跨主体的复用，从而赋能工业制造、现代农业、数字金融、智慧医疗、智慧交通、跨境物流、航运贸易、卫生健康、绿色低碳等行业。

数据多场景应用、跨主体复用伴随着数据价值的规模报酬递增效应，在行业数据空间内部形成了巨大的价值正向循环引力，并根据动态数据价值评估模型及收益分配核算模型，将这种正向效应惠及生态参与方，吸引更多的行业采用数据空间模式，以及激励更多参与者积极进行数据交互，从而大幅提升数据利用水平，形成应用场景的价值牵引效应，带动行业全面转型升级。

虽然不同行业的数据能够交叉融合，但每个行业都有特定的数据特征和相应的质量水平，因而应用创新要点也有所区别，应用创新要点会根据需求和服务进一步细分。表 10-1 是对上述各个行业的数据空间应用创新要点示例。实践中，融合创新会更复杂且需要综合多项手段、多场景数据、多元化技术，形成组合式创新与应用。

表 10-1 行业数据空间应用创新要点示例

行业	应用创新要点	典型数据要素产品/服务
工业制造	• 创新研发模式，融合设计、仿真、实验验证数据 • 协同制造，打通供应链上下游数据 • 提升服务能力，整合设计、生产、运行数据 • 强化区域联动，支持产能、采购、库存、物流数据流通 • 开发使能技术，推动制造业数据多场景复用	设计数据深度挖掘、仿真数据精准预测、实验数据验证与校准、产品主数据标准生态系统建设、预测性维护与增值服务
现代农业	• 与气象、灾害数据要素融合创新，实现数据流通应用 • 提升预警、监管、治理和决策水平	多源涉农数据融合创新
数字金融	• 提供 SaaS、企业支付、中小企业融资等一站式解决方案 • 应用场景创新，如收付分账方案 • 供应链金融解决方案	专业化支付中心、统一商户管理平台、支付交易风控、大数据风控、物联网、区块链金融科技手段
智慧医疗	• 数智化技术和医疗深度融合 • 提升家庭医生服务能力和效率 • 医疗领域新质生产力	智慧健康城市、智慧医院、智慧医保、智慧疾控等解决方案
智慧交通	• 颠覆性技术推动智慧交通发展 • 场景创新，智慧交通的进阶之路 • 无人驾驶应用场景	自动化、数字化、智能交通管理系统等技术应用
跨境物流	• 动态调整运输路线 • 库存的最佳管理和利用 • 优化和管理快递"最后一公里"配送过程 • 智能化的跨国边境通关流程	智能化配送规划模型、无人机配送、自动化仓储和货物分拣
航运贸易	• 建设可信互联、开放共享的航运贸易数字基础设施 • 打通物流全流程的数据链 • 区块链技术提升航运贸易运作的安全和效率	端到端的数据服务能力、公平对等的广泛互联
卫生健康	• 数据要素 × 医疗健康运营服务 • 通过商业健康保险自动化理赔数据产品	医疗商保理赔数据产品
绿色低碳	• 能源大数据推动能源行业数字化、智能化、低碳化、绿色化转型 • 挖掘能源大数据的广泛应用场景和深层资产价值	碳足迹管理、碳中和数据银行

3. 行业数据空间实践与数据产业发展

在我国，数据空间最早应用于工业领域。究其原因，一方面，工业企业对数字化转型的关注度和需求程度普遍较高；另一方面，工业企业对产业链的依赖程度较高，而单体企业的数字化投入能力有限，很难形成规模化的系统集成效应。数据空间首先构建了一个可信环境，让数据在可控、可管、可证的情况下共享，从而消除了用户对数据安全的顾虑。

随着政策的进一步推动，各行业龙头企业为进一步提升自身领导地位、优化创新数据产业链，将加大力度建设行业数据空间。尤其是那些数字化基础较好的行业，或者数据流通频繁并且数据敏感度非常高的行业，将率先推出更多的创新应用，这也同时推动了数据产业的高质量发展。

数据产业是利用现代信息技术对数据资源进行产品或服务开发，并推动其流通应用的新兴产业，包括数据采集汇聚、计算存储、流通交易、开发利用、安全治理和数据基础设施建设等多个环节。数据产业由数据资源、数据技术、数据产品、数据企业、数据生态等五大核心要素构成。这些要素共同支撑起数据产业的框架，涵盖了从数据的生成、采集、存储到分析、应用和服务的全过程。根据国家数据局的预测，到2029年，数据产业规模的年均复合增长率将超过15%。这一增长率显示了数据产业快速发展的势头和巨大的市场潜力。

由上可见，数据产业是数据空间应用的桥头堡，而且，从另一个角度看，数据空间也是数据产业的一个重要组成部分。尤其是行业数据空间，为数据产业的整体发展提供了一个安全可信的数据流通环境，促进了数据资源的开放与共享，增强了研发、生产、物流等环节的协同效率。数据空间的应用有助于深化数据要素市场化配置，激发传统产业动能，推动产业转型升级，创造新产业新业态。行业数据空间建设与数据产业发展相互牵引、交叉融合、互相促进。数据产业在数据空间的支持下，正快速发展成为一个关键的经济领域，它不仅推动了数据的流通和应用，也为社会经济的发展提供了新的动力。

10.4 城市数据空间

10.4.1 城市数据空间实践路径

1. 城市全域数字化转型

城市作为国家经济发展、社会治理、公共服务的基本单元，是推进数字中国建设的综合载体。推进城市数字化转型、智慧化发展，是面向未来构筑城市竞争新优势的关键之举，也是推动城市治理体系和治理能力现代化的必然要求。

2024 年 5 月，国家发展和改革委员会、国家数据局等部门联合发布了《关于深化智慧城市发展推进城市全域数字化转型的指导意见》（发改数据〔2024〕660 号，以下简称《指导意见》），提出全领域推进城市数字化转型、全方位增强城市数字化转型支撑、全过程优化城市数字化转型生态，不断满足人民日益增长的美好生活需要。

《指导意见》强调以数据融通和开发利用为核心，全面提升城市数字化转型的整体性、系统性、协同性。这与城市数据空间建设的目标相吻合。也就是说，城市全域数字化转型是城市数据空间建设和发展的基础，城市数据空间建设也将加快城市全域数字化转型。

城市全域数字化转型是一项系统性工程，旨在通过数字化手段全面提升城市的治理能力和服务效率，重点包括以下三个方面。

- 全领域推进城市数字化转型：建立城市数字化共性基础平台体系，推进设施互通、数据贯通和业务协同。在城市规划、建设、管理、服务、运行全过程，以场景为牵引，破解数据供给和流通障碍。

- 全方位增强城市数字化转型支撑：统筹推动城市算力网、数据流通利用基础设施建设，推进公共设施数字化改造和智能化运营。加快构建数据要素赋能体系，大力推进数据治理和开放开发。

- 全过程优化城市数字化转型生态：加快推进适数化制度创新，持续创新智慧城市运营运维模式，在更大范围、更深层次推动数字化协同发展。

为实现上述任务，《指导意见》还提出了以下几项重要措施。

- 建立城市数字化共性基础：构建统一规划、统一架构、统一标准、统一运维的城市运行和治理智能中枢，打造线上线下联动、服务管理协同的城市共性支撑平台。鼓励发展基于人工智能等技术的智能分析、智能调度、智能监管、辅助决策，全面支撑赋能城市数字化转型场景建设与发展。

- 创新运营运维模式：建立城市数据资源运营、设施运营、服务运营体系，探索新型政企合作伙伴机制，推动政府、企业、科研智库和金融机构等组建城市数字化运营生态圈。

- 促进新型产城融合发展：创新生产空间和生活空间融合的数字化场景，加强城市空间开发利用大数据分析，推进数字化赋能郊区新城，实现城市多中心、网络化、组团式发展。

《指导意见》的发布，标志着我国智慧城市建设进入深化发展、全域数字化转型的新阶段，为城市数据空间的建设发展提供了政策支持和方向指引。

2.公共数据资源开发利用

各级党政机关、企事业单位在依法履职或提供公共服务过程中产生的公共数据，具有规模体量大、数据质量好、价值潜能大、带动作用强的特点。加快公共数据资源开发利用，是深化数据要素市场化配置改革的先导工程，是培育全国一体化数据市场的重要抓手，是以数字化助力经济社会高质量发展的重要举措，更是城市数据空间建设发展的重点。

公共数据每时每刻都在产生，在支撑数字政府建设、便利群众办事、优化营商环境等方面，发挥着越来越重要的作用。正因如此，加快公共数据的开发利用，具有巨大的价值潜能和强大的带动作用。而城市数据空间应用又提供了合规高效流通、保障数据安全等公共数据开发利用的前提条件，解决了公共数据在流通使用中的体制性障碍、机制性梗阻，使公共数据在资源供给、应用创新、权益分配等方面得以充分释放价值潜能。

2024年9月21日，中共中央办公厅、国务院办公厅印发了《关于加快公共数据资源开发利用的意见》，围绕深化数据要素配置改革、加强资源管理、鼓励应用创新、统筹发展和安全4个方面，首次从中央层面对公共数据资源开发利用进行了系统部署，并提出，到2025年，公共数据资源开发利用制度规则初步建立，资源供给规模和质量明显提升，数据产品和服务不断丰富，重点行业、地区公共数据资源开发利用取得明显成效，培育一批数据要素型企业，公共数据资源要素作用初步显现。到2030年，公共数据资源开发利用制度规则更加成熟，资源开发利用体系全面建成，数据流通使用合规高效，公共数据在赋能实体经济、扩大消费需求、拓展投资空间、提升治理能力中的要素作用充分发挥。

上述城市全域数字化转型与公共数据资源开发利用的相关政策意见，实质上为城市数据空间建设指明了方向并规划了重点。一方面，城市全域数字化转型将产生更多高质量公共数据，而公共数据的开发利用又有利于提高数字化转型效率；另一方面，城市数据空间建设与运营的目标也是为了加快城市全域数字化转型并合规高效开发利用公共数据资源，海量数据接入城市数据空间，又提升了城市数据空间的价值共创能力，进而促进城市数据空间快速成熟发展。

可见，城市全域数字化转型、公共数据资源开发利用与城市数据空间建设三者之间关系密切（详见表 10-2），相互促进，共同推动城市发展及数据要素市场建设。

表 10-2　城市全域数字化转型、公共数据资源开发利用与城市数据空间建设关系表

关系	城市全域数字化转型	公共数据资源开发利用	城市数据空间建设
目标	实现城市数字治理、服务和经济的全面转型	释放公共数据资源价值，提升数据产品和服务供给	构建城市数据资源体系，支撑城市治理和运营
内容	包括经济产业、产城融合、城市治理、公共服务等多个领域的数字化	涉及数据共享、开放、授权运营等多种方式，建立健全价格形成机制	围绕典型场景，发挥公共数据资源的引领作用，推动公共数据、企业数据、个人数据融合应用
支撑	需要公共数据资源和城市数据空间作为数字化转型的支撑	为城市全域数字化转型提供数据资源和产品服务	为公共数据资源开发利用提供平台和环境，并加快城市全域数字化转型
实践	城市全域数字化转型表现出积极的进展，尤其是在城市治理的智能化、公共服务的便捷化和经济发展的创新化方面	福建首创公共数据分级开发模式，建成公共数据汇聚共享平台	鼓励创建城市可信数据空间，支持有条件的地区先行先试，探索城市数据空间建设的新模式
效果	提升城市治理水平和居民生活质量	增强数据产品和服务供给，促进数字经济发展	通过科学合理地打造城市数据空间，有效破解数据流通的堵点与难点，为城市全域数字化转型发展开辟新路径

3. 城市数据空间应用框架

《行动计划》鼓励创建城市可信数据空间，并进一步明确：

- 支持有条件的地区开展城市可信数据空间建设，围绕城市规划建设、交通出行规划、医疗健康管理、重点人群服务保障、生态保护修复等典型

场景，发挥公共数据资源的引领作用，推动公共数据、企业数据、个人数据融合应用，构建城市数据资源体系，支撑城市建设、运营、治理体制改革。

- 鼓励因地制宜建设产业数据专区，探索建立分建统管、跨域协同的数据空间运营模式，打造城市级可信数据流通服务生态链，加快城市全域数字化转型。
- 鼓励城市群加强协作，推动各类可信数据空间的数据资源高效流通共享、数据产品和服务协同复用、数据产业生态互促共进，支撑城市群数字一体化发展。

上述规定明确了城市数据空间的实践路径，并构建了城市数据空间应用框架，如图 10-35 所示。

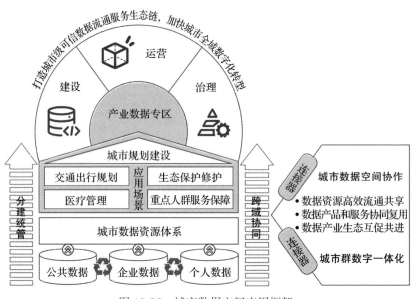

图 10-35 城市数据空间应用框架

结合城市全域数字化转型与公共数据资源开发利用的相关政策，以公共数据为基础、企业数据和个人数据为辅助，依托相关创新技术开展的城市数据空间建设，将全面推进多元数据融合应用，发挥数据要素叠加、倍增效应，助力我国城市数字化转型，并大力推进数据产业创新发展。

鉴于此，城市数据空间建设尤其要坚持顶层设计与地方实践相结合、供给推动和需求牵引相结合、创新发展和开放合作相结合，加强统筹协调，深化部门协同和央地联动，与国家数据基础设施建设联动，形成跨层级、跨地域、跨系统、跨部门、跨业务的规模化数据可信流通利用格局，实现全国大中型城市基本覆盖。

城市数据空间应用框架将充分围绕数据空间治理机制，依托城市数据资源体系，通过数据空间建设、运营与治理，内部推动数据资源持续丰富、数据价值释放，外部连接企业数据空间、行业数据空间，扩大数据资源交互面，并聚焦服务生态链打造，促进各类应用场景的融合创新。

虽然智慧城市、数字政府、电子政务等相关工作已持续开展多年，但城市治理、城市数字化转型、数据赋能社会治理仍普遍存在诸多问题。城市数据空间的应用，一方面发挥基础设施（已投入大量资金）的作用，另一方面改进数据互通方式（不进行物理汇聚），在数据资源摸底和梳理的基础上形成数据连接，明确数据内容与场景应用领域，再借助数据空间参与者的服务与产品设计，将各委办局的历史和实时数据同步到城市数据空间内（原数据中心及数据空间日志和目录存储器）。公共数据、政务数据以及接入城市数据空间的社会数据形成"大一统"格局，并在流通中形成服务和产品，支持城市治理和社会生活。这个过程也是城市全域数字化转型升级的过程，还是公共数据授权运营以及赋能产业转型的经济社会价值释放的过程，既有利于基础设施投入的转化，更深入挖掘了各委办局的"黑暗数据"，还为政府机构、行政事业单位做好数据资产管理提供了动力（如形成数据财政收入）。可见，数据连接、数据应用、数据流通都支撑着数据价值输出，而城市数据空间则作为这个相互促进循环的核心，发挥着牵引和支撑作用，城市数据空间支撑体系如图 10-36 所示。

在具体应用领域，包括政府部门间数据共享与互联、政务决策支持、智慧城市建设、社会综合治理等，都需要城市数据空间提供充足的数据支持。政府部门拥有大量的公共数据资源，通过可信数据空间技术建立数据共享机制，可实现不同部门之间数据的互联互通，提高政府机构之间的协同工作效率。政府主管部门也可以利用数据空间技术整合各类公共数据，进行数据分析和挖掘，为政府决策提供支持。政府部门可以通过可信数据空间平台获取多维度的数据信息，更全面地了解社会经济状况和民生需求，从而做出更科学的政务决策。例如，通过数据空间平台实现城市基础设施的监控、数据分析、城市规划等，从而提升城市管理的智能化水平。同时，城市数据空间还可以利用新兴技术实时整合公共服务数据，为市民提供更优质、更个性化的公共服务，进而提升市民满意度。

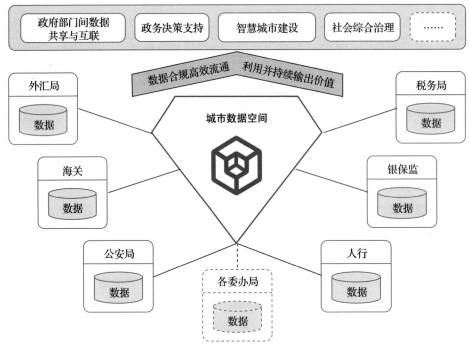

图 10-36　城市数据空间支撑体系

通过在城市数字化转型进程中应用可信数据空间技术，政府不仅可以提升政务效率、加强数据治理能力、提升公共服务水平，而且还能促进城市治理向现代化和智能化发展。同时，可信数据空间还有助于促进政府与市民、企业之间更加紧密的互动和合作，实现共赢局面。

10.4.2　城市数据空间生态发展

人口、活动和空间是城市发展的三个基本要素，人口发展推动了社会活动，社会活动扩大了城市空间，从而推动城市发展不断演进。如今，数字化和科技创新作为先进生产力，打破了城市空间的时空限制，城市智能化、共享化、信息化重构了时空关系，在传统"地理空间"的基础上形成了"要素流动空间"，即城市数据空间。

城市数据空间的建设和发展将极大推动实体经济与数字经济深度融合，是各类要素快速流动、各类市场主体深度合作、各类场景融合创新的新引擎。特别是在我国，城市数据空间将首先引领数据空间基础设施的建设与发展，并带动行业数据空间、企业数据空间建设工作的全面推进，形成数据空间网络生态，协同促进市场体系中生产、分配、流通、消费各环节的有机衔接，促进产业全要素的互联互通，增强经济发展动力，畅通经济循环，实现产业链的韧性生产和健康发展。

从数量上看，企业数据空间将成为主流；而从治理机制上看，行业数据空间将更具规范性和标准化；但从短期内的成熟度上看，城市数据空间将更具有引领优势。首先，我国采用政策指引的方式大力推进数据空间建设，但在技术不成熟、模式不清晰的情况下，数据空间短期内很难大面积投入开发。为了快速形成边际成本递减、规模报酬递增效应，政府将加大力度率先投入城市数据空间开发建设，并借助国家数据基础设施建设，以城市数据空间为主要载体，构建规模化数据可信流通利用格局，实现全国大中型城市基本覆盖。

城市数据空间的规模化建设，将具有强大的生态引领效果。加上国家数据局等机构持续推进数据要素市场化配置改革，通过公共数据授权运营、数据产权界定、数据产业培育等措施，刺激企业和行业进入数据市场，加大投入力度，并利用城市数据空间相对成熟的技术和运营模式，以数据空间形式加入数据流通生态，形成产业、城市、城市集群等城市内循环。

多个城市数据空间的互联互通，以及数据空间管理平台的建设，将进一步形成数据空间跨区域的国内跨域循环。跨境数据空间建设以及数据空间国际交流合作，也将逐渐产生城市数据空间的生态"溢出"效应，形成国际跨境循环。在这三个循环体系内，数据因类型和内容不同而采用不同的共享方式。其中，公共数据基于统一授权运营规范而采用集约式共享。个人数据由于隐私保护等要求而采用强安全的单点共享形式。企业数据因鲜活且变动频繁而采用分类分级混合共享方式。在运营模式上，城市数据空间也存在中心化、去中心化、混合模式，分别对应前述三种数据共享方式，并在整体上灵活推动城市数据空间生态循环格局的形成，如图 10-37 所示。

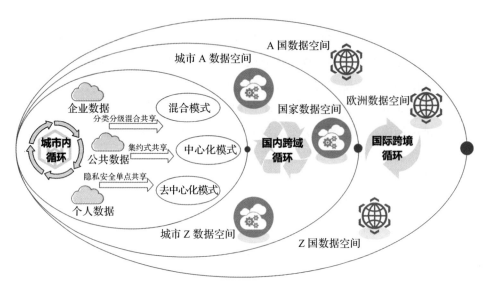

图 10-37　城市数据空间生态循环格局

在我国，城市数据空间将首先采用分建统管、跨域协同的运营方式，统一部署并由地方政府牵头建设。通过统一管理、规范运营的方式快速孵化共性技术，构建数据空间能力体系。通过先行先试打造数据空间标杆项目，进而辐射到各区域。通过互联互通实现跨域协同效应。在此过程中，企业数据空间、行业数据空间以及跨境数据空间将同步发展，并与城市数据空间形成生态联动。多方将共同探索数据空间在不同场景下的应用模式和价值释放路径，共同构建可持续发展的商业模式。各城市正在探索新的资金来源，以释放初始的资本性支出并加速数据空间技术的采用。例如，部分城市可能会考虑公私合作模式，如管理合同、运营合同、长期租赁、建设－运营－转让、设计－建设－自有等，以加快城市数据空间项目建设并持续运营。

10.4.3　城市数据空间建设重点

1. 城市数据空间典型应用场景

智慧交通、智慧医疗、智慧交易、智慧环保、智慧安防、智慧物流、智慧金融……正悄然改变着我们的日常生活，使城市更加智能化和便利化，并凸显了城市治理体系和治理能力现代化的重要性。此外，在"数字经济"和"新基建"项目的推动下，信息物理系统、智能互联基础设施、城市能源管理平台、智慧楼宇和可持续建筑、政府数字孪生、智慧灯杆、车路云等应用和技术，引发了城市数字治理的深刻变革。人工智能、边缘计算、物联网、运营技术（OT）、自动化等技术相互作用，为城市的方方面面带来了全新的扩展空间，并丰富了各类应用场景。

城市数据空间将全面整合各项技术、系统、工程和数据资源，并通过应用场景的融合创新，全面驱动城市运转过程中各项投入的价值实现。而且，随着城市数据空间的深化应用与生态引领，城市整合共享式架构治理将充分激发应用场景活力，依托数据交叉复用，实现全场景智慧升级，持续催生、演化出不同的创新范式，释放新的内生增长动力。

以下重点概述城市数据空间在城市规划建设、交通出行规划、医疗健康管理、重点人群服务保障、生态保护修复等典型场景的具体应用。

（1）城市规划建设
- 数据集成与分析：利用城市数据空间集成地理信息系统（GIS）、建筑信息模型（BIM）等数据，进行城市规划的模拟和分析。
- 智能决策支持：通过大数据分析，为城市规划提供决策支持，如人口分布、交通流量等，以优化城市布局。
- 智慧城市建设：集成物联网（IoT）数据，实现智能建筑、智能交通和智能能源管理等智慧城市功能。

（2）交通出行规划
- 交通流量监控：实时监控交通流量，优化交通信号灯控制，减少拥堵。
- 智能交通系统：利用车联网技术，提高道路安全性，提升交通效率。
- 出行信息服务：提供实时交通信息和出行建议，改善市民出行体验。

（3）医疗健康管理
- 电子健康记录：建立电子健康档案，实现医疗信息的共享和连续性管理。
- 远程医疗服务：通过远程医疗系统，提供远程诊断和咨询服务，特别是在偏远地区。

- 疾病预防控制：利用大数据分析，进行疾病趋势预测和健康风险评估。

（4）重点人群服务保障

- 老年人关怀：通过智能穿戴设备和居家安全系统，监测老年人健康状况，提供紧急救援服务。
- 儿童安全：利用位置服务和监控系统，保障儿童安全，防止走失。
- 残疾人辅助：提供无障碍信息服务和辅助技术，提高残疾人的生活质量。

（5）生态保护修复

- 环境监测：利用传感器网络监测空气质量、水质等环境指标，及时响应环境问题。
- 资源管理：通过数据分析，优化资源分配，如水资源和能源的合理使用。
- 灾害预警与响应：建立灾害预警系统，通过数据分析预测灾害发生，提高应急响应能力。

这些应用场景展示了城市数据空间如何通过分析和利用各类数据，为城市管理和服务提供智能化支持，提高城市运行效率，改善居民生活质量，并促进可持续发展。

除了上述概括列举的场景，城市数据空间还通过跨生态系统协作，充分利用城市基础设施和设备，为数据空间用户提供实时情境数据，利用数据洞察传达相关信息，以便用户及时采取行动。这既强调了数据作为一种新型生产要素的重要性，又让全社会理解了数据价值的来源，引导数据空间各类参与者关注从数据中提取业务价值，深刻认识到数据价值依赖于良好的数据质量以及由数据治理赋能的各种数据的多样性，进而更深、更广、更频繁地进行应用场景创新。

2. 城市数据空间大模型

大模型与可信数据空间融合创新，是可信数据空间核心技术攻关的重点之一，也是国家数据基础设施建设的重要目标。国家数据基础设施旨在打造数据可信流通、高效算力供给、数据高速传输、安全可靠的体系化功能，持续赋能各行业数据融合与智能化发展，具体详见表10-3。

表 10-3　国家数据基础设施功能表

核心功能	内容	要点	目标
数据可信流通	开放普惠的数据流通	便于人、物、平台、智能体等快速接入	实现数据在不同组织、行业之间安全有序流动，精准匹配数据供需关系
高效算力供给	多元异构的算力协同	多元异构算力统筹调度	实现算力和运力的高度融合，实现算力资源之间的无缝对接与协同计算，提高整体计算效率与资源利用率，实现算力最优配置与动态调整
数据高速传输	高效弹性的数据传输网络	为数字金融、智慧医疗、交通物流、大模型训练和推理等核心场景数据传输流动提供高速稳定服务	显著提升数据交换性能，降低数据传输成本，为数据大规模共享流通提供高质量通道
安全可靠	全程安全可靠	在开放环境下对数据进行整体、动态保护	构建标准化、多层次、全方位的安全防护框架

　　国家数据基础设施的上述功能为城市数据空间运营与大模型技术的发展提供了融合创新条件。城市数据空间通过构建一个数据可信流通的环境，接入海量公共数据、社会数据，利用高效算力供给、数据高速传输，为大模型训练和推理提供大规模、高质量、多模态数据语料。而大模型尤其是多模态大模型又能够赋能城市智能体应用，提升城市服务体验，聚合产业新生态，是发展新质生产力的重要引擎。

　　城市数据空间大模型（如图 10-38 所示）融合大数据、大算力、算法模型矩阵，集成硬件、软件、系统、标准规范和机制设计，形成了一个自演进、自优化的有机整体。这带来了新的技术变革，使业务敏捷创新成为可能，实现了模型即业务、业务即体验的转变，是数据空间即基础设施、数据空间即服务的典型模式。未来，随着城市智能体的不断优化和城市数据空间生态互促共创，模型创新应用将赋予城市服务"超新型能力"，城市数据空间将持续为用户提供"超智能体验"，使人工智能技术发展的成果普惠到每个行业、每位市民。

　　大模型技术赋能的城市数据空间作为一种全新的数据组织与利用模式，正成为推动城市全域数字化转型、增强城市经济韧性和激发创新活力的重要支撑，对于城市发展具有重要的战略意义。城市数据空间是实现城市数据资源高效合规开发利用的关键载体，也是实现城市数据战略的核心要素。它如同城市的"智慧大脑"，通过有序整合分散在各领域的数据资源，为城市规划、建设、管理和服务提供有力支撑，特别是在辅助决策、敏捷治理与政务服务等领域发挥着关键作用。而城市数据空间大模型进一步整合了多维度、跨领域数据资源，不仅在技术层面变革了数据应用和分析方式，还推动了城市数据空间治理机制、组件和生态等多个方面的创新，进而在高效的数据流通和使用过程中，推动城市的智能化和可持续发展。

图 10-38　城市数据空间大模型

当前，数字中国建设已进入新一轮发展阶段，新质生产力成为发展的强劲动力，城市正加速从数字化迈向智能化。作为城市数据空间大模型的内核，城市智能体成为构建新发展格局的重要平台。城市智能体在政务大模型（由政务系统支持）、场景大模型（由数据空间网络支持）的基础上构建，能够敏捷迭代，不仅支持城市数据空间全要素接入与全过程管控，还为城市提供了"自感知""慧思考""智进化""可持续"的新型"超能力"，产生了融会贯通的聚变效应。这种"超能力"正是来自城市数据空间的泛在接入和广泛互联的云计算、AI以及行业应用等数据生态系统，通过智能交互、智能连接、智能中枢、智慧应用等功能协同贯通，实现城市全域的聚合创新。

3. 城市数据空间平台

城市数据空间是城市发展的高阶演进和新引擎，是践行城市数据战略的重要举措，也是促进城市数据要素高效合规流通的重要基石，提供城市数据要素高质量供给和交易能力。为持续优化和提升这些能力，城市数据空间建设应重点围绕数据资源高效流通共享、数据产品和服务协同复用、数据产业生态互促共进等方面开展相关工作。这一系列工作的核心就是持续构建数据空间的可信机制，并快速推进数据空间共性技术应用、共性场景赋能、共性服务供给，大力发展数据空间生态。

城市数据空间作为国家重点培育的五类数据空间之一，将在数据空间生态发展初期承担技术体系标杆、制度规范引领、应用场景示范等核心作用，通过提供基础设施服务、公共服务、发展监测等方式，支持、激励其他各类数据空间的协同发展。因此，各类支撑数据空间生态发展的数据空间服务平台，将成为城市数据空间建设的重点内容。

（1）数据空间管理服务平台

数据空间应用是一项标准化体系，因其涉及高度可信属性，在我国将具有"强监管""强背书""强规范"的特征。尽管国有企业、龙头企业以及专业的数据空间运营者将深度参与数据空间创新应用，但其关注点更多在于数据空间的资源交互与价值共创能力。可信管控核心能力的构建与投入往往不是企业数据空间、行业数据空间的重点。此外，多场景、异构数据、多行业的各类数据空间持续建设并投入运营，也需要由统一的公共管理服务平台快速介入，参与治理机制、运营规则与管理规范的制定与实施。这不仅避免了重复建设，而且有利于实现标准化的互联互通，形成统一建设、规模发展的数据空间新生态。

正如前面所述"作为基础设施的数据空间"，数据空间管理服务平台将重点关注以下几方面内容：

- 参考架构、功能要求、运营规范等基础共性标准、制度、机制的应用示范与宣传推广服务。
- 提供技术标准、运营规则和认证体系的优化与推广。
- 构建可信数据空间共性服务体系，提供通用化的服务，包括并不限于接入认证、可信存证、资源目录等功能，适宜统一建设。

- 面向共性应用场景，部署数据空间应用开发环境，为各类数据空间的开发建设提供基础组件和应用模块。

该平台作为城市数据空间的关键基础设施，还可提供数据空间备案管理、审计清算、监测管理（也可分别建设）等服务。平台应由政府主管部门纳入城市数据空间建设范围，重点牵头建设并推广运营，以支撑各类数据空间规范发展。

（2）数据流通利用平台

该平台旨在促进数据资源的高效流通和利用，支持运营者建立公平透明的收益分配机制，培育数据服务的生态圈，并推动产业链中的数据流通与共享。

数据流通利用平台可依托数据交易所现有平台以及各地市的公共资源交易平台进行升级、部署和建设，重点提供公共数据流通利用、数据登记、监督管理、数据认证、合规保障等相关服务，为城市数据空间中海量数据的接入以及高效流通提供支撑。

（3）隐私保护计算公共服务平台

多方安全计算、联邦学习、可信执行环境、密态计算等隐私计算技术已广泛应用于各个领域，但大都来自多个技术供应商，存在能力差异和技术交互壁垒。作为数据空间可信管控的重要技术，隐私计算应作为一项公共能力进行标准化建设。

隐私保护计算公共服务可以作为城市数据空间平台的组成部分，对内对外开放赋能，也可作为独立的公共服务平台，提供集成了多种隐私保护技术的综合性系统服务，以平台底座或 SaaS 服务方式支持各类数据空间多方数据的联合计算、分析与应用。

该平台可由城市数据空间运营商委托第三方建设，并纳入城市数据空间统一运营管理范围，应具备以下几项核心功能：

- 支持可插拔的密码算法，包括国密算法，以及基于区块链的可信数据治理。
- 采用安全高效的隐私计算相关算法和协议，保护数据安全。
- 全面涵盖主流协作模式，支持任意数量机构同时参与隐私计算任务。

（4）区块链公共服务平台

区块链技术对于数据空间应用而言不可或缺，涉及可信存证、智能合约、数据上链、收益分配、激励创新等。虽然区块链技术已相对成熟，但尚未全面普及。现实中还存在多头建设、多元技术驱动的复杂现象，链间兼容性问题、账户模型兼容性问题以及共识机制兼容性问题均限制了区块链技术的深入发展和应用范围的扩大。为改变节点不互联、跨链难互通的现状，建设区块链公共服务平台势在必行，否则将严重影响数据空间的规模化应用，甚至导致数据空间流于形式。

区块链公共服务平台将重点解决跨链互通问题，开发统一标准的区块链技术，并提供多元化环境部署及节点式应用。例如，"星火·链网"区块链公共服务平台就是一个例子，它汇聚行业力量共同打造的区块链移动端 App，提供权威、通用、便捷的一体化区块链公共服务。

（5）数据空间发展监测平台

该平台基于数据空间全周期的发展监测而建设，其范围和重点建设内容可参考 8.4 节，主要覆盖数据空间核心能力评估辅助、动态合规监测、备案管理与规范运营辅导等，重点在于实时监测各类数据空间的合规与安全，确保数据空间的持久可信。

上述各类平台共同构成了城市数据空间建设的重点，旨在通过城市数据空间的发展，提供技术驱动的解决方案，支撑构建数据空间生态系统，加速全社会数据流通并释放数字经济潜力，同时确保数据的安全和隐私保护。

城市数据空间建设并非替代原有的系统、平台及数据基础设施，而是采用一系列技术手段提升各类数据平台的信任水平，在数据空间参与方互操作层面以及数据空间战略和生态系统层面，构建持久可信的数据环境。城市数据空间的建设重点不仅仅在于自身系统的构建，还在于更好地发挥技术标杆和应用示范效应。只有通过各类共性服务平台和公共管理平台的率先建设与应用推广，带动各类数据空间标准化、规模化发展，才有可能真正建成广泛互联、资源集聚、生态繁荣、价值共创、治理有序的可信数据空间网络。

10.5 个人数据空间

众所周知，每个人在日常生活中的每一个行为都可能产生数据，这些数据不仅关乎个人隐私，还蕴含着巨大的商业价值。在现代社会的海量数据中，个人数据是最重要且最具价值的一类数据，即与已识别或可识别的自然人相关的数据。海量的个人数据不仅具有重大的经济社会价值，还与国家安全、公共利益息息相关。因此，世界各国，尤其是欧盟国家非常重视个人隐私保护体系的建设，以此助推本国数字经济的发展，并在网络信息技术革命中占据领先地位。

我国先后颁布了《中华人民共和国网络安全法》《中华人民共和国数据安全法》和《中华人民共和国个人信息保护法》等法律法规，以确保个人数据得到妥善的管理、保护、审计和使用。《行动计划》大力推进数据空间培育推广行动，唯独在个人数据空间领域采取"稳慎探索"的方式，这足以表明对个人数据合法权益保护的高度重视。

稳慎，表明个人数据空间的建设与发展必须将隐私保护放在首位，确保个人数据处理的合法合规并保障个人权益。探索，又表明在切实保护个人数据合法权益的基础上，积极研究制定个人数据开发利用的政策文件，建立健全个人数据确权授权和合规利用机制。显然，个人数据的开发利用，需要注重隐私保护与价值挖掘的平衡。

个人数据的使用与隐私保护的平衡，涉及管理、法律、技术等多个层面。

- 加强监管与鼓励创新并举：一方面应加强监管，切实保护个人数据的人格权和财产权，防止过度数据处理和用户权益受损。另一方面，应积极开发个人数据的潜在价值，鼓励个人数据使用的流程创新、制度创新和技术创新。

- 多元协同完善个人数据保护法律法规与行动细则：推动数字经济与个人数据保护相结合，明确数字经济中各主体的法律地位及权利义务，建立保障数字经济正常运行的数据采集、交易、共享、安全使用等法律规范。

- 技术手段辅助：采用数据脱敏、加密、匿名化等技术保护个人隐私，同时不影响数据的共享和利用。例如，数据去标识化可以移除或模糊化数据中的个人身份信息，强制加密则能在数据传输和存储的各个环节中提供数据保护。

在各方面平衡过程中，个人数据保护应始终居于首位，包括个人数据空间的探索，也基于保护个人隐私权益，旨在实现个人数据的自主管理和授权使用。在提升个人数字安全感的同时，激发个人在数字经济领域的参与热情和创新活力，促进个人共享数据红利。

个人数据空间的创新应用，是在个人数据保护的实践基础上进行的扩展，旨在更大范围盘活个人在社交、购物、娱乐等各类社会活动中产生的大量数据，使得个人能够更好地管理和保护自己的数据权益，实现数据的增值和应用。

当前，个人数据已成为数字经济的关键投入。它不仅促进了用户和商家之间的精准匹配，还实现了内容和服务的个性化分发，并推动了营销、健康和金融等一系列领域的创新。个人数据的处理和分析对于企业经营主体尤其是平台企业在市场中的竞争力有着极大的影响。此外，个人数据还助力政府机构全面了解社会现象和规律，为市民提供更好的服务。对此，国家发展和改革委员会、国家数据局印发的《数字经济促进共同富裕实施方案》中明确了以数字经济促进共同富裕的指导思想，其中个人数据要素价值的实现是数字中国建设的必然要求，是培育数据要素新质生产力的关键。

国家高度重视实现全民共享"数据红利"，在高质量发展中实现共同富裕。个人数据要素流通的利益均衡并非简单的利润均分，而是在利益创造的前提下，坚持以人民为中心的数据要素价值化路线，实现个人数据取之于民、用之于民更要与人民共益。

10.5.1　个人数据保护实践

1. 数字身份认证

广义上讲，数字身份是指在网络和数据空间中用于标识和识别个人、组织或设备的信息。它通过将真实身份信息转换为数字代码，形成可通过网络和相关设备查询和识别的公共密钥。与传统身份系统相比，数字身份有助于大幅提高整体社会效率，最大化释放经济潜力和用户价值。

将构建可信数字身份体系作为发展数字经济的重要措施，这是当前世界各国的通行做法。如欧盟的 eID、新加坡的 SingPass、印度的 Aadhaar 都已形成具有自身特色的可信数字身份体系，其经验做法值得学习借鉴。

在个人数据保护领域，我国将建立全国一体化的分布式数字身份体系，规范身份标识生成、身份注册和认证机制。在数据空间应用领域，统一身份认证是核心能力之一，是数据空间各类资源交互的起点。

与此同时，国家组织建设了网络身份认证公共服务基础设施，旨在建成国家网络身份认证公共服务平台，形成国家网络身份认证公共服务能力，为社会公众统一签发"网号""网证"，提供以法定身份证件信息为基础的真实身份登记、核验服务，以实现方便人民群众使用、保护个人信息安全、推进网络可信身份战略的目标。网号是由字母和数字组成、不含明文身份信息的网络身份符号；网证是承载网号及自然人非明文身份信息的网络身份认证凭证。基于国家网络身份认证公共服务，个人可实现对数据的有效确权和授权，进而形成并固化自身数据资产，以此促进数据要素的有序流动和增值，助力数字经济发展。

简言之，数字身份可以被理解为实体社会中的自然人身份在数据空间的映射。它包括个人信息、行为记录和在线表现，通过用户名、电子邮件、社交媒体账户等形式存在，并影响个人的网络互动和社会参与。在个人数据保护和流转利用场景中，数字身份认证包括数字身份验证、可信数据交换、数字账户管理等核心功能。例如，在数据接入授权的场景中，个人可以在数字身份平台通过身份动态码和实人认证来验证身份，并完成交易。

此外，面向法人的数字身份认证与连接，基于数字身份和隐私计算技术，实现数据可用不可见，在保护数据的情况下安全实现身份颁发者、持有者、验证者之间的互联互通，应用于企业信用评估、贷款利率核定、贷后风控监管等场景。面向智能设备的数字身份认证则基于区块链基础设施，赋予智能设备可信数字身份，并通过芯片植入实现智能设备之间的自主可信交互。在个人数据领域，数字身份认证技术集成了多因素、多元化技术，是个人参与数据空间业务活动的关键环节，同时也是保护个人数据的核心手段。

数字身份技术包括但不限于：

- 数字签名技术：用于在互联网中保证双方或多方交换数据时的身份验证。
- PKI（公钥基础设施）：PKI 是一个完整的政策、流程和技术生态系统，确保数字通信的安全。

- 分布式数字身份（DID）：以居民法定身份为根扩展出个人分布式身份标识，机构签发可验证凭证，在个人授权后出示身份属性声明，依托区块链公开个人 DID 和公钥，实现分布式认证。
- 隐私计算技术：在保护数据隐私的情况下，安全实现身份颁发者、持有者、验证者之间的互联互通。

可信数据空间系统采用分布式身份管理方案，提高了身份管理的灵活性和安全性。身份认证通常使用用户名和密码、数字证书、生物识别技术（如指纹或面部识别）等方法进行认证。在数据空间中，身份认证确保只有经过验证的用户才能访问或操作数据。而数字身份认证则集成授权与访问控制策略，是个人数据保护的第一道防线。

2. 个人信息管理系统

个人信息管理系统根植于"我的数据我做主"的理念，旨在让数据主体对个人数据拥有更多的控制权。数据主体可以从银行、互联网公司、医院和政府等机构获取个人数据副本并导入该管理系统，实现个人数据访问的一站式管理，并有权随时撤回访问权限。

个人信息管理系统提供的服务和功能包括：一是个人信息的一站式查询；二是为用户提供个人数据存储和数据整理；三是作为交互界面，实现用户与数据提供方和使用方的授权同意管理。显然，个人信息管理系统可以作为数据空间的子系统或组件之一，以确保系统的持久可信。通过该系统，个人可以自主行使其数据权利，依托数据空间技术组件和工具控制其个人数据，从而在更精细的级别上决定处理个人数据的方式，包括接入个人数据空间等。

个人信息管理系统可视为个人数据空间与数据最终使用的中间件，可充分集成灵活、动态可变更的控制策略，构成个人数据空间的策略引擎，并与数字身份认证等技术共同形成个人数据确权授权和合规利用机制。

系统基于公平合法处理、目的明确、最小化、准确性、存储限制、法律赋予个人的权利、安全保障、不在未受保护的情况下跨境转移等原则构建，同时为数据利用提供了开放商业环境。在既定的策略条件下，个人数据可以在经授权许可或知情同意情况下被用于各种场景，包括 AI 大模型训练。各类平台通过数据空间互联互通接入该系统获得个人数据授权，避免了复杂的合规手续与法律风险。通过该系统，用户将其个人数据上传至服务商提供的服务器中，并自行决定是否将其个人数据分享给第三方，从而实现个人数据的转移流动。

3. 个人数据保险箱

数据保险箱本质上是一种数据安全存储服务，它提供更高安全系数的数据加密存储，满足客户安全且精细化的数据安全管理需求。数据保险箱可以用于安全存储和提取任何文件型的数据，如文档、数据库快照等。它支持海量数据的存储管理，用户可以通过控制台或 API 进行数据的上传和下载。部分数据保险箱还集成了数据沙箱功能，依托可信执行环境实现了密态计算，让内存处于加密状态，数据运行时，即便内存被转储（DUMP），也无法还原出原始数据。未来，在国家数据基础设施全面建设的背景下，可将数据资产安全封装于数据保险箱一体机中，形成可灵活迁移的数据元件。数据元件可物理移动至客户离线机房，实现数据资产的高效流通与价值转化。

数据保险箱为个人数据保护提供了典型解决方案，确保个人数据的完整性、可用性和机密性。在个人数据保护环境下，数据保险箱执行更严格的安全策略，提供严格的权限设置，确保只有授权用户才能访问保险箱中的数据。实现数据的安全隔离，使得私密保险箱里的内容在搜索个人数据空间的根目录时不会被搜索到，增强了数据的隐蔽性。利用底层驱动，采取主动防护，阻断非法操作，防止被加密勒索；支持防误删功能，避免由于用户的过失造成重要数据丢失。

在持续扩展的过程中，个人数据保险箱逐渐演化为"个人数据中心"，通过严格的密码安全防护、隐私计算、去标识化跨域隔离、数据应用监督审计等技术，为个人信息的收集、传输、存储、使用、共享、删除等环节提供安全保障，实现身份信息可用不可识、属性行为数据可算不可见、处理计算环境安全管控、处理全程可证明可审计的目标，确保个人数据在处理过程中得到严格管控和充分保护。

10.5.2 个人数据资产管理

1. 个人数据资产账户体系

个人数据资产是指个人在日常生活和工作中产生的具有经济价值的数据资

源。每个人每天的社交记录、购物记录、出行记录等，会通过不同的记录软件存储到不同的应用平台，个人往往无法集中管理、使用和控制。个人数据资产账户就是对分散化、碎片化的个人数据进行整合，进而形成个人唯一的数据资产账户 ID，确保个人数据产权的完整性。在此基础上，通过授权、许可、联合开发等方式，将个人基础数据、机构基于个人数据加工生成的衍生数据的使用权授予数据使用方，以便个人获得数据使用方提供的产品和服务，促进数据资产的集约高效利用。

　　个人数据资产账户对个人数据的收集和记录需满足三个条件，即连续性、统一性和安全性。连续性是指数据资产账户在记录过程中的不间断性，确保数据的完整。统一性即记录格式标准的统一。由于不同信息的格式不一致，对个人数据进行整合前需要将所有数据统一为同一个标准后方可进行使用。安全性则涉及对个人数据的加密、脱敏等保护措施，以确保个人数据不会泄露。在国家数据基础设施建设过程中，我国将建立统一的数据凭证、交易凭证结构、生成与验证机制，并利用区块链、加密技术、智能合约等手段提高凭证的可溯性和信任度。而这些基础设施也将应用于个人数据资产账户，形成统一制式的个人数据资产账户体系，为数字经济高质量发展提供支撑。

　　在实践中，我国各银行建立的数字账户体系、信用账户凭证、云账户、账务通等应用，与数据资产账户逻辑相似，为个人数据资产账户体系的建立和应用提供了参考。而各城市推出的城市个人信用分，如苏州"桂花分"、杭州"钱江分"、厦门"白鹭分"、宿迁"西楚分"、呼和浩特"丁香分"、福州"茉莉分"、无锡"诚信阿福分"、郑州"商鼎分"、天津"海河分"、海南"金椰分"等，则是个人数据资产账户的典型应用。各类型个人信用分在社会治理、公共服务和便民服务等领域得到广泛应用，且大多数城市依托当地公共信用信息服务共享平台归集个人公共信用信息，部分城市还以个人自主申报的其他信用信息作为补充。

　　各金融机构的数据资产账户管理实践以及各城市个人信用分的采集和使用，为个人数据资产管理和账户体系建立提供了丰富的经验参考。

　　国际上，韩国的 Mydata 模式是个人数据资产保护领域的一个特色实践。Mydata，是指个人积极地管理和控制自己的信息，同时根据自己的意愿将相关信息应用到信用管理和资产管理的一系列流程。Mydata 基于"我的数据我做主"的理念,将以往以机构为中心的发展模式转变为以信息主体为中心的管理模式。从商业价值和数据质量的角度出发,Mydata 的主要应用场景为金融领域的个人数据账户。个人数据账户是个人在物理世界活动的数字化记录或网上镜像,包含个人的基本资料、消费、社交、偏好等内容。通过 Mydata,个人可以一次性地查询分散在各机构和各企业的个人信息,并选择性地主动向某些企业提供个人信息来获得商业或服务推荐。韩国金融服务委员会作为主要监管部门,通过发布 Mydata 指南,以韩国"数据三法"(即《个人信息保护法》《信息通信网络利用和信息保护法》《信用信息使用和保护法》)为指导方针,加速 Mydata 在金融领域的应用。

当前,在工信部指导下,全国移动电话卡、全国互联网账号"一证通查"公益性查询服务正在持续推进,为用户提供通过居民身份证办理的所有在网状态的移动电话卡数量、本人名下手机号码关联的互联网账号数量的查询服务。在服务平台与目标平台之间,个人数据通过传输专线、数据加密、数字证书等方式进行保护,确保个人信息在交互过程中的安全性,防止未经授权的访问以及个人信息泄露或者被窃取、篡改。这也是个人数据资产账户建立的重要基础。

2. 数据使用控制策略设计

数据使用控制是指在数据的传输、存储、使用和销毁等环节采用技术手段进行管控,如通过智能合约技术,将数据权益主体的使用控制意愿转化为可机读处理的智能合约条款,解决数据可控的前置性问题,实现对数据资产使用的时间、地点、主体、行为和客体等因素的控制。数据使用控制技术是数据空间中最核心的技术,是对传统角色权限管理与访问控制机制的扩展与特定化应用。

在个人数据空间应用体系内,数据使用控制策略设计应满足复杂的使用控制要求,明确个人数据确权授权和合规利用机制,并根据场景授权许可的条件和情形,满足个人数据转移流动和开发利用需求。

数据使用控制策略设计同时也是个人数据资产管理和隐私保护机制的设计,

其目的在于平衡个人隐私保护与数据权益主张，在安全的情况下充分释放个人数据价值。表 10-4 展示了一套较为完整的数据使用控制策略表。

表 10-4 个人数据空间的数据使用控制策略表（示例）

序号	数使用控制策略	应用示例
1	限制数据使用的时间段	在 × 年 × 月 × 日 × 时前有权使用
2	限制数据使用的时长	数据接入后 × 日 / 小时内有权使用
3	基于使用方式的使用控制	仅支持在线查询、核验
4	要求使用后删除	阅后即焚
5	基于用户的使用控制	针对特定用户开放权限
6	基于地域的使用控制	针对特定区域开放权限
7	基于数据使用方安全级别的使用控制	允许 DSMM2 级企业使用
8	基于应用的使用控制	针对特定应用领域开放权限
9	基于数据使用次数的使用控制	（在特定时长内）允许使用 X 次
10	要求数据流通加密的使用控制	加密传输、密态计算等
11	要求数据流通前脱敏的使用控制	按规则进行数据脱敏
12	要求数据使用后发送日志的使用控制	日志回传
13	要求数据使用后通知数据权益主体的使用控制	知情保障
14	要求数据使用超过一定期限后删除的使用控制	绝限期（不管有没有使用）
15	要求数据使用方落盘加密的使用控制	接收方加密存储
16	控制数据使用方能否转发数据	不得转发
17	基于特定产品、技术、场的数据使用控制	只能用于 ×× 大模型训练
18	要求共享数据使用成果或数据衍生品	联合开发、共享开发

上述列表仅列举了部分数据使用控制策略，且不同策略可以根据特定使用场景进行组合设计，并通过智能合约等形式实现自动化执行，从而形成个人数据合规使用的重要规范。

3. 个人数据信托

数据信托是数据空间金融的重要创新模式，同时也是集合数据资产运营的方式之一，主要基于信托机构能够集合并代表数据提供方（原始权益人）行使受托数据权利，并保障委托人的合法权益。"数据二十条"第六条指出：探索由受托者代表个人利益，监督市场主体对个人信息数据进行采集、加工、使用的机制。此处受托者是包括信托机构在内的接受个人数据权益委托管理的受托人。

基于个人数据空间应用实践，个人数据信托更接近于一种个人数据管理的法律结构或数据利用机制。具体而言，大量个人基于特定场景或依托个人数据空间系统，将其个人数据资产的使用、管理权利，委托给信托机构。信托机构根据使用控制策略以及协议，将个人数据权利转变为集体数据权利进行保护。信托机构在个人自愿的情况下，作为受托人汇总大量的个人数据或权利，并按合约与数据使用人或相关市场主体处理个人数据利用行为或者根据约定直接处理个人数据。个人数据信托是一个相对独立的财产集合，按照约定达成使命，并接受委托人的集体指令与控制。

个人数据信托这一治理模式兼顾了数据保护与数据流通的双重价值。当数据的经济价值得到充分发挥时，数据主体将会更加关注和监督其个人数据的处理与使用情况，以及相关的利益流向与分配，从而促进个人数据保护与价值挖掘的平衡创新。

10.5.3 个人数据空间应用探索

1. 个人数据开发利用

个人数据具有直接经济价值、间接社会价值以及隐私权益，具有多场景、多维度、多元化等特征，且富有灵活性，是数字经济最为关键的生产要素。个人数据的合理开发利用，也成为个人数据空间最为重要的内容。

《中华人民共和国网络安全法》规定："个人信息，是指以电子或者其他方式记录的能够单独或者与其他信息结合识别自然人个人身份的各种信息，包括但不限于自然人的姓名、出生日期、身份证件号码、个人生物识别信息、住址、电话号码等"。《中华人民共和国个人信息保护法》规定："个人信息是以电子或者其他方式记录的与已识别或者可识别的自然人有关的各种信息，不包括匿名化处理后的信息"。个人数据不仅包括了个人信息，还可能包括其他与个人有关但不一定具有身份识别性的数据。个人信息是个人数据的主要内容，更侧重于保护；而个人数据则更关注在个人信息保护基础上的合理利用。表 10-5 列出了个人数据的基本内容，包括个人基本信息、个人身份信息、个人生物识别信息、网络身份识别信息、个人健康生理信息、个人教育工作信息、个人财产信息等，刻画了个人在社会生活、交往以及参与经营活动过程中形成的各类型数据资源，具有可识别性、可处理性、可复用性。

表 10-5　个人数据一览表

个人数据类型	内容
个人基本信息	姓名、手机号码、生日、性别、民族、国籍、家庭关系、住址、电子邮件地址等
个人身份信息	身份证、军官证、护照、驾驶证、工作证、出入证、社保卡、居住证等
个人生物识别信息	个人基因、指纹、声纹、掌纹、耳廓、虹膜、面部识别特征等
网络身份识别信息	个人信息主体账号、IP 地址、个人数字证书等
个人健康生理信息	个人因生病医治等产生的相关记录，如病症、住院志、医嘱单、检验报告、手术及麻醉记录、护理记录、用药记录、药物食物过敏信息、生育信息、以往病史、诊治情况、家族病史、现病史、传染病史等，以及与个人身体健康状况相关的信息，如体重、身高、肺活量等
个人教育工作信息	个人职业、职位、工作单位、学历、学位、教育经历、工作经历、培训记录、成绩单等
个人财产信息	银行账户、鉴别信息（口令）、存款信息（包括资金数量、支付收款记录）、房产信息、信贷记录、征信信息、交易和消费记录、流水记录等，以及虚拟货币、虚拟交易、游戏类兑换码等虚拟财产信息
个人通信信息	通讯记录和内容、短信、彩信、电子邮件，以及描述个人通信的元数据
联系人信息	通讯录、好友列表、群列表、电子邮件地址列表等
个人上网记录	通过日志储存的个人信息主体操作记录，包括网站浏览记录、软件使用记录、点击记录、收藏列表等
个人常用设备信息	包括硬件序列号、设备 MAC 地址、软件列表、唯一设备识别码（如 IMEI/AndroidID/IDEA/Open UDDID/GUID/SIM 卡的 IMSI 信息等）等在内的描述个人常用设备基本情况的信息
个人位置信息	包括行踪轨迹、精准定位信息、住宿信息、经纬度等
其他信息	婚史、宗教信仰、性取向、未公开的违法犯罪记录等

对于个人数据的开发利用，首先要建立规范的个人数据确权授权和合规利用机制，并根据场景授权许可，或者在个人充分理解应用目的和场景的情况下，

经明示取得个人同意。2023 年 7 月出台的《生成式人工智能服务管理暂行办法》明确规定，生成式人工智能服务提供者应当依法开展预训练、优化训练等数据处理活动，并要求相关训练使用的数据和基础模型来源合法，对涉及知识产权的数据进行处理时，不得侵害他人依法享有的权益，同时强调训练数据涉及个人信息时，应当取得个人同意。针对个人数据的各种处理和利用行为，需要明确"处理个人信息是否取得个人同意，该同意是否在个人信息主体充分知情的前提下自愿、明确做出""基于个人同意处理个人信息，是否为个人提供便捷的撤回同意的方式"。

即使是对公开的个人信息的合理利用，也需要遵守必要的规则：

- 个人信息处理者能够处理个人自行公开或者其他已经合法公开的个人信息。
- 前述处理行为必须在合理范围内。
- 不得处理个人明确拒绝处理的个人信息。
- 不得未经个人同意处理会对个人权益造成重大影响的个人信息。

在实际应用中，对个人数据采用"去标识化""匿名化"手段，是一种主流的做法。去标识化指个人信息经过处理，使其在不借助额外信息的情况下无法识别特定自然人的过程。匿名化指个人信息经过处理无法识别特定自然人且不能复原的过程。此外，隐私计算技术等，也是个人数据转移流动和开发利用的重要技术手段。

个人数据空间应用实践需充分注重个人信息保护，借助上述各项手段和技术，建立使用控制策略及合理利用机制，并将其写入智能合约，供各类市场主体在监督下进行开发利用。

2. 个人数据空间应用框架

个人数据空间实践是基于对个人数据合理利用机制的设计，利用可信数据空间运营模式，通过制度创新和技术创新，实现个人数据价值的过程。个人数据空间通常作为企业数据空间、行业数据空间、城市数据空间以及跨境数据空间对个人数据进行价值挖掘与开发利用的"桥头堡"。各类数据空间采用互联互通方式，在国家法律法规以及各行业合规指引的监管下，盘活个人数据价值，并充分保护个人权益。

个人数据空间针对个人数据的不同应用场景，根据个人数据的积极权能和消极权能，以个人数据为主体融合多源数据，推动各种应用场景的创新。个人数据空间中的消极权能主要涉及个人对其数据的控制和保护，具体如下。

- 拒绝权：个人可以拒绝他人或机构访问自己的数据，这在需要保护个人隐私或不信任某机构时尤为重要。
- 限制权：个人可以限制他人如何使用自己的数据，例如，可以允许数据被用于研究，但不允许用于商业广告。
- 隐私求交：即在保护隐私的前提下，多个参与者求取各自数据集的交集，而不泄露额外信息。
- 删除权：个人可以要求删除自己的数据，尤其是在数据不再需要或个人希望撤回同意时。
- 使用控制：个人可以控制自己的数据如何被使用，确保数据的使用符合个人意愿和隐私保护的要求。
- 更正权：如果个人发现关于自己的数据有误，可以要求更正，以保证数据的准确性。
- 匿名化：个人可以要求将自己的数据匿名化，以减少数据泄露时对个人隐私的影响。
- 数据脱敏：在数据共享或公开时，个人可以要求对数据进行脱敏处理，去除或替换识别个人身份的信息。
- 排除侵害：个人可以采取措施排除对自己数据的侵害，比如通过法律手段保护自己的数据权益。

这些消极权能的行使有助于保护个人隐私，防止数据滥用，并确保个人对其数据的控制权。通过这些权能，个人可以更有效地管理自己的数据，防止个人信息被未经授权的使用或泄露。

个人数据空间中的积极权能主要体现在个人对其数据的主动使用和控制上，具体如下。

- 个人数据许可使用：个人可以通过同意与许可两种方式来实现个人数据上的经济利益。许可的方式具有更强和更稳定的法律效力，适用于个人与数据处理者一对一交易的场景，双方共同建立个人数据许可使用合同。

- 数据携带权：个人可以要求获取自己数据的副本，这有助于个人了解自己的数据是如何被收集和使用的，也便于在不同服务提供商之间转移数据。

- 数据复制权：个人可以复制自己的数据，以便在不同的服务或应用中使用，这增加了数据的可用性和灵活性。

- 个人数据确权：个人可以依据数据自主控制权提出确权并获得相应的个人数据凭证。

- 知情权：个人有权知道自己的数据被如何使用，这有助于个人做出更明智的决策，决定是否同意数据的使用。

- 合规利用：个人可以确保自己的数据在合规的框架内被利用，这有助于保护个人隐私和数据安全。

- 受益权：个人有权从自己的数据中获得利益，例如通过数据共享或数据交易获得经济回报。

- 撤回权：个人有权撤回自己对数据使用权的授权，这为个人提供了更多的控制权，可以随时停止数据的共享或使用。

- 使用权：个人有权使用自己的数据，包括在不同的服务和应用中使用，以提高个人生活的便利性。

这些积极权能的行使有助于个人更好地控制和利用自己的数据，同时也促进了数据的合法、合规使用。通过这些权能，个人可以更有效地管理自己的数据，实现数据的最大化利用。

各类具体的应用场景也是基于对上述各项权利、权能的尊重、遵守和组合进行创新的。例如，在个人数据保护的场景中，数字身份为个人接入数据空间提供了统一认证机制，数据保险箱为数据空间应用提供了可靠的数据基础，而一证通查则将推动个人数据资产账户体系的建立并为个人数据空间提供海量的数据接入。另外，精准推送、数字金融、医疗健康等场景高度依赖个人数据的开发与利用，是个人数据空间价值共创的重要方向。这些场景不仅能够通过个性化服务为个人生活提供便利和直接价值，更能有效释放个人数据在协同创新中的动力价值。通过各类数据空间互联互通，个人数据权能的价值得以充分释放，驱动场景融合创新，最终形成如图 10-39 所示的个人数据空间应用框架。

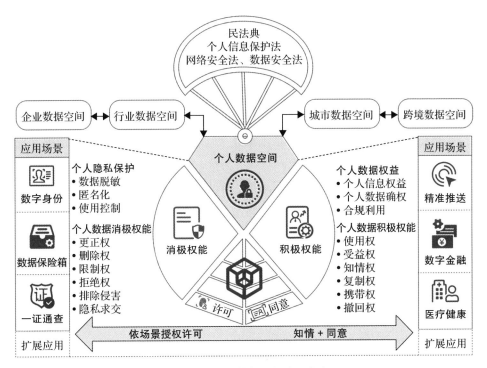

图 10-39　个人数据空间应用框架

3. 个人数据空间建设

个人数据空间的核心参与方是作为数据提供方的个人，而个人在技术能力、数据管理能力以及数据空间运营能力方面，往往处于劣势。因而，个人数据空间的建设重点在于为海量接入空间的数据主体提供强可信基础、强制度保障、强保护机制，切实保护个人数据的合法权益。在民事权益的位阶上，人格权益要高于财产权益，受到更优先的保护。个人参与数据空间活动时，应首先保障其个人数据的精神利益，例如确保个人可以自由、无条件地随时撤回同意以及通过行使删除权来限制对其个人数据的价值利用，始终赋予个人在个人数据空间内对自身数据的控制权和管理权。

个人数据空间的开发、建设和运营，首先坚持"稳慎探索"原则，依据法律法规及个人数据开发利用政策文件，由独立运营商或政府主管部门牵头进行。个人数据空间的建立，使得个人能够便捷地管理自己的各类数据，包括健康数据、金融数据、消费数据等。这不仅有助于保护个人隐私，还能让个人更加清晰地了解自己的数据状况，从而做出更加明智的决策。而运营者在充分尊重这些决策（通过智能合约执行）的基础上，通过数据信托、数据银行、数据中介等形式，整合多场景数据服务，在主管部门的严格监管下，充分挖掘个人数据的价值，构建个人数据空间特有的商业模式。

个人数据空间的发展将极大地推动数字消费市场的繁荣。当个人能够掌控自己的数据时，他们将更加愿意参与数字消费，享受个性化的数字服务。同时，个人数据空间也为数据交易提供了可能。个人可以将自己的数据作为资产进行交易，从而获得相应的经济回报。这将激发个人数据的价值释放，为数字经济增添新的活力。

10.6 跨境数据空间

10.6.1 跨境数据空间运营机制

跨境，简单来说，就是跨越不同国家或地区边界进行的经济、商业、文化或社交活动。这里所谓的边界，指的是使用同一海关法或实行同一关税制度的区域，即关境。

长期以来，我国积极推动对外开放，不断扩大开放范围、领域和层次，与世界经济的联系日益紧密，高水平对外开放新格局加速形成。尤其是"走出去"倡议、"一带一路"倡仪提出以来，我国积极参与国际交流与合作，不断创新对外投资方式，加大政策支持力度，提升服务保障水平，加强国际经济合作与交流，带动对外直接投资蓬勃发展，实现规模快速扩大、质量显著提高。如今，共建"一带一路"已成为当今世界最受欢迎的国际公共产品和最大规模的国际合作平台。

在此背景下，我国首次提出探索构建跨境可信数据空间，旨在建立高效、便利、安全的数据跨境流动机制，支持自由贸易试验区出台实施数据出境管理清单（负面清单），构建数据跨境传递监控、存证备案、出境管控等能力体系。结合数据出境管理清单、重要数据目录等工作机制，提供合规指引、跨境申报咨询等服务，降低企业数据跨境成本和合规风险。探索跨国科研合作、供应链协同、企业管理等应用场景下的数据跨境便利化机制。从而形成一套体系化的跨境数据空间运营机制。

1. 数据跨境流动机制

数据跨境流动对于各国电子商务、数字贸易以及经济、科技、文化等领域至关重要，不仅可以有效降低贸易成本，提高企业开展国际贸易的能力，还有助于促进贸易便利化，加快产业数字化转型，弥合数字鸿沟，实现以数据流动为牵引的新型全球化。目前，国际社会正在积极探索全球数字领域的规则和秩序，联合国制定发布的《全球数字契约》、世贸组织的电子商务谈判，以及《全面与进步跨太平洋伙伴关系协定》(CPTPP)和《数字经济伙伴关系协定》(DEPA)等多双边实践的开展，均体现了各国推动全球数据跨境流动合作、促进数据跨境流动的共同意愿和选择。

在推动全球数据跨境流动实践的同时，各国普遍关注国家安全、公共利益、个人隐私以及知识产权等风险。为了保障数据安全，保护个人信息权益，促进数据依法有序自由流动，根据《中华人民共和国网络安全法》《中华人民共和国数据安全法》《中华人民共和国个人信息保护法》等法律法规，国家互联网信息办公室制定了《促进和规范数据跨境流动规定》《数据出境安全评估办法》《个人信息出境标准合同办法》等有关规定，构建了系统化的数据跨境流动机制。

当前，我国有大量"出海"企业在全球范围内开展常规商业活动，数据跨境流动机制的优化与完善成为重要课题。2024 年 11 月 20 日，中国在世界互联网大会乌镇峰会发布《全球数据跨境流动合作倡议》，阐明了中国在全球数据跨境流动问题上的立场主张。该倡仪一方面回应了国际社会各方对于全球数据跨境流动的关切，表达了促进合作的共同意愿；另一方面直面当前全球数据跨境流动中面临的诸多现实挑战，提出了因应之道。这份倡议完整表述了一整套可执行的数据跨境流动机制。

- 鼓励因正常商业和社会活动需要而通过电子方式跨境传输数据，以实现全球电子商务和数字贸易为各国经济增长和可持续增长提供新的动力。
- 尊重不同国家、不同地区之间数据跨境流动相关制度的差异性。支持不涉及国家安全、公共利益和个人隐私的数据自由流动。允许为实现合法公共政策目标对数据跨境流动进行监管，前提是相关监管措施不构成任意或不合理的歧视或对贸易构成变相限制，不超出实现目标所要求的限度。

- 尊重各国依法对涉及国家安全、公共利益的非个人数据采取必要的安全保护措施，保障相关非个人数据跨境安全有序流动。

- 尊重各国为保护个人隐私等个人信息权益采取的措施，鼓励各国在保护个人信息的前提下为个人信息跨境传输提供便利途径，建立健全个人信息保护法律和监管框架，鼓励就此交流最佳实践和良好经验，提升个人信息保护机制、规则之间的兼容性，推动相关标准、技术法规及合格评定程序的互认。鼓励企业获得个人信息保护认证，以表明其符合个人信息保护标准，保障个人信息跨境安全有序流动。

- 鼓励探索建立数据跨境流动管理负面清单，促进数据跨境高效便利安全流动。

- 合力构建开放、包容、安全、合作、非歧视的数据流通使用环境，共同维护公平公正的市场秩序，促进数字经济规范健康发展。

- 提高各类数据跨境流动管理措施的透明度、可预见性和非歧视性，以及政策框架的互操作性。

- 积极开展数据跨境流动领域的国际合作。支持发展中国家和最不发达国家有效参与和利用数据跨境流动以促进数字经济增长，鼓励发达国家向发展中国家，特别是最不发达国家提供能力建设和技术援助，弥合数字鸿沟，实现公平和可持续发展。

- 鼓励利用数字技术促进数据跨境流动创新应用，提高保障数据跨境高效便利安全流动的技术能力，推动数据跨境流动相关的技术与安全保障能力评价标准的国际互认，做好知识产权保护工作。

- 反对将数据问题泛安全化，反对在缺乏事实证据的情况下针对特定国家、特定企业差别化制定数据跨境流动限制性政策，实施歧视性的限制、禁止或者其他类似措施。

- 禁止通过在数字产品和服务中设置后门、利用数字技术基础设施中的漏洞等手段非法获取数据，共同打击数据领域跨境违法犯罪活动，共同保障各国公民和企业的合法权益。

在上述各项规定以及机制的支撑下，构建跨境数据空间有助于促进国际数据的合规流通与共享，推动全球数字经济的发展与合作。我国将通过加强国际合作与对话机制建设，共同制定跨境数据流动的标准与规则，为全球经济一体化贡献力量。

2. 数据出境管控机制

为指导和帮助数据处理者规范有序申报数据出境安全评估、备案个人信息出境标准合同，国家互联网信息办公室编制了《数据出境安全评估申报指南（第二版）》和《个人信息出境标准合同备案指南（第二版）》，对申报数据出境安全评估、备案个人信息出境标准合同的方式、流程和材料等进行了说明，并对数据处理者需要提交的相关材料进行了优化简化。

数据处理者因业务需要向境外提供重要数据和个人信息时，应当遵守《数据出境安全评估办法》《个人信息出境标准合同办法》《促进和规范数据跨境流动规定》的有关规定。符合数据出境安全评估适用情形的，需按照申报指南申报数据出境安全评估；通过与境外接收方订立个人信息出境标准合同向境外提供个人信息的，需按照备案指南向所在地省级网信部门备案。

此外，自由贸易试验区在国家数据分类分级保护制度框架下，可以自行制定区内需要纳入数据出境安全评估、个人信息出境标准合同、个人信息保护认证管理范围的数据清单（负面清单），经省级网络安全和信息化委员会批准后，报国家网信部门、国家数据管理部门备案。自由贸易试验区内数据处理者向境外提供负面清单外的数据，可以免予申报数据出境安全评估、订立个人信息出境标准合同、通过个人信息保护认证。这有助于企业了解哪些数据可以自由流动，哪些需要特别许可或完全禁止出境，从而降低违规风险。

在数据空间体系内，对数据进行分类，根据数据的敏感性和重要性（如个人身份信息、商业秘密、国家机密等）采取不同的管理措施，已经内化到治理机制中，构成跨境数据空间重要的数据出境管控策略的组成部分。同时，跨境数据空间还在数据出境环节建立了监控系统，实时监控数据跨境流动的情况。这包括监控数据流向、流量使用情况以及可能的安全威胁。监控系统应能够及时发现异常数据流动行为，如数据泄露或未经授权的访问。此外，跨境数据空间运营者还对数据出境行为严格执行存证备案制度，要求企业在数据跨境流动前进行备案，留存相关记录，以备监管和审计。这有助于确保数据流动的透明度和可追溯性，同时也为监管机构提供了监管和执法的依据。

通过上述手段，跨境数据空间构建了完整的出境管控能力体系，并结合数据加密、访问控制、数据脱敏等技术手段，制定了严格的数据管理政策和流程，以确保数据出境的安全性和可控性。

3. 数据出境服务机制

跨境数据空间的数据出境服务机制旨在为企业提供一个清晰、高效的框架，使其在遵守法律法规的前提下进行数据的跨境传输。虽然数据跨境流动机制、数据出境管控机制已相对完善，但大部分企业仍未能充分掌握要领。

通过制定负面清单，明确指出哪些类型的数据是禁止或限制出境的，可以为企业提供一个明确的边界，帮助它们识别和管理需要特别关注的敏感数据。建立重要数据目录，对数据进行分类和分级，确保关键数据得到适当的保护。这有助于企业识别哪些数据在跨境传输时需要额外的安全措施。同时，提供详细的合规指引，帮助企业理解数据出境的相关法律法规要求。这些指引包括数据保护标准、跨境传输的法律限制，以及如何进行风险评估等。另外，提供跨境申报咨询服务，帮助企业在数据出境前进行申报。这包括指导企业准备必要的文件、填写申报表格，以及理解申报流程。通过简化流程和提供在线服务，降低企业在数据出境过程中的行政和时间成本。例如，通过电子平台进行数据出境申报和备案，减少纸质文件的使用。再通过提供合规培训和咨询服务，帮助企业识别和管理数据出境过程中的合规风险。这包括对企业员工进行数据保护法规的培训，以及在数据出境前进行合规性审查。

将这些服务机制整合到跨境数据空间运营过程中，能够为企业提供全方位的支持，帮助其在全球范围内安全、合规地进行数据传输，同时降低其运营成本和合规风险。这对于促进国际贸易、保护个人隐私和维护国家安全至关重要。

目前，我国各地均建立了数据跨境服务中心，例如北京数据跨境服务中心由多方共建并于 2023 年 11 月入驻北京数据基础制度先行区，提供"标准合同"、绿色通道申报"认证"和"安全评估"等一站式数据跨境服务，为企业数据出海铺平道路。北京自贸试验区（大兴）数据跨境服务中心，不仅服务北京本地企业，更是辐射全国，已为超过 7 个省市 70 余家企业提供了近百种复杂数据出境业务场景的支持，特别是在外资药企、人工智能、跨境清算、征信查询等领域。跨境数据空间的建设，可与这些数据跨境服务中心互联互通，实现资源共享、服务共用。

4. 数据跨境便利化机制

广义上讲，数据跨境流动机制、数据出境管控机制、数据出境服务机制，都是为了促进数据的合理利用和国际贸易的便利化。在全球化的背景下，企业对跨境数据流动的需求日益增长，尤其是在跨境业务、跨境电商等领域。数据跨境便利化机制使得跨境数据空间的建设能够打破数据跨境流动的障碍，实现数据的自由流通和高效利用。

目前，跨境数据流动面临着各国数据法规差异、数据安全担忧等挑战。未来，跨境数据空间的应用将强化国际合作，通过制定统一的数据规则和标准，建立互信机制，推动跨境数据的安全有序流动。同时，新兴技术如隐私计算等将为跨境数据的安全共享提供解决方案，促进全球数字经济的发展。

跨境数据空间推动的数据跨境便利化机制主要由数据使用控制、数据保护协议、数据供应链管理、数据跨境传输协议、数据远程访问、自动化标准化数据出境安全评估、跨境数据流动监管沙盒等技术和制度组成。其核心是在国际数据流动合作的基础上实行简化申报流程、提供快速通道等服务，并基于共识机制将数据跨境流动的相关安全标准、制度要求、合规条件形成自动化执行的智能合约，嵌入跨境数据空间的资源交互能力体系，实现数据的跨境合规高效流转和开发利用。只有在系统化构建跨境便利化机制的基础上，跨境数据空间才更有生命力，才更有利于促进数据的流通，同时驱动更多数据应用场景的持续创新。

10.6.2　跨境数据空间构建

1. 数据跨境流动基础设施建设

数据跨境流通的应用场景主要是基于跨国供应链服务，比如国际航运、航班信息等数据服务，同时基于贸易供应链优化企业融资可得性，为贸易企业提供金融服务。跨境数据空间的构建首先应围绕应用场景开展软硬基础设施建设。

国际数据传输专用通道、国际离岸数据业务的功能型数据中心以及跨境海底光缆等数据跨境流动基础设施，国际数据云服务、算力服务、离岸数据外包等数据产业新业态，以及数据跨境产业园区、离岸数字总部、跨境运营中心、离岸业务创新中心等，共同形成了跨境数据空间建设的基础。

通过进一步吸引和培育一批跨境数据企业，大力发展数据中间商、合规服务中介、数据认证机构等覆盖数据跨境全流程的产业链，跨境数据空间运营将更具活力。

2. 数据空间国际合作

数据跨境流动的本质决定了国际合作的重要性。数据附着于各类社会活动，涉及产生、收集、存储与传输各个环节，而这些环节共同构成了数据流动的全球性链条。无论是从保障链条的顺畅性还是安全性角度，国际合作与协同治理都是不可或缺的。《行动计划》特别强调拓展可信数据空间国际合作，依托各类多边框架建立数据空间对话合作机制并形成广泛的发展共识，进而为跨境数据空间建设提供治理基础。

国际合作包括政府间的对话交流合作以及多层次的产业和行业组织联动。跨境数据空间的构建，一方面建立在国家层面的数据跨境安全与便利制度，另一方面还需充分考虑国际标准与多边协议框架，并充分尊重各国的数据保护制度。例如，欧盟的《通用数据保护条例》（GDPR）、亚太经济合作组织（APEC）的《跨境隐私规则体系》（CBPR）、经济合作与发展组织（OECD）的《隐私保护指南》、《区域全面经济伙伴关系协定》（RCEP）、《全面与进步跨太平洋伙伴关系协定》（CPTPP）、《数字经济伙伴关系协定》（DEPA）等，为不同国家和地区提供了跨境数据流动的法律和监管框架，帮助企业在全球范围内合规地进行数据传输。

3. 国内外数据空间互联互通

基于数据跨境流动基础设施建设，通过数据空间国际合作形成跨境数据空间发展共识，进而依托国内数据空间实践形成的标准化机制，面向"一带一路"等区域合作平台，推动可信数据空间国际合作示范项目建设，打造跨境数据空间典型标杆，并逐步实现国内外数据空间互联互通，是数据空间生态网络发展的目标。

数据空间的国内外互联互通，是数据空间推动者的共同目标。国际数据空间协会（IDSA）以及 Gaia-X 计划、Catena-X 项目，始终坚持开放连接，致力于在全球范围内实现数据空间的相互连接和数据的顺畅流动。这种互联互通对于促进国际贸易、科研合作、文化交流和经济发展至关重要。我国已有多家机构和企业加入国际数据空间协会，并积极参与数据空间的发展与研究。

为促进我国数据空间技术标准、运营规则和认证体系在全球适用，在全国范围开展数据空间建设的同时，应考虑制定国际认可的数据格式、协议和接口标准，确保不同国家和地区的数据空间能够无缝对接。同时，通过双边或多边协议，明确数据跨境流动的条件、责任和义务，为数据流动提供法律框架，并建立国际数据治理机制，构建国际数据共享平台，加强国际组织、政府、企业和学术界之间的合作与协调，共同推动数据空间的互联互通，形成国内国外双循环格局，如图 10-40 所示。

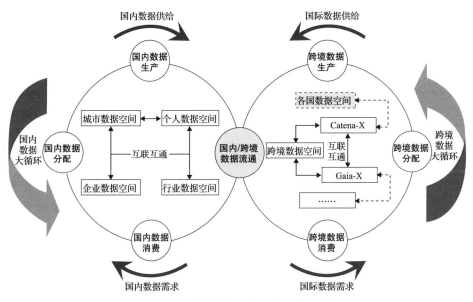

图 10-40　跨境数据空间国内国外双循环

10.6.3　跨境数据空间应用场景

跨境数据空间的应用场景广泛，涉及全球经济和合作的多个领域。与各类数据空间的应用场景创新路径相似，都涉及多场景数据融合与应用创新，只是在跨境数据空间应用领域，各类场景需综合考虑国内国际因素，结合业务和数据流程，进行价值链梳理和价值共创机制整合。以下简要概括列举了几个应用场景。实践中，跨境数据空间应用场景将更为复杂和丰富。

1. 跨国科研合作

跨国科研合作是跨境数据空间先行先试的重要场景，尤其是涉及人类共同命运的科研项目。当前，世界各国都适度开放公共数据，并形成了一些不涉及个人隐私保护的数据交流共享机制。在科研场景中，研究人员可以共享开放公共数据、实验数据、研究成果和科学模型，以促进全球科研的协同和创新。而跨境数据空间可以确保数据的安全性和合规性，同时遵守各国的数据保护法规，实现参与者有限范围内的科研成果共享和创新共促。

例如，在全球健康研究领域，各国科研机构可以共享关于疾病传播、疫苗研发、药物试验等方面的数据，以加速全球健康问题的解决。在气候变化研究方面，通过共享气象数据、海洋数据、森林覆盖变化等信息，国际科研团队可以更准确地模拟和预测气候变化的影响。对于生物多样性保护，不同国家的自然保护区和科研机构可以共享生物多样性数据，包括物种分布、生态系统健康和遗传多样性等信息。国际天文学家还可以共享观测数据，如星系图像、恒星光谱、行星数据等，以促进对宇宙的深入理解。

在资源共享方面，以科研合作为基础，并基于特定应用场景进行迭代的跨境数据空间还可拓展应用范围，共同推进人工智能和机器学习的研究，共享算法、模型训练数据和研究成果，以及数据存储和计算资源，如云计算平台和超级计算机，以支持大规模的数据处理和分析，共同推进 AI 技术的发展和应用。

当然，跨国科研合作同样需要注重科研数据的标准化和互操作性，并遵守知识产权和数据共享政策，确保科研数据的安全性和隐私保护。

2. 供应链协同

在商业领域，跨境数据空间的应用主要集中在跨境货物及服务贸易的便利化方面，尤其是供应链协同，包括跨境物流监控、供应链金融与跨境结算等。供应链各方可以实时共享库存、订单、生产计划和物流信息，提高供应链的透明度和效率。利用跨境数据空间，可以优化全球供应链管理，减少库存成本，提高响应速度，并支持供应链的可追溯性，确保产品来源的透明性，有助于质量控制和风险管理。

在跨境物流管理方面，物流公司可以共享货物追踪信息、运输状态和清关文件，提高物流效率和客户满意度。通过跨境数据空间，各参与方在共识与信任基础上简化跨境物流流程，减少运输时间和成本，并支持共建智能物流系统，如自动化仓库管理、预测性维护和动态路线规划。

在金融服务领域，通过跨境数据空间的构建，金融机构可以访问链上数据，评估企业的信用状况和融资需求，提供定制化的金融服务。各参与方也可以简化跨境融资流程，降低融资成本和时间，还可利用跨境数据空间，通过数字化的支付系统，更快速、更安全地进行国际支付和结算，减少汇率风险和交易成本。

跨境数据空间通常还提供供应链协同领域的共性应用场景服务，包括访问和共享贸易法规、关税、税收等信息，自动化的合规检查，依据接入的全球市场数据进行市场趋势分析和需求预测，以及共享和分析全球风险信息，如政治风险、汇率波动、自然灾害等，以制定风险缓解策略。

这些应用场景展示了跨境数据空间在商业领域的巨大潜力，它们有助于提高全球贸易的效率和透明度，同时降低成本和风险。尽管这些应用的成功实施需要克服数据保护、隐私、安全和法律合规等挑战。

3. 跨国公司管理

跨境数据空间与企业数据空间的交叉形态主要体现在跨国公司管理过程中的数据空间技术应用。一方面，跨境数据空间为出海企业提供了全方位的跨境数据流通环境；另一方面，它又侧重于企业数据空间的治理机制。利用跨境数据空间，跨国公司可以加强企业内部的沟通和协作，提高管理效率，同时实现在全球范围内共享财务数据、人力资源信息和市场分析报告，以支持决策制定。

具体而言，跨国公司可以利用跨境数据空间技术，在全球范围内优化资源配置，进行国际项目管理；在全球范围内实现供应链的透明化和协同化，通过数据共享提高供应链的效率和响应速度；并在全球范围内统一管理客户信息，提供一致的客户服务体验，并进行个性化营销。跨境数据空间还可以帮助企业监控全球合规性，确保业务的合法性，管理全球知识产权，保护创新成果。

跨境数据空间的"企业数据空间形态"是在数据跨境流动机制的基础上构建的企业数据交换共享模式，有助于提升跨国公司的运营效率、决策质量和全球竞争力。同时，也可进一步扩展，作为企业拓展海外市场、服务客户与上下游合作伙伴的重要模式。

4. 跨境数字货币

数字货币主要分为三类，一是法币的数字化，即中央银行数字货币（CBDC），如我国的数字人民币；二是以比特币、以太坊为代表的多种加密货币；三是以泰达币（USDT）、美元币（USDC）为代表的稳定币。目前，数字货币的发展正在全球范围内推进，中央银行数字货币（CBDC）成为焦点。从应用场景来看，数字货币的发展主要集中在跨境支付、交易记价、供应链管理和基础性服务四个领域。跨境数据空间的构建以及持续运营，一方面能够积极主动对接主流数据货币趋势，另一方面也能够助推人民币国际化和数字化。

在实践中，通过跨境数据空间，可以确保数字货币交易的安全性和透明度，防止欺诈和洗钱活动。而在数据空间参与者之间，跨境数据空间可提供跨境数字货币钱包服务，允许用户在不同国家间使用数字货币进行交易和存储。国内数据空间与国际数据空间的互联互通在跨境数字货币应用场景中，可以采用跨境数据空间的形式，聚焦金融包容性、货币政策协调、智能合约和自动化交易等方面，创新数据空间运营商业模式，探索跨境数据货币交易和投资。

从全球视野来看，跨境数据空间还可以促进不同国家监管机构之间的合作，共同制定数字货币的监管规则和标准，推动数字货币的国际标准化，为全球数字货币的流通和交易提供统一的规则，推动全球金融科技的发展。

数据空间经济

数据空间基于"技术、制度、市场"三大逻辑构建，其中，制度、市场是经济体制的核心内容，而技术在数据空间有机体内通过多元组合，形成一整套运行机制，并依托数据流动作用于经济发展。在此背景下，本章创新性提出"数据空间大爆炸"以及"第六次技术革命假说"，指出数据空间是一种新的技术 – 经济范式，并能够通过"获取、供给、应用、融合、涌现、变革"六阶段，加速数据价值释放，持续赋能数字经济增长活力，重塑经济社会发展格局。

在技术 – 经济范式下，数据空间应用实质上是"数据空间 +"，具有革命性的叠加效应与重塑能力，对传统经济变革以及数字经济高质量发展起到了颠覆性创新引领作用。本章进一步以"数据资产 ∞"理念为切入点，剖析数据空间价值释放的三阶模型。通过分析新业态、新经济以及未来网络的发展趋势，揭示数据空间作用下数据要素从数据产品、数据能力到数据价值持续释放并实现叠加倍增效应的底层逻辑。

11.1 数据空间作为新的技术 – 经济范式

11.1.1 技术 – 经济范式

技术 – 经济范式理论的核心观点是，自工业革命以来，每隔 50 年左右会出现经济结构周期性变革和升级，这种变革由相继出现的技术革命所驱动，继而引发基础设施、主导产业的更迭，最终带来与技术高度关联的组织和制度的变革。在技术变革（包括技术集群、关键投入品、基础设施等）和制度变革（包括企业组织、监管制度等）等协同演变的推动下，整个生产体系得以现代化跃迁，形成具有范式意义的最佳实践模式（如数据空间中的数据交换与共享机制），从而将经济水平提升到一个新的高度。

纵观历史，已出现五次典型的技术革命：

- 1771 年，英国阿克莱特创办了第一家棉纺厂，标志着第一次工业革命（技术革命）的开始；
- 1829 年，斯蒂芬森的"火箭号"蒸汽机车在从利物浦到曼彻斯特的铁路比赛中赢得胜利，宣告了蒸汽和铁路时代的到来；
- 1875 年，卡内基的高效酸性转炉钢厂投入试生产，开启了钢铁、电力重工业时代；
- 1908 年，第一辆 T 型车下线，1913 年在自动化生产线上实现批量生产，这标志着石油、汽车和大规模生产时代的到来；
- 1971 年，英特尔的微处理器宣告问世，开启了信息和远程通信时代。

这五次典型的技术革命的基本信息可进一步参见表 11-1，并可与表 1-1 结合梳理技术演进的路线及其所引起的时代变迁和经济变革。

表 11-1　历次技术革命基本信息表

技术革命	名称	核心国家和地区	诱发技术革命的大爆炸	年份
第一次	工业革命	英国	阿克莱特在克隆富德设厂	1771
第二次	蒸汽和铁路时代	英国（扩散到欧洲大陆和美国）	蒸汽动力机车"火箭号"在利物浦到曼彻斯特的铁路上实验成功	1829
第三次	钢铁、电力重工业时代	美国和德国，追赶并超过英国	卡内基酸性转炉钢厂在宾夕法尼亚的匹兹堡开工	1875

（续）

技术革命	名称	核心国家和地区	诱发技术革命的大爆炸	年份
第四次	石油、汽车和大规模生产时代	美国（起初与德国竞争世界领导地位），后扩散到欧洲	第一辆 T 型车从密歇根州底特律的福特工厂出产	1908
第五次	信息和远程通信时代	美国（扩散到欧洲和亚洲）	在加利福尼亚的圣克拉拉，英特尔的微处理器宣告问世	1971

　　每次技术革命都有特定的技术－经济范式，它代表了那个时代的最佳实践模式，由一整套通用的、同类型的技术和组织原则所构成。这种范式既包含对同类型技术的深刻理解（这些技术具有广泛的适用性），也包含当时社会文化的一般常识法则。每次技术革命都涉及一系列的技术创新组合、新的基础设施的建成与投入使用。每次技术革命不仅意味着一批新产业的迅速成长，还意味着许多传统产业的新生，即传统产业利用新技术，在组织和管理上进行变革。

　　技术－经济范式理论虽然以技术革命为起点，但不局限于技术；它以基础设施、主导产业和经济模式的变革为核心，但并不局限于经济分析；它还把组织和制度等生产关系的变革视为不可或缺的重要解释变量并纳入分析。由此技术－经济范式构建了一个技术、经济、制度共同演化的动态分析框架，为理解经济社会每隔 50 年左右出现的周期性现象和演变过程提供了新的理论工具。这与数据空间基于"技术、制度、市场"三大逻辑构建的原理也是相通的。

　　自第五次技术革命发生以来，至今已有 50 年。2015 年，我国首次提出"国家大数据战略"，全面推进我国大数据发展和应用，加快建设数据强国，推动数据资源开放共享，释放技术红利、制度红利和创新红利，促进经济转型升级。至此，大数据战略上升为国家战略。在过去的大数据时代，互联网和信息技术发生了多轮革新，工业时代已演进到数字时代，数字经济成为新的经济形态，自然而然也引发了新的技术革命。

　　《国家数据基础设施建设指引》指出，当前，数据成为关键生产要素，催生了新的技术－经济范式，重塑产业发展方式，推动数字基础设施向数据基础设施延伸和拓展。这一过程正是始于多项数字技术综合作用于数据领域，形成新的数据技术，进而推动了新的技术 – 经济范式的演进。而集中展现这一新范式特征的数据空间，正在成为第六次技术革命的核心引爆点。

通观本书对数据空间的多维度分析和整体知识体系构建可以看出，首先，数据空间是一个技术综合体，代表新质生产力，形式上包括数字技术集群、多类型数据空间应用以及广泛互联的复杂生态新商业模式。其次，数据空间是一整套全新的共识治理机制，包括一系列规范、规则、制度、合约与策略，形成新的生产关系。最后，数据空间是数据要素价值共创的应用生态，包括数据作为新型生产要素在价值创造和分配过程中的各种活动，主要是多方共创的价值体系与分配体系。随着技术、制度与数据要素市场的深化整合，数据空间成为开放普惠的数据流通载体，将催生新产品、新服务、新模式以及新业态，诱发新一轮技术革命的大爆炸，如图 11-1 所示。

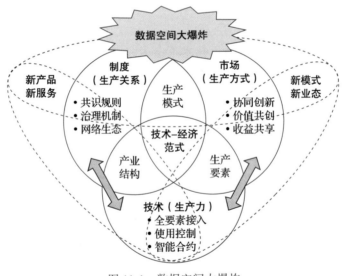

图 11-1　数据空间大爆炸

回顾五次相继出现的技术革命，最有可能成为技术革命诱因的事件往往是新旧技术交叉融合所形成的革命性演进。数据空间充分利用数字技术，是一个集成基础设施、系统、应用、软件、模型算法、标准规范、机制设计等在内的价值创造有机整体。数据空间彻底改变了传统的点对点二元结构的数据流通形式，基于共识规则，联接多方主体，通过数据资源共享共用，推动技术的低成本组合与数据的高效率流通，并以泛在接入、互联互通的形式实现更高的配置效率、激励效率以及更大的规模经济、范围经济，最终形成产业、经济形态的变革。可以预见，数据空间将成为引爆第六次技术革命的核心形态，形成新的技术革命典型代表，见表 11-2。

表 11-2　第六次技术革命假说

技术革命	名称	核心国家和地区	诱发技术革命的大爆炸	年份
第六次	数字经济时代	中国、欧盟	中国成立国家数据局并推进企业、行业、城市、个人、跨境可信数据空间建设和应用	2024

作为新的技术 – 经济范式，数据空间将应用于企业管理、行业协同、城市治理、个人数据保护以及跨境数据流通等领域，成为"无所不在""无数不及"的生态交互系统和数字经济的最佳实践模式（Best-Practice Model）。数据空间不仅加速了数据流通和价值释放，还重构了资产类型与价值创造方式，更引导市场主体密集地采用更强大的新投入和新技术来管理数据、使用数据，进而形成更高维度的数据价值正向循环。这一模式迅速激发了数据科学家、AI 工程师、企业家和投资者的想象力，不断拓展最佳实践与解决方案的边界，并形成新的边界，包括创新经验和全民普惠。

数据空间技术 – 经济范式所使用的主要技术，包括"三统一"规范、使用控制技术以及连接器技术，都具有通用、低成本、易推广的特征。这使数据空间能够成为快速普及的新产品、新基础设施，并复用传统的数据存储、集成、应用基础设施以及融合智能化新型数据基础设施，如数场、数联网、大模型等，组合构建崭新且动态的技术和系统。数据空间技术在整个经济中能带来巨变，并能推动长期的发展高潮，形成数据流通利用的爆炸性发展。

虽然数据空间所依赖的技术或大部分应用已经存在一段时间了，但组织形式和机制却是全新的。以第五次技术革命即信息和远程通信时代为例，电子工业在 20 世纪早期就已存在，在 20 世纪 60 年代甚至更早，晶体管、半导体、计算机和控制器已经是重要技术。到 1971 年，微处理器的问世让人们看到了廉价微电子产品广泛应用的新潜力（例如芯片上的计算机），信息革命的所有相关技术共同组成了强大有力的集群，这引爆了第五次技术革命。

数据空间的出现有两方面原因：一方面，数字产业化基础不断夯实，数字技术成熟度不断提升；另一方面，数字经济正发展乏力，急需一种具有巨大财富创造潜力的范式、一套完整的制度 – 市场框架，来打破技术、经济、管理和社会制度中现存的组织习惯，构建共建、共治、共享的数据生态体系，推动形成良性运转的新经济周期。基于"第六次技术革命假说"，在过去近 20 年的信息化、数字化基础上，数据空间将打开新的"黄金 30 年"，引领新经济周期发展，成为新的技术 – 经济范式。

数据空间虽然起源于欧洲，却将在我国规模化发展。以往每次技术革命最开始都源自某一核心国家，当时该国正是世界的经济领袖，然后从核心国家向外围国家逐渐扩散，这个过程可能需要二三十年之久。例如信息革命于 1971 年起源于美国，20 世纪 90 年代扩散到中国，诞生了搜狐、腾讯、网易、百度、阿里巴巴等互联网企业。

如今，数据空间将在我国全面建设发展，快速进入新范式的爆炸阶段并迎来狂热阶段。到 2028 年，要建成 100 个以上可信数据空间，基本建成广泛互联、资源集聚、生态繁荣、价值共创、治理有序的可信数据空间网络。而旧事物、旧观念依然会对数据空间担当"万物皆可空间"的主流范式产生对抗。数据空间作为新事物，在接下来很长一段时间，将出现技术和经济社会动荡发展，然后才逐渐进入协同期，并过渡到成熟阶段。数据空间技术 – 经济范式如图 11-2 所示。

在从互联网与移动通信技术，到云计算、大数据、区块链、物联网等数字技术，再到数据空间核心技术（一种典型的数据技术群）的迅速演进过程中，上一代技术所带来的红利正逐渐消失（如数据中心、数据中台等）。与此同时，下一代技术已经进入导入期，并融合、复用上一代技术通过转折点，沿着技术路线推动数字经济的发展。在整个过程中，经济形态以及新经济周期演进与技术演进交替进行，这些相互关联的技术又通过技术群的方式，加速数据价值释放，对经济社会产生新的影响，使数字经济持续保持增长活力。

作为便于人、物、平台、智能体等快速接入的低成本、高效率、可信赖的流通环境，数据空间对新经济周期发展的持续积极作用将通过以下六个阶段或层次实现，形成如图 11-3 所示的数据空间新经济演进框架。

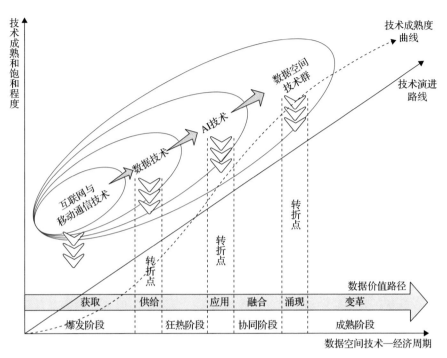

图 11-2　数据空间技术 – 经济范式

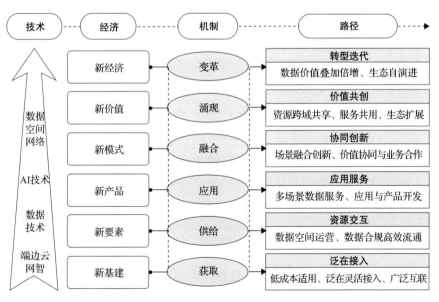

图 11-3　数据空间新经济演进框架

- 获取：依托传统数字技术，通过新型数据基础设施建设，构建数据空间泛在接入的能力，并保障数据空间用户能够快速获取数据。

- 供给：包括数据空间共性服务与共性技术供给、公共物品和设施供给以及基础数据能力（如统一数据标识、元数据智能识别等）供给，依靠数据空间规范运营与数据新要素合规高效流通来实现。

- 应用：在这个阶段，数据资源交互格局已然形成，AI 技术融合应用到数据空间领域，并加速多场景数据服务创新以及应用与产品的开发，实现第一轮数据红利的大规模释放。

- 融合：协同创新，基于数据空间多方参与、多场景融合创新以及数据服务方的价值协同与业务合作，形成新模式，进而推动新一轮的价值释放，包括数据的规模报酬递增、要素协同低成本复用与知识扩散效应。

- 涌现：此时，数据价值通过动态评估模型以及收益分配算法进行核算与计量，其背后的新价值涌现逻辑并不一定清晰，但确定的是来自海量数据资源的跨域共享、高度智能化先进服务的共用以及数据空间网络生态的规模扩展。

- 变革：数据价值叠加倍增效应凸显，数据空间生态自演进，数据服务自助化、自动化，新一轮技术变革完成，数据空间成为新经济内生的高质量增长引擎。

上述框架中，数据空间经济即新经济，并不是一个完整独立的经济形态，而是在数字经济高质量发展的过程中，随着数据空间应用持续催生、涌现出的一些新经济特征。数字空间经济是基于数据空间技术 – 经济范式重塑产业结构、改变生产方式、释放新质生产力，并推动新模式新业态发展所呈现出的特征经济，也称为"数据空间 +"经济。在数据空间生态广泛互联、繁荣发展的过程中，一些共性应用场景的典型数据空间网络将衍生出新的经济组织形式，从而展现出新的经济特征和形态。

11.1.2 数据空间 +

所谓"数据空间 +"，实际上是数据空间生态网络推动的数字经济新形态、新业态发展范式，是数据要素市场化配置改革的新经济形态演进。"数据空间 +"

不仅是数据空间与其他技术的组合与叠加，也是数据流通的提效、数据交互空间的扩展，更是数据泛在连接、生态广泛互联的扩张。通过整合无所不及的数据、计算、技术、知识和服务，形成了无处不在的应用、协同和创新。

"数据空间＋"是数据空间的具体应用与实践，是各类数字技术的"＋"，也是数据思维、认知、观念、理念、模式和范式的"＋"。与"互联网＋"和信息化相比，"数据空间＋"更加注重"以数据为中心"，更强调数据价值的释放，本质上是对现有技术的整合、深度融合和创新应用。可以说，"数据空间＋"是"互联网＋""人工智能＋"与"数据要素×"的最佳组合方式。

长期以来，"互联网＋"重塑了传统行业，释放出巨大的经济活动，并产生海量数据，为数字经济发展提供了强大的产业要素基础。当前，我国正大力推进开展新技术、新产品、新场景的大规模应用示范行动和"人工智能＋"行动，以培育未来产业。这里"人工智能＋"的"＋"就是"各行各业＋各种应用场景"，把人工智能技术有效应用到国民经济的方方面面，进一步促进科技创新、培育新质生产力，并释放技术创新动力。而"数据要素×"正是在前两者发展的基础上进一步叠加赋能，通过要素协同而产生的一种"价值倍增效应和乘数效应"。数据空间组合了数据提供方、数据使用方、数据服务方、数据空间运营方以及数据空间监管方，还包括数据加工方、中间商、托管方、投资方等，各方将技术组合作用于数据要素价值创造，全面吸收了"互联网＋""人工智能＋""数据要素×"的所有效能，形成"数据空间＋"新范式融合框架，如图 11-4 所示。

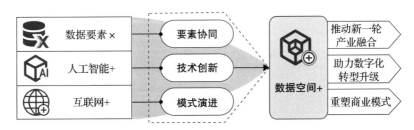

图 11-4 "数据空间＋"新范式融合框架

可见，"数据空间＋"是一个整体概念，是"互联网＋基础""人工智能＋动力""数据要素×效应"的最佳组合方式。数据空间运营模式、数据空间技术系统、数据空间互联生态分别主要对应数据的持有价值（本位价值）、交易价值（属性价值）和信用价值（动力价值），其中数据从网络互联的人机物连接中产生，数据主体因持有数据而具备进入数据空间参与数据市场的资格，并有权获得数据的基础价值。数据空间技术与运营模式互相促进升级，充分借助人工智能技术实现数据的合规高效流通与开发利用，持续释放价值，形成稳定的数据价值共创动力。而各类数据空间相互连接、共享资源、共用服务，多要素协同，数据在庞大的复杂网络中流动、流通，产生了生态价值涌现的乘数效应，使得数据空间成为整合各类技术、改变社会组织形态、重构产业格局的一种内生自演进的未来网络。

"数据空间+"代表着一种新的经济范式，通过优化全要素协同创新、更新数据业务体系、重构商业模式、释放数据生态价值等途径来推进数字经济高质量发展。高质量是低成本、高效率、大规模自由数据市场的缩影，高质量数据产品、高质量应用系统、高质量技术服务、高质量流通通道、高质量交互网络、高质量数据生态，共同构成了"数据空间+"高质量内核，如图11-5所示。

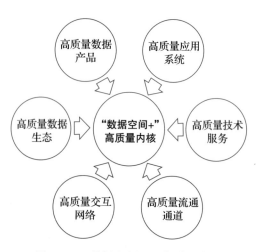

图 11-5 "数据空间+"高质量内核

基于"数据空间+"高质量内核，国家全面推进数据空间应用，通过政策形势强化数据空间有效落地。《可信数据空间发展行动计划（2024—2028年)》实质上是一项"数据空间+行动"，包括数据空间+企业、数据空间+行业、数据空间＋城市、数据空间＋个人、数据空间＋跨境等多个方面，形成了"数据空间＋"多层次、多元化、多维度的网络生态体系。"数据空间＋"成为新一代数据思维的进一步实践成果，将推动数字经济形态不断地发生演变，为新理念、新场景、新格局、新价值提供广阔的网络互联平台，提升全社会的协同创新力和新质生产力，形成更广泛的以数据空间为基础设施和实现工具的数字经济发展新形态。

从根本上说，"数据空间＋"是数字中国、数字经济、数字社会建设的新要求，其核心是数据要素化、资源化、价值化。作为数据空间技术—经济范式的主要表征，"数据空间＋"将呈现以下六大特征。

一是连接一切。连接力，本就是数据空间的生命力。数据空间以连接器为技术载体，搭建经济社会数据血脉，并通过可信有机体和场景牵引力，构建蓬勃的数据流通动力网，进而成为新一代数据技术整合体系。连接一切、驱动一切、整合一切，是"数据空间＋"的第一特征。

二是重塑结构。全球化、数字化、网络化已经打破了传统的二元对立分层社会结构、经济结构、文化结构。数据空间引领共识规则和多方参与格局，将彻底改变原有的供需结构、重构资产类型、重塑价值创造与生产方式，进而改变组织形态，形成生态自演进的新型网络和自适应治理的虚拟化社会组织。一个空间就是一个小社会，空间网络就是社会网络。

三是创新驱动。"数据空间＋"的创新，不再是线性创新，而主要是协同创新，这正是基于数据的特质展开的。无论是数据的积极权能，还是消极权能，都能驱动创新以及引发业务流程优化与自我革命。

四是跨界融合。＋就是跨界，就是开放，就是多场景，就是融合应用，就是破局。场景创新、模式创新、机制创新，都来自"数据空间＋"所带来的数据流通与无限次数复用、融合、聚合、演变。融合也包括角色的融合，在数据空间共识规则下，数据提供方与使用方不再是对立博弈的供需两极，而具有主动寻求合作、共创的内生动力，加上数据空间服务方、监管方等多方互动支持，数据空间的应用场景又存在跨领域、跨层级、跨区域等打破时空界限的特征，使得跨界融合成为"数据空间＋"的主要特征。

五是价值至上。数据价值是数字经济的核心价值来源已是共识，但"数据空间+"使得数据价值更加泛化和普惠。还数于民、数据大同，是数据空间共识、共治、共享生态互联的底层逻辑，而"数据空间+"是在价值创造的同时，实现每个参与者的利益最大化，并且所有数据主体的权益都能得到妥善保护。在"数据空间+"的价值创造（增加值）、价值共创（功能价值）和价值循环（价值无限循环创造能力）机制作用下，各方的价值主张都能获取、转化和兑现。可信机制以及透明度使得"价值至上"不再是特定群体的潜规则，而是普遍的共识。

六是开放生态。数据空间是数据价值共创的应用生态，而生态本身就是开放的、包容的、扩张的。并且，在技术、制度、市场的组合作用下，"数据空间+"生态还是自适应、自演进的。"数据空间+"构建了信任基础从而消解了交易障碍，把孤岛式、封闭式的创新连接、协同起来，让贡献者都能有所回报，进而通过模式的优胜劣汰形成演进格局。

上述六大特征显示出"数据空间+"的无限活力，展示了数据空间网络成为新一代未来网络，具有整合持续涌现的重大前沿技术、颠覆性技术以及加速科技创新和产业发展融合的强大潜力，"数据空间+"有望成为培育未来产业、带动社会结构持续升级、塑造新质生产力的全新战略选择。

11.1.3 数据资产 ∞

根据当前世界经济格局的主要发展趋势，数字经济将成为21世纪产业革命的核心载体，技术革命（第六次技术革命假说）带来的产业变革将影响世界格局。我国是全球首个将数据确立为生产要素的国家，并率先将企业数据资产记入财务报表（即数据资产入表），现已开启了数据资产全过程管理，并通过数据空间应用，打通数据流通堵点和数据开发利用难点，充分释放数据要素价值。我国财政部发布的《数据资产全过程管理试点方案》更是为数据空间提供了高质量的数据接入"原材料"。数据资产台账编制、登记、授权运营、收益分配、交易流通等重点环节，都可以在数据空间内实现，完成数据资产全过程管理。

数据空间内数据的通用性、连接性和渗透性是数字技术通过数据空间实践扩散的助推器。而数据空间共创的数据资产则进一步引发了产业组织方式与产业结构的革命性变迁，展现出强大的内生增长驱动力。企业不需要再对数据系统、数据平台增加投入，通过采用数据空间连接技术、"三统一"规范、目录服务等共性技术和服务，即可实现数据应用和数据价值的共创共享。这意味着，数据要素化、数据资源化、数据价值化将在数据空间内一站式以数据资产形式实现，并持续赋能企业优化流程、提升数据能力，从而更大规模地创造数据价值。

数据接入数据空间后，通过高效流通实现数据要素化、数据资源化，而数据服务、数据应用则通过数据加工、数据联合开发、数据托管运营等方式，快速形成数据产品，催生新产品和新服务，并驱动新一轮数据要素化。在业务协同中，由各数据主体完成数据资产登记，获得数据资产凭证，进而在数据空间运营与数据资产运营过程中实现数据资本化，如此无限次数据价值化的往复循环，形成了数据资产无穷大（∞）的价值倍增效应。而其底层逻辑是实体经济通过数字化、网络化、智能化（主要依靠数据空间实现）与数字经济中数据资源、数字技术深度融合，即"实数融合"，持续促进"数据资产∞"价值释放。这种融合一方面形成新的技术 – 经济范式，推动"数据空间 + 新经济"发展，另一方面通过数据产业与未来产业的共生带动"数据空间 + 新产业"变革，构建"数据空间 +"范式下的数据资产∞，如图 11-6 所示。

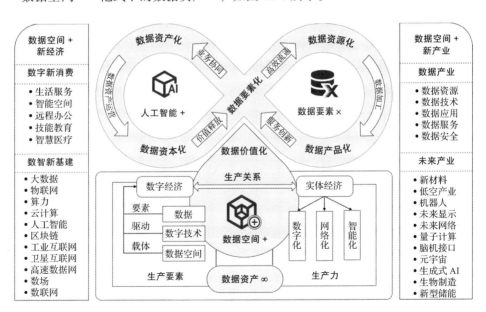

图 11-6 "数据空间 +"范式下的数据资产 ∞

在数据空间＋范式下，数据价值主要以数据资产流通的形式释放。一是以数据为产品和应用媒介实现资源共享和服务共用，并推动数据复用。二是以数据知识、业务流程和技能为载体赋能全产业价值链，彰显数据能力。三是以数据信用、竞争地位、价值创造力为组合实现万物互联协同创新，构建数据价值共识机制。

这初、中、高三阶模型，展现了数据资产∞的价值路径。在初级阶段，数据通过交换、共享、复用，主要以数据产品、应用和服务的形式推动研发改进，此时价值判断更多依赖于成本法评估。到了中级阶段，数据充分交换流通，产品创新以及业务共创更关注的是数据能力，并在数据能力的作用下实现生产协同，释放更大的数据收益。到了高级阶段，数据资产价值的最终释放、指数级增长效应，来自市场化配置方法中的数据资源合规、高效、广泛流通与利用，形成多场景的融合创新与价值共识。数据资产脱离了成本和收益估值，而从市场中获得价值支撑，在资本化创新中实现叠加倍增效应。

共识是数据价值的主要来源，其底层逻辑依然是数据利用承载的价值信息提高了全要素生产率，强化资本、劳动和土地等传统要素的协作性，并在生产经营、社会生活中发挥了重要的驱动作用，提高了微观运行效率，因而具有了可预见的共识期待，成就数据资产无限释放的价值路径。图 11-7 展示了数据资产在"数据空间＋"作用下的数据资产∞三阶价值模型，充分诠释了数据价值循环释放的逻辑。

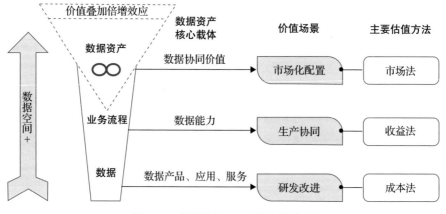

图 11-7　数据资产∞三阶价值模型

数据资产价值的实现是数据空间建设和发展的重要目标。而数据空间作为新的技术 – 经济范式，与传统产业、经济形式的融合、整合、改造、重塑形成的"数据空间 +"，则将在更大范围内释放数据价值，构建以数据资产为核心的新模式、新业态以及新经济高质量发展态势。

11.2 数据空间新业态

11.2.1 低空经济

低空经济是指在低空空域范围内，以科技创新为引领，以数据和算力资源为支撑，以各种有人驾驶和无人驾驶航空器的各类低空飞行活动为牵引，进行相关航空器的研发、生产和应用，并广泛带动低空飞行活动与飞行应用相关的基础设施建设、飞行服务、产业应用、技术创新、安全监管等相关领域的产业融合发展的综合性经济形态。低空空域通常是指距正下方地平面垂直距离在 1000 米以内的空域，根据不同地区特点和实际需要可延伸至 3000 米。低空经济的核心是航空器依托数据与各产业的"组合式"经济形态，如"旅游 + 航空""农林 + 航空""体育 + 航空""电力 + 航空""公安 + 航空"等。

低空经济是典型的数据空间 + 新产业形态，也是新质生产力的典型代表，具有数算一体、数实融合、高效便捷、绿色低碳、产业协同等特点。随着规模不断扩大和技术持续创新，低空产业对数据处理、分析与智能决策的需求将急剧增长。无论是航空器协同研发设计还是飞行应用，都需要海量数据与计算资源的支撑，而数据空间能够为低空经济发展提供高效的数据流通通道，并加速技术创新与产业转化。在低空经济产业链中，各类型数据空间均具有重要的作用，并形成了体系化发展与协调管控的格局。如图 11-8 所示，行业、企业数据空间在低空大模型研发、飞行器设计等领域，城市数据空间在数算融合、时空智能、系统总装集成等方面，以及个人数据空间在行业应用、低空消费等场景，都能相互协调、融合，为低空经济产业链上中下游提供创新发展的坚实底座。

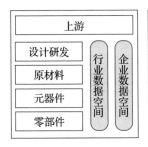
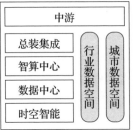
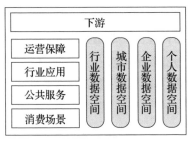

图 11-8 数据空间＋低空经济产业链

在低空飞行活动及各类应用中，数据至关重要，为精准导航和创新发展提供了核心驱动力。气象数据与地理空间数据可以融合应用于航线规划与飞行调度，物流数据、企业数据与公共数据可融合应用于低空物流的"干支末"精准投送。从产业链看，数据是串联环节的纽带。在研发制造环节，飞行测试与零部件性能数据可用于优化产品设计。在运营环节，数据可用于任务调度、资源分配与客户服务提升。在整个过程中，算力中心作为强大的计算设施基础，负责海量数据汇算，以形成低空数算空间。这一空间不仅可以优化资源配置、提升运营效率、创新业务模式，还能实现低空经济的智能化、高效化发展。低空数算空间示意如图 11-9 所示。

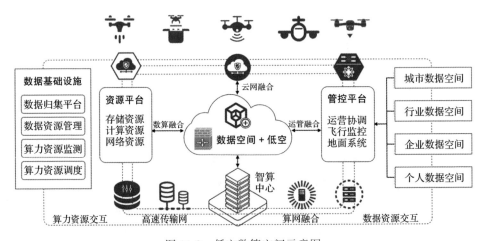

图 11-9 低空数算空间示意图

数据要素是整个低空数算空间的核心资源，通过数据空间的数据接入、多场景数据资源整合与多层次数据应用挖掘，尤其是实时接入低空经济运行过程中产生的各类数据，为加速创新、精准调度和行业应用提供了有力支持。数据空间＋低空经济的融合形成的低空数算空间高度聚焦"零时延""超快速""高通量"的数据计算与传输功能，确保低空产业在飞行应用、经济赋能过程中的一致性、安全性和可控性。

低空数算空间作为低空经济领域通过数据空间技术手段和运营管理进行数据汇聚、分析与应用的融合创新业态，通过打造多场景数据融合、多主体协同创新、多源异构数据供需对接、多维度应用展示等能力，孵化了低空物流、低空消费、智慧应急、智慧巡检、智慧城管等全新应用场景，推动产业生态的跃升。尤其是低空大模型的应用，正是基于数据空间数算一体化运营在低空产业的实践。低空数据空间的 AI 智算平台集成了可靠、高效的时空 AI 算法，能够利用 GIS 数据、城市 CIM/BIM 模型进行三维建模、三维空间分析、二维影像／视频分析并实时输出精准结果。

"数据空间＋低空"模式不仅仅是数据应用场景的创新，更是多类型数据空间综合应用与多场景融合形成新业态发展的一种组织形式，其核心是低空数算空间的构建。智算中心以及通算、超算、边缘计算等，共同形成计算资源底座，通过高速网打通各类数据应用平台与管控平台，并依托数据基础设施与各类型数据空间实现互联互通。在这一生态内，低空数算空间高度集中地为低空产业发展提供数据加工与计算服务，支撑低空产业发展和行业应用拓展。

11.2.2 元宇宙数据空间

数据空间是一种数据应用生态，通过资源使用合约、隐私计算、区块链等技术优化履约机制，形成共识并构建一套完整的体系。这与元宇宙的特征高度一致。元宇宙作为数字空间，应建立在可信数据空间的基础上，借助数据高效流通和多元技术融合，构建现实世界的虚拟映射，进而驱动现实世界的发展。在这一过程中，数据空间起到基础支撑和桥梁牵引作用，如图 11-10 所示。

元宇宙数据空间是基于数字技术构建的虚拟世界，其基础是各类数据资源。元宇宙可以被划分为纯数字化世界、数字孪生世界、虚实互构世界和虚实协同世界等阶段性形态，对应数据空间发展的成熟阶段。元宇宙数据空间是数据空间的一种应用形态，是建立在数据空间互联互通网络上的虚拟化集成应用。在元宇宙数据空间中，数据的维度将更加丰富且数据量将更为庞大，这使得处理元宇宙数据所需的算力面临着更严苛的要求。元宇宙中的大数据特征包括数据量更大且维度更多、数据更精细化且直观化、数据引入智能合约具备价值属性等。

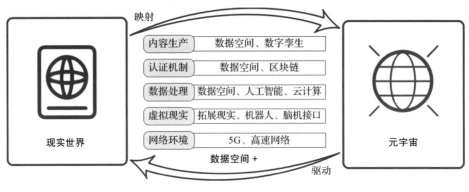

图 11-10　数据空间＋元宇宙关系图

元宇宙中的数据与数据空间数据的一个重要区别在于，数据空间数据来自业务并应用于场景，更具真实世界的"物理属性"。而元宇宙的数据是以视觉交互数据为核心，并通过数据交互构建虚拟世界，更具"虚拟属性"，这导致元宇宙中的数据量和维度都有所增加。元宇宙是数据空间应用形态之一，但又具有广阔的场景空间，更加贴近人类的感受和直观体验。在元宇宙的经济体系中，数据发挥着重要作用。通过收集和分析经济交易数据，可以建立公平、透明的经济规则和激励机制，促进元宇宙经济的健康发展。而智能合约的引入使得数据具备了价值属性，并得以通过激励、分配等形式驱动元宇宙产业发展。而这些过程都可通过数据空间建设来实现。

元宇宙作为一个融合了虚拟现实（VR）、增强现实（AR）、区块链和人工智能等多种前沿技术的数字空间，被视为未来互联网发展的新趋势。而当前，元宇宙的发展进入了"冷静期"，逐渐转向精细化和有针对性的应用领域，并有可能被数据空间应用所"吸收"，成为"数据空间＋"的一个重要业态。除了数据空间完整形态的数据应用和多场景服务外，元宇宙还增加了新型体验，交互方式更加丰富，包括视觉、听觉、触觉等多模态交互，从而带来新的数据形态。元宇宙数据空间的发展将进一步推动数字经济向更高层次的虚实融合和智能化方向发展。

11.2.3　数字消费空间

随着数据空间技术的广泛应用以及生态网络的规模扩张，数据空间不仅被作为数据流通可信环境，还成为各类交易、消费与服务的新型数字消费空间。

目前，网络购物、在线教育、在线文娱、网络游戏、数字金融等新业态、新模式已经广泛应用，直播经济、即时零售、智慧医疗、数字文旅等也逐渐融入社会生活场景，移动智能终端、智能家居、智能穿戴、自动驾驶汽车等泛智能消费新场景、新范式迅速掘起，数字消费展现出前所未有的成长潜力和发展空间。

数字消费，是指基于数字技术、应用支撑所形成的消费活动和消费方式，既包括对数智化技术、产品和服务的消费，也包括消费内容、消费渠道、消费环境的数字化与智能化，还包括线上与线下深度融合的消费新模式。依托互联网、大数据、云计算、区块链、人工智能等技术，数字消费在传统消费结构体系的基础上通过技术变革形成了数字消费空间。

我国正加大力度培育壮大新型消费，大力发展数字消费，数字消费正进入快速发展阶段，为经济增长提供"新动能"，不仅从需求端改变了人们的生活方式和消费习惯，更从供给端的产业层面催生出一系列深刻变革。而数据空间基础设施建设是推动数字消费发展的"底座"和"基石"。线上购物、在线教育、远程医疗等新型数字消费模式的涌现离不开数据空间高效流通的数据以及组合应用的数字技术。在高速、稳定、安全的可信数据空间环境下，数据实时连接、处理并形成应用产品和服务，直接匹配新型数字消费模式的需求。各类数据空间的建设，一方面为各类数据要素的积聚、流动和高效匹配创造了有利条件，另一方面也通过数据空间商业运营，促进了数字消费空间扩展，甚至催生了以数字消费空间为场景的专业数据空间。

数字消费推动企业向柔性化制造和智能化生产转型。为适应数字消费的新业态、新模式，企业积极推进数字化转型，重塑企业内部流程和生产方式。这一方面可以打破部门壁垒、加强跨部门协作，实现资源的共享和优化配置；另一方面可以实现供应链的高效协同和快速响应，全面提升对市场需求的快速响应能力和产能灵活转换能力。

此外，"数据空间 +"作为技术 – 经济范式的新形态，具有强大的整合能力和价值穿透力。低空数算空间、元宇宙数据空间与数字消费空间，在很大程度上是高度关联、相互促进的，甚至部分交叉场景是相同的、可迁移的、可复用的。例如，数字消费催生了"沉浸式、体验式、互动式"消费新场景：通过VR 和 AR 技术，消费者可在虚拟的购物环境中体验全新的购物乐趣；通过低空物流配送体系，消费者可以实时获得心仪的商品。这些场景的融合与创新升级，不断激发"新热点"、丰富"新场景"，使得"数据空间 +"成为新主流，为经济增长注入新的活力和动力。

可见，现代消费空间具有多业态融合特征，可以通过数据空间商业运营，整合各项新兴技术，采用"平台 + 生态 + 模式"的方式，引领消费升级与用户功能体验变革，如一站式体验经济、即用即付、先享后付、所见即所得等功能。而且，在消费过程中，用户还可获得数据，并通过数据空间实现数据价值，形成"消费 – 数据 – 收益 – 消费"的循环以及"数据 – 消费 – 数据"双正向多主体受益循环，从而极大地刺激经济增长。

11.3　数据空间新经济

新经济是各类新经济现象涌现、产业组织形式不断解构与重构的一种经济形态，包括新要素、新技术、新模式和新业态。它们经过更大规模的组合、发展，将进一步成为新经济形态。而这些新经济形态都与数据相关，是基于技术革命对传统模式的颠覆性创新，并产生巨大的经济效益，从而催生更多新模式，如平台经济、生态赋能、逆向垂直创新等。数据空间新经济形态框架如图 11-11所示。

新经济的新，体现在新价值方面。根据数据资产 ∞ 三阶价值模型（如图 11-7 所示），新价值基于新经济形态里衍生的新产品、新技术、新服务，形成"产品 – 数据 – 产品"内部循环。而新事物总是具有扩张性，新形态里的新模式将加速产品、数据的规模流动，从而促进价值协同、知识扩散与技能普及，进而形成"数据 – 知识 – 数据"的加速积累循环。数据的流动加速了知识传播与价值传递，形成了规模化普惠的新经济发展态势。财政资金与社会资本加大对数据空间等新型基础设施、技术设备和数字化研发的投入，以构建大平台、大生态，为更广泛的数据收集和数据要素形成提供物质基础和技术支持。数据要素的高质量积累扩大了产出规模，提高了企业生产效率和盈利能力，形成了"资本 – 数据 – 资本"的叠加倍增循环。这就是"数据资产 ∞"三阶价值模型，同时构成了数据空间 + 新经济的发展逻辑。

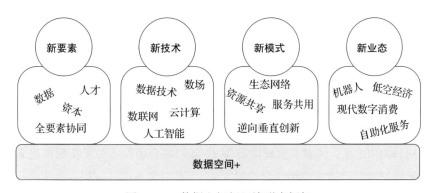

图 11-11　数据空间新经济形态框架

11.3.1　新型共享经济

共享经济是互联网时代的主流经济形态之一，它利用互联网技术将分散的资源进行优化配置，通过推动资产权属、组织形态、就业模式和消费方式的创新，提高资源利用效率，便利群众生活。随着社会需求的升级，共享经济产生了新的业态，如共享单车、共享充电宝、共享按摩椅等。然而，共享经济却常常受困于商业行为与公共服务之间的"矛盾"，很难平衡盈利与服务，甚至陷入"内卷式"竞争。正如数据空间商业模式的讨论，作为自由市场的数据空间与作为基础设施的数据空间之间，存在着商业与公共物品的平衡。数据空间商业模式并非传统共享经济或平台经济模式，不存在一方主导的局面，而是一套基于共识规则的共创共享体系，因而能够在共享经济场景中重构组织形式和商业形态，形成新型共享经济模式。

新型共享经济基于"数据资产∞"三阶价值模型重构商业模式，让所有参与者都能实现各自的价值主张，从而在价值共创机制中自适应达成价值平衡，并共享涌现价值。新型共享经济依赖于互联网、物联网、大数据、云计算、人工智能等数字技术的发展，并通过广泛的数据应用，实现资源的优化配置，进而促进参与者共享分散、闲置、未被开发的资源。在数据空间模式下进行循环利用，通过高频重复交易与高效利用，释放数据倍增价值，进而覆盖传统成本，实现普惠、共益的生态演进格局。

新型共享经济的应用场景非常丰富，涵盖了出行、住宿、教育、健康等多个领域，并且存在多种交叉形态，且都与数据空间模式高度匹配。例如，共享教育、共享医疗等模式利用数据空间的可信基础实现用户的隐私保护与数据共享流通的平衡，并通过智能合约、区块链存证、控制策略等技术支持的价值评估与收益分配机制，为贡献者提供清晰的权益保障，进一步促进共享经济的发展。目前，共享教育、共享医疗均有比较成功的实践，尤其是医疗共同体的创新。

2023年12月，国家卫生健康委等10部门联合印发《关于全面推进紧密型县域医疗卫生共同体建设的指导意见》，全面推进紧密型县域医共体建设。各地以县域医共体为平台，加快医学影像、医学检验、心电诊断等县域内资源共享中心建设，优化县域内资源整合。目前，各地已经基本形成城市公立三级医院帮扶县级医院、县级医院帮扶乡镇卫生院、乡镇帮扶村级，一级帮一级的良性互动局面。建设紧密型县域医共体的根本出发点和落脚点是建立更加公平可及、多层次、系统连续的医疗卫生服务体系，让人民群众获得更高质量、更加便捷、更为经济的医疗卫生服务。而随着数据空间技术的应用，医共体数据空间将进一步优化紧密型互动局面，建立数据流通共享、价值共创的新型共享机制。

在新经济扩张发展过程中，数据空间基于资源共享、服务共用，将进一步驱动共享经济的演化，尤其是提升无人经济、平台经济和无接触经济的发展水平。与共享经济模式相似，这些业态也都高度依赖数字平台、数据共享及网络效应，通过资源优化提升用户体验、扩大消费、加速经济增长。它们在技术与业务方面存在交叉，但又各有侧重，详见表11-3。

表 11-3　共享经济、无人经济、平台经济、无接触经济关系表

特征	共享经济	无人经济	平台经济	无接触经济
定义	利用互联网整合、分享闲置资源	利用技术代替人工,实现自动化	依托平台进行交易的商业模式	通过网络实现非接触式交易和服务
核心	资源优化配置和利用	技术自动化和降本增效	交易撮合和平台服务	非接触性和安全性
技术依托	互联网、大数据	人工智能、物联网、大数据	互联网、数据分析	互联网、移动通信技术
典型例子	共享单车、共享充电宝	无人超市、无人工厂	淘宝、拼多多	远程办公、在线教育、无感就医
交易方式	直接连接资源所有者和需求者	通过技术自动化实现交易	平台作为中介撮合交易	网络交易,减少物理接触
资源利用	提高闲置资源使用率	提高生产和服务效率	聚合资源和服务	减少物理资源消耗
用户互动	强调社区和共享精神	减少用户与服务提供者的直接互动	用户与平台的互动	减少用户间的物理互动
经济影响	促进资源再分配和消费模式变革	提升生产效率和降低成本	改变传统供应链和价值链	提高便利性和交易效率
社会影响	增强社区联系和资源共享意识	改变就业结构和工作方式	促进全球化贸易和市场扩张	提高社会运作效率和安全性
挑战	资源管理、信任和安全问题	技术成熟度、就业问题	平台监管和市场垄断	技术依赖和隐私保护

可见,共享经济强调资源的共享和优化配置,无人经济侧重于技术自动化和降本增效,平台经济依赖于平台的交易撮合和服务,而无接触经济则侧重于非接触性和安全性。各种模式均可依托数据空间技术,优化资源配置,提升发展效率,有效整合数据资源、产业资源与市场资源,提高全社会资源配置效率,并有效拓宽企业发展空间,倒逼创新,刺激消费。

11.3.2　规模经济

用远低于市场价的优惠价快速"吸粉""圈人",再在有稳定用户群、形成规模效应后涨价,这一直是各类互联网新经济抢占赛道时的常用打法。这种打法实质上很难构建成本可控、效益最大化的规模经济,更无法内化规模效应,

很容易陷入成本怪圈。

而数据空间的生态发展以及规模化，始终以价值共创为核心，驱动数据潜在价值的无限释放。数据要素具有显著的非竞争性和零边际成本特征，其供给侧与需求侧协同的自强化机制使数据要素具有显著的递增规模收益和增长倍增效应。数据要素通过促进企业高质量决策、增进市场有效性、提升多要素合成效率、驱动高效率创新和实现良好公共治理来促进经济高质量增长，具有强大的内生增长动力，能克服和改变互联网时代"内卷式"的规模化竞争。

规模经济是指在一特定时期内，企业产品绝对量增加时，其单位成本下降，即扩大经营规模可以降低平均成本，从而提高利润水平。数据空间具有全业态、全场景赋能能力，并依托数据要素的属性特征形成动力价值，促进规模报酬递增。在反复的资源共享、服务共用过程中，促进数据要素规模化流通共享使用，比如通过协同上下游企业开放共享高质量数据资源、促进产业链端到端数据流通共享利用，实现数据资源跨域共享、数据产品和服务协同复用、数据产业生态互促共进。这不仅消除了信任障碍，还大幅降低了交易成本。

很明显，数据空间能够整合各类共享经济新业态、新场景和新技术，构建跨空间、跨域的数据产品和服务交流共享，快速形成规模效应。通过参与各方共建、共享、共用可信数据空间来分配规模经济收入，使得良性循环持续引领规模经济增长。此外，"数据二十条"提出的数据三权分置，即数据持有权与使用权、经营权可以共享和分离，进一步促进了数据作为产品和服务的流通、交易、交换和共享，拉动供需弹性匹配，持续创造新场景、新模式、新业态，释放新动能。

规模经济实质上是标准化服务与产品的快速传播与扩散，在流通中持续对物品、知识、技能等服务资源进行重新组织与设计，快速和便捷地满足消费者的短期使用需求，进而通过高频复用、供需匹配、数据集聚，实现经济与社会价值创新的新形态。而这种新形态正是数据空间作为新的技术 – 经济范式，推动数据价值的最大化释放，并与新经济相结合的结果。

11.3.3　未来网络

未来网络是以用户为中心的新一代互联网基础设施，紧跟融合、开放、智能、可定制、软硬分离、网算存一体的技术发展趋势，通过引入新一代信息技术推动基础网络架构创新，重点解决网络海量连接、质量确定、服务可定制等关键问题，在全球范围内赋能海量数据应用、智能制造、航空航天、新能源新材料等产业发展。

在数据空间经济体系内，未来网络旨在构建"域内智能管控、域间安全扩展、虚实孪生融合"的大网级网络操作系统，支撑可扩展、多场景、数智化的数据空间应用。未来网络具备高速人机物应用互联能力、确定性数据传输能力、泛在算力接入能力，以及根据应用场景定制网络服务的弹性能力。随着互联网从消费型网络向生产型网络转变，加之 5G、边缘计算、软件定义网络等技术不断突破，未来网络的按需服务能力正在迅速发展。

当前，工业互联网、车联网、数联网、低空经济、元宇宙等新兴应用不断涌现，对未来网络的确定性服务质量保障提出了更高要求。我国正在推进建设高速数据传输网，实现不同终端、平台、专网之间的数据高效弹性传输和互联互通，解决数据传输能力不足、成本较高、难以互联等问题。支持基础电信运营商叠加虚拟化组网、网络协议创新和智能化任务调度等云网融合技术，形成多方快速组网和数据交换能力，支持面向数据传输任务的弹性带宽和多量纲计费。同时，推动传统网络设施优化升级，有序推进 5G 网络向 5G-A 升级演进，全面推进 6G 网络技术研发创新。在东、中、西部地区均衡布局国际通信出入口局，加快扩展国际海缆、陆缆信息通道方向，建设时延确定、带宽稳定保障、传输质量可靠的确定性网络。布局"天地一体"的卫星互联网。这些举措旨在为数据空间发展构建泛在灵活接入、高速可靠传输、动态弹性调度的数据高速传输网络支撑。

如图 11-12 所示，数据空间的核心在于"数据平面 – 控制平面 – 服务平面"之间的联动，未来网络则重点关注可编程端到端确定性网络、大网级网络操作系统、多云智能无损互联等关键技术，保障数据空间的泛在连接与数据的高效流通。

数据空间经济的发展与创新，是围绕"数据、算力、大模型"拓展多场景应用而实现的，对网络基础设施具有较高要求。未来网络逐步迈向高通量和智能互联时代，智能逐渐成为网络内生能力。在此背景下，依托可编程端到端确定性网络、大网级网络操作系统等技术，突破以物理硬件为主的传统网络发展模式，构建以数据需求驱动的"服务生成式"新型网络体系结构，是未来网络发展的必然趋势。

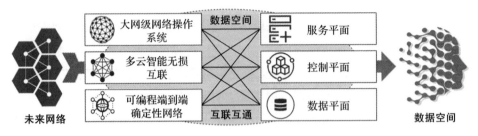

图 11-12 数据空间与未来网络关系图

我国计划在 2028 年建成广泛互联、资源集聚、生态繁荣、价值共创、治理有序的可信数据空间网络，建设人机物、全时空、智能化的数据空间网络基础设施，以支撑丰富多样的应用场景。而高效、弹性的传输网络可为数字金融、智慧医疗、交通物流、大模型训练和推理等核心场景的数据传输流动提供高速、稳定的服务。数据空间在高效、弹性传输网络的支撑下，能够显著提升数据交换性能，降低数据传输成本，为数据大规模共享流通提供高质量通道。利用未来网络，数据空间通过异构设备时隙对齐、网算存一体化数据面映射等策略，构建可编程端到端确定性网络，实现互联网从"尽力而为"到"确保所需"的跨越，打造我国"数据空间网络高铁"，并基于机器学习和大模型进行网络状态评估和行为决策，提升大规模网络协同治理能力，构建我国自主可控的"数据空间生态大脑"。

未来网络发展是数据空间成为广泛应用生态、吸收整合数字经济新业态的根本前提，而在数字经济场景内，数据空间将持续整合未来网络，增强对新经济的驱动力和创新力。在某种意义上讲，数据空间网络本身就是未来网络，数据空间经济也就是未来网络经济。

第 12 章 | C H A P T E R

数据空间可持续发展

本章聚焦数据空间的未来发展趋势及其可持续发展的基础构建，以全球一体化数据空间、绿色数据空间以及数据空间创新扩散等新视角介绍数据空间网络化、生态化、普惠化、便利化的发展趋势。

作为未来网络化发展的数据空间，首先是一项数据利用基础设施，同时也是数据利用生态，而作为基础设施的数据空间具有适应性和便利性，与数据空间广泛互联的扩张性与连接性，共同构成了可持续发展的内在动力。尤其是在数字中国、数字经济、数字社会协同发展的背景下，全球一体化数据空间将基于"中国方案"逐步形成，并同步构建数据空间的可持续发展框架。

数据向善、创新伦理以及数字化绿色化的协同转型发展，能够在实践中内化于数据空间应用体系。通过数据素养框架构建，带动"数字原住民""数据公民"以及"数据专业人士"共同推动数据空间创新扩散，形成数据空间快速进入可持续发展阶段的基础，并驱动数据空间逐步成为自演进的数据生态网络。

12.1 全球一体化数据空间

数据空间作为网络空间技术体系转型的一种新形态，始终围绕"以数据为中心""以价值为导向""以生态发展为目标"，蕴含着变革性创新机遇。而且，从本质上讲，数据空间本身就是数据应用生态，具有连接、创造的内生扩张性，因而有机会参与甚至是引领下一代网络连接革命，并有望逐步演进为未来网络。

当前，我国全面推进数据空间建设，并将快速形成一批数据空间解决方案和最佳实践，构建广泛互联的数据空间网络。各种数据空间技术和系统将在数据产业的长期高质量发展中竞争与融合，最终将形成数据全域可信流通利用的全球一体化数据空间。这是宏观上的数据空间发展目标，更是数据空间生态的内在发展趋势。

首先，数据空间是一项网络互联的基础设施，目标是打造数据资源生产系统，拓宽应用场景。而场景是人类社会生活关系的映射和过程，具有分散性与融合性，这使得数据空间的应用具有复用性和扩张性。

其次，数据空间是基于"数据资产 ∞"理念构建的系统之系统（System of Systems），具有强大的技术整合力，吸收数字基础设施和数据基础设施，连接一切、重塑一切，并通过正向循环释放数据叠加倍增价值。这种循环效应是没有区域和国界限制的。

最后，数据空间作为复杂系统，却基于简单逻辑以及简单技术和组件（如使用控制、连接器）进行构建。在标准化接入技术统一之后，能够实现生态互联的连锁反应以及价值释放的飞轮效应。

在行为模式改变、价值共识形成、最佳实践普及的情况下，数据空间以场景创新、价值共创为着力点，成为培育全球化数据产业生态的重要土壤，吸引了数据资源、技术、服务、应用、安全、基础设施等各类数据企业参与其中。通过打造价值释放的数据产业集群，助力形成包含数字中国、数字经济、数字社会以及数字空间的全球一体化数据空间，如图 12-1 所示。

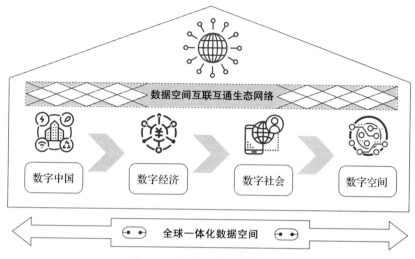

图 12-1　全球一体化数据空间

　　数字中国建设按照"2522"的整体框架进行全面布局，即夯实数字基础设施和数据资源体系"两大基础"，推进数字技术与经济、政治、文化、社会、生态文明建设"五位一体"深度融合，强化数字技术创新体系和数字安全屏障"两大能力"，优化数字化发展国内国际"两个环境"。可见，数字中国已经成为一项超越国界的战略，正在引导和驱动企业以"走出去""出海""跨境"等方式加强全球连接，为世界经济的复苏和增长注入了澎湃动能，同时推动数字领域国际合作的广度和深度不断拓展。此外，我国也在大力发展数字经济。数字经济的开放性和全球化特征又使得企业可以更加方便地获取全球的创新资源，推动开放创新的实现。此外，数字经济的高质量发展催生出大量新需求，这些需求反过来又推动技术不断创新，形成一个体系化的数字社会。从根本上讲，数字社会本就是一个互联网络，通过数字技术将物理世界映射和延伸到数字世界，从而形成数字空间。从数字中国到数字空间，数据始终发挥着核心要素驱动作用。数据依托数字技术改造物理空间、网络空间，并在数据空间内高效流通、共享、开发利用，形成一个价值持续释放的内在连接网络生态，使得人类社会进阶到数字空间社会，实现数据网络化支撑的多场景普遍应用，最终形成全球一体化的数据空间格局。

　　我国正以数据空间形式高维建构动态的数据资源生产系统，锚定高质量数据资产标的，引领全球数据生态发展路径，探寻贯穿于不同类型复杂系统的一致性、一般性和普遍性理论以及相关基本规则，打破边界，扩展数字中国、数字经济、数字社会、数字空间的普适逻辑，重塑网络化"信息高速公路"，形成全球化"数据空间网络高铁"，最终构建全球一体化数据空间生态网络，如图 12-2 所示。

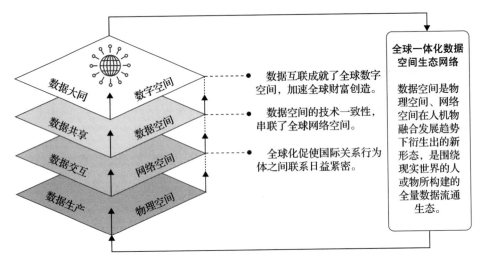

图 12-2　全球一体化数据空间生态网络

在数据空间全面建设发展的过程中，以下多项举措共同构成了推动全球一体化数据空间生态网络构建的重要内容。

- 建立对话合作机制：依托中欧、二十国集团、金砖国家、上海合作组织等多边框架，探索建立可信数据空间对话合作机制，形成发展共识。
- 参与国际标准化活动：积极参与国际标准化组织（ISO）、国际电信联盟（ITU）、国际电工协会（IEC）等标准化组织活动，加强标准国际协调，牵头或参与制定相关国际标准，推动我国可信数据空间技术标准、运营规则和认证体系的全球适用。
- 推动国际合作示范项目建设：面向"一带一路"等区域合作平台，推动可信数据空间国际合作示范项目建设，探索国内外数据空间互联互通。
- 促进数据跨境流动机制：建立高效、便利、安全的数据跨境流动机制，支持自由贸易试验区出台实施数据出境管理清单（负面清单），构建数据跨境传递监、存证备案、出境管控等能力体系，降低企业数据跨境成本和合规风险。

- 凝聚国际共识：开展与数据空间领域相关国际组织、协会联盟和企业间的多层次交流，围绕数据空间的技术标准、运营规则和实践落地等话题建立常态化的对话合作机制，不断凝聚国际共识。
- 探索数据空间互联互通：通过国际合作，探索数据空间互联互通，促进数据资源的全球流通和利用。
- 促进数据资源开发合作：数据空间已经成为欧盟、日本、美国、韩国等国家和地区开展国际交流合作的重要途径。我国也将以跨境数据空间为主要形式，加强国际范围内可信数据空间共性场景和共性服务的推广，形成数据资源开发的国际合作机制。通过资源共享、服务共用等形式大力推动我国可信数据空间技术标准、运营规则和认证体系在全球范围内的一致性应用以及相关标准互认。

这些举措共同彰显了我国体制机制优势下数据空间建设的影响力扩张，充分说明了数据空间在促进国际数据共享、加强数据安全保护、推动数字经济发展等方面的重要性，同时也体现了我国在推动全球数据空间建设和发展中的积极作用和贡献以及坚定决心，为数据空间的全面可持续发展提供了有力支持。

图 12-3 展示了数据空间可持续发展框架。在这个框架中，全球一体化数据空间作为数据空间生态网络的最高形态，与绿色数据空间和五类数据空间在不同维度上相互交叉，共同构成了最佳实践模式。它们均以海量数据资源和丰富的应用场景为基础，依托数据基础设施，通过提高全民数据素养来推动数字中国、数字经济、数字社会的高质量发展，最终实现超高效能的数字空间形态。

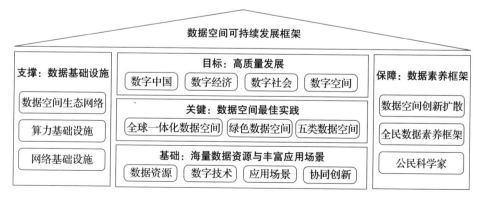

图 12-3　数据空间可持续发展框架

12.2 绿色数据空间

12.2.1 数据向善

"数据向善"指的是个人和企业机构跨越组织架构界限，利用数据和数据洞察造福社会。数据的使用可以发生在数据共享、分析与商业智能背景下，或者在更为复杂的数据科学和机器学习用例中，但其使用目的均应围绕社会影响。而这种社会影响始终是正向、积极、可持续的，因而，基于"数据向善"的数据空间，也称为"绿色数据空间"。

在数据空间建设发展初期，我国将坚持"以企业为主体、市场为导向、政府搭台子"的原则，快速推进数据空间试点，打造一批数据资源丰富、商业模式成熟、经济价值明显的标杆项目，发挥示范带动作用，并配套急用标准、共性标准。同时，着力培育一批高水平数据空间运营商，以确保数据空间应用快速成为数字经济高质量发展的普遍范式，成为数据价值共创的应用生态。而这个过程，将主要由政府引导，支持数据空间运营者降低可信数据空间建设和应用的门槛，提供普惠便利的数据服务，突出数据空间"共益""向善""普惠""便利"的属性，以保持数据空间应用扩展和生态扩张的活力。

在我国监管框架的影响下，利用数据实现社会公益也可视为企业的发展目标之一。数据向善与企业的营利目标不仅不相悖，而且是企业未来行动中不可或缺的一部分。例如，公共数据的授权运营、开放共享，使得企业获取数据的成本大大降低。而数据空间的快速建设与跨领域、跨层级、跨行业的多场景应用，则弱化了数据的商业属性，却又在高频复用过程中增强了数据价值动力。尤其在数据空间发展初期，初级数据产品以及数据空间本身都具有明显的利他属性，数据的价值螺旋在 DIKW 模型阶段更关注业务，而随着倍增效应凸显，数据向善的特征也通过收益的多次分配而成为主流趋势。特别是那些既提供数据又使用数据的机构，最能发挥数据向善的优势，因为这些机构始终关注数据作为要素的价值及其对业务和可持续发展的赋能。

12.2.2 数据空间创新伦理

数据空间的发展动力主要来自协同创新，推动数据要素与生产工艺、行业知识、传统要素的深度融合创新，促进传统行业效率提升、流程再造、组织重塑，将数据产业创新力转化为现实生产力。未来可能会出现多种形态的开放组织，但有竞争力的组织形态必然与其数据汇聚和交互能力相匹配。数据驱动的创新不仅能够揭示海量数据间的复杂关系，洞察颗粒化场景并赋能，而且能够推进和深化理论机制的多样化探索路径，甚至带来新能力的动态涌现。这种以数据空间作为载体的新型创新模式将成为数字经济高质量发展的重要"技术 – 经济"范式和路径。

在创新与价值追逐的过程中，人们对算法、模型、隐秘数据的伦理担忧和顾虑，因为数据空间的共识机制与多方参与格局而自然消解。在数据空间内，人人都是数据主体、人人都是权益守护者、人人都是伦理倡导者，在价值涌现的同时又秉承数据向善，在价值共创的同时又共享合理收益，这与传统技术革新带来的单向价值流动有实质性的区别。

当然，在数据空间应用发展的过程中，单个数据空间的商业属性以及其独特性也可能导致创新发展的封闭性。因而，数据空间的动态合规监测与发展监管也很有必要。各类型数据空间的可持续发展，在统一标准的约束中，遵循共同的伦理原则，形成广泛的公众参与态势，又通过数据空间透明度管理，保障用户的知情权与数据自主权，保持长久有效的创新活力。

这些伦理原则主要包括：

- 数据向善原则：即"行善"原则，强调数据和技术应该被用来解决经济社会问题和发展问题，并倡导负责任地使用数据，关注数据道德和隐私问题，确保数据的使用不仅在技术上可行，而且在道德和法律上也是正当的。在数据空间中，数据向善原则更强调普惠性与便利化，确保数据空间应用创新惠及更广泛的社会群体。

- 权责一致性原则：该原则要求数据空间运营者以及核心参与方在处理和使用数据过程中，必须有所担当地保障数据权益，并遵守相应规范、制度与规则，以及在出现违反既定规则或导致数据泄露、滥用时承担相应的法律责任。而数据空间用户，在共享数据、使用数据的过程中，也同样需要遵守数据空间治理机制、运营规则和管理规范，通过持续交互行为推动应用创新，并确保伦理稳定。

- 数据自主性原则：数据自主性原则强调数据主体对其数据拥有控制权并有权基于数据享有价值主张。其中，控制权包括知情同意、访问、更正、删除等积极和消极权能，价值权益则包括数据使用权、收益权和经营权等。这一原则一方面要求数据空间参与各方在处理数据尤其是个人数据时，必须尊重数据主体的意愿和选择，保护其隐私和个人信息；另一方面，要根据贡献原则以及数据空间的商业模式、收益分配规则，保障数据主体的数据权益。

- 负责任的开放创新原则：这一原则鼓励在确保数据安全和隐私的前提下，开放数据资源以促进创新。它强调在数据共享和开放过程中，应采取适当的技术和管理措施，以防止数据滥用和保护数据安全。数据空间具有普遍参与的开放特征，同时又基于业务协同、价值共创而持续创新，这种开放创新同时也要将伦理考量纳入其中，确保技术进步不仅仅追求经济效益，更要在尊重人类价值观、社会规范和环境保护的前提下开展创新。

- 可持续发展原则：可持续发展原则要求数据的处理和使用应考虑长远影响，不仅满足当前需求，还要考虑到未来生态演进的长期利益。这包括数据质量管理、数据应用场景保护以及更宏观的社会公正和经济发展等多方面的考量，确保数据活动的负面影响最小化。这一原则在我国"集中力量办大事"的体制内显得尤其重要。数据空间作为未来网络的雏形，在大规模快速发展的同时，应当充分考虑其范式属性及潜在动力，不仅要快速形成数据高效合规利用格局，还要注重数据空间成熟阶段广泛互联的生态自演进能力构建。

以上这些原则共同构成了数据空间伦理的框架，指导着数据空间技术、系统和应用的创新发展，确保技术进步能够为社会带来积极的影响，同时保护个人和社会的利益。而其他数据伦理规则包括透明度、问责制、公平性、隐私保护、数据安全、数据最小化等，均已内置于数据空间的使用控制、共识规则和治理机制中，构成了数据空间的数据伦理治理基础优势和发展底座。

践行伦理原则，是在数据空间应用的同时植入具体工作中的日常行为。在创新的过程中，需要同步开发伦理敏感技术，如隐私保护设计、数据最小化原则和用户同意管理，确保技术开发和应用不违反伦理标准。也就是说，这些伦理规则实际上构成了数据空间规范治理的前提，应深化应用到数据空间的使用控制策略与各类协议中。例如，数据加密和访问控制为数据安全提供保障，降低数据泄露风险，实施细粒度的访问控制策略，能够确保只有授权用户才能访问敏感信息。而定义数据空间中数据处理的伦理规范，可以有效防范不正当处理数据的风险，并实时动态监管、度量、监控和调整空间伦理准则。通过"内置"的伦理规范，如"建构性技术评估""实时性技术评估""预期性治理""敏捷治理"等，数据空间在构建全国一体化数据市场的同时，能够保护数据权益，增强数据供给意愿，促进数据跨主体、跨行业、跨领域互联互通，形成可持续发展的多方互信数据流通环境，推动整个数据生态系统的创新和增值。

12.2.3　数字化绿色化协同转型发展

随着数据空间应用的普及，其跨领域赋能将呈现多领域覆盖加速、全产业链协同提升、多环节应用丰富等趋势。而且，在数据向善、创新伦理的作用下，伴随算力、算法技术底座的不断夯实，数据资源充分开发利用，数据空间一方面促进各行各业数字化转型升级，另一方面也进一步释放"绿色"属性，实现经济社会发展与协同降本增效的双赢。

数字化和绿色化是全球经济社会转型发展的重要趋势。数据空间机制隐含着一个数字化赋能和绿色牵引的框架，始终把握数字化和绿色化的耦合协调关系，利用数据实现企业内外的跨功能和跨组织合作。而且，数据空间广泛采用智能技术，包括自动化数据标识技术、语义发现技术、元数据智能识别技术等，并面向多场景应用推行统一的一致性技术应用和架构，确保标准化数据的无缝衔接和有效的分析利用。这也就降低了数据空间的建设成本以及数据交易成本，凸显了应用的绿色属性。

显然，数据空间的实践有利于加快数字化绿色化协同转型发展（即"双化协同"），而数字化绿色化协同又是数据空间可持续发展的"底色"，数据空间应用就是产业数字化智能化同绿色化深度融合的过程。尤其是在绿色场景行业，如电力系统、工农业生产、交通运输、建筑建设运行以及钢铁、有色、石化、化工、建材、造纸、印染等传统污染型行业，数据空间更是充分融合了人工智能、大数据、云计算、工业互联网等技术，通过流程优化、数据分析应用等手段，实现数字技术赋能绿色转型。数据空间在自身可持续发展的过程中，还重点围绕特定场景推动双化协同，进而实现数字中国、数字经济、数字社会高质量发展、绿色发展以及全面转型，如图 12-4 所示。

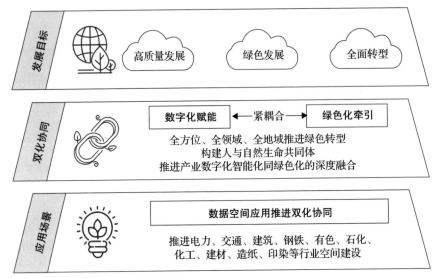

图 12-4　数据空间促进双化协同转型发展

绿色数据空间，除了有利于特定应用场景（如产品数字护照、能碳协同、绿色金融等应用创新）的双化协同转型发展，还意味着数据空间本身就是"绿色的"。数据空间的绿色属性主要体现在以下三个主要方面。

- 数据不是石油：在数据空间内，数据与石油不同，它是一种可再生资源，可以被无限次使用而不会耗尽。石油作为非可再生资源，其使用和消耗会导致资源枯竭。数据的这一特性意味着它可以在不损害原有资源的情况下被多次分析和利用，从而为社会和经济发展提供持续的动力。这一点在数字化绿色化协同转型中尤为重要，因为它强调了数据的可持续利用和对环境影响的最小化。

- 数据是天然绿色的：数据的生产本身不消耗物理资源，其流通和使用过程相对于传统工业活动来说更加环保。数字化转型通过提高效率和优化资源配置，有助于减少能源消耗和废物产生。例如，在工业数据空间领域，依托历史积累的工艺大数据、能耗大数据，形成"能效优化机理模型"，助力制造业节能降碳、降本增效。此外，数据的分析和应用可以推动绿色技术的发展，如通过数据分析优化能源使用，促进可再生能源的利用，从而实现环境效益的提升。再者，数据空间的数据应用和发展也推动了共享经济、规模经济、循环经济等绿色经济新形态创新，形成数据空间的绿色属性。

- 协同是数据空间价值创造的主要形式：数字化和绿色化不是孤立发展的，而是需要深度融合和协同。这种协同体现在多个层面，包括技术、产业、政策等。数字化技术赋能绿色低碳领域，覆盖多领域并提升全产业链的协同效率。例如，通过大数据资源的积累和人工智能大模型与传统产业的融合，推动产业双化协同转型，实现经济社会发展与减排的双赢。在区域层面，各地区根据自身特点，探索双化协同的新实践，如可再生能源富集地区发展新能源产业并提升数字化水平，重工业地区聚焦产业绿色转型升级，并发挥数字技术的赋能作用。这种协同不仅提升了数据的价值，也是实现可持续发展的关键路径。

综上所述，数字化绿色化协同转型发展强调数据的可持续利用、环境友好性以及跨领域合作的重要性，这些都是数据空间可持续发展的重要内容，同时也是实现经济社会发展与环境保护双重目标的关键因素。

12.3 全民数据素养框架

当前，全球经济数字化转型不断加速，数字技术深刻改变着人类的思维、生活、生产、学习方式，推动世界政治格局、经济格局、科技格局、文化格局、安全格局深度变革，全民数字素养与技能日益成为国际竞争力和软实力的关键指标。全球主要国家和地区把提升国民数字素养与技能作为谋求竞争新优势的战略方向，纷纷出台战略规划，开展面向国民的数字技能培训，提升人力资本水平。

中央网信办、教育部、工业和信息化部、人力资源社会保障部联合印发的《2024 年提升全民数字素养与技能工作要点》提出，数字素养与技能是数字社会公民学习工作生活应具备的数字获取、制作、使用、评价、交互、分享、创新、安全保障、伦理道德等一系列素质与能力的集合。同时强调，提升全民数字素养与技能，是顺应数字时代要求、提升国民素质、促进人的全面发展的战略任务，是实现从网络大国迈向网络强国的必由之路，也是弥合数字鸿沟、促进共同富裕的关键举措。数据空间生态扩张过程中的数据来源、数据用户以及最终受益者，都与广大社会公民息息相关，而提升公民的数字素养和数字技能，更是数据空间可持续发展的重要基础。

12.3.1 公民科学家

公民参与科学已经由 20 世纪中叶的概念讨论发展为成熟的科学活动。公民科学也称为社区科学、群体科学、众包科学，或者业余（或非专业）科学家进行的科学研究。公民科学有时被描述为"公民参与科学研究""参与式监测"和"参与行动研究"。这些参与科学的公民，为研究人员提供试验性数据和设施，提出他们自己的新问题，共同创造一种新的科学文化。公民科学可以由个人、团队或志愿者通过网络完成，而这些参与促进科学技术发展与创新的社会公民，就被称为"公民科学家"，他们经常与专业科学家合作以达成共同的目标。

随着数据空间的广泛应用，数据交互将成为工作、生活与社会交往的常态，公民科学家也将深入参与数据空间的生态建设与可持续发展。一方面，数据空间通过持续供应多场景服务和产品赋能社会公众；另一方面，社会公众作为典型的数据空间用户自身也产生可靠的数据，驱动数据空间持续创新、演进。而在这个交互过程中，数字经济也得到迅速增长，进而形成良性生态格局，数据空间与公民科学家的关系如图 12-5 所示。

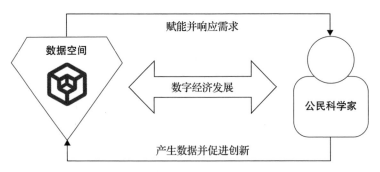

图 12-5 数据空间与公民科学家的关系

数字时代，每个人都是"数据原住民"，而且随着各类易用、亲民的技术不断普及，数字鸿沟正在逐渐缩小。大多数人从小就接触和使用数字技术以及互联网，对新技术有天生的适应性和熟练度，能够无缝融入数字化环境。大量的数据公民在数字化环境中沟通、工作、生活、学习和娱乐，既是数据消费者，也是数据生产者，更是数据传播者。通过贡献数据、反馈数据问题形成数据投入，同时也享受数字经济增长带来的红利。

然而，尽管数据的重要性已获得广泛共识，每个数据主体都高度重视数据价值、主动将数据保存起来，部分高阶数据公民开始利用数据进行分析并支持判断、决策。企业也加大数据投入，将数据提取并加载到数据仓库，而且学习查找和使用数据。然而，至今仍存在数据被动消费的现象。数据的使用情况以及数据消费过程中存在的问题和改进措施，始终未能有效反馈到数据系统或数据供应链中，形成正向循环，绝大多数是数据的单向消费，而不是动态反馈。

在深入开展的数字化转型实践中，不少企业反映，在自己"能开发利用哪些数据，怎样开发利用数据"方面存在困惑，甚至感觉束手束脚，有数不敢用，或者不知道怎么用。这些问题对企业创新产生了较大影响。大多数企业都未能有效建立数据文化、创建数据驱动型组织并将数据视为核心资产进行有效管理，更不知道从哪里开始入手布局，通过数据和分析来获得竞争优势。而且，面对持续增加的数据成本以及数据孤岛现象，许多企业常常束手无策。

2023 年，我国数据生产总量约为 32.85ZB（泽字节），但仅有 2.9% 的数据被保存，企业超过一年未使用的数据占比近四成，大量数据一直在"沉睡"，数据要素价值尚未充分释放。而根据国际研究机构预测，数据流动量每增加 10%，将带动 GDP 增长 0.2%，数据流动对各行业利润增长的平均促进率为 10% 左右。数据空间作为典型的数据流通利用基础设施，将成为加速数据流动、快速释放数据要素价值的重要载体。具备一定数据素养基础的公民科学家也将成为数据空间驱动数据流通的重要力量。公民科学家在数据生态系统内以超细粒度形态相互依赖、相互作用，能够深刻理解"好的"数据和实用数据技能的价值。随着数据空间可信基础的构建，公民科学家无须顾虑数据的负面效应，可以通过广泛参与充分释放每个个体的创新创造潜能，并利用数据空间系统理解数据连接和激励机制，用"绵薄之力"汇聚成"海川之势"，推进数据空间生态的发展。

公民科学家的基本素养包括识别可信数据、可信系统，充分理解系统的数据能力，判断数据请求的合理性，并将硬件、软件、流程、人员和数据组合起来——成为数据空间运行的生态基础。公民科学家通过数据空间系统和易用技术，塑造"数据科学家""数据权益主体"的固有角色。而在数据空间广泛应用之前，数据管理者普遍认为只有在建立新数据库或开发数据产品时才需要数据技能，并且习惯性认定这些数据技能难以掌握，数据素养甚至并未被视为必要的职场技能。决策者不知道他们有多需要数据专家，教育机构也未专注于培养他们。我们所看到的是一种商业化的教育方法，它关注的是行业认为需要的东西，却忽视了更全面的教育需求。例如，我们经常看到大学只提供编程课程，却忽略了基础的数据概念。由于缺乏关于数据及其管理的基础知识，学生们进入职场时往往缺乏应对数据爆炸的能力；也可能因过度关注技术，而使学生陷入"数据无能"的困境。

值得庆幸的是，技术的快速更新、普及、普惠，使得各类数据应用具有自动描述、可观测、AI 驱动、交流辅助以及数据关联和开放等特性，特别是在数据空间系统内，数据以目录形式被广泛查询、获取并多次利用。各类专业性行业数据空间（如数据素养空间、教育数据空间等）也为数据高效流通过程中的溢出效应惠及数据素养与数字技能提升提供了支持。

相对于数字素养，数据素养更侧重于个体在处理、管理和利用数据方面所具备的知识和技能，包括数据的获取、处理、分析、应用和评价等方面。数据素养的养成与提升，同样也以数字技能为基础，面向数字化环境，强化匹配度和创新力。因此，数据素养可以归纳为"数字化三力"，即适应力、胜任力、创造力，如图 12-6 所示。

数字化适应力、胜任力和创造力是数字时代个体和组织成功的关键能力。数字化适应力是指个体或组织在数字环境中迅速适应变化的能力。这种能力使个体能够有效地应对数字化转型带来的挑战，包括对新技术的接受和使用、对新工作方式的适应以及对数字化生活方式的调整。数字化适应力强调的是灵活性和学习能力，使个体能够在不断变化的数字环境中保持竞争力。数字化胜任力是指个体在数字化环境中，能够熟练运用数字工具和技术，正确理解和分析数据，并能够基于数据做出决策和解决问题的能力。它不仅包括技术技能，还强调了人们对数字信息的理解、批判性思维以及创新能力。数字化胜任力是21世纪公民在工作、就业、学习、休闲及社会参与中自信、批判和创新性地使用信息技术的能力。数字化创造力是在数字化背景下，个体、团队或组织利用或通过数字技术表现出来的创新能力。这种能力涉及设计环境、创造性艺术和学习、人机物连接互动等多个方面。数字化创造力强调利用数字技术和工具进行创新和创造性思维，以解决现实问题并创造价值。在数据素养三力模型中，适应力是基础，胜任力是核心，而创造力是素养的高级阶段，强调创新和创造性的产出。

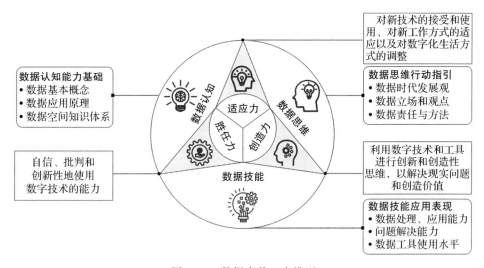

图 12-6　数据素养三力模型

数字化适应力与胜任力是构建数据认知、掌握数据概念和知识体系的基础。而数据思维则在认知的基础上进一步释放创造力，包含面向未来的时代发展观和数据能动意识。胜任力与创造力的组合，则解释了数据技能的能力源泉。数字化三力也构成了数据素养的认知、思维和技能框架基础。

12.3.2　数据素养框架模型

数字素养与数据素养虽然在某些方面有所重叠，但它们之间存在一些关键区别。数字素养关注的是个体在数字化环境中的行为和能力，是一个更广泛的概念，它不仅包括技术层面的能力，还涵盖了对数字化社会的认知和适应能力，如信息与媒介素养、交流与协作素养、数字内容创作、数据安全等。而数据素养更专注于数据层面，包括数据意识、数据技能、数据应用教育以及数据伦理与道德教育，是一种能够辩证地、科学地、正确地认识和挖掘数据价值的能力，侧重于数据的解读和应用。

2018 年，联合国教科文组织在分析总结欧盟和世界各国的数字素养框架后，最终形成了包括 7 个素养领域和 26 个具体指标的"数字素养全球框架"（详见表 12-1），可以作为构建数字素养和数据素养框架的重要参考。

表 12-1 "数字素养全球框架"明细表

素养领域（CA）	素养内容	
CA0. 硬件设备和软件操作	0.1	数字设备的硬件使用
	0.2	数字设备的软件操作
CA1. 信息和数据素养	1.1	浏览、搜索和过滤数据、信息和数字内容
	1.2	评价数据、信息和数字内容
	1.3	管理数据、信息和数字内容
CA2. 沟通与协作	2.1	通过数字技术互动
	2.2	通过数字技术分享
	2.3	通过数字技术以公民身份参与社会事务 / 服务
	2.4	通过数字技术合作
	2.5	网络礼仪
	2.6	管理数字身份
CA3. 创造数字内容	3.1	开发数字内容
	3.2	整合并重新阐述数字内容
	3.3	版权和许可证
	3.4	编程
CA4. 数字安全素养	4.1	保护数字设备
	4.2	保护个人数据和隐私
	4.3	保护健康和福利
	4.4	保护环境

（续）

素养领域（CA）	素养内容
CA5. 问题解决素养	5.1　解决技术问题
	5.2　发现需求和采取技术回应
	5.3　创造性地使用数字技术
	5.4　理解数字素养鸿沟
	5.5　计算思维
CA6. 职业相关的素养	6.1　操作某一特定领域的专业数字技术
	6.2　解释和应用某一特定领域的数据、信息和数字内容

从上述表格内容可以看出，数据素养与数字素养存在广泛的重叠，甚至在很多语境下可以相互指称替代。数据素养框架可以参照上述数字素养框架进行构建，特别是在数据空间应用的支撑下，数据素养框架主要围绕数据供应链、数据资产和数据素养的关系展开，从数据生产到数据消费，再到数据消费过程中产生新数据，形成正向反馈和循环。

由数据素养支撑形成的数据资产就像我们所需要的标准语言一样，在数据空间流通过程中实现有意义的交流和价值传递，从而也引导个人和组织变得更加"以数据为中心"。例如，开始使用基于组织业务术语表或其他类似技术的数据（元数据）来记录数据资产，形成统一目录，接入数据空间，依托数据空间系统构建数据供应链，获取价值、提升数据素养，并正向驱动数据资产持续形成和标准化，整个循环构成了数据"三明治"模型，如图 12-7 所示。

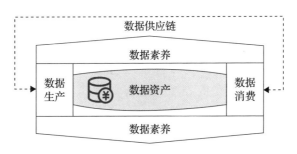

图 12-7　数据"三明治"模型

以标准数据资产为基础的数据目录服务能够有效应对当今数据的指数级

增长，显著提升数据标准的低使用率和数据素养水平，缓解各类组织面临的巨大工作量压力。因此，组织需要立即行动，投资于数据操作的规范化、标准化和可预测性。其中，建立数据素养框架以及加入数据空间，应当作为数据战略的第一步，即从混乱、无序和低效到可预测、可控、高效和可持续的发展。

在这个计划中，数据素养提升与数据空间建设是统一的、协同共进的，而且很大程度上，数据素养是数据空间可持续发展的基础。结合表 12-1 中所列的七级数字素养和图 12-6 所展示的数据素养三力，完整的数据素养框架构建应具有层次和能力关系，并相互作用形成一个矩阵。图 12-8 是一个典型的数据素养框架，主要从实践角度出发，根据能力拓展与素养提升路径进行构建。

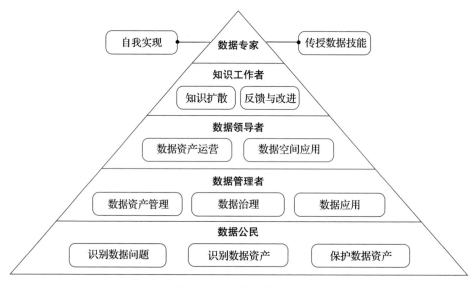

图 12-8　数据素养框架

如前所述，数字原住民是数字时代的普遍性角色，而具有数据责任意识、能够识别和发现数据问题、识别和保护数据资产并参与推动数据改进与科技创新的公民科学家构成了数据公民群体。数据公民普遍关注数据行业、数据产业的发展，并主动参与数据空间应用，贡献那些看似微不足道的颗粒数据，实质上推动了创新与发展。

在掌握基础数字技能、具备一定数据思维的情况下，部分数据公民开始参与数据管理活动，从事元数据管理、数据资产管理、数据治理以及数据应用等工作，进而成为数据管理者。数据管理者通常是数据专业人士，他们的角色标签包括数据质量监管员、数据标注工程师、数据分析师，甚至是元数据专家、数据科学家，是组织内部数据价值管理的中坚力量。

在更高阶的数据领导者层次，数据专业人士开始具备一定的战略思维，并能够组合利用多项数字技术开展数据管理活动，特别是数据价值释放的数据资产运营活动，以及可持续的数据空间应用实践。数据领导者通过积极拥抱新技术、推动自动化数据管理、推广数据空间应用，带动更多的数字原住民成为数据公民以及数据管理者。

在经验基础上，部分数据管理专业人士专门从事知识传播工作，成为数据知识工作者。他们主要负责推动知识扩散，讲授数据知识、数字技能，并将最新的知识和技能反馈到数据空间系统和组织能力矩阵中。

在框架的顶端，数据专家已经完成了从数据公民到领军人才的转变，通过提供咨询、战略管理以及数据技能传授的方式，实现数据价值释放路径的创新。数据专家所传授的是数据技能（不是数字技能），是关于数据运营、管理和价值化的方法论与经验。现在，除了一些个人经验之外，我们几乎没有什么宝贵的东西来定义"正确"的数据、人员、流程。数据专家通常不过分推崇和强调特定的数字技术，而更专注于收集和构建适合场景需求的数据，以及数据价值的释放方式与路径。数据专家也是从数字原住民中成长起来的，只是他们更关注、更擅长持续学习（Keep Learning）。

从数据公民到数据专家的框架体系中，每一位数据从业人员始终保持数据知识更新并积极主动拥抱新技术、新事物、新场景，持续对外提供新服务、新产品，创造新价值。当前，许多数据职业认证与培训计划中已建立数据素养提升课程体系，数据行业也逐渐将数据思维、数据素养作为重要的准入条件。而个人在成长过程中，持续学习以及积极参与各项专业培训和认证，则是加速融入数字经济的敏捷路径。只有深入数据、人员、流程和技术系统，才能更好地保持自我强化，加速自我实现。

12.3.3　数据空间创新扩散

数据空间创新扩散指的是作为新事物的数据空间，在特定的时间段内，以特定的方式，在社会范围内持续扩散并被采纳，最终成为最佳实践的过程。即通过一个持续构建过程，数据空间创新的意义逐渐显现，更多的人拥有数据价值获得感，更多的组织具有数据财富主导意识。

创新扩散理论（Diffusion of Innovations）是由美国学者埃弗雷特·罗杰斯（Everett M. Rogers）在20世纪60年代提出的，用来描述新观念、新技术或新产品被社会成员接受和采纳的过程。根据罗杰斯的理论，创新扩散的过程可以分为五个阶段，每个阶段都有其特点和挑战。

认知（Knowledge）：在数据空间创新应用的初期，创新者（Innovators）开始探索和认识到新技术的存在和潜力。他们通常是技术爱好者和冒险者，愿意尝试并推广新概念。例如，一些科技公司和研发机构可能成为数据空间技术的首批探索者，他们开始了解和实验这些技术的应用可能性。此外，数据空间知识体系的构建与传播以及政策驱动的数据空间建设，也扩大了创新认知的影响力和群体范围。

说服（Persuasion）：随着早期使用者（Early Adopters）的介入，他们开始对数据空间技术产生兴趣，并寻求更多信息。这些通常是行业内的意见领袖，他们的影响力开始在行业内传播，说服更多的同行和合作伙伴认识到数据空间的价值和应用前景。在这个阶段，由政府引导的先行先试数据空间具有典型示范作用，有助于带动更多数据主体参与数据空间应用项目。而数据专家以及知识工作者通过提供数据空间专业培训与认证等方式，推广数据空间技术，同时也引导早期使用者参与数据空间共研共创。

决定（Decision）：早期大众（Early Majority）在观察到早期使用者的积极反馈后，开始做出是否采纳数据空间技术的决策。这些用户更加谨慎，在看到明确的证据和案例来证明技术的可靠性和效益后，才会做出采纳的决定。因而在这个阶段中，数据空间项目的关键在于展示出清晰的商业模式和数据价值转化路径。

实施（Implementation）：随着决定阶段的完成，晚期大众（Late Majority）开始实施数据空间技术。这些用户通常在技术已经被广泛接受并证明其价值后才会采纳，他们的实施进一步推动了技术的普及和应用。同时，用户可能会遇到各种挑战，如学习如何使用新技术（如自动化数据标识技术）、调整工作流程（连接器应用）以适应新工具（元数据管理工具）等。这个阶段的成功实施对于用户满意度和持续创新至关重要。

确认（Confirmation）：最后，落后者（Laggards）在技术已经被广泛采纳并成为主流之后，开始确认并采纳数据空间技术。这些用户对新技术持保守态度，只有在技术成熟且风险极低时才会采纳。值得注意的是，这个阶段不是数据空间创新的终点，而是价值共创并实现倍增释放的起点。数据空间创新获得广泛认可，基于其作为数据价值创造的应用生态具有强大的数据价值动力及可持续发展前景，进而发展为下一代新型网络。

在整个过程中，数据空间创新应用的扩散受到多种因素的影响，包括技术的相对优势、兼容性、复杂性、可试用性和可观察性。例如，可信数据空间的建设就是一个典型的数据空间创新应用，它涉及数据资源的整合、智能化管理、数据流通效率的提升和数据价值共创等多个方面。通过创新共建共治、责权清晰、公平透明的运营机制，可信数据空间能够吸引各相关方共同挖掘数据价值，推动数据从供给端到需求端的高效匹配、融合应用和产品创新。

这五个阶段构成了数据空间创新扩散的基本框架，能够帮助理解创新是如何在社会中传播的。不同的创新和不同的用户群体可能会以不同的速度经历这些阶段，但该模型提供了一个通用的框架，用于分析和预测创新的采纳过程，并为数据空间应用的不同阶段提供一个关键节点参考，同时也为个人和组织的数据素养提升、价值转化路径提供进化依据。

基于新事物发展的规律，具有一定冒险精神的创新者总是少数，而随着创新扩散，参与群体将会"爆发式"增长。结合数据空间商业发展周期，整个创新扩散过程也分为多个阶段，而且每个阶段的参与者比例差异通常比较大。在早期，观望者居多，而随着早期使用者加入，数据空间应用将迎来"起飞阶段"（通常发生在形成 10%～20% 的采用者规模之后），而且这个阶段将会持续，直至大部分人都采纳创新，此时数据空间成为一种内化的惯行模式，扩散速度就会变慢。图 12-9 展示了数据空间创新扩散各个阶段的群体类别及其比例。

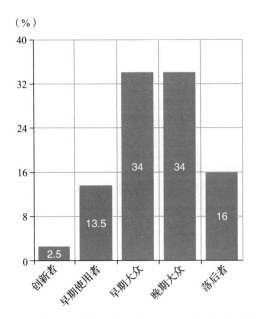

图 12-9　数据空间创新扩散各个阶段的群体类别及其比例

图 12-10 则进一步分析了创新的动机及价值牵引发展的过程。创新者（2.5%）与具有强动机的早期使用者（13.5%）共同主导了数据空间的动机驱动期，共享创新红利。在数据空间模式得到验证以及呈现出价值倍增效应后，早期大众（34%）、晚期大众（34%）将作为主力军参与到数据空间的持续创新中，并推动数据流通利用市场通过应用驱动和价值驱动的方式快速发展，进而促使数据空间成为基础且普遍的规模化数据流通生态网络。最终在价值重组期，落后者（16%）进入并开启一个长期的可持续发展阶段。

具有冒险精神的创新者、受人尊敬的早期使用者、深思熟虑的早期大众、持怀疑态度的晚期大众、墨守传统的落后者，这五种创新采纳者主要在数据思维、知识技能储备和社会经济地位等方面有所差异。而全民数据素养框架的构建以及数据空间支持政策的引导，将有效弥补这些差异所产生的创新扩散鸿沟，提升创新者应对不确定性风险的能力，使得数据空间快速进入可持续发展阶段，逐步成为一个自演进的数据生态网络。

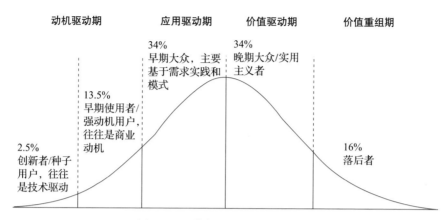

图 12-10　数据空间创新扩散曲线

推荐阅读